H.-G. Franck   J.W. Stadelhofer

Industrielle Aromatenchemie

Rohstoffe · Verfahren · Produkte

Mit 201 Abbildungen, 92 Tabellen
und 535 Strukturformeln

Springer-Verlag Berlin Heidelberg GmbH

Prof. Dr. Dr.-Ing. E. h. Heinz-Gerhard Franck
Dr. Jürgen Walter Stadelhofer

Rütgerswerke AG, Mainzer Landstraße 217
D-6000 Frankfurt/M 11

Das Titelbild zeigt die Anlage der Rütgerswerke zur Gewinnung
von Reinnaphthalin durch Schmelzkristallisation in Castrop-Rauxel.
Foto: K. M. Lehmann

ISBN 978-3-662-07876-1

CIP-Kurztitelaufnahme der Deutschen Bibliothek
Franck, Heinz-Gerhard: Industrielle Aromatenchemie:
Rohstoffe, Verfahren, Produkte/H.-G. Franck; J. W. Stadelhofer.

ISBN 978-3-662-07876-1   ISBN 978-3-662-07875-4 (eBook)
DOI 10.1007/978-3-662-07875-4
NE: Stadelhofer, Jürgen W.

Verfahrenstechnische Darstellung: Wolfgang Lücke
Graphische Gestaltung: Klaus Langhoff
Datenkonversion und Gesamtherstellung: Appl, Wemding

2152/3140-543210

Vorwort

Der Anteil der Aromaten an den insgesamt ca. 8 Millionen bekannten organischen Verbindungen beträgt knapp 30%; in der gleichen Größenordnung liegt der Prozentsatz der aromatischen Chemikalien an der industriellen Produktion organischer Chemieerzeugnisse.

Die Bedeutung der Aromaten in der Kohlenwasserstofftechnologie ist jedoch größer als in den Prozentzahlen zum Ausdruck kommt. Die wichtigsten Prozesse der Kohlenwasserstofftechnologie sind mengenmäßig das katalytische Reformieren zur Benzin-Herstellung mit einer Weltkapazität von ca. 350 Mio t/a sowie die Verkokung der Steinkohle zur Herstellung von Hüttenkoks, die weltweit in der gleichen Größenordnung durchgeführt wird. Ein Charakteristikum beider Prozesse ist die Bildung von Aromaten. Auch der mengenmäßig drittwichtigste Prozeß der Kohlenwasserstofftechnologie, das katalytische Cracken, ist von einer Aromatisierung begleitet, ebenso wie das wichtigste Verfahren der Petrochemie, die Dampfpyrolyse von Kohlenwasserstoff-Fraktionen.

Die Gewinnung und Weiterverarbeitung von Aromaten war Mitte des vergangenen Jahrhunderts der Ursprung der industriellen organischen Chemie. Die Aromatenchemie wurde, beginnend in den 20er Jahren dieses Jahrhunderts, durch die Chemie der Aliphaten und Olefine ergänzt, die heute mengenmäßig die industrielle Chemie der Aromaten übertreffen.

Seit dem Beginn der industriellen Aromatenchemie haben sich in der Gewinnung der Aromaten wesentliche Weiterentwicklungen ergeben. Bis zu den 20er Jahren dieses Jahrhunderts waren der Steinkohlenteer und das Kokereibenzol die praktisch einzigen Aromaten-Quellen in industriellem Maßstab. Im Steinkohlenteer sind eine Vielzahl wichtiger aromatischer Verbindungen, wie Benzol, Toluol, Naphthalin, Anthracen und Pyren sowie Styrol und Inden enthalten. Daneben enthält der Steinkohlenteer bedeutende aromatische Verbindungen mit Heteroatomen, wie Phenole, Anilin, Pyridine und Chinolin.

Da der steigende Bedarf an einigen Inhaltsstoffen des Steinkohlenteers mit der Entwicklung der Massenkunststoffe, wie der Phenolharze und Polystyrol, sowie der wachsenden Herstellung von

Sprengstoffen nicht mehr aus dem Steinkohlenteer allein gedeckt werden konnte, wurden neue Quellen für Aromaten auf Mineralölbasis erschlossen. Durch die Entwicklung der Reformatbenzin-Herstellung und der Dampfpyrolyse von Mineralölfraktionen stehen heute zwei weitere wesentliche Rohstoffquellen zur Aromatengewinnung zur Verfügung; auch nachwachsende Rohstoffe werden, allerdings in untergeordnetem Maßstab, zur Aromatengewinnung genutzt.

Die Verfahren zur Aufarbeitung von Aromaten sind ebenso wie die Verfahren zur Weiterverarbeitung durch den Kuppelproduktcharakter gekennzeichnet: Aromaten fallen stets vergesellschaftet an und müssen durch anschließende Trennverfahren isoliert werden. Die Aromatenchemie ist durch die hohe Reaktivität des π-Elektronensystems gekennzeichnet, das Substitutionen nicht nur an einer Stelle des aromatischen Ringsystems, sondern insbesondere bei Mehrkernaromaten an mehreren Positionen ermöglicht und so sowohl zu Isomeren als auch zu Mehrfachsubstitutionen führt. Aromatenchemische Reaktionsprodukte müssen daher durch verfahrenstechnisch optimierte Prozesse in die gewünschten Verbindungen zerlegt werden. Die industrielle Aromatenchemie wird demgemäß in enger Zusammenarbeit von Chemikern und Verfahrensingenieuren betrieben.

Die Anwendungsgebiete und Weiterentwicklungen der aromatenchemischen Produkte sind gekennzeichnet durch die charakteristischen Eigenschaften der Aromaten. Es sind dies insbesondere:

1. die einfache Substituierbarkeit und hohe Reaktivität, die durch Einführung geeigneter Seitengruppen weiter gesteigert werden kann,
2. das relativ leicht anregbare π-Elektronensystem, das durch Kopplung mit auxochromen Systemen zur Absorption eines Teils des Lichtspektrums in der Lage ist und zur Herstellung von Farbstoffen und Pigmenten genutzt wird,
3. das hohe Lösungsvermögen, vornehmlich der Alkylderivate,
4. das hohe C/H-Verhältnis, das insbesondere mehrkernige Aromaten zur Gewinnung von hochwertigen technischen Kohlenstoffprodukten, wie Premiumkoks, Graphit und Ruß prädestiniert sowie
5. die Affinität und Assoziationstendenz, durch die aromatische Moleküle als Mesogene zur Ausbildung flüssigkristalliner Phasen geeignet sind.

Weltweit werden knapp 800.000 t/a organische Farbmittel (Farbstoffe, Pigmente und optische Aufheller) hergestellt. Seit Beginn der industriellen organischen Farbstoff-Herstellung stellen Aromaten die dominierende Rohstoffbasis für diese Produktgruppe.

Außerdem dienen Aromaten wegen ihrer breiten Substituierbarkeit und der Resistenz gegen zu raschen biologischen Abbau als wichtige Grundkörper für Pflanzenschutzmittel. Von den ca. 300 in Japan zugelassenen Pflanzenschutzmitteln sind über die Hälfte aromatischer Natur. Von den in der Bundesrepublik Deutschland 1985 hergestellten 160.000 t Pflanzenschutzmittel ist ebenfalls ein erheblicher Teil auf Aromaten aufgebaut. Auch in den USA sind mengenmäßig die wichtigsten organischen Pflanzenschutzmittel wie Atrazin, Alachlor, Trifluralin und Metolachlor aromatischer Natur.

Die traditionellen Anwendungsgebiete der Aromatenchemie wie die Herstellung von Farbstoffen und Pflanzenschutzmitteln sind in der Vergangenheit stetig weiterentwickelt worden. Die jüngsten Fortschritte zur Aromatengewinnung führten zu neuen katalytischen Verfahren aus einfachen Verbindungen wie Methanol und Propan/Butan. Außerdem befindet sich die Herstellung von aromatischen Monomerbausteinen zur Erzeugung hochwertiger Polymere für Hochleistungsverbundwerkstoffe in rascher Entwicklung. Voraussetzung zur Erzielung der hohen Qualitätseigenschaften ist dabei der flüssigkristalline Zustand einer Vielzahl von Polymeren auf Aromatenbasis, der bei so unterschiedlichen Verfahren, wie der Herstellung von hochwertigen Aramid-Fasern und Kohlenstofferzeugnissen, von Bedeutung ist.

Dieser Entwicklung Rechnung tragend, haben sich die Verfasser die Aufgabe gestellt, die industrielle Aromatenchemie vom Benzol über die mehrkernigen Aromaten, wie Naphthalin, Anthracen und Pyren, bis zu den technischen Graphitprodukten unter Konzentrierung auf die industriell bedeutsamen Rohstoffe und Zwischenprodukte sowie die mengenmäßig wichtigsten Endprodukte zusammenfassend darzustellen. Zur Erläuterung der Spektrenbreite der Aromatenchemie wurden auch einige besonders interessante Verbindungen von mengenmäßig untergeordneter Bedeutung in die Darstellung aufgenommen.

Die konzentrierte Beschreibung, ergänzt durch einheitliche, normgemäße Verfahrensfließbilder, ermöglicht dem in der Produktion und in der Forschung tätigen Chemiker und Verfahrensingenieur sowie dem in Nachbardisziplinen arbeitenden Naturwissenschaftler und dem fortgeschrittenen Studenten der Chemie und Verfahrenstechnik einen raschen Einblick in das Gebiet der technischen Aromatenchemie sowie eine zusammenfassende Übersicht.

Zahlreichen in- und ausländischen Fachkollegen danken wir für wertvolle Anregungen.

Frankfurt/Main, im August 1987   *H.-G. Franck*
J. W. Stadelhofer

Inhaltsverzeichnis

1 Geschichte

Aromatische Verbindungen werden heute vornehmlich als cyclische Kohlenwasserstoffe definiert, bei denen das Kohlenstoffgerüst neben σ-Bindungen durch eine bestimmte Zahl von π-Bindungen (Hückel-Regel) verknüpft ist. Zu Beginn der industriellen Aromatenchemie in der Mitte des 19. Jahrhunderts war die Struktur der aromatischen Verbindungen noch unbekannt. Der Name dieser Verbindungsklasse ist historisch bedingt, weil die ersten Vertreter aus aromatischen, also wohl-riechenden Harzen, Balsamen und Ölen gewonnen wurden, wie Benzoesäure aus Benzoeharz, Toluol aus Tolubalsam und Benzaldehyd aus Bittermandelöl.

Die Geschichte der Aromatenchemie ist in ihrem Ursprung eng verbunden mit der Entwicklung von Verfahren zur Verkokung der Kohle mit dem Ziel der Gewinnung von Koks, Gas und Teer.

Koks wurde vornehmlich benötigt als Ersatz für Holzkohle zur Herstellung von Roheisen. Steinkohlengas fand Verwendung als Leuchtgas und Steinkohlenteer trat zunächst an die Stelle von Holzteer zur Imprägnierung von Holz für den Schiffsbau.

Bereits im Jahre 1584 empfahl der Herzog von Braunschweig, „abgeschwefelte" Kohle nach dem Beispiel der Holzkohle zum Salzsieden zu verwenden. Das erste Patent zur Herstellung von Koks zum Einsatz im Hochofen zur Eisenverhüttung wurde in England im Jahre 1622 an Dud Dudley erteilt.

Die ersten größeren Versuche zur Gewinnung von Leuchtgas unternahm der französische Ingenieur Philippe Lebon ab 1790. Er entgaste Holzstücke in einer eisernen Retorte auf dem Rost des Küchenherdes und leitete das gewonnene Gas durch Rohre in verschiedene Räume, wo es in Leuchtern verbrannt wurde. Seine Erfindung, die er „Thermolampe" nannte, erregte zwar großes Aufsehen, setzte sich in der Praxis aber nicht durch.

Der eigentliche Gründer der Gastechnik ist der Schotte William Murdoch, der 1792 in Redruth in Cornwall Versuche über die Entgasung von Steinkohle durchführte und sein Haus mit Gas beleuchtete, das er täglich von der Fabrik in Behältern herüberschaffen ließ. (Dieses Portativgas war eines der wichtigsten Produkte der 1848 von dem späteren *BASF*-Mitbegründer Friedrich Engelhorn gegründeten Firma *Engelhorn & Comp.*)

Als Entdecker des Steinkohlenteers gilt der deutsche Kulturphilosoph und Chemiker Johann Becher. Er erhielt im Jahre 1681 gemeinsam mit dem Engländer Henry Serle das englische Patent Nr. 214 zur Herstellung von Pech und Teer aus Kohle.

Besonders erfolgreich bei der Vermarktung der Idee, Kohlegas zu Beleuchtungszwecken einzusetzen, war der deutsche Hofrat Winzler, der sich in England Windsor nannte, mit der Gründung von Gasgesellschaften. Im Jahr 1813 wurde in London die Westminsterbrücke mit Gas von der von Windsor gegründeten *London & Westminster Chartered Light & Coke Co.* beleuchtet; 1819 führte Winzler die Beleuchtung in Paris ein. Die Beleuchtung mit Kohlegas in Deutschland begann 1824, als in Hannover und 1826 in Berlin Gasanstalten durch die *Londoner Imperial Continental Association* gegründet wurden. Die erste Gasanstalt in den USA ging bereits 1802 in Baltimore in Betrieb; in New York wurde die Gasbeleuchtung 1824 eingeführt.

Die erste Destillation für den bei der Verkokung der Kohle anfallenden Gaswerksteer wurde 1822 bei Leith in Schottland errichtet. Das gewonnene Teeröl diente zur Holzimprägnierung; der Destillationsrückstand, das Pech, wurde zum Brikettieren von Kohle verwendet.

Der entscheidende Anstoß zum Aufbau der Teerindustrie kam durch die rasch wachsende Bedeutung der Eisenbahn. Die Verlegung der Schienen erfolgte auf hölzernen Schwellen, die mit Steinkohlenteeröl imprägniert wurden, da sie sonst rasch verrotteten. Die erste Eisenbahnlinie wurde 1825 in England zwischen Stockton und Darlington, in Deutschland 1835 zwischen Nürnberg und Fürth in Betrieb genommen.

Trotz des Bedarfs an Imprägnieröl bestand bis zur Mitte des 19. Jahrhunderts wegen der stark wachsenden Leuchtgasherstellung und der sich stürmisch entwickelnden Eisen- und Stahlindustrie zunächst ein deutliches Überangebot an Steinkohlenteer. Zwar konnte ein Teil des Teers für die Herstellung von Dachbahnen und zur Rußfabrikation verwendet werden, jedoch reichten diese Absatzgebiete bei weitem nicht aus, um den gesamten Teeranfall aufzunehmen.

Die erste Schätzung über den jährlichen Anfall von Gaswerksteer in Europa stammt aus dem Jahre 1884. Mit großem Abstand führte Großbritannien mit einer Produktion von 450.000 t, gefolgt von Deutschland (85.000 t), Frankreich (75.000 t), Belgien (50.000 t) und den Niederlanden (15.000 t).

Die Muttersubstanz der Aromaten ist das Benzol. Benzol wurde von Michael Faraday 1825 in den kondensierten Anteilen eines walfischstämmigen Leuchtgases entdeckt und einige Jahre später von Eilhard Mitscherlich durch Decarboxylierung von Benzoesäure (bzw. Calciumbenzoat) gewonnen. Das Vorkommen von Benzol im Steinkohlenteer wurde 1845 erstmals von August Wilhelm v. Hofmann beschrieben. John Leigh hatte bereits 1842 auf der britischen Naturforscherversammlung auf Benzol als Inhaltsstoff des Steinkohlenteers hingewiesen; dieser Hinweis war jedoch zunächst nicht publiziert worden. Schon vor der Entdeckung des Benzols hatte Ferdinand Runge 1834 im Steinkohlenteer Anilin und Phenol gefunden.

Die Zusammensetzung des Aromatengemisches Steinkohlenteer war bis zur Mitte des 19. Jahrhunderts noch weitgehend unbekannt. Mit der wachsenden Teerproduktion begann auch die verstärkte analytische Aufklärung, mit der sich besonders August Wilhelm v. Hofmann, ein Schüler Justus v. Liebig's, beschäftigte. 1845 ging Hofmann als Leiter des neu errichteten Royal College of Chemistry nach London, um seine Untersuchungen an der Hauptquelle des Steinkohlenteers fortzusetzen. Hofmann scharte eine Reihe junger Chemiker um sich, die sich intensiv mit der Umwandlung von Teerinhaltsstoffen beschäftigten. London wurde damit zum Mekka der Aromatenchemie.

Eines der Hauptziele der Hofmann'schen Arbeiten war die Synthese des Chinins, dem einzigen damals bekannten Wirkstoff zur Bekämpfung der Malaria. Besonders William Henry Perkin, einer der jüngsten Schüler Hofmann's, bemühte sich mit viel Phantasie um die Chinin-Synthese. Perkin versuchte 1856 durch Oxidation von N-Allyltoluidin Chinin herzustellen, erhielt jedoch nur einen rotbraunen Niederschlag.

N-Allyltoluidin

Chinin

Als Modellreaktion wählte Perkin daraufhin die Umsetzung von Anilinsulfat mit Kaliumdichromat. Die Aufarbeitung des Reaktionsgemisches führte zu einem violetten Farbstoff. Perkin hatte damit den ersten teerstämmigen Farbstoff, das Mauvein, synthetisiert. Innerhalb von knapp 18 Monaten errichtete er daraufhin in Greenford Green mit seinem Vater und seinem Bruder einen Betrieb zur Herstellung von Anilinfarben, in dem erstmals Teerfarbstoffe in industriellem Maßstab produziert wurden. 1860 existierten in England bereits fünf Unternehmen, die sich mit der Herstellung von synthetischen Farbstoffen befaßten. Unter den englischen Unternehmensgründern ist neben Perkin besonders Read *Holliday* zu nennen, der 1861 die erste Tochtergesellschaft in den USA gründete. Die synthetischen Farbstoffe fanden einen aufnahmebereiten Markt, denn um dem wachsenden Bedarf der Textilindustrie zu befriedigen, wurden damals jährlich 75.000 t natürliche Farbstoffe allein nach Großbritannien eingeführt.

Mauvein (Hauptkomponente)

Die Produktion von Teerfarbstoffen nahm auch auf dem europäischen Kontinent nach der Perkin'schen Entdeckung einen stürmischen Aufschwung. Francois Emanuel Verguin gewann in Lyon bereits 1859 durch Oxidation von technischem Anilin, das ein Gemisch von Anilin und Toluidinen darstellte, den rotvioletten, auch heute noch bedeutungsvollen Farbstoff Fuchsin (Basic Violet 14) und schuf damit die Basis für die Teerfarbenproduktion in Frankreich. Auf der Weltausstellung im Jahre 1862 in London feierten die Teerfarbstoffe große Triumphe. Die dreizehn Preisträger waren fast ausschließlich englische und französische Farbenfabrikanten.

Fuchsin

Nach dem Vorbild Englands und Frankreichs entstanden auch in Deutschland neue Fabrikationsanlagen für Synthesefarbstoffe. Die ersten wurden von den etablierten Naturfarbstoff-Händlern wie Rudolf *Knosp* und Gustav *Siegle* in Stuttgart errichtet; diese Firmen gingen später in der *Badischen Anilin- und Sodafabrik* auf. 1860 errichtete die Farbenhandlung Friedrich Bayer in Elberfeld eine Fuchsin-Fabrik. 1863 nahmen Meister, Lucius und Brüning in Höchst ebenfalls die Fuchsin-Produktion auf *(Hoechst)*. Im gleichen Jahr gründete Paul Wilhelm *Kalle* die Farbenfabriken Biebrich (Wiesbaden). 1865 entstand in Mannheim die *Badische Anilin- und Sodafabrik*, deren Vorgängergesellschaft die Firma *Sonntag, Engelhorn & Clemm* bereits 1861 mit der Herstellung von Teerfarben begonnen hatte. 1865 kehrte Carl Alexander Martius, ein Schüler Hofmann's, von England nach Deutschland zurück und wurde zum Mitbegründer der Aktiengesellschaft für Anilinfarben *(Agfa)*. 1870 wurde die Farbenhandlung Leopold *Cassella & Companie* in Mainkur (Frankfurt) gegründet.

Der wachsende Aromaten-Bedarf der Farbstoffindustrie wurde gedeckt von der rasch aufblühenden Teerindustrie, von der in Deutschland insbesondere die 1849 zunächst zur Holzimprägnierung von Julius Rütgers gegründeten *Rütgerswerke* und die 1905 von August Thyssen gegründete *Gesellschaft für Teerverwertung (GfT)* zu nennen sind. Grundlage der Aufarbeitung von Steinkohlenteer war die fraktionierte Destillation, die 1847 erstmals von Charles Blachford Mansfield zur technischen Herstellung von Benzol aus Steinkohlenteer angewandt wurde.

Zwischen den europäischen Farbstoff-Herstellern entwickelte sich ein lebhafter Konkurrenzkampf. Besonders dramatisch verlief der Wettlauf bei der Herstellung von Alizarin. 1867 hatten Adolphe Wurtz und August Kekulé gefunden, daß die Sulfonsäuregruppe an Aromaten durch Alkalischmelze durch eine Hydroxylgruppe ersetzt werden kann. Perkin stellte aus Anthrachinon mit Hilfe dieses Ver-

fahrens den Farbstoff Alizarin her, der bis dahin aus der Krappwurzel gewonnen
wurde. Als er sein Verfahren zum Patent anmelden wollte, mußte er feststellen,
daß ihm Carl Graebe und Carl Liebermann am 25. Juni 1869 um einen Tag zuvor-
gekommen waren. Perkin gab jedoch nicht auf, sondern entwickelte ein neues Verfahren, so daß es zum Austausch der Lizenzen kam. 1873 stellte er 435 t Alizarin
her, während die deutsche Alizarin-Produktion bereits ca. 1.000 t betrug.

Alizarin

Wie der Krapp zum Rotfärben, war der Indigo ein bereits im Altertum insbesondere in Indien zum Blaufärben benutzter natürlicher Farbstoff. Die Quelle des
Indigos war der Waid, der in Deutschland vornehmlich in Thüringen angebaut
wurde. In der Gegend von Gotha, Erfurt und Weimar befanden sich im 16. und
17. Jahrhundert große Waidanpflanzungen, die dann durch die Importe des Indigos aus Indien allmählich aufgegeben wurden. Die Herstellung von natürlichem
Indigo lag um 1885 bei ca. 8.200 t/a, wobei über die Hälfte dieses Farbstoffes in
Bengalen aus Indigofera tinctoria durch biochemische Vergärung hergestellt
wurde.

Die Synthese des Indigos war in der 2. Hälfte des 19. Jahrhunderts für die Farb-
stoffchemiker eine besondere Herausforderung. Adolf von Baeyer gelang 1869 die
erste Indigo-Synthese ausgehend von o-Nitrozimtsäure.

o-Nitrozimtsäure   Indigo

Da die Arbeiten von Baeyer vornehmlich auf die Strukturaufklärung des Indigos
ausgerichtet waren, konnte sich die von ihm gefundene Synthese wirtschaftlich
nicht durchsetzen. Karl Heumann am Eidgenössischen Polytechnikum in Zürich
fand eine Synthese, die auf Phenylglycin basierte, das sich aus Anilin und Chloressigsäure herstellen ließ. Die Ausbeute bei diesem Verfahren war jedoch noch

unbefriedigend. Der zweite Vorschlag von Heumann führte über die Phenylglycin-o-carbonsäure, zu deren Gewinnung zunächst Naphthalin zu Phthalsäureanhydrid oxidiert werden mußte.

Naphthalin   Phthalsäureanhydrid   Phenylglycin-o-carbonsäure

Die Naphthalin-Oxidation erfolgte mit Chromsäure und Chromaten, deren Kreislaufführung durch elektrochemische Reoxidation ermöglicht wurde. Dieser Weg wurde zunächst bei den *Farbwerken Hoechst* verfolgt. Bei der *BASF* gelang 1891 durch eine Zufallsentdeckung die Oxidation von Naphthalin mit konzentrierter Schwefelsäure in Gegenwart von Quecksilber. 1897 brachte die *BASF* den ersten synthetischen Indigo auf den Markt. Kurze Zeit später folgten die *Farbwerke Hoechst*. Der synthetische Indigo setzte sich auf dem Markt gegenüber dem natürlichen rasch durch.

Durch die intensive Forschung auf dem Farbstoff-Sektor waren um die Jahrhundertwende in Deutschland bereits ca. 15.000 Farbstoffe patentiert. Den größten Anteil nahmen die Azofarbstoffe ein, die durch Kupplung diazotierter Amine mit organischen Verbindungen entstanden. Peter Grieß, ein in England lebender Schüler von August Wilhelm v. Hofmann, hatte die Diazotierung zum ersten Male im Jahre 1857 gefunden. 1861 kam in England als erster Azofarbstoff das Anilingelb (Solvent Yellow 1) auf den Markt; ein weiterer Meilenstein in der Entwicklung der Azofarbstoffe war das von Paul Böttiger 1884 gefundene Kongorot, ein Substantivfarbstoff.

Anilin-Gelb   Kongorot

Nachdem die Herstellung der Farbstoffe anfänglich nach rein empirischen Methoden erfolgte, wurden durch die Forschung insbesondere von August Wilhelm v. Hofmann, Adolf v. Baeyer, Carl Graebe, Carl Liebermann, Emil Fischer und Heinrich Caro die wissenschaftlichen Grundlagen gelegt, die der deutschen

Farbenindustrie starke Impulse gaben. Bereits im Jahre 1880 erreichte der deutsche Anteil die Hälfte der Welterzeugung an Farbstoffen, 1900 sogar über 80%.

In die Zeit der mehr zufälligen Entdeckung der ersten Teerfarbstoffe fielen auch bedeutende wissenschaftliche Erkenntnisse, die zum Verständnis der chemischen Reaktionen bei der Farbstoffherstellung von großer Bedeutung waren. Nachdem Friedrich August Kekulé, Professor an der Universität Bonn, im Jahre 1857 die Vierbindigkeit des Kohlenstoffes postuliert hatte, schlug er 1865 die Ringformel des Benzols vor, durch die eine entscheidende Grundlage für das Verständnis der aromatischen Chemie geschaffen wurde.

Aufgrund dieser Fortschritte in der Grundlagenforschung in der organischen Chemie waren der deutschen Farbenindustrie auch auf dem neuen Arbeitsgebiet der synthetischen Herstellung von Pharmazeutika große Erfolge beschieden. Aus den Anfängen dieser Entwicklung sind zu nennen die Antipyretika Antipyrin (1-Phenyl-2,3-dimethylpyrazolon-(5), 1883) und Phenacetin (p-Ethoxyacetanilid, 1888) sowie das Aspirin (Acetylsalicylsäure, 1899).

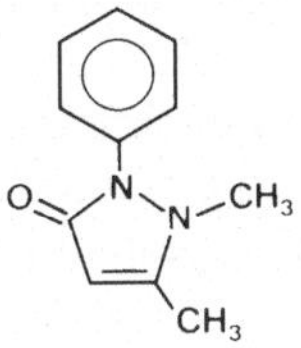

Antipyrin 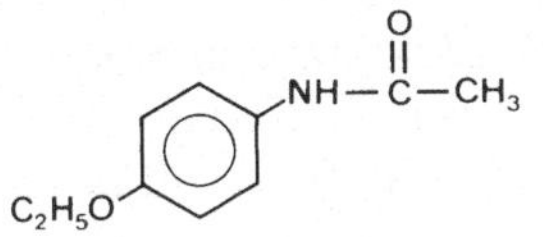   Phenacetin 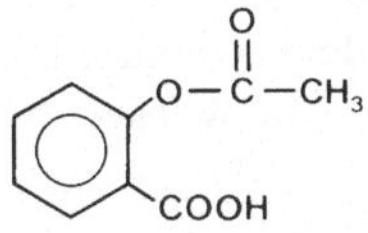   Aspirin

Nachdem zunächst kohlestämmige Rohstoffe die praktisch ausschließliche Aromatenquelle waren, trat bei den einkernigen Aromaten seit den 30er Jahren dieses Jahrhunderts, einhergehend mit der zunehmenden Motorisierung, das Mineralöl als Rohstoffquelle in zunehmendem Maße in den Vordergrund.

Neben den pyrolytischen Prozessen zur Aromatenerzeugung wurden im Rahmen dieser Entwicklung auch katalytische Verfahren eingeführt; auch heute ergänzen sich katalytische und rein thermische Verfahren zur Aromatenherstellung.

2 Die Natur des aromatischen Charakters

2.1 Molekulare Betrachtungen

Um die Aufklärung der chemischen Bindung haben sich die Chemiker seit der Mitte des vergangenen Jahrhunderts intensiv bemüht. Im Zuge der gewonnenen Erkenntnisse ist auch das Verständnis der Natur der aromatischen Verbindungen erheblich erweitert worden.

Ursprünglich wurden als aromatische Verbindungen alle aromatisch riechenden Substanzen bezeichnet, die aus Balsamen, Harzen und anderen Naturstoffen vor Beginn der industriellen Aromatenchemie gewonnen wurden.

Nachdem Michael Faraday 1825 Benzol im Kondensat von Leuchtgas aus Walfischöl nachgewiesen hatte, stellte 1834 Eilhard Mitscherlich die Summenformel des Benzols, das er durch Decarboxylierung von Benzoesäure hergestellt hatte, mit C_6H_6 fest.

1856 postulierte August Kekulé die Ringformel des Benzols in einer Arbeit mit dem Titel „Untersuchungen über aromatische Verbindungen", die er mit dem Satz präzisierte: „Diese Thatsachen berechtigten offenbar zu dem Schluß, daß in allen aromatischen Substanzen ein und dieselbe Atomgruppe oder, wenn man will, ein gemeinschaftlicher Kern enthalten ist, der aus sechs Kohlenstoffatomen besteht".

Kekulé ergänzte die statische Bindungsvorstellung durch die Oszillationshypothese, nach der die beiden Benzolformeln ständig ineinander übergehen.

1866 erklärte Emil Erlenmeyer die Aromatizität aufgrund der spezifischen Reaktivität; er schlug außerdem die Summenformel für Naphthalin vor, die 1868 von Carl Graebe bestätig wurde.

Eine zusätzliche wesentliche Erweiterung des Verständnisses der Aromaten resultierte aus den Untersuchungen von Arthur Lapworth und Christopher K. Ingold über die Mechanismen der elektrophilen Aromatensubstitution. Da Olefine und konjugierte Polyene mit polaren Reagentien vor allem elektrophile Additionsreaktionen eingehen, war es überraschend festzustellen, daß konjugierte cyclische Polyene mit den gleichen Reagentien elektrophil substituiert wurden. Es war naheliegend, dieses besondere Verhalten der cyclischen Polyene durch einen übergeordneten Begriff zu erfassen; man bezeichnete sie als aromatische Verbindungen. Ihr spezielles chemisches Verhalten wurde als Charakteristikum für das Vorhandensein aromatischer Eigenschaften gewertet.

Später wurde erkannt, daß das charakteristische chemische Verhalten bestimmter ebener, cyclischer Polyene die Folge einer erhöhten thermodynamischen Stabilität ist, die durch das delokalisierte π-Elektronensystem verursacht wird. Damit wurde ein thermodynamisches Kriterium zur Unterscheidung zwischen aromatischen und nichtaromatischen Verbindungen geschaffen.

Der Energiegewinn des Benzols durch die Delokalisierung der π-Elektronen (Resonanz) wird aus dem Energieschema der Hydrierung (Abbildung 2.1) verständlich.

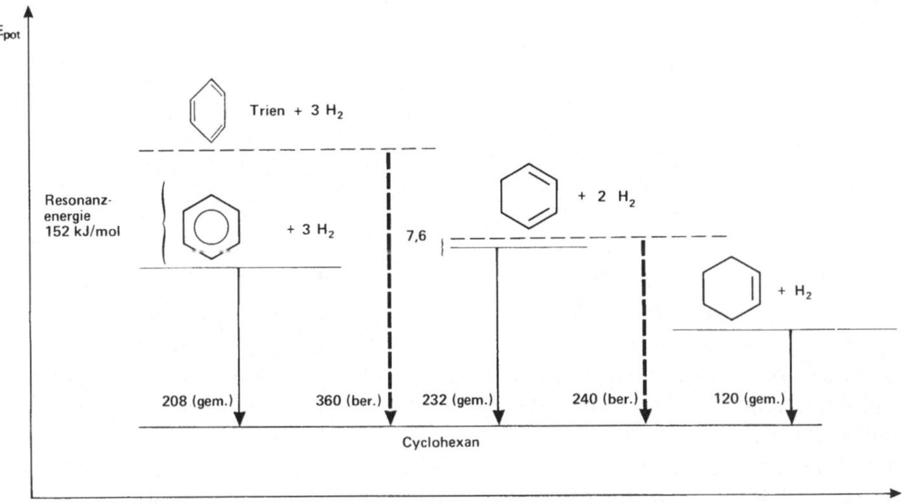

Abbildung 2.1: Energieschema der Hydrierung von Benzol

Die Hydrierung des Cyclohexens ist eine exotherme Reaktion, bei der 120 kJ/Mol frei werden; die Hydrierung von 1,3-Cyclohexadien liefert in exothermer Reaktion 232 kJ/Mol, also 8 kJ/Mol weniger als auf Cyclohexen bezogen zu erwarten wäre. Demnach ist das Dien stabiler als zwei lokalisierten $C = C$-Bindungen entspräche; die Resonanzenergie des 1,3-Cyclohexadiens beträgt somit 8 kJ/Mol.

Die Hydrierwärme des Benzols beträgt nur 208 kJ/Mol und liegt damit beträchtlich unter der theoretischen Hydrierwärme des hypothetischen Cyclohexatriens, die 360 kJ/Mol betragen müßte. Ein Cyclohexatrien mit der vom Cyclohexadien bekannten Resonanzenergie müßte bei der Hydrierung einen Wert von

360-3x8, d. h. 336 kJ/Mol liefern, der ebenfalls deutlich über der Hydrierwärme des Benzols von 208 kJ/Mol liegt. Das Benzol ist demnach wesentlich stabiler als ein normales, allerdings nur hypothetisch existierendes 1,3,5-Cyclohexatrien. Ähnliche Überlegungen gelten für Naphthalin, Anthracen und weitere Mehrkernaromaten.

In Tabelle 2.1 sind die Resonanzenergien einiger aromatischer Kohlenwasserstoffe und Heterocyclen zusammengestellt.

Tabelle 2.1: Resonanzenergien von aromatischen Kohlenwasserstoffen (kJ/Mol)

Verbindung	Resonanzenergie
Benzol	152
Diphenyl	296
Naphthalin	257
Azulen	139
Anthracen	353
Phenanthren	388
Tetracen	544
Chrysen	563
18-Annulen	500
Pyridin	95
Pyrrol	89
Furan	66
Thiophen	120

Erich Hückel leitete im Jahre 1931 aus quantenmechanischen Berechnungen ab, daß der für aromatische Verbindungen typische Resonanzenergiegewinn dann möglich ist, wenn eine monocyclische Verbindung $(4n+2)$ π-Elektronen $(n=0,1,2,3)$ besitzt, die über den ganzen Ring delokalisierbar sind. Die Delokalisierung erreicht ihr Maximum bei Verbindungen mit planarer Konfiguration (Hückel-Regel).

Die Energiezustände der π-Orbitale lassen sich nach dem Verfahren von Arthur A. Frost und Boris Musulin für einfache cyclische π-Systeme graphisch bestimmen. In einen Kreis, dessen Radius definitionsgemäß dem Doppelten der Resonanzenergie β entspricht, wird das Polygon auf der Spitze stehend hineingezeichnet. Jeder Ecke des Polygons wird ein Molekülorbital zugeordnet. Der Abstand von der Horizontalen durch den Kreismittelpunkt gibt die π-Energie des Orbitals wieder. Jedes Elektron, das ein unterhalb der Horizontalen gelegenes Molekülorbital besetzt, bewirkt einen Energiegewinn.

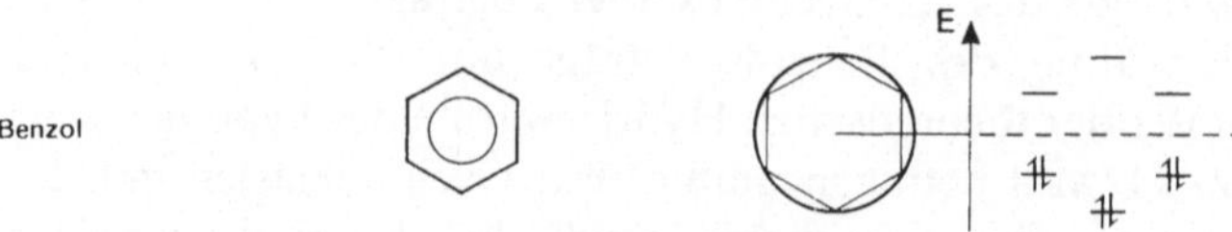

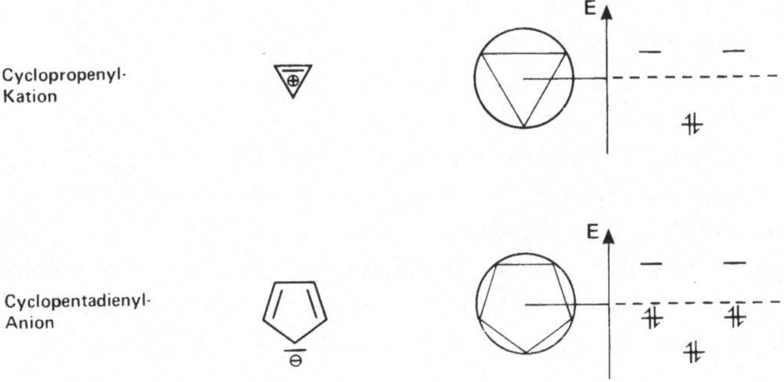

Beim Benzol ist die maximal mögliche Stabilisierung (und eine Gesamt-π-Energie von $8\,\beta$) erreicht, da alle bindenden Orbitale mit den insgesamt 6 π-Elektronen besetzt sind. Erkenntlich ist aus der Hückel-Regel auch, daß das Cyclopropenyl-Kation und das Cyclopentadienyl-Anion aromatischen Charakter aufweisen; dies gilt auch für das im Steinkohlenteer nachgewiesene Azulen.

Nach dem 2. Weltkrieg hat insbesondere Michael J.S. Dewar die Hückel-Regel weiter entwickelt, und zwar vornehmlich mit der Aufklärung der α-Tropolon-Struktur im Jahre 1945.

Die Weiterentwicklungen der Hückel-Theorie, wie z. B. die Pariser, Parr, Pople-Self-Consistent-Field-Theorie, bei der die Wechselwirkung der Elektronen mit berücksichtigt wird, haben zu einem vertieften Verständnis des Aromatenbegriffs geführt und werden vielfach zur Bestimmung von physikalischen Eigenschaften von Aromaten, insbesondere bei der Beschreibung von Farbstoffen angewandt.

Die Diskussion über den aromatischen Zustand ist allerdings noch nicht beendet. In den letzten Jahren wurde sogar vorgeschlagen, den Begriff „aromatisch" nicht mehr zu benutzen und dafür z.B. die Begriffe „regenerativ" (Tendenz zur Erhaltung des Typs) oder „meneid" (formkonstant) zu verwenden.

Während aromatische Systeme durch eine positive Resonanzenergie definiert sind, sind antiaromatische Systeme durch eine negative Resonanzenergie charakterisiert. Antiaromatische Verbindungen sind in der Regel instabil und enthalten 4n π-Elektronen in cyclisch ebener, durchgehend konjugierter Anordnung. Hierzu gehört zum Beispiel das im Grundzustand rechteckige Cyclobutadien, das nur bei sehr tiefen Temperaturen (20 K) in einer festen Matrix beständig ist.

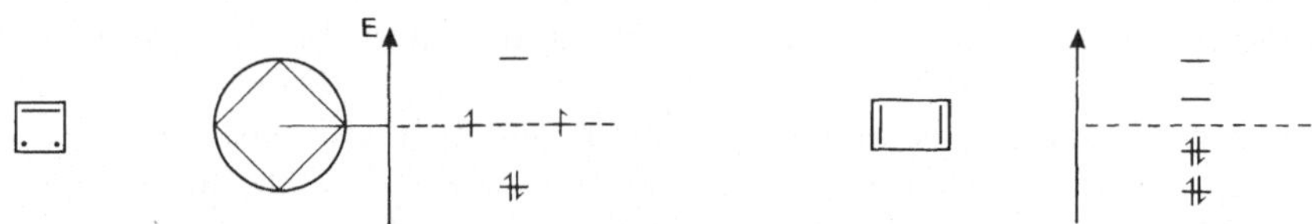

Abbildung 2.2:   Energieschema des antiaromatischen Cyclobutadiens (als Diradikal und Dien formuliert)

Ein weiteres Kriterium zur Bestimmung des aromatischen Charakters organischer Verbindungen liefert die Kernresonanzspektroskopie. Wird ein aromatisches oder antiaromatisches Molekül in ein starkes Magnetfeld gebracht, so bilden die π-Elektronen unter dem Einfluß des Magnetfeldes eine kreisförmige Stromschleife aus. In (4n + 2) π-Elektronensystemen wird ein diamagnetischer Ringstrom induziert, der das angelegte Magnetfeld innerhalb, oberhalb und unterhalb der Stromschleife schwächt und es an der Peripherie des Moleküls verstärkt. Ein Beispiel für diese als diatrop bezeichneten Verbindungen ist das 18-Annulen mit 18 π-Elektronen; die Resonanzlagen der äußeren Protonen liegen bei tiefem Feld bei 9,28 ppm, während die inneren Protonen eine Hochfeld-Verschiebung nach −2,99 ppm erfahren.

|16|Annulen |18|Annulen

Bei antiaromatischen Systemen wird dagegen ein paramagnetischer Ringstrom erzeugt, dessen Magnetfeld das äußere Magnetfeld innerhalb, oberhalb und unterhalb der Stromschleife verstärkt und an der Peripherie schwächt. Das 16-Annulen, ein Beispiel für einen antiaromatischen Kohlenwasserstoff, zeigt daher Absorptionssignale bei 5,33 ppm für die äußeren Protonen und 9,44 ppm für die inneren Protonen.

Trotz der häufig aufkommenden Diskussion über die Zweckmäßigkeit des Aromatenmodells wird der Begriff „aromatische Verbindung" auch weiterhin benutzt werden. Insbesondere für die Vielzahl der industriell gefertigten Aromaten ist der auf der Hückel-Regel beruhende Begriff der Aromatizität und der damit zusammenhängenden Reaktionsmechanismen ausreichend.

(Zur einfacheren Darstellung wird im Einklang mit anderen Autoren in der vorliegenden Monographie „fälschlicherweise" auch für Naphthalin und höher kondensierte Aromaten die Kreisschreibweise für jeden Ring des π-Elektronensystems benutzt, ohne daß für sämtliche Ringe das Kriterium der Hückel-Regel erfüllt wäre).

In der industriellen Kohlenwasserstoff-Technologie wird der Begriff „Aromatizität" auch zur Charakterisierung von aromatischen Kohlenwasserstoffgemischen benutzt; die Aromatizität wird als Verhältnis der Zahl der aromatischen Kohlenstoffe zur Gesamtzahl der Kohlenstoffe des „mittleren" Moleküls definiert. Die Bestimmung dieser statistischen Größe erfolgt hauptsächlich mit Hilfe der NMR-Spektroskopie (s. Kapitel 3.2.1).

2.2 Mechanistische Betrachtungen

Reaktionsmechanismen waren zu Beginn der industriellen Aromatenchemie noch völlig unbekannt. Ihre Aufklärung, insbesondere in den 30er und 40er Jahren dieses Jahrhunderts, einhergehend mit den beträchtlichen Verbesserungen der Analysentechnik zur Identifizierung von Zwischen- und Nebenprodukten hat für die industrielle Aromatenchemie große Bedeutung gewonnen. Die technische und konstruktive Auslegung moderner Verfahren ist ohne ein tiefgehendes Verständnis der ablaufenden Reaktionsmechanismen kaum möglich.

Zu den wichtigsten Reaktionen bei der Herstellung industrieller Aromaten gehört die elektrophile aromatische Substitution; ein weiterer wichtiger Reaktionstyp ist die nucleophile Substitution, die bei Aromaten mit elektronenziehenden Gruppen begünstigt ist. Radikalreaktionen, die insbesondere bei thermischen Pyrolyseprozessen sowie bei Oxidations- und Chlorierungsreaktionen der Seitenketten ablaufen, sind mengenmäßig von noch größerer Bedeutung als die elektrophilen und nucleophilen Substitutionsreaktionen; typisch hierfür sind das thermische Cracken von Naphtha- und Gasöl-Fraktionen, die Oxidation von Naphthalin zu Phthalsäureanhydrid sowie die Seitenkettenchlorierung von Toluol. Von geringerer Bedeutung sind Umlagerungsreaktionen.

2.2.1 Elektrophile aromatische Substitution

Aromaten werden wegen ihrer hohen negativen Ladungsdichte in der Regel elektrophil angegriffen. Während bei der elektrophilen Substitution von Benzol nur ein Monosubstitutionsprodukt möglich ist, kann bei substituierten Aromaten die Einführung des Elektrophils an unterschiedlichen Positionen erfolgen. In der Regel erfolgt die Zweitsubstitution unter dem Einfluß der dirigierenden Wirkung des Erstsubstituenten in o-, p- oder m-Stellung; der Angriff auf die Position des Erstsubstituenten (ipso-Reaktion) ist für die industrielle Aromatenchemie praktisch ohne Bedeutung.

Ein Reaktionsprofil der elektrophilen Aromatensubstitution, die in vier Schritten abläuft, ist in Abbildung 2.3 dargestellt.

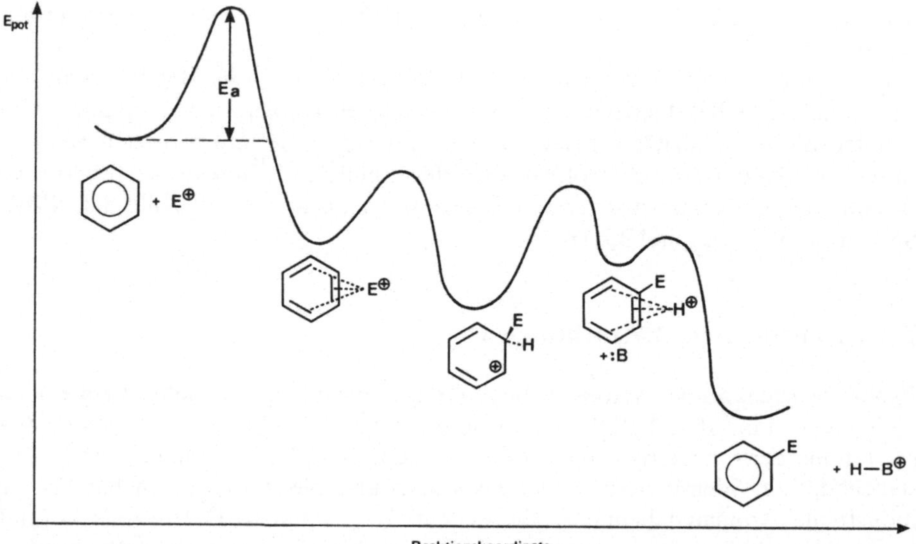

Abbildung 2.3: Reaktionsprofil der elektrophilen Aromatensubstitution

Im ersten Schritt wird der Aromat unter Ausbildung eines π-Komplexes, in dem der aromatische Zustand erhalten bleibt, angegriffen. Der π-Komplex lagert sich in einem zweiten Reaktionsschritt in den σ-Komplex um. Die große Stabilität, die das aromatische Elektronensextett dem Kohlenwasserstoff verleiht, geht dabei verloren. Der σ-Komplex ist ein reaktives Zwischenprodukt, das bei Substitution mit geeigneten Elektronendonatoren isoliert werden kann.

Der dritte Schritt im Reaktionsablauf ist die Ausbildung des zweiten π-Komplexes durch Ablösen eines Protons; das vollständige Abspalten des Protons zur Erzeugung des Endproduktes erfolgt im vierten Schritt durch einen Protonenakzeptor (Base).

Die relative Geschwindigkeit der vier Reaktionsschritte hängt vom elektrophilen Agens und vom Aromaten ab. Dabei kann die Bildung des ersten π-Komplexes, wie zum Beispiel bei der Nitrierung von Benzol, geschwindigkeitsbestimmend sein. Ein Beispiel für eine Reaktion, bei der die Ausbildung des σ-Komplexes geschwindigkeitsbestimmend ist, ist die Reaktion von Benzol mit Brom in Essigsäure. Die Reaktion des σ-Komplexes zum zweiten π-Komplex ist in der Regel nicht geschwindigkeitsbestimmend.

Die wichtigste elektrophile Aromatensubstitution in der chemischen Technik ist die Alkylierung, die beispielsweise zur Herstellung von Ethylbenzol, Cumol, Diisopropylbenzol und Diisopropylnaphthalin angewandt wird. Als elektrophiles Agens wirkt dabei in der Regel ein Carbenium-Ion, das durch Reaktion mit einer Lewis-Säure aus einem Olefin erzeugt wird. Prinzipiell reagiert dabei das stabilste der möglichen Carbenium-Ionen; trotzdem muß die Isomerenbildung in Betracht gezogen werden.

$$R-CH=CH_2 \;+\; H^{\oplus} \;\rightleftharpoons\; \begin{cases} R-\overset{\oplus}{C}H-CH_3 \\[2mm] R-CH_2-\overset{\oplus}{C}H_2 \end{cases}$$

Bei der Friedel-Crafts-Alkylierung ist zu beachten, daß der entstandene Alkylaromat aufgrund der aktivierenden Wirkung des Alkylrestes eine erhöhte Reaktivität im Vergleich zum unsubstituierten Aromaten aufweist, so daß die Bildung von Nebenprodukten unvermeidlich ist. Häufig wird dieser Nebenproduktbildung durch geringe Umsatzraten und Umalkylierung begegnet.

Der Friedel-Crafts-Alkylierung verwandt ist die Friedel-Crafts-Acylierung; als Elektrophil wirkt ein Acylium-Kation. In der industriellen Aromatenchemie ist diese Reaktion jedoch insbesondere wegen des notwendigen hohen Katalysatoreinsatzes im Vergleich zur Friedel-Crafts-Alkylierung von untergeordneter Bedeutung. Sie wird beispielsweise bei der Herstellung von Anthrachinon aus Phthalsäureanhydrid und Benzol angewandt.

Ein weiteres technisch wichtiges Beispiel für die elektrophile Aromatensubstitution ist die Nitrierung. Als elektrophiles Agens wirkt das Nitronium-Ion $NO_2^{\oplus}$, das aus Schwefelsäure und Salpetersäure hergestellt wird.

$$2\ H_2SO_4\ +\ HNO_3\ \rightleftharpoons\ NO_2^{\oplus}\ +\ H_3O^{\oplus}\ +\ 2\ HSO_4^{\ominus}$$

In Tabelle 2.2 sind die relativen Nitrierungsgeschwindigkeiten für Benzol-Derivate zusammengestellt; elektronenziehende Gruppen, wie die Nitrogruppe, wirken stark desaktivierend.

Tabelle 2.2: Relative Reaktionsgeschwindigkeiten bei der Nitrierung von Benzol-Derivaten

C_6H_5-	relative Geschwindigkeit
OH	1000
CH_3	25
$CH_2COOCH_2CH_3$	3,8
H	1
CH_2Cl	0,71
CH_2CN	0,35
Cl	0,033
NO_2	$6 \cdot 10^{-8}$

Die Sulfonierung ist eine der historisch wichtigsten elektrophilen Aromatensubstitutionen, insbesondere bei der Herstellung von α- und β-Naphthol sowie von Alizarin. Im Gegensatz zu den zuvor genannten elektrophilen Reaktionen ist sie häufig reversibel. Als elektrophiles Agens wirkt das SO_3, das in Schwefelsäure in geringer Konzentration vorkommt.

Die Sulfonierungen werden in technischem Maßstab insbesondere an Benzol, Toluol, Cumol, Naphthalin und Anthracen durchgeführt.

Die Sulfonierung des Naphthalins mit konzentrierter Schwefelsäure unter kinetisch kontrollierten Reaktionsbedingungen (bei niedriger Temperatur) ergibt vorwiegend α-Naphthalinsulfonsäure. Bei Steigerung der Temperatur auf über 160 °C überwiegt deutlich der Anteil der β-Naphthalinsulfonsäure.

Von großer industrieller Bedeutung, insbesondere zur Herstellung von Farbstoffen, ist die Azokupplung, bei der das Diazonium-Kation als elektrophiler Reaktionspartner fungiert. Wegen der schwachen Elektrophilie des Diazonium-Kations werden in der Regel nur reaktionsfähige aromatische Systeme wie Phenole und Amine angegriffen. Die Kupplung wird in schwachsaurer Lösung durchgeführt, um eine hohe Konzentration an Diazonium-Kationen sicherzustellen.

Auch die Einführung von Halogengruppen kann durch elektrophile Aromatensubstitution durchgeführt werden. Zur Polarisierung des Halogenmoleküls ist eine Lewis-Säure erforderlich.

$$Cl_2 \xrightarrow{\text{FeCl}_3} \overset{\delta\oplus}{|\overline{\underline{Cl}}} - \overset{\delta\ominus}{\overline{\underline{Cl}}|} \cdots FeCl_3$$

Großtechnische Anwendung findet die elektrophile Halogenierung beispielsweise bei der Herstellung von Chlorbenzol.

2.2.1.1 Orientierungsregeln

Der Eintritt neuer Substituenten wird bei bereits substituierten Aromaten von dem vorhandenen Substituenten beeinflußt. So führen Elektronendonatoren wie Methoxy-, Amino- oder Alkylgruppen hauptsächlich zu erhöhter o-/p-Substitution, während elektronenziehende Gruppen vorwiegend zur m-Substitution führen. Bei dieser Substitutionsregel, die aus der Stabilität des π-Komplexes ableitbar ist, ist insbesondere auf sterische und Umlagerungseffekte zu achten, die ein deutliches Abweichen von der Orientierungsregel zur Folge haben können.

Abbildung 2.4 zeigt den dirigierenden Einfluß von funktionellen Gruppen auf die Nitrierung von Benzol-Derivaten.

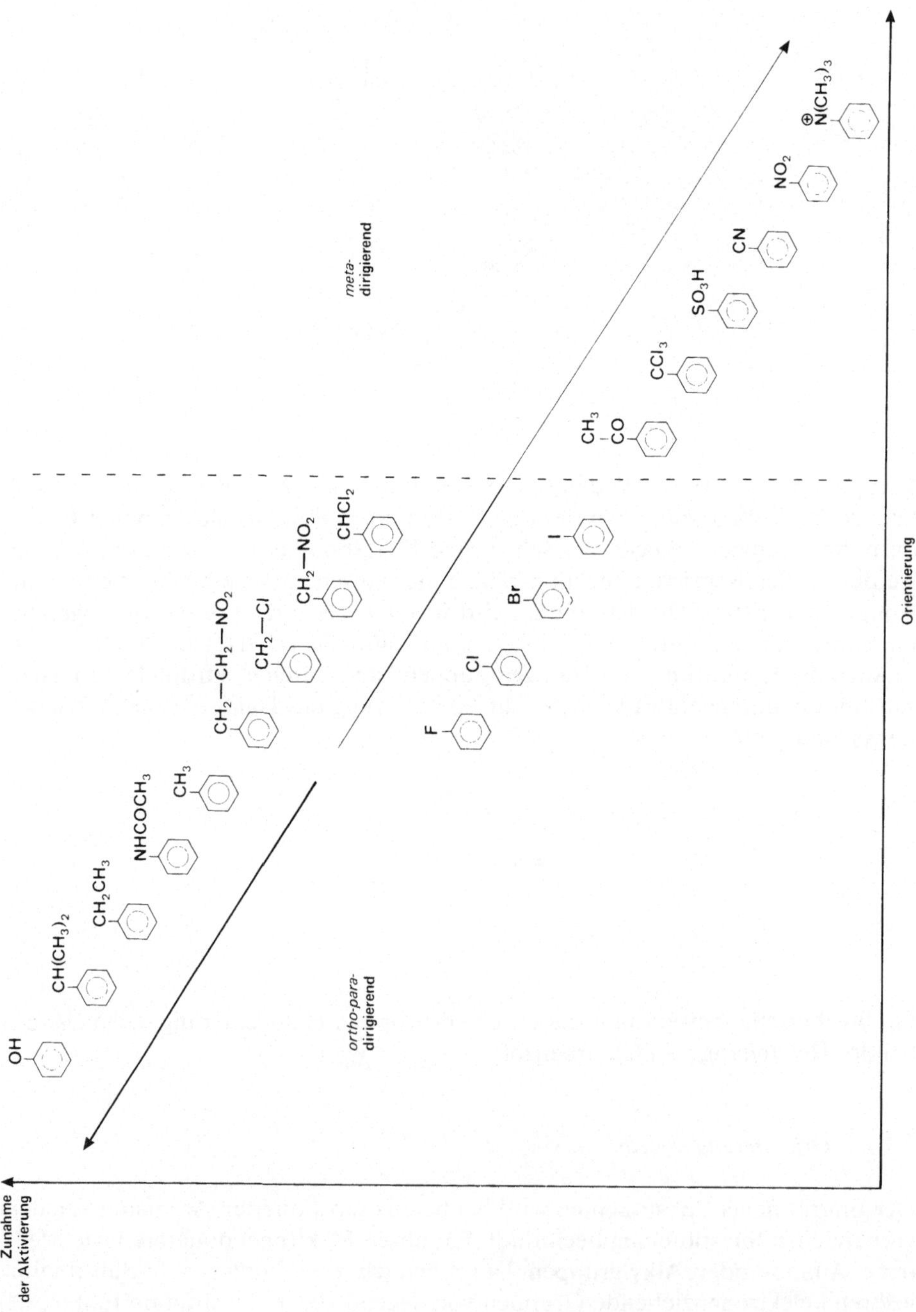

Abbildung 2.4: Dirigierender Einfluß von Substituenten auf die Nitrierung von Aromaten

2.2.2 Nucleophile Aromatensubstitution

Ist ein Aromat mit starken Elektronenakzeptoren, wie Nitrogruppen, substituiert, so ist ein nucleophiler Angriff am aromatischen System möglich. Die Substitution läuft häufig nach einem Additions-Eliminierungsmechanismus ab. Im ersten Reaktionsschritt wird das Nucleophil an das aromatische System addiert unter Ausbildung eines relativ stabilen Zwischenproduktes. Die negative Ladung ist dabei über das ganze konjugierte π-Elektronensystem delokalisiert. Diese Zwischenstufen sind bei geeigneter Substitution stabil und isolierbar; sie werden nach ihrem Entdecker Jacob Meisenheimer (1902) Meisenheimer-Komplexe genannt.

Meisenheimer-Komplex

Im zweiten Reaktionsschritt erfolgt die Abspaltung des Substituenten mit seinem Elektronenpaar.

Die Reaktion ist eine Folge von zwei Gleichgewichtsreaktionen. Sie läuft umso leichter ab, je nucleophiler die Eintrittsgruppe ist und je stabiler die austretende nucleofuge Gruppe ist. Als austretende Gruppen eignen sich Halogene in Form von Halogenid-Ionen, Diazonium-Ionen als Stickstoff, Sulfonsäuregruppen als Sulfit-Anionen (beispielsweise bei der NaOH-Schmelze von Sulfonaten zur Herstellung von Phenolen) und Wasserstoff, wenn das austretende energiereiche Hydrid-Ion durch Oxidation abgefangen wird.

Neben der nucleophilen Substitution von Aromaten nach dem Additions-Eliminierungsmechanismus ist die nucleophile Substitution durch Einwirkung einer starken Base $BI^{\ominus}$ nach einem Eliminierungs-Additionsmechanismus möglich. Intermediär entstehen dabei Arine. Dieser Reaktionstyp tritt beispielsweise bei der Herstellung von m-Kresol aus o- bzw. p-Chlortoluol auf. Das hochreaktive Arin kann an zwei Positionen angegriffen werden, so daß ein Isomerengemisch entsteht.

Ein Nachweis des Auftretens von Arin ist beispielsweise durch Abfangen des Dehydrobenzols mit einer Dienkomponente, wie dem Anthracen, möglich; dabei entsteht Triptycen.

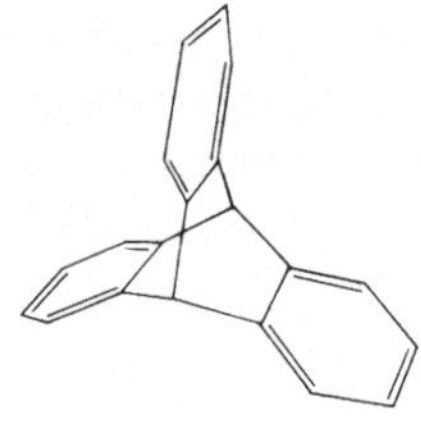

Triptycen

Formal analog, aber nach einem radikalischen Mechanismus, läuft die Sandmeyer-Reaktion ab, bei der die Substitution von Diazonium-Gruppen durch CN^-, Cl^-, Br^- oder N_3^- in Anwesenheit von Cu^+-Salzen erfolgt.

$$Ar-\overset{\oplus}{N}\equiv NI\; Cl^{\ominus} \;+\; CuCl \longrightarrow Ar\cdot \;+\; N_2 \;+\; CuCl_2$$

$$Ar\cdot \;+\; CuCl_2 \longrightarrow Ar-Cl \;+\; CuCl$$

2.2.3 Radikalreaktionen

2.2.3.1 Pyrolyse-Verfahren

Radikalreaktionen sind in der technischen Aromatenchemie insbesondere bei der Herstellung von aromatischen Grundkörpern aus den Rohstoffen Kohle und geeigneten Mineralölfraktionen sowie bei der Pyrolyse von Aromatengemischen unter Bildung von Koks von Bedeutung. Die Reaktionstemperatur liegt bei diesen Prozessen in der Regel deutlich über 500 °C, so daß aus der Pyrolyse ein breites Produktspektrum resultiert.

Auch die thermische Dealkylierung von Toluol läuft als Radikalreaktion ab.

Kinetische Untersuchungen haben ergeben, daß die thermische Hydrodealkylierung nach einer Reaktion 1.Ordnung in bezug auf den Aromaten und nach einer Reaktion 1/2.Ordnung in bezug auf Wasserstoff abläuft.

$$ -\frac{dc_T}{dt} = k \cdot c_{H_2}^{0,5} \cdot c_T $$

Dabei bedeuten c_T die Toluol-Konzentration, c_{H_2} die Wasserstoff-Konzentration und k die Reaktionsgeschwindigkeitskonstante. Die Aktivierungsenergie der Reaktion liegt bei 220 kJ/Mol. Das Reaktionsschema der Dealkylierung von Toluol zeigt Abbildung 2.5.

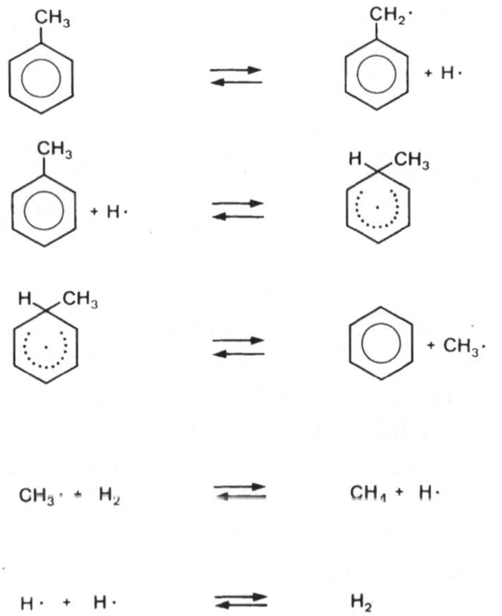

Abbildung 2.5: Reaktionsschema der Dealkylierung von Toluol

2.2.3.2 Oxidationsreaktionen

Die wichtigsten Oxidationsreaktionen in der industriellen Aromatenchemie werden in der Gasphase, insbesondere an V_2O_5-Kontakten, sowie als Flüssigphasenoxidationen in dem System Essigsäure/Mn-/Co-Salze durchgeführt; beide Reaktionstypen sind Radikalreaktionen.

Bei Gasphasenoxidationen bei Temperaturen über 300 °C, die bei der Herstellung von Phthalsäureanhydrid, Maleinsäureanhydrid und Naphthalsäureanhydrid angewendet werden, wird durch geeignete Wahl des Katalysators ein möglichst geringer Anfall an Kuppelprodukten erreicht.

Die Kinetik der Naphthalin-Oxidation kann bei konstantem Sauerstoffpartialdruck durch die folgende Gleichung wiedergegeben werden:

$$- \frac{dp_N}{dt} = \frac{k_N \cdot p_N}{1 + C \cdot k_N \cdot p_N}$$

Dabei bedeuten p_N der Partialdruck des Naphthalins, k_N die Geschwindigkeitskonstante und C eine Proportionalkonstante.

Bei geringem Naphthalin-Partialdruck verläuft die Oxidation nach einer Reaktion 1. Ordnung, während es sich bei relativ hohen Partialdrucken, wie sie zur technischen Anwendung gelangen, um eine Reaktion 0. Ordnung handelt.

Bei wesentlich geringerer Temperatur läuft die technische Cumol-Oxidation zum Cumolhydroperoxid ab. Hier erfolgt der Angriff des Sauerstoffbiradikals allerdings nicht auf den Aromaten, sondern auf die aktivierte CH-Gruppe. Für die Kinetik der autokatalytischen Reaktion gilt die folgende Gleichung:

$$- \frac{dc_{RH}}{dt} = - \frac{dc_{O_2}}{dt} = \sqrt{\frac{2\,k_i}{k_t}} \cdot k_p \cdot c_{ROOH}^{0,5} \cdot c_{RH}$$

Dabei bedeuten k_i die Geschwindigkeitskonstante in der Startphase, k_p die Konstante der Kettenreaktion, k_t die Konstante des Radikalabbruchs, RH steht für Cumol und ROOH für das Hydroperoxid.

Die Flüssigphasenoxidation wird vorwiegend im System Essigsäure/Co^{2+}/Br^- durchgeführt; außerdem wird die Chrom-Oxidation angewandt. Bei der dominierenden Reaktion von p-Xylol zu Terephthalsäure, die zweistufig über Methylbenzaldehyd abläuft, gilt für den ersten Schritt der Umwandlung die folgende Geschwindigkeitsgleichung:

$$r_1 = k_1 \cdot c_{Co^{2+}} \cdot c_{Br^-} \cdot c_{Xyl.}$$

Für die Geschwindigkeit der Umwandlung von p-Methylbenzoesäure zu Terephthalsäure gilt die nachstehende Gleichung:

$$r_2 = k_2 \cdot c_{Co^{2+}} \cdot c_{O_2}^{0,5}$$

Dabei bedeuten r_1 und r_2 die jeweiligen Reaktionsgeschwindigkeiten, k_1 und k_2 die Geschwindigkeitskonstanten und c die Konzentration der unterschiedlichen Reaktanten.

Auch diese Geschwindigkeitsgleichungen lassen darauf schließen, daß Radikalreaktionen an der Terephthalsäure-Herstellung beteiligt sind.

Radikalreaktionen spielen ebenfalls bei der Seitenkettenchlorierung von alkylierten Aromaten wie Toluol eine dominierende Rolle.

2.2.4 Umlagerungen

Die wichtigsten Umlagerungen in der technischen Aromatenchemie sind die Umlagerungen von Alkylaromaten (Transalkylierungen), die unter dem Einfluß von Lewis-Säuren ablaufen. Sie sind insbesondere bei der Herstellung von Benzol aus Xylolen sowie zur Optimierung der Herstellung von Alkylaromaten von Bedeutung.

Die Umlagerungen bei der Phenol-Herstellung aus Cumol bzw. Cumolhydroperoxid sind im Kapitel 5.3.1 beschrieben.

Von geringerer technischer Bedeutung sind die Benzilsäure-Umlagerung und die Benzidin-Umlagerung. Die Benzilsäure-Umlagerung wird bei der Herstellung von Fluoren-9-hydroxy-9-carbonsäure aus Phenanthrenchinon angewandt.

Zur Herstellung von 4,4'-Diphenylaminen aus Nitrobenzolen dient die Benzidin-Umlagerung von Hydrazobenzolen. Diese konzertierte Umlagerung erfolgt intramolekular über eine p-chinoide Zwischenstufe.

Die Reaktion wird heute praktisch ausschließlich zur Herstellung substituierter Benzidine angewandt.

Von großer technischer Bedeutung war insbesondere in Japan vor der großtechnischen Einführung der p-Xylol-Oxidation die Herstellung von Terephthalsäure durch *Henkel*-Umlagerung aus Benzoesäure und Phthalsäure (s. Kapitel 7.3.1), die bei 400 bis 420 °C und 10 bar durchgeführt wurde.

2.3 Nomenklatur

Die Benennung der wichtigsten Benzol-Derivate erfolgt mit Trivialnamen: Benzol, Toluol, o-Xylol, m-Xylol, p-Xylol; die Reste werden durch die Endsilbe -yl gekennzeichnet.

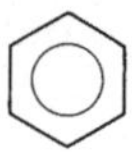

Benzol	Toluol	o-Xylol	m-Xylol

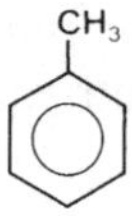

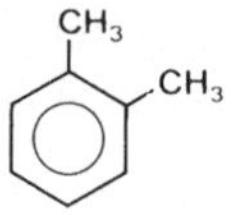

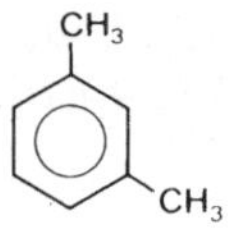

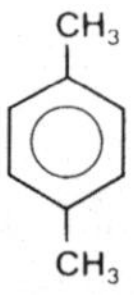

p-Xylol	Phenyl	Benzyl

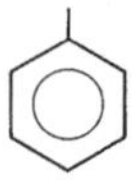

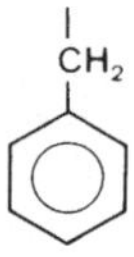

Die Kondensation mehrerer Sechsringe ergibt mehrkernige aromatische Verbindungen; die C-Atome werden mit Zahlen, die Bindungen mit Buchstaben bezeichnet.

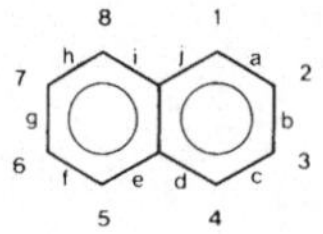

Naphthalin	Anthracen	Naphthacen

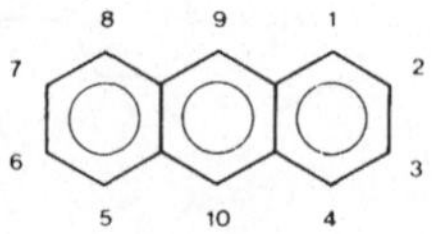

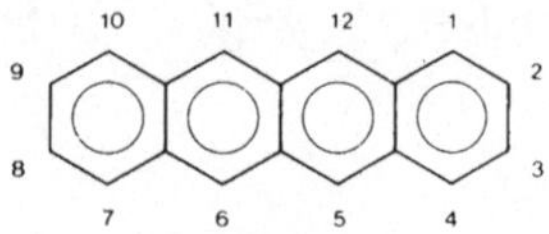

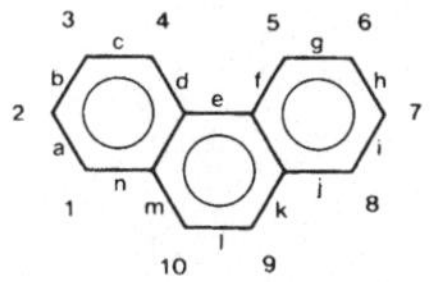

Phenanthren

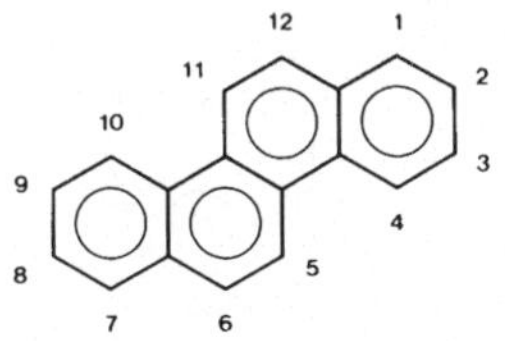

Chrysen

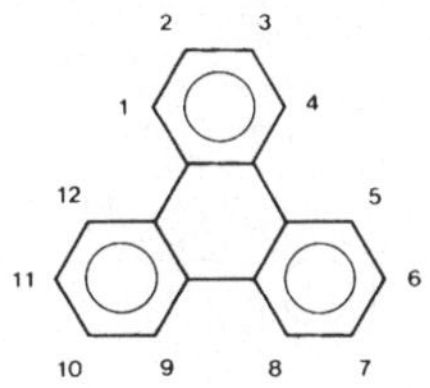

Triphenylen

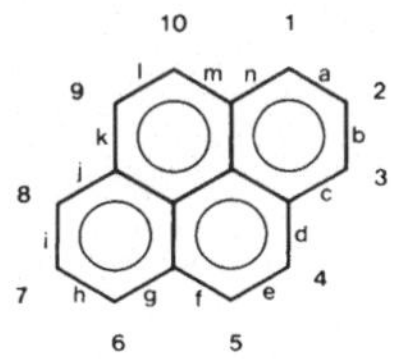

Pyren

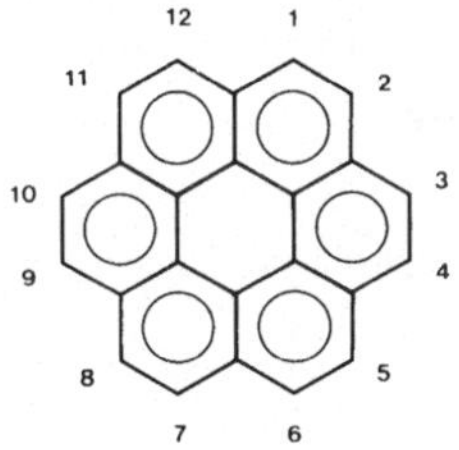

Coronen

Bei der Benennung substituierter Aromaten verfährt man wie bei aliphatischen Verbindungen; man setzt die Substituenten in alphabetischer Reihenfolge mit möglichst kleinen Zahlen vor den Stamm.

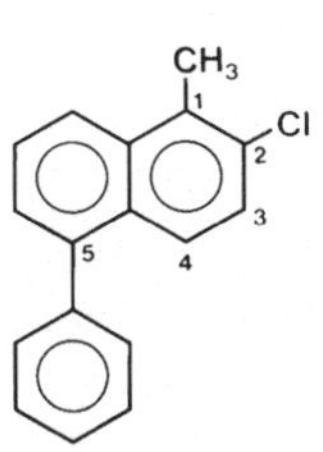

Das vorstehend abgebildete Naphthalin-Derivat heißt daher 2-Chlor-1-methyl-5-phenylnaphthalin (und nicht 6-Chlor-5-methyl-1-phenylnaphthalin).

Mehrkernige Aromaten denkt man sich aus einfachen Aromaten zusammengesetzt. Ein ankondensierter Benzol-Ring wird mit Benzo-, ein angelagerter Naphthalin-Ring mit Naphtho- bezeichnet.

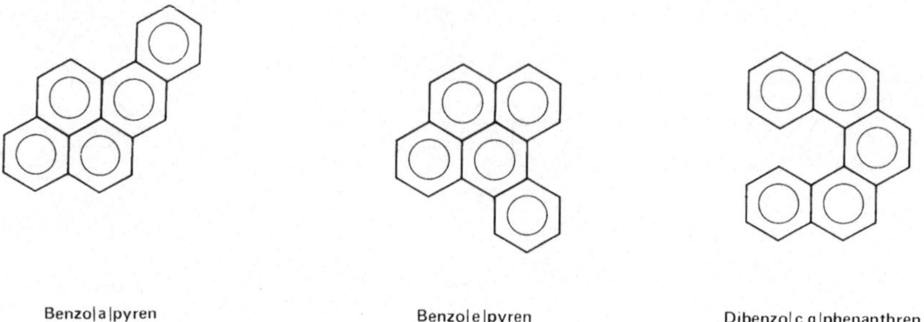

Auch die wichtigsten Verbindungen mit Heteroatomen werden in der Praxis mit Trivialnamen bezeichnet.

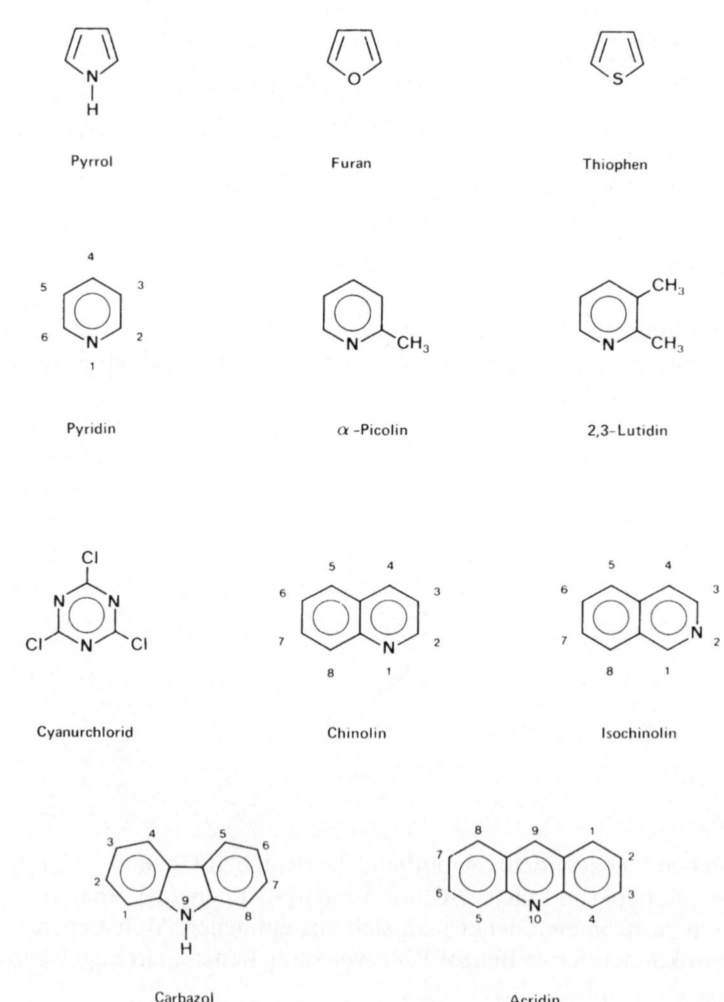

3 Rohstoffquellen für Aromaten

Die chemische Industrie deckt den Kohlenstoffbedarf zur Herstellung organischer Verbindungen aus den fossilen Rohstoffen Kohle, Erdöl und Erdgas sowie aus nachwachsenden Rohstoffen. Bei der Auswahl des Rohstoffes ist neben der Verfügbarkeit der chemische Charakter von entscheidender Bedeutung. So werden die olefinischen und aliphatischen Chemikalien wie Ethylen, Propylen und Methanol aus aliphatischen Mineralölfraktionen und geeignetem Erdgas hergestellt, während die mehrkernigen Aromaten wie Naphthalin, Anthracen und Pyren praktisch ausschließlich aus kohlestämmigen Rohstoffen gewonnen werden. Die einkernigen Aromaten wie Benzol, Toluol und Xylol nehmen dagegen eine Mittelstellung ein; als Rohstoffbasis dienen sowohl Mineralöl als auch Kohle. Nachwachsende Rohstoffe sind auf Grund ihres chemischen Aufbaus besonders zur Herstellung von sauerstoffhaltigen Verbindungen geeignet.

Weltweit liegt der jährliche Bedarf der chemischen Industrie an kohlenstoffhaltigen Rohstoffen bei nahezu 245 Mio t Öläquivalenten (1985). Die Hauptrohstoffquelle (Abbildung 3.1) ist das Erdöl (135 Mio t) gefolgt von Erdgas (65 Mio t), Kohle (25 Mio t) und nachwachsenden Rohstoffen (20 Mio t).

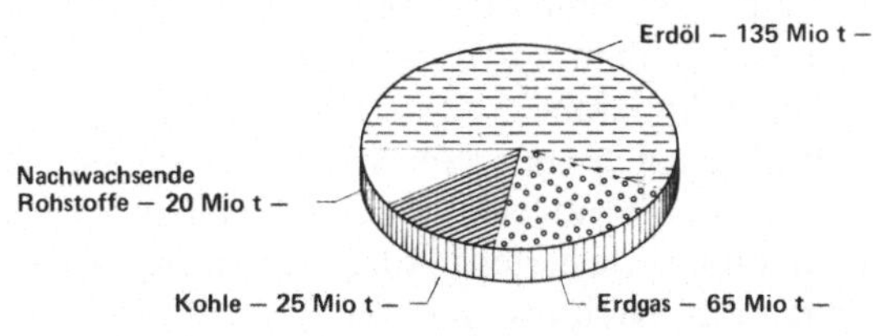

Abbildung 3.1: Rohstoffeinsatz der organisch-chemischen Industrie

3.1 Entstehung der fossilen Rohstoffe und ihre Zusammensetzung

Die Entstehung der fossilen Rohstoffe Mineralöl, Kohle und Erdgas geht zurück auf die Photosynthese, mit der die Pflanzen Kohlendioxid und Wasser unter Nutzung der Energie des Sonnenlichtes in Kohlenhydrate, also organisches Material, umwandeln. Der Ursprung von Kohle und Mineralöl ist nach dem heutigen Stande der Erkenntnis sicherlich organischer Natur; trotzdem wird auch in jüngster Zeit immer wieder die abiogene Herkunft der fossilen Rohstoffe diskutiert. Mineralöl könnte dabei in Analogie zur Fischer-Tropsch-Synthese aus CO und H_2 gebildet worden sein, während für die Entstehung von Kohle Carbid als Zwischenstufe zur Diskussion gestellt wird.

Die Bildung von Mineralöl begann vor 500 bis 600 Mio Jahren, während die Entstehung der Kohle bis zu 300 Mio Jahre zurückliegt. Während sich die Herkunft der Kohle auf Festlandpflanzen zurückführen läßt, sind die Organismen, aus denen das Erdöl entstanden ist, maritimen Ursprungs; es sind dies Phytoplankton, Zooplankton, höhere Pflanzen und Bakterien. Diese Ausgangsstoffe sind relativ wasserstoffreich, während das terrestrische Material, insbesondere das Holz, einen niedrigeren Wasserstoffgehalt und zum Teil aromatischen Grundcharakter aufweist.

Die Bildung organischen Materials im Meerwasser findet nahezu ausschließlich in der oberen vom Sonnenlicht durchstrahlten Wasserschicht von etwa 200 m, der euphotischen Zone, statt. Fast die gesamte Menge der synthetisierten organischen Substanzen wird in dieser Zone jedoch wieder bakteriell zu CO_2 oxidiert und so in den Kohlenstoffkreislauf zurückgeführt (1. Kreislauf). Lediglich ein geringer Teil, im allgemeinen 0,1%, maximal 4% der organischen Substanz wird nicht oxidiert und sinkt mit vom Festland herangeführten Sinkstoffen (Tontrübe) auf den Meeresboden ab. Unter Sauerstoffausschluß setzt in Gegenwart von anaeroben Bakterien eine Faulschlammbildung ein (2. Kreislauf). Der Faulschlamm besteht zu ca. 45% aus Cellulose, 45% aus Proteinen und zu 5 bis 10% aus Fetten.

Diese Zusammensetzung gibt einen Hinweis, daß ein großer Teil der mineralölbildenden Mikroorganismen dem Phytoplankton angehört; der Nachweis von Chlorophyll erhärtet diese Annahme.

Im Laufe der Zeit bildeten sich über dem Sediment mit den organischen Resten durch Aufschwemmung oder Tondeckung weitere Schichten, die das organische Sediment verdichteten und verfestigten. Auch die darüber liegenden Schichten wurden schließlich nach und nach fest, so daß es zur Bildung des Erdölmuttergesteins kam. Durch erhöhten Druck und Temperaturen zwischen 160 und 180 °C wurden die Kohlenhydrate, Proteine und Fette des Faulschlamms in eine fein verteilte schwerölartige Asphalt-Substanz, das Kerogen, umgewandelt. Mit zunehmender Versenkungstiefe entstand aus dem Erdölmuttergestein in der sogenannten Metagenese-Phase in Tiefen von 3000 bis 4000 m hauptsächlich Gas, während in Tiefen von 2000 bis 3000 m in der Phase der Katagenese eine Vielzahl von langkettigen Kohlenwasserstoffen neben Gas gebildet wurde.

Ein kleiner Teil der Kohlenwasserstoffe mit einem Kohlenstoffskelett, das charakteristisch für biologisch geprägte Moleküle ist, wurde in nahezu unveränderter Form von abgestorbenen Organismen übernommen, ohne die Kerogenphase zu durchlaufen. Zu diesen geochemischen Fossilien gehören Verbindungen wie z. B.

Cholesterin bzw. Cholestan sowie aus Isopren-Einheiten aufgebaute Verbindungen wie das Phytan.

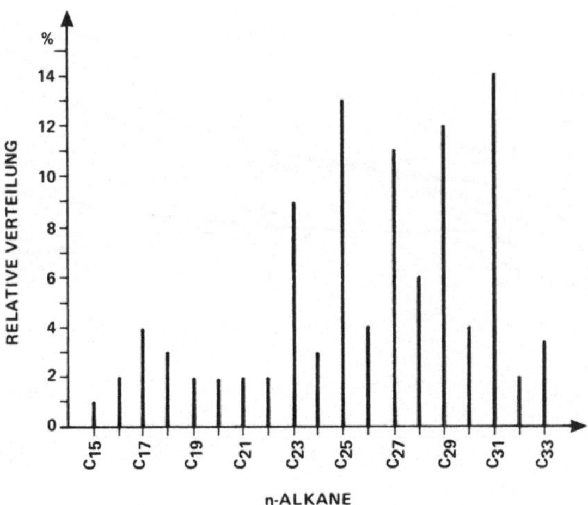

Alle organischen Substanzen sind unter den geologischen Bedingungen instabil und müssen sich daher im Zuge der Absenkung des Sedimentgesteins den jeweils herrschenden Druck- und Temperaturbedingungen anpassen. Deshalb verändern sich sowohl das unlösliche Kerogen in den Muttergesteinen als auch die abgegebenen aliphatischen Kohlenwasserstoffmischungen im Laufe der Katagenese und Metagenese. Das metastabile Kerogen wird bei diesem „Reifeprozeß" immer rei-

Abbildung 3.2: n-Alkan-Verteilung in aquatischen Sedimenten

cher an Kohlenstoff und ärmer an Wasserstoff, wobei sich vermehrt aromatische Grundstrukturen ausbilden. Die Kohlenwasserstoffgemische verarmen an komplexen Molekülen und damit auch an geochemischen Fossilien, wobei das mittlere Molekulargewicht ständig kleiner wird bis schließlich nur noch Methan übrig bleibt. Bei den n-Alkanen verschwindet die Bevorzugung der ungeradzahligen Moleküle, die, wie Abbildung 3.2. zeigt, in aquatischen Sedimenten deutlich überwiegen. Aus dem Vorliegen unterschiedlicher geochemischer Fossilien können für die Erdölexploration Rückschlüsse auf die Reife des Erdöls gezogen werden.

Die gebildeten Kohlenwasserstoffe drängen aus dem Muttergestein in höhere Schichten bis diese Migration von undurchlässigen Zonen gestoppt wird und sich erdölspeichernde Gesteinsschichten bilden.

Dieser Prozeß der Erdölentstehung erklärt, warum die Erdölgebiete vorwiegend in ehemaligen Sedimentbecken von Meeren oder in noch ungestörtem Küstenvorland der Kontinente, den Schelf-Gebieten, liegen.

Im Unterschied zur Bildung des Mineralöls tritt bei der Kohlebildung die Dismutation des Kohlenwasserstoffgerüstes nur in untergeordnetem Maß auf. Die Kohlebildung erfolgt durch Umwandlung von Landpflanzen in Torf, Braunkohle, Steinkohle, Anthracit und Graphit.

Die Hauptbestandteile der Landpflanzen bestehen aus Cellulose und anderen polymeren Kohlenhydraten. Beim Holz ist die Cellulose vom aromatischen Lignin eingehüllt.

Werden Landpflanzen von Gesteinsschichten überdeckt und dadurch von der Luftzufuhr ausgeschlossen, setzt der anaerobe Abbau ihrer organischen Bestandteile wie Cellulose, Lignin und anderer Biopolymere ein. Es beginnt die Inkohlung, d. h. die Umwandlung der Pflanzenreste über zunehmende Aromatisierung zu elementarem Kohlenstoff. Die Cellulose wird dabei größtenteils unter Wirkung von Bakterien und Pilzen „vergoren"; dabei werden Kohlendioxid und Methan abgespalten. Lignin wird zu Huminsäuren umgewandelt. Als erste Inkohlungsstufe ent-

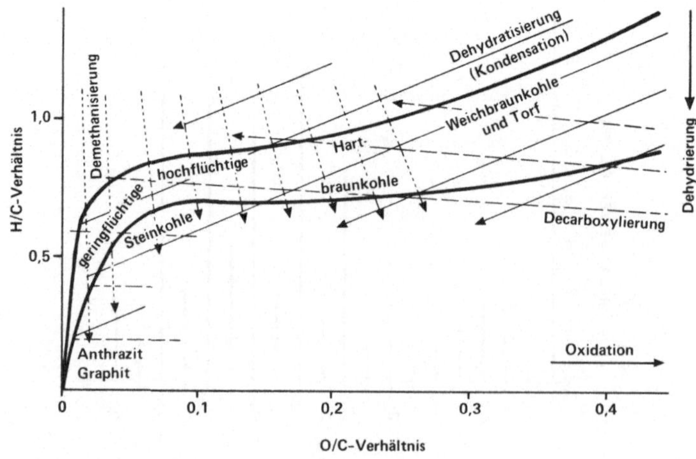

Abbildung 3.3: Verlauf der Inkohlung

steht der faserige Torf. Beim Übergang von Torf zur erdig-matten Braunkohle verlieren die Huminsäuren einen Teil ihres Wassers. Im Übergang zur Steinkohle werden die Huminsäuren weiter umgewandelt, wobei insbesondere Carboxylgruppen abgespalten werden. Die letzten Stufen der Inkohlung sind geochemische Prozesse, die bei Temperaturen von bis zu 200 °C in langen Zeitabschnitten ablaufen. Der Inkohlungsverlauf von Kohle im H/C und O/C-Diagramm ist in Abbildung 3.3 dargestellt.

Die unterschiedliche Aromatizität von Kohle und Mineralöl ergibt sich also vorwiegend aus den Grundstoffen: maritimes organisches Material führt wegen der wasserstoffreichen Grundkörper, wie Fette und Aminosäuren, zu Mineralöl mit vorwiegend aliphatischem Aufbau der Inhaltsstoffe, während sich aus terrestrischen Pflanzen, die durch einen höheren Kohlenstoffgehalt und größere Aromatizität charakterisiert sind, Kohlen mit hohem Aromatenanteil bilden.

3.2 Kohle

3.2.1 Vorkommen, Zusammensetzung und Verwendung der Kohle

Steinkohle ist mit einem Anteil von über 50% unter den fossilen Rohstoffen der Kohlenstoffträger mit dem bei weitem größten Verfügbarkeitspotential. Die weltweit gesicherten Vorkommen an Steinkohle belaufen sich auf ca. 6.900 Mrd t; davon sind nach dem derzeitigen Stand der Technik 550 Mrd t abbauwürdig. Die Braunkohlenvorräte betragen ca. 6.500 Mrd t; abbauwürdig sind 430 Mrd t. Den großen Kohlevorkommen stehen wirtschaftlich gewinnbare Mineralölreserven von nur 95 Mrd t und Erdgasvorräte von 90.000 Mrd m³ (ca. 72 Mrd t) gegenüber. Die geographische Verteilung der Steinkohlevorkommen (Abbildung 3.4) ist wesentlich gleichmäßiger als die Aufteilung der Mineralölreserven, die überwiegend im Nahen Osten konzentriert sind.

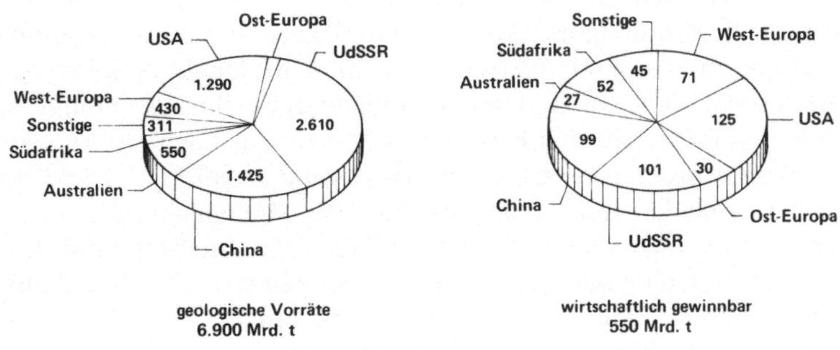

Abbildung 3.4: Steinkohlenvorräte in der Welt (1985)

Die derzeitige Weltkohleförderung beläuft sich auf ca. 3,3 Mrd t/a (Abbildung 3.5). Die größten Kohleproduzenten (1986) sind China (840 Mio t), die Sowjetunion (589 Mio t) und die Vereinigten Staaten (742 Mio t). Die westeuropäische Kohleproduktion liegt bei ca. 230 Mio t. Während die Kohleproduktion in Westeuropa stagniert und in den letzten Jahren sogar leicht rückläufig war, ist eine Zunahme der Kohleförderung insbesondere in den Schwellen- und Entwicklungsländern zu verzeichnen.

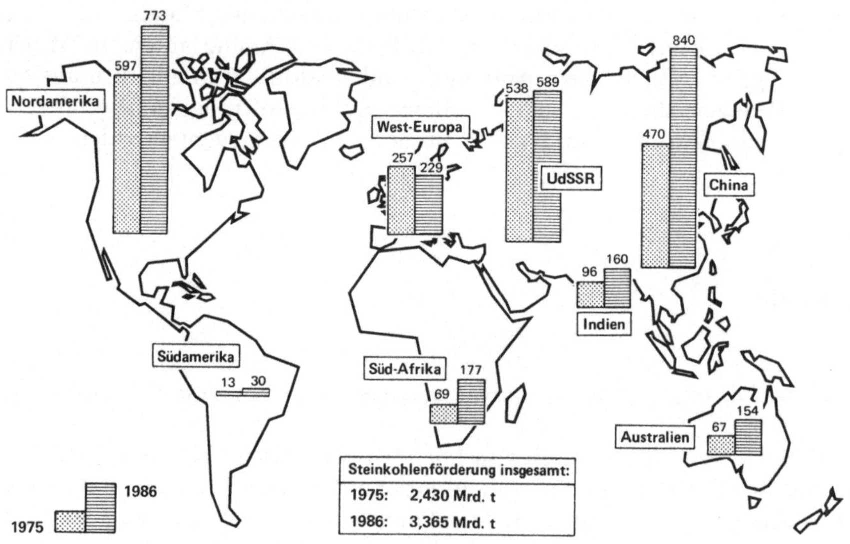

Abbildung 3.5: Steinkohlenförderung 1975/1986

Das Verständnis der chemischen Struktur der unterschiedlichen Kohlen ist für die Herstellung von Aromaten von wesentlicher Bedeutung. Die schwierige Aufklärung der Struktur beschäftigt die Kohlechemiker seit über 80 Jahren. Besondere Schwierigkeiten bereitete die statistische Aufteilung der Kohlenstoffatome auf die aliphatischen und aromatischen Teile der Makromoleküle, aus denen sich die Kohle zusammensetzt. Mit der Entwicklung der NMR-Spektroskopie, insbesondere der ^{13}C NMR-Spektroskopie seit Mitte der 70er Jahre, ist diese Aufteilung und die direkte Bestimmung der Aromatizität, die als Verhältnis der aromatischen Kohlenstoffzahl zur Gesamtkohlenstoffzahl eines Moleküls definiert ist, jedoch möglich geworden. Neue Methoden der Molekulargewichtsbestimmung haben zu der Erkenntnis geführt, daß sich Kohlen aus Makromolekülen mit Molekularmassen bis zu 100.000 zusammensetzen. Die vorwiegend aromatischen und hydroaromatischen Bausteine des Makromoleküls sind über Methylenbrücken oder längere aliphatische Ketten miteinander verbunden. Der Aromatisierungsgrad der Kohlen ist umso höher, je geologisch älter die Kohle ist. Ein typisches Steinkohlemodell wurde von William R. Ladner vorgeschlagen (Abbildung 3.6).

Es entspricht weitgehend den aromatischen Strukturen von Verbindungen, die u.a. aus Kohle extrahierbar sind (Abbildung 3.7).

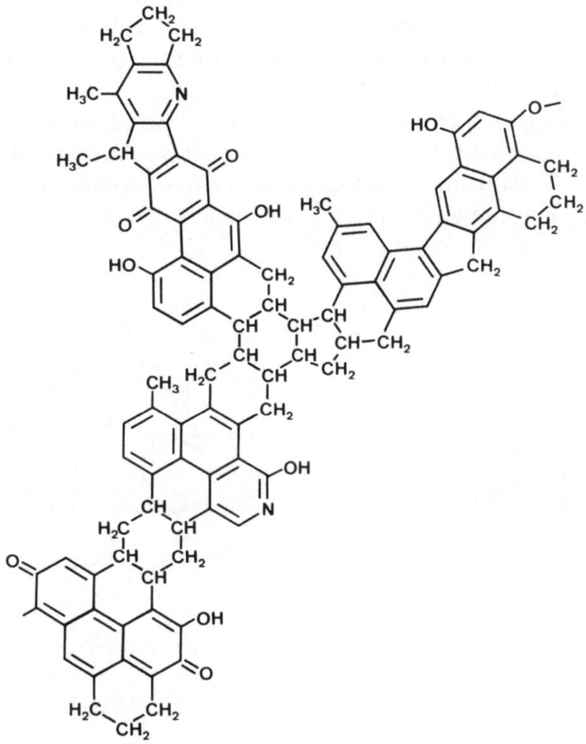

Abbildung 3.6: Kohlestrukturmodell nach Ladner

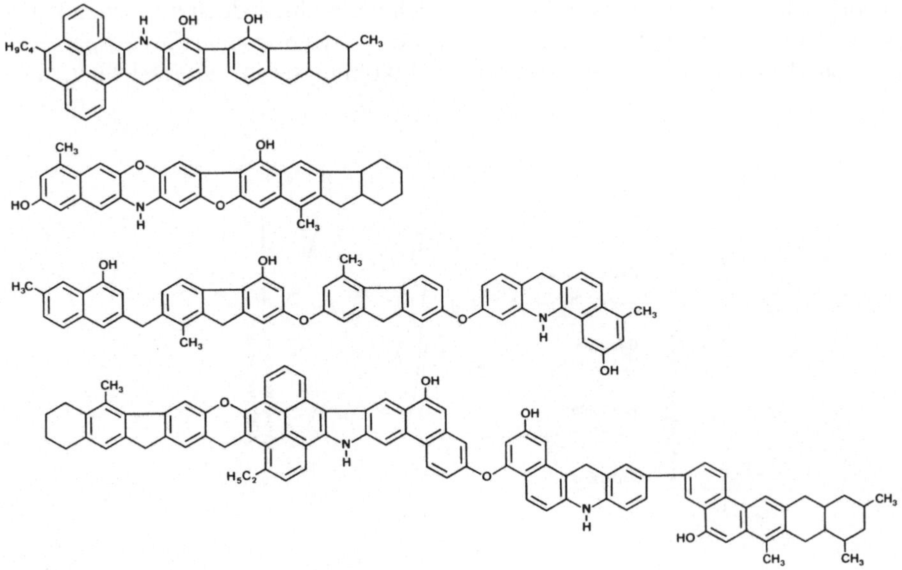

Abbildung 3.7: Aromatische Extrakte aus Kohle

In der Braunkohle ist der Anteil der aromatischen Strukturen geringer als in der Steinkohle. Einen besonders hohen Aromatisierungsgrad hat aufgrund ihres hohen geologischen Alters die Anthracitkohle.

Neben dem dargestellten Aromatenmodell des Kohleaufbaus wurden in der Mitte der 70er Jahre insbesondere Polyadamantan-Strukturen diskutiert. In Abbildung 3.8 ist die Struktur des Adamantans und eines hypothetischen Polyadamantan-Modells der Zusammensetzung $C_{66}H_{59}$ wiedergegeben.

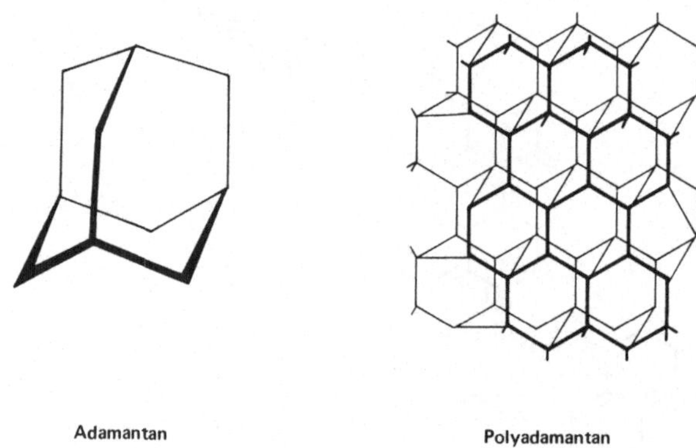

Abbildung 3.8: Struktur von Adamantan und eines Polyadamantans

Insbesondere mit Hilfe der ^{13}C-Kernresonanzspektroskopie, die die direkte Analyse des Kohlenstoffgerüstes von Kohlenstoffverbindungen ermöglicht, konnte das vorgeschlagene Adamantan-Strukturmodell der Kohle jedoch weitgehend ausgeschlossen werden. In Abbildung 3.9 sind die ^{13}C-Kernresonanzfestkörperspektren von Kohlen mit unterschiedlichem Inkohlungsgrad aufgezeichnet. Die

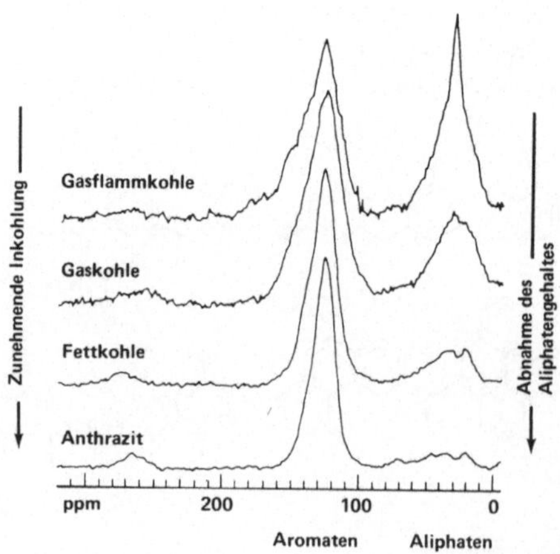

Abbildung 3.9: ^{13}C-Kernresonanzfestkörperspektren von unterschiedlichen Kohlen

Absorptionsbande im Aliphatenbereich bei ca. 40 bis 50 ppm nimmt mit zunehmender Inkohlung stark ab; Anthracit ist praktisch ausschließlich aus sp^2-hybridisiertem Kohlenstoff aufgebaut, während die junge Gasflammkohle noch einen großen Aliphatenanteil aufweist.

Neben der Verbrennung, vorwiegend zur Stromerzeugung, ist die Verkokung zur Gewinnung von Koks für die Roheisenerzeugung das mengenmäßig wichtigste Einsatzgebiet der Kohle. Weltweit werden ca. 500 Mio t Kohle pro Jahr verkokt; dabei fallen als Kuppelprodukte gleichzeitig die für die industrielle Aromatenchemie wichtigen Rohstoffe Teer (ca. 16 Mio t) und Rohbenzol (ca. 5 Mio t) an. Ergänzende Prozesse zur Kohleveredelung sind neben der Verkokung die Kohlehydrierung und die Kohlevergasung. Die Kohlehydrierung, die in den 30er Jahren in Deutschland zur großtechnischen Reife entwickelt wurde, hat die Verölung der Kohle zum Ziel, d. h. die Herstellung eines „synthetischen Rohöls" (Syncrude), aus dem Treibstoffe, Heizöle und Chemieprodukte gewonnen werden können. Bei den derzeitigen Mineralölpreisen ist die Hydrierung der Kohle nicht wirtschaftlich. Da die Mineralölreserven jedoch nur noch für eine begrenzte Zeit reichen, wird die Optimierung der Verfahren zur Kohlehydrierung weiterbetrieben. Die Kohlevergasung zur Herstellung von Synthesegas ist bei niedrigen Kohlekosten eher in der Lage, mit Mineralöl und Erdgas zu konkurrieren. Die Herstellung von Gas aus Kohle wird seit vielen Jahren in Ländern betrieben, die über keine eigenen Rohöl- und Erdgasreserven, wohl aber über billige Kohle verfügen. Hierzu gehören insbesondere Indien, Südafrika, Finnland und Sambia.

3.2.2 Thermische Kohleveredelung – Teer- und Rohbenzol-Gewinnung

Die thermische (pyrolytische) Umwandlung der Kohle in Koks, Gas und aromatische Flüssigprodukte ist das älteste und mengenmäßig bedeutendste Kohleveredelungsverfahren. Die Prozesse bei der Verkokung unter Luftausschluß verlaufen in Stufen. Bis 150 °C entweichen neben Kohlendioxid und Wasser leicht flüchtige C_2- bis C_4-Kohlenwasserstoffe. Ab einer Pyrolysetemperatur von 180 °C sind auch

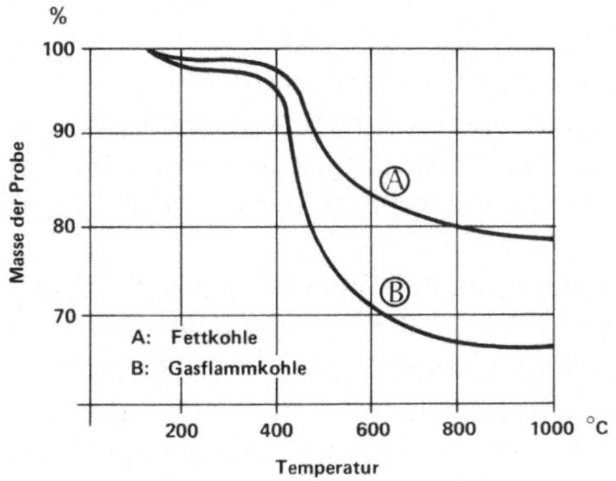

Abbildung 3.10:   Entgasungsverlauf von Steinkohlen

Aromaten in den flüchtigen Bestandteilen enthalten. Bei Temperaturen über 350 °C findet eine rasche Entgasung statt, die bis ca. 550 °C anhält. Die Geschwindigkeit dieser Entgasung erfolgt näherungsweise in einer Reaktion 1. Ordnung, die durch den Aufbruch der Bindungen in den Makromolekülen der Kohle erklärt werden kann. Bei der Sekundärentgasung des entstandenen Halbkokses zwischen 600 und 800 °C entstehen hauptsächlich Wasserstoff und Methan. Abbildung 3.10 zeigt den Entgasungsverlauf von Steinkohle des mittleren Inkohlungsbereiches (Gasflammkohle, Fettkohle) bei einer Aufheizrate von 2 K/min.

Die großtechnische Verkokung der Steinkohle erfolgt bei Temperaturen von 1.000 bis 1.200 °C. Die Dauer der Verkokung beträgt für Hüttenkoks 14 bis 20 Stunden. Je Tonne Kohle fallen ca. 750 kg Koks, 370 m³ Koksofengas, 35 kg Rohteer, 11 kg Rohbenzol, 2,4 kg Ammoniak und 150 kg Wasser an. Abbildung 3.11 zeigt das Mengenflußbild für eine Kokerei mit einem täglichen Kohleeinsatz von 7.000 t. Das Gichtgas wird von Hochöfen geliefert, die mit der Kokerei im Energieverbund stehen.

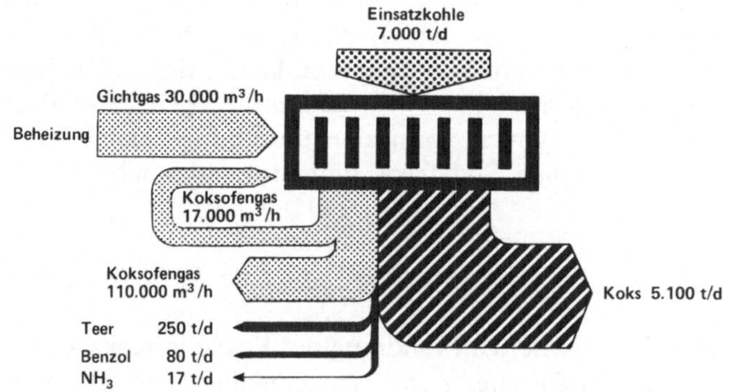

Abbildung 3.11: Mengenflußbild einer mittleren Hüttenkokerei

In jüngster Zeit werden zur Kokserzeugung vorwiegend Großraumöfen mit einer Breite von 450 bis 550 mm, einer Höhe von 7 bis 8 m und einer Länge von 16 bis 18 m eingesetzt. Mehrere Ofenkammern sind jeweils zu einer Batterie zusammengeschlossen. Die Kapazität einer modernen Kokerei liegt bei 3 bis 4 Mio t/a Koks. Abbildung 3.12 zeigt die Maschinenseite der Kokerei Zollverein (Bauart *Krupp-Koppers*) der *Ruhrkohle* mit einer Produktion von ca. 2,5 Mio t Hüttenkoks in 1985.

Die bei der Verkokung entstehenden etwa 750 bis 850 °C heißen Entgasungsprodukte werden über Steigrohre in die Gassammelleitung abgesaugt. Das Rohgas wird durch eingedüstes Ammoniakwasser auf etwa 80 bis 100 °C gequencht, wobei 60 bis 70% des Rohteers abgeschieden werden. Das gleichzeitig anfallende phenolhaltige wässrige Kondensat durchläuft eine extraktive Entphenolung. Die Phenole können mit den phenolischen Produkten aus der Teerdestillation (s. Kapitel 3.2.3) gemeinsam aufgearbeitet werden. Bei der Kühlung des Rohgases im Gas-

Abbildung 3.12: Kokerei Zollverein der *Ruhrkohle*, Essen

vorkühler auf ca. 25 °C erfolgt die Abscheidung der restlichen 30 bis 40% des Teeres. Aus dem gekühlten Gas werden nach Passieren des Elektrofilters Ammoniak, Schwefelwasserstoff und Benzol ausgewaschen (Abbildung 3.13, siehe Seite 38). Das Rohbenzol wird aus dem Koksofengas mit Benzolwaschöl, einer von 220 bis 300 °C siedenden Teerölfraktion, in Waschtürmen im Gegenstrom extrahiert. In einer Abtreibeanlage wird anschließend das Rohbenzol (s. Kapitel 4.2) von dem beladenen Waschöl getrennt.

3.2.3 Teerraffination

Im Rahmen der Koksproduktion fallen weltweit ca. 16 Mio t Steinkohlenteer an. Die wichtigsten teerproduzierenden Länder sind die UdSSR, Japan, die Vereinigten Staaten, China, die Bundesrepublik Deutschland, Polen und Frankreich. Durch den Aufbau der Eisen- und Stahlindustrie wächst das Teeraufkommen in den südostasiatischen Ländern wie insbesondere Korea (Abbildung 3.14, siehe Seite 38).

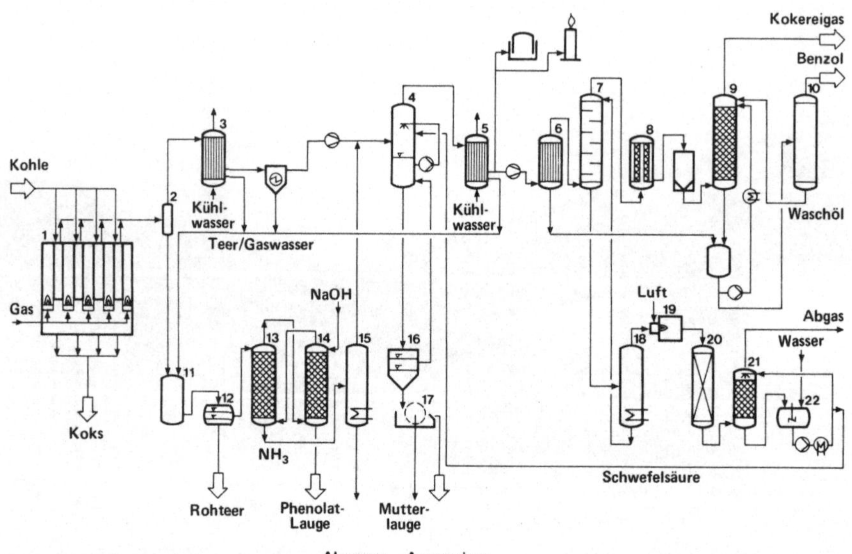

1 Koksofen; 2 Gasabscheider; 3 Vorkühler; 4 NH$_3$-Sprühsättiger; 5 Schlußkühler; 6 Kühler; 7 H$_2$S-Wäscher; 8 Gasreinigung; 9 Benzol-Kaltwäscher; 10 Benzol-Kolonne; 11 Kondensat-Tiefbehälter; 12 Teer-Abscheider; 13 Phenol-Extraktion; 14 Benzol-Regenerierung; 15 NH$_3$-Abtreiber; 16 Ammoniumsulfatbrei-Behälter; 17 Filter; 18 H$_2$S-Abtreiber; 19 H$_2$S-Verbrennung; 20 SO$_2$-Oxidation; 21 Absorptionskolonne; 22 Verdünnungsbehälter

Abbildung 3.13: Verfahrensschema der Reinigung von Kokereigas

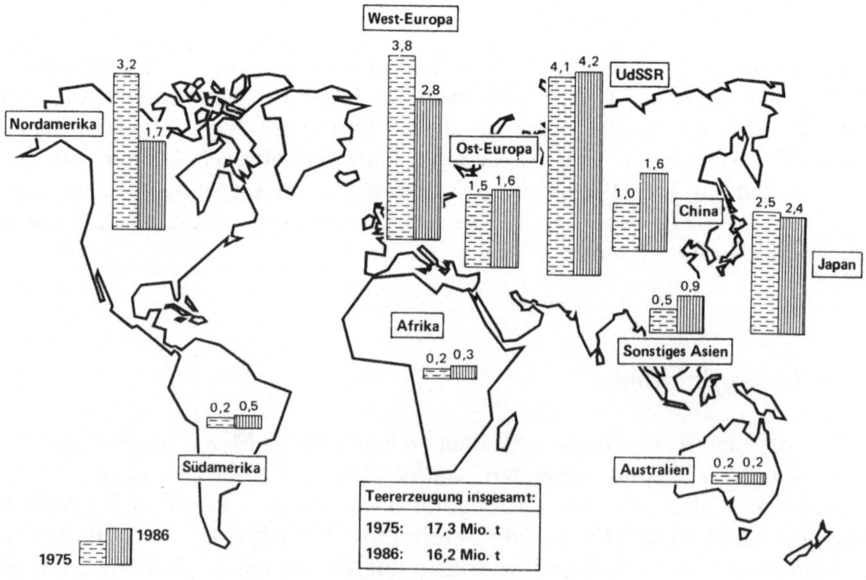

Abbildung 3.14: Teererzeugung 1975/1986

Steinkohlenteer ist ein komplex zusammengesetztes Gemisch von nahezu ausschließlich aromatischen Verbindungen. Die Hauptinhaltsstoffe des Steinkohlenteers sind Naphthalin, Phenanthren, Fluoranthen, Pyren, Acenaphthen, Anthracen, die Heterocyclen Carbazol, Chinolin und Isochinolin, daneben Phenole und Benzofuran-Derivate sowie schwefelhaltige Verbindungen wie Thionaphthen. Auch Verbindungen mit olefinischem Charakter sind im Steinkohlenteer enthalten (Tabelle 3.1). Die Gesamtzahl der Inhaltsstoffe wird auf ca. 10.000 geschätzt.

Tabelle 3.1: Inhaltsstoffe des Steinkohlenteers

Verbindung	Kp in °C bei 1013 mbar	Fp °C	durchschnittl. Gehalt / %
Kohlenwasserstoffe:			
Naphthalin	217,95	80,29	10,0
Phenanthren	338,4	100,5	4,5
Fluoranthen	383,5	111,0	3,0
Pyren	393,5	150,0	2,0
Acenaphthylen	270,0	93,0	2,5
Fluoren	298,0	115,0	1,8
Chrysen	441,0	256,0	1,0
Anthracen	339,9	218,0	1,3
Inden	182,8	−1,8	1,0
2-Methylnaphthalin	241,1	34,6	1,5
1-Methylnaphthalin	244,4	−30,5	0,7
Diphenyl	255,9	71,0	0,4
Acenaphthen	277,2	95,3	0,2
Heterocyclen:			
Carbazol	354,75	245,0	0,9
Diphenylenoxid	287,0	83,0	1,3
Acridin	243,9	111,0	0,1
Chinolin	273,1	−15,0	0,3
Diphenylensulfid	331,4	97,0	0,4
Thionaphthen	219,9	31,3	0,3
Isochinolin	243,25	26,5	0,1
Chinaldin	246,6	−2,0	0,1
Phenanthridin	349,5	107,0	0,1
7,8-Benzochinolin	340,2	52,0	0,2
2,3-Benzodiphenylenoxid	394,5	208,0	0,2
Indol	254,7	52,5	0,2
Pyridin	115,26	−41,8	0,03
2-Methylpyridin	129,41	−66,7	0,02
Phenole:			
Phenol	181,87	40,89	0,5
m-Kresol	202,23	12,22	0,4
o-Kresol	191,00	30,99	0,2
p-Kresol	201,94	34,69	0,2
3,5-Dimethylphenol	221,96	63,27	0,1
2,4-Dimethylphenol	210,93	24,54	0,1

Die Zahl der möglichen Strukturen (Tabelle 3.2) von polycyclischen aromatischen Kohlenwasserstoffen wächst mit zunehmender Anzahl von Sechs-Ringen. Für ein Molekül wie Pyren, das aus vier Ringeinheiten aufgebaut ist, sind bereits sechs weitere Ringverknüpfungen möglich (Abbildung 3.15), die zu den Verbindungen Naphthacen, Benz-(a)-anthracen, Chrysen, Benzo-(c)-phenanthren, Triphenylen, Pyren und Benzo-(a)-phenalenyl führen.

Tabelle 3.2: Zahl der äquiannularen polycyclischen aromatischen Kohlenwasserstoffe in Abhängigkeit von der Ringzahl n

n	kata-annelierte PAH	peri-kondensierte PAH	Σ
1	1	0	1
2	1	0	1
3	2	1	3
4	5	2	7
5	12	10	22
6	37	45	82
7	123	210	333
8	446	1002	1448

Naphthacen

Benz|a|anthracen

Chrysen

Benzo|c|phenanthren

Triphenylen

Pyren

Benzo|a|phenalenyl

Aufgrund seiner Genese enthält der Steinkohlenteer auch höhermolekulare toluol-unlösliche Bestandteile, die als Toluol-Unlösliches (TI), sowie ca. 100 bis 1.000 nm große rußartige Bestandteile, die aufgrund ihrer Unlöslichkeit in Chinolin als Chinolin-Unlösliches (QI) erfaßt werden. Von den mineralischen und den leicht flüchtigen anorganischen Begleitstoffen der Kohle wie z. B. Zink ist ein Teil im Teer enthalten, die sich überwiegend in der Asche wiederfinden. Tabelle 3.3 zeigt die Kenndaten eines Steinkohlenteers des Ruhrgebietes.

Tabelle 3.3: Kenndaten eines Kokereiteers des Ruhrgebietes

Dichte	g/cm^3	1,175
Wasser	%	2,5
Toluol-Unlösliches	%	5,50
Chinolin-Unlösliches	%	2,0
Verkokungsrückstand		
(nach MUCK)	%	14,6
Kohlenstoff (waf)*	%	91,39
Wasserstoff (waf)	%	5,25
Stickstoff (waf)	%	0,86
Sauerstoff (waf)	%	1,75
Schwefel	%	0,75
Chlor	%	0,03
Asche	%	0,15
Zink	%	0,04
Naphthalin	%	10,0
Siedeanalyse (DIN 1995):		
bis 180 °C Wasser	%	2,5
Leichtöl	%	0,9
180–230 °C	%	7,5
230–270 °C	%	9,8
270–300 °C	%	4,3
300 °C bis Pech	%	20,1
Pech **	%	54,5
Destillationsverlust	%	0,5

* waf = wasser- und aschefrei
** Erweichungspunkt (K-S) 67 °C

Die Raffination des Steinkohlenteers erfolgt heute vorwiegend in zentralen Destillationsanlagen. Derzeit sind weltweit über 100 Teerraffinerien mit einer Kapazität bis zu 750.000 t/a in Betrieb. Die Aufarbeitung des Steinkohlenteers war zu Beginn dieses Jahrhunderts Vorbild für die aufkommende Raffination von Mineralöl und hat beispielsweise bei der Entwicklung der Röhrenöfen Schrittmacherdienste geleistet (System Borrmann). Die Verarbeitung von Steinkohlenteer unterscheidet sich jedoch von der Destillation von Mineralöl grundsätzlich dadurch, daß bei der Steinkohlenteerraffination der verfahrenstechnische Ablauf zu einem Teil auf die Gewinnung technisch reiner aromatischer Grundchemikalien ausgerichtet ist, während die Mineralölraffination ausschließlich auf die Gewinnung von Destillatschnitten abzielt.

Der Rohteer verläßt mit einem Wassergehalt von 2 bis 10% die Kokerei und wird vor der Destillation zur weiteren Wasserabscheidung in Behältern zwischengelagert. Die üblicherweise in der Mineralölraffination angewandte elektrostatisch hervorgerufene Koaleszenz der Wassertröpfchen und anschließende Wasserabscheidung ist beim Steinkohlenteer wegen der anderen Dichteverhältnisse nicht möglich. Da der Rohteer häufig Chloride enthält, ist zur Vermeidung von Korrosionsschäden eine Neutralisation mit Soda oder Natriumhydroxid erforderlich. Die Destillation des Steinkohlenteers kann nach unterschiedlichen Verfahren erfolgen. Die erste Stufe der destillativen Aufarbeitung ist die Entwässerung. Zum Vorwärmen des Rohteers wird die fühlbare Wärme der Destillate genutzt. Von den zahlreichen Verfahren zur Teerdestillation hat sich insbesondere die Vakuumrektifikation mit Sumpfumwälzung bewährt. Bei diesem Verfahren (Abbildung 3.15) wird der entwässerte Teer nach Aufheizung in einem gas- oder ölbefeuerten Röhrenofen in die mit ca. 60 Böden ausgerüstete Hauptkolonne eingespeist und in der Regel in 4 bis 5 Fraktionen sowie den Pechrückstand zerlegt. Die weitere Anreicherung der Teerinhaltsstoffe, wie Naphthalin und Anthracen, erfolgt in Seitenkolonnen.

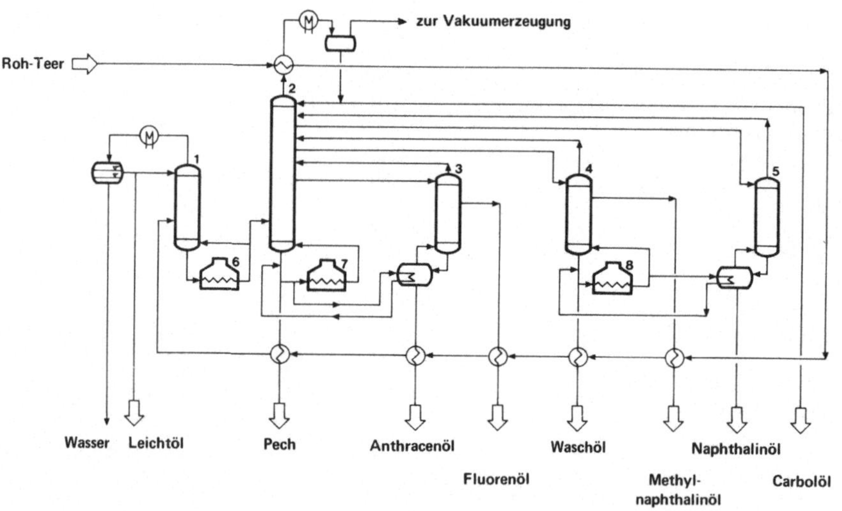

1 Entwässerungskolonne; 2 Hauptkolonne; 3 Anthracenöl-Seitenkolonne; 4 Waschöl-Seitenkolonne; 5 Naphthalinöl-Seitenkolonne; 6–8 Röhrenöfen

Abbildung 3.15: Verfahrensschema der Teerdestillation mit Sumpfumwälzung

Der Vorteil dieses Verfahrens liegt in der geringen Verweilzeit des Pechs auf hohem Temperaturniveau, was für bestimmte Aufarbeitungen, zum Beispiel zur Herstellung von Elektrodenbindemitteln, von Vorteil sein kann.

Die Siedebereiche der typischen Teerfraktionen sind in Abbildung 3.16 zusammengestellt.

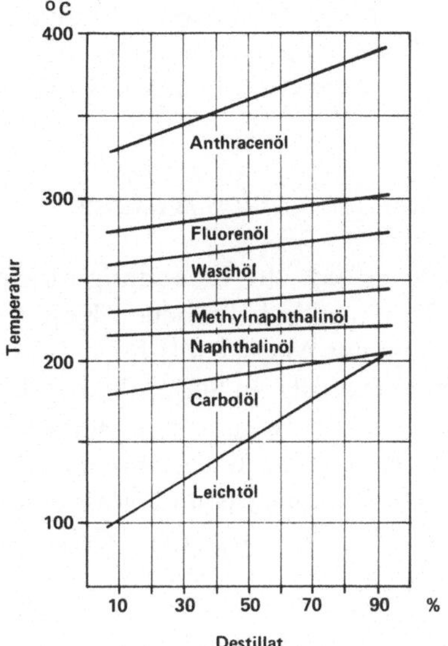

Abbildung 3.16: Siedebereiche der Destillationsschnitte der Teerdestillation

Neben dem Pech, das mit 50 bis 55% den größten Anteil des Steinkohlenteers ausmacht, werden bei der Destillation 0,5 bis 1% Leichtöl, 2 bis 3% Carbolöl, 10 bis 12% Naphthalinöl, 2 bis 3% Methylnaphthalinöl, 7 bis 8% Waschöl, 2 bis 3% Fluorenöl und 20 bis 30% Anthracenol gewonnen.

Bei der Teerdestillation ist der Rohteer nicht inert, sondern einige Aromaten wie Acenaphthylen, Anthracen und Inden, werden durch Wasserstofftransfer des Pechs teilweise in die entsprechenden Hydroaromaten umgewandelt.

Aus Leichtöl und Carbolöl werden z. B. Phenole und Pyridine (s. Kapitel 5.3.3 und 14.2.1), aus Naphthalinöl wird Naphthalin (s. Kapitel 9.2.1), aus Waschöl Acenaphthen (s. Kapitel 10.3) und aus Anthracenöl Anthracen, Phenanthren und Carbazol (s. Kapitel 11.1, 12.1, 14.5.5) gewonnen. Der Pechrückstand wird zu technischen Kohlenstoffprodukten weiterverarbeitet (s. Kapitel 13).

3.2.4 Aromatenanfall bei der Kohlevergasung

Die Vergasung der Kohle erfolgt zur Erzeugung von Wasserstoff, Synthesegas (CO/H_2) und Heizgas. Die derzeitig betriebenen Kohlevergasungsanlagen dienen überwiegend zur Gewinnung von Wasserstoff für die Ammoniak- bzw. Düngemittelherstellung. Darüber hinaus erfolgt in Südafrika bei der *South African Oil & Gas Corporation (SASOL)* die Kohlevergasung zur Herstellung von Kraftstoffen aus Synthesegas nach dem Fischer-Tropsch-Verfahren in den Anlagen *SASOL* I, II und III. Dabei werden Kohlenmonoxid und Wasserstoff bei Temperaturen von 200 bis 350 °C und 10 bis 25 bar an Eisen- bzw. Kobalt-Kontakten in Kohlenwasserstoffe umgewandelt.

Die Fischer-Tropsch-Synthese führt nahezu ausschließlich zu aliphatischen Kohlenwasserstoffen und Sauerstoffverbindungen; der Anteil der Aromaten hängt vom Typ des angewandten Reaktorsystems ab. So ist der Aromatengehalt des Benzins und Dieselöls, das nach dem Festbett-Verfahren in der *SASOL*-I Anlage

Tabelle 3.4: Betriebsbedingungen der Verfahren zur Kohlevergasung

Reaktortyp	Festbett	Wirbelschicht	Flugstrom
Zustandsform	Schüttgut	Wirbelbett	Flugstrom
Korngröße d. Kohle (mm)	10 bis 30	1 bis 10	unter 0,1
Verhältnis Dampf/O_2 (kg/m^3_N)	9:1 bis 5:1	2,5:1 bis 1:1	0,5:1 bis 0,02:1
Bewegung des Brennstoffs	Gegenstrom	Wirbel-Gleichstrom	Gleichstrom
Verweilzeit des Brennstoffs	60 bis 90 min	15 bis 60 min	unter 1 sec
Brennstoffanforderungen	darf nicht backen und nicht zerfallen	sehr reaktionsfähig, darf nicht zerfallen	Ascheschmelzpunkt unter 1,450 °C
Gasaustrittstemperatur, max (°C)	370 bis 600	800 bis 950	1.400 bis 1.600
Druck (bar)	20 bis 30	1,03	1–30
Zusammensetzung des Rohgases (Vol.-%) CO + H_2 CH_4	62 12	84 2	85 0,1
Organische Nebenprodukte	Teer, Öl, Phenole, Benzin, Abwasser	keine	keine

erzeugt wird, vernachlässigbar gering, während der Aromatenanteil des Benzins bei dem insbesondere in den Anlagen *SASOL* II und III angewandten Fluidbett-Verfahren bei 7% und im Falle des Dieselöls bei 10% liegt. Der erhöhte Aromaten-gehalt bei Anwendung des Fluidbettreaktors beruht vorwiegend auf der ca. 100 °C höheren Reaktionstemperatur. Aufgrund der niedrigen Konzentration ist eine Aromatengewinnung aus Kohlenwasserstoffgemischen, die nach dem Fischer-Tropsch-Verfahren erzeugt werden, wirtschaftlich nicht möglich; Synthesegas bzw. das daraus herstellbare Methanol lassen sich jedoch nach dem *Mobil*-Verfahren in Aromaten umwandeln (s. Kapitel 3.4).

Für die Kohlevergasung stehen zur Zeit drei technisch erprobte Verfahrensty-pen zur Verfügung, nämlich die Vergasung im Festbett (z. B. *Lurgi*), in der Wirbel-schicht (z. B. nach Fritz Winkler *(BASF)*) und im Flugstrom (z. B. *Texaco, Koppers-Totzek*). Weitere Verfahren, wie z. B. die Kohlevergasung im Eisenbad, befinden sich in der Entwicklung.

Tabelle 3.4 zeigt die Betriebsbedingungen der drei technisch erprobten Verga-sungsverfahren.

Aromatische Kohlenwasserstoffe fallen als Nebenprodukte nur bei den Fest-bett-Verfahren an, da wegen der hohen Reaktionstemperaturen bei der Vergasung in der Wirbelschicht und im Flugstrom die Kohle keine Schwelstufe durchläuft, so daß alle flüchtigen Kohlenwasserstoffe in Gas umgewandelt werden.

Der Teeranfall bei der Festbettvergasung mit Gegenstromführung der beiden Reaktanden Kohle und Luft/Dampf hängt im wesentlichen von dem geologi-schen Alter ab, d.h. dem Flüchtigen-Gehalt der Einsatzkohle; er liegt zwischen 20 kg und 90 kg pro t Kohle. Entsprechend schwankt der Rohphenol-Anfall zwi-schen 3 und 10 kg.

Aufgrund der relativ niedrigen Temperaturen bei der Festbettvergasung, die im allgemeinen nach dem *Lurgi*-Verfahren erfolgt, entspricht der anfallende Teer in seiner Zusammensetzung dem Schwelteer, d.h. der Aromatisierungsgrad ist wesentlich geringer als der von Steinkohlenhochtemperaturteer. Tabelle 3.5 zeigt

Tabelle 3.5: Inhaltsstoffe des Hochtemperaturteers und des Schwelteers aus der Kohlevergasung

Verbindung	Steinkohlenteer (%)	Vergasungsteer (*LURGI*) (%)
Naphthalin	10,0	2,5
1-Methylnaphthalin	0,7	0,7
2-Methylnaphthalin	1,5	1,0
Dimethylnaphthaline	<0,1	1,8
Diphenyl	0,4	0,1
Acenaphthen	0,2	0,9
Fluoren	1,8	1,1
Phenanthren	4,5	1,6
Anthracen	1,3	0,7
Carbazol	0,9	0,3
Fluoranthen	3,0	0,4
Pyren	2,0	0,3
n-Alkane	<0,1	3,3

eine Gegenüberstellung der Zusammensetzung von Festbettvergasungsteer, der bei dem *Lurgi*-Verfahren anfällt, und einem typischen Steinkohlenhochtemperaturteer.

Bei der Raffination des Teers aus der *Lurgi*-Festbett-Vergasung der *SASOL*-Anlage werden folgende Fraktionen gewonnen: leichtes Naphtha (5%), schweres Naphtha (7%), mittleres Kreosotöl (25%), schweres Kreosotöl (20%), Pechdestillat (13%) und Pech (30%).

Abbildung 3.17 zeigt das Verfahrensschema der Aufarbeitung des *SASOL*-Teers.

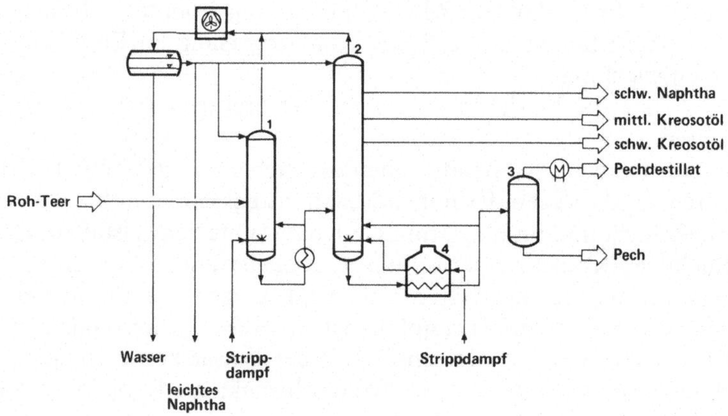

1 Entwässerungskolonne; **2** Destillationskolonne; **3** Pech-Flashkolonne; **4** Röhrenofen

Abbildung 3.17: Schema der Destillation des *SASOL*-Teers

Die Naphthaströme werden in einer Niederdruckhydrierung (50 bar/370 °C) zur Benzin-Herstellung weiterverarbeitet. Das mittelschwere und das schwere Kreosotöl werden ebenfalls druckhydriert, wobei allerdings schärfere Bedingungen, d. h. höherer Druck und höhere Temperaturen (180 bar/400 °C), angewendet werden, um Dieselkraftstoff zu erzeugen. Das Rohphenol kann nach dem bei der Phenol-Gewinnung aus Steinkohlenteer angewandten Verfahren aufgearbeitet werden. Das anfallende Pech ist wegen seines Aschegehaltes und seiner geringen Aromatizität nicht als Bindemittel für Anoden, jedoch z. B. als Straßenbaubindemittel einsetzbar.

3.2.5 Aromatenherstellung durch Kohleverflüssigung

3.2.5.1 Geschichtliche Entwicklung

Vereinfacht ausgedrückt wird bei der Kohleverflüssigung das Kohlenstoff-/Wasserstoffverhältnis der Kohle durch Hydrierung so verkleinert, daß die Kohle unter weitgehender Erhaltung ihrer aromatischen Grundstrukturen in ein „synthetisches Rohöl" (Syncrude) überführt wird.

Zur Kohleverflüssigung durch Hydrierung stehen zwei Verfahrenstypen zur Verfügung, nämlich die direkte Umsetzung der Kohle mit Wasserstoff, die im Jahre 1913 von Friedrich Bergius entdeckt wurde, sowie die Kohleextraktion mit hydrierenden Lösungsmitteln, die von Alfred Pott und Hans Broche im Jahre 1935 erstmals in einer Versuchsanlage erprobt wurde. Das anfallende Reaktionsprodukt kann bei beiden Verfahren insbesondere zur Gewinnung von Treibstoffen in einer zweiten Stufe weiterhydriert werden.

Das Fließschema einer Kohle-Hydrieranlage nach dem weiterentwickelten Bergius-Prozeß (*IG*-Hydrier-Verfahren) ist in Abbildung 3.18 dargestellt.

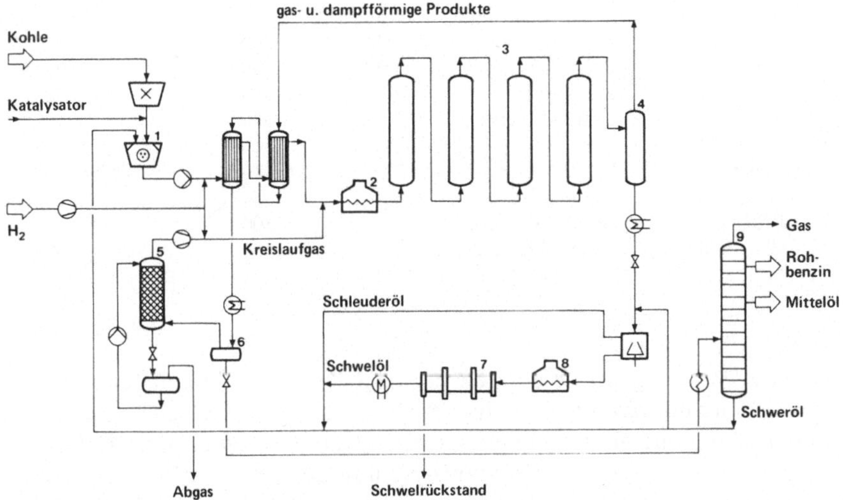

1 Kohlebrei-Herstellung; **2** Röhrenofen; **3** Hydrierreaktoren; **4** Heißabscheider; **5** Kreislaufgaswäsche; **6** Kaltabscheider; **7** Drehrohrofen; **8** Röhrenofen; **9** Destillation

Abbildung 3.18: Verfahrensschema der Kohlehydrierung nach Bergius (*IG*-Verfahren)

Beim Pott-Broche-Prozeß wurde Tetralin als Lösungsmittel für die Kohleextraktion im Gemisch mit Kresol (80/20) eingesetzt, mit dem in einer Anlage der *Ruhröl* in Welheim (Bottrop) in den Jahren 1938 bis 1944 30.000 t/a Kohleextrakt hergestellt wurden. Die Extraktion wurde unter einem Druck von ca. 100 bar und einer Temperatur von 415 bis 435 °C durchgeführt. Der Kohleextrakt wurde als schwefelarmer Brennstoff sowie zur Herstellung von Elektrodenkoks verwendet oder nach einer Hydrierung zu Benzin, Mittelöl und Schweröl aufgearbeitet. Vor dem erneuten Einsatz zur Extraktion mußte das Lösungsmittel regeneriert, d.h. hydriert werden.

Die Hydrierung der Kohle wurde besonders in Deutschland und Großbritannien entwickelt, um der Importabhängigkeit von Mineralöl zu begegnen. In beiden Ländern wurden bis zum Ende des 2. Weltkrieges großtechnische Kohle-hydrieranlagen betrieben, die eine Gesamtkapazität von knapp 4,5 Mio t/a Treibstoff aufwiesen. Tabelle 3.6 zeigt eine Zusammenstellung der deutschen und englischen Hydrierwerke sowie ihrer Arbeitsbedingungen.

Tabelle 3.6: Deutsche und englische Werke zur Kohlehydrierung

Anfahr-termin	Werk	Rohstoff	Druck (bar) Sumpfphase	Gasphase	Kapazität t/a 1943/1944
1927	Leuna	Braunkohle, Teer	200	200	650.000
1933	Billingham	Steinkohle (75%), Teeröl (25%)	300	300	150.000
1936	Böhlen	Braunkohlenteer	300	300	250.000
1936	Magdeburg	Braunkohlenteer	300	300	220.000
1936	Scholven	Steinkohle	300	300	280.000
1937	Welheim	Pech	700	700	130.000
1939	Gelsenberg	Steinkohle	700	300	400.000
1939	Zeitz	Braunkohlenteer	300	300	280.000
1940	Lützkendorf	Teer, Öl	500	500	50.000
1940	Pölitz	Steinkohle, Öl	700	300	700.000
1941	Wesseling	Braunkohle	700	300	250.000
1942	Brüx	Braunkohlenteer	300	300	600.000
1943	Blechhammer	Steinkohle, Teer	700	300	420.000

Nach dem 2. Weltkrieg wurde ein Teil der deutschen Hydrieranlagen zur Hydrie-rung von mineralölstämmigen Schwerölrückständen umgerüstet und bis zum Beginn der 60er Jahre genutzt. Diese Anlagen waren Vorläufer der Hydrocracker.

Neuen Auftrieb erhielt die Weiterentwicklung der Kohleverflüssigung, die ins-besondere in den USA, in der Bundesrepublik Deutschland, Großbritannien und Japan betrieben wurde, mit Beginn der ersten Erdölkrise im Jahre 1973.

3.2.5.2 Mechanismen der Kohleverflüssigung

Während bei der Vergasung die weitgehende Zerlegung der Kohle in niedermole-kulare Verbindungen, vorzugsweise CO, CH_4 und H_2, erfolgt, bleiben bei der Koh-leverflüssigung durch Hydrierung die aromatischen Grundstrukturen der Kohle erhalten, so daß Kohleöl nicht nur zur Herstellung von Heizölen und Treibstoffen, sondern auch für die Gewinnung von Aromaten geeignet ist. Zur Hydrierung sind insbesondere Braunkohlen und von den Steinkohlen Gasflammkohlen geeignet. Besonders vorteilhaft für gute Hydrierkohlen sind ein niedriger Aschegehalt, ein Flüchtigengehalt zwischen 25 bis 40% sowie ein hoher Vitrinitgehalt von 60 bis 80%. Tabelle 3.7 zeigt einige charakteristische Daten für eine Hydrierkohle aus dem Ruhrrevier und zwei Hydrierkohlen aus den USA.

Tabelle 3.7: Zusammensetzung von Hydrierkohlen (in %)

	Ruhrkohle	Indiana V	Illinois No. 6
flüchtige Anteile			
(waf)	37,9	39,7	42,8
Asche	4,6	10,6	10,2
Kohlenstoff	82,8	77,3	77,4
Wasserstoff	5,2	5,3	5,2
Schwefel	1,0	3,7	3,2
Stickstoff	0,5	1,6	1,7
Sauerstoff	10,5	11,1	12,4

Die Kohleverflüssigung beruht grundsätzlich – unabhängig von den Verfahrensvarianten – auf folgenden Schritten:

1. Anmaischen der feingemahlenen Kohle mit einem geeigneten Lösungsmittel,
2. Hydrocracken des erhitzten Reaktionsgemisches unter Druck mit molekularem
   oder disponiblem Wasserstoff unter Einsatz von Katalysatoren
3. Entspannung des Reaktionsproduktes und Abtrennung des Rückstandes von
   den destillierbaren Anteilen und
4. Weiterverarbeitung der Kohleöldestillate.

In dem ersten Schritt der Kohleverflüssigung wird feingemahlene Kohle (Korn-
durchmesser <0,1 mm) mit einem Lösungsmittel angemaischt, um die Kohle
fließ- und pumpfähig zu machen. Der Wahl des Lösungsmittels kommt besondere
Bedeutung zu, da das Lösungsmittel zur Stabilisierung der erzeugten Kohlefrag-
mente und zur Lösung der Molekülbruchstücke geeignet sein muß. Naturgemäß

Tabelle 3.8: Lösungsvermögen von Aromaten und Hydroaromaten für Kohle

Verbindung	Standard Extraktionsausbeute
Acenaphthen	85,2
Anthracen	32,4
Carbazol	87,3
Dibenzofuran	65,9
9,10-Dihydroanthracen	76,9
Diphenyl	13,0
Fluoranthen	80,1
Fluoren	66,0
2,3-Dihydroindol	96,0
1-Methylnaphthalin	48,1
2-Methylnaphthalin	50,4
Naphthalin	14,0
Phenanthren	54,8
Pyren	83,0
1,2,3,4-Tetrahydrochinolin	94,7
Tetralin	85,5

sind daher kohlestämmige Öle besonders geeignet. Anthracenöl aus der Verarbeitung von Steinkohlenteer wurde aus diesem Grund bei der Entwicklung der Kohlehydrierung als Anmaischöl zunächst bevorzugt. Schon bei der Erhitzung des Kohle-Öl-Gemisches kommt es zu einer Desintegration der Kohle, die in der Zunahme des in Chinolin löslichen Anteils sichtbar wird.

Tabelle 3.8, in der das Lösungsvermögen mehrkerniger Aromaten und Hydroaromaten für Kohle dargestellt ist, zeigt, daß Hydroaromaten, die auch im Anthracenöl enthalten sind, ein besonders hohes Lösungsvermögen aufweisen.

Ein Vergleich der Auflösung der Kohle in aromatischen, hydroaromatischen und aliphatischen Lösungsmitteln bei 400 °C ist in Abbildung 3.19 dargestellt.

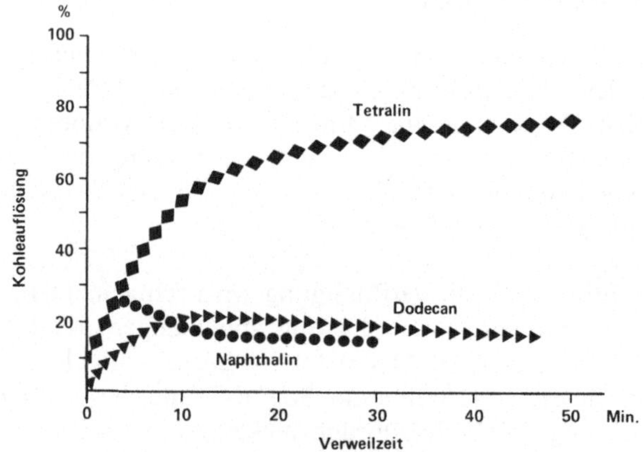

Abbildung 3.19:   Kohleauflösung bei 400 °C in C_{10}-Kohlenwasserstoffen

Für einen hohen Auflösungsgrad ist eine Absättigung der Kohlebruchstücke mit Wasserstoff erforderlich, wozu im Unterschied zu Naphthalin und Dodecan nur das hydroaromatische Tetralin in der Lage ist. Am Beispiel der Kohlebruchstück-Modellsubstanz 1-Phenanthren-2-pyren-ethan ist die mögliche reversible Umsetzung mit Tetralin dargestellt.

Zur Untersuchung des Ablaufs der Wasserstoffübertragungsmechanismen wurden auch deuterierte Wasserstoffdonatoren wie Tetralin-d_{12} und Naphthalin-d_8 eingesetzt. Tetralin-d_{12} wird dabei in einer sehr rasch ablaufenden Reaktion in der 1-Position durch Wasserstoff der Kohle substituiert. Bei einer Reaktionstemperatur von 400 °C bleibt der Deuteriumgehalt an der 1-Position nach einer Reaktionszeit von ca. 15 min relativ konstant bei 66%. Die 2-Position nimmt dagegen in wesentlich geringerem Umfang am Austausch teil. Die Deuteriumatome des aromatischen Kerns sind dagegen praktisch nicht am Wasserstoffaustausch beteiligt. Auch Naphthalin-d_8 reagiert bevorzugt an der 1-Position. Bei der Interpretation von Experimenten mit deuterierten Lösungsmitteln ist allerdings stets zu beachten, daß auch die kleineren Kohlebruchstücke in der Lage sind, an Wasserstoffaustauschreaktionen teilzunehmen (hydrogen shuttle).

Die Ölausbeute bei der Verflüssigung der Kohle durch Umsetzung mit Wasserstoff oder einem im Kreislauf geführten hydrierenden Lösungsmittel hängt insbesondere ab von der Höhe des Wasserstoffverbrauchs (Abbildung 3.20).

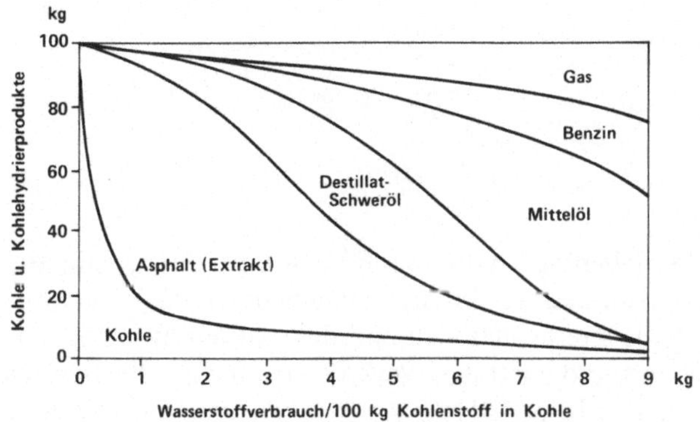

Abbildung 3.20: Aufteilung der Kohlehydrierprodukte bei unterschiedlichem Wasserstoffeinsatz

Die Reaktionsbedingungen in der ersten Stufe (Sumpfphase) liegen im allgemeinen bei Temperaturen von 400 bis 500 °C und Drucken von 100 bis 700 bar. Als Katalysatoren gelangen vorwiegend Molybdän- und Wolframoxide sowie Eisen-Verbindungen zum Einsatz. Bei dem *IG*-Hydrier-Verfahren fand als Eisen-Katalysator Bayer-Masse Verwendung, die als Nebenprodukt beim Bauxit-Aufschluß anfällt. Kohlen, bei denen die mineralischen Begleitstoffe die erforderliche katalytische Aktivität besitzen, können ohne Zusatz von Katalysatoren hydriert werden.

Die ersten großtechnischen Hydrieranlagen für Steinkohle, die in England 1933 in Billingham sowie in Deutschland 1936 in Scholven in Betrieb gingen, waren für einen Druck von 250 bzw. 300 bar ausgelegt. Bei diesen relativ niedrigen Drucken wurde als Katalysator 0,06% Zinnoxalat (bezogen auf Trockenkohle) eingesetzt. Die später betriebene Kohlehydrierung bei höheren Drucken (700 bar) führte zu einem höheren Kohleaufschluß und ermöglichte die Verwendung von Bayer-Masse sowie von schwachsauren Eisensulfaten als Katalysator.

Das bei der Hydrierung anfallende Reaktionsgemisch wird in der Regel in einen Heißabscheider zur Auftrennung in Gase, Dämpfe und Flüssig-Feststoffgemische geleitet. Die Verarbeitung des Hydrierrückstandes kann durch Filtration, Zentrifugieren oder Destillation erfolgen. Die Weiterverarbeitung der Kohleölprodukte zu Benzin und Dieselöl wird nach den in der Mineralölraffination üblichen Verfahren durchgeführt.

In den Tabellen 3.9 und 3.10 sind die typischen Eigenschaften eines Sumpfphasenbenzins und Sumpfphasenmittelöls dargestellt.

Tabelle 3.9: Zusammensetzung und Kenndaten eines Sumpfphasenbenzins

Phenole im Rohbenzin %	18,0
entphenoliertes Benzin	
Dichte bei 15 °C (g/ml)	0,795
Siedebereich bis 100 °C %	23,0
Siedeende °C	185
Paraffine %	32,5
Naphthene %	35,0
Aromaten %	22,5
Olefine %	10,0
Oktanzahl ROZ	80

Tabelle 3.10: Kenndaten eines Sumpfphasenmittelöls

Dichte bei 20 °C (g/ml)	0,970
Anilinpunkt °C	−16
Cetanzahl	6
Stockpunkt °C	−44
Siedebeginn °C	195
Siedebereich	
bis 250 °C %	50
Siedeende °C	348
Wasserstoffgehalt %	9,5
Phenolgehalt %	16

Die bis 1945 betriebenen Hydrieranlagen waren durch einige grundsätzliche Schwierigkeiten beeinträchtigt. Da die Kohle beim Anmaischen mit dem Lösungsmittel quillt, verschlechterte sich während des Aufheizens vor der Hydrierung der Wärmeübergang. Außerdem traten Verkrustungen auf, die den Wärmeübergang zusätzlich erschwerten. In den Hydrierreaktoren war die Verhinderung von Verkokungen durch Überhitzung ein großes Problem. Auch im Heißabscheider bestand Verkokungsgefahr. Die Anlagen hatten daher nur eine maximale Laufzeit von ca. 200 Tagen. Die Abschlammaufbereitung erfolgte beim *IG*-Hydrier-Verfahren durch Zentrifugieren und anschließendes Schwelen des Dicklaufs. Hatte der Zentrifugendünnlauf einen zu hohen Asphalten-Gehalt, wurde bei seiner Rückführung die Koksbildungsneigung im Vorerhitzer und Reaktorteil weiter erhöht.

3.2.5.3 *Weiterentwicklung der Kohlehydrierung seit 1970*

Die insbesondere zu Beginn der 70er Jahre wieder aufgenommenen Arbeiten zur Weiterentwicklung der Kohleverflüssigung durch Hydrierung und Extraktion hatten vornehmlich das Ziel, diese Schwierigkeiten zu überwinden und bei relativ niedrigen Drucken und nicht zu hohem Wasserstoffverbrauch eine möglichst hohe Öl-Ausbeute zu erreichen.

Das SRC-Verfahren (solvent refined coal) der *Pittsburgh & Midway Coal Mining (Gulf Oil)* ist eine Weiterentwicklung des Extraktionsverfahrens von Pott-Broche. Ziel des SRC-Verfahrens ist die Entschwefelung der Kohle vornehmlich zur Herstellung eines flüssigen schwefelarmen Brennstoffs.

Die gemahlene Kohle wird bei dem SRC-Prozeß (Abbildung 3.21) mit prozeß-stämmigem Öl zu einer 35%igen Suspension angerieben. Die Suspension gelangt nach dem Aufheizen und Zuführen von Wasserstoff in den Druckreaktor (70 bar, 425 °C). Das Verfahren arbeitet ohne Katalysator, da die katalytische Wirkung des fein verteilten Pyrits der Einsatzkohle ausreicht. Der Wasserstoffverbrauch beträgt etwa 2%. Der ungelöste Rückstand wird durch Druckfiltration abgetrennt. Eine Pilotanlage wurde 1974 in Fort Louis, Tacoma, Washington, mit einen Durchsatz von 50 t/d Kohle in Betrieb genommen. Durch Erhöhung der Crackschärfe ist nach diesem Verfahren auch die Herstellung von schwerem Heizöl möglich (SRC II-Verfahren).

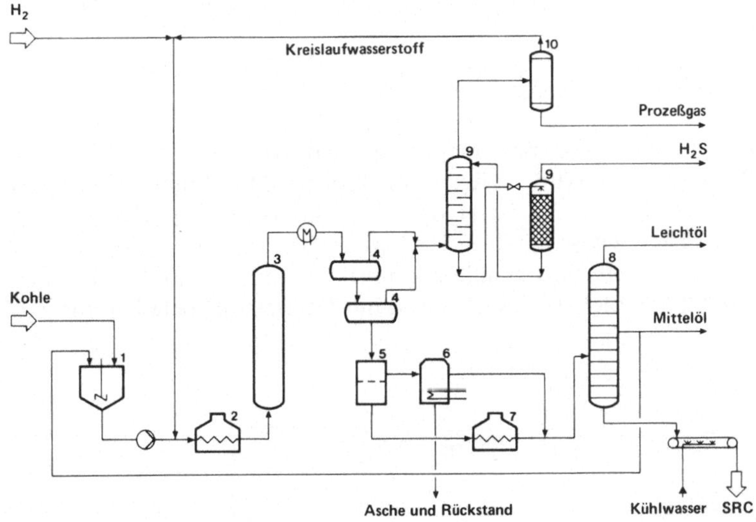

1 Kohlebrei-Herstellung; 2 Röhrenofen; 3 Hydrierreaktor; 4 Gasabscheider; 5 Druckfilter; 6 Lösungsmittelrückgewinnung; 7 Röhrenofen; 8 Vakuum-Destillation; 9 Gasreinigung; 10 Gastrennung

Abbildung 3.21: Verfahrensprinzip der Kohlehydrierung nach dem SRC-Verfahren

Ein ähnlicher Prozeß wie das SRC-Verfahren ist das von *Exxon* entwickelte Exxon-Donor-Solvent-Coal-Liquefaction-Verfahren (EDS). Die Wiederaufhydrierung des im Kreislauf geführten wasserstoffabgebenden Lösungsmittels erfolgt in einem gesonderten Verfahrensschritt an einem fest angeordneten Katalysator (Abbildung 3.22).

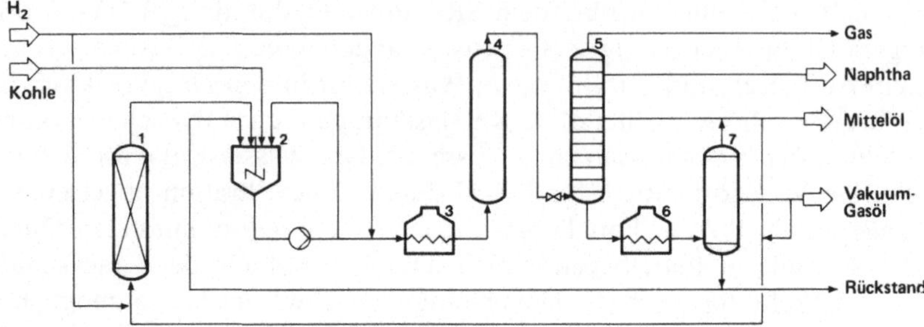

1 Lösungsmittel-Hydrierung; **2** Kohlebrei-Herstellung; **3** Röhrenofen; **4** Hydrierreaktor; **5** Destillation; **6** Röhrenofen; **7** Vakuumdestillation

Abbildung 3.22: Verfahrensprinzip der Kohlehydrierung nach dem Exxon-Donor-Solvent-Prozeß

Eine Großversuchsanlage mit einem Durchsatz von 250 t/d Kohle wurde bei der *Exxon*-Raffinerie in Baytown/Texas von Juni 1980 bis August 1982 betrieben.

Weiterentwicklungen des *IG*-Hydrier-Verfahrens sind das Hydrierverfahren der *Ruhrkohle/VEBA Öl* sowie das H-Coal-Verfahren der *Hydrocarbon Research*. Beim H-Coal-Prozeß wird gemahlene und getrocknete Kohle mit einen prozeßstämmigen Öl angerieben, das Gemisch mit Wasserstoff beladen und nach Vorer-

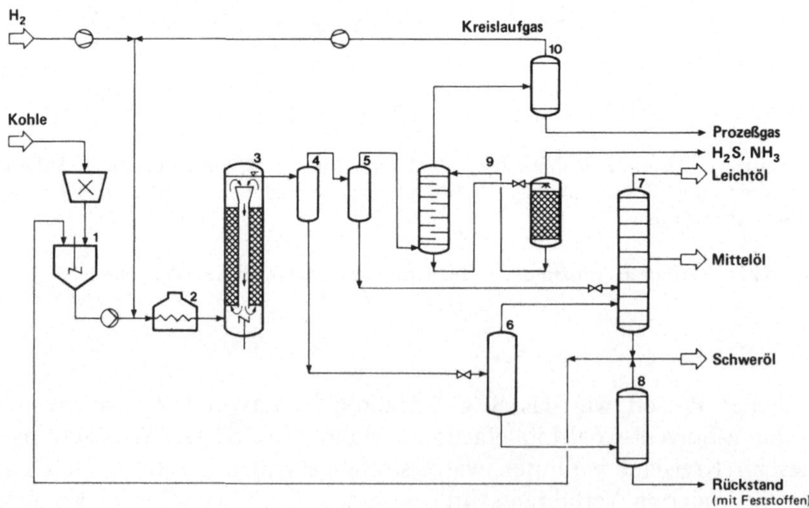

1 Kohlebrei-Herstellung; **2** Röhrenofen; **3** Hydrierreaktor; **4** Heißabscheider; **5** Kaltabscheider; **6** Flashkammer; **7** Atmosphärische Destillation; **8** Vakuum-Destillation; **9** Gasreinigung; **10** Gastrennung

Abbildung 3.23: Verfahrensprinzip der Kohlehydrierung nach dem H-Coal-Verfahren

hitzen bei 455 °C und 180 bis 210 bar hydrierend gespalten. Als Katalysator dienen Kobalt- und Molybdänoxid auf einem Aluminiumoxid-Träger. Das H-Coal-Verfahren ist eine Variante des H-Oil-Verfahrens, mit dem schwere Kohlenwasserstoffe, z. B. Mineralölrückstände, Teer oder Schieferöl, in einem Katalysatorwirbelbett gecrackt werden. Der Katalysator wird dabei in Form von extrudierten Pellets zugesetzt. Ein besonderer Vorteil des H-Coal-Verfahrens ist die gute Durchmischung der Kohlesuspension mit dem Katalysator sowie die gleichmäßige Reaktortemperatur. Der Wasserstoffverbrauch beträgt über 4% (bezogen auf wasser- und aschefreie (waf) Kohle). Abbildung 3.23 zeigt den Verfahrensablauf des H-Coal-Prozesses; in Tabelle 3.11 sind die Prozeßbedingungen und charakteristische Werte für die Produkte des H-Coal-Verfahrens zusammengestellt.

Tabelle 3.11: Prozeßbedingungen und Ausbeutespektrum der Kohlehydrierung nach dem H-Coal-Verfahren

Arbeitsbedingungen		
Druck	bar	190
Temperatur	°C	460
Kohledurchsatz	kg h^{-1} l^{-1}	0,490
Ausgangskohle		
Flücht. Bestandteile	% wf	37,8
Asche	% wf	11,8
Schwefel	% wf	3,63
Produkte		
C_1 bis C_3	%	8,3
C_4 bis 204 °C	%	22,3
204 bis 343 °C	%	11,4
343 bis 524 °C	%	11,7
Rückstand > 524 °C	%	15,6
nicht umgesetzte		
Kohle, af	%	10,6
Asche	%	11,7
H_2O, NH_3, CO_2	%	9,8
H_2S	%	2,8

Die Kohleverflüssigungsanlage der *Ruhrkohle/VEBA Öl* wurde 1981 in Bottrop in Betrieb genommen. Sie ist heute die größte Versuchsanlage für die direkte Kohleverflüssigung mit einem Kohledurchsatz von 200 t/d; daraus entstehen 18 t/d Flüssiggas, 29 t/d Leichtöl und 69 t/d Mittelöl.

Feingemahlene Kohle und ein Eisen-Katalysator (2%, bezogen auf waf-Kohle) werden mit prozeßeigenem Öl angemaischt und nach Zuführung von Wasserstoff aufgeheizt (Abbildung 3.24). Die Hydrocrackreaktion wird in einem Großraumhydrierreaktor oder in drei in Serie geschalteten Reaktoren bei einem Druck von 300 bar und einer Temperatur von 485 °C durchgeführt. Das Reaktionsprodukt wird im Heißabscheider in ein Kopf- und ein Sumpfprodukt aufgetrennt. Das Sumpfprodukt, das die Hochsieder sowie die gesamten Feststoffe (d.h. nicht umgesetzte Kohle, Asche und Katalysator) enthält, wird in einer Vakuumkolonne destilliert. Das anfallende Vakuum-Kopfprodukt wird in den Prozeß zurückgeführt. Der feststoffhaltige Sumpf wird zur Wasserstoffgewinnung vergast. Das Kopfprodukt des Heißabscheiders wird weiter abgekühlt. Im Kaltabscheider erfolgt eine Trennung in Gas und Flüssigkeit. Das Gas wird nach Gasreinigung in einer Ölwäsche in die Sumpfphasenhydrierung zurückgeführt. Das Kondensat des Kaltabscheiders wird durch atmosphärische Destillation in Leichtöl ($\leq 185\,°C$), Mittelöl (185 bis 325 °C) und ein höher siedendes Sumpfprodukt aufgetrennt. Das Sumpfprodukt der atmosphärischen Kolonne geht ebenfalls als Anmaischöl in den Prozeß zurück. Die Kohleöldestillate Leicht- und Mittelöl entsprechen dem Nettoölgewinn der Sumpfphasen-Hydrierung. Sie können auf Benzin, Dieselöl und Heizöl EL weiterverarbeitet werden. Der thermische Wirkungsgrad der Kohleölerzeugung liegt bei über 80%, die Ölausbeute, bezogen auf wasser- und aschefreie Einsatzkohle, bei über 50%. Weitere Verfahrensverbesserungen befinden sich in der Entwicklung.

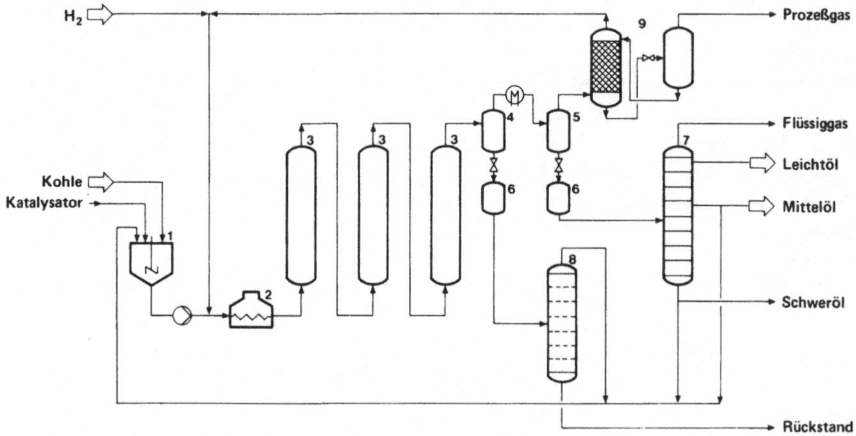

1 Anmaischbehälter; **2** Vorerhitzer; **3** Hydrier-Reaktoren; **4** Heißabscheider; **5** Kaltabscheider; **6** Entspannungsbehälter; **7** Atmosphärische Destillation; **8** Vakuum-Destillation; **9** Gasreinigung (Ölwäsche)

Abbildung 3.24: Verfahrensschema der Kohleverflüssigungsanlage der *Ruhrkohle/VEBA Öl* in Bottrop

3.2.5.4 Hydropyrolyse

Eine Mittelstellung zwischen der Kohlepyrolyse und der Kohleverflüssigung nimmt die Hydropyrolyse ein. Dieses Verfahren, das derzeit als Ergänzung zur Kohleverflüssigung entwickelt wird, arbeitet bei Drucken bis zu 100 bar und Temperaturen bis zu 900 °C; die Verweilzeit der Kohle im Pyrolysebereich liegt bei ca. 4 bis 5 sec.

Die Hydropyrolyse ist dadurch gekennzeichnet, daß der hohe Anteil an Koks, der bei rein pyrolytischen Prozessen bis zu 80% betragen kann, deutlich reduziert wird und vermehrt gasförmige Kohlenwasserstoffe und ca. 20% Teer erzeugt werden. Die Aromatizität des erzeugten Teers liegt bei der Hydropyrolyse bei 530 °C bei 0,80 und steigt bei einer Reaktionstemperatur von 950 °C auf 0,95.

Der Hydropyrolyse von Kohle ist die Hydropyrolyse von Naphtha verwandt, die zur Ethylen-Erzeugung in einer Pilotanlage der *Naphtha-Chimie/Pierrefitte-Auby* 1975 betrieben wurde.

3.3 Mineralöl

3.3.1 Vorkommen und Eigenschaften von Mineralöl

Die bei weitem größten Erdölvorräte befinden sich im mittleren Osten, insbesondere in Saudi-Arabien. Der Anteil der Industrienationen an den Weltvorräten ist relativ gering. So beträgt der Anteil der Vereinigten Staaten knapp 6%, der Anteil der Sowjetunion liegt bei 10%. Sehr klein ist der Anteil der westeuropäischen Staaten; das bezüglich der Ölreserven führende Großbritannien verfügt lediglich über knapp 2% der Weltölreserven. Die Vorräte und Produktionszahlen der wichtigsten Mineralölförderländer sind in Abbildung 3.25 und Abbildung 3.26 zusammengestellt.

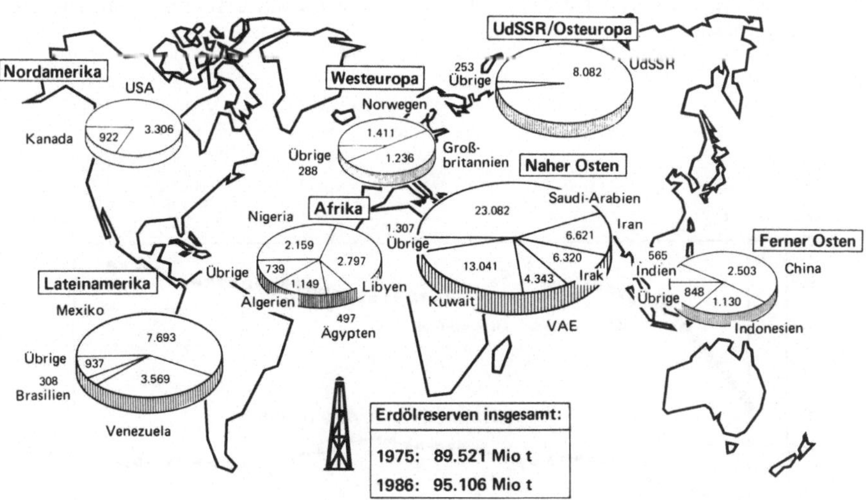

Abbildung 3.25: Verteilung der Mineralölreserven (1986)

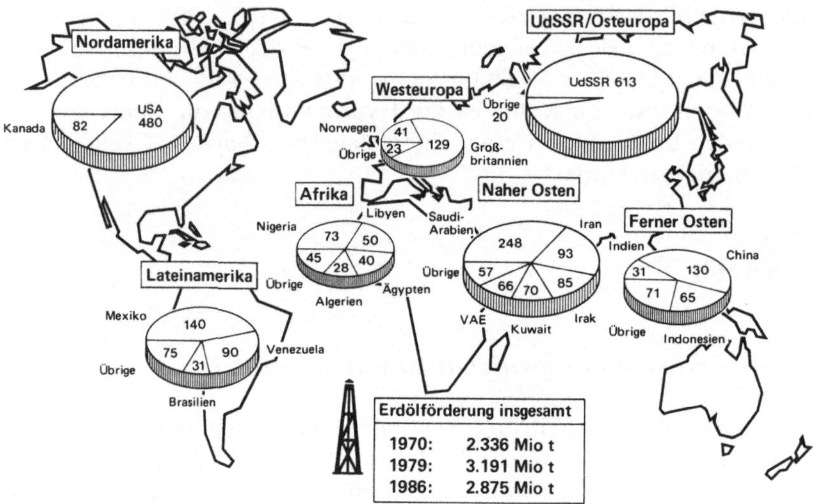

Abbildung 3.26: Erdölförderung der Welt (1986)

Dank der intensiven Suche haben sich die nachgewiesenen Mineralölreserven in den letzten 30 Jahren verdreifacht (Abbildung 3.27), so daß die Reichweite, die sich als Quotient aus den Reserven und dem Verbrauch errechnen läßt, heute bei ca. 35 Jahren liegt.

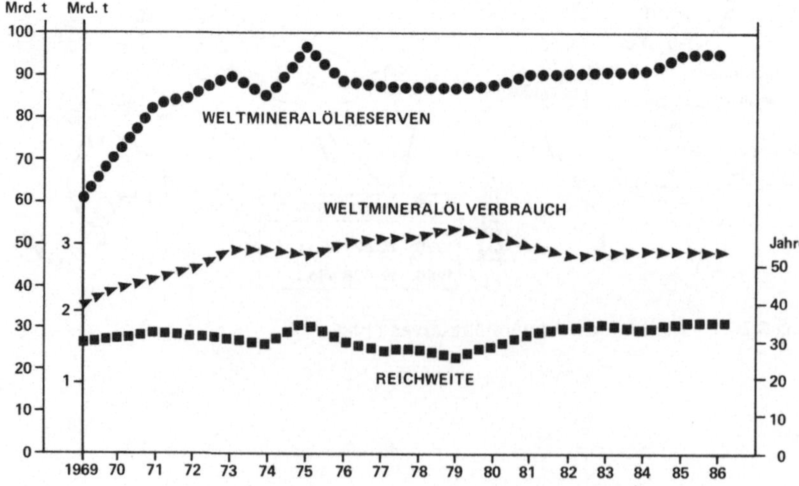

Abbildung 3.27: Entwicklung der Mineralölreserven und ihre Reichweite

Der Kohlenstoff-Gehalt der Mineralöle liegt im allgemeinen zwischen 85% und 90%, der Wasserstoff-Gehalt zwischen 10% und 14%; als Spurenelement ist besonders das Vanadium vertreten (Tabelle 3.12).

Tabelle 3.12: Elementarzusammensetzung von Mineralöl

Kohlenstoff	85–90%
Wasserstoff	10–14%
Schwefel	0,2–3,0 (max. 7) %
Stickstoff	0,1–0,5 (max. 2) %
Sauerstoff	0–1,5%
Vanadium	ca. 30 ppm
Nickel	ca. 10 ppm

Nach ihrem Gehalt an paraffinischen, naphthenischen und aromatischen Kohlenwasserstoffen werden die Rohöle in paraffinbasische, gemischtbasische, naphthenbasische und aromatische Öle eingeteilt (Abbildung 3.28).

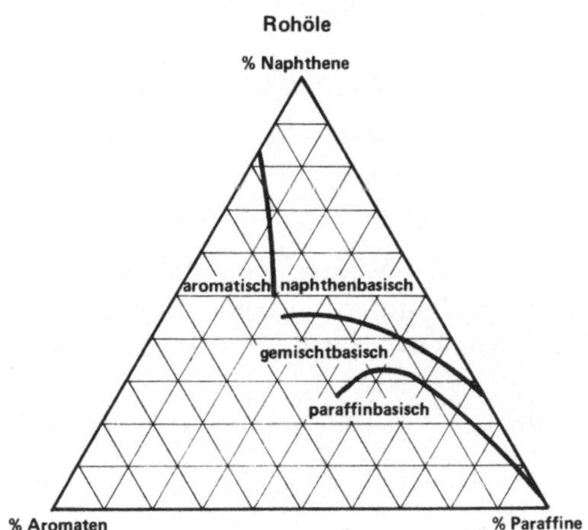

Abbildung 3.28: Mineralöl-Klassifizierungs-Diagramm

Die Dichte der Mineralöle schwankt zwischen den Extremwerten 0,75 und 1,0 g/ml. Sie liegt in der Regel zwischen 0,8 und 0,9 g/ml. Die vom American Petroleum Institute eingeführte API-Dichte wird nach der folgenden Formel ermittelt:

$$\text{API}° = \frac{141,5}{\text{Dichte b. 15°C (g/ml)}} - 131,5$$

Charakteristische Daten einiger Erdöle sind in Tabelle 3.13 zusammengestellt.

Tabelle 3.13: Charakteristische Daten von Mineralölen

Rohölprovenienz	Mittl. Osten Kuwait	Nordafrika Libyen	Venezuela Tia Juana M.	Nordsee Forties Field	Alaska Prudhoe Bay
Gesamt Rohöl					
Dichte bei 15 °C (g/ml)	0,869	0,824	0,897	0,835	0,893
API Dichte (°API)	31,3	37,6	26,5	38,0	27,0
Schwefelgehalt (Gew%)	2,5	0,14	1,55	0,29	0,82
Viskosität bei 38 °C (mm^2/s)	9,6	9,0	25	4,2	18,0
Kälteverhalten (Pourpoint/°C)	−4	+24	−35	0	−10
Vanadium-Gehalt (mg/kg)	27	<0,5	170	10	25
Siedeanalyse, Ausbeuten an:					
C_4 und leichter (Vol%)	2,52	2,3	0,70	4,00	0
Benzinfraktion,					
C_5-150 °C (Vol%)	16,65	17,3	13,70	18,75	11,8
Mitteldestillat,					
150-370 °C (Vol%)	35,15	37,4	32,65	39,80	38,4
Rückstandsöl, >370 °C (Vol%)	45,75	43,0	52,95	36,00	49,8
Schwefelgehalt (Gew%)	4,16	0,15	2,35	0,65	1,55
Vakuumdestillat, 370-525 °C (Vol%)	19,85	22,9	23,10	20,40	(49,8)
Vakuumrückstand, >525 °C (Vol%)	25,90	21,1	29,85	15,60	

Während Kohle und der bei der Verkokung anfallende Steinkohlenteer überwiegend aus aromatischen Inhaltsstoffen zusammengesetzt sind, enthält Mineralöl vorwiegend aliphatische Kohlenwasserstoffe. Der Anteil der Aromaten ist im allgemeinen gering.

In Tabelle 3.14 sind die Benzol-, Toluol- und C_8-Aromaten-Gehalte einiger Rohöle zusammengestellt.

Tabelle 3.14: Aromatengehalt von Mineralölen (in Gew%)

	Libyen	Louisiana Gulf	West Texas	Venezuela	Nigerian	Iranian
Benzol	0,07	0,15	0,18	0,15	0,11	0,19
Toluol	0,37	0,45	0,51	0,60	0,92	0,56
C_8-Aromaten	0,56	0,50	1,10	1,10	1,47	1,05
Gesamtaromaten C_6-C_8	1,00	1,10	1,79	1,85	2,50	1,80

Wegen der geringen Aromatenkonzentration in den Rohölen erfolgt die Herstellung von Aromaten aus Erdöl in der Regel erst nach zusätzlicher Aromatisierung naphthenischer und aliphatischer Kohlenwasserstoffe durch Dehydrierung und Cyclisierung. Vor der Entwicklung der modernen Mineralölraffinationstechnik wurde insbesondere zur Gewinnung von Toluol auch aromatenreiches Rohöl, vorwiegend aus Südostasien, eingesetzt.

Die seltenen Rohöle mit einem hohen Anteil an Aromaten, insbesondere in Form von Mehrkernaromaten, finden sich hauptsächlich in Californien, Texas, Burma und Mexiko sowie im Ural. Der Aromatengehalt dieser Rohöle liegt zum Teil über 35%.

Je höher das geologische Alter des Rohöls ist, umso größer ist im allgemeinen der Aromatengehalt (Abbildung 3.29). Besonders Erdöle aus dem Tertiär, dem Silur und dem Kambrium haben einen hohen Aromatengehalt, während Erdöle aus dem Perm, Karbon und Devon sich durch einen niedrigen Aromatengehalt auszeichnen.

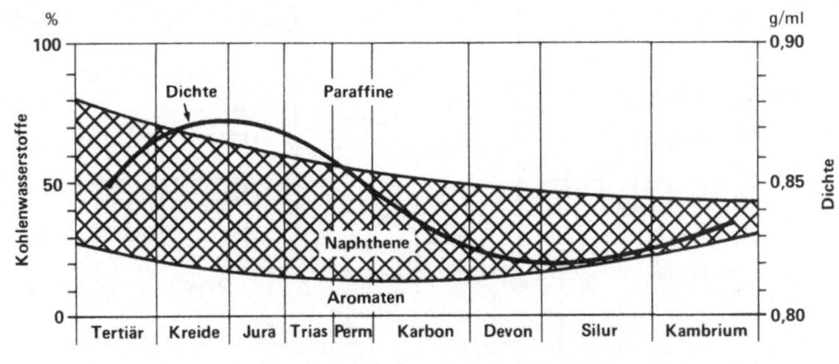

Abbildung 3.29:   Aromatengehalt von Mineralöl in Abhängigkeit vom geologischen Alter

Zur Herstellung marktfähiger Produkte wird das Rohöl durch Raffination in eine Vielzahl von Fraktionen zerlegt. Nur geringe Anteile finden zeitweise ohne vorherige Aufarbeitung direkt als Chemierohstoff zur Herstellung von Olefinen und Aromaten in Pyrolyseprozessen Verwendung (z. B. *Kureha/Union Carbide*-Prozeß, s. Kapitel 3.3.2.5.2)

3.3.2 Raffination des Mineralöls

3.3.2.1 Destillation

Weltweit werden ca. 710 Raffinerien zur Aufarbeitung von Mineralöl betrieben, davon allein in den USA ca. 190. Die Destillationskapazität betrug Anfang 1986 3,6 Mrd t; die Kapazität einer mittelgroßen Raffinerie liegt bei 6 bis 7 Mio t/a Rohöldurchsatz.

Nach Anlieferung des Rohöls in Schiffen oder per Pipeline wird das Mineralöl in großen Tanks, die ein Fassungsvermögen von bis zu 100.000 m^3 haben, zwischengelagert. Der erste Schritt in der Raffination ist die Entwässerung und Entsalzung, die in der Regel elektrostatisch durchgeführt wird. Anschließend erfolgt eine atmosphärische Destillation, die meistens durch eine Vakuumdestillation ergänzt wird (Abbildung 3.30). In der atmosphärischen Destillation, die unter Zusatz von Dampf erfolgt, werden Gase, Benzin-Fraktionen, Kerosin und leichtes Gasöl abgenommen. Der Topprückstand wird in einem Röhrenofen weiter aufgeheizt und in der Vakuumkolonne durch Flashdestillation in die Vakuum-Gasöle sowie den Vakuumrückstand zerlegt. Wegen der Verkokungsneigung der Kohlenwasserstoffe liegt die Flashtemperatur im allgemeinen unter 400 °C.

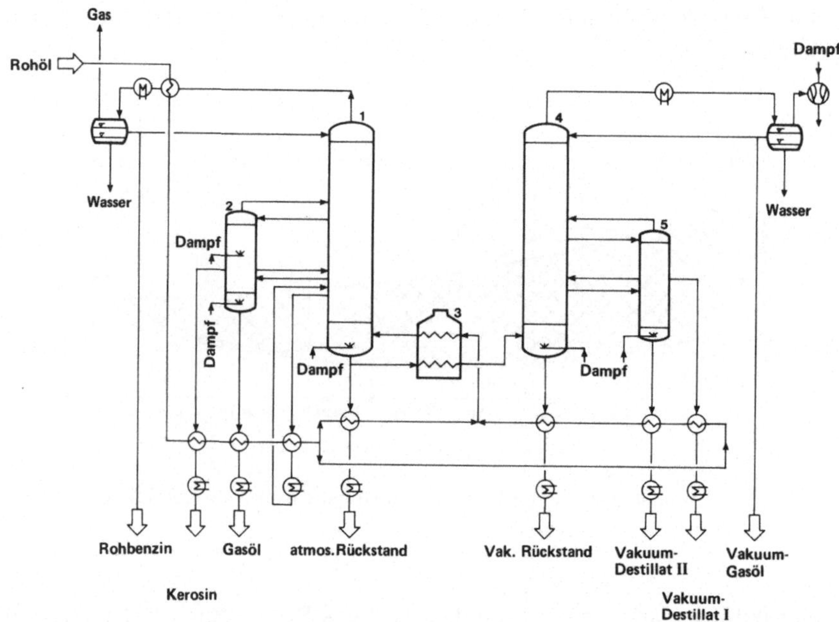

1 Atmosphärische Destillation; 2 Seitenkolonne; 3 Röhrenofen; 4 Vakuum-Destillation; 5 Seitenkolonne

Abbildung 3.30: Schema einer Rohöldestillation mit Atmosphärenteil und Vakuumteil

Die wichtigsten Kenndaten der Hauptströme der Mineralöldestillation von leichtem und schwerem arabischen Rohöl (Arabian light, Arabian heavy) sind in Tabelle 3.15 zusammengestellt.

Tabelle 3.15: Kenndaten zweier arabischer Rohöle

	Arabian Heavy	Arabian Light
Rohöl		
Dichte (g/ml)	0,886	0,851
Schwefel, Gew%	2,84	1,70
Stockpunkt, °C	−34	−34
Viskosität, mm²/s		
bei 21 °C	35,8	8,2
bei 38 °C	18,9	5,4
Leichtes Naphtha		
Siedebereich, °C	20–100	20–100
Ausbeute, Vol%	7,9	10,5
Dichte (g/ml)	0,669	0,677
Schwefel, Gew%	0,0028	0,055
Paraffine, Vol%	89,6	87,4
Naphthene, Vol%	9,5	10,7
Aromaten, Vol%	0,9	1,9
ROZ	59,7	54,7
Schweres Naphtha		
Siedebereich, °C	100–150	100–150
Ausbeute, Vol%	6,8	9,4
Dichte (g/ml)	0,737	0,744
Schwefel, Gew%	0,018	0,057
Paraffine, Vol%	70,3	66,3
Naphthene, Vol%	21,4	20,0
Aromaten, Vol%	8,3	13,7
Kerosin		
Siedebereich, °C	150–235	150–235
Ausbeute, Vol%	12,5	18,4
Dichte (g/ml)	0,787	0,788
Schwefel, Gew%	0,19	0,092
Paraffine, Vol%	58,0	58,9
Naphthene, Vol%	23,7	20,5
Aromaten, Vol%	18,3	20,6
Erstarrungspunkt, °C	−53	−55
Viskosität, mm²/s		
bei 34 °C	4,74	5,09
bei 38 °C	1,12	1,13
Leichtes Gasöl		
Siedebereich, °C	235–343	235–343
Ausbeute, Vol%	16,4	21,1
Dichte (g/ml)	0,846	0,838
Schwefel, Gew%	1,38	0,81
Viskosität, mm²/s		
bei 38 °C	3,65	3,34
bei 99 °C	1,40	1,32
Schweres Gasöl		
Siedebereich, °C	343–565	343–565
Ausbeute, Vol%	26,3	30,6
Dichte (g/ml)	0,923	0,905
Viskosität, mm²/s		
bei 38 °C	62,5	49,0
bei 99 °C	7,05	6,65

Tabelle 3.15 (Fortsetzung)

	Arabian Heavy	Arabian Light
Rückstandsöl (I)		
Siedebereich, °C	> 343	> 343
Ausbeute, Vol%	53,1	38,0
Dichte (g/ml)	0,984	0,924
Schwefel, Gew%	4,35	2,04
Conradson Carbon, Gew%	13,2	4,5
Viskosität, mm²/s		
bei 38 °C	5.400	146
bei 99 °C	106	12,4
Rückstandsöl (II)		
Siedebereich, °C	> 565	> 565
Ausbeute, Vol%	26,8	7,4
Dichte (g/ml)	1,004	0,990
Schwefel, Gew%	5,60	3,0
Stockpunkt, °C	49	27
Conradson Carbon, Gew%	24,4	19,0
Viskosität, mm²/s		
bei 99 °C	13.400	393
Metallgehalt, ppm		
Vanadium	171	12
Nickel	53	7
Eisen	28	36

Da die Gewinnung von Benzin und leichtem Heizöl durch einfache Destillation des Rohöls zur Deckung des Marktbedarfes nicht ausreicht, sind seit Anfang dieses Jahrhunderts Konversionsverfahren entwickelt worden, die eine erhöhte Ausbeute ermöglichen. In thermischen und katalytischen Crackverfahren werden dabei hochmolekulare Kohlenwasserstoffe in niedermolekulare gespalten bei gleichzeitiger Dismutation der Kohlenwasserstoffe in wasserstoffreiche und wasserstoffarme Produkte. Das entstehende Produktspektrum hängt ab von den Temperaturbedingungen, der Reaktionszeit und dem eingesetzten Katalysator. Der Aromatengehalt der Crackprodukte ist durch die angewandten Reaktionsbedingungen variierbar.

Ein Schwerpunkt der Mineralölraffination ist die Herstellung von hochoktanigem Benzin. Da Aromaten besonders hohe Oktanzahlen aufweisen, ist die Aromatisierung von besonderer Bedeutung.

3.3.2.2 Katalytische Crack-Verfahren

Das katalytische Cracken ist der wichtigste Prozeß für die Umwandlung von schweren Kohlenwasserstoffen in hochwertiges Benzin und leichte Heizölkomponenten. Die Reaktion wird durch Einsatz eines Katalysators so geführt, daß Kohlenwasserstoffe mit hoher Oktanzahl erzeugt werden, d.h. Olefine, Isoparaffine und Aromaten. In den USA wird bei einem Einsatz von 200 Mio t/a über die

Hälfte des Benzins in katalytischen Crack-Anlagen (Cat-Cracker) hergestellt; in Europa sind Cat-Cracker weniger verbreitet als in den USA.

Als Katalysatoren werden amorphe Aluminiumsilikate mit einem Aluminiumoxid-Gehalt von 10 bis 15% eingesetzt. In den letzten 15 Jahren haben insbesondere Zeolith-Katalysatoren für die katalytische Crackung große Bedeutung gewonnen. Die Zeolith-Katalysatoren ermöglichen eine Umwandlungsrate von ca. 85%, während die Konversionsrate bei Verwendung von amorphen SiO_2-Kontakten nur bei 70 bis 75% liegt; außerdem ist der Aromatengehalt im Benzin höher. Die Fähigkeit von Zeolithen aufgrund ihrer Acidität als Crack-Katalysator zu wirken, wurde bereits früh erkannt. Die ersten Versuche zum Einsatz in der Praxis waren jedoch erfolglos, da die Kristallinität der Zeolithe beim Regenerieren und bei den hohen Dampfpartialdrucken verloren ging. Durch Ionenaustausch der Alkalimetalle mit seltenen Erden, z. B. Lanthan, in der Aluminosilikatmatrix ist es gelungen, die Kristallinität der Zeolithe zu erhalten. Der bei der katalytischen Crackung eingesetzte Katalysator wirkt als Lewissäure. Dabei werden Carbeniumionen als Zwischenstufe gebildet, die in hochoktanige verzweigte Paraffine umgewandelt werden.

Während das katalytische Cracken zunächst im Festbett durchgeführt wurde, wird heute praktisch ausschließlich das Verfahren mit wallendem Katalysatorbett (Fluidbett) angewendet. Dabei wird feingemahlener Katalysator (2 bis 200 μm Durchmesser) im aufsteigenden Kohlenwasserstoffgasstrom suspendiert. Das Einsatzprodukt, ein Vakuumdestillat oder das schwere Gasöl der atmosphärischen Destillation, wird mit Dampf am Fuße der Katalysator-Steigleitung (Riser) aufgegeben, wo es auf einen heißen Strom des regenerierten Katalysators trifft. Der dabei entstehende Kohlenwasserstoffdampf steigt mit dem Katalysator mit einer Geschwindigkeit von 10 bis 20 m/s zum Kopf des Reaktors, wo eine Trennung in Katalysator und Crackprodukte erfolgt. Die Crackprodukte verlassen den Reaktor über Zyklone, die den Katalysatorstaub zurückhalten. Der Katalysator sinkt an den Reaktorboden und wird mit Dampf gestrippt, um mitgerissene Kohlenwasserstoffe zu entfernen, bevor er über eine geneigte Standleitung in den Regenerator fließt. In dem Regenerator wird der auf dem Katalysator abgelagerte Koks abgebrannt und der Katalysator wieder an den Fuß der Katalysatorsteigleitung (Riser)

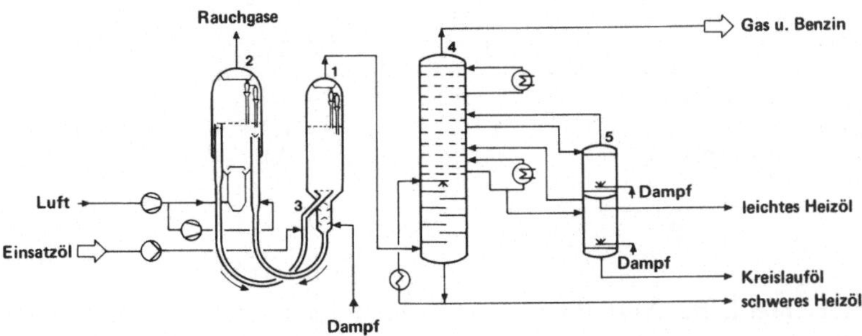

1 Reaktor; **2** Regenerator; **3** Katalysatorsteigleitung (Riser); **4** Fraktionierkolonne; **5** Seitenkolonnen

Abbildung 3.31: Verfahrensschema des Fluid Catalytic Crackers

geführt, um erneut mit frischem Einsatzprodukt in Kontakt gebracht zu werden. Abbildung 3.31 zeigt das Schema einer Fluid Cat Cracker (FCC)-Anlage der *Exxon*.

Die Reaktionstemperaturen beim katalytischen Cracken liegen im allgemeinen zwischen 480 und 530 °C; die Regeneration des Katalysators erfolgt bei Temperaturen zwischen 550 und 700 °C. Die für die Reaktion benötigte Wärme wird bei diesem Prozeß durch Verbrennen der Koksablagerungen auf dem Katalysator gewonnen. Die den Reaktor verlassenden Crack-Gase werden in einer Fraktionierkolonne in ein Kreislauföl (cycle stock), schweres und leichtes Gasöl sowie ein Kopfprodukt aufgetrennt. Das Kopfprodukt wird über einen Kompressor verdichtet und in leichte Gase und Benzin zerlegt.

In Tabelle 3.16 sind die charakteristischen Eigenschaften einiger Cat-Cracker-Einsatzmaterialien sowie die daraus hergestellten Produkte und die Produktverteilung zusammengestellt. Bei hohem Aromatengehalt ist der Umwandlungsgrad am niedrigsten und außerdem nimmt der Gehalt an Olefinen im Benzin deutlich zu; die Oktanzahl (ROZ) des erzeugten Benzins liegt bei ca. 92.

Tabelle 3.16: Rohstoffe und Produktzusammensetzung beim katalytischen Cracken

FCC-Einsatz (380-580 °C)	Brega	Arab. Light	Arab. Heavy
Naphthene (Gew%)	42,2	30,5	29,7
Paraffine (Gew%)	18,6	14,7	13,6
Aromaten (Gew%)	31,5	49,6	53,9
Polare (Gew%)	7,7	5,2	2,8
Conradson Carbon (Gew%)	0,51	0,96	1,53
Schwermetalle Ni (ppm)	0,16	0,17	0,39
V (ppm)	0,11	0,17	0,07
Fe (ppm)	0,61	1,21	1,05
Conversion (%)	70	62	52
Produktzusammensetzung			
$C_1 + C_2$ (Gew%)	2,7	2,4	3,6
$C_3 + C_4$ ungesättigt (Gew%)	5,9	5,4	4,9
$C_3 + C_4$ gesättigt (Gew%)	4,4	3,3	2,1
C_5 ungesättigt (Gew%)	5,7	5,8	4,6
C_5 gesättigt (Gew%)	6,4	4,4	2,4
C_6 bis 221 °C (Gew%)	38,7	35,7	28,4
Naphtha-Zusammensetzung			
FIA Aromaten (Vol%)	25,8	26,2	24,6
gesättigte Verb. (Vol%)	41,9	27,1	6,0
Olefine (Vol%)	32,3	46,7	69,3

Das unterschiedliche Verhalten von Kohlenwasserstoffen beim katalytischen Cracken (480 °C Al_2O_3/SiO_2-Kontakt) zeigt auch Abbildung 3.32, in der die Ausbeute an Benzin mit einem Siedeendpunkt von 220 °C in Abhängigkeit von der Crackschärfe dargestellt ist. Als Maß für die Crackschärfe diente bei der Modelluntersuchung die Oberfläche des Katalysators bezogen auf das Gewicht des Roh-

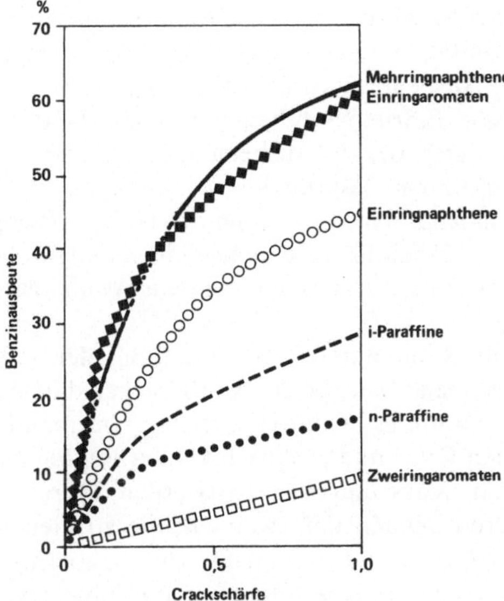

Abbildung 3.32: Benzin-Ausbeute bei der katalytischen Crackung unterschiedlicher Kohlenwasserstoffgemische

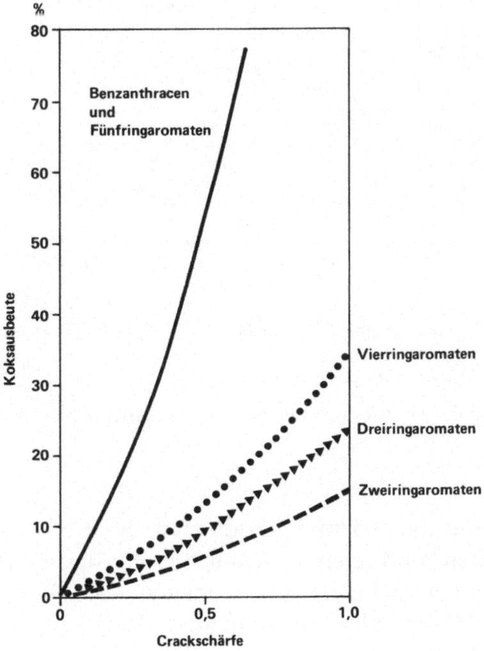

Abbildung 3.33: Koksbildung von Aromaten beim katalytischen Cracken

stoffs. Als Modellgemische wurden technisch und synthetisch hergestellte Gasöl-
fraktionen mit einem mittleren Siedebereich von 370 °C gewählt.

Die höchste Benzin-Ausbeute wird aus Mehrringnaphthenen, alkylsubstituier-
ten Einringaromaten und Einringnaphthenen erhalten. Isoparaffine und Normal-
paraffine führen zu mittleren Benzin-Ausbeuten. Die Benzin-Ausbeute ist dagegen
relativ gering beim Einsatz von Naphthalin-Derivaten.

Ebenfalls an verschiedenen Gasölschnitten mit einer mittleren Siedetemperatur
von 370 °C wurde die Koksbildungsneigung beim katalytischen Cracken untersucht. Die Koksbildung nimmt mit zunehmendem Aromatisierungsgrad deutlich
zu (Abbildung 3.33).

Die Benzin-Ausbeute kann durch Vorbehandlung der Vakuumdestillate, die
üblicherweise das Einsatzmaterial für den Cat-Cracker darstellen, gesteigert werden. Ziel dieser Vorbehandlung ist die Hydrierung von mehrkernigen Aromaten,
die bei der katalytischen Crackung praktisch keinen Beitrag zur Benzin-Ausbeute
leisten, sondern rasch in Koks umgewandelt werden. Durch Hydrierung werden
die Aromaten in Hydroaromaten umgewandelt, die zu kleineren Alkylaromaten
aufgebrochen werden können und sich im Benzin als hochwertige Oktanzahlver-
besserer wiederfinden. Auch die Koksbildung kann durch Hydrierung stark reduziert werden. Abbildung 3.34 zeigt den Einfluß der Hydrierung auf die Ausbeute
von Benzin und die Bildung von Koks beim Cat-Cracken.

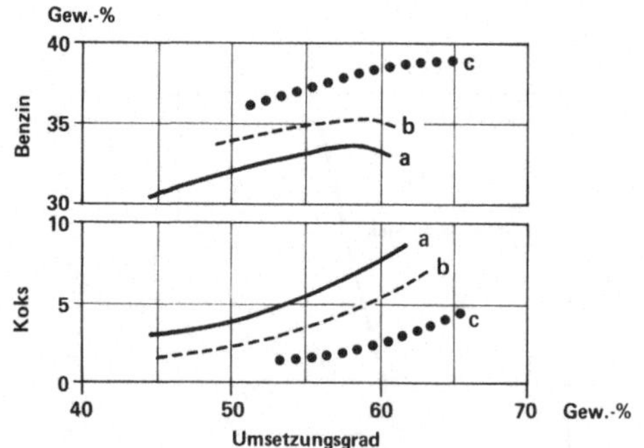

a: unbehandeltes Einsatzgut; b: mit 80 Nm³ H₂ je t Einsatz hydriert; c: mit 120 Nm³ H₂ je t
Einsatz hydriert

Abbildung 3.34: Einfluß der Hydrierung auf die Produktausbeute beim katalytischen Cracken

Die Gasölschnitte, die nach dem Fraktionieren des Cat-Cracker-Reaktionspro-
duktes erhalten werden, sind reich an Aromaten. Sie sind daher als Ausgangsmaterial zur Gewinnung von mehrkernigen Aromaten, wie z. B. Naphthalin, geeignet.
Wegen des hohen C/H-Verhältnisses können sie auch zur Gewinnung von hochwertigem Kohlenstoff in Form von Premiumkoks und als Ausgangsmaterial zur
Herstellung von Ruß eingesetzt werden (s. Kapitel 13).

In Tabelle 3.17 ist die Zusammensetzung der Aromaten eines Kreislauföls (Siedebereich 340 bis 470 °C) dargestellt.

Tabelle 3.17: Aromatenverteilung eines Kreislauföles (in %)

Kohlenwasserstoffgruppen:	
Benzol und Benzol-Homologe	5,3
Naphthalin und Naphthalin-Homologe	13,2
Phenanthrene und Anthracene	41,7
Pyrene	18,9
Chrysen, Benzanthracen und Benzophenanthrene	12,6
Fünfringaromaten	8,3
Summe	100,0

Der zur Erhöhung der Oktanzahl führende Aromatengehalt des Cat-Cracker-Benzins kann auch durch die Wahl des Katalysators beeinflußt werden. Tabelle 3.18 zeigt die Zusammensetzung eines durch die Cat-Crackung von Gasöl an einem Silikataluminat-Katalysator und einem Zeolith-Katalysator gewonnenen Benzins. Durch den Zeolith-Katalysator wird die Aromatenbildung deutlich zu Lasten der Olefinbildung erhöht.

Tabelle 3.18: Zusammensetzung eines Benzinschnittes aus der katalytischen Crackung am Aluminiumoxid- und Zeolith-Kontakt

Einsatz	Kaliforn. Rohgasöl		Kaliforn. Coker-Gasöl		Gachsaran Gasöl	
Katalysator	Zeolith	$Al_2O_3/$ SiO_2	Zeolith	$Al_2O_3/$ SiO_2	Zeolith	$Al_2O_3/$ SiO_2
Paraffine (%)	21,0	8,7	21,8	12,0	31,9	21,2
Naphthene (%)	19,3	10,4	13,4	9,5	14,3	15,7
Olefine (%)	14,6	43,7	19,0	42,8	16,3	30,2
Aromaten (%)	45,0	37,3	45,9	35,8	37,4	33,1

3.3.2.3 Katalytische Reformier-Verfahren

Das katalytische Reformieren, entwickelt von Vladimir Haensel 1949 bei *Universal Oil Products (UOP)*, ist neben dem katalytischen Cracken der wichtigste Prozeß zur Umwandlung von Kohlenwasserstoffen bei der Aufarbeitung von Mineralöl. Nach der Einführung des katalytischen Reformierens 1950 als Verbesserung des thermischen Reformierens wurden zunächst nur Kontakte auf der Basis von Platin und einem Buntmetalloxid bzw. -sulfid eingesetzt. Seit 1967 werden jedoch hauptsächlich Bimetall-Katalysatoren verwendet, die neben Platin eine zweite Edelmetallkomponente, insbesondere Iridium oder Rhenium verwenden. Bimetall-Katalysatoren führen zu einer erhöhten Stabilität des Reformers in bezug auf die Ausbeute und die Standzeit.

Ziel des Reformierens, durch das allein in den USA jährlich ca. 70 Mio t Benzin hergestellt werden, ist die Umwandlung von paraffinischen Kohlenwasserstoffen in Aromaten bzw. in verzweigte Alkane, um die Oktanzahl zu erhöhen. Da die Verdichtung der Otto-Motoren von 1915 bis zur Mitte der 60er Jahre von 4 auf 7 bis 9 in Europa und auf 9 bis 10 in den USA anstieg, mußte in diesem Zeitraum die Oktanzahl des Benzins stetig erhöht werden; das katalytische Reformieren hat daher insbesondere in Europa und Japan stark an Bedeutung gewonnen.

In Tabelle 3.19 sind die Misch-Oktanzahlen (ROZ) typischer Kohlenwasserstoffe des Benzins zusammengestellt.

Tabelle 3.19: Oktanzahl von Kohlenwasserstoffen

Kohlenwasserstoff	Oktanzahl	Kohlenwasserstoff	Oktanzahl
Paraffine			
Isobutan	122	n-Heptan	0
n-Pentan	62	2-Methylhexan	41
Isopentan	99	3-Methylhexan	56
n-Hexan	19	2,2-Dimethylpentan	89
2-Methylpentan	83	2,3-Dimethylpentan	87
3-Methylpentan	86	2,4-Dimethylpentan	77
2,3-Dimethylbutan	96	2,2,3-Trimethylbutan	113
		2,2,4-Trimethylpentan (Isooctan)	100
Naphthene			
Methylcyclopentan	107	1,2-Dimethylcyclohexan	85
cis-1,3-Dimethyl-cyclopentan	98	cis-1,3-Dimethyl-cyclohexan	67
trans-1,3-Dimethyl-cyclopentan	91	1,1,3-Trimethylcyclo-hexan	85
Cyclohexan	110	cis-1,3,5-Trimethyl cyclohexan	60
Methylcyclohexan	104	Isopropylcyclohexan	62
Ethylcyclohexan	43		
Aromaten			
Benzol	99	Ethylbenzol	124
Toluol	124	Isopropylbenzol	132
o-Xylol	120	1-Methyl-2-ethylbenzol	125
m-Xylol	145	1-Methyl-3-ethylbenzol	162
p-Xylol	146	1-Methyl-4-ethylbenzol	155
		1,2,4-Trimethylbenzol	171
Olefine			
1-Penten	91		
1-Octen	29		
trans-3-Octen	73		
4-Methyl-1-penten	96		

Die beim Reformieren ablaufenden Prozesse sind:

1. Dehydrierung von Cycloalkanen zu Aromaten,
2. Isomerisierung der n-Alkane zu verzweigten Alkanen,
3. Ringerweiterung und Dehydrierung von Alkylcyclopentanen zu Benzol-Derivaten,
4. Dehydrierung und Cyclisierung von Alkanen zu Aromaten,
5. Hydrocracken von Alkanen und Cycloalkanen sowie Hydrierung der Crackprodukte zu Kohlenwasserstoffen mit geringem Molekulargewicht.

Abbildung 3.35 zeigt das Gleichgewichtsdiagramm für das System n-Hexan/Benzol/Wasserstoff bei Drucken von 17,5 und 35 bar bei unterschiedlichen Verhältnissen von Wasserstoff/Kohlenwasserstoff.

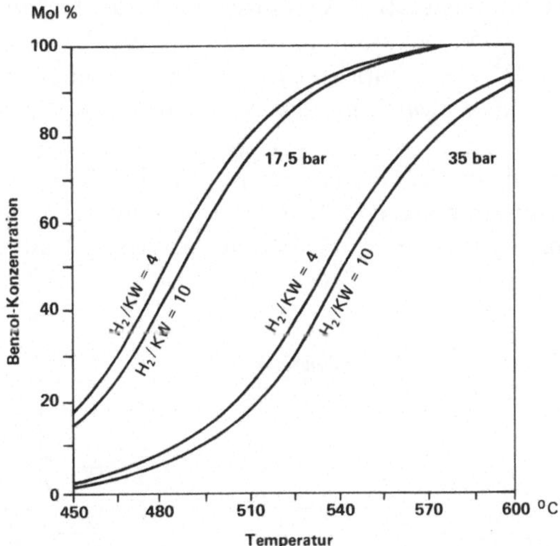

Abbildung 3.35: Gleichgewichtsdiagramm des Systems n-Hexan/Benzol/Wasserstoff

Die thermodynamischen Daten der Reaktionen von C_6-Kohlenwasserstoffen unter den Bedingungen des katalytischen Reformierens sind in Tabelle 3.20 zusammengestellt.

Bei der Umwandlung von Paraffinen und Naphthenen in Aromaten durch katalytisches Reformieren wird Wasserstoff in relativ reiner Form freigesetzt. Das Reformieren ist daher eine wichtige Wasserstoffquelle für die Raffinerie und die dazugehörigen petrochemischen Anlagen.

Die Bildung von Aromaten wird begünstigt durch niedrigen Wasserstoffdruck und hohe Temperatur. Dabei ist allerdings zu berücksichtigen, daß die Verkokung der Kohlenwasserstoffe am Katalysator durch Temperaturerhöhung stark zunimmt.

Tabelle 3.20: Thermodynamische Daten der Reaktionen von C_6-Kohlenwasserstoffen

Reaktion	k (bei 500 °C)	ΔH_R /kJ mol^{-1}
Cyclohexan $\rightarrow$ Benzol + 3 H$_2$	6×10^5	221
Methylcyclopentan $\rightarrow$ Cyclohexan	0,086	$-16,0$
n-Hexan $\rightarrow$ Benzol + 4 H$_2$	$0,78 \times 10^5$	266
n-Hexan $\rightarrow$ 2-Methylpentan	1,1	$-5,9$
n-Hexan $\rightarrow$ 3-Methylpentan	0,76	$-4,6$
n-Hexan $\rightarrow$ 1-Hexen + H$_2$	0,037	130

Neben den verschiedenen Katalysatortypen unterscheiden sich die Reformierprozesse insbesondere im Verfahrensablauf der Regenerierung des Katalysators.

Bis zum Beginn der 70er Jahre waren zwei Verfahrenstypen besonders verbreitet, nämlich das semi-regenerative Verfahren und das Verfahren mit cyclischer Regenerierung. Häufige Verwendung hat insbesondere das semi-regenerative Verfahren von *UOP* (*UOP*-Platformprozeß) gefunden; ähnlich arbeiten das Powerforming-Verfahren von *Exxon* und das Magnaforming-Verfahren von *Atlantic Richfield/Engelhard*.

Das Einsatzmaterial für den Platformer ist entschwefeltes Rohbenzin, das nur geringste Metallverunreinigungen (z. B. Pb, As, Cu etc.) aufweisen darf. Das entschwefelte Rohbenzin wird mit rezirkuliertem Wasserstoff aufgeheizt und in den

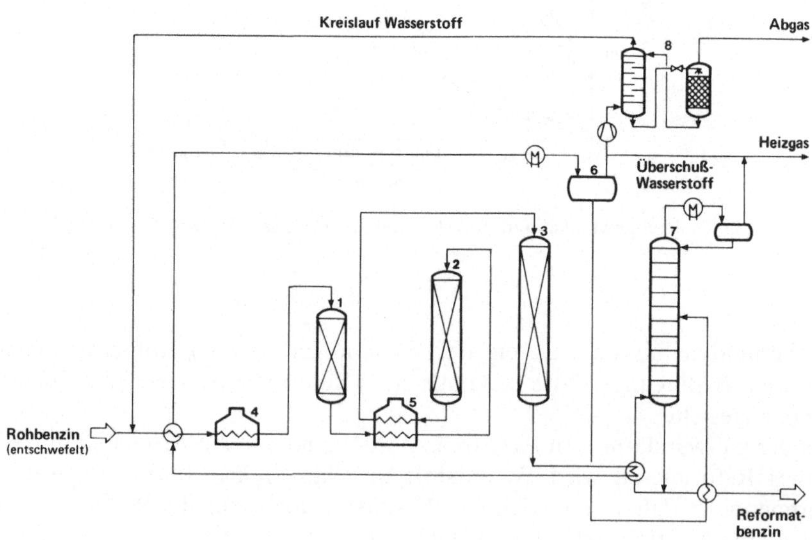

1 Reaktor I, **2** Reaktor II; **3** Reaktor III; **4** und **5** Röhrenöfen; **6** Gasabscheider; **7** Stabilisierungskolonne; **8** Gasreinigung

Abbildung 3.36: Verfahrensschema des 3-stufigen Reformierens

ersten Reaktor geführt, in dem hauptsächlich die Dehydrierung der Naphthene stattfindet. Vor Eintritt in den zweiten Reaktor erfolgt eine Zwischenaufheizung im Röhrenofen; im zweiten Reaktor läuft die langsamere Isomerisierung der Fünfring-Naphthene zu Cyclohexan-Homologen und deren Dehydrierung ab. Im dritten Reaktor findet ein mildes Hydrocracken statt, das zu einer leichten Temperaturerhöhung führt.

Der Reaktordruck liegt bei ca. 15 bis 25 bar, die Reaktionstemperatur bei ca. 510 bis 540 °C; das Reformieren wird mit einem molaren Wasserstoffüberschuß von 5–6 : 1 durchgeführt. Als Katalysatoren dienen Pt/Re-Kontakte mit einem Platin-Gehalt von ca. 0,5%; das Reaktorbett wird radial durchströmt.

In Abbildung 3.36 ist das Verfahrensschema des semi-regenerativen, dreistufigen Reformierens dargestellt.

Die Zusammensetzung des Einsatzbenzins und des Reformatbenzins zeigt Tabelle 3.21.

Tabelle 3.21: Typische Kenndaten des Einsatzes und der Produkte beim katalytischen Reformieren

Rohstoffspezifikationen	
Dichte, g/cm^3	0,767
ROZ (unverbleit)	55,4
Paraffine, Vol%	38,1
Naphthene, Vol%	42,6
Aromaten, Vol%	19,3
ASTM-Destillation, °C	
Siedebeginn	99
10 %	115
50 %	134
90 %	157
Siedeende	177
Produkt ROZ (unverbleit)	95,8
Ausbeuten	
Wasserstoff, m^3/m^3	184
C_1-C_4-Fraktion, Gew%	5,66
Benzol, Vol%	2,3
Toluol, Vol%	11,8
C_8-Fraktion, Vol%	21,2
C_8^+-Aromatenfraktion, Vol%	49,0
Gesamtbenzinerzeugung	86,9

Die Oktanzahl kann von 35 bis 60 auf über 100 (unverbleit) angehoben werden.

Die Regenerierung des Katalysators erfolgt alle 4 bis 8 Monate durch Abbrennen des Kohlenstoffs.

Bei der cyclischen Regenerierung des Katalysators wird ein vierter Reaktor eingesetzt, auf den bei der Katalysatorregenerierung umgeschaltet wird (Swing-Reaktor).

Wegen der erforderlichen Steigerung der Reformierschärfe beim Reformieren von Benzinschnitten aus Konversionsanlagen (FC-Cracker, Hydrocracker, Coker)

wurde Mitte der 70er Jahre ein Reformiersystem mit kontinuierlicher Regenerierung des Katalysators entwickelt. Beim *UOP*-Verfahren sind die drei Reaktoren turmartig übereinander angebracht; das Katalysatorbett bewegt sich mit einer Pfropfenströmung durch alle drei Reaktoren von oben nach unten. Das kontinuierliche Reformieren zeichnet sich durch höhere Wasserstoffausbeute und höheren Aromatengehalt des Benzins aus; die Oktanzahl (ROZ) kann bis zu 105 betragen.

Abbildung 3.37 zeigt einen Ausschnitt des kontinuierlichen Reformers der *Wintershall (BASF)*-Raffinerie, Lingen, mit einer Kapazität von ca. 650.000 t/a.

Abbildung 3.37: Katalytische Reformieranlage *(UOP)* der *Wintershall*-Raffinerie, Lingen

3.3.2.4 Hydrocrack-Verfahren

Die Hydrocrack-Verfahren gehen auf die Arbeiten von Friedrich Bergius aus den Jahren um 1910 zurück, welche zunächst die Umwandlung von schweren Mineralölrückständen in Destillate zum Ziel hatten und später zur Entwicklung der Kohlehydrierung führten. Während das Cat-Cracken auf eine Spaltung langkettiger, hochsiedender Kohlenwasserstoffe abzielt und das katalytische Reformieren darauf ausgerichtet ist, durch Umwandlung von Kohlenwasserstoffen hohe Anteile an Benzin mit großem Aromatengehalt herzustellen, wird das Hydrocracken zum Abbau von hochmolekularen aliphatischen und aromatischen Kohlenwasserstoffen eingesetzt. Die modernen Hydrocrack-Verfahren arbeiten mit bifunktionellen Katalysatoren, die einerseits die Crackung und andererseits die Hydrierung beschleunigen. Die derzeitige Anlagenkapazität für Hydrocrack-Verfahren beträgt weltweit über 60 Mio t/a.

Spezielle Varianten des Hydrocrackens dienen bei Bedarf:

1. zur Erzeugung von Grundölen für Schmierstoffe mit hohem Viskositätsindex,
2. zur Umwandlung von Vakuumgasölen in Einsatzmaterialien für Steam-Cracker zur Olefin-Erzeugung,
3. zur Produktion von Isobuten für Alkylierungsanlagen,
4. zur Erzeugung von Flüssiggas,
5. zur selektiven Spaltung von n-Alkanen unter Verwendung engporiger Zeolithe, wie Erionit und Mordenit,
6. zum Hydro-Dewaxing.

Beim „idealen Hydrocracken" von höheren Alkanen werden kleinere Bruchstücke, wie Methan und Ethan, praktisch nicht gebildet; die molare Verteilung der Spaltprodukte ist dabei symmetrisch. Abbildung 3.38 zeigt die molare Verteilung

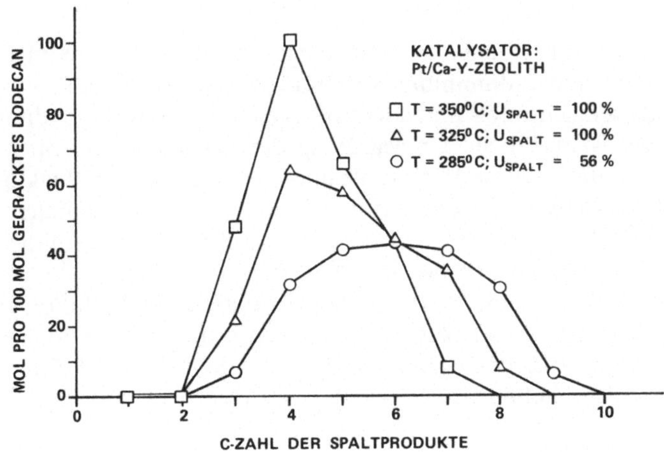

Abbildung 3.38: Molare Verteilung der Spaltprodukte beim idealen Hydrocracken von Dodecan

der Spaltprodukte beim „idealen Hydrocracken" von Dodecan an einem Platin/ Zeolith-Kontakt, sowie den Einfluß erhöhter Temperatur auf die Bildung kleinerer Bruchstücke.

Beim praktischen Hydrocracken tritt neben dem „idealen Hydrocracken" auch eine katalytische Crackreaktion auf, so daß auch kleinere Bruchstücke aus langkettigen Kohlenwasserstoffen gebildet werden.

Die Aromaten werden über eine Reihe von Zwischenstufen letztlich zu Paraffinen aufgespalten (Abbildung 3.39), wobei die Hydrierung der Aromaten zu partiell hydrierten Aromaten relativ rasch, die Weiterhydrierung zu den vollhydrierten Cyclohexan-Verbindungen dagegen relativ langsam abläuft.

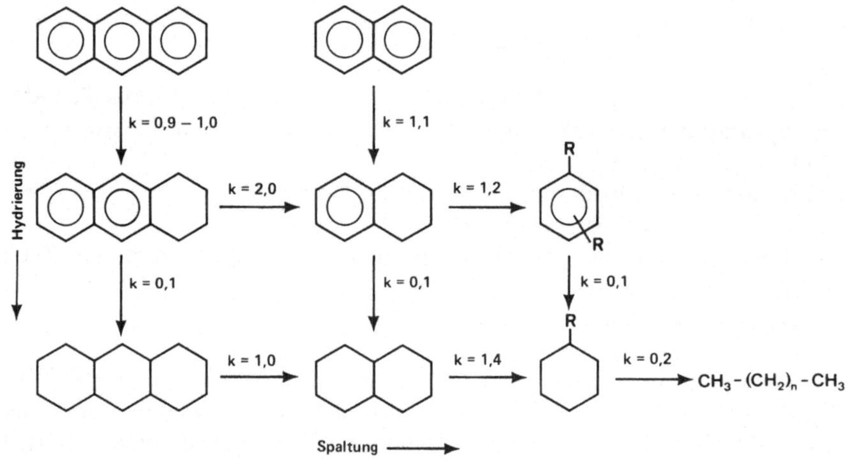

Abbildung 3.39: Relative Reaktionsgeschwindigkeiten beim Hydrocracken von Aromaten

Als Katalysatoren werden beim zweistufig durchgeführten Hydrocracken Kobalt/ Molybdän-Oxide auf Aluminiumoxid-Trägern eingesetzt, um das Einsatzöl zunächst an diesen schwefel- und stickstoffesten Katalysatoren hydrierend vorzubehandeln. Ziel ist dabei die Umwandlung der Schwefel- und Stickstoffverbindungen in Schwefelwasserstoff bzw. Ammoniak. Im zweiten Reaktor erfolgt in Abwesenheit von Schwefelwasserstoff und Ammoniak die eigentliche Hochdruck-Crackreaktion, z. B. an einem hochaktiven bifunktionellen Zeolith-Katalysator. Der Spaltumsatzgrad liegt dabei im allgemeinen zwischen 40 und 70%. Die Anordnung des Katalysators kann prinzipiell nach zwei Verfahrensvarianten – Festbett oder Wirbelbett – erfolgen. Die meisten Hydrocracker arbeiten mit Festbett-Katalysatoren (z. B. das Isomax-Verfahren von *UOP* und *Chevron*). Abbildung 3.40 zeigt das Fließbild eines zweistufigen Hydrocrackers.

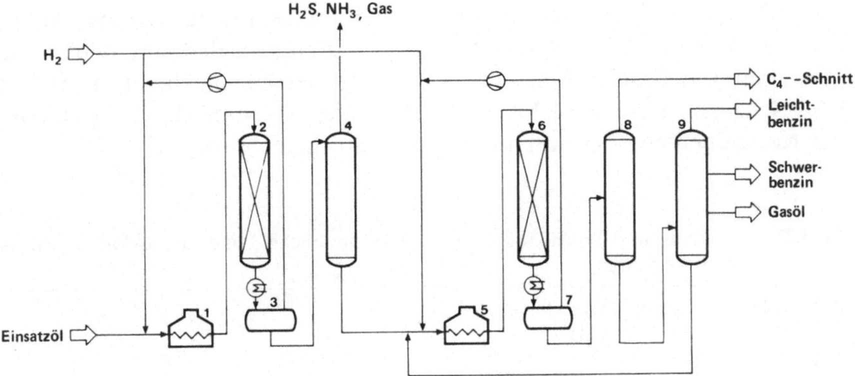

1 Röhrenofen; **2** Reaktor der 1.Stufe; **3** Gasabscheider; **4** Strippkolonne; **5** Röhrenofen;
6 Reaktor der 2.Stufe; **7** Gasabscheider; **8** Stabilisierungskolonne; **9** Fraktionierkolonne

Abbildung 3.40: Verfahrensschema eines zweistufigen Hydrocrackers

Mit wallendem Katalysatorbett arbeitet das Verfahren von *Hydrocarbon Research*, das H-Oil-Verfahren (Abbildung 3.41).

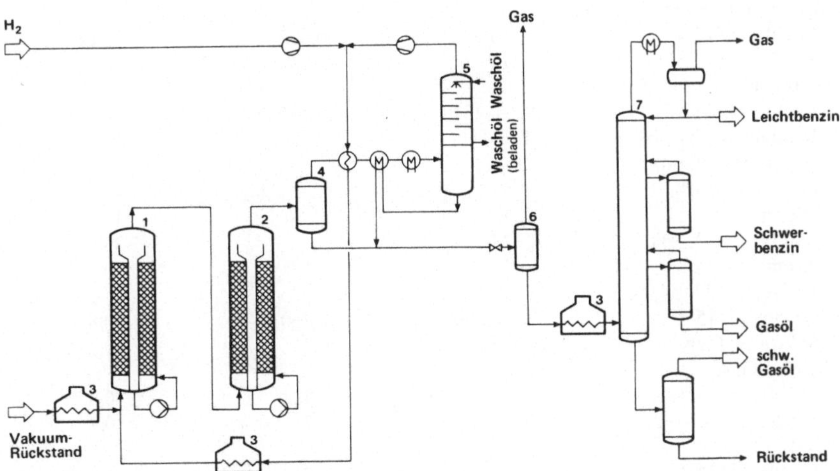

1 und **2** Reaktoren mit wallendem Katalysatorbett; **3** Röhrenofen; **4** Heißabscheider; **5** Kaltabscheider mit Gaswäsche; **6** Entspannungsgefäß; **7** Röhrenofen; **8** Fraktionierkolonne mit
Seitenkolonnen

Abbildung 3.41: Verfahrensschema des H-Oil-Hydrocrackers

Tabelle 3.22 zeigt die Ausbeuten aus der Hydrierung eines texanischen Vakuum-rückstandes nach dem H-Oil-Verfahren. Der Aromatengehalt im Benzin ist im Vergleich zum Cat-Cracker-Benzin relativ gering; dementsprechend ist die Oktan-zahl des Benzins niedrig. Eine Erhöhung der Oktanzahl kann durch Zusatz oktan-reicher Komponenten oder durch weiteres Reformieren erfolgen.

Tabelle 3.22: Ausbeute und Produktqualität beim Hydrocracken eines Texas-Vakuumrückstandes nach dem H-Oil-Verfahren

Rohstoff: Vakuumrückstand (West Texas)
         Dichte 15/15 °C   0,981
         Schwefel, Gew%   2,95

	Entschwefelung	mildes Cracken	scharfes Cracken
Wasserstoffverbrauch, m^3/m^3	110	143	223
Ausbeuten			
H_2S und NH_3, Gew%	2,6	2,3	2,5
C_1-C_3-Fraktion, Gew%	1,0	3,7	4,8
C_4-Fraktion, Vol%	0,7	2,2	2,9
C_5-Fraktion, Vol%			
(Siedeende 82 °C)	1,4	3,1	4,4
Siedebereich			
82–177 °C, Vol%	4,0	9,3	12,7
Siedebereich			
177–343 °C, Vol%	9,7	22,3	28,5
schweres Gasöl, Vol%	30,9	34,0	35,2
Rückstand, Vol%	57,0	32,0	20,0
Produktspezifikationen			
C_5-Fraktion (Siedeende 82 °C)			
Dichte 15/15 °C	0,682	0,682	0,685
ROZ	73	..	71
Siedebereich 82–177 °C			
Dichte 15/15 °C	0,751	0,755	0,759
Kohlenwasserstoff-			
zusammensetzung:			
Paraffine, Vol%	52	..	45
Olefine, Vol%	10	..	10
Naphthene, Vol%	28	..	35
Aromaten, Vol%	10	..	10
Siedebereich 177–343 °C			
Dichte 15/15 °C	0,850	0,860	0,865
Schwefel, Gew%	0,1	0,2	0,2
Schweres Gasöl			
Dichte 15/15 °C	0,916	0,922	0,928
Schwefel, Gew%	0,3	0,7	0,7
Rückstand			
Dichte 15/15 °C	0,960	1,014	1,060
Schwefel, Gew%	1,1	2,0	2,1

Der Hydrocracker zeichnet sich im Gegensatz zum Cat-Cracker durch eine erhöhte Verfahrensflexibilität aus. Die Ausbeuten an Benzin, Kerosin und Mitteldestillaten lassen sich beim Einsatz von Vakuumgasöl und anderen schweren Destillaten in weiten Grenzen variieren. Von Nachteil sind die hohen Investitions- und Betriebskosten, so daß in Europa bislang nur eine geringe Anzahl von Hydrocrackern installiert wurde.

3.3.2.5 Thermisches Cracken von Kohlenwasserstoffen

Die thermischen Crackverfahren zur Spaltung von Kohlenwasserstoffen werden unterteilt in Hochtemperaturverfahren, die bei Temperaturen von über 750 °C betrieben werden und Verfahren im mittleren Temperaturbereich bei ca. 450 bis 550 °C. Bei den Hochtemperaturverfahren steht die Gewinnung von Olefinen im Vordergrund, wobei gleichzeitig auch eine Aromatenbildung abläuft. Die thermische Crackung im mittleren Temperaturbereich dient der Gewinnung von Benzin. Auch hier findet eine Teilaromatisierung der Kohlenwasserstoffe statt, allerdings in geringerem Umfang als bei der Hochtemperaturpyrolyse.

Tabelle 3.23 zeigt die freien Bindungsenthalpien verschiedener Kohlenstoffbindungen, die eine wesentliche Ursache für den hohen Energieaufwand thermischer Crackverfahren sind.

Tabelle 3.23: Freie Bindungsenthalpie verschiedener Kohlenstoffbindungen

		(kJ/mol)
$C-C$	aliphatisch	297
$C-C$	aliphatisch am aromatischen Kern	335
$C-C$	aromatisch	401
$C-H$	aliphatisch	389
$C-H$	aromatisch	426
$C=C$	olefinisch	513
$C\equiv C$	Dreifach-Bindung	686

3.3.2.5.1 Dampfpyrolyse zur Herstellung von Olefinen

Das wichtigste Verfahren der Petrochemie ist die Dampfpyrolyse (Steamcracking) von Kohlenwasserstoffen zur Herstellung von Ethylen, Propylen, C_4-Olefinen sowie höheren ungesättigten Verbindungen. Ethylen ist die mengenmäßig bedeutendste organische Grundchemikalie; die weltweite Produktion belief sich 1985 auf 40 Mio t.

Beim Erhitzen von Kohlenwasserstoffketten auf Temperaturen von etwa 800 °C werden $C-C$- und $C-H$-Bindungen gespalten, wobei unbeständige Radikale entstehen. Diese Radikale können zu einem gesättigten oder ungesättigten Molekül weiter reagieren. Außerdem können entstandene Diolefine mit Olefinen zu Aromaten cyclisieren, so daß bei der Hochtemperaturpyrolyse auch Aromaten gebildet werden. Neben den Spaltreaktionen finden beim Steamcracken also auch Reaktionen statt, die zu größeren Molekülen führen. Durch Polymerisation von Olefinen können dabei hochmolekulare Verbindungen entstehen, die sich im Reaktionsraum ablagern und unter Wasserstoffabspaltung schließlich in Koks umgewandelt werden. Die unerwünschte Polymerisation und Koksbildung läuft bevorzugt bei hohen Kohlenwasserstoffkonzentrationen ab, während die gewünschte Spaltreaktion durch niedrige Kohlenwasserstoffkonzentrationen begünstigt wird. Aus diesem Grund werden bei der Dampfpyrolyse die eingesetzten Kohlenwasserstoffe mit Wasserdampf verdünnt. In Tabelle 3.24 sind typische Einsatzstoffe sowie die daraus erzeugbaren Produktspektren zusammengestellt.

Tabelle 3.24: Zusammensetzung der Pyrolyseprodukte bei der Dampfspaltung unterschiedlicher Einsatzstoffe (%)

Rohstoffe	Ethan	Propan	n-Butan	i-Butan	leichtes Naphtha	Naphtha (Gesamtschnitt)	Raffinat nach Aromatenextraktion	Kerosin	leichtes Gasöl	schweres Gasöl	schweres Vakuumgasöl
Pyrolyseprodukte											
Wasserstoff	3,7	1,31	0,9	1,25	0,98	0,86	0,9	0,65	0,6	0,51	0,43
Methan	2,8	25,2	20,9	22,6	17,4	15,3	16,5	12,2	10,6	8,82	7,7
Acetylen	0,26	0,65	0,55	0,6	0,95	0,75	0,85	0,35	0,4	0,21	0,16
Ethylen	50,5	38,9	37,3	10,7	32,3	29,8	28,4	25,0	24,0	21,36	17,5
Ethan	40,0	3,7	4,5	0,6	3,95	3,75	3,9	3,7	3,1	4,54	2,8
Methylacetylen	0,03	0,6	0,8	3,0	1,25	1,15	1,1	0,75	1,05	0,19	0,45
Propylen	0,8	11,5	16,4	21,2	15,0	14,3	14,5	14,5	14,7	13,25	13,4
Propan	0,16	7,0	0,15	0,3	0,33	0,27	0,3	0,4	0,45	0,86	0,35
Butadien-1,3	0,85	3,55	3,85	2,15	4,75	4,9	4,8	4,4	4,8	6,15	5,46
Butene	0,2	0,95	1,8	17,5	4,55	4,15	5,7	4,2	4,4	5,54	6,29
Butane	0,23	0,1	5,0	8,0	0,1	0,22	0,25	0,1	0,1	0,05	0,11
C_5-Fraktion	0,22	1,6	1,6	2,0	3,85	2,35	3,5	2,0	3,3	2,18	5,5
C_6-C_8-Nichtaromaten					2,02	2,05	3,8	1,55	1,5	2,51	4,7
Benzol	0,2	2,2	2,0	3,06	5,6	6,0	6,1	6,2	5,7	5,43	2,95
Toluol	0,05	0,4	0,9	1,4	1,65	4,6	2,35	2,9	3,0	3,27	2,7
C_8-Fraktion			0,35	0,4	0,72	1,65	1,8	1,2	1,2	0,74	1,3
Styrol					0,65	0,85	0,95	0,7	0,7	0,50	0,4
C_9-Fraktion (Siedeende 200 °C)		1,0	1,3	3,25	0,65	3,1	0,9	3,1	2,3	3,08	3,0
Pyrolyseteer		1,34	1,7	1,99	3,3	3,95	3,4	16,1	18,1	20,81	24,8
Summe	100	100	100	100	100	100	100	100	100	100	100

In den USA, aber zum Teil auch in Großbritannien und Norwegen, wird als Einsatzmaterial für die Dampfpyrolyse vor allem Ethan eingesetzt, das aus nassem Erdgas gewonnen wird; mit hoher Ausbeute entsteht Ethylen neben Wasserstoff und Methan. Beim Einsatz von Naphtha, dem bevorzugten Rohstoff in Europa und Japan, entstehen außerdem Propylen, C_4-Kohlenwasserstoffe sowie Pyrolysebenzin und Pyrolyseteer, die sich durch einen hohen Aromatengehalt auszeichnen.

Bei der technischen Durchführung der Dampfspaltung (Abbildung 3.42) strömt Naphtha in Rohrschlangen zunächst durch die Konvektionszonen der Spaltöfen, wo es durch die Wärme der heißen Rauchgase verdampft wird. Gleichzeitig wird pro Tonne Naphtha etwa eine halbe Tonne Wasserdampf zugeführt. Die auf etwa 600 °C vorgewärmte Mischung gelangt dann in die Spaltrohre, die vertikal im Ofen angeordnet sind. Die Länge der Pyrolyserohre (Durchmesser: ca. 60 bis 100 mm) eines Ofens mit einer Ethylen-Produktionsleistung von ca. 40.000 t/a liegt bei ca. 60 bis 80 m. Die Heizflächenbelastung bei Kurzzeit-Spaltöfen beträgt ca. 300.000 kJ/m² h.

Die Spaltung der Kohlenwasserstoffe erfolgt bei einer Pyrolysetemperatur von 800 bis 900 °C in 0,1 bis 0,5 sec. Die Spaltgase, die den Ofen mit einer Temperatur von etwa 850 °C verlassen, müssen sehr schnell abgekühlt werden, damit die Reaktion zum Stillstand kommt (d.h. „eingefroren" wird) und unerwünschte Folgereaktionen vermieden werden; dies geschieht in Quenchkühlern. Die Wärme der Spaltgase wird dabei zur Erzeugung von Hochdruckdampf verwendet, der nach Überhitzung auf etwa 500 °C zum Antrieb der Spaltgaskompressoren dient. Die Spaltgase werden durch Einspritzen von Öl weiter abgekühlt und in einer Hauptkolonne durch Waschen mit Öl von hochsiedenden Anteilen befreit. Die Hochsieder werden als Pyrolyseteer aus der Kolonne abgezogen. Das Kopfprodukt der Kolonne wird in Kühlern auf etwa 50 °C gekühlt. Dabei kondensieren Benzinkohlenwasserstoffe und Wasser.

Die Spaltgase werden auf 30 bis 40 bar komprimiert, von Kohlendioxid und Schwefelwasserstoff befreit und getrocknet. Durch Tieftemperaturdestillation erfolgt dann bei Temperaturen von –30 bis 140 °C eine Auftrennung in Wasserstoff, Methan, Ethylen, Ethan, Propylen, Propan, Gemische von C_4- und C_5-Kohlenwasserstoffen und leichtes Pyrolysebenzin. Die Reinheit von Ethylen und Propylen beträgt bei dieser Reinigung über 99,9%.

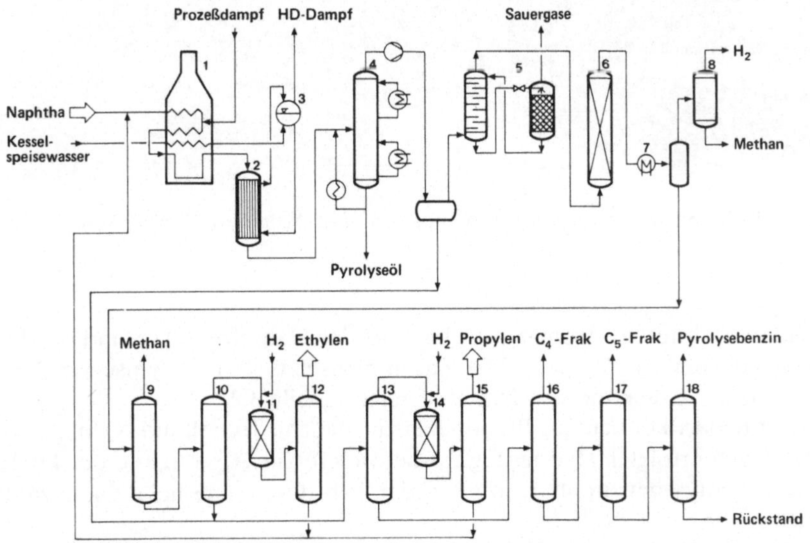

1 Spaltofen; 2 Quenchkühler; 3 Dampftrommel; 4 Primär-Fraktionierung; 5 Gasreinigung; 6 Trockner; 7 Tieftemperatur-Kälteanlage; 8 Wasserstoff-/Methan-Trennung; 9 Entmethanisier-Kolonne; 10 Entethanisier-Kolonne; 11 Acetylen-Hydrierung; 12 Ethylen-Kolonne; 13 Entpropanisier-Kolonne; 14 Methylacetylen-Hydrierung; 15 Propylen-Kolonne; 16 Entbutanisier-Kolonne; 17 Entpentanisier-Kolonne; 18 Rückstandskolonne

Abbildung 3.42: Verfahrensschema der Dampfpyrolyse von Naphtha

Die Cracktemperatur ist durch den Werkstoff der Spaltrohre nach oben begrenzt. Bei Produktaustrittstemperaturen von 850 °C treten an der äußeren Rohrwand Temperaturen von über 1.000 °C auf, bei denen Stähle zum Aufkohlen neigen, d. h. Kohlenstoff aus dem Reaktionsmedium aufnehmen und dadurch verspröden. Es wurden daher Schleudergußrohre aus hochlegierten Stählen mit über 25% Chrom und 20 bis 35% Nickel eingeführt, die auch bei Temperaturen über 1.000 °C eine hohe Lebensdauer aufweisen.

Abbildung 3.43 zeigt die Spaltöfen der Ethylen-Anlage der *Shell Nederland Chemie*, Moerdijk/Niederlande mit einer Kapazität von 500.000 t/a Ethylen.

Abbildung 3.43: Spaltöfen der Ethylen-Anlage der *Shell Nederland Chemie*, Moerdijk/Niederlande

Die beiden wichtigsten Aromatenquellen aus der Dampfpyrolyse sind das Pyrolysebenzin und der Pyrolyseteer. Die Zusammensetzung eines typischen Pyrolysebenzins aus der Crackung von Naphtha zeigt Tabelle 3.25.

Je nach Bedarf können aus Pyrolysebenzin Benzol, Toluol und Xylol gewonnen werden. Nach erfolgter Hydrierung, insbesondere zur Absättigung der Diolefine, dient das Pyrolysebenzin als Kraftstoff, der sich durch eine hohe Oktanzahl auszeichnet.

Der Teer aus der Naphtha-Pyrolyse hat in seiner Zusammensetzung Ähnlichkeit mit dem Steinkohlenteer; die Aromatizität ist allerdings geringer (Tabelle 3.26).

Einige Inhaltsstoffe des Pyrolyseteers, wie die ungesättigten C_9-Verbindungen und das Naphthalin, können als Chemierohstoffe Verwendung finden. Wegen seines hohen C/H-Verhältnisses ist Pyrolyseteer auch als Rohstoff zur Herstellung von Ruß und als Einsatzmaterial für die Verkokung zur Herstellung von Premiumkoks einsetzbar (s. Kapitel 13.1.2).

Tabelle 3.25: Eigenschaften von Pyrolysebenzin bei unterschiedlicher Crackschärfe

Eigenschaften	Crackbenzine aus	
	mildem Cracken	scharfem Cracken
Dichte bei 20 °C (g/ml)	0,790	0,835
Siedebeginn, °C	40	44
50 Vol% bei °C	95	96
Siedeende, °C	200	182
Siedebereich bis 70 °C, Vol%	35	16
Siedebereich bis 100 °C, Vol%	65	55
Bromzahl, g/100 g	60	63
Diengehalt, Gew%	12	15
ROZ, unverbleit	97	103,5
Zusammensetzung		
Nicht-Aromaten, Gew%	41,0	27,4
Benzol, Gew%	22,0	33,8
Toluol, Gew%	17,5	19,4
o-Xylol, Gew%	2,3	1,1
m-, p-Xylol und Ethylbenzol	6,0	6,6
Styrol	3,2	5,3

Tabelle 3.26: Zusammensetzung von Pyrolyseteer aus der Dampfspaltung von Naphtha

Inden	1,4 %
Naphthalin	12,8 %
2-Methylnaphthalin	4,8 %
1-Methylnaphthalin	4,0 %
Diphenyl	2,2 %
Dimethylnaphthaline	2,6 %
Fluoren	0,9 %
Phenanthren/Anthracen	1,3 %
Fluoranthen	0,1 %
Pyren	0,2 %
C/H-Verhältnis	1,1

3.3.2.5.2 Herstellung von Olefinen aus Rohöl

Um die Abhängigkeit der Ethylen-Herstellung von der Verfügbarkeit und den Preisschwankungen für Naphtha unabhängig zu machen, wurden insbesondere in der Bundesrepublik Deutschland und in Japan Verfahren zur Herstellung von Ethylen durch Spaltung von Rohöl entwickelt. Wegen der dazu notwendigen Temperaturen geht naturgemäß mit der Ethylen-Bildung eine Aromatisierung einher, so daß aus diesen Verfahren auch Aromaten zugänglich werden.

In Deutschland wurden zu Beginn der 60er Jahre insbesondere bei der *BASF* und bei *Hoechst* Versuche zur Spaltung von Rohöl durchgeführt; diese Verfahren wurden allerdings rasch durch Dampfpyrolyseverfahren ersetzt. Das *BASF*-Verfahren sieht eine Crackung von Rohöl in einer Wirbelschicht aus Kokskörnern bei 700 bis 750 °C vor. Neben einem olefinhaltigen Gas werden Leichtöl, eine Naphthalin-Fraktion sowie Petrolkoks gewonnen (Abbildung 3.44).

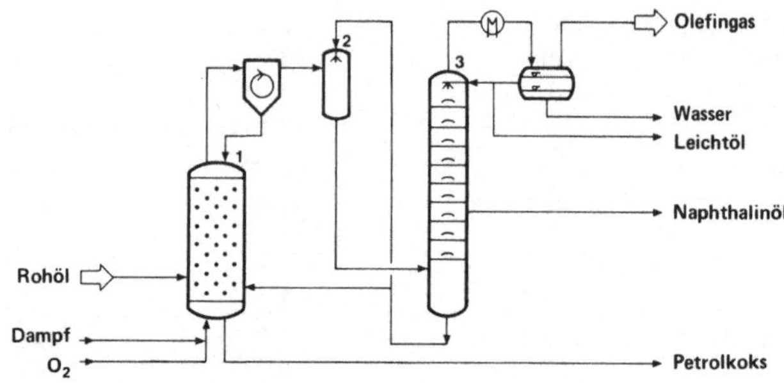

1 Wirbelschicht-Reaktor; 2 Quencher; 3 Fraktionierkolonne

Abbildung 3.44: Verfahrensschema der Rohölspaltung nach dem *BASF*-Verfahren

Das Leichtöl enthält hauptsächlich Benzol, Toluol und Xylol. Es hat bezüglich seiner Zusammensetzung Ähnlichkeit mit dem Kokereibenzol. Die Naphthalin-Fraktion, die in 4% Ausbeute bezogen auf das Rohöl gewonnen wird, enthält 42% Naphthalin neben vorwiegend Methylnaphthalinen.

Tabelle 3.27: Mengenbilanz der Rohöl-spaltung nach dem BASF-Wirbelschicht-Cracker-Verfahren beim Einsatz von 1.000 kg Rohöl und 400 kg (280 Nm³) Sauerstoff

Produkt	kg/t Rohöl
Ethylen	230
Propylen	125
C₄-Fraktion	60
Leichtöl (45% Benzol)	140
Naphthalinöl (42% Naphthalin)	40
Wasserstoff	8
Methan	120
Ethan	45
Propan	7
Acetylen	1
Kohlendioxid	395
Kohlenmonoxid	100
Koks	45
Wasser	64
Verlust	20

Bei höherer Temperatur als das *BASF*-Verfahren arbeitet der Prozeß von *Kureha/Union-Carbide* (Abbildung 3.45). Bei diesem Verfahren wird Wasserdampf mit einer Temperatur von 2.000 °C als Wärmeträger benutzt. In einem adiabatischen Reaktor wird vorerhitztes Rohöl in den überhitzten Dampf eingespeist, wobei über 30% Ethylen gewonnen werden. Die Reaktionszeit beträgt lediglich 15 bis 20 ms. Auch bei diesem Verfahren fällt oberhalb des Pyrolysebenzins ein aromatenreiches Öl mit relativ hohem Naphthalin-Gehalt an. Der aromatische Pyrolyseteer kann zur Herstellung von Kohlenstoffasern mit mittlerem Modul eingesetzt werden.

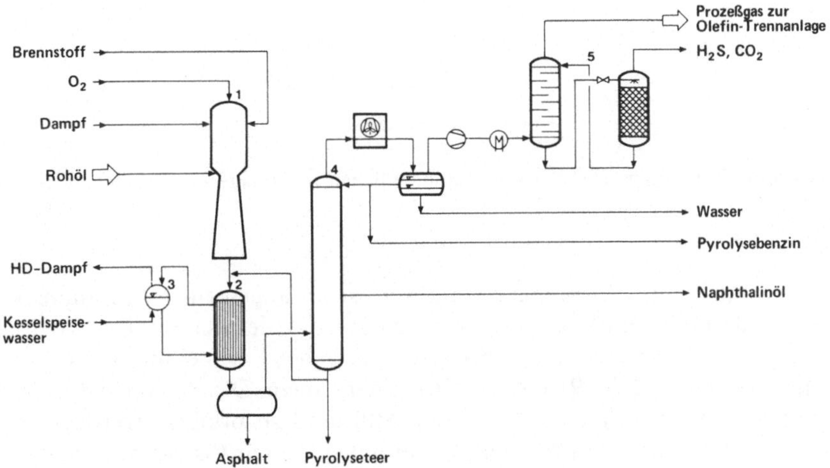

1 Reaktor; **2** Quenchkühler; **3** Dampftrommel; **4** Fraktionierkolonne; **5** Gasreinigung

Abbildung 3.45: *Kureha/Union-Carbide*-Verfahren zur Rohölspaltung

3.3.2.5.3 Sonstige thermische Crack-Verfahren

Im mittleren Temperaturbereich gelangen in der Mineralölraffination das Visbreaker-Verfahren, das Delayed Coking-Verfahren (s. Kapitel 13.1.2) und das thermische Crack-Verfahren zur Umwandlung schwerer Mineralölrückstände in leichtere Benzinschnitte und Mitteldestillate zum Einsatz; die Aromatisierung der erhaltenen Fraktionen ist allerdings relativ gering.

Auch die Herstellung von Blasbitumen aus straight-run-Bitumen geht mit einer thermischen Crackung und Aromatisierung einher; die Temperatur liegt beim Blasen des Bitumens mit Luft zwar nur bei 280 bis 300 °C, jedoch führt die Anwendung von Luft durch die Dehydrierung der Naphthene zu einer Erhöhung der Aromatizität, die von ca. 0,35 auf 0,45 nach dem Blasen ansteigt; zur Aromaten-Gewinnung wird das Blasbitumen wegen dieser relativ geringen Aromatizität jedoch nicht eingesetzt.

In Abbildung 3.46 ist das Verfahrensschema einer kontinuierlichen Blasanlage dargestellt.

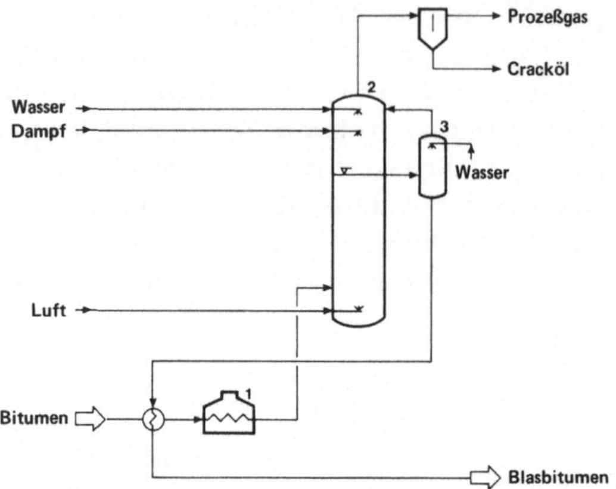

1 Röhrenofen; 2 Blaseturm; 3 Überlauftrennbehälter

Abbildung 3.46: Verfahrensschema einer kontinuierlichen Blasanlage zur Herstellung von Blasbitumen

Einsatzprodukt für das Visbreaker-Verfahren ist im allgemeinen ein atmosphärischer Rückstand oder ein Vakuumrückstand der Rohöldestillation. Der Rückstand wird in einem Röhrenofen auf 450 bis 480 °C aufgeheizt, wobei thermische Crackreaktionen ablaufen. Die Reaktion wird unter einem Druck von 5 bis 50 bar durchgeführt. Um die Crackreaktion zum Stillstand zu bringen, werden die aus dem Ofen austretenden Crackprodukte mit einem kalten Gasölstrom gequencht. In der nachgeschalteten Fraktionierkolonne erfolgt eine Zerlegung des Reaktionsproduktes in die gewünschten Destillate und einen schweren Heizölrückstand. Die bei der Aromatisierung gebildeten Alkylaromaten mit hohem Lösungsvermögen führen zu einer Reduzierung der Viskosität des Crack-Bitumens im Vergleich zum Einsatzrohstoff. Das Verfahrensschema eines Visbreakers sowie die Ausbeutestruktur beim Einsatz eines Rückstands von Louisiana-Rohöl zeigen Abbildung 3.47 und Tabelle 3.28.

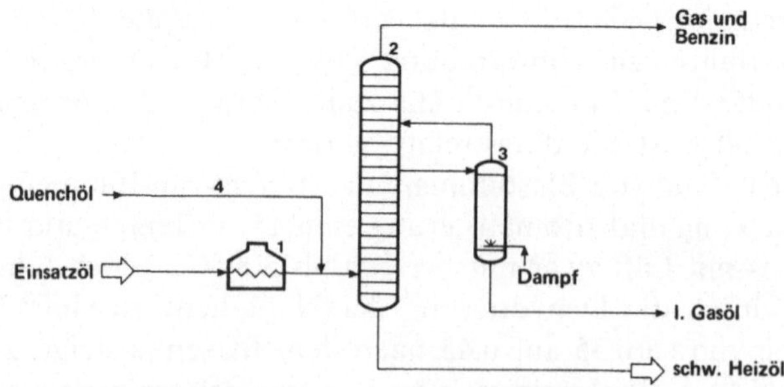

1 Crack-Röhrenofen; 2 Fraktionierkolonne; 3 Seitenkolonne; 4 Gasölquench

Abbildung 3.47: Verfahrensschema des Visbreakers

Tabelle 3.28: Charakteristische Eigenschaften des Einsatzes und der Produkte beim Visbreaken eines Süd Louisiana-Rückstandes

Rohstoff: Rückstand eines Louisiana-Rohöls			
Dichte 15/15 °C			0,987
Conradson Carbon, Gew%			10,6
Viskosität bei 98,9 °C, mm²/s			107
Schwefel, Gew%			0,61
Betriebsbedingungen:			
Crack-Temperatur, °C			480
Druck, bar			7
Ausbeute:			
C_1-C_3-Fraktion, Gew%			0,6
C_4-Fraktion, Vol%			1,0
Naphtha (Siedeende 220 °C), Vol%			6,2
Gasöl (220–340 °C), Vol%			6,3
Rückstand, Vol%			88,4
Produktspezifikation:	Naphtha	Gasöl	Rückstand
Dichte, 15/15 °C	0,748	0,851	0,990
Schwefel, Gew%	0,26	0,33	0,58
Conradson Carbon, Gew%	0,0	0,01	15,0
ROZ (unverbleit)	66,8	..	..
Viskosität bei 98,9 °C, mm²/s	..	..	34

Beim Visbreaking durch thermisches Cracken sind breite Variationen in bezug auf Druck, Behandlungstemperatur und Verweilzeit sowie auf das Einsatzgut möglich.

Bei höheren Temperaturen läuft das klassische thermische Crackverfahren von schweren Gasöl-Fraktionen ab. Es wird bei 500 °C und 50 bar betrieben. Abbil-

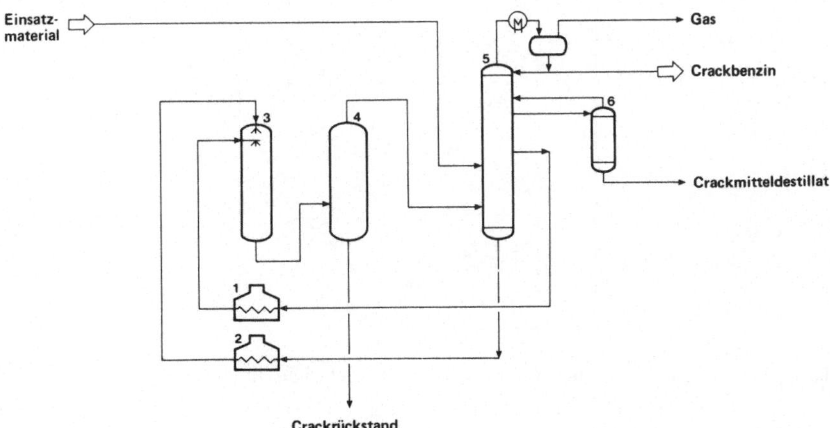

1 Leichtöl-Röhrenofen; 2 Schweröl-Röhrenofen; 3 Reaktionskammer; 4 Flash-Kammer;
5 Destillationskolonne; 6 Seitenkolonne

Abbildung 3.48: Verfahrensschema des Dubbs-Prozesses

dung 3.48 zeigt das Verfahrensschema des von Petroleum Carbon Dubbs (*UOP*) ursprünglich zum Cracken von Wachsdestillaten entwickelten thermischen Crackverfahrens.

Der bei diesem Verfahren anfallende thermische Teer ist als Einsatzmaterial zur Erzeugung von Premiumkoks im Delayed Coker geeignet; die Qualität des Benzins ist etwas besser als die Güte des Coker-Naphthas.

3.4 Herstellung aromatischer Kohlenwasserstoffe mit Hilfe von Zeolith-Katalysatoren

3.4.1 Aromaten aus Alkoholen

Beim Zeolith-Verfahren zur Herstellung von aromatischen Benzinen gelangt als Ausgangsmaterial überwiegend Methanol zum Einsatz.

Zeolithe sind kristalline Aluminosilikate, in deren dreidimensionalem Netzwerk aus SiO_4- und AlO_4-Tetraedern Hohlräume von definierter Größe gebildet werden. Je nach Struktur weisen diese Hohlräume verschiedene Durchmesser auf. Abbildung 3.49 zeigt Zeolith-Strukturen mit Hohlräumen von unterschiedlichem Durchmesser.

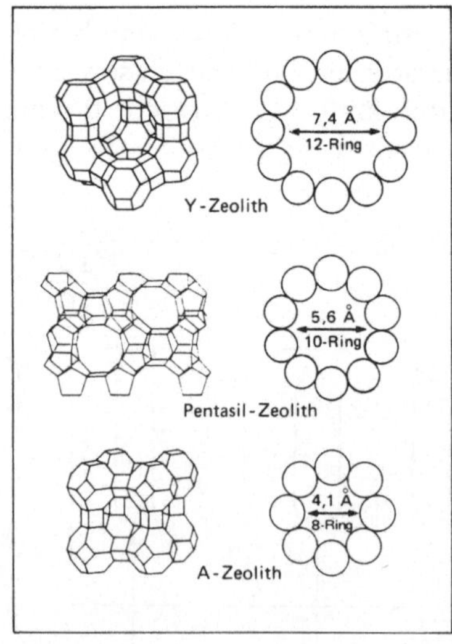

Abbildung 3.49: Zeolith-Strukturen mit unterschiedlichem Durchmesser

Man unterscheidet weit-, mittel- und engporige Zeolithe. In den weitporigen Y-Zeolithen werden die Fenster, die zu den großen Hohlräumen führen, von 12 SiO_4- bzw. AlO_4-Tetraedern gebildet. Diese Fenster haben einen Durchmesser von

7,4 Å; die großen Hohlräume weisen einen Durchmesser von rund 13 Å auf. Bei den engporigen A-Zeolithen ergeben 8 Tetraeder einen Fensterdurchmesser von 4,1 Å. Dazwischen liegen die Pentasil-Zeolithe mit leicht ellipsoidem Porenquerschnitt. Diese Poren werden von 10 Tetraedern gebildet; die Porenweite liegt bei ca. 5,6 Å.

Zeolithe sind anorganische Ionenaustauscher; ihre katalytische Aktivität ist im wesentlichen eine Folge der sauren Gruppen in der intrakristallinen Oberfläche. Die Zeolithe sind direkt als Katalysator einsetzbar und dienen außerdem als Träger für Aktivkomponenten. Die Zusammensetzung eines typischen Molekularsieb-Zeolithen zeigt Tabelle 3.29.

Tabelle 3.29: Zusammensetzung eines Mordenit-Zeolith-Katalysators (wf, in %)

SiO_2	74–81
Al_2O_3	10–13
Fe_2O_3	0,5–1,0
TiO_2	0,6
CaO	0,6
MgO	0,6
Na_2O	5–8,5
K_2O	0,6

Die spezifische Oberfläche der eingesetzten Zeolith-Katalysatoren liegt bei 800 bis 1.000 m^2/g.

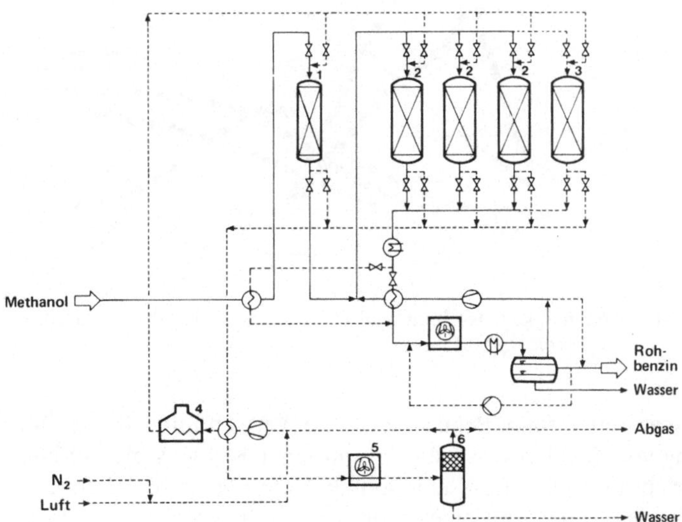

1 Dimethylether-Reaktor; **2** Konvertierungsreaktoren; **3** Reservereaktor für Regenerierung; **4** Anfahr- und Regenerierungsgasofen; **5** Regenerierungsgaskühler; **6** Wasserabscheider

Abbildung 3.50: Verfahrensschema des *Mobil-Oil*-Festbettverfahrens zur Umwandlung von Methanol in Benzin

Im Rahmen der Bemühungen, die Treibstoffabhängigkeit vom Mineralöl zu verringern, wurde von der *Mobil Oil* das Methanol-to-Gasoline(MTG)-Verfahren entwickelt, mit dem Methanol in Benzin umgewandelt wird. Da Methanol sowohl aus Mineralöl als auch aus Erdgas oder Kohle nach bekannten Technologien hergestellt werden kann, ist das MTG-Verfahren nicht auf Rohöl als Rohstoff angewiesen. Das Fließschema des zweistufigen *Mobil Oil*-Festbettverfahrens zeigt Abbildung 3.50.

Die Reaktion wird bei einem Druck von 20 bar und einer Temperatur von 380°C durchgeführt. Bei dem Prozeß werden 44% Kohlenwasserstoffe bei gleichzeitigem Anfall von 56% Wasser gewonnen. Das Benzin entspricht in seiner Zusammensetzung und seinen Eigenschaften wie Oktanzahl, Siedebereich und den anderen Spezifikationen den heute gängigen Vergaserkraftstoffen.

In Abbildung 3.51 ist die Abhängigkeit des Methanol-Umsatzes und der Produktzusammensetzung von der Kontaktzeit dargestellt; mit zunehmender Kontaktzeit (reziproke Katalysatorbelastung) nimmt die Benzin- und Aromatenausbeute zu. (In Anlehnung an die angelsächsische Terminologie wird die Katalysatorbelastung als „liquid hourly space velocity" (LHSV) bezeichnet).

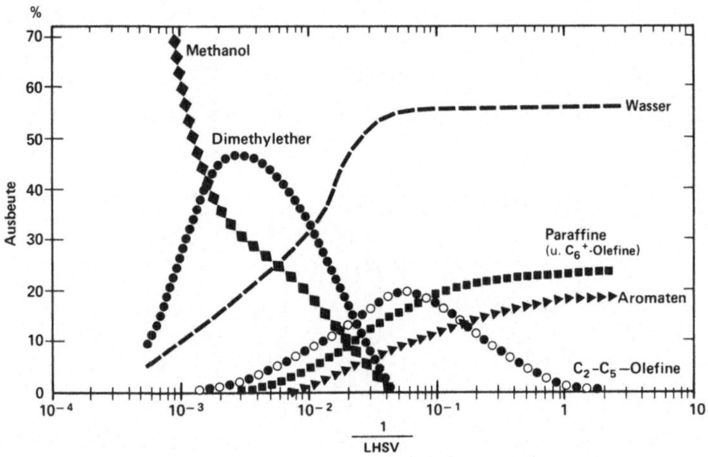

Abbildung 3.51: Abhängigkeit des Methanol-Umsatzes und der Produktzusammensetzung von der Kontaktzeit beim *Mobil Oil*-Verfahren

Als Katalysatoren finden Pentasil-Zeolithe Verwendung, deren Formselektivität zur Bildung von Kohlenwasserstoffen mit einer Kohlenstoffzahl kleiner 11 führt; dies entspricht bezüglich des Siedepunktes dem konventionellen Benzin.

Ein Teil einer Anlage mit einer geplanten Endkapazität von 800.000 t/a Benzin mit einer Oktanzahl von 92 bis 94 nach dem MTG-Verfahren ist in Neuseeland bereits in Betrieb; die Methanol-Erzeugung erfolgt auf der Basis von Erdgas.

In der Bundesrepublik Deutschland wurde bis 1986 zur Optimierung des Fließbettprozesses eine Pilotanlage von *UK-Wesseling* in Zusammenarbeit mit *Mobil-Oil* und *Uhde* mit einem Durchsatz von 25 t/d betrieben.

3.4.2 Aromaten aus kurzkettigen Alkanen

Ein dem Reformieren verwandtes Verfahren zur Herstellung aromatenreicher Benzine aus aliphatischen Kohlenwasserstoffen wurde kürzlich von *UOP/BP* entwickelt. Bei diesem als Cyclar bezeichneten Verfahren werden anstelle von Naphtha die niedermolekularen Alkane Propan und Butan eingesetzt. Das Verfahrensfließbild des Cyclar-Prozesses, der mit Zeolith-Katalysatoren arbeitet, ist in Abbildung 3.52 dargestellt.

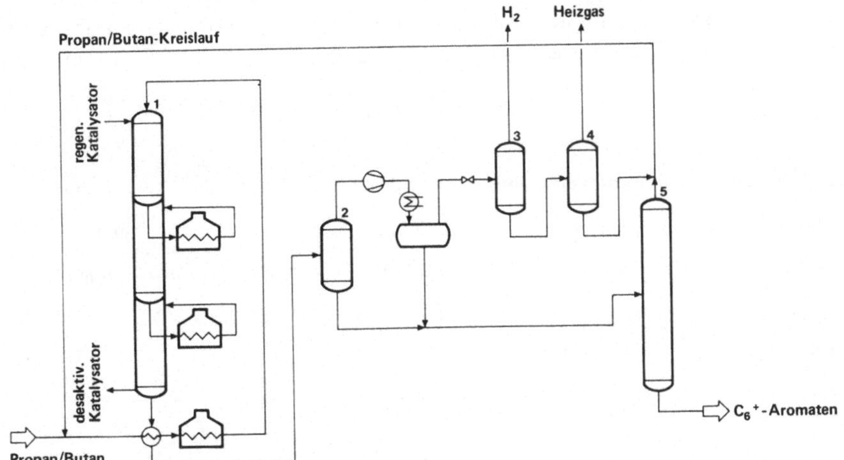

1 Festbett-Reaktoren; **2** Abscheider für Leichtsieder; **3** Wasserstoff-Gewinnung; **4** Propan/ Butan-Gewinnung; **5** Stripp-Kolonne

Abbildung 3.52: Verfahrensschema des Cyclar-Prozesses zur Aromatisierung von Propan/Butan

In einer Ausbeute von 62 bis 67% (abhängig vom Propan/ButanVerhältnis) kann ein aromatenreiches Benzin durch Cyclisierung hergestellt werden. Der Gehalt an Benzol und Toluol des mit dem Cyclar-Prozeß hergestellten Benzins ist größer als der Gehalt an Xylolen und C_9-Aromaten aus konventionellen Platformverfahren (Abbildung 3.53). Der Bau einer 30.000 t/a-Anlage in Grangemouth/UK befindet sich in der Planung.

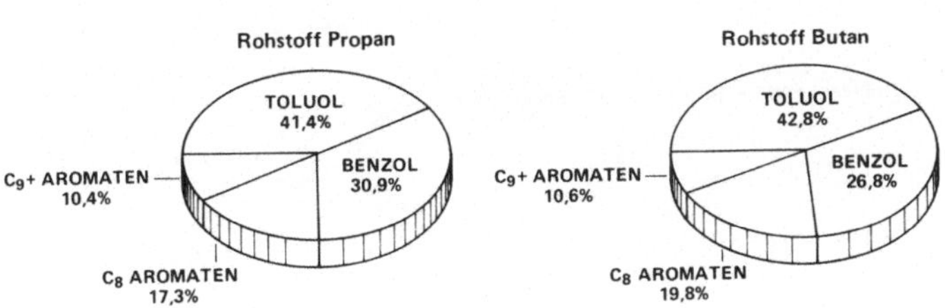

Abbildung 3.53: Ausbeutestruktur des Cyclar-Prozesses für Propan und Butan

3.5 Nachwachsende Rohstoffe

Neben den fossilen Rohstoffen ist das Kohlendioxid der Luft eine weitere Chemie-Kohlenstoffquelle, dessen Nutzung durch die Photosynthese der Pflanzen, d. h. den Aufbau von Kohlenhydraten aus Kohlendioxid und Wasser mit Hilfe der Energie des Sonnenlichtes, erfolgt. Jährlich werden durch die Photosynthese ca. 2×10^{11} t Biomasse mit einem Energiegehalt von 3×10^{21} Joule erzeugt. Davon entfallen knapp 25% auf Sümpfe, Wiesen und Tundren, mehr als 25% auf Wälder sowie 10% auf kultivierte Böden. Etwa ein Drittel der Biomasse entsteht in den Meeren. In Tabelle 3.30 ist die chemische Zusammensetzung einiger nachwachsender Rohstoffe den entsprechenden Werten von Steinkohle gegenübergestellt. Besonders große Unterschiede bestehen im Sauerstoff-Gehalt, der mit zunehmender Inkohlung abnimmt.

Tabelle 3.30: Elementarzusammensetzung nachwachsender Rohstoffe im Vergleich mit Kohle

Elementaranalyse (%)	Cellulose	Fichtenholz	Tang	Steinkohle
Kohlenstoff	44,44	51,8	27,65	69,0
Wasserstoff	6,22	6,3	3,73	5,4
Sauerstoff	49,34	41,3	28,16	14,3
Stickstoff		0,1	1,22	1,6
Schwefel		0,0	0,34	1,0

Nur etwa 1% der Biomasse dienen als Futter- und Nahrungsmittel, weitere ca. 2% finden Verwendung als Energierohstoff und zur Faserproduktion. Die Hauptmenge der Biomasse verrottet ungenutzt; sie wird durch Bakterien vornehmlich zu Kohlendioxid und Wasser umgesetzt und so wieder dem Kohlenstoffkreislauf zugeführt.

Die chemische Nutzung der nachwachsenden Rohstoffe hat eine lange Tradition. Bis zur Verwertung der fossilen Kohlenstoffträger Kohle und Mineralöl waren sie die einzige organische Rohstoffquelle. Auch heute wird eine große Zahl von Chemieprodukten auf dieser Basis hergestellt, wie z. B. Naturkautschuk, Cellulose, Fettsäuren, Ethanol sowie etherische Öle, Zitronensäure, Enzyme und Antibiotika. Mengenmäßig werden ca. 8% der organischen Chemieprodukte auf

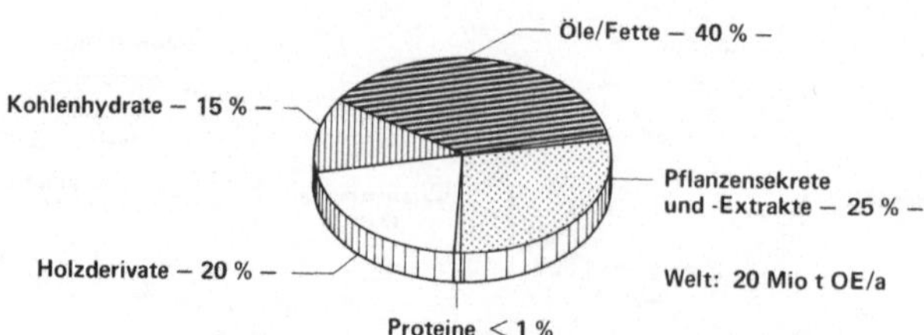

Abbildung 3.54: Verwertung nachwachsender Chemierohstoffe (1985)

der Basis nachwachsender Rohstoffe gewonnen. Von den etwa 20 Mio t nachwachsenden Chemierohstoffen, die pro Jahr zum Einsatz gelangen, haben die Öle und Fette mit 40% den Hauptanteil (Abbildung 3.54). Es folgen Pflanzensekrete und -extrakte mit 25%, Holzderivate mit 20% und die Kohlenhydrate mit 15%.

Der wichtigste Prozeß zur Überführung von Biomasse in Chemikalien ist die Pyrolyse, die z. B. bei Holz angewandt wird, um Essigsäure und Holzkohle herzustellen. Die partielle Oxidation von holz- oder cellulosehaltigen Abfällen zur Herstellung von Synthesegas, die Hydrolyse von Holz zu Zucker sowie die Fermentation, bei der die mikrobielle Umwandlung von zucker- oder stärkehaltigem pflanzlichen Material zu Ethanol und anderen Produkten, wie Glycerin, Aceton, Fumarsäure und Methan, durchgeführt wird, ergänzen die Pyrolyse.

Der bedeutendste nachwachsende Rohstoff ist das Holz. Die Weltproduktion an Holz beträgt ca. 1,5 Mrd t/a. Knapp 15% des erzeugten Holzes werden von der Papierindustrie verarbeitet, wobei das Holz in die Holzbestandteile Cellulose, Hemicellulose und Lignin zerlegt wird. Da Holz zu ca. 50% aus Cellulose besteht, ist Cellulose die am häufigsten vorkommende organische Substanz auf der Erde.

Tetralignol

Pentalignol

Lignin-Strukturmodelle

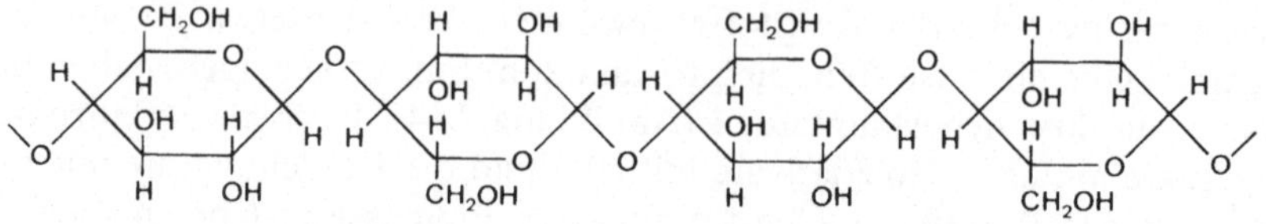

Cellulose-Strukturmodell

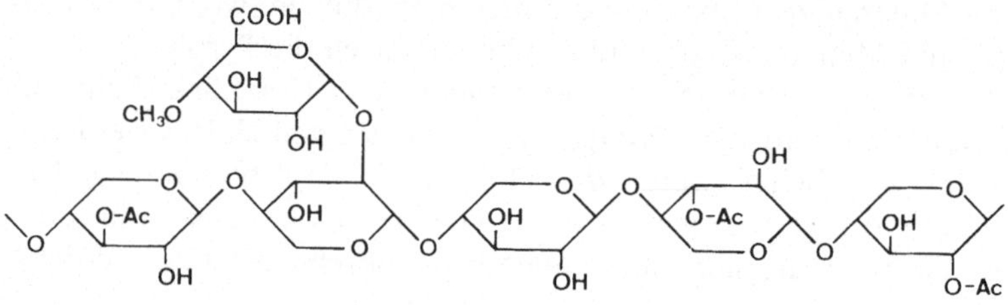

Hemicellulose-Strukturmodell

Während Cellulose hauptsächlich zur Gewinnung von aliphatischen Produkten, wie Cellulose-Chemiefasern und Cellulose-Ethern, eingesetzt wird, dienen Hemicellulose und Lignin zur Gewinnung von chemischen Erzeugnissen mit aromatischem Charakter.

3.5.1 Furfural

Die Herstellung von aromatischen Chemikalien aus nachwachsenden Rohstoffen ist hauptsächlich auf die Verwertung von Holzprodukten sowie die Gewinnung von Furfural durch die Umwandlung von Pentosanen konzentriert. Pentosane sind in der Natur fast ebenso verbreitet wie Cellulose, ihr Mengenanteil ist jedoch geringer. Zur Gewinnung von Furfural werden besonders pentosanreiche nachwachsende Rohstoffe eingesetzt, und zwar insbesondere Rückstände aus Maiskolben, Haferschalen und Baumwollschalen.

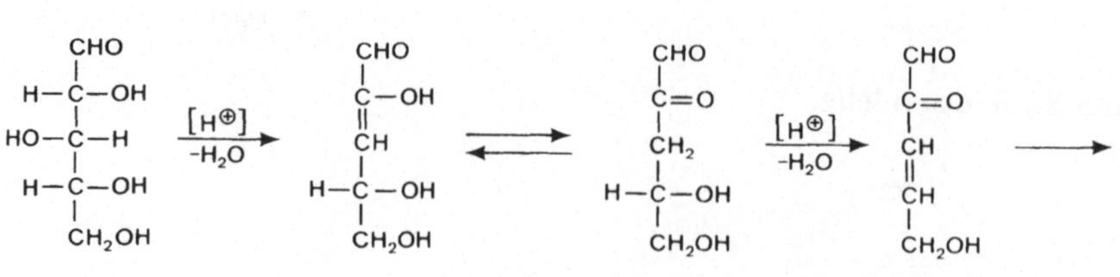

Pentose   Enol-Keto-Gleichgewicht

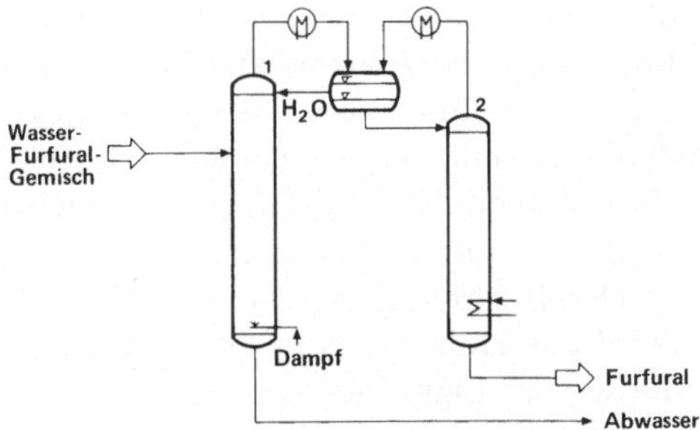

Zur Furfural-Gewinnung wird das zum Einsatz gelangende Rohmaterial in rotierenden Trommeln unter Überdruck mit Schwefelsäure unter Zusatz von überhitztem Wasserdampf behandelt. Das Furfural entweicht im Gemisch mit Wasser und wird destillativ raffiniert (Abbildung 3.55).

1 Strippkolonne; 2 Entwässerungskolonne

Abbildung 3.55: Verfahrensschema der Furfural-Raffination

Die derzeitige Weltproduktion von Furfural beträgt ca. 150.000 t/a. Die Hauptverwendungsgebiete sind die Herstellung der Lösungsmittel Furfurylalkohol und Tetrahydrofurfurylalkohol. Auch Furfural selbst dient als Lösungsmittel, und zwar, zur Trennung von ungesättigten und gesättigten Verbindungen in der Mineralölraffination.

Durch Kondensation mit Harnstoff und Formaldehyd werden aus Furfurylalkohol und Furfural Spezialharze (z. B. Gießereiharze) hergestellt. Furfurylalkohol dient auch als Rohstoffbasis für Ranitidin (s. Kapitel 14.1.1).

3.5.2 Lignin

Die bedeutendste Verbindungsklasse der nachwachsenden Rohstoffe mit ausgesprochen aromatischem Charakter ist das Lignin. Die Herstellung von Lignin erfolgt im Rahmen des Aufschlusses von Holz zur Gewinnung von Zellstoff für die Papierherstellung.

In Tabelle 3.31 ist die Zusammensetzung einiger Holzsorten einander gegenübergestellt.

Tabelle 3.31: Zusammensetzung von Holzsorten (in %)

Holztyp	Cellulose	Hemi-cellulose	Lignin	Pentosan
Föhre (Pinus radiata)	45,5	16,3	26,8	9,3
Fichte (Abies balsamea)	49,4	15,4	27,7	7,0
Zeder (Thuja plicata)	47,5	14,7	32,5	8,1
Nußbaum (Carya tomentosa)	56,2	–	23,4	18,8
Eiche (Quercus spec.)	40,5	23,3	22,2	17,5
Birke (Betula papyrifera)	48,5	–	19,4	25,1
Teak (Tectona grandis)	39,1	–	13,0	13,0

Beim Holzaufschluß werden neben dem mechanischen Aufschluß insbesondere das Sulfit- und das Sulfatverfahren angewandt. Beim Sulfitverfahren, nach dem ca. 10% des Holzaufschlusses durchgeführt werden, wird zur Herstellung von Calciumhydrogensulfit gasförmiges SO_2 mit Calciumcarbonat zur Reaktion gebracht. In der Calciumhydrogensulfit-Lauge werden zerkleinerte Holzschnitzel bei einem pH-Wert von 3–5 bei 150 bis 170 °C gekocht. Dabei wird das Lignin und die Hemicellulose gelöst, während die Cellulose als ungelöste Pulpe zurückbleibt.

Beim Sulfatverfahren (Kraftprozeß), nach dem ca. 75% des Holzaufschlusses durchgeführt werden, wird das Holz mit Natriumhydroxid/Natriumsulfid aufgeschlossen, um die Cellulose vom Lignin und der Hemicellulose abzutrennen.

Lignin, dessen Weltproduktion bei rund 50 Mio t/a liegt, findet als aromatisches Polymer derzeit nur relativ geringe Anwendung in Form von Ligninsulfonaten, die als Tenside z. B. bei der tertiären Erdölförderung und als Betonverflüssiger eingesetzt werden. Lignin kann durch Pyrolyse oder durch Hydrocracken in seine monomeren Bestandteile zerlegt werden.

In Abbildung 3.56 ist das von *Hydrocarbon Research* entwickelte Hydrocrack-Verfahren zur Herstellung von Phenolen aus Lignin dargestellt.

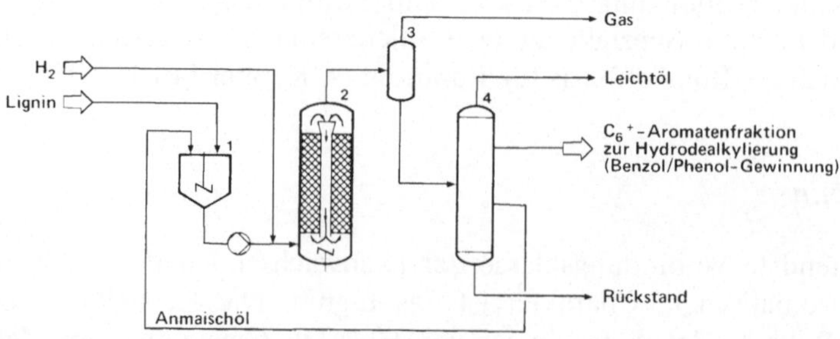

1 Anmaischbehälter; **2** Hydrierreaktor; **3** Gasabscheider; **4** Destillationskolonne

Abbildung 3.56: Verfahrensschema zur Phenolgewinnung aus Lignin *(HRI)*

Die Phenol-Ausbeute (Tabelle 3.32) beträgt nach diesem in Analogie zum H-Coal- und H-Oil-Verfahren entwickelten Prozeß bis zu 50%. Bei einer Verteuerung der Petrochemikalien kann dieses Verfahren technische Bedeutung erlangen.

Tabelle 3.32: Ausbeuteschema der Lignin-Hydrierung nach dem *HRI*-Verfahren

Produkt	Gewinnung in bezug auf organische Ligninsubstanz
H_2O	17,9 %
$C_1 - C_5$	25,2 %
$C_6 - 150\,°C$ Neutralöle	8,3 %
$150 - 240\,°C$ Neutralöle	5,7 %
$150 - 240\,°C$ Phenole	37,5 %
$240 - 260\,°C$	8,7 %
Rückstand	2,4 %
Wasserstoffverbrauch	− 5,7 %
	100,0 %

3.5.3 Vanillin

Neben Furfural ist das Vanillin eine der wichtigsten aromatischen Verbindungen, die auf der Basis nachwachsender Rohstoffe hergestellt werden. Die derzeitige Weltproduktion an Vanillin beträgt ca. 8.000 t/a.

Im industriellen Maßstab werden drei Wege zur Gewinnung von Vanillin angewandt, wobei die ersten beiden auf nachwachsenden Rohstoffen beruhen.

1. Die Extraktion aus Sulfitablauge der Zellstoffgewinnung.
2. Die Oxidation von Isoeugenol, das aus Nelkenöl zugänglich ist.
3. Die synthetische Herstellung aus Guajacol und Glyoxylsäure.

Zur Gewinnung von Vanillin nach dem Howard-Smith-Verfahren aus Sulfitablauge wird die Sulfitablauge in einem Druckreaktor mit der gleichen Menge Nitrobenzol und Natriumhydroxid vermischt (Abbildung 3.57). Das Gemisch wird anschließend auf 200 °C erhitzt und ca. 1 bis 2 Stunden verkocht. Nach dem Entspannen wird das Reaktionsprodukt der Saturationsstufe zugeführt, in die CO_2 im Überschuß eingeleitet wird. Im allgemeinen wird zur völligen Ansäuerung noch eine geringe Menge Schwefelsäure zugegeben. Aus dem Gemisch wird das freie Vanillin in einem Extraktor mit Benzol oder Butanol extrahiert und anschließend das Lösungsmittel abdestilliert.

Nach einer Wasserdampf-Destillation wird das Vanillin durch Kristallisation in hoher Reinheit gewonnen.

Um die Rückgewinnung des Natriumhydroxids zu umgehen, wurde von *Ontario Paper* ein Verfahren entwickelt, das mit $Ca(OH)_2/Na_2CO_3$ arbeitet. Das während des Prozesses anfallende Calciumcarbonat wird zu CaO kalziniert und kann in den Kreislauf zurückgeführt werden.

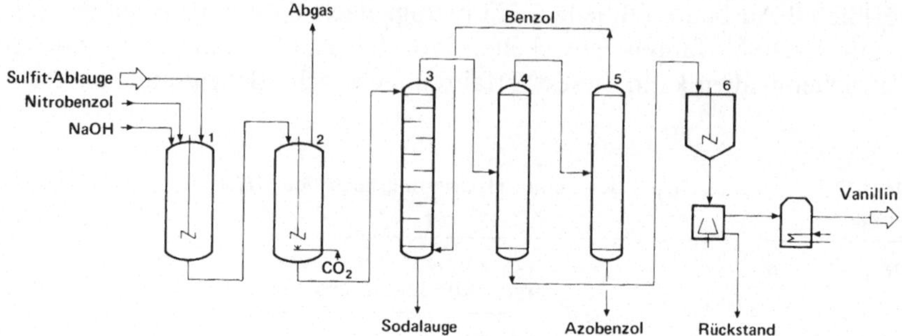

1 Druckreaktor; **2** Neutralisationsbehälter; **3** Extraktionskolonne; **4** Destillierkolonne;
5 Lösungsmittelrückgewinnung; **6** Kristallisationsbehälter

Abbildung 3.57: Verfahrensschema zur Vanillin-Erzeugung aus Sulfitablauge

Die Oxidation von Isoeugenol, das aus dem Eugenol des Nelkenöls zugänglich
ist, wird zur Gewinnung von Vanillin heute nicht mehr in großtechnischem Maßstab durchgeführt.

Die synthetische Herstellung von Vanillin aus Guajacol und Glyoxylsäure läuft
über die Hydroxyessigsäure als Zwischenstufe.

Vanillin dient hauptsächlich zur Parfüm-Herstellung sowie als Rohstoff für Pharmazeutika (z. B. Methyldopa).

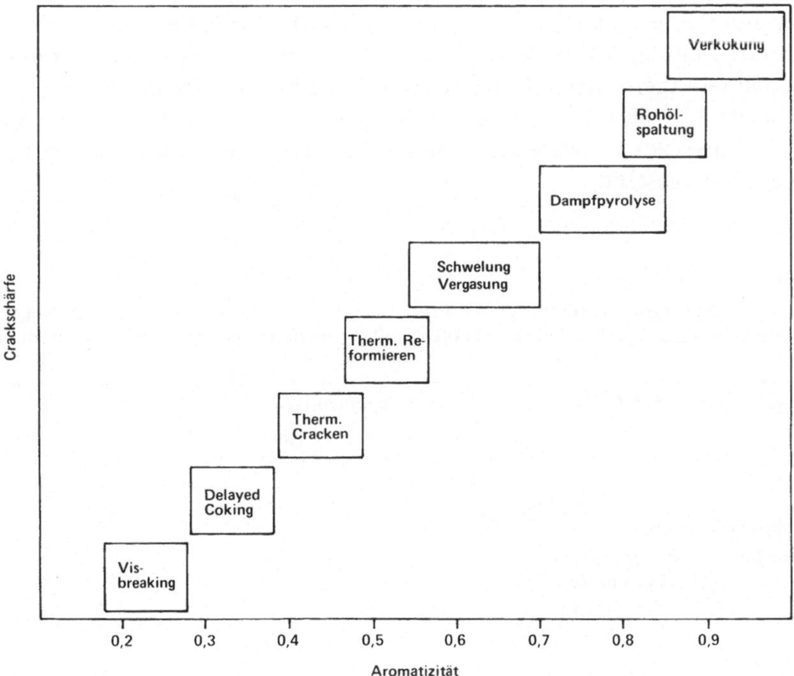

3.6 Zusammenfassende Übersicht über die Herstellungsverfahren von Aromaten

Die wesentlichen Verfahren zur Herstellung von Aromaten sind thermische und katalytische Prozesse. Bei den thermischen Prozessen werden die Kohlenwasserstoffe in einem Temperaturbereich von 400 bis 2.000 °C behandelt, um das Kohlenwasserstoffgerüst einer Dismutation zuzuführen.

Abbildung 3.58: Aromatenbildung bei der thermischen Umwandlung von Kohlenwasserstoffen

Naturgemäß hängt der Aromatisierungsgrad der entstehenden Dismutationsprodukte in einem erheblichen Maß von dem Aufbau der eingesetzten Kohlenwasserstoffe ab. Trotzdem läßt sich eine qualitative Orientierung (Abbildung 3.58) ableiten, wenn die Crackschärfe, die eine Funktion der Reaktionstemperatur (T) und der Verweilzeit (τ) des Kohlenwasserstoffgemisches bei der thermischen Reaktion ist, gegen die Aromatizität der erzeugten Flüssigprodukte aufgetragen wird.

Das mildeste thermische Crackverfahren ist das Visbreaking, bei dem die Aromatisierung relativ gering ist. Eine Mittelstellung in der Aromatisierung nehmen das thermische Cracken, das früher angewandte thermische Reformieren zur Benzin-Herstellung sowie die Schwelung und Vergasung von Kohle ein. Die Aromatisierung nimmt naturgemäß bei den Verfahren mit hoher Crackschärfe wie der Dampfpyrolyse, der Rohölspaltung und der Verkokung von Steinkohle zu.

Bei den katalytischen Verfahren ist zwischen den Hydrierverfahren einerseits und den Reformier- und katalytischen Crackverfahren andererseits zu unterscheiden.

Die Hydrierverfahren, unabhängig ob sie auf Kohle oder Mineralölrückstände angewandt werden, werden mit dem Zweck durchgeführt, den Wasserstoffgehalt, insbesondere der Destillate zu erhöhen; die Aromatizität des destillierbaren Produktanteils nimmt daher ab.

Bei den Reformier- und katalytischen Crackprozessen ist dagegen eine Zunahme der Aromatisierung zu beobachten, da bei den angewandten Reaktionsbedingungen Isomerisierungsreaktionen auftreten und cycloaliphatische Kohlenwasserstoffe in Aromaten umgewandelt werden.

Aufgrund dieser Unterschiede ist für katalytische Verfahren eine Abhängigkeit der Aromatizität der Produkte von den Reaktionsbedingungen weniger ableitbar, als bei den rein thermischen Prozessen zur Aromatenerzeugung.

In Tabelle 3.33 sind die wichtigsten Prozeßdaten der thermischen und katalytischen Verfahren zur Umwandlung von Kohlenwasserstoffen und Aromatenerzeugung gegenübergestellt.

Tabelle 3.33: Zusammenstellung der wichtigsten Verfahren und typischen Prozeßbedingungen bei der Umwandlung von Kohlenwasserstoffen mit Aromatenerzeugung und Aromatenumwandlung

Verfahren	Ziel des Prozesses	Prozeßbedingungen				Sonstige Charakteristika
		Druck (bar)	Temperatur (°C)	Katalysator	Reaktionskomp.	
1. Thermische Verfahren						
Visbreaking	Erniedrigung der Viskosität von Vakuumrückständen, leichte Konversion	5–18	450–480	–	–	einfaches Konversionsverfahren; geringer Investitionsaufwand
Delayed-Coking	Erzeugung von Benzin und Mitteldestillaten	5	480	–	–	zwangsläufiger Anfall von Petrolkoks

Tabelle 3.33 (Fortsetzung)

Verfahren	Ziel des Prozesses	Prozeßbedingungen				Sonstige Charakteristika
		Druck (bar)	Temperatur (°C)	Katalysator	Reaktionskomp.	
Thermisches Cracken	Erzeugung von Benzin und Mitteldestillaten aus schwerem Gasöl	50	500	–	–	wird nur noch vereinzelt angewandt
Thermisches Reformieren	Erhöhung der Oktanzahl von Benzin	40	520	–	–	heute veraltet; abgelöst durch katalytisches Reformieren
Dampfpyrolyse	Erzeugung von Olefinen	atmosph.	850–900	–	H_2O	Kuppelproduktion von aromatenreichem Pyrolysebenzin und Pyrolyseöl
Hochtemperaturverkokung	Herstellung von Hüttenkoks	atmosph.	1200	–	–	Kuppelproduktion der Aromatenrohstoffe Teer und Rohbenzol
Rohölpyrolyse (*Kureha/ UCC*)	Erzeugung von Acetylen und Olefinen	atmosph.	2000	–	H_2O	Kuppelproduktion von naphthalinreichem Gasöl
Bitumenoxidation	Erhöhung der Plastizität von Bitumen	atmosph.	280–300	–	O_2	kont. Verfahren; wird auch zur Pechverblasung angewandt
Kohlevergasung	Erzeugung von Synthesegas	20–30	max. 1000	–	O_2, H_2O	Aromatenanfall im Schwelbereich nur bei Gegenstromführung der Reaktanden Kohle und Luft/Dampf

2. Katalytische Verfahren:

Verfahren	Ziel des Prozesses	Druck (bar)	Temperatur (°C)	Katalysator	Reaktionskomp.	Sonstige Charakteristika
Hydrocracken	Umwandlung von Schweröldestillaten in Benzin und Mitteldestillat	70–150	350–450	Mo, W	H_2	sehr flexibles Konversionsverfahren; hoher Investitionsaufwand, wurde ursprünglich für die Kohlehydrierung entwickelt
Reformieren	Erhöhung der Oktanzahl von straight-run-Benzin	20	500	Pt, Re, Ir	–	wichtigste Aromatenquelle in den USA; Wasserstoffquelle
Katalytisches Cracken	Umwandlung von Schweröldestillaten in Benzin und Mitteldestillate	0,5–1	500	Zeolith	–	große Bedeutung für die Benzinproduktion, insbesondere in den USA

4 Herstellung von Benzol, Toluol und Xylolen

Da die BTX-Aromaten Benzol, Toluol und Xylol bei den Prozessen zur Umwandlung von Kohle und zur Aufarbeitung von Mineralöl vergesellschaftet mit anderen Aromaten und Nichtaromaten gemeinsam entstehen, wird ihre Gewinnung gemeinsam dargestellt.

4.1 Geschichte

Benzol wurde 1825 von Michael Faraday bei der Pyrolyse von Walfischöl entdeckt. Während Benzol-Aromaten als Lösungsmittel für Gummi, z. B. zur Herstellung der wasserdichten Mackintosh-Regenumhänge, bereits zu Beginn des 19. Jahrhunderts verwendet wurden, begann die Entwicklung der industriellen Verwendung von Benzol, als Michael Faraday Benzol mit Salpetersäure behandelte und mit Nitrobenzol einen Ausgangsstoff für die Herstellung von Farbstoffen gewann, zunächst für Perkins Mauvein-Synthese auf der Basis von Anilin. Ein weiterer Meilenstein in der Geschichte der industriellen Benzol-Verwendung war die Herstellung von Phenol, das im 1. Weltkrieg als Sprengstoff-Grundsubstanz zur Herstellung von Pikrinsäure eingesetzt wurde. Pikrinsäure hat seine wirtschaftliche Bedeutung allerdings heute weitgehend verloren.

Von weittragender, anhaltender Bedeutung für die industrielle Benzol-Verwendung waren die Aufnahme der Styrol-Produktion durch die *IG Farbenindustrie* im Jahre 1929 sowie die Hydrierung von Benzol zu Cyclohexan als Ausgangsmaterial zur Herstellung von Nylon, nachdem Wallace H. Carothers 1935 bei *Du Pont* die Nylon-Synthese aus Hexamethylendiamin und Adipinsäure entdeckt hatte.

Wie Benzol wurde auch Toluol in dem Pyrolyseprodukt eines nachwachsenden Rohstoffes entdeckt, und zwar im Jahre 1837 von Pierre J. Pelletier und Philippe Walter bei der Untersuchung der Nebenprodukte der Leuchtgasherstellung aus Fichtenharz. Seinen Namen hat das Toluol von der kleinen Hafenstadt Tolu in Kolumbien, wo der Tolubalsam gewonnen wurde. 1838 stellte Henri Sainte-Claire Deville erstmals Toluol durch zersetzende Destillation aus diesem nachwachsenden Rohstoff her.

Nachdem Charles B. Mansfield, ein Schüler von August W. v. Hofmann, das Toluol bereits 1849 im Steinkohlenteer nachgewiesen hatte, fand es als Chemierohstoff zunächst nur geringe Verwendung. Dies änderte sich jedoch im 1. Weltkrieg, als Toluol als Ausgangsmaterial zur Herstellung des Sprengstoffes Trinitrotoluol (TNT) zum Einsatz gelangte. Während Steinkohlenteer und Kokereibenzol bis über die Jahrhundertwende hinaus die einzige Quelle für Toluol blieben, wurde es im 1. Weltkrieg zusätzlich durch fraktionierte Destillation aus aromatischen Rohölen des Fernen Ostens (z. B. Borneo, Java) gewonnen.

Die Xylole wurden ebenfalls erstmals bei der Pyrolyse nachwachsender Rohstoffe entdeckt, und zwar 1850 von Auguste Cahours im rohen Holzgeist; die Namensgebung erfolgte dementsprechend in Anlehnung an den griechischen Ausdruck für Holz. 1855 fanden H. Ritthausen und A. H. Church die Xylole im Steinkohlenteer.

Die Bedeutung der Xylole als großtechnische Industriechemikalien begann im Zeitalter der Kunststoffindustrie in den 20er und 30er Jahren dieses Jahrhunderts, als die Polyester auf der Basis von p-Xylol entwickelt wurden und o-Xylol ab Mitte der 50er Jahre als Ausgangsmaterial zur Herstellung von Phthalsäureanhydrid neben das kohlestämmige Naphthalin trat.

Zuvor wurden Xylole hauptsächlich als Lösungsmittel oder als Kraftstoff-Komponenten eingesetzt.

4.2 Vorbehandlung der rohe Aromaten enthaltenden Gemische

Die wichtigsten Quellen für die BTX-Aromaten sind Reformatbenzin, Pyrolysebenzin und Kokereirohbenzol. Das Reformatbenzin ist die bedeutendste Quelle für Benzol in den Ländern, in denen die Ethylen-Erzeugung hauptsächlich auf Gas als Rohstoff basiert und daher der Anfall an Pyrolysebenzin relativ gering ist; dies gilt insbesondere für die USA, wo ca. 2/3 der Ethylen-Erzeugung auf der Basis von nassen Erdgasen erfolgt. Das Reformatbenzin ist daher in den USA mit einem Anteil von ca. 75% der Hauptrohstoff für BTX-Aromaten.

Die Zusammensetzung des Reformatbenzins hängt naturgemäß ab vom Einsatzstoff und den Reformierbedingungen. Die Zusammensetzung eines typischen Reformatbenzins zeigt Tabelle 4.1.

Tabelle 4.1: Zusammensetzung eines typischen Reformatbenzins

Benzol	5%
Toluol	24%
Ethylbenzol	4%
p-Xylol	4%
m-Xylol	9%
o-Xylol	5%
C_9- und C_{10}-Aromaten	4%
Nichtaromaten	45%

Wegen des relativ geringen Benzol-Gehalts im Reformatbenzin wird insbesondere in den USA die Umwandlung von Toluol und Xylol zu Benzol durchgeführt, um den Benzol-Bedarf zu decken.

Von den Verfahrensbedingungen hängt weniger das Verhältnis der Aromaten untereinander ab als der Anteil der Nichtaromaten, der mit wachsender Reformierschärfe sinkt. Im Unterschied zum Rohbenzol aus der Verkokung der Stein-kohle oder zum Pyrolysebenzin aus der Gewinnung von Ethylen ist der Schwefel-Gehalt von Reformatbenzin (ca. 0,5 bis 1 ppm) gering. Vor dem katalytischen Reformieren wird der zwischen 200 und 1.500 ppm liegende Schwefel-Gehalt des Rohbenzins durch Hydrierung bei 350 bis 380 °C und einem Wasserstoffpartial-druck von 15 bis 35 bar an einem Kobalt/Molybdän-Katalysator mit Aluminium-oxid als Träger auf deutlich unter 5 ppm reduziert. Auch der Stickstoff-Gehalt des Reformatbenzins (< 1 ppm) ist außerordentlich niedrig, da die Stickstoffverbin-dungen des Rohbenzins (ca. 1 bis 40 ppm) unter den Hydrierbedingungen eben-falls abgebaut werden. Wenn geringe Anteile ungesättigter Verbindungen im Reformerfeedstock enthalten sind, werden sie unter dem hohen Wasserstoffparti-aldruck zu gesättigten Verbindungen umgesetzt, so daß das Reformatbenzin ledig-lich einer destillativen Vorbehandlung unterzogen werden muß, um zur Aroma-tengewinnung eingesetzt zu werden.

In Japan und West-Europa ist das Pyrolysebenzin die bei weitem wichtigste Aromatenquelle, da bei der Dampfspaltung von Naphtha große Mengen aroma-tenreiches Benzin anfallen. Die Zusammensetzung des Pyrolysebenzins schwankt in Abhängigkeit von den Crack-Bedingungen. Mit zunehmender Crack-Schärfe nimmt der Anteil des Benzols deutlich zu (Tabelle 4.2).

Tabelle 4.2:   Kenndaten von Pyrolysebenzinen in Abhängigkeit von der Crackschärfe

Eigenschaften	Pyrolysebenzine aus	
	mildem Cracken	scharfem Cracken
Dichte, g/ml	0,790	0,835
Siedebeginn, °C	40	44
50 Vol% bei °C	95	96
Siedeende, °C	200	182
Bromzahl, g/100 g	60	63
Diengehalt, %	12	15
Zusammensetzung:		
Nichtaromaten, %	41,0	27,4
Benzol, %	22,0	33,8
Toluol, %	17,5	19,4
o-Xylol, %	2,3	1,1
m-, p-Xylol und Ethylbenzol, %	6,0	6,6
Styrol, %	3,2	5,3

Im Unterschied zu Reformatbenzin kann Pyrolysebenzin nicht direkt zur Aroma-tengewinnung eingesetzt werden. Es muß zunächst in einem Hydrierprozeß von den Olefinen und Diolefinen sowie den Schwefelverbindungen befreit werden, damit die Aromaten in der spezifikationsgerechten Reinheit hergestellt werden können.

Die Entschwefelung des Pyrolysebenzins und die Absättigung der Olefine und Diolefine erfolgt in einem zweistufigen Verfahren (Abbildung 4.1), da die Reaktionsbedingungen der Entschwefelung und Olefin-Hydrierung sich von den Bedingungen für die Diolefin-Hydrierung stark unterscheiden. Im ersten Reaktor werden die Diolefine hydriert, während im zweiten Reaktor nach erneuter Aufheizung des Reaktionsgutes Olefine und Schwefelverbindungen umgesetzt werden. Prinzipiell werden zwei unterschiedliche Verfahrensvarianten zur Diolefin-Hydrierung betrieben, die sich durch den eingesetzten Katalysator und die angewandten Temperatur- und Druckbedingungen unterscheiden. Die milde Diolefin-Hydrierung arbeitet mit Palladium-Katalysatoren bei Temperaturen zwischen 80 und 160 °C, bei Drucken von 20 bis 30 bar sowie bei relativ langer Kontaktzeit. Wird ein Nickel-Kontakt auf Aluminiumoxid-Träger verwendet, so beträgt die Reaktionstemperatur 120 bis 160 °C; der Druck liegt bei 20 bis 60 bar; die Reaktionsführung erfolgt dabei im trickle-Bett (Rieselphase). Die Kontaktzeit beträgt lediglich ein Drittel der Kontaktzeit beim Palladium-Verfahren.

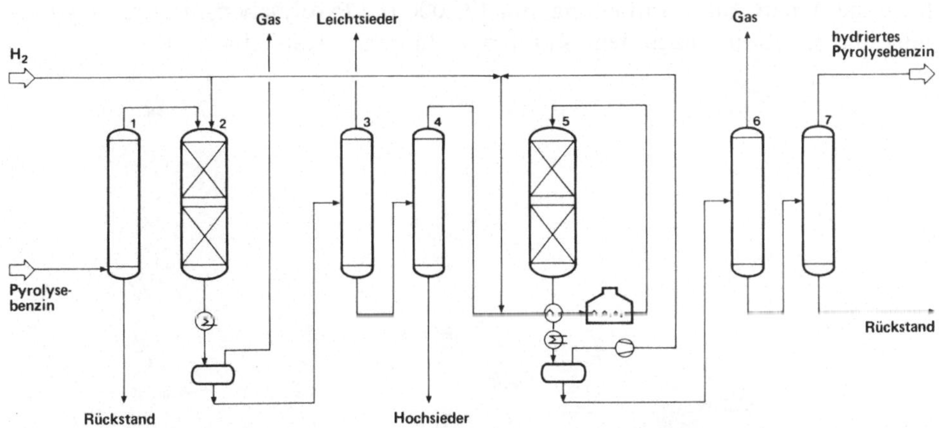

1 Vordestillation; **2** Diolefinhydrierreaktor; **3** und **4** Zwischendestillation; **5** Monoolefinhydrierreaktor; **6** Stabilisierungskolonne; **7** Destillationskolonne

Abbildung 4.1: Verfahrensschema der zweistufigen Pyrolysebenzin-Hydrierung

In der zweiten Reaktionsstufe, in der die Hydrierung der Monoolefine und die Entschwefelung durchgeführt wird, werden Molybdän- und Kobalt-Kontakte auf Aluminiumoxid-Trägern eingesetzt. Die Reaktionstemperatur in dieser Hydrierstufe liegt bei 280 bis 350 °C, wobei ein Wasserstoffpartialdruck von 15 bis 25 bar bei einem Gesamtdruck von ca. 45 bis 65 bar zur Anwendung kommt.

In Tabelle 4.3 ist die Zusammensetzung einer typischen Pyrolysebenzin-Fraktion nach der Hydrierung wiedergegeben.

Tabelle 4.3:   Kenndaten von hydriertem Pyrolysebenzin

Dichte bei 20 °C, (g/ml)	0,828
Bromzahl (g/100 g)	0,1
Monoolefingehalt, %	< 0,1
Diolefingehalt, %	≪ 0,1
Siedebeginn, °C	40
Siedeende, °C	180
ROZ (unverbleit)	101,2
MOZ (unverbleit)	87,3
Benzol, %	39,2
Toluol, %	21,6
Schwefel, ppm	0,5

Abbildung 4.2 zeigt die Benzol-Anlage der *Mitsubishi Petrochemical Co.* in Kashima/Japan, zur Verarbeitung von 175.000 t/a Pyrolysebenzin durch Hydrierung und Extraktion nach dem Sulfolan-Verfahren (s. Kapitel 4.2.1.1).

Abbildung 4.2: Benzol-Anlage der *Mitsubishi Petrochemical Co.* in Kashima/Japan

Die dritte Quelle für BTX-Aromaten ist das bei der Verkokung von Steinkohle anfallende Rohbenzol. Wegen der hohen Verkokungstemperatur ist der Benzol-Gehalt des Rohbenzols (Tabelle 4.4) deutlich höher als der von Pyrolyse- und

Reformatbenzin. Die Schwankungsbreite der Zusammensetzung des Rohbenzols ist aus dem gleichen Grund wie beim Steinkohlenteer wesentlich geringer als bei den mineralölstämmigen Rohstoffen.

Tabelle 4.4: Typische Zusammensetzung des Rohbenzols aus der Kohleverkokung

Benzol	68 %
Toluol	17 %
Xylole u. Ethylbenzol	6 %
C_9^+-Aromaten	7 %
Nichtaromaten	2 %
Schwefel	4.000 ppm
Stickstoff	1.800 ppm
Sauerstoff	100 ppm

Ähnlich wie bei Pyrolysebenzin ist der Gehalt an Olefinen, insbesondere Diolefinen wie Cyclopentadien sowie der Schwefel-Gehalt des bei der Kohleverkokung anfallenden Rohbenzols zu hoch, um daraus ohne Vorbehandlung reine BTX-Aromaten herzustellen.

Zur Raffination des Rohbenzols gelangen zwei Verfahren zum Einsatz, nämlich

1. die Behandlung mit Schwefelsäure,
2. die hydrierende Raffination unter Druck.

Die Schwefelsäure-Raffination ist ein heute nur noch begrenzt angewandtes Verfahren. Der Vorteil der Schwefelsäure-Raffination im Vergleich mit der Druckraffination liegt darin, daß reaktionsfähige Verbindungen wie Cyclopentadien oder Inden nicht hydriert, sondern isoliert und weiterverarbeitet werden können. Außerdem werden im Gegensatz zur Hydrierung keine zusätzlichen Azeotropbildner des Benzols wie Heptan oder Cyclohexan erzeugt, die die destillative Aufarbeitung des Reaktionsproduktes erschweren. Ein gewichtiger Nachteil der Säureraffination ist der Stoffverlust durch den anfallenden Säureschlamm. Außerdem ist die Einhaltung des erforderlichen Schwefel-Gehaltes des Reinbenzols von unter 1 ppm durch reine Schwefelsäure-Behandlung wirtschaftlich kaum möglich. Durch den Zusatz von ungesättigten Verbindungen wie Styrol gelingt jedoch eine Verharzung des Benzol-Siedebegleiters Thiophen, so daß durch mehrstufige Behandlung ein Schwefel-Gehalt des Benzols von ca. 1 ppm erreicht werden kann.

Das derzeitig bedeutendste Verfahren zur Vorbehandlung von Kokereibenzol ist die Hydrierung. Besonders bewährt ist das *BASF/Scholven*-Verfahren, bei dem bei Temperaturen zwischen 300 und 400 °C an Molybdän- oder Kobalt/Molybdän-Katalysatoren Rohbenzol mit wasserstoffhaltigen Gasen unter Druck (20 bis 50 bar) behandelt wird. Bei diesem Verfahren wird der Schwefel-Gehalt des Raffinats auf unter 0,5 ppm herabgesetzt.

In Tabelle 4.5 sind die wesentlichen Kenndaten des Rohbenzols und des raffinierten Rohbenzols, das durch Hydrierung mit Kokereigas erzeugt wurde, einander gegenübergestellt.

Tabelle 4.5: Kenndaten eines Rohbenzols vor und nach der Hydrierung

	Rohbenzol	nach Hydrierung mit Kokereigas
Dichte bei 15 °C (g/ml)	0,879	0,876
Bromzahl (g/100 cm^3)	13	0,06
Gehalt an Nichtaromaten, %	1,5	2,0
Gesamtschwefel, ppm	3800	< 1

Abbildung 4.3 zeigt das Verfahrensschema der klassischen Rohbenzol-Raffination, das auch der Entwicklung der Hydrierverfahren für Pyrolysebenzin zugrunde lag.

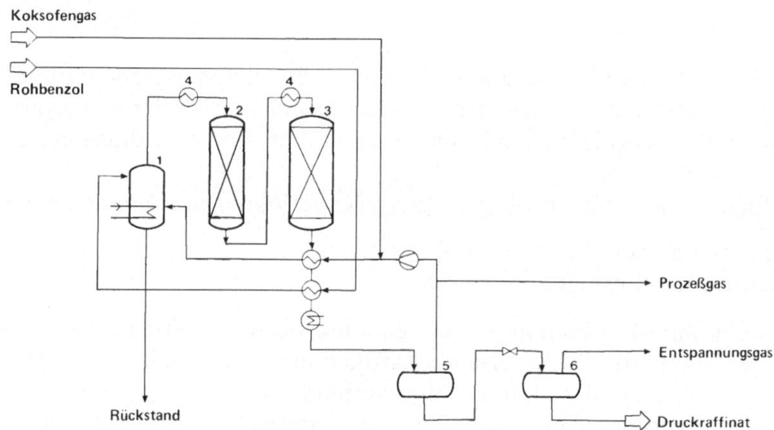

1 Verdampfer; **2** Vorreaktor; **3** Hauptreaktor; **4** Überhitzer; **5** Gasabscheider; **6** Entspannungsbehälter

Abbildung 4.3: Verfahrensschema des *BASF/Scholven*-Verfahrens zur Druckhydrierung von Rohbenzol

4.2.1 Gewinnung der Aromaten

Die Gewinnung der BTX-Aromaten aus dem raffinierten Rohmaterial beruht auf den unterschiedlichen Siede- und Schmelzpunkten (Tabelle 4.6) sowie der unterschiedlichen Löslichkeit in selektiven Lösungsmitteln.

Tabelle 4.6: Physikalische Daten reiner Benzol-Aromaten

	Schmelzpunkt (°C)	Siedepunkt (°C)	Dichte (20 °C)
Benzol	+ 5,53	80,10	0,8790
Toluol	− 94,99	110,63	0,8669
Ethylbenzol	− 94,98	136,19	0,8670
m-Xylol	− 47,87	139,10	0,8642
p-Xylol	+ 13,26	138,35	0,8610
o-Xylol	− 25,18	144,41	0,8802

Katalytisches Reformat, hydriertes Pyrolysebenzin und hydriertes Kokereibenzol bestehen aus einer Vielzahl von paraffinischen, naphthenischen und aromatischen Kohlenwasserstoffen mit teilweise dicht beieinanderliegenden Siedepunkten. Viele Kohlenwasserstoffe im Siedebereich des Benzins bilden außerdem azeotrope Gemische (Tabelle 4.7).

Tabelle 4.7: Siedepunkte einiger Nichtaromaten und ihrer Azeotrope mit Benzol

	Siedepunkt, °C		Siedepunktdifferenz zwischen Benzol und Azeotrop	Benzol-anteil im Azeotrop (Gew%)
	Kohlenwasser-stoff	Azeotrop		
Benzol	80,1	−	−	−
Cyclohexan	80,6	77,7	2,4	51,8
Methylcyclopentan	71,8	71,5	8,6	9,4
Hexan	69,0	68,5	11,6	9,7
2,2-Dimethylpentan	79,1	75,9	4,2	46,3
2,3-Dimethylpentan	89,8	79,2	0,9	79,5
2,4-Dimethylpentan	80,8	75,2	4,9	48,3
n-Heptan	98,4	80,1	0	99,3
2,2,3-Trimethyl-butan (979 mbar)	79,9	75,6	4,5	50,5
2,2,4-Trimethylpentan	99,2	80,1	0	97,'

Eine ausschließlich destillative Gewinnung der Aromaten aus dem raffinierten Ausgangsmaterial kommt daher in der Regel nicht in Betracht. Die Abtrennung von begleitenden Paraffinen und Naphthenen kann nach drei Verfahren erfolgen.

1. Flüssig-Flüssig-Extraktion,
2. Extraktivdestillation,
3. Azeotropdestillation.

Zur Abtrennung der Nichtaromaten aus Kokereibenzol, Pyrolysebenzin und Reformatbenzin finden vornehmlich die Flüssig-Flüssig-Extraktion und die Extraktivdestillation Verwendung.

Die Flüssig-Flüssig-Extraktion hat den Vorteil, daß in einem Verfahrensschritt eine Aromatenfraktion mit breitem Siedebereich gewonnen werden kann, die Benzol, Toluol sowie C_8- und C_9-Aromaten enthält; die Trennung der Aromaten erfolgt in einer nachgeschalteten Stufe. Nachteilig sind bei der Flüssig-Flüssig-Extraktion die relativ hohen Investitions- und Betriebskosten.

Bei der Extraktivdestillation werden nur diejenigen Aromaten isoliert, die bevorzugt benötigt werden, insbesondere Benzol. Hierfür ist eine Vordestillation mit dem entsprechenden Energieaufwand erforderlich; ein vergleichbarer Trennschritt wird bei der Flüssig-Flüssig-Extraktion nachträglich vollzogen.

Die Azeotropdestillation kann nur bei Aromatenschnitten mit hohen Benzol-Konzentrationen angewandt werden. Der Siedepunkt des polaren Solvents ist deutlich unterhalb des Siedebereiches der Aromaten zu wählen, damit das Solvent am Kopf der Kolonne abgenommen werden kann. Nachteilig ist hierbei, daß das Azeotropmittel unter hohem Energieaufwand verdampft werden muß.

4.2.1.1 Flüssig-Flüssig-Extraktion

Das Prinzip der Flüssig-Flüssig-Extraktion (Abbildung 4.4) beruht auf der unterschiedlichen Löslichkeit von Aromaten und Nichtaromaten in polaren Lösungsmitteln; das selektive Aromaten-Lösungsmittel sollte idealerweise einen um 40 °C höheren Siedepunkt als die Aromaten und eine Mischungslücke im Phasendiagramm aufweisen; außerdem sind eine niedrige Viskosität und eine relativ hohe Dichte von Bedeutung.

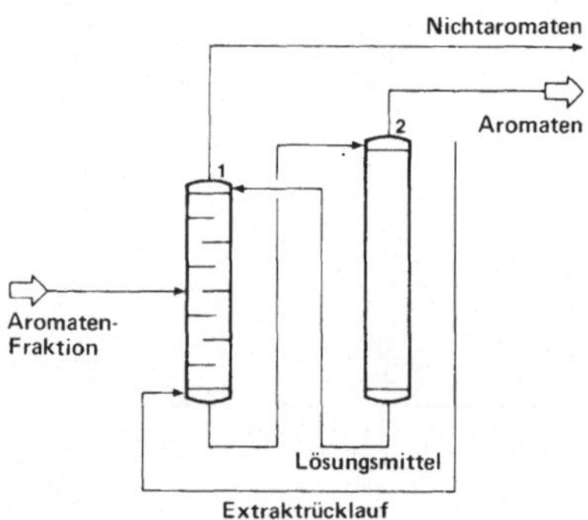

1 Extraktionskolonne; **2** Destillationskolonne

Abbildung 4.4: Allgemeines Verfahrensschema der Aromatenextraktion

Im allgemeinen wird der rohe Aromatenstrom in der Mitte des Extraktors aufgegeben. Das vom Kopf des Extraktors nach unten strömende Solvent löst die Aromaten, die zusammen mit dem Lösungsmittel am Boden des Extraktors abgezogen und in der anschließenden Destillation aufgetrennt werden. Die Nichtaromaten verlassen den Extraktor am Kopf.

Das älteste Verfahren dieses Typs ist das Udex-Verfahren, das von *Dow* und *UOP* entwickelt wurde und erstmals 1951/52 in großtechnischem Maßstab zur Anwendung gelangte. Als Lösungsmittel wird Diethylenglycol und Triethylenglycol, ggfs. unter Zusatz von Wasser, verwendet. Das Verfahrensschema des bei 140 bis 150 °C und bei einem Druck von ca. 9 bar ablaufenden Udex-Prozesses ist in Abbildung 4.5 wiedergegeben.

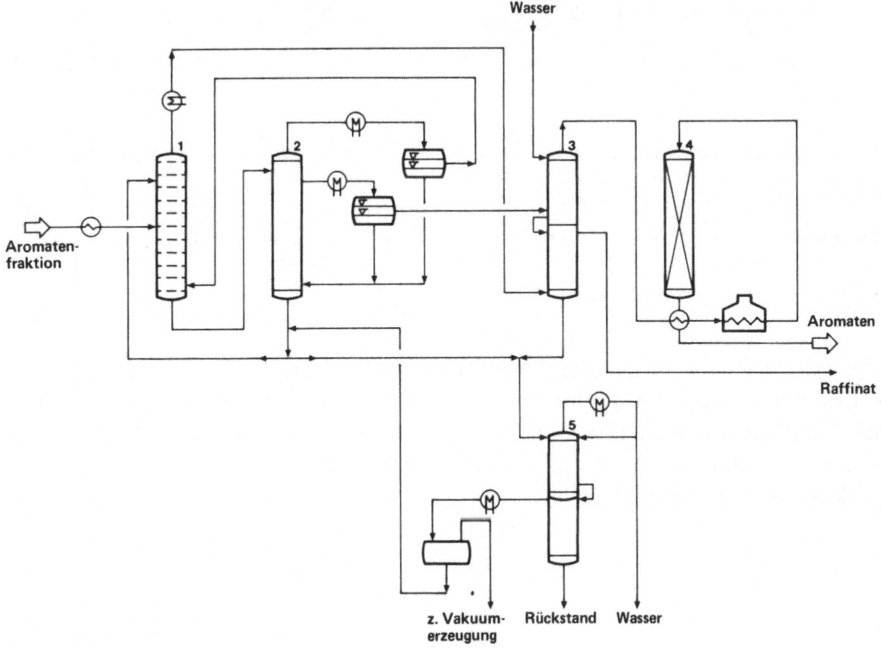

1 Extraktionskolonne;   **2** Strippkolonne;   **3** Wasserwäsche;   **4** Bleicherdebehandlung;
5 Wasser- und Lösungsmitteldestillation

Abbildung 4.5: Verfahrensschema des Udex-Prozesses zur Aromatenextraktion

Wegen des geringen Lösungsvermögens von Diethylenglycol für Aromaten ist ein hoher Lösungsmittel-Einsatz in bezug auf den Rohstoff von 6–8 : 1 und in Einzelfällen bis zu 20 : 1 erforderlich. Ein entscheidend besseres Lösungsvermögen für Aromaten als Diethylenglycol besitzt das Sulfolan. Bei dem Sulfolan-Verfahren, das von *Shell* und *UOP* 1961 technisch erstmals realisiert wurde, liegt das Massenverhältnis von Lösungsmittel zu Einsatzmaterial bei 3–6 : 1. Eine Vielzahl von Anlagen, die nach dem Udex-Verfahren arbeiteten, wurde auf das Sulfolan-Verfahren umgestellt (Abbildung 4.6).

Der auf ca. 115 °C vorgewärmte Rohstoff tritt bei diesem Verfahren unter Atmosphärendruck in die Extraktionskolonne (z. B. Rotating Disc Contactor, Sieb-

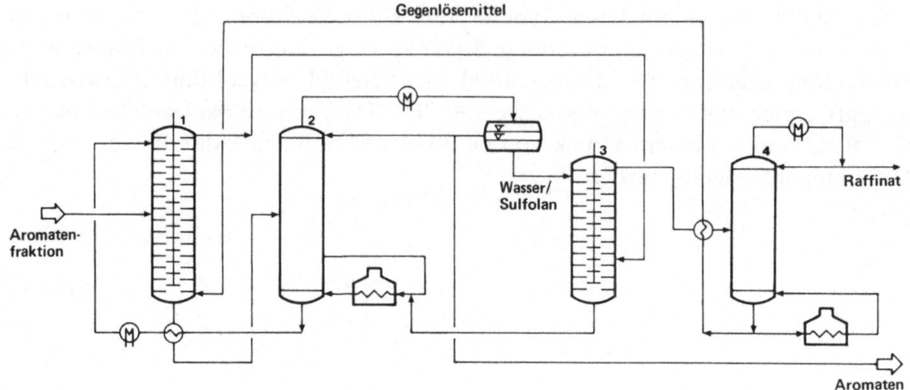

1 Extraktionskolonne (Rotating Disc Contactor); **2** Extraktstripper; **3** Waschkolonne (Rotating Disc Contactor); **4** Rektifikationskolonne

Abbildung 4.6: Verfahrensschema der Aromatenextraktion nach dem Sulfolan-Prozeß

bodenextraktor) ein, in der die Aromaten vom Sulfolan bevorzugt gelöst werden. Die destillative Abtrennung des Lösungsmittels vom Aromatengemisch erfolgt bei einer Temperatur von ca. 190 °C und einem Druck von knapp 1 bar. Das bei 287 °C siedende Sulfolan verbleibt im Sumpf der Kolonne und wird zum Kopf der Extraktionskolonne zurückgeführt.

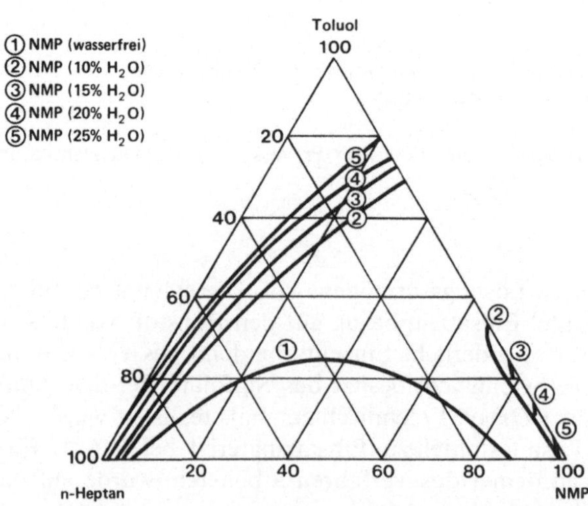

Abbildung 4.7: Phasendiagramm für das System Toluol, n-Heptan, N-Methylpyrrolidon in Abhängigkeit vom Wassergehalt

Das *Lurgi*-Arosolvan-Verfahren zur Extraktion von Aromaten verwendet als Lösungsmittel N-Methylpyrrolidon (NMP) mit einem Zusatz von 12 bis 14% Wasser. Die erste großtechnische Anwendung erfolgte 1963.

Abbildung 4.7 zeigt am Beispiel des Phasendiagramms für das Modellgemisch Toluol, n-Heptan und NMP das wachsende Lösungsvermögen des NMP durch den Zusatz von Wasser.

N-Methylpyrrolidon zeichnet sich durch eine niedrige Viskosität und ein gutes Lösungsvermögen für Aromaten aus, so daß die Extraktion bei niedrigen Temperaturen (20 bis 40 °C) unter Normaldruck durchgeführt werden kann. Da der Siedepunkt des N-Methylpyrrolidons mit 206 °C unter dem von Sulfolan und Diethylenglycol liegt, ist eine zweistufige Aufarbeitung der Extraktphase erforderlich. Im ersten Stripper werden die niedrig siedenden Nichtaromaten und ein Teil des Benzol abdestilliert. Das Sumpfprodukt und das abdestillierte Wasser gelangen in einen zweiten Stripper, wo das aromatenfreie, wasserhaltige Lösungsmittel als Sumpfprodukt zurückgewonnen und in den Extraktor zurückgeführt wird. Als Kopfprodukt wird ein azeotropes Gemisch von reinen Aromaten und Wasser abgenommen. Aus der Raffinatphase wird in der Pentan-Kolonne der Anteil niedrig siedender Nichtaromaten über Kopf abgezogen, der zusammen mit dem Destillat des 1. Strippers als Rücklauf für den Extraktor benötigt wird (Abbildung 4.8).

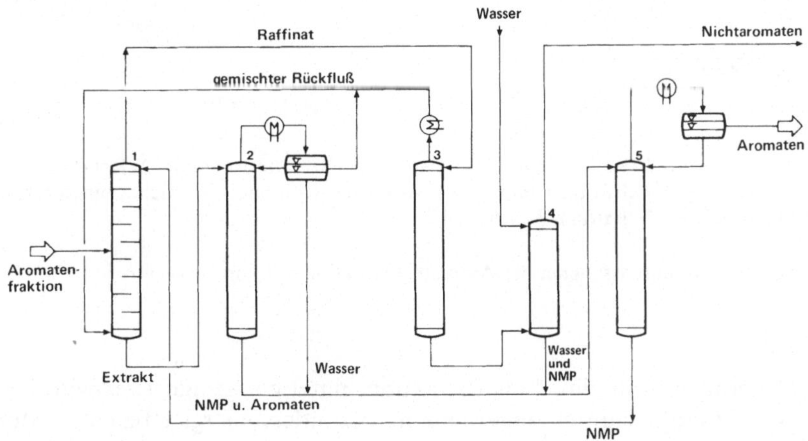

1 Extraktionskolonne;   2 Strippkolonne;   3 Pentan-Kolonne;   4 NMP-Rückgewinnung;
5 Strippkolonne

Abbildung 4.8: Verfahrensschema der Aromatenextraktion mit N-Methylpyrrolidon

Ein weiteres Verfahren zur Extraktion von Aromaten ist der vom *Institut Francais du Pétrole (IFP)* entwickelte DMSO-Prozeß, bei dem als Lösungsmittel Dimethylsulfoxid (DMSO) mit einem Wasserzusatz von ca. 10% in zwei Extraktoren zum

Einsatz gelangt (Abbildung 4.9). Im 1. Extraktor erfolgt die Extraktion der Aromaten, während mit Hilfe des 2. Extraktors die Rückgewinnung des Lösungsmittels durch Extraktion mit einem leichtsiedenden, paraffinischen Hilfslösungsmittel, wie Butan, erfolgt.

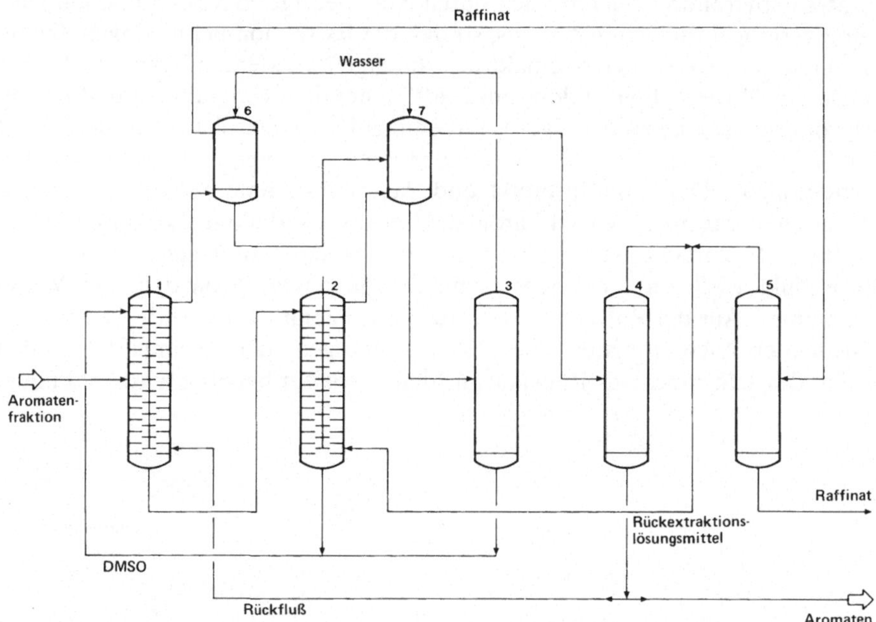

1 Extraktionskolonne 1 (Rotating Disc Contactor); **2** Extraktionskolonne 2 (Rotating Disc Contactor); **3** Lösungsmittelrückgewinnung; **4** Aromaten-Kolonne; **5** Nichtaromaten-Kolonne; **6** Raffinat-Wäscher; **7** Extrakt-Wäscher

Abbildung 4.9: Verfahrensschema der Aromatenextraktion mit Dimethylsulfoxid

Auch N-Formylmorpholin ist als Extraktionsmittel gut geeignet; es wird bei dem erstmals 1972 großtechnisch angewandten, besonders energieeffizienten Morphylex-Verfahren von *Krupp-Koppers* eingesetzt.

Die Ausbeute an Aromaten bei den unterschiedlichen Extraktionsverfahren liegt bei Benzol über 99%, während Toluol bis zu 99,5% und die Xylole bis zu 97% wiedergewonnen werden.

Tabelle 4.9 zeigt eine Gegenüberstellung der wesentlichen Parameter der wichtigsten Extraktionsverfahren für Aromaten.

Tabelle 4.9: Prozeßbedingungen bei der Aromatenextraktion

Verfahren	Lösungsmittel	Siedepunkt des Lösungsmittels (wf) in °C (Normaldruck)	Extraktions-bedingungen	Verhältnis Lösungsmittel zu Einsatz-material
Udex (*UOP-Dow*)	Diethylenglycol	245	130–150 °C, 5–8 bar	6–8 : 1
Sulfolan (*Shell-UOP*)	Sulfolan	287	100 °C, 2 bar	3–6 : 1
Arosolvan (*Lurgi*)	N-Methylpyrrolidon	262	20–40 °C, 1 bar	4–5 : 1
IFP (*IFP*)	Dimethylsulfoxid	189	20–30 °C, 1 bar	3–5 : 1
Morphylex (*Krupp-Koppers*)	N-Formylmorpholin	244	180–200 °C 1 bar	5–6 : 1

$$HO-CH_2-CH_2-O-CH_2-CH_2-OH \qquad CH_3-\underset{\underset{O}{\|}}{S}-CH_3$$

Diethylenglykol   Dimethylsulfoxid

Sulfolan   N-Methylpyrrolidon   N-Formylmorpholin

4.2.1.2 Extraktiv- und Azeotropdestillation

Die Extraktivdestillation und die Azeotropdestillation haben als gemeinsames Charakteristikum, daß der rohen Aromatenfraktion ein Hilfsstoff zugegeben wird, um eine bessere destillative Trennung zu erreichen. Die Extraktivdestillation erfolgt in Gegenwart eines Extraktivmittels mit hohem Lösungsvermögen für Aromaten, das im Vergleich zu der abzutrennenden Komponente eine relativ geringe Flüchtigkeit hat und am Kopf der Fraktionierkolonne kontinuierlich aufgegeben wird. Aufgabe des Hilfsstoffes ist es, die Dampfdrücke der einzelnen Kohlenwasserstoffkomponenten so zu verändern, daß sie destillativ leichter getrennt werden können; z. B. wird der Dampfdruck des Benzols soweit abgesenkt, daß die begleitenden Nichtaromaten über Kopf abdestilliert werden können.

Bei der azeotropen Destillation dagegen bildet der zugegebene Stoff mit einem der Inhaltsstoffe des zu trennenden Gemisches ein Azeotrop, d.h. ein bei einer bestimmten Temperatur mit konstanter Zusammensetzung siedendes Gemisch. Die Azeotropdestillation kann nur zur Aufarbeitung hochangereicherter Aromatengemische, wie sie beim Kokereibenzol vorliegen, eingesetzt werden, während die Extraktivdestillation auch zur Abtrennung von Aromaten, die in niedrigerer Konzentration vorliegen, zum Einsatz gelangt. Schon während des 1. Weltkrieges wurde Toluol zur Herstellung von Sprengstoffen durch Extraktivdestillation mit Phenol als Extraktivmittel gereinigt.

Die heute wichtigsten Verfahren zur Gewinnung von Aromaten durch Extraktivdestillation (Abbildung 4.10) benutzen als Extraktivstoffe Dimethylformamid, N-Formylmorpholin *(Krupp-Koppers)*, N-Methylpyrrolidon (Distapex/*Lurgi*) und Sulfolan *(Shell/UOP)*.

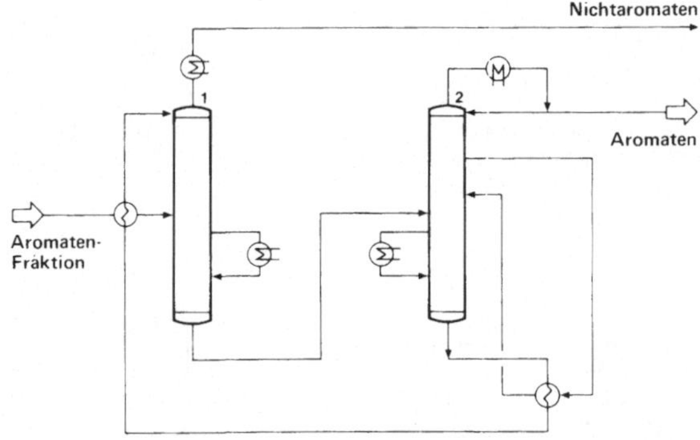

1 Extraktivdestillation; **2** Strippkolonne

Abbildung 4.10: Verfahrensschema zur Aromatengewinnung durch Extraktivdestillation

Das mit N-Formylmorpholin arbeitende Morphylane-Verfahren kann auch im intensiven Wärmeverbund mit der Benzol-Vordestillation betrieben werden, wobei durch die Wärmekopplung besonders niedrige Energieverbrauchswerte erzielt werden. Die größte Anlage dieser Art wird von der *Redestillationsgemeinschaft* in Gelsenkirchen mit einer Kapazität von 336.000 t/a druckraffiniertem Rohbenzol betrieben (Abbildung 4.11).

Durch Betreiben der Rektifikationskolonnen unter Drucken bis zu 18 bar ergibt sich ein größerer Wärmeinhalt der Brüden, der zur Aufheizung der Destillationszuläufe genutzt wird; die Ausbeute an Benzol liegt bei über 99%.

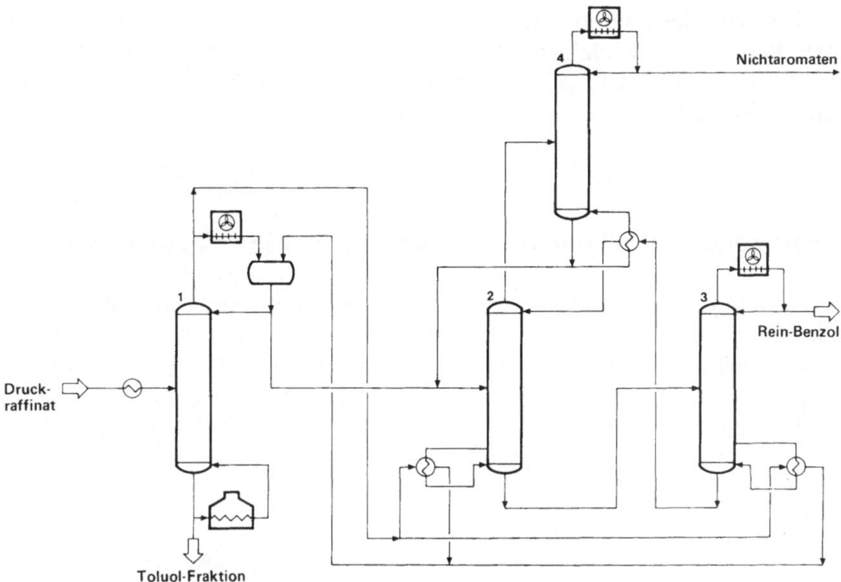

1 Vordestillationskolonne; **2** Extraktivdestillationskolonne; **3** Strippkolonne; **4** Raffinat-kolonne

Abbildung 4.11: Verfahrensschema der Aromatengewinnung nach dem Morphylane-Prozeß mit optimiertem Wärmeverbund

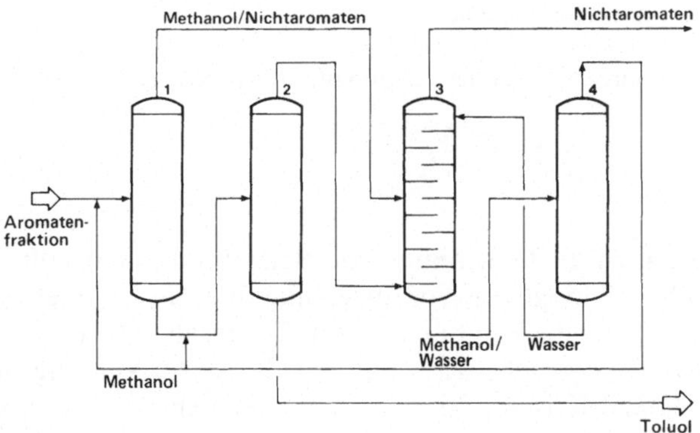

1 und **2** Azeotrop-Destillationskolonnen; **3** Extraktionskolonne; **4** Methanol-Kolonne

Abbildung 4.12: Verfahrensschema der Azeotropdestillation zur Gewinnung von Toluol

Die Azeotropdestillation hat zur Gewinnung von BTX-Aromaten nur noch geringe Bedeutung; wichtigste Azeotropschlepper sind Methylethylketon und Methanol. Abbildung 4.12 zeigt die Toluol-Gewinnung durch azeotrope Destillation mit Methanol.

4.3 Auftrennung der Aromatengemische in die Einzelkomponenten

Die Gewinnung von Benzol und Toluol aus den durch Extraktion oder Extraktivdestillation erhaltenen reinen aromatischen Kohlenwasserstoffgemischen gelingt wegen der weit auseinander liegenden Siedepunkte durch Destillation (Abbildung 4.13) relativ einfach. Dabei kommen Rektifikationskolonnen mit ca. 60 theoretischen Böden zum Einsatz.

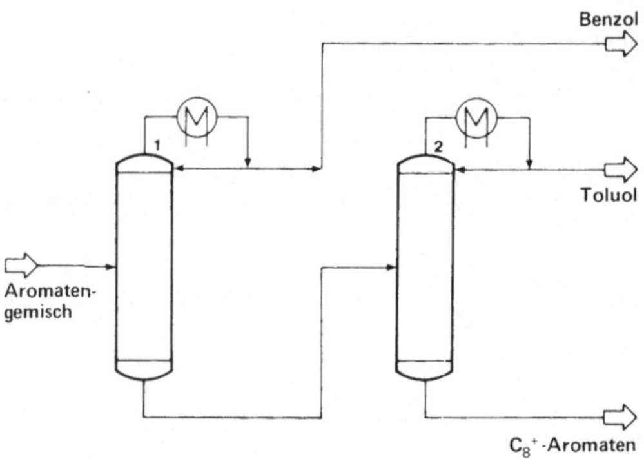

1 Benzol-Kolonne; **2** Toluol-Kolonne

Abbildung 4.13: Verfahrensschema der Gewinnung von Benzol und Toluol aus Aromatengemischen

Grundsätzlich ist auch die Gewinnung von Benzol durch Kristallisation (Newton-Chambers-Verfahren) möglich; Voraussetzung hierfür ist allerdings Thiophen-Freiheit, da diese Schwefelkomponente im Gegensatz zu den als Siedebegleiter vorhandenen Paraffinen nicht wirtschaftlich durch Auskühlung abgetrennt werden kann. Die Benzol-Kristallisation hat heute jedoch im Gegensatz zur kristallisativen Gewinnung anderer Aromaten keine großtechnische Bedeutung.

Schwieriger als die Trennung von Benzol und Toluol ist die Auftrennung der C_8-Isomeren, da deren Siedepunkte eng beieinanderliegen. Allein die destillative Abtrennung von Ethylbenzol erfordert Kolonnen mit ca. 300 theoretischen Böden bei Rücklaufverhältnissen von etwa 100:1. Die Ausbeute an Ethylbenzol erreicht bei dieser Superfraktionierung über 95%, bei einer Reinheit des Ethylbenzols von

99,8%. Da die Synthese von Ethylbenzol aus Benzol und Ethylen (s. Kapitel 5.1.2) in der Regel wirtschaftlicher ist, wird dieses Verfahren nur vereinzelt, insbesondere in den USA *(Cosden)*, angewandt.

In Tabelle 4.10 sind die Eigenschaften der C_8-Aromaten zusammengestellt, auf deren Grundlage ihre Auftrennung erfolgt.

Tabelle 4.10: Spezifische Eigenschaften zur Auftrennung der C_8-Aromaten

	Ethylbenzol	p-Xylol	m-Xylol	o-Xylol
Erstarrungspunkt, °C	− 95,0	+ 13,3	− 47,9	− 25,2
relative Stabilität von Komplexen mit HF/BF_3		1	20	2
relativer Anreicherungsfaktor bei der Adsorption	0,5	1,0	0,3	0,2
Siedepunkt, °C	136,2	138,3	139,1	144,4

Der Erstarrungspunkt des p-Xylols ist deutlich höher als der der anderen C_8-Aromaten; die Abtrennung des p-Xylols ist daher durch Kristallisation möglich. Da p-Xylol besser adsorbiert wird als die begleitenden C_8-Aromaten, bietet sich außerdem die Adsorption für seine Gewinnung an.

Die Stabilität des Komplexes von m-Xylol mit HF/BF_3 ist deutlich größer als die Stabilität der entsprechenden Komplexe der anderen Aromaten; m-Xylol kann daher als HF/BF_3-Komplex abgetrennt werden.

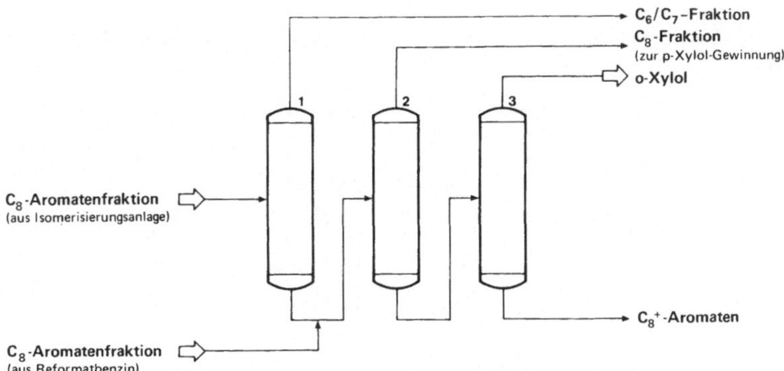

1 Benzol/Toluol-Kolonne; **2** C_8-Kolonne; **3** o-Xylol-Kolonne

Abbildung 4.14: Verfahrensschema zur destillativen Gewinnung von o-Xylol aus einer C_8-Aromatenfraktion

Der Siedepunkt von o-Xylol liegt ca. 5 °C höher als der des m-Xylols als nächstem Siedebegleiter. o-Xylol wird daher durch fraktionierte Destillation in Kolonnen mit 100 bis 150 Böden gewonnen, wobei ein Rückflußverhältnis von 8–10 : 1 erforderlich ist. Die Abtrennung von den hochsiedenden Aromaten erfolgt durch Destillation in der o-Xylol-Kolonne mit 40 bis 60 Böden und einem Rücklaufverhältnis von ca. 1 : 1.

Abbildung 4.14 zeigt ein typisches Verfahrensschema für die destillative Abtrennung von o-Xylol, das in einer Reinheit von über 95% gewonnen wird; diese Konzentration ist für die Hauptverwendung, die Herstellung von Phthalsäureanhydrid, ausreichend.

p-Xylol kann nicht durch fraktionierte Destillation von m-Xylol abgetrennt werden, da es nur 0,653 °C unterhalb des m-Xylols siedet. Das wichtigste Verfahren zur Gewinnung von p-Xylol war daher zunächst die Kristallisation. Die Gewinnung von p-Xylol durch Schmelzkristallisation wird allerdings trotz des relativ hohen Schmelzpunktes durch die Bildung binärer und ternärer eutektischer Gemische mit den begleitenden C_8-Aromaten erschwert. Allein das Eutektium von m-Xylol und p-Xylol begrenzt die technisch erreichbare p-Xylol-Ausbeute auf ca. 65% (Tabellen 4.11 und 4.12).

Tabelle 4.11: Zusammensetzung der binären eutektischen Systeme von C_8-Aromaten

System	Kristallisationstemperatur (°C)	Zusammensetzung in Mol%	
pX – oX	−34,93	23,88 pX	76,12 oX
pX – mX	−52,55	12,18 pX	87,82 mX
pX – EtB	−94,8	1,37 pX	98,63 EtB
mX – oX	−61,20	68,14 mX	31,86 oX
mX – EtB	−99,44	16,30 mX	83,70 EtB
oX – EtB	−96,37	6,61 oX	93,39 EtB

oX: o-Xylol; pX: p-Xylol; mX: m-Xylol; EtB:Ethylbenzol

Tabelle 4.12: Zusammensetzung der ternären eutektischen Systeme von C_8-Aromaten

System	Kristallisationstemperatur (°C)	Zusammensetzung in Mol%		
pX – oX – mX	− 63,55	7,47 pX	−29,13 oX	− 63,36 mX
pX – oX – EtB	− 96,7	1,21 pX	− 6,30 oX	− 92,29 EtB
pX – mX – EtB	− 99,71	1,00 pX	−16,10 mX	− 82,90 EtB
oX – mX – EtB	− 100,84	5,18 pX	−15,29 mX	− 79,53 EtB

oX: o-Xylol; pX: p-Xylol; mX: m-Xylol; EtB: Ethylbenzol

Abbildung 4.15 zeigt das Phasendiagramm von m/p-Xylol mit dem eutektischen Punkt bei − 52,55 °C.

Bei dieser Temperatur kristallisieren m- und p-Xylol gleichzeitig aus, so daß die Schmelze und das Kristallgemisch die gleiche Zusammensetzung aufweisen.

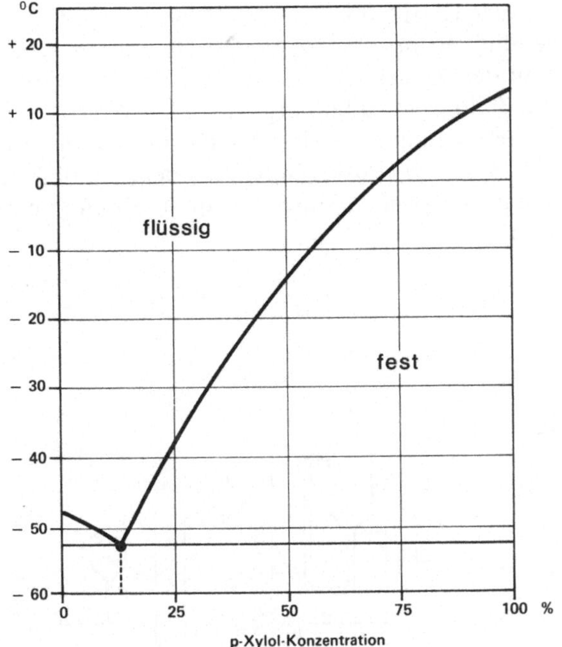

Abbildung 4.15: Phasendiagramm von m/p-Xylol

Die Kristallisationsverfahren zur Gewinnung von p-Xylol werden im allgemeinen zweistufig durchgeführt. Zur Verhinderung von Eisbildung wird das Einsatzmaterial zunächst bis auf einen Restwassergehalt von ca. 10 ppm getrocknet, anschließend auf ca. -55 bis $-70\,°C$ gekühlt und von der Mutterlauge in Zentrifugen oder Vakuumtrommeldrehfiltern abgetrennt. Die Mutterlauge aus der ersten Stufe wird zur Isomerisierung ausgeschleust. Das Kristallisat der ersten Stufe mit einem p-Xylol-Gehalt von ca. 90% wird nach dem Aufschmelzen erneut zur Auskühlung gebracht und die Mutterlauge abgetrennt. Als Endprodukt wird p-Xylol mit einer Reinheit von über 99% gewonnen.

Die Unterschiede bei der technischen Durchführung der Kristallisationsverfahren liegen in der apparativen Gestaltung des Kältekreislaufs und der zweiten Reinigungsstufe. Die Kühlung des Einsatzproduktes erfolgt entweder direkt oder indirekt. Bei der direkten Kühlung wird der Kälteträger, z.B. flüssiges Ethylen oder flüssiges CO_2, direkt in den Kristallisator eingegeben. Die Abkühlung des Einsatzproduktes erfolgt durch die Verdampfung des Kältemittels, das anschließend durch Kompression kondensiert und wieder in den Kältekreislauf zurückgeführt wird. Die indirekte Kühlung wird in Rühr- oder Kratzkühlern durchgeführt. Als Kältemittel dienen Methanol oder Freon 13.

Zur kristallisativen Gewinnung von p-Xylol hat sich der *Chevron*-Prozeß besonders bewährt. Die Kristallisation wird mit CO_2 als Kühlmittel im Direktkontakt ausgeführt. Dem Kristallisationsprozeß schließt sich eine Destillation an, in der Toluol und leichtere Kohlenwasserstoffe aus der Mutterlauge entfernt werden.

Der Rückstand dieser Destillation ist wasserfrei und wird in die Kristallisationsanlage zurückgeführt. Beim *Chevron*-Verfahren werden relativ große Kristalle erzeugt, die sich in den Zentrifugen leicht von der Mutterlauge abtrennen lassen. Das Verfahrensfließbild zeigt Abbildung 4.16.

Ein mit indirekter Kühlung arbeitendes Kristallisationsverfahren zur Gewinnung von p-Xylol ist das *Amoco*-Verfahren, bei dem im allgemeinen in der ersten Stufe Ethylen und in der zweiten Stufe Propan als Kühlmittel zum Einsatz gelangen (Abbildung 4.17).

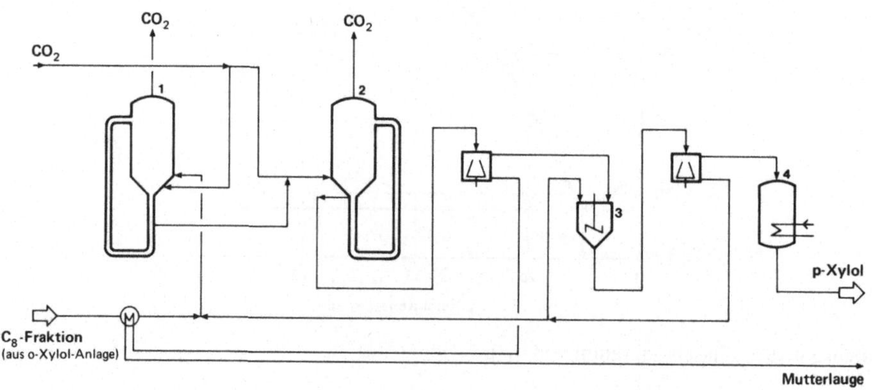

1 Druck-Kristallisator; 2 Vakuum-Kristallisator; 3 Anmaischbehälter; 4 Schmelzbehälter

Abbildung 4.16: Verfahrensschema der p-Xylol-Gewinnung durch Kristallisation nach dem *Chevron*-Prozeß

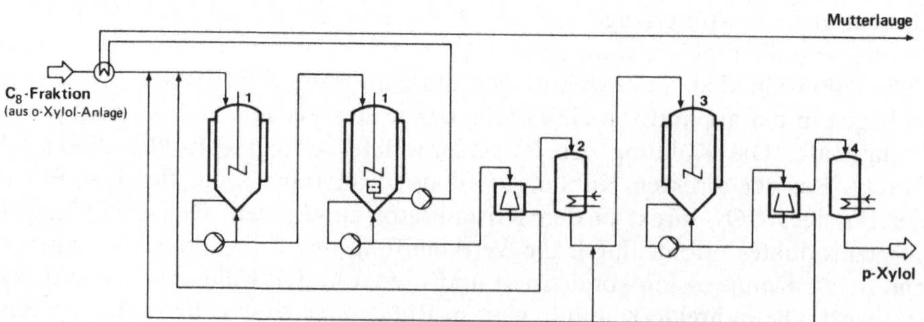

1 Kristallisatoren der 1.Stufe; 2 Schmelzbehälter; 3 Kristallisator der 2.Stufe; 4 Schmelzbehälter

Abbildung 4.17: Verfahrensschema der p-Xylol-Gewinnung durch Kristallisation nach dem *Amoco*-Prozeß

Weitere Kristallisationsverfahren zur Gewinnung von p-Xylol sind das *Maruzen*-Verfahren, bei dem Ethylen als direktes Kühlmittel verwendet wird, der *Arco*-Prozeß, der dem *Amoco*-Prozeß relativ ähnlich ist, sowie das dreistufige Verfahren von *Krupp-Koppers*.

Bei dem heute nur noch vereinzelt zum Einsatz gelangenden *Phillips*-Verfahren erfolgt die Reinigung des Kristallisats durch Gegenstromkristallisation in einer pulsierenden Kolonne durch die aufsteigende Schmelze (Abbildung 4.18).

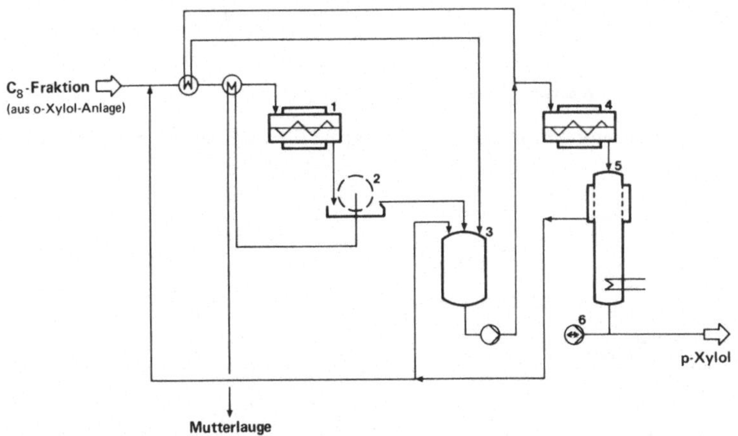

1 Kratzkühler (1.Stufe);   **2** Trommeldrehfilter;   **3** Schmelzbehälter;   **4** Kratzkühler (2.Stufe);
5 Pulsationskolonne mit Wandfilter;   **6** Pulsationspumpe

Abbildung 4.18: Verfahrensschema der p-Xylol-Gewinnung durch Gegenstromkristallisation nach dem *Phillips*-Prozeß

Wegen des hohen apparativen Aufwandes, des niedrigen Temperaturniveaus, des hohen Energiebedarfs und der begrenzten Ausbeute bei der Kristallisation hat in den letzten Jahren die adsorptive Gewinnung von p-Xylol an Bedeutung gewonnen. Das von *UOP* 1971 erstmals eingeführte Parex-Verfahren ist zur Zeit der wichtigste Prozeß in dieser Klasse (Abbildung 4.19).

Beim Parex-Verfahren erfolgt die Abtrennung des p-Xylols bei 120 bis 175 °C durch selektive Adsorption. Dabei wird mit Hilfe eines adsorbierenden Feststoffes (Adsorbens) und einer geeigneten Flüssigkeit die Trennung der C$_8$-Aromaten durchgeführt. Das Verfahren beruht darauf, daß die unterschiedlich fest adsorbierten Komponenten von der aktiven Oberfläche des Adsorbens abgelöst werden. Als Adsorptionsmittel dient ein künstlich hergestellter Zeolith, dessen aktive Zentren durch Kationen der ersten und zweiten Gruppe (K, Ca) des periodischen Systems gebildet werden. Zur Desorption wird ein Kohlenwasserstoff mit geringer Adsorptionsneigung, wie Toluol oder p-Diethylbenzol, verwendet, der vom p-Xylol durch Destillation leicht abgetrennt werden kann. Bei diesem Verfahren

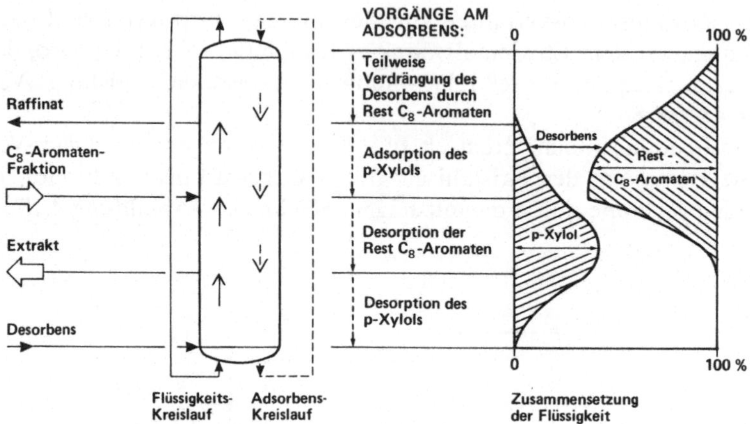

Abbildung 4.19: Konzentrationsprofil der adsorptiven Gewinnung von p-Xylol nach dem Parex-Prozeß

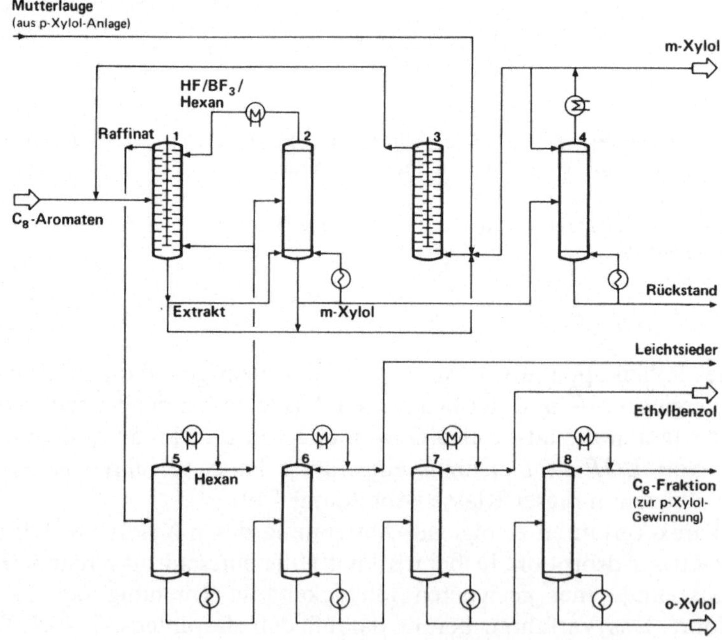

1 Extraktor; **2** Zersetzungskolonne; **3** Isomerisierungskolonne; **4** Schwersiederkolonne; **5** Raffinat-Strippkolonne; **6** Leichtsiederkolonne; **7** Ethylbenzol-Kolonne; **8** o-Xylol-Kolonne

Abbildung 4.20: Verfahrensschema der Gewinnung von m- und o-Xylol nach dem HF-Verfahren von *MGCC*

werden die Flüssigphasen durch eine aus ca. 12 Kammern bestehende Säule geleitet. Diese Kammern sind mit Molekularsieben gefüllt; der Zufluß der Flüssigkeits-
ströme wird durch ein spezielles Drehventil gesteuert. Das gewonnene p-Xylol hat
eine Reinheit von ca. 99,5%. Es enthält noch Spuren insbesondere von Ethylbenzol sowie von m- und o-Xylol. Die relativ hohe Konzentration von Ethylbenzol ist
bedingt durch die hohe Adsorptionsaffinität dieses Kohlenwasserstoffs. Ethylbenzol kann bei der Herstellung von Polyestern störend wirken, da Benzoesäure das
Endprodukt der Oxidation ist.

Nach einem ähnlichen Prinzip wie der Parex-Prozeß arbeitet der von *Toray*
(Japan) entwickelte Aromax-Prozeß zur Isolierung von p-Xylol; das Verfahren
wird bei ca. 180°C und einem Druck von 20 bar betrieben. Die Ausbeute an
p-Xylol liegt bei über 90%.

Abbildung 4.21: Xylol-Anlage der *Mitsubishi Gas Chemical Co.* in Mizushima/Japan

Die Gewinnung von reinem m-Xylol erfolgt vorwiegend nach einem von *Mitsubishi Gas Chemical (MGCC)* entwickelten Verfahren durch Komplexbildung mit HF/BF_3. Bei der Behandlung eines C_8-Aromatenstroms mit HF/BF_3 bilden sich zwei Schichten, wobei sich m-Xylol selektiv in der HF-Phase abscheidet. Die Effizienz der Abscheidung von m-Xylol wird durch die Zugabe eines Verdünnungsmittels, im allgemeinen eines C_6-Paraffins, erhöht. Wegen der hohen Basizität des m-Xylols ist sein HF/BF_3-Komplex besonders stabil. Das reine m-Xylol (über 99%ig) wird durch thermische Zersetzung des Komplexes gewonnen; HF und BF_3 werden rezirkuliert. Das Verfahrensschema des *MGCC*-Verfahrens zeigt Abbildung 4.20.

Das *Mitsubishi Gas Chemical*-Verfahren kann nicht nur zur Gewinnung von reinem m-Xylol, sondern auch als Isomerisierungsprozeß benutzt werden.

Abbildung 4.21 zeigt die 300.000 t/a Xylol-Anlage der *Mitsubishi Gas Chemical Co.* in Mizushima/Japan.

4.4 Dealkylierung, Isomerisierung und Dismutation von BTX-Aromaten

Die mengenmäßig wichtigsten Benzolaromaten sind Benzol und p-Xylol. Da ihr Vorkommen im Reformatbenzin, Pyrolysebenzin und Kokereibenzol für die Deckung des Bedarfes häufig nicht ausreicht, sind zur zusätzlichen Gewinnung aus den Aromatengemischen Isomerisierungs-, Dismutations- und Dealkylierungsverfahren entwickelt worden.

4.4.1 Dealkylierung von Toluol und Xylolen zur Benzol-Herstellung

Die Dealkylierung von Toluol und Xylolen zu Benzol wird sowohl als katalytische Reaktion als auch als rein thermische Reaktion unter Wasserstoffzusatz durchgeführt. Bei den katalytischen Verfahren liegen die Drucke bei 35 bis 70 bar und die Temperaturen zwischen 550 und 650 °C; als Katalysatoren kommen Chromoxide auf Aluminiumoxid-Träger zur Anwendung. Die thermische Dealkylierung findet bei Temperaturen bis zu 750 °C und Drucken von ca. 45 bar statt.

Ein verbreitetes Verfahren zur Herstellung von Benzol durch Dealkylierung ist das *Houdry*-Litol-Verfahren, bei dem gleichzeitig folgende Prozesse durchgeführt werden:

1. Entschwefelung,
2. Entfernung von Paraffinen und Naphthenen,
3. Absättigung ungesättigter Verbindungen,
4. Dealkylierung.

Abbildung 4.22 zeigt das Verfahrensschema des *Houdry*-Litol-Prozesses zur Raffination und Dealkylierung von Rohbenzol.

Die Hydrierung wird zweistufig durchgeführt. Nach einer Vorhydrierung wird das Rohbenzol auf 600 °C aufgeheizt und durch ein System von Festbettreaktoren geleitet, in dem die Schwefelverbindungen zu Schwefelwasserstoff umgewandelt

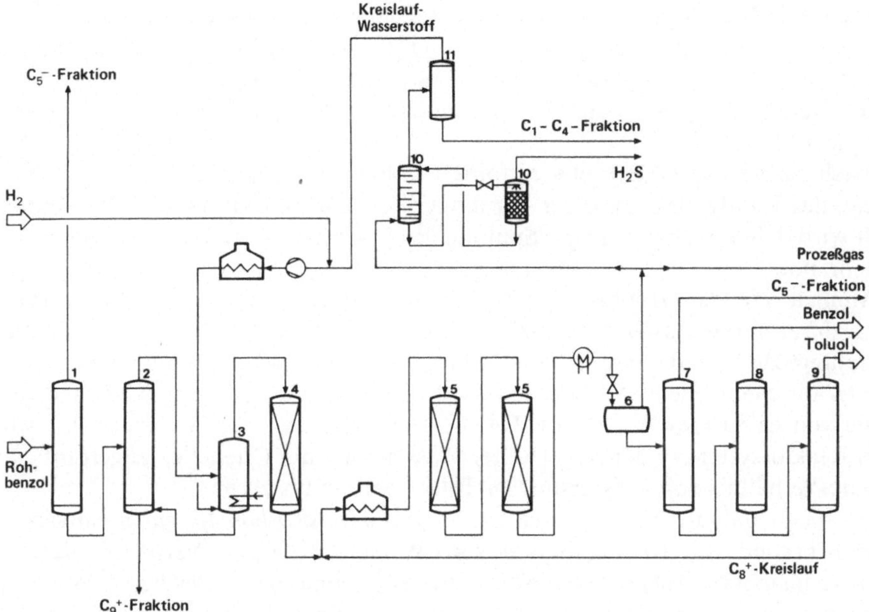

1 und 2 Vorfraktionierkolonnen; 3 Verdampfer; 4 Vorhydrierreaktor; 5 Litol-Reaktoren; 6 Entspannungsbehälter; 7 Stabilisierkolonne; 8 Benzol-Kolonne; 9 Toluol-Kolonne; 10 Gasreinigung; 11 Tieftemperatur-Gastrennung

Abbildung 4.22: Verfahrensschema der Raffination von Rohbenzol nach dem *Houdry*-Litol-Prozeß

Tabelle 4.13: Ausbeute bei der Raffination von Rohbenzol durch Hydrierung nach dem *Houdry*-Litol-Verfahren

Produkte	ohne Toluol-Kreislauf		mit Toluol-Kreislauf	
	Rohstoff (Gew% *)	Produkte (Gew% *)	Rohstoff (Gew% *)	Produkte (Gew% *)
Wasserstoff	0,95	0,10	1,13	0,13
H_2S	–	0,41	–	0,41
$C_1 - C_5$-Fraktion	0,53	6,80	0,59	8,13
$C_6 - C_8$-Nichtaromaten	0,89	0,02	0,89	0,02
Benzol	74,09	86,66	74,09	92,88
Toluol	19,22	7,36	19,22	0,02
C_8-Fraktion	3,34	–	3,34	–
Styrol	0,62	–	0,62	–
$C_9{}^+$-Aromaten	0,70	0,01	0,70	0,01
Thiophen	1,02	–	1,02	–
Summe	101,36	101,36	101,60	101,60

* bezogen auf Kohlenwasserstoffeinsatz

werden. Die Nichtaromaten werden dabei einer Hydrocrack-Reaktion unterzogen und in Gas umgewandelt, die Alkylaromaten werden dealkyliert. Nach der Stabilisierung des Reaktionsgemisches durch Abtrieb der Leichtsieder, wird das Benzol durch Destillation gewonnen. Die Ausbeuten mit und ohne Toluol-Recycling zeigt Tabelle 4.13.

Nach einer längeren Betriebszeit führen Kohlenstoffablagerungen auf der Oberfläche des Katalysators zu einer Verminderung seiner Wirksamkeit. Der Kohlenstoff wird daher nach vorheriger Spülung des Systems mit Stickstoff mit Sauerstoff abgebrannt.

Ähnlich wie das *Houdry*-Litol-Verfahren arbeiten das von *UOP* entwickelte Hydeal-Verfahren, das von *Houdry* entwickelte Detol-Verfahren sowie das *BASF*-Verfahren zur Dealkylierung von Toluol. Bezogen auf das eingesetzte Toluol beträgt die theoretische Ausbeute an Benzol 84,8%; in der Praxis wird eine Ausbeute von ca.83 Gew% erreicht. Da die Dealkylierung stark exotherm ist, wird dem Reaktorsystem in der Regel kalter Wasserstoff zum Quenchen zugeführt. Das molare Verhältnis von Wasserstoff zu Toluol beträgt bis zu 8:1.

Als nichtkatalytisches Verfahren ist der von *Hydrocarbon Research* entwickelte Prozeß besonders verbreitet; das molare Wasserstoff/Toluol-Verhältnis liegt bei ca.4:1, die molare Ausbeute bei 97 bis 99% und damit in der gleichen Größenordnung wie bei der katalytischen Dealkylierung.

Um den Einsatz des teuren Wasserstoffs zu vermeiden, ist ein Verfahren entwickelt worden, um Toluol auch in einer Wasserdampfatmosphäre bei einer Temperatur von ca.430°C und Drucken von 5 bis 15 bar an Rhenium-/Aluminiumoxid-Katalysatoren in Benzol umzuwandeln. Dabei entstehen gleichzeitig Kohlenmonoxid, Kohlendioxid und Wasserstoff. Die Benzol-Selektivität beträgt bei diesem Verfahren, das allerdings großtechnisch noch nicht angewandt wird, 87% bei einer 46%igen Toluol-Umwandlung.

$$\text{C}_6\text{H}_5\text{CH}_3 \xrightarrow[\substack{-\ \text{CO} \\ -\ \text{CO}_2 \\ -\ \text{H}_2}]{+\ \text{H}_2\text{O}} \text{C}_6\text{H}_6$$

4.4.2 Isomerisierung von Xylolen

Während der Bedarf an p-Xylol für die Terephthalsäure-Gewinnung zur Herstellung von Fasern und von o-Xylol für die Phthalsäureanhydrid-Gewinnung zur Herstellung von Weichmachern in den letzten Jahren beträchtlich gestiegen ist, ist die Nachfrage nach m-Xylol zur Herstellung von Isophthalsäure relativ gering. m-Xylol und Ethylbenzol werden daher zu o- und p-Xylol isomerisiert.

Abbildung 4.23 zeigt die Gleichgewichtskonzentrationen (1 bar) der C_8-Aromaten in Abhängigkeit von der Temperatur. Während der Anteil des m-Xylols mit steigender Temperatur fällt, steigt insbesondere der Anteil des Ethylbenzols.

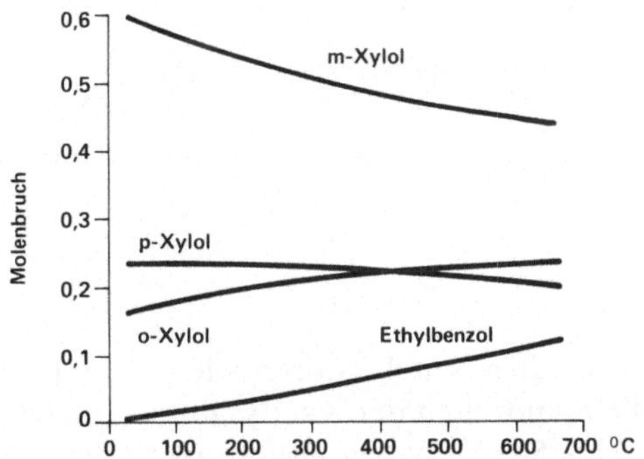

Abbildung 4.23:   Gleichgewichtskonzentrationen der C_8-Aromaten

Während die Umwandlung der Xylole über einen säurekatalysierten Carbenium-Ionen-Mechanismus ablaufen kann, ist zur Umwandlung von Ethylbenzol in Xylole der Einsatz von Wasserstoff erforderlich.

Einer der wichtigsten technischen Prozesse zur Isomerisierung von m-Xylol zur Herstellung größerer Mengen o- und p-Xylol ist der von *Atlantic Richfield/Engelhard* 1960 entwickelte Octafining-Prozeß. Die Isomerisierung wird bei diesem Prozeß an einem Platin/Aluminiumsilikat-Katalysator in Wasserstoffatmosphäre durchgeführt. Der Platingehalt des Katalysators beträgt ca. 0,5%. Der Katalysator ist im Prinzip ähnlich wie die Reformierkatalysatoren aufgebaut, da auch bei der Benzinreformierung eine Umalkylierung (bzw. Isomerisierung) stattfindet. Die Reaktion wird bei einem Druck von 10 bis 30 bar durchgeführt. Das Wasserstoff/Kohlenwasserstoff-Verhältnis beträgt ca. 4–6:1; die Starttemperatur liegt bei etwa 425 °C und wird langsam auf 480 °C erhöht. Die Lebensdauer der Katalysatoren kann bis zu 5 Jahre betragen.

Beim Octafining-Verfahren (Abbildung 4.24) wird Ethylbenzol nur in geringem Umfang in Xylole umgewandelt, da die Ausgangskonzentration von Ethylbenzol im Einsatzgut in der Regel deutlich unter dem Konzentrationswert des thermodynamischen Gleichgewichts liegt.

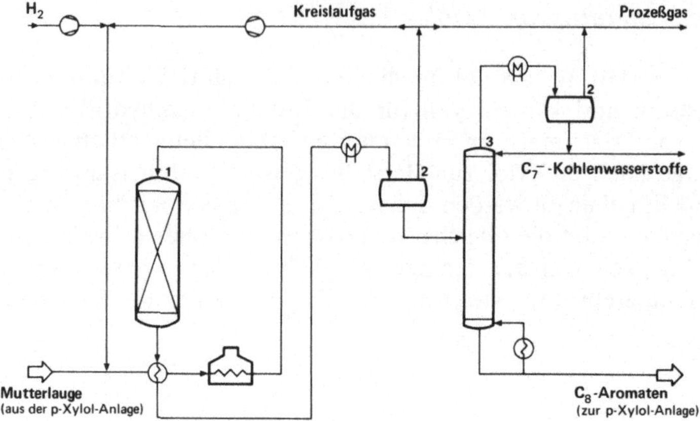

1 Reaktor; **2** Gasabscheider; **3** Strippkolonne

Abbildung 4.24: Verfahrensschema des Octafining-Prozesses zur Isomerisierung von C_8-Aromaten

Bei Verwendung von unedlen Katalysatoren wie $AlCl_3$ (Isomar, *UOP*) und AlF_3 (Isarom, *IFP*) sind die Standzeiten der Katalysatoren kürzer; die Reaktionstemperaturen liegen bei 370 bis 540 °C, wobei Drucke von 15 bis 30 bar zur Anwendung kommen.

Ein Reaktionsschema der bei den Isomerisierungsverfahren möglichen Reaktionen (Umlagerungen, Ringverengungen und Ringerweiterungen, Dealkylierungen) zeigt Abbildung 4.25. Die Isomerisierung läuft über eine 1,2-Umlagerung, d.h. o-Xylol wird nicht direkt in p-Xylol umgewandelt.

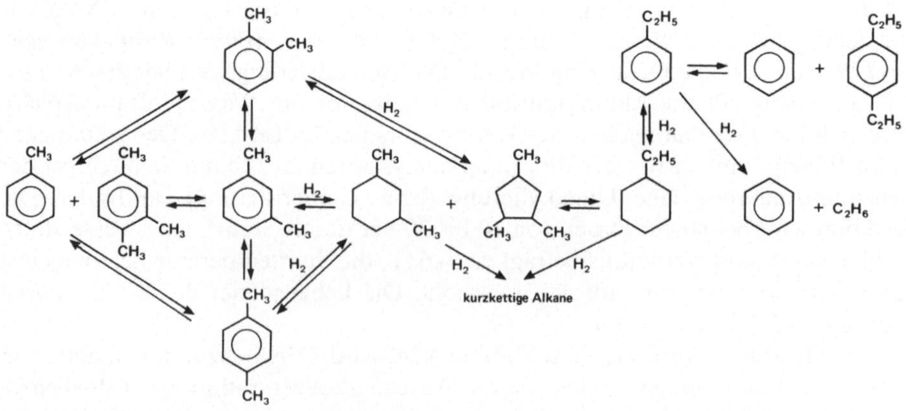

Abbildung 4.25: Reaktionsschema der C_8-Aromatenumlagerung

Zu Beginn der 70er Jahre wurden von *Mobil Oil* die Zeolith-Katalysatoren zur Xylol-Isomerisierung ohne Wasserstoffzusatz (LTI-Verfahren) entwickelt. Diese Verfahren werden in der flüssigen Phase durchgeführt bei einem Druck von 30 bar und Temperaturen von 200 bis 260 °C. Die Standzeit des Katalysators beträgt in der Regel mehr als 2 Jahre. Die Regenerierung (Koksabbrand) erfolgt ab einer Reaktionstemperatur von ca. 275 °C.

4.4.3 Dismutation

Bei der Dismutation wird Toluol in Benzol und Xylole umgewandelt. Auch eine Übertragung von Alkylgruppen aus höheralkylierten Benzolen auf Benzol oder niederalkylierte Benzole ist möglich. Das von *Mobil Oil* entwickelte katalytische LTD-Verfahren (Abbildung 4.26) zur Umwandlung von Toluol in Benzol und Xylole arbeitet bei einem Druck von ca. 46 bar und Temperaturen von 260 bis 320 °C in der Flüssigphase; die Standzeit des Katalysators liegt bei ca. 1,5 Jahren.

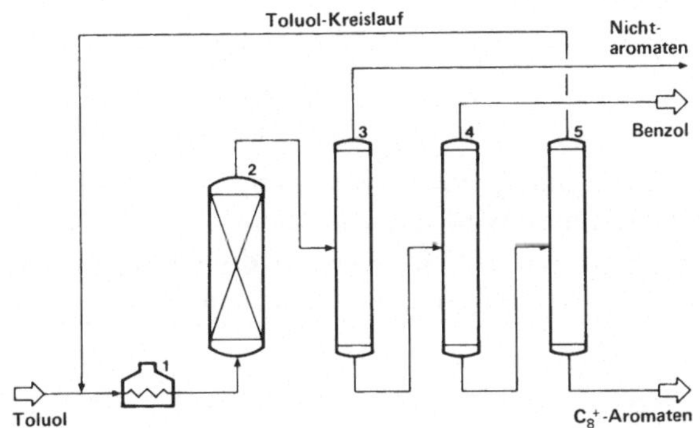

1 Röhrenofen; **2** Reaktor; **3** Nichtaromaten-Kolonne; **4** Benzol-Kolonne; **5** Toluol-Kolonne

Abbildung 4.26: Verfahrensschema der Toluol-Dismutation nach dem *Mobil*-LTD-Prozeß

Die Übertragung von Methylgruppen kann auch in der Gasphase nach dem Tatoray-Verfahren durchgeführt werden, das von *UOP* und *Toray* entwickelt wurde (Abbildung 4.27).

Die Umwandlung erfolgt am Zeolith-Kontakt, der mit Übergangsmetallen dotiert ist, bei 30 bis 40 bar und Temperaturen von 410 bis 470 °C; das molare Wasserstoff/Kohlenwasserstoff-Verhältnis kann bis zu 20:1 betragen.

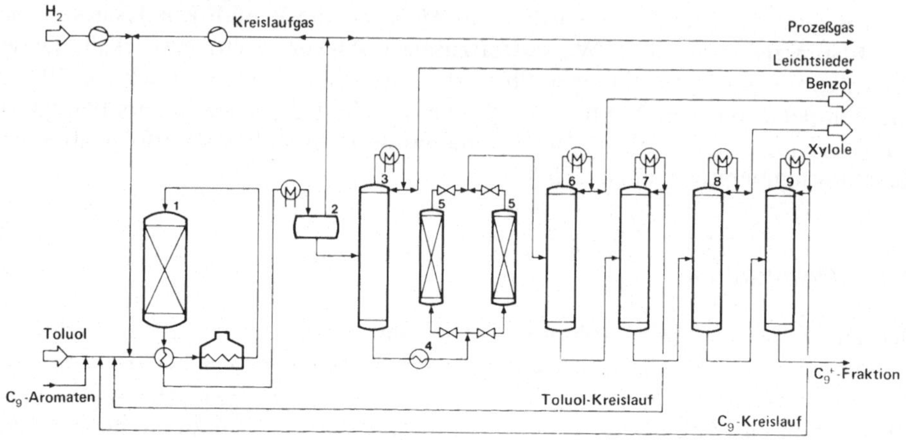

1 Reaktor; **2** Gasabscheider; **3** Stabilisierkolonne; **4** Überhitzer; **5** Bleicherde-Behandlung; **6** Benzol-Kolonne; **7** Toluol-Kolonne; **8** Xylol-Kolonne; **9** C_9-Kolonne

Abbildung 4.27: Verfahrensschema des Tatoray-Prozesses zur Gewinnung von Aromaten aus Toluol

Die Ausbeute an Benzol und Xylolen liegt bei bis zu 95%.

Ebenfalls in der Gasphase wird das von *Atlantic Richfield* entwickelte Xylene-Plus-Verfahren betrieben, das allerdings bei niedrigen Drucken (2 bar) und ohne Wasserstoffzusatz mit Al_2O_3/SiO_2-Kontakten arbeitet.

4.5 Qualitätsstandard

Die Qualitätsstandards der Benzolkohlenwasserstoffe werden in der Regel durch ihre Einsatzgebiete bestimmt.

Die Reinheitskriterien für Benzol bedingt hauptsächlich seine Verwendung zur Herstellung von Cyclohexan durch Hydrierung. Hierfür ist ein niedriger Schwefel-Gehalt wegen der möglichen Katalysatorvergiftung von besonderer Bedeutung.

An die Reinheit von p-Xylol werden wegen der Verwendung zur Herstellung von Terephthalsäure und deren Ester sowie der daraus zu erzeugenden Polyester-fasern hohe Ansprüche gestellt.

Das Hauptprodukt aus m-Xylol, die Isophthalsäure, kann nach einem Verfahren der *Amoco* bereits aus relativ niedrigen m-Xylol-Qualitäten hergestellt werden, da die Phthalsäure-Isomeren sich relativ leicht voneinander trennen lassen. m-Xylol in hoher Reinheit liefert das *Mitsubishi Gas Chemical*-Verfahren.

Für die Herstellung von Phthalsäureanhydrid, das Hauptfolgeprodukt des o-Xylols, wird o-Xylol in mindestens 95%iger Konzentration geliefert.

Die wichtigsten üblichen Qualitätskriterien für Benzol, Toluol und die Xylole sind in Tabelle 4.14 zusammengestellt. Die Spezifikationen werden in den Ländern jeweils durch ähnliche Normierungsvorschriften (ASTM, DIN, BSS etc.) geregelt.

Tabelle 4.14: Qualitätskriterien für die technisch reinen Benzolaromaten

	Benzol	Toluol	o-Xylol	p-Xylol	m-Xylol
Reinheit, %	–	–	99,0	99,4	95,4
Destillations- intervall, °C	0,6–0,8	0,6–0,8	1	1	1
Erstarrungspunkt, °C	5,40 (min)	–	–25,5	13,1	–
Dichte (15,5/15,5 °C)	0,883–0,886	0,869–0,872	0,882	0,865	$\simeq$ 0,869
Schwefelgehalt (max. ppm)	1	4	10–15	10–15	10–15
Nichtaromaten (max. Gew%)	0,1	0,2	0,1	0,05	0,2

4.6 Wirtschaftliche Daten

Die Tabellen 4.15, 4.16 und 4.17 zeigen die regionale Verteilung der Benzol-, Toluol- und Xylol-Erzeugung.

Tabelle 4.15: Benzol-Erzeugung 1985

	(1.000 t)
USA	4.460
Kanada	635
Brasilien	500
Bundesrepublik Deutschland	1.580
Großbritannien	740
Frankreich	630
Italien	490
Benelux	1.100
UdSSR	2.000
Polen	250
Deutsche Demokratische Republik	300
Japan	2.280
Indien	100
China	450
Andere Länder	1.985
Gesamtproduktion	17.500

Der Anteil des kohlestämmigen Benzols liegt in einigen Ländern mit hoher Koks-Erzeugung wie Japan oder der Bundesrepublik Deutschland bei 10 bis 15%.

Tabelle 4.16: Toluol-Erzeugung 1985

	(1.000 t)
USA	2.250
Kanada	310
Mexiko	220
Bundesrepublik Deutschland	370
Großbritannien	80
Frankreich	40
Italien	120
Benelux	140
UdSSR	950
Deutsche Demokratische Republik	150
Japan	830
China	200
Andere Länder	840
Gesamtproduktion	6.500

Tabelle 4.17: o- und p-Xylol-Erzeugung 1985

	(1.000 t)	
	o-Xylol	p-Xylol
USA	310	1.940
Brasilien	80	75
Mexiko	45	110
Bundesrepublik Deutschland	210	230
Großbritannien	–	270
Frankreich	60	50
Italien	100	235
Benelux	50	110
Portugal	30	70
Spanien	30	20
Jugoslawien	30	60
Taiwan	50	150
Japan	180	720
Andere Länder	125	260
Gesamtproduktion Westl. Welt	1.300	4.300

Die Produktion an m-Xylol ist auf wenige Länder beschränkt; die Kapazität beträgt in den USA 110.000 t/a *(Amoco)*, in Italien 30.000 t/a *(Nurachem)* und in Japan ca. 60.000 t/a *(Mitsubishi Gas Chemical)*.

4.7 Verfahrensübersicht

In Tabelle 4.18 sind die wichtigsten Verfahren für die Aromaten-Gewinnung aus kohle- und mineralölstämmigen Rohstoffen zusammengestellt.

Tabelle 4.18: Zusammenstellung der wichtigsten Verfahren zur Aromaten-Gewinnung

Verfahren	Ziel des Verfahrens	Prozeßbedingungen				Sonstige Charakteristika
		Druck (bar)	Temperatur ($°C$)	Katalysator	Reaktionskomp.	
1. Raffinationsverfahren:						
Hydrierung von Pyrolysebenzin	Hydrierung von Diolefinen und Entschwefelung	40–60	200–250	Co, Mo, Ni, Pd	H_2	Zweistufiges Verfahren
Benzoldruckraffination	Hydrierung von Kokereirohbenzol	20–50	350	Co, Mo	H_2	Schwefelreduzierung unter 0,5 ppm; Entfernung von ungesättigten Kohlenwasserstoffen, die die destillative Gewinnung von Benzol erschweren
2. Dealkylierungsprozesse:						
Houdry-Litol	Benzolerzeugung aus Toluol	50	600	Co, Mo	H_2	Hydrierung von Ungesättigten; hydrocrackende Spaltung von Nichtaromaten; Entschwefelung, Dealkylierung und Dehydrierung von Naphthenen führen zu hoher Benzol-Ausbeute
Houdry-Dealkylierung (HDA)	Benzolerzeugung aus Toluol	45	max. 750	–	H_2	Benzol-Ausbeute bis zu 99 %
3. Isomerisierungsprozesse:						
Octafining	Erhöhter Anteil an p-Xylol	10–30	425–480	Pt/Zeolith	H_2	Vergleichbar mit den Prozessen Isomar (*UOP*), Isoforming (*Exxon*) und Isarom (*IFP*)
4. Transalkylierung:						
Arco	Herstellung von Benzol und C_8-Aromaten aus Toluol	2	480–520	Al_2O_3/ SiO_2	–	Fließbett-Verfahren in der Gasphase
Tatoray	Herstellung von Benzol und C_8-Aromaten aus Toluol	10–50	350–530	Zeolith	H_2	adiabatischer Prozeß
Mobil LTD	Herstellung von Benzol und C_8-Aromaten aus Toluol	46	260–315	Zeolith	–	Kontaktstandzeit ca. 1,5 Jahre

Tabelle 4.18   (Fortsetzung)

Verfahren	Ziel des Verfahrens	Prozeßbedingungen				Sonstige Charakteristika
		Druck (bar)	Tempe-ratur (°C)	Kataly-sator	Reak-tions-komp.	
5. Extraktionsverfahren:						
Udex-Verfahren	Aromatenextraktion	5–8	130–150	Diethylen-* glycol		6–8:1**
Sulfolan-Verfahren	Aromatenextraktion	2	100	Sulfolan*		3–6:1
Arosolvan-Verfahren	Aromatenextraktion	1	20–40	N-Methyl-* pyrrolidon		4–5:1
IFP-Verfahren	Aromatenextraktion	1	20–30	Dimethyl-* sulfoxid		3–5:1
Morphylex-Ver-fahren	Aromatenextraktion	1	180–200	N-Formyl-* morpholin		5–6:1
6. Extraktivdestillation:						
Distapex-Verfahren	Aromatengewinnung	1	≤ 170	N-Methyl-* pyrrolidon		2,5–4:1
Morphylane-Verfahren	Aromatengewinnung	2	180–200	N-Formyl-* morpholin		3:1
7. Kristallisationsverfahren:						
Amoco-Verfahren	p-Xylol-Gewinnung	atmoph.	− 55 bis − 65	–		zweistufige Schmelzkristal-lisation

*   Lösungsmittel
** Lösungsmittelverhältnis

5 Herstellung und Verwendung von Benzol-Derivaten

Benzol ist nicht nur mengenmäßig der wichtigste aromatische Grundstoff, sondern weist auch in seiner Verwendung die größte Vielfalt unter den Aromaten auf.

Die wichtigsten industriellen Folgeprodukte des Benzols sind alkylierte Derivate wie Ethylbenzol und Cumol, die als Ausgangsprodukte für die Herstellung von Styrol bzw. Phenol dienen, sowie die langkettigen Alkylbenzole, die als Grundstoffe zur Tensid-Herstellung Verwendung finden.

Weitere bedeutende Verfahren zur Aufarbeitung von Benzol sind die Hydrierung zur Gewinnung von Cyclohexan, die Oxidation zur Herstellung von Maleinsäureanhydrid, die Nitrierung zur Gewinnung von Nitrobenzol als Zwischenstufe zur Anilin-Erzeugung sowie die Halogenierung zur Herstellung von Chlorbenzol-Derivaten.

In Abbildung 5.1 sind die Hauptverwendungsgebiete von Benzol in West-Europa, den USA und Japan einander gegenübergestellt.

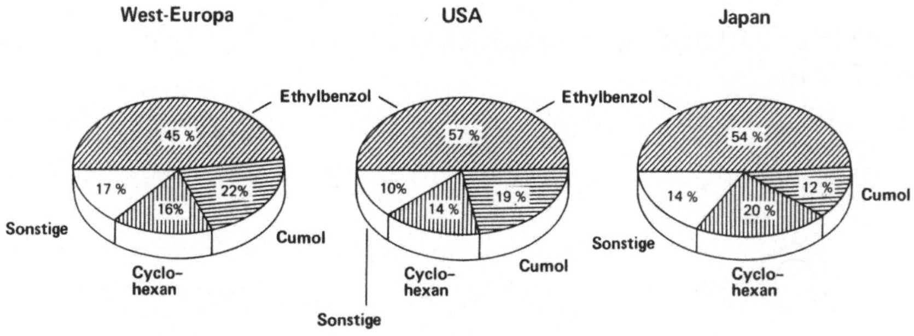

Abbildung 5.1: Hauptverwendungsgebiete von Benzol (1985)

Aus diesen Verwendungsspektren ist ersichtlich, daß die drei wichtigsten Folgeprodukte des Benzols zur Herstellung von Kunststoffen in Form des Polystyrols, der Phenolharze und der Polyamidfasern dienen. Mengenmäßig untergeordnet, aber äußerst vielfältig sind die Anwendungsgebiete des Benzols als Halogen- und Stickstoff-Derivate für die Farbstoffchemie, die Herstellung von Pflanzenschutzmitteln und Additiven für die Kautschuk- und Kunststoff-Verarbeitung sowie für die Gewinnung von Pharmazeutika.

5.1 Ethylbenzol

Die Synthese von Ethylbenzol aus Benzol und Ethylen wurde 1879 von M. Balsohn entdeckt, der in ein auf 70 bis 80 °C erhitztes Gemenge von Benzol und Aluminiumchlorid Ethylengas einleitete und Ethylbenzol und höher alkylierte Benzole erhielt. 1891 wurde Ethylbenzol in der Xylol-Fraktion des Steinkohlenteers gefunden.

Die Gewinnung von Ethylbenzol erfolgt entweder durch Alkylierung von Benzol mit einer C_2-Komponente oder durch Isolierung aus kohle- oder aromatischen erdölstämmigen Fraktionen.

5.1.1 Isolierung von Ethylbenzol aus Aromatengemischen

Im allgemeinen beträgt der Gehalt an Ethylbenzol in der Xylol-Fraktion von Reformatbenzin ca. 15%. Für die destillative Trennung von Ethylbenzol und p-Xylol ist wegen der nahe beieinander liegenden Siedepunkte (Differenz 2,2 °C) eine Feinfraktionierung erforderlich (s. Kapitel 4.3). In der Praxis gelangen drei Kolonnen mit 300 theoretischen Böden bei Rücklaufverhältnissen von ca. 100:1 zum Einsatz. Wegen des hohen destillativen Aufwands ist die Gewinnung von Ethylbenzol aus Mineralölfraktionen in den letzten Jahren deutlich zurückgegangen und gegenüber der Synthese nur noch von untergeordneter Bedeutung.

5.1.2 Synthese von Ethylbenzol

Die Synthese von Ethylbenzol erfolgt durch Friedel-Crafts-Alkylierung von Benzol mit Ethylen.

$$\text{C}_6\text{H}_6 + CH_2{=}CH_2 \longrightarrow \text{C}_6\text{H}_5{-}CH_2{-}CH_3 \qquad \Delta H_{298} = -114 \text{ kJ/Mol}$$

Ein grundsätzliches Problem bei der Alkylierung von Aromaten ist die Mehrfachalkylierung des primär erzeugten reaktiveren Alkylaromaten. Zur Erzielung hoher Ausbeuten wird daher bei der Alkylierung mit geringem Primärumsatz und Rückführung der mehrfach alkylierten Aromaten gearbeitet. Bei der Ethylierung von Benzol wird der Primärumsatz auf ca. 40% begrenzt und nach der Umalkylierung eine Gesamtausbeute von 98 Mol% Ethylbenzol erzielt.

Abbildung 5.2 zeigt das thermodynamische Gleichgewichtsdiagramm für die Herstellung von Ethylbenzol.

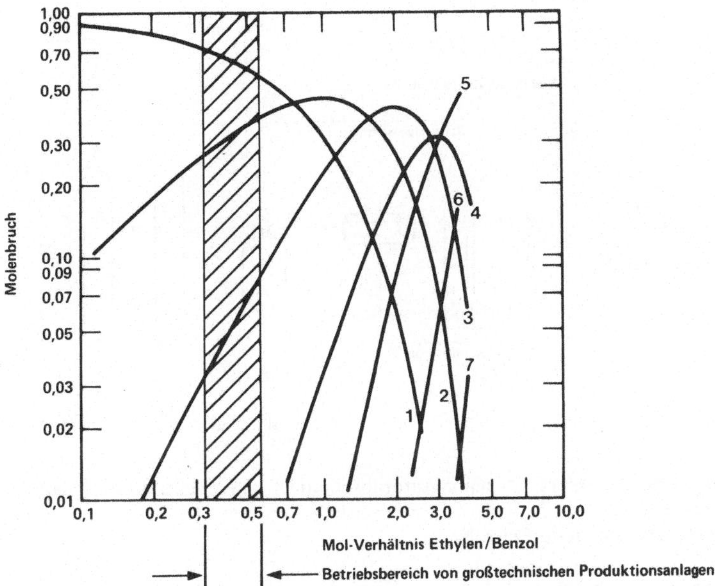

1 Benzol; **2** Ethylbenzol; **3** Diethylbenzol; **4** Triethylbenzol; **5** Tetraethylbenzol; **6** Pentaethylbenzol; **7** Hexaethylbenzol

Abbildung 5.2: Thermodynamisches Gleichgewicht von Ethylbenzolen

Das optimale molare Verhältnis von Ethylen zu Benzol liegt bei ca. 0,9; mit zunehmender Ethylen-Konzentration steigt der Gehalt an mehrfach alkylierten Benzol-Derivaten. Bei der technischen Durchführung der Ethylbenzol-Synthese wird im allgemeinen mit molaren Verhältnissen von Ethylen zu Benzol von nur 0,35 bis 0,55 gearbeitet, um bei ausreichenden Umsatzraten eine hohe Selektivität zu gewährleisten.

Die Reaktion erfolgt großtechnisch entweder in der Gasphase oder in der Flüssigphase. In der Gasphase sind bei Einsatz von Festbett-Katalysatoren wesentlich höhere Temperaturen und Drucke erforderlich als in der Flüssigphase.

Dominierende technische Bedeutung hat die Friedel-Crafts-Alkylierung mit Aluminiumchlorid unter Zusatz von Co-Katalysatoren in der Flüssigphase. Wegen der korrodierenden Wirkung des Katalysators wird das traditionelle Verfahren in emaillierten oder mit Keramikziegeln ausgekleideten Turmreaktoren von ca. 80 m^3 Inhalt bei Temperaturen von 125 bis 140 °C und einem Druck von 2 bis 4 bar durchgeführt; modernere Verfahren arbeiten zur besseren Energieausnutzung bei Drucken von 7 bis 10 bar und Temperaturen bis zu 180 °C. Die mittlere Verweilzeit des Reaktionsgemisches im Blasensäulen-Reaktor, in den das Ethylen eingedüst und die höher alkylierten Benzole rezirkuliert werden, beträgt ca. 30 bis 60 min. Als Co-Katalysatoren finden Ethylchlorid sowie BF_3, $FeCl_3$, $ZrCl_4$, $SnCl_4$, H_3PO_4 und Erdalkaliphosphate als Lewis-Säuren Verwendung. Die Aktivierung des Katalysators erfolgt in der Regel mit HCl. Abbildung 5.3 zeigt ein typisches Verfahrensschema *(Union Carbide/Badger)* der Ethylbenzol-Synthese.

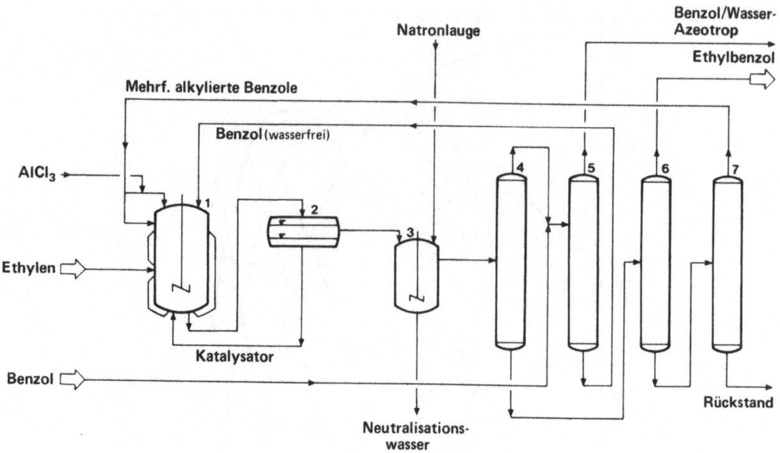

1 Alkylierungsreaktor; **2** Katalysatorabscheider; **3** Neutralisation von Katalysator-Resten; **4** Benzol-Kolonne; **5** Benzol-Entwässerungskolonne; **6** Ethylbenzol-Kolonne; **7** Kolonne für mehrfach alkylierte Benzole

Abbildung 5.3: Verfahrensschema der Friedel-Crafts-Alkylierung von Benzol mit Ethylen in der Flüssigphase

Das zur Reaktion eingesetzte Benzol wird auf einen Restwasser-Gehalt von ca. 30 ppm (Destillation, Molekularsieb) getrocknet. Das im Reaktorunterteil eingespeiste Ethylen hat eine Reinheit von über 99,9%. Das aus dem Reaktor austretende Reaktionsprodukt wird gekühlt und zu einem Abscheidegefäß geführt, in dem die organische Phase vom rotbraunen Katalysatorkomplex getrennt wird. Der Katalysator wird in den Reaktor zurückgeführt. Die organische Phase wird mit Wasser und Natriumhydroxid gewaschen, um noch vorhandene Spuren des Katalysators zu entfernen. Nach der Neutralisation und Abtrennung der wässrigen Phase wird das rohe Ethylbenzol destillativ gereinigt; dazu werden in der Benzol- und Ethylbenzol-Kolonne je ca. 45 Böden eingesetzt.

Bezogen auf produziertes Ethylbenzol werden 0,2 bis 0,4% Katalysator sowie 0,1% Chlorwasserstoff und 0,5% Natronlauge benötigt.

Ebenfalls in der Flüssigphase, allerdings mit BF_3/Al_2O_3 als Katalysatoren, wird das 1958 von *UOP* eingeführte Alkar-Verfahren betrieben. Die Alkylierung erfolgt bei diesem Prozeß bei 120 bis 150 °C, während die Transalkylierung in einem zusätzlichen Reaktor bei Temperaturen von 170 bis 180 °C und einem Druck von 35 bis über 100 bar durchgeführt wird. Der Wasser-Gehalt des Benzols muß bei diesem Verfahren auf 2 bis 3 ppm reduziert werden, da das Wasser mit BF_3 zu flüchtigen Boroxyfluoriden reagiert, die sich im rückgeführten Benzol anreichern.

Die Alkylierung von Benzol mit Ethylen in der Gasphase wurde erstmals 1942 betrieben; als Katalysator wurde zunächst Al_2O_3/SiO_2 und später P_4O_{10}/SiO_2 eingesetzt. Die Transalkylierung ist bei Verwendung dieser Katalysatoren allerdings nicht vollständig, so daß die Ausbeute unbefriedigend war.

Seit 1980 finden zur Herstellung von Ethylbenzol in der Gasphase auch Zeolith-Katalysatoren Verwendung. Beim *Mobil-Badger*-Prozeß wird ein ZSM-5-Zeolith-

Katalysator bei einer Temperatur von 420 bis 430 °C und einem Druck von 15 bis 20 bar eingesetzt. Die Vorteile dieses Verfahrens liegen darin, daß wegen der einfachen Regenerierbarkeit des nichtkorrosiven Katalysators weder Korrosionsprobleme noch Deponieprobleme durch den verbrauchten Katalysator entstehen.

Das Abbrennen des durch Pyrolyse entstandenen Kokses erfolgt bei kontinuierlichem Betrieb der Anlage in Abständen von 2 bis 3 Wochen; dabei wird auf den Ersatzreaktor (Swing-Reaktor) umgeschaltet.

Abbildung 5.4 zeigt das Fließbild des *Mobil-Badger*-Ethylbenzol-Prozesses.

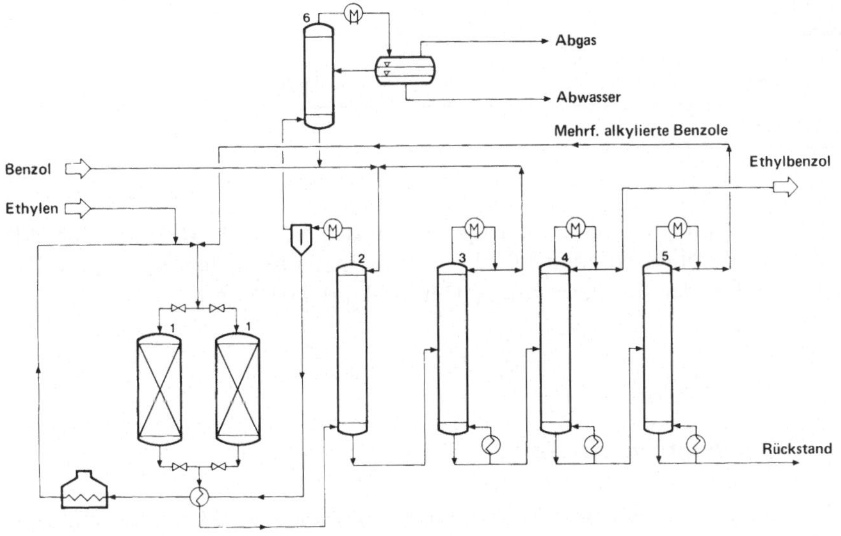

1 Alkylierungsreaktoren; **2** Kolonne zur Vorfraktionierung; **3** Benzol-Kolonne; **4** Ethylbenzol-Kolonne; **5** Kolonne für mehrfach alkylierte Benzole; **6** Abgas-Wäscher

Abbildung 5.4: Verfahrensablauf der Benzol-Alkylierung nach dem *Mobil-Badger*-Verfahren

Die Verfahren zur Herstellung von Ethylbenzol sind technisch weitgehend ausgereift, was durch hohe Ausbeuten von ca. 98% belegt wird.

Da Ethylbenzol praktisch ausschließlich für die Herstellung von Styrol verwendet wird, entspricht die Qualität des technischen Ethylbenzols mit einer Reinheit von ca. 98% den Anforderungen des Styrol-Prozesses. Der Siedebereich liegt zwischen 134 °C bis 137 °C, die Dichte zwischen 0,8676 und 0,8684 und der Benzol-Gehalt bei maximal 1%.

In Tabelle 5.1 sind die Kapazitäten der wichtigsten Erzeugerländer von Ethylbenzol zusammengestellt.

Tabelle 5.1: Kapazitäten zur Herstellung von Ethylbenzol (1985)

	(1.000 t)
USA	4.200
Kanada	750
Brasilien	320
Frankreich	590
Bundesrepublik Deutschland	1.100
Niederlande	1.300
Großbritannien	300
Spanien	120
UdSSR	1.280
Saudi Arabien	350
Japan	1.500
Korea (Süd)	100
Australien	140
Taiwan	400
Andere Länder	1.550
Gesamtkapazität	14.000

Der Verbrauch an Ethylbenzol betrug 1985 in den USA 3,9 Mio t, in der UdSSR 800.000 t, in den Niederlanden 1,0 Mio t, im Fernen Osten (Japan, Taiwan, Korea) 1,9 Mio t und in der Bundesrepublik Deutschland 1,03 Mio t.

5.1.3 Herstellung von Styrol

Styrol ist neben Ethylen und Vinylchlorid der wichtigste Monomerbaustein zur Herstellung von Kunststoffen; außerdem dient es zur Herstellung von Synthese-kautschuk, wie dem Styrol-Butadien-Copolymerisat (SBR) und weiteren Polyme-ren. Erste Hinweise auf Styrol finden sich in dem 1786 von Edward Chambers Nicholson veröffentlichten Dictionary of Practical and Theoretical Chemistry. Die Isolierung des Styrols gelang H. Bonastre 1831 aus ätherischen Ölen des Baumes Liquidambar orientalis. Der Berliner Apotheker Eduard Simon gab 1839 dem Öl, das er bei der Wasserdampfdestillation aus Storax erhielt, den Namen Styrol. Spä-ter fand Pierre E. M. Berthelot Styrol auch in der Xylol-Fraktion des Steinkohlen-teers.

Eduard Simon stellte fest, daß sich Styrol bei längerem Stehenlassen in eine vis-kose Flüssigkeit umwandelte, die schließlich fest wurde; er hielt das Polystyrol irr-tümlich für ein Oxidationsprodukt des Styrols. 1848 zeigten August Wilhelm v. Hofmann und John Blythe am Royal College of Chemistry in London, daß die-ses Produkt die gleiche Zusammensetzung wie Styrol hatte; sie nannten das Poly-mer „Mety-Styrol". 1920 stellte Hermann Staudinger die exakte Natur des poly-meren Styrols fest und gab ihm den Namen Polystyrol.

1925 begann die *Naugatuck Chemical Co. (Uniroyal)* in den USA mit der Pro-duktion von Polystyrol (PS); 1930 nahmen die *Dow Chemical Co.* und die *IG Far-*

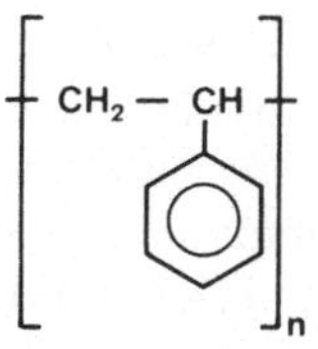

$$\left[\ CH_2 - CH\ \right]_n$$

Polystyrol

benindustrie in Ludwigshafen die Produktion auf. Im 2. Weltkrieg gewann Styrol insbesondere zur Herstellung von gummiartigen Copolymeren mit Butadien weitere Bedeutung.

Die technische Herstellung von Styrol wird heute praktisch ausschließlich durch katalytische Dehydrierung von Ethylbenzol durchgeführt. Für die Gewinnung aus Pyrolysebenzin, in dem Styrol mit 3 bis 5% enthalten ist, wurde von *Toray* ein Verfahren entwickelt, das nach der Hydrierung der aliphatischen Dien-Komponenten eines engen Pyrolysebenzinschnittes (130 bis 140 °C) eine Extraktivdestillation mit Dimethylacetamid anschließt.

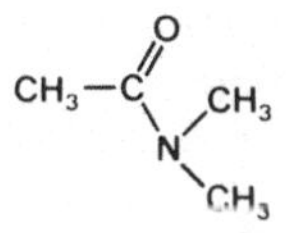

$$CH_3-C(=O)-N(CH_3)-CH_3$$

Dimethylacetamid

Die Isolierung aus Kokereibenzol oder aus dem Leichtöl des Steinkohlenteers hat heute keine praktische Bedeutung mehr.

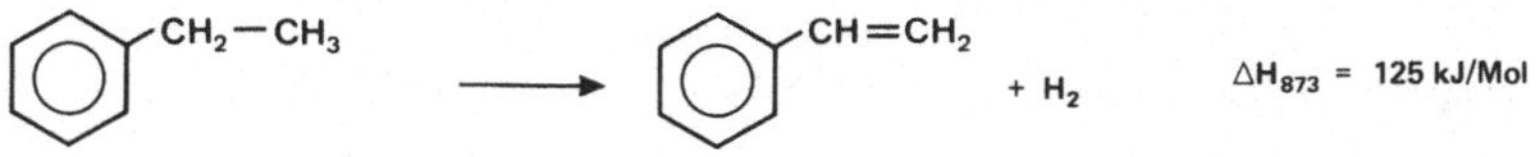

$$C_6H_5-CH_2-CH_3 \longrightarrow C_6H_5-CH=CH_2 + H_2 \qquad \Delta H_{873} = 125\ kJ/Mol$$

Die Dehydrierung von Ethylbenzol erfolgt bei Temperaturen von ca. 600 °C. Bei höheren Temperaturen nimmt der thermische Abbau von Styrol und Ethylbenzol zu und vermindert die Ausbeute. Da die Dehydrierung endotherm ist, begünstigen hohe Temperaturen und ein geringer Druck die Reaktion (Prinzip von Le Chatelier). Zur Erniedrigung der Partialdrucke und zur Verhinderung von Kohlenstoffabscheidungen bzw. der Inaktivierung des Katalysators wird der Reaktor mit Wasserdampf beaufschlagt. Bei der technischen Reaktionsführung wird zur Verringerung der Bildung von unerwünschten Nebenprodukten nicht auf einen hohen

Primärumsatz Wert gelegt, sondern unter Zurückführung des nicht umgesetzten Ethylbenzols eine hohe Styrol-Selektivität angestrebt, so daß nur geringe Mengen Benzol, Toluol und höhersiedende Aromaten entstehen. Als Katalysatoren werden hauptsächlich Eisenoxide (Aktivkomponente) eingesetzt, die mit Chromoxid (Stabilisierungskomponente), Kaliumoxid (Koksbildungsinhibitor) und einem Promotor (CuO, V_2O_5) dotiert sind. Der Umsatz von Ethylbenzol erreicht bei den neueren Katalysatortypen 60 bis 70%; die Selektivität liegt bei 85 bis 90%.

Von technischer Bedeutung sind sowohl das isotherme als auch das adiabatische Dehydrierungsverfahren. Das Fließschema des isothermen Dehydrierungsverfahrens der *BASF* zeigt Abbildung 5.5.

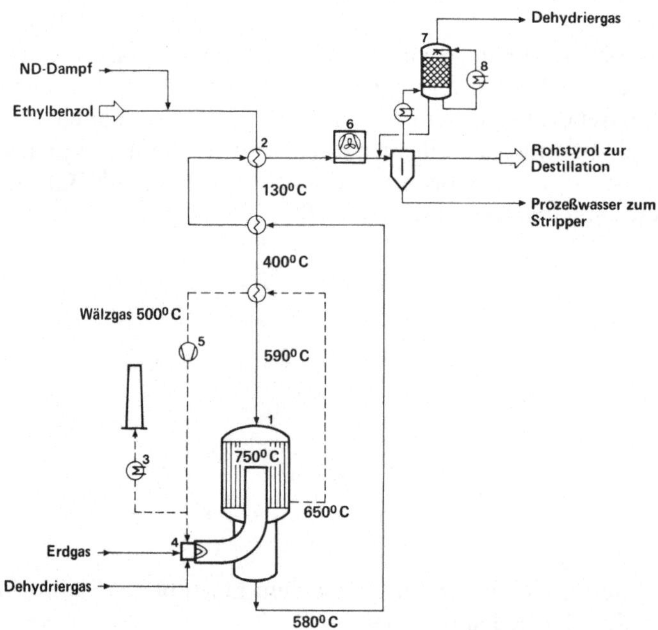

1 Reaktor; **2** Ethylbenzol-Verdampfer; **3** HD-Dampferzeuger; **4** Brennkammer; **5** Wälzgasgebläse; **6** Luftkondensator; **7** Waschkolonne; **8** Solekühler

Abbildung 5.5: Fließschema der isothermen Dehydrierung von Ethylbenzol

Ethylbenzol und Niederdruckdampf (Dampfverhältnis ca. 1,2) werden einem Verdampfer zugeführt, über Wärmeaustauscher auf über 590 °C erhitzt und anschließend in den Reaktor eingespeist. Der Kontaktofen ist als Rohrbündelreaktor (Rohrdurchmesser 100 bis 200 mm; Länge der Rohre 2,5 bis 4,0 m) ausgelegt, der durch ein 720 °C bis 750 °C heißes Umwälzgas beheizt wird. Das den Reaktor mit einer Temperatur von ca. 580 °C verlassende Reaktionsprodukt wird über Wärmeaustauscher und den Ethylbenzol-Verdampfer auf 160 °C gekühlt und in einem Luftkühler kondensiert.

Das Rohstyrol enthält ca. 60 bis 65% Styrol und höher siedende Aromaten sowie 30 bis 35% Ethylbenzol; der Anteil an Benzol und Toluol liegt bei ca. 5%. Das Reaktionsabgas besteht zu ca. 90 bis 95% aus Wasserstoff und enthält außerdem bis zu je 5% CO_2 sowie C_1- und C_2-Komponenten. Die Reinigung des Rohstyrols erfolgt durch Destillation.

Das adiabatische Dehydrierungsverfahren, das in Einstranganlagen mit einer Kapazität bis zu 500.000 t/a betrieben wird, wurde insbesondere von *Dow* entwickelt; Abbildung 5.6 zeigt das Fließschema des Verfahrens.

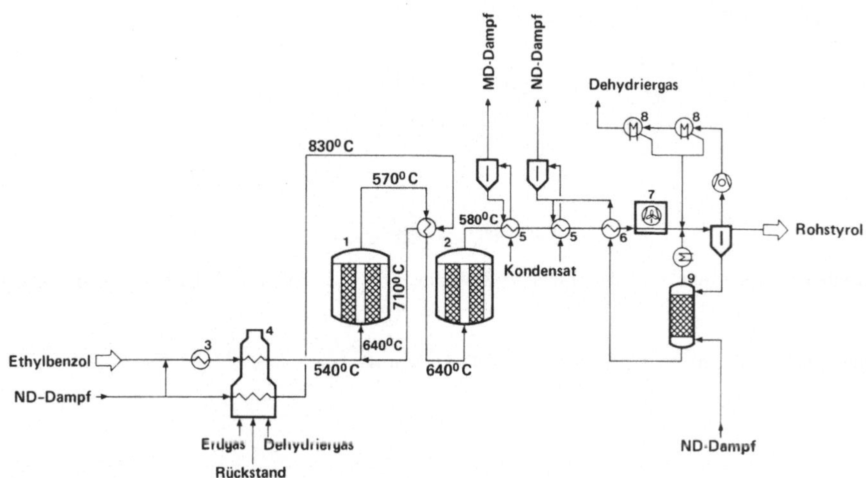

1 und **2** Reaktor;   **3** Verdampfer;   **4** Röhrenofen;   **5** Dampftrommel;   **6** Vorwärmer; **7** Luftkondensator;   **8** Solekühler;   **9** Stripper

Abbildung 5.6: Verfahrensschema der adiabatischen Dehydrierung von Ethylbenzol

Die Dehydrierung wird zweistufig durchgeführt. Vor der ersten Stufe werden Ethylbenzol und Wasserdampf (ca. 10 bis 15% des gesamten Verdünnungsdampfes) auf ca. 550 °C erhitzt. Zusätzlich wird 710 °C heißer, überhitzter Dampf zugeführt, so daß das Gemisch mit einer Temperatur von 630 bis 640 °C in den ersten Reaktor eintritt, in dem ca. 35% des Ethylbenzols umgesetzt werden. In der zweiten Stufe erfolgt nach Zwischenüberhitzung auf 640 °C die weitere Dehydrierung. Der Styrol-Gehalt des Reaktionsproduktes liegt bei 60 bis 65%.

Die destillative Reinigung des Rohstyrols muß bei möglichst niedriger Temperatur durch Vakuumdestillation durchgeführt werden, um die Polymerisation zu verhindern; zur weiteren Unterdrückung der Polymerisationsneigung werden Polymerisationsinhibitoren, wie z. B. 4-tert.-Butylbrenzcatechin zugesetzt.

Die Trennung von Ethylbenzol und Styrol ist wegen der eng beieinander liegenden Siedepunkte (136,2 °C resp. 145,2 °C) relativ aufwendig. Zur Vermeidung der

Überhitzung des Sumpfes gelangen hocheffiziente Böden mit geringem Druckverlust zum Einsatz.

Abbildung 5.7 zeigt ein Verfahrensschema der Styrol-Destillation.

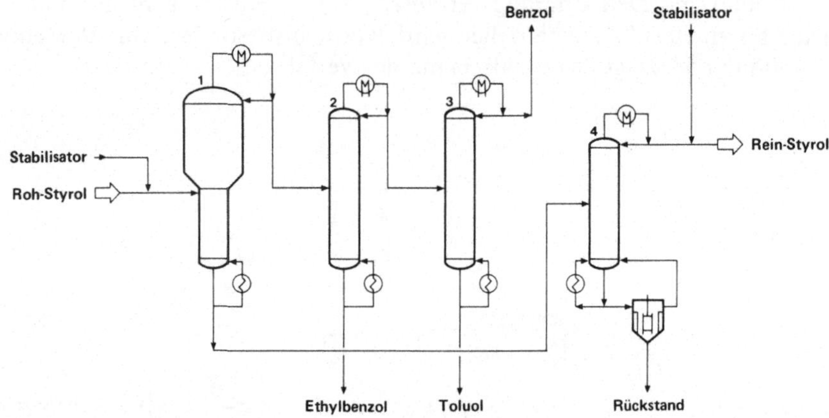

1 Ethylbenzol-Kolonne; 2 Leichtsieder-Kolonne; 3 Benzol/Toluol-Kolonne; 4 Styrol-Kolonne

Abbildung 5.7: Verfahrensschema der Styrol-Destillation

Abbildung 5.8 zeigt einen Ausschnitt aus dem Destillationsteil der 700.000 t/a-Styrol-Anlage der *Dow* in Terneuzen/Niederlande.

Abbildung 5.8: Ausschnitt aus der Styrol-Destillationsanlage der *Dow*, Terneuzen/Niederlande

Ein Vergleich des adiabatischen mit dem isothermen Verfahren ergibt bezüglich der spezifischen Investitionskosten Vorteile des adiabatischen Verfahrens, da beim isothermen Verfahren die Reaktoren eine Einzelkapazität von maximal 100.000 t/a aufweisen, während beim adiabatischen Verfahren deutlich größere Reaktoreinheiten möglich sind. Die Gesamtwirtschaftlichkeit der Styrol-Erzeugung hängt allerdings im starken Maße von den örtlichen Energie- und Rohstoffkosten ab.

Die Spezifikationen für das destillativ gereinigte Styrol sind auf seinen Einsatz zur Polymerisation ausgerichtet. Die Konzentration liegt im allgemeinen bei 99,6 Gew%, der Gehalt an Benzaldehyd unter 50 ppm und der Gehalt an C_8- und C_9-Aromaten zwischen 500 bis 1000 ppm.

Neben den Verfahren zur Herstellung von Styrol durch Dehydrierung von Ethylbenzol stehen noch weitere Verfahren zur Verfügung, die aber ohne große technische Bedeutung sind.

Die Herstellung von Styrol durch Dehydrochlorierung von Chlorethylbenzol, das durch Seitenkettenchlorierung von Ethylbenzol gewonnen wird, hat den Nachteil, daß bei diesem Verfahren kernchlorierte Aromaten anfallen, die sich bei der Aufarbeitung nur sehr schwer abtrennen lassen.

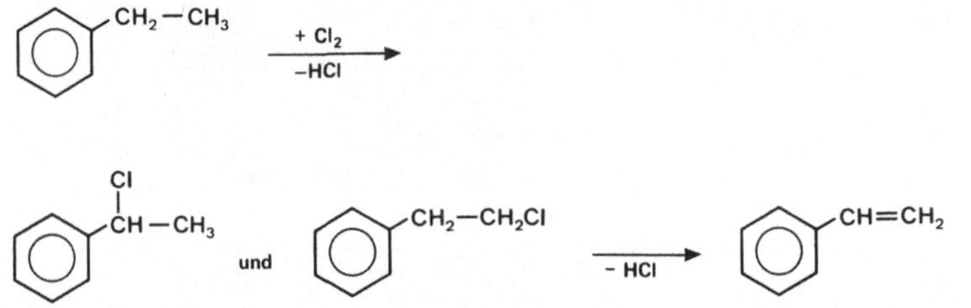

Die Reduktion von Acetophenon zu Methylphenylcarbinol und dessen Dehydratisierung zu Styrol hat ebenfalls keine aktuelle technische Bedeutung.

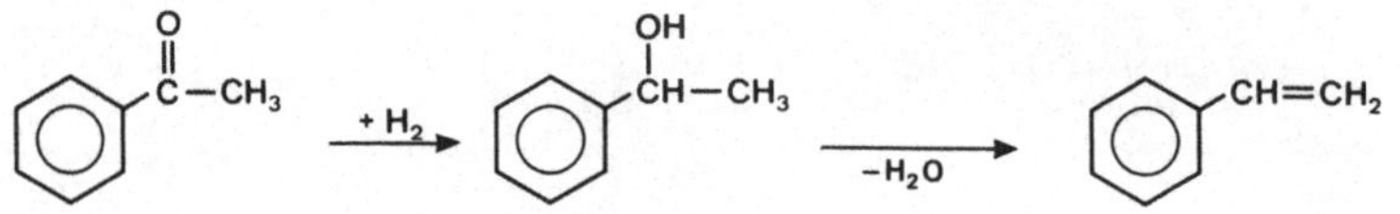

Methylphenylcarbinol ist auch ein Zwischenprodukt des *Halcon*-Verfahrens, bei dem Ethylbenzol bei ca. 130 °C mit Luft zum Hydroperoxid oxidiert und anschließend mit Propylen zum Propylenoxid und zum Carbinol umgesetzt wird. Das Carbinol wird nachfolgend an einem Titandioxid-Katalysator bei 180 bis 280 °C zu Styrol dehydratisiert. Dieses von *Atlantic Richfield* entwickelte Verfahren gelangt großtechnisch vereinzelt zum Einsatz.

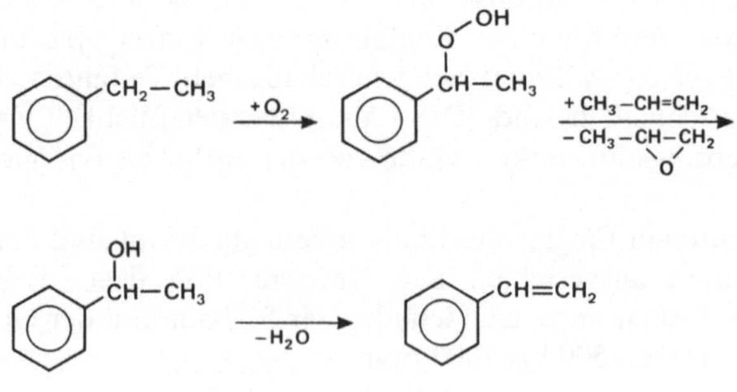

Auf Toluol als Rohstoff basiert die oxidative Umwandlung von Toluol zum Stilben, das in einer anschließenden Reaktion mit Ethylen zu zwei Mol Styrol dismutiert werden kann.

Untersucht wurde auch die Herstellung von Styrol aus Butadien. Durch Dimerisierung von Butadien in einer Diels-Alder-Reaktion entsteht 4-Vinylcyclohexen, das sich oxidativ zu Styrol dehydrieren läßt. Technische Bedeutung hat dieses Verfahren bisher nicht erlangt.

In Tabelle 5.2 sind die Produktionen der wichtigsten Erzeugerländer von Styrol zusammengestellt.

Tabelle 5.2: Produktion von Styrol (1985)

	(1.000 t)
USA	3.400
Brasilien	240
Kanada	500
Bundesrepublik Deutschland	1.000
Niederlande	870
Italien	290
Großbritannien	230
Spanien	90
Japan	1.400
Korea (Süd)	80
UdSSR	940
Taiwan	240
Australien	110
Andere Länder	410
Gesamtproduktion	9.800

5.1.4 Substituierte Styrole

Von den substituierten Styrolen sind Divinylbenzol, Vinyltoluol und α-Methylstyrol als Polymerbausteine von Bedeutung.

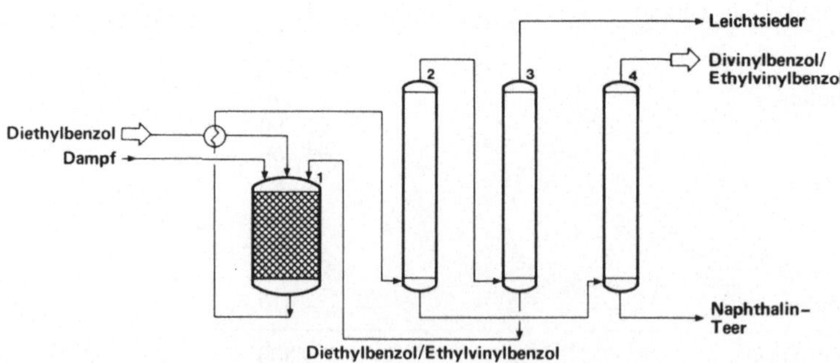

Divinylbenzol wird durch Dehydrierung von Diethylbenzol bei Temperaturen von über 600 °C mit überhitztem Dampf gewonnen (Abbildung 5.9). o-Diethylbenzol wird dabei in Naphthalin umgewandelt, das bei der anschließenden Aufarbeitung des Reaktionsproduktes abgetrennt werden muß, da es keine polymerisierbaren funktionellen Gruppen enthält und außerdem einen gewissen Weichmachereffekt besitzt. Das Hauptanwendungsgebiet ist die Herstellung von Ionenaustauscherharzen durch Co-Polymerisation mit Styrol.

1 Reaktor; 2 Roh-Divinylbenzol-Kolonne; 3 Leichtsiederkolonne; 4 Rein-Divinylbenzol-Kolonne

Abbildung 5.9: Verfahrensschema der Herstellung von Divinylbenzol

Wesentlich größer als der Verbrauch für Divinylbenzol ist der Bedarf für Vinyltoluol, der bei ca. 30.000 bis 35.000 t/a liegt. Als Ausgangsstoff dient Ethyltoluol, das durch Friedel-Crafts-Alkylierung von Toluol mit Ethylen in Gegenwart von $AlCl_3$ bei 80 °C in der Flüssigphase oder in der Gasphase am Zeolith-Kontakt hergestellt wird. Bei der Aufarbeitung muß darauf geachtet werden, daß das o-Ethyltoluol aus dem Isomerengemisch abgetrennt wird, da daraus bei der bei 450 bis 500 °C durchgeführten adiabatischen Dampfpyrolyse Inden gebildet wird, das die Eigenschaften der Polymeren beträchtlich beeinflußt. Das Handelsprodukt besteht aus ca. 60% m- und 40% p-Vinyltoluol. Das wichtigste Anwendungsgebiet für Vinyltoluol ist ebenfalls die Verwendung als Co-Monomer in Kombination mit Styrol, insbesondere für die Herstellung von Kunststoffen mit hoher Wärmebeständigkeit und günstigen Fließeigenschaften sowie zur Modifikation von Sikkativölen und Alkydharzen. Die Anwesenheit der Methylgruppe am aromatischen Ring erhöht die Löslichkeit in aliphatischen Lösungsmitteln.

Eine neuere Synthesemöglichkeit von p-Methylstyrol (p-Vinyltoluol) basiert auf der Umsetzung von Toluol und Acetaldehyd, wobei über das Zwischenprodukt 1,1-Ditolylethan (DTE) p-Methylstyrol in über 90%iger Ausbeute bei hohem Umsatz hergestellt wird.

Ein weiteres technisch wichtiges Styrol-Derivat ist das α-Methylstyrol, das als Nebenprodukt bei der Phenol-Synthese durch Cumol-Oxidation anfällt (s. Kapitel 5.3.1); es dient vorwiegend als reaktives Co-Monomer zur Herstellung von Acrylnitril/Butadien/Styrol-Polymeren (ABS). Der Verbrauch in den USA lag 1985 bei 22.000 t.

5.2 Cumol

Nach Ethylbenzol ist Cumol (Isopropylbenzol) das wichtigste Folgeprodukt des Benzols. Cumol wird ebenfalls durch Alkylierung von Benzol hergestellt; eine Gewinnung aus entsprechenden kohle- oder petrochemischen Strömen ist wegen der geringen Konzentration von Cumol nicht wirtschaftlich.

$$\text{C}_6\text{H}_6 + CH_2{=}CH{-}CH_3 \longrightarrow \text{C}_6\text{H}_5{-}CH(CH_3)_2 \qquad \Delta H_{298} = -112 \text{ kJ/Mol}$$

Besondere technische Bedeutung hat Cumol nach der Entdeckung der Phenol-Synthese durch oxidative Cumol-Spaltung durch Heinrich Hock und Shon Lang in Clausthal im Jahre 1944 erlangt. Cumol wurde schon 1895 von Cornelius Radziewanowski durch Umsetzung von Benzol und Isopropylchlorid in Gegenwart von Aluminiumspänen und trockenem Chlorwasserstoff in 66%iger Ausbeute erhalten. Die großtechnische Produktion begann Anfang der 40er Jahre in den USA, als Cumol als Zusatzkomponente für hochwertige Flugkraftstoffe benötigt wurde.

Die Umsetzung von Benzol und Propylen verläuft ähnlich wie die Reaktion von Benzol und Ethylen bei der Herstellung von Ethylbenzol. Neben der direkten Alkylierung erfordert das Verfahren zur Vermeidung der Bildung höheralkylierter Produkte einen Überschuß an Benzol, ggfs. eine Umalkylierung und die destillative Auftrennung der Reaktionsprodukte.

Wie bei der Ethylbenzol-Herstellung kann die Alkylierung entweder in der Gasphase oder in der Flüssigphase durchgeführt werden. Die Propylierung des Benzols in der Flüssigphase erfolgt mit Schwefelsäure oder Aluminiumchlorid als Katalysator bei 30 bis 40 °C oder mit Fluorwasserstoff bei 50 bis 70 °C und Propylendrucken bis zu 7 bar. Das zum Einsatz gelangende Propylen muß weitgehend frei von anderen Olefinen sein. Ein erhöhter Propan-Gehalt, wie er in Raffineriegasen auftritt, ist für die Reaktion weniger nachteilig, da das Propan nicht umgesetzt wird.

Die Gasphasenalkylierung mit einem Benzol/Propylen-Verhältnis von 5:1 erfolgt an Phosphorsäuresilikatkontakten bei Temperaturen von 250 bis 350 °C und Drucken von 30 bis 45 bar. Die Reaktion wird zur besseren Kontrolle der exothermen Umsetzung in Gegenwart von Wasserdampf durchgeführt, wodurch gleichzeitig die Phosphorsäure durch Hydratbildung besser auf dem Träger fixiert wird. Zur Herstellung eines Gewichtsteils Cumol werden 0,67 Teile Benzol und 0,38 Teile Propylen umgesetzt. Ca. 0,05 Gewichtsteile schwere Aromaten (Teer) fallen durch Mehrfachalkylierung und Kondensation an; die Selektivität liegt bei 96 bis 97 Mol%.

Das Fließschema des dominierenden Gasphasenprozesses *(UOP)*, der in Einstranganlagen mit einer Kapazität bis 300.000 t/a betrieben wird, zeigt Abbildung 5.10.

Eine Transalkylierung ist bei diesem Prozeß nicht vorgesehen, da aufgrund des hohen Benzol-Überschusses der Anteil an mehrfach alkyliertem Benzol gering gehalten wird; außerdem wirkt der Phosphorsäure-Kontakt nicht transalkylierend.

Die Spezifikationen des Reincumols sind in der Regel abgestimmt auf seinen Einsatz zur Herstellung von Phenol. Der Reinheitsgrad liegt im allgemeinen bei 99,9%. Der Anteil an Butylbenzolen und Propylbenzolen sowie von Ethylbenzol liegt bei jeweils maximal 500 ppm. Der Schwefel-Gehalt soll insgesamt 2 ppm nicht überschreiten. Der Anteil der Olefine ist auf 200 bis 700 ppm begrenzt.

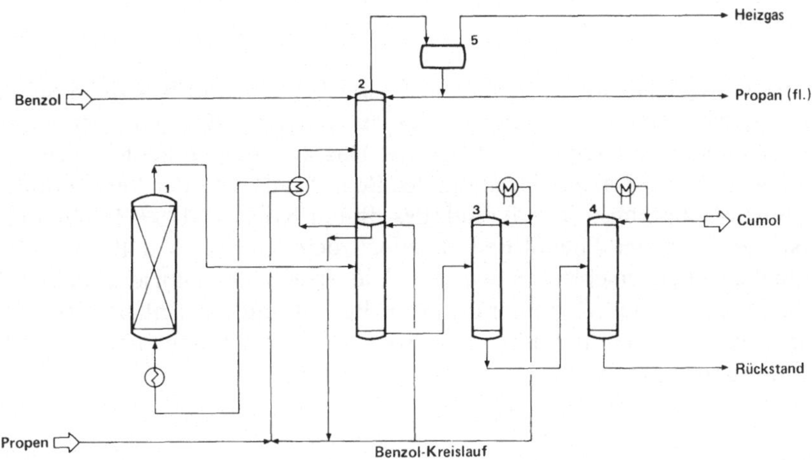

1 Reaktor; **2** Fraktionierkolonnen; **3** Benzol-Kolonne; **4** Cumol-Kolonne; **5** Gasabscheider

Abbildung 5.10: Verfahrensschema der Cumol-Synthese

In Tabelle 5.3 sind die Produktionszahlen der wichtigsten Erzeugerländer von Cumol zusammengestellt.

Tabelle 5.3: Produktion von Cumol (1985)

	(1.000 t)
USA	1.500
Brasilien	150
Frankreich	230
Bundesrepublik Deutschland	430
Italien	420
Niederlande	240
Großbritannien	180
Spanien	100
Sowjetunion	585
Rumänien	145
Japan	370
Andere Länder	150
Gesamtproduktion	4.500

Die Kapazitäten liegen in den USA bei ca. 1,8 Mio t, in Japan bei ca. 550.000 t und in West-Europa bei ca. 1,8 Mio t.

Abgesehen von geringen Mengen, die zur direkten Erzeugung von α-Methylstyrol verwendet werden, dient Cumol fast ausschließlich zur Herstellung von Phenol; geringe Mengen werden außerdem zur Erzeugung von p-Nitrocumol (s. Kapitel 8.4) eingesetzt.

5.3 Phenol

Bereits im Jahre 1834 wurde Phenol von Friedlieb Ferdinand Runge im Steinkohlenteer entdeckt. Der Steinkohlenteer ist auch heute noch eine nennenswerte Quelle für Phenol und seine Alkylderivate. Das aus Steinkohlenteer gewonnene Phenol reichte lange Zeit zur Deckung des Bedarfs aus. Mit der Verwendung von Pikrinsäure als Sprengstoff während des Buren-Krieges (1899–1902) und des 1. Weltkrieges stieg der Phenol-Bedarf jedoch deutlich an, so daß neue Gewinnungsmöglichkeiten erschlossen wurden. Die erste großtechnische Phenol-Synthese basierte auf der Sulfonierung von Benzol und anschließender Alkalischmelze; weitere Phenol-Synthesen wurden später im Laufe der ersten Hälfte dieses Jahrhunderts entwickelt.

5.3.1 Phenol aus Cumol

Der Verbrauch von Phenol stieg ab den 20er Jahren dieses Jahrhunderts weiter mit seiner wachsenden Bedeutung als Rohstoff für Phenolharze, für die ε-Caprolactam-Gewinnung und zur Herstellung von Bisphenol A. Für die Phenol-Synthese hat sich als umweltfreundliches und kostengünstiges Verfahren weltweit die oxidative Spaltung von Cumol zu Phenol und Aceton durchgesetzt.

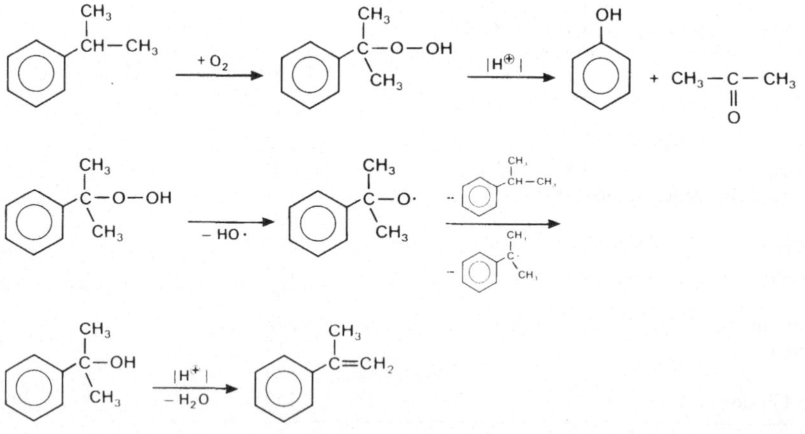

Die Cumol-Spaltung läuft über das Cumolhydroperoxid; durch Protonierung und anschließende Umlagerung der Phenylgruppe entsteht ein durch den Phenylether stabilisiertes Carbeniumion, das zu Phenol und Aceton weiterreagiert. Als Nebenreaktion wird nach einem radikalisch initiierten Mechanismus α-Methylstyrol gebildet (s. Kapitel 2.2.3.2).

Die Cumol-Spaltung wurde von *BP Chemicals* und *Hercules* zu Beginn der 50er Jahre zur technischen Reife geführt und von der *Phenolchemie* weiterentwickelt.

Abbildung 5.11 zeigt das Verfahrensschema der Phenol-Gewinnung aus Cumol durch oxidative Spaltung.

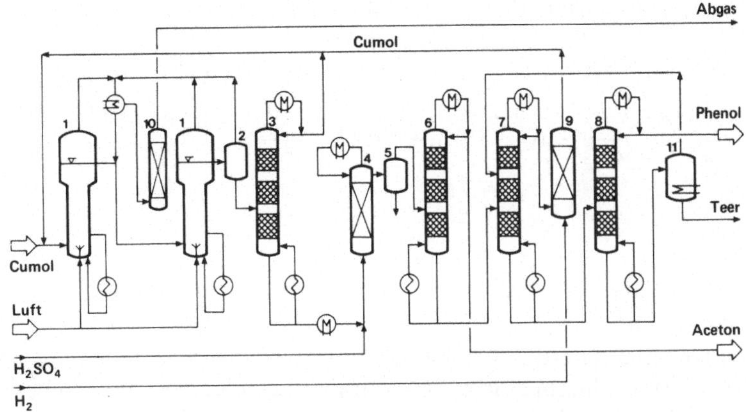

1 Blasensäulen-Reaktoren; **2** Gasabscheider; **3** Cumol-Kolonne; **4** Spaltungsreaktor; **5** Katalysator-Trenngefäß; **6** Aceton-Kolonne; **7** Cumol-Methylstyrol-Kolonne; **8** Phenol-Kolonne; **9** Hydrier-Reaktor; **10** Abgasreinigung; **11** Crackung

Abbildung 5.11: Verfahrensschema der Phenol-Synthese aus Cumol

Cumol wird zunächst bei einer Temperatur von 90 bis 100 °C und einem Druck von 6 bar unter Zusatz von Soda-Lösung (pH-Wert 7 bis 8) mit Luftsauerstoff zum Hydroperoxid oxidiert; die Oxidation wird bis zu einem Cumolhydroperoxid-Gehalt von ca. 30% geführt. Anschließend wird das nicht umgesetzte Cumol vom Hydroperoxid destillativ abgetrennt und das Hydroperoxid dabei auf 65 bis 90% aufkonzentriert. Die katalytische Spaltung des Cumolhydroperoxids erfolgt unter Zusatz von 0,1 bis 2% Schwefelsäure (40%) bei Siedetemperatur, wobei das Reaktionsgemisch durch Verdampfen des Acetons gekühlt wird. Um die erhöhte Bildung von Nebenprodukten zu vermeiden, wird mit kurzen Verweilzeiten von 45 bis 60 sec. gearbeitet.

Das Reaktionsprodukt wird mit wässriger Natronlauge oder Phenolatlauge neutralisiert und nach Abtrennung des Katalysators durch Destillation in seine Bestandteile zerlegt.

Als erste Fraktion wird das Rohaceton abdestilliert, das nach einer Alkaliwäsche zum Reinprodukt aufdestilliert wird. Aus dem Sumpfprodukt der Rohaceton-Kolonne werden zunächst Cumol, das in den Prozeß zurückgeführt wird, und α-Methylstyrol gewonnen. Soweit das α-Methylstyrol nicht zum Verkauf gelangt, wird es durch Hydrierung wieder in Cumol überführt.

Aus dem in der Rohphenol-Kolonne abdestillierten Rohphenol wird nach Reinigung durch eine Extraktivdestillation mit Wasser und anschließende Destillation 99,9%iges Reinphenol gewonnen.

Der als Destillationsrückstand anfallende hochmolekulare Teer enthält u.a. Acetophenon und Cumylphenol; er kann thermisch in der Flüssigphase in Phenol, α-Methylstyrol und Cumol gespalten werden; dabei werden Teeröle mit einem Siedebeginn von über 300 °C eingesetzt. Acetophenon wird mit Formaldehyd zu lichtbeständigen Harzen mit einem Erweichungspunkt von 75 bis 80 °C umgesetzt, die insbesondere als Zusatz für Nitrocelluloselacke dienen.

Acetophenon   Acetophenon-Harz

Die Phenol-Gewinnung durch Cumol-Spaltung wird in Anlagen mit einer Kapazität bis zu 400.000 t/a durchgeführt. Das Verfahren ist den nachstehend beschriebenen Prozessen zur Phenol-Herstellung trotz des Zwangsanfalls von Aceton überlegen, weil der anorganische Kreislauf sehr klein ist und das Kohlenstoffgerüst des Aromaten im Unterschied zur Toluol-Oxidation voll verwertet wird.

Abbildung 5.12 zeigt die Oxidationsreaktoren der 400.000 t/a-Phenol-Anlage der *Phenolchemie*, Gladbeck.

Abbildung 5.12: Oxidationsreaktoren zur Phenol-Herstellung aus Cumol der *Phenolchemie*, Gladbeck

5.3.2 Alternative Synthesewege zur Phenol-Erzeugung

Der älteste Prozeß zur Herstellung von Phenol basiert auf der Sulfonierung von Benzol. Dieser Prozeß geht zurück auf Michael Faraday, der bereits im Jahre 1825 erkannte, daß sich Phenol aus Benzolsulfonsäure durch Alkalischmelze herstellen läßt.

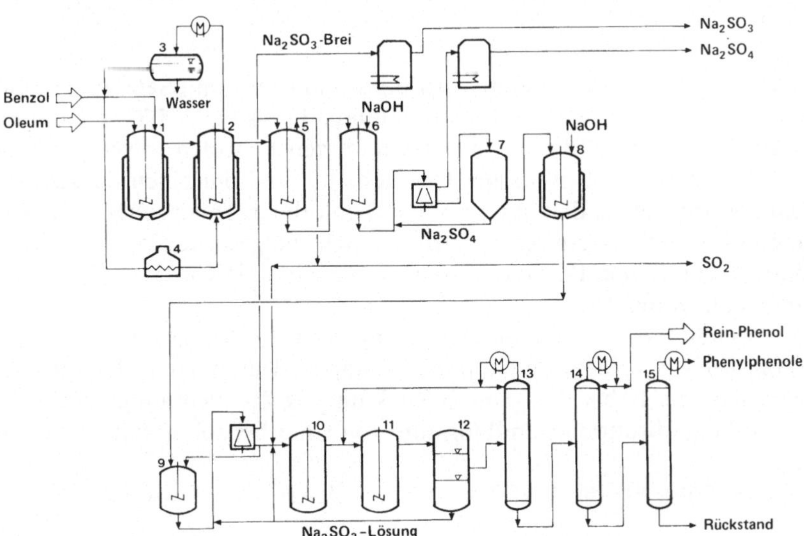

Charles Adolphe Wurtz und August Kekulé haben im Jahre 1867 das Verfahren weiter verbessert. Zur technischen Reife wurde der Sulfonierungsprozeß insbesondere von *Bayer* und *Monsanto* entwickelt. Der erste Schritt des Synthesewegs ist die Sulfonierung von Benzol mit Schwefelsäure, wobei im allgemeinen mit einem Schwefelsäure-Überschuß von 100% gearbeitet wurde. Im zweiten Verfahrensschritt wurde das Sulfonierungsprodukt mit Natriumhydroxid oder Natriumsulfit

1 und **2** Sulfonierungsreaktoren; **3** Wasserabscheider; **4** Benzol-Verdampfer; **5** Vor-Neutralisationsbehälter; **6** End-Neutralisationsbehälter; **7** Eindampfer; **8** Schmelzkessel; **9** Lösekessel; **10** und **11** Neutralisationsbehälter (Rohphenol-Fällung); **12** Rohphenol-Abscheider; **13** Entwässerungskolonne; **14** Phenol-Kolonne; **15** Rückstandskolonne

Abbildung 5.13: Verfahrensschema der Phenol-Synthese durch Benzol-Sulfonierung und Alkalischmelze

neutralisiert. Das entstandene Benzolsulfonat wurde in fester Form oder in einer konzentrierten wässrigen Lösung bei Temperaturen von 320 bis 340 °C in gußeisernen Pfannen mit Natriumhydroxid umgesetzt. Die alkalische Natriumphenolatlösung wurde mit CO_2 oder nach dem *Monsanto*-Verfahren mit SO_2 neutralisiert („saturiert"). Nach Abdestillation des Wassers wurde destillativ Reinphenol mit einem Kristallisationspunkt von 40,5 °C gewonnen.

Die Nachteile des Benzolsulfonsäure-Verfahrens sind der Anfall großer Mengen Natriumsulfit sowie die sehr korrosiven Reaktionsbedingungen bei der Alkalischmelze; außerdem wurde das Verfahren nur semikontinuierlich durchgeführt.

Abbildung 5.13 zeigt das Verfahrensschema des *Monsanto*-Prozesses zur Herstellung von Phenol.

Anfang der 30er Jahre wurde von *Raschig* ein Prozeß zur Phenol-Synthese entwickelt, dessen Prinzip ebenfalls bereits in der Frühzeit der Aromatenchemie in England gefunden worden war, nämlich die Oxychlorierung von Benzol mit anschließender alkalischer Hydrolyse, die von L. Dusart und Ch. Bardy bereits 1872 entdeckt wurde.

Im ersten Schritt dieses Verfahrens wird Benzol mit Luft und Salzsäure in Gegenwart eines Kupferkatalysators auf Aluminiumoxidbasis bei 275 °C in Chlorbenzol umgewandelt. Um die Bildung von polychlorierten Benzolen soweit wie möglich zu vermeiden, wird der Umsatz bei 15% gehalten und mit einem hohen Benzol-Überschuß gearbeitet, so daß nur 5 bis 8% Dichlorbenzole entstehen. Bei der Auftrennung des Reaktionsgemisches wird das nicht umgesetzte Benzol rezirkuliert; die mehrfach chlorierten Benzole werden zur Gewinnung von o-/p-Dichlorbenzol aufgearbeitet (s. Kapitel 5.8.2).

In der zweiten Stufe erfolgt die Umsetzung des Chlorbenzols mit Wasserdampf bei 450 bis 500 °C an einem Calciumphosphatapatit-Katalysator. Der Umsatz liegt im allgemeinen bei 10 bis 12%. Durch Rückführung des nicht umgesetzten Chlorbenzols wird eine Bruttoumwandlungsrate von Chlorbenzol zu Phenol von 90 bis 93% erreicht.

Abbildung 5.14 zeigt das Verfahrensschema des *Raschig*-Prozesses.

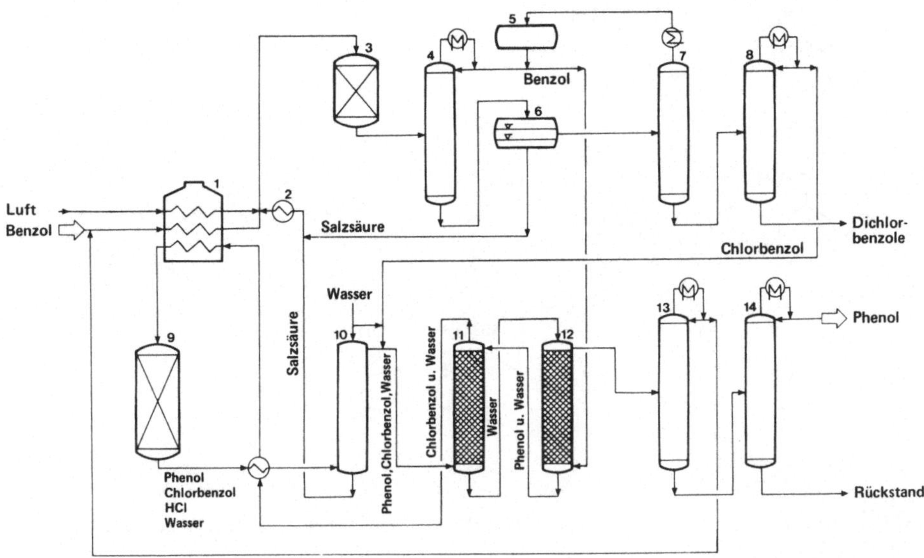

1 Verdampfer/Überhitzer; **2** Salzsäure-Verdampfer; **3** Chlorierungsreaktor; **4** Vorkolonne; **5** Benzol-Lagertank; **6** Chlorbenzol-Abscheider; **7** Benzol-Kolonne; **8** Chlorbenzol-Kolonne; **9** Hydrolyse-Reaktor; **10** Salzsäure-Abscheider; **11** und **12** Extraktionskolonnen; **13** Benzol-Kolonne; **14** Phenol-Kolonne

Abbildung 5.14: Verfahrensschema der Phenol-Synthese durch Benzol-Chlorierung

Eine modifizierte Hydrolyse des Chlorbenzols, die bei ca. 30 bar und 290 °C erfolgt, wurde von *Dow* entwickelt.

Die Reaktion wurde in langen Rohrreaktoren durchgeführt, die in Normalstahl ausgelegt waren. Der Umsatz von Chlorbenzol zu Phenol lag bei ca. 85%. Daneben wurde Diphenylether erzeugt, der als Wärmeträgeröl Verwendung findet.

Die Chlorbenzol-Verfahren zur Herstellung von Phenol haben seit Mitte der 70er Jahre ihre Bedeutung verloren. Vereinzelt wird dagegen noch das Toluol-Oxidationsverfahren angewandt, das ebenfalls von *Dow* entwickelt wurde. Beim Toluol-Oxidationsprozeß wird in der ersten Stufe Toluol mit Luft in der Flüssigphase bei 150 bis 170 °C und 5 bis 10 bar in Anwesenheit von Kobaltsalzen in 90%iger Selektivität zur Benzoesäure oxidiert. Als Nebenprodukte fallen Methyldiphenyl, Benzylalkohol, Benzaldehyd und Ester an. Nach der Reinigung des Rohproduktes durch Destillation oder Kristallisation wird die Benzoesäure in Gegenwart von Kupfer-(II)-Salzen mit Luft und Dampf bei 230 bis 250 °C und 2 bis 10 bar über die Zwischenstufen Kupferbenzoat, Benzoylsalicylsäure und Phenylbenzoat in Phenol umgewandelt. Die Aufarbeitung des gewonnenen Rohphenols erfolgt destillativ. Die molare Ausbeute an Phenol liegt bei 85 bis 90%.

Die Wirtschaftlichkeit des Verfahrens wird vom Preis für das eingesetzte Toluol bestimmt. Bei hoher Nachfrage nach Aromaten z. B. für Kraftstoffe zur Erhöhung der Oktanzahl und der damit einhergehenden Aufwertung des Toluols wird das Verfahren im Vergleich zur Cumol-Route unwirtschaftlich.

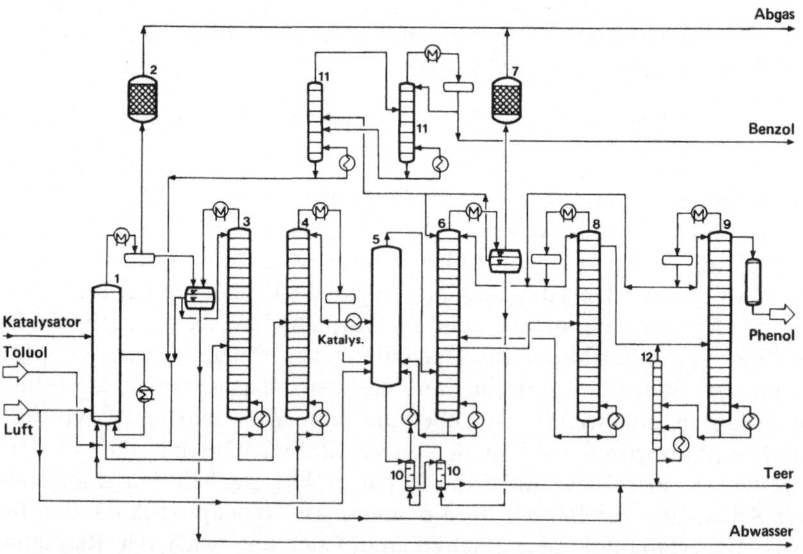

Abbildung 5.15 zeigt das Verfahrensschema der Toluol-Oxidation zur Herstellung von Phenol.

1 Toluol-Oxidationsreaktor; **2** Abgasreinigung; **3** Toluol-Strippkolonne; **4** Benzoesäure-Kolonne; **5** Benzoesäure-Oxidationsreaktor; **6** Wasser-KW-Strippkolonne; **7** Abgasreinigung; **8** Rohphenol- Kolonne; **9** Phenol-Kolonne; **10** Rückstand-Extraktion; **11** Benzol-Kolonnen; **12** Phenol-Sumpf-Kolonne

Abbildung 5.15: Verfahrensschema der Phenol-Synthese aus Toluol

Von geringer Bedeutung ist das von *Monsanto* in einer technischen Anlage in Australien nur kurze Zeit betriebene Phenol-Herstellungsverfahren durch Cyclohexan-Oxidation. Bei diesem Verfahren wird ein Gemisch aus Cyclohexanon und Cyclohexanol bei 400 °C zu Phenol dehydriert, wobei Platin/Aktivkohle- oder Nickel/Kobalt-Katalysatoren eingesetzt werden. Der Grad der Umsetzung kann bis zu 90 ± 5% betragen. Das erzeugte Rohphenol wird destillativ aufgearbeitet. Ein besonderer Nachteil dieses Verfahrens liegt in der schwierigen Aufarbeitung des rohen Oxidationsgemisches aus der Cyclohexan-Oxidation.

5.3.3 *Isolierung von Phenol aus Kohlepyrolyseprodukten*

Das älteste technische Verfahren zur Gewinnung von Phenol ist die Isolierung aus Teerfraktionen. Da Sauerstoff in den Makromolekülen der Kohle enthalten ist, bilden sich bei der pyrolytischen Zersetzung der Kohle auch Phenole. Die Überführung des Kohle-Sauerstoffs in Phenol-Sauerstoff ist temperaturabhängig. Bei hohen Verkokungstemperaturen (1.200 °C), wie sie zur Herstellung von Hüttenkoks erforderlich sind, wird ein Teil des Sauerstoffs bereits in Wasser überführt, so daß der Anteil der Phenole relativ niedrig ist. Besonders phenolhaltig sind Schwelteere aus der Mitteltemperaturverkokung (400 bis 700 °C), die bei der Herstellung von raucharmen Briketts und bei der *Lurgi*-Kohlevergasung anfallen.

Im Rahmen der Teer-Raffination erfolgt die Phenol-Gewinnung nach der Primärdestillation aus der die Phenole enthaltenden Carbolöl-Fraktion (s. Kapitel 3.2.3).

Tabelle 5.4 zeigt die Zusammensetzung eines bei der Aufarbeitung von Steinkohlenhochtemperaturteer anfallenden Carbolöls, dessen Aufarbeitung in Abbildung 5.16 dargestellt ist.

Tabelle 5.4: Zusammensetzung des Carbolöls

Phenole		25%
Phenol	44%	
o-Kresol	15%	
m-Kresol	22%	
p-Kresol	11%	
Xylenole	8%	
Neutralöle		72%
Basen		3%
Gesamtfraktion		100%

Das Carbolöl mit einem Phenol-Gehalt von ca. 25% wird in der ersten Stufe mit Natronlauge extrahiert. Aus der rohen Phenolatlauge werden anschließend die Basen und Neutralöle durch Wasserdampfdestillation („Klardampfen") abgetrieben. Im nächsten Prozeßschritt erfolgt die zweistufige Neutralisation („Saturation) der gereinigten Phenolatlauge mit CO_2 zur Gewinnung des Rohphenols. Das Rohphenol kann durch Extraktion mit Isopropylether gereinigt und anschließend durch Destillation und Kristallisation zu Phenol und Alkylphenolen aufgearbeitet werden.

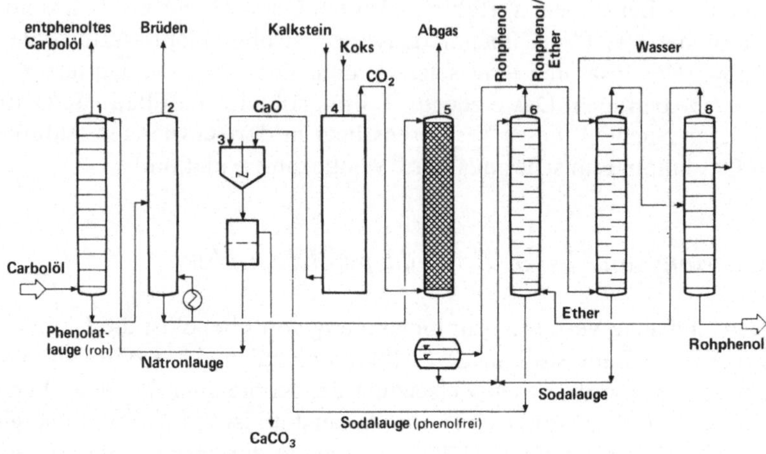

1 Carbolöl-Extraktion; **2** Klardampfung; **3** Kaustifizierung; **4** Kalkofen; **5** Saturation (Rohphenol-Fällung); **6** Sodalauge-Extraktion; **7** Rohphenol-Extraktion; **8** Destillation

Abbildung 5.16: Verfahrensschema der Rohphenol-Gewinnung aus Carbolöl

Neben der destillativen Aufarbeitung des Rohphenols ist auch die adsorptive Trennung der Inhaltsstoffe nach dem Sorbex-Verfahren *(UOP)* möglich.

Die Qualitätsanforderungen für Phenol richten sich nach der weiteren Verwendung. Der Phenol-Gehalt liegt im allgemeinen bei über 99%, der Wasser-Gehalt unter 0,1%. Für die Herstellung von ε-Caprolactam und Bisphenol A ist insbesondere ein niedriger Gehalt an Carbonylverbindungen von Bedeutung. Der Gehalt an Nebenprodukten hängt naturgemäß von der Syntheseroute ab. Aus Cumol hergestelltes Phenol enthält Acetophenon und α-Methylstyrol als Nebenprodukte.

Tabelle 5.5: Produktion von Phenol (1985)

	(1.000 t)
USA	1.250
Brasilien	100
Frankreich	125
Bundesrepublik Deutschland	410
Italien	285
Niederlande/Belgien	100
Großbritannien	125
Spanien	80
Sowjetunion	520
Rumänien	100
Japan	260
Andere Länder	145
Gesamtproduktion	3.500

Nach dem *Raschig*-Verfahren hergestelltes Phenol enthält geringe Mengen Chlorphenol; Teerphenole enthalten geringe Anteile von Stickstoff- und Schwefelkomponenten.

In Tabelle 5.5 sind die Produktionszahlen der wichtigsten Erzeugerländer von Phenol zusammengestellt.

Die wichtigsten Verwendungsgebiete für Phenol sind Phenolharze sowie die Herstellung von Caprolactam und Bisphenol A. In geringerer Menge findet Phenol Verwendung für die Herstellung von Adipinsäure, Nonylphenol, Acetylsalicylsäure, Dodecylphenol, Chlorphenolen und Xylenolen.

Abbildung 5.17 zeigt die wichtigsten Einsatzgebiete von Phenol in West-Europa, Japan und den USA.

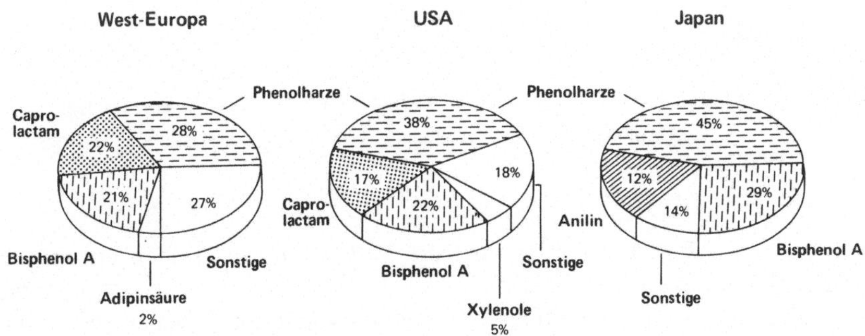

Abbildung 5.17:   Hauptverwendungsgebiete für Phenol (1985)

5.3.4 Phenol-Derivate

Aufgrund der OH-Gruppe weist Phenol im Vergleich zu Benzol eine erhöhte Reaktivität auf, worauf im wesentlichen seine Verwendung beruht.

Die hohe Reaktivität wird insbesondere bei der Herstellung von Phenol/Formaldehyd-Kondensationsprodukten (Bakelite-Harze) genutzt; die Phenol/Formaldehyd-Harze waren der erste synthetische Kunststoff, dessen Herstellung 1907 von Leo H. Baekeland zum Patent angemeldet wurde. Neben Phenol werden Kre-

Phenol-Formaldehyd-Harz

sole, Xylenole und langkettige Alkylphenole zur Erzielung spezieller Qualitätseigenschaften eingesetzt. Phenolharze sind breit anwendbare Kunststoffe, die einen vielfältigen Einsatz finden. Die Phenolharz-Produktion lag 1985 in West-Europa bei ca. 500.000 t, in den USA bei 1.150.000 t und in Japan bei ca. 325.000 t.

Auch andere Polymervorprodukte wie Bisphenol A und Caprolactam stellen mengenmäßig die wichtigsten Phenol-Anwendungsgebiete dar.

5.3.4.1 Bisphenol A

Bisphenol A wurde erstmals 1891 von Alexander P. Dianin durch säurekatalysierte Kondensation von Phenol und Aceton hergestellt.

Nach ihrem russischen Entdecker wird die Verbindung in einigen europäischen Ländern als Dian bezeichnet.

Als kostengünstiges „zweiwertiges" Phenol ist Bisphenol A wegen seiner hohen Reaktivität und Bifunktionalität zur Harzbildung besonders geeignet. Bisphenol A wird zur Herstellung von Harzen durch andere Bisphenole, wie z. B. dem Bisphenol F und Bisphenol S ergänzt.

Bisphenol F

Bisphenol S

Abbildung 5.18 zeigt das Verfahrensschema der Bisphenol-A-Herstellung.

Die sauer katalysierte Reaktion von Aceton mit Phenol wird im allgemeinen bei Temperaturen von 50 bis 90 °C mit Chlorwasserstoff oder an sulfoniertem, vernetztem Polystyrol, das als Festbett angeordnet ist, bei 15-fachem molarem Phenol-Überschuß durchgeführt. Nach Abtrennung des Chlorwasserstoffs durch Destillation oder Neutralisation kristallisiert das Bisphenol A als Addukt mit Phenol aus. Die Spaltung des Addukts erfolgt thermisch durch Destillation. Die anschließende Reinigung des Bisphenol A wird durch Umkristallisation aus Aromaten bzw. Heptan-Aromatengemischen durchgeführt; die Ausbeute liegt zwischen 80 und 95%. Hochreines Bisphenol A kann durch Schmelzkristallisation im Gemisch mit Phenol gewonnen werden. In Abbildung 5.19 ist das Phasendiagramm für die Kristal-

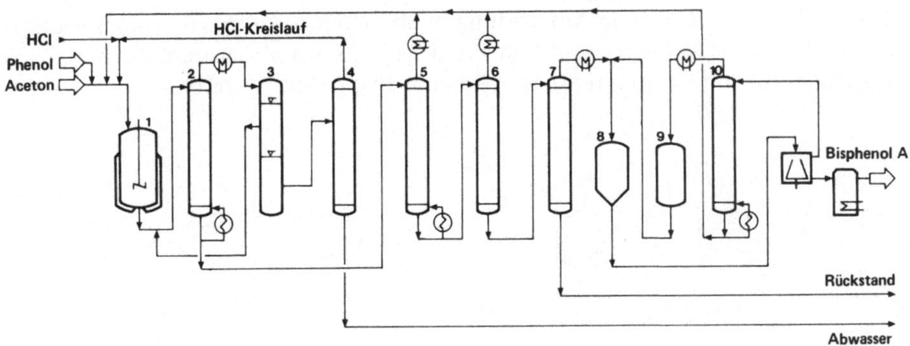

1 Reaktor; **2** Salzsäure-Kolonne; **3** Salzsäure-Abscheider; **4** HCl-Rückgewinnung; **5** Phenol-Kolonne; **6** Isomeren-Kolonne; **7** Bisphenol-A-Kolonne; **8** Bisphenol-A-Kristallisator; **9** Lösungsmitteltank; **10** Lösungsmittelrückgewinnung;

Abbildung 5.18: Verfahrensschema der Bisphenol-A-Herstellung

lisation von Bisphenol A aus Phenol dargestellt. Durch Kristallisation wird ein 1:1-Addukt gewonnen, das durch Destillation zu einem Reinprodukt mit einem Gehalt von bis zu 99,9% Bisphenol A aufgearbeitet wird.

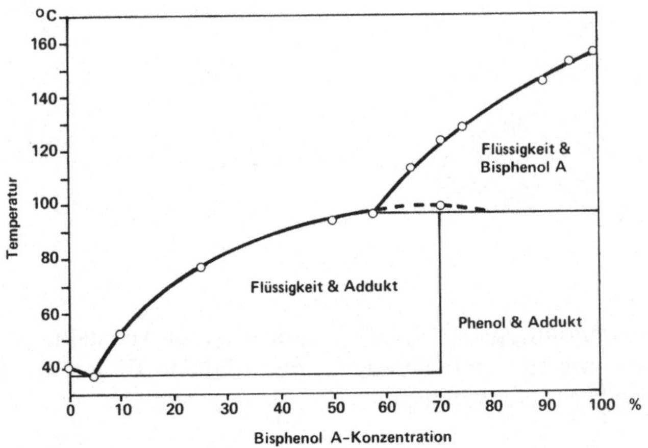

Abbildung 5.19: Phasendiagramm zur Kristallisation von Bisphenol A

Mit guter Ausbeute läßt sich Bisphenol A auch durch Reaktion von Phenol mit Methylacetylen an Ionenaustauscher-Harzen herstellen. Wegen des hohen Preises von Methylacetylen hat sich dieses Verfahren jedoch nicht durchsetzen können.

Ebenfalls ohne technische Anwendung blieb die Umsetzung von p-Isopropenyl-phenol mit Phenol in Gegenwart von Friedel-Crafts-Katalysatoren, die bei niedriger Temperatur in fast quantitativer Ausbeute Bisphenol A ergibt.

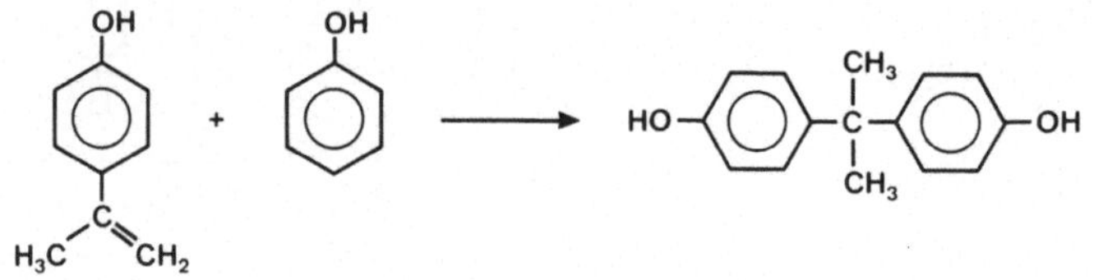

Bei Anwendung von Alkali (z. B. NaOH) kann die Reaktion bei 190 bis 240 °C und reduziertem Druck auch umgekehrt werden zur Herstellung der Edukte.

Bisphenol A findet hauptsächlich Verwendung zur Herstellung von Epoxidharzen durch Umsetzung mit Epichlorhydrin in Gegenwart von Natronlauge bei 40 bis 60 °C. Dabei entstehen Harze mit einem Molekulargewicht zwischen 450 und 4000. Das Molekulargewicht der Harze wächst mit sinkendem Epichlorhydrin/Bisphenol A-Verhältnis.

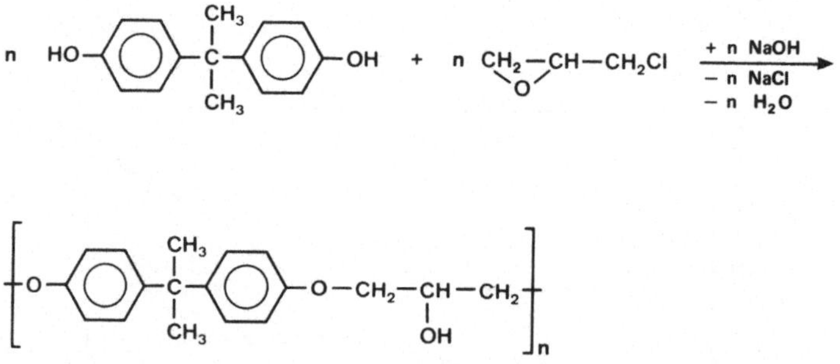

Ein weiteres Anwendungsgebiet für Bisphenol A ist die Herstellung von Polycarbonaten durch Umsetzung mit Phosgen. Polycarbonate finden als thermoplastische Kunststoffe breite Verwendung.

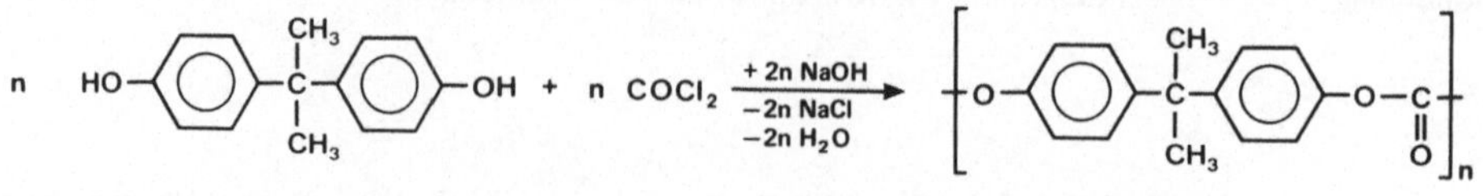

Bisphenol A dient auch zur Herstellung des hochtemperaturbeständigen Poly-sulfon-Kunststoffs Udel *(Union Carbide)*, der durch Umsetzung des Bis-Kaliumsalzes von Bisphenol A mit 4,4'-Dichlordiphenylsulfon gewonnen wird.

Udel

Der Verbrauch an Bisphenol A lag 1985 in den USA bei 350.000 t, in Japan bei 100.000 und in West-Europa bei 280.000 t.

Beim Umgang mit Bisphenol A ist auf die Vermeidung von Staubexplosionen zu achten.

5.3.4.2 Cyclohexanol und Cyclohexanon

Die Herstellung von Cyclohexanol und Cyclohexanon aus Phenol führt über Adipinsäure und Caprolactam zu Synthesefasern (Nylon 6, Nylon 6,6).

Cyclohexanol

Cyclohexanon

Die Erzeugung von Caprolactam und Adipinsäure erfolgt allerdings vorwiegend auf der Basis von Cyclohexan (s. Kapitel 5.4).

Cyclohexanol kann durch katalytische Hydrierung von Phenol hergestellt werden. Die Phenol-Hydrierung wurde 1904 erstmals von Paul Sabatier und Jean Baptiste Senderens beschrieben.

Abbildung 5.20 zeigt ein Verfahrensschema der Phenol-Hydrierung.

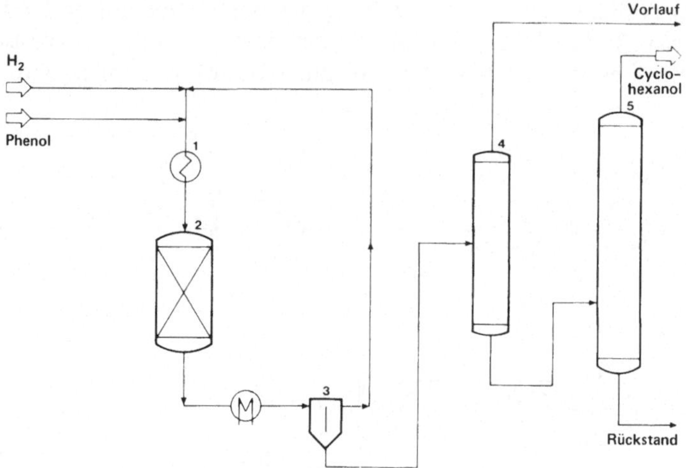

1 Phenol-Verdampfer; **2** Reaktor; **3** Cyclohexanol-Abscheider; **4** Vorlaufkolonne; **5** Cyclohexanol-Kolonne

Abbildung 5.20: Verfahrensschema der Phenol-Hydrierung

Phenol wird mit im Kreislauf geführtem Wasserstoff verdampft und unter hohem Wasserstoff-Überschuß bei Temperaturen von 120 bis 200 °C und 20 bar an Kieselsäure- oder Aluminiumoxidkontakten, die mit Nickel dotiert sind, hydriert. Das erhaltene Cyclohexanol wird nach Kondensation aus dem Wasserstoff-Kreislauf abgeschieden. Die Ausbeute an Cyclohexanol ist fast quantitativ.

In größerem Maßstab wird Cyclohexanon durch katalytische Hydrierung von Phenol gewonnen. Phenol wird dabei in der Gasphase mit Wasserstoff bei 140 bis

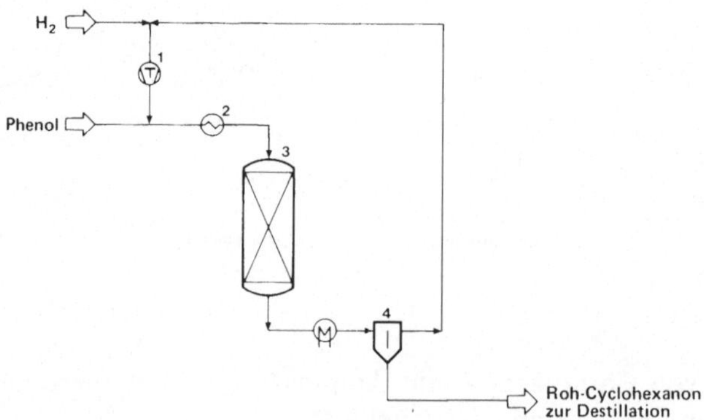

1 Wasserstoff-Kreislaufpumpe; **2** Phenol-Verdampfer; **3** Reaktor; **4** Cyclohexanon-Abscheider

Abbildung 5.21: Verfahrensschema der Cyclohexanon-Herstellung aus Phenol

170 °C durch ein Kontaktbett bei Atmosphärendruck geleitet. Der Kontakt enthält in der Regel Palladium in einer Konzentration von 0,2 bis 0,5 Gew% auf einem Zeolithträger. Die Ausbeute liegt über 95% bei vollständigem Umsatz.

Abbildung 5.21 zeigt das Verfahrensschema der katalytischen Hydrierung von Phenol zu Cyclohexanon

Alternativ ist die Hydrierung in flüssiger Phase bei 175 °C und einem Druck von 13 bar an Pd/Aktivkohle-Kontakten möglich *(Allied-Signal)*.

Zur Herstellung von Caprolactam werden in den USA *(Allied-Signal, Monsanto)* und West-Europa *(DSM, Montedison)* jährlich jeweils über 200.000 t Phenol verwandt.

5.3.4.3 Alkylphenole

Die technisch wichtigsten Alkylphenole sind die Methylderivate des Phenols, also Kresole und Xylenole, butylierte Phenole wie hauptsächlich tertiäre Butylphenole sowie Phenole mit langen Alkylketten in Form von Nonylphenol und Dodecylphenol. Die letzteren werden insbesondere zur Herstellung von Tensiden eingesetzt.

OH
H₃C   CH₃

2,6-Xylenol

OH
CH₃
CH₃

3,4-Xylenol

OH
H₃C   CH₃

3,5-Xylenol

OH
C
H₃C | CH₃
CH₃

p-tert.-Butylphenol

OH
C₉H₁₉

p-Nonylphenol

OH
C₁₂H₂₅

p-Dodecylphenol

Wegen der hohen Reaktivität des Phenols erfolgt die Alkylierung mit Olefinen und Alkoholen unter relativ milden Bedingungen. Methylphenole, d. h. o-, m- und p-Kresol, können als Gemisch durch Alkylierung von Phenol mit Methanol gewonnen werden. Wegen der Erhöhung der Reaktivität durch Einführung der Methylgruppe ist die Alkylierung von Kresolen zur Herstellung von Xylenolen unter noch milderen Reaktionsbedingungen möglich. Auch die langkettigen Alkylphenole werden durch Alkylierung von Phenol hergestellt.

5.3.4.3.1 Kresole

Die Monomethylderivate des Phenols, die Kresole, wurden 1854 von Alexander Wilhelm Williamson im Steinkohlenteer entdeckt. Der Steinkohlenteer war dann etwa ein Jahrhundert die wichtigste Quelle für Kresole. Bis Mitte der 60iger Jahre waren die „natürlichen" Quellen für Kresole weitgehend ausreichend.

Der Kresol-Anteil im „Rohphenol" des Steinkohlenteers liegt bei 40% bis 50%; die Kresole werden mit dem Phenol aus dem Carbolöl des Steinkohlenteers gewonnen. Eine zweite Kresol-Quelle mit einem Kresol-Gehalt von ca. 60% sind Raffinerieablaugen, die bei der Aufarbeitung von schweren Naphthafraktionen aus Crackern anfallen.

Eine dritte „natürliche" Quelle für alkylierte Phenole sind die Kohlevergasungsanlagen mit Teeranfall (SASOL) sowie zukünftig gegebenenfalls die Benzin- und Mittelölschnitte aus der Kohleverflüssigung.

Für die Synthese von Kresolen werden technisch insbesondere die alkalische Chlortoluol-Hydrolyse, die Cymolhydroperoxid-Spaltung sowie die Alkylierung von Phenol in der Gasphase mit Methanol angewandt. Die Alkalischmelze von Toluolsulfonaten hat ihre Bedeutung weitgehend verloren.

Zur Kresol-Herstellung durch alkalische Chlortoluol-Hydrolyse wird Toluol zunächst mit Chlor z. B. bei 30 °C unter Einsatz von $FeCl_3/S_2Cl_2$ als Katalysator zu einem Chlortoluol-Gemisch (Verhältnis o/p 1:1) umgesetzt.

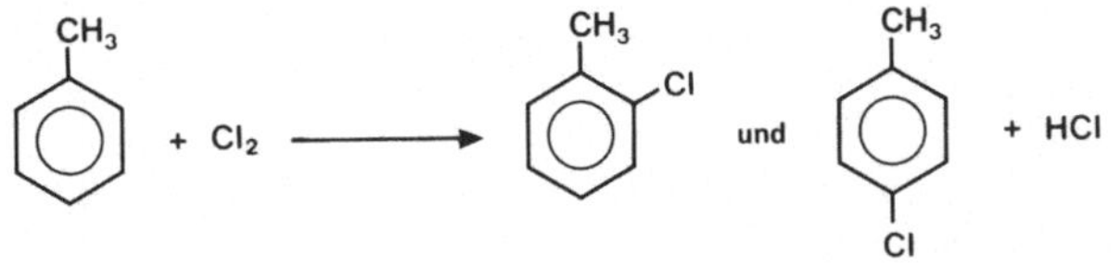

Unter einem Druck von 280 bis 300 bar wird das Isomerengemisch bei 390 °C hydrolisiert, wobei o-, m- und p-Kresol im Verhältnis 1:2:1 anfallen. Der erhöhte m-Kresol-Anfall ist durch einen Arinmechanismus zu erklären.

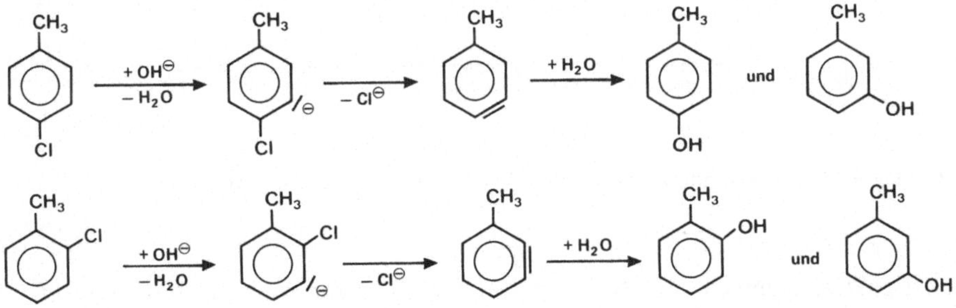

Nach Abdestillieren des tiefsiedenden o-Kresols (Siedepunkt 191,0 °C) verbleibt ein sowohl durch Kristallisation als auch durch Destillation kaum trennbares m-/p-Kresol-Gemisch (202,0 °C bzw. 201,9 °C) mit 70% m-Gehalt.

Das Phasendiagramm (Abbildung 5.22) zur Trennung von m- und p-Kresol weist zwei Eutektika auf, so daß die Trennung der beiden Kresol-Isomeren nur bei einer p-Kresol-Konzentration von über 60% oder einer m-Kresol-Konzentration von über 88% möglich ist.

Wird die Trennung der Isomeren auf der Stufe der Chlortoluole durchgeführt (Destillation/Kristallisation), so fällt bei der Hydrolyse von o-Chlortoluol ein o-/m-Kresol-Gemisch im Verhältnis 1:1 an, aus dem reines m-Kresol hergestellt werden kann, während bei der Hydrolyse von p-Chlortoluol ein m-/p-Kresol-Gemisch entsteht.

Insbesondere in Japan *(Sumitomo Chemical* und *Mitsui Petrochemical)* wird die Synthese von m- und p-Kresol durch Oxidation von Cymol durchgeführt. Durch Friedel-Crafts-Propylierung von Toluol bei 60 bis 80 °C unter katalytischer Wirkung von $AlCl_3$ wird ein o-, m- und p-Cymol-Gemisch erzeugt. Optimal ist eine Isomerenverteilung mit einem geringen o-Cymol-Gehalt, da o-Cymol schwer oxidierbar ist und die Oxidation der anderen Cymole hemmt. In der Praxis arbeitet man mit einem Gemisch aus 3% o-Cymol, 64% m-Cymol und 33% p-Cymol. Die Oxidation des Cymol-Gemisches wird bis zu einem Peroxidgehalt von ca. 20% geführt, während der Oxidationsgrad des Cumols bei der Phenol-Synthese bei 30% liegt.

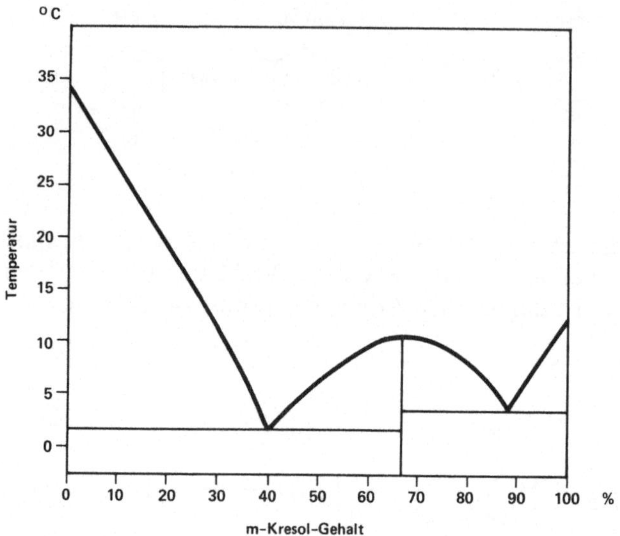

Abbildung 5.22: Phasendiagramm für die kristallisative m-/p-Kresol-Trennung

Das Reaktionsgemisch der Säurespaltung enthält neben Kresolen, Aceton und nicht umgesetztem Cymol eine Vielzahl von Nebenprodukten, wie Isopropylbenzaldehyd, Isopropylbenzylalkohol, Methylacetophenon und Isopropyltolylalkohol. Das m-/p-Kresol-Gemisch hat eine Reinheit von über 99,5%; das m-/p-Verhältnis liegt bei 1,5:1.

Cymol kann auch auf der Basis nachwachsender Rohstoffe wie Terpentinöl gewonnen werden; hierzu werden Einringterpene (Menthan) dehydriert.

Die p-Kresol-Gewinnung auf dieser Rohstoffbasis wurde in den USA *(Hercules)* bis Anfang der 70er Jahre großtechnisch betrieben.

Die Methylierung von Phenol wird insbesondere zur Herstellung von o-Kresol und 2,6-Xylenol durchgeführt. Sie erfolgt in der Gasphase bei leicht erhöhtem Druck und Temperaturen von 300 bis 400 °C an Al_2O_3-Katalysatoren in Rohrbündelreaktoren. Nach Abtrennung des Wassers wird in einer anschließenden Destillation das entwässerte Gemisch in die Produkte Phenolether/Phenol, 99%iges o-Kresol und 2,6-Xylenol zerlegt. Phenol und Phenolether (Anisol) werden rezirkuliert. Aus dem Destillationsrückstand sind höher alkylierte Phenole gewinnbar.

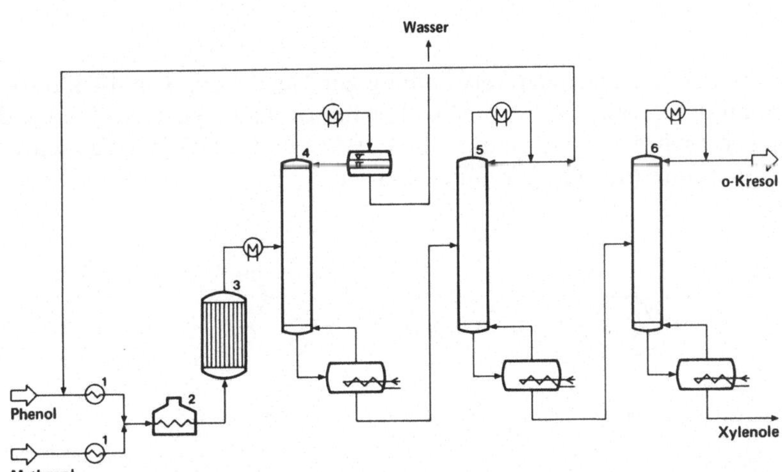

Abbildung 5.23 zeigt ein typisches Gasphasen-Verfahren zur Herstellung von o-Kresol.

1 Verdampfer; **2** Überhitzer; **3** Rohrbündelreaktor; **4** Entwässerungskolonne; **5** Phenol-Kolonne; **6** o-Kresol-Kolonne

Abbildung 5.23: Herstellung von o-Kresol und 2,6-Xylenol durch Methylierung von Phenol

Auch durch Flüssigphasenalkylierungen sind Kresole gewinnbar. Mit Aluminiummethylat als Katalysator kann bei 350 bis 400 °C unter Druck Phenol mit Methanol zu Kresolen und Xylenolen umgesetzt werden. Hauptprodukt bei dieser Reaktion ist das o-Kresol. Nach einem Verfahren der *Union Rheinische Braunkohlen*

Kraftstoff wird der Prozeß bei Temperaturen von 200 bis 400 °C und Drucken um 25 bar mit wässriger Zinkhalogenid-Halogenwasserstofflösung als Katalysator durchgeführt.

In Analogie zur *Raschig*-Synthese zur Herstellung von Phenol ist die Kresol-Synthese auch über die Oxychlorierung von Toluol möglich.

Ein interessanter Prozeß zur Herstellung von Kresol, der zeigt, daß auch der Aufbau von Aromaten aus niedermolekularen Komponenten eine stets zu betrachtende Verfahrensalternative ist, ist die Diels-Alder-Reaktion mit Isopren und Vinylacetat. Diese Reaktion wird großtechnisch allerdings nicht durchgeführt.

o-Kresol findet hauptsächlich Verwendung zur Herstellung von 4-Chlor-o-kresol, aus dem mit Chloressigsäure bzw. 2-Chlorpropionsäure Wuchsstoffherbizide, wie 4-Chlor-2-methyl-phenoxyessigsäure (MCPA) und 2-(4-Chlor-2-methyl-phenoxy)-propionsäure (MCPP) gewonnen werden.

Das als Zwischenprodukt benötigte 4-Chlor-2-methylphenol wird durch Chlorierung von o-Kresol z. B. mit Sulfurylchlorid gewonnen.

Die westeuropäische Produktion von 4-Chlor-2-methylphenoxycarbonsäuren betrug 1985 ca. 25.000 t; diese Kresol-Derivate gehören damit zu den wichtigsten Pflanzenschutzmitteln.

Durch Alkylierung von o-Kresol mit Propylen entsteht Carvacrol (2-Methyl-5-isopropyl-phenol), das als Antiseptikum Verwendung findet.

m-Kresol wird vornehmlich zur Herstellung von Thymol eingesetzt, das durch Isopropylierung bei 360 °C und 50 bar von m-Kresol gewonnen wird. Die Hydrierung von Thymol führt zum Menthol, einer Duftstoffkomponente mit pfefferminzartigem Geruch.

Carvacrol   Thymol   Menthol

Außerdem dient m-Kresol zur Herstellung von Pflanzenschutzmitteln wie Fenitrothion. Dazu wird durch Nitrosierung von m-Kresol mit Estern der salpetrigen Säure in i-Propanol und anschließender Oxidation der Nitrosoverbindung mit Salpetersäure das 4-Nitro-m-kresol (bzw. Natriumsalz) hergestellt, das nach Umsetzung mit O,O-Dimethylthiophosphorsäurechlorid zum Fenitrothion führt.

Fenitrothion

Ein weiteres wichtiges Folgeprodukt des m-Kresols zur Herstellung von Pflanzenschutzmitteln ist das m-Phenoxytoluol, das aus m-Kresol und Chlor- oder Brombenzol bei Temperaturen von 200 °C am Kupferkontakt hergestellt werden kann. m-Phenoxytoluol wird durch Oxidation mit einem Kobaltacetat/KBr-Katalysator und anschließender Veresterung zum m-Phenoxybenzoesäuremethylester umgewandelt, der als Zwischenstufe zur Herstellung von m-Phenoxybenzaldehyd dient. m-Phenoxybenzaldehyd findet als Ausgangssubstanz zur Herstellung des synthetischen Pyrethroid-Insektizids Fenvalerat Verwendung (s. Kapitel 6.3.2). Zu seiner

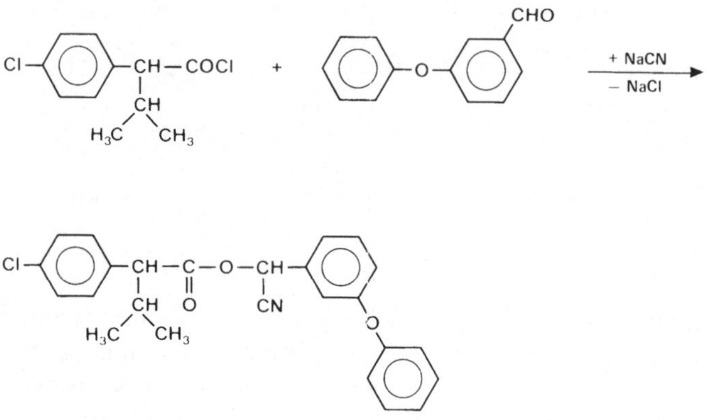

Fenvalerat

Herstellung wird nach der in situ-Bildung des Cyanhydrins dieses mit 2-Isopropyl-(4-chlorphenyl)-essigsäurechlorid zum Fenvalerat umgesetzt, das 1972 von *Sumitomo Chemical* entwickelt wurde. Die Pyrethroid-Insektizide zeichnen sich durch besonders niedrige Toxizität und hohe Aktivität aus.

Weitere wichtige Pyrethroid-Insektizide auf der Basis m-Phenoxybenzaldehyd sind das Deltamethrin *(Roussel-Uclaf)* sowie die chloranaloge Verbindung, das Cypermethrin.

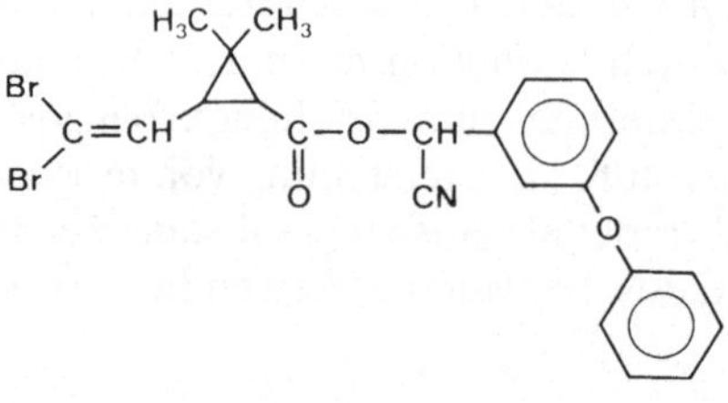

Deltamethrin

p-Kresol dient vorwiegend zur Herstellung von 2,6-Di-tert.-butyl-4-hydroxytoluol (BHT), das als Oxidations- und Alterungsschutzmittel für Kunststoffe und Gummi sowie bei der Lebensmittelherstellung ein breites Anwendungsspektrum besitzt.

BHT kann durch direkte Dialkylierung von p-Kresol mit Isobuten unter Schwefelsäure-Katalyse bei 50 bis 80 °C oder Monobutylierung von m-/p-Kresol-Gemischen hergestellt werden. Bei der letzteren Verfahrensroute ist eine Auftrennung des monobutylierten m-/p-Gemisches und die Weiterbutylierung des 2-tert.-Butyl-4-hydroxytoluols zum 2,6-Di-tert.-butyl-4-hydroxytoluol erforderlich.

Der BHT-Verbrauch lag 1985 in West-Europa und den USA bei jeweils ca. 9.000 t.

Aus m-/p-Kresol-Gemischen werden Phosphorsäureester hergestellt, die als Schmierstoffadditive Verwendung finden.

Die Produktion an reinen Kresolen lag 1985 in der westlichen Welt bei ca. 70.000 t o-Kresol und 20.000 t p-Kresol; außerdem wurden ca. 50.000 t Trikresole und 80.000 t m-/p-Kresol-Gemische hergestellt.

5.3.4.3.2 Xylenole

Analog wie die Kresole werden auch die Xylenole aus Steinkohlenteer und mineralölstämmigen Cracker-Ölen gewonnen, doch wird die überwiegende Menge synthetisch hergestellt. (Durch Isomerisierung mit Friedel-Crafts-Katalysatoren läßt sich das Isomerenverhältnis verändern.) Das mengenmäßig wichtigste der sechs Xylenol-Isomeren ist 2,6-Dimethylphenol, das durch Methylierung von Phenol mit überschüssigem Methanol gewonnen wird. 2,6-Xylenol, das weltweit in einer Menge von ca. 100.000 t/a, davon 75.000 t/a in den USA, hergestellt wird, findet vorwiegend zur Erzeugung von Polydimethylphenylenoxid (PPO)-Harzen Verwendung. Die Dehydrierung des 2,6-Dimethylphenols zu Polydimethylphenylenoxid erfolgt bei Raumtemperatur mit CuCl/Pyridin als Katalysator durch Sauerstoff.

Polydimethylphenylenoxid

Nicht direkt über die selektive Alkylierung von Phenol mit Methanol ist 3,5-Dimethylphenol zugänglich, dessen Herstellung durch Aromatisierung von Isophoron bei 540 bis 650 °C an $Cr_2O_3/K_2O/Al_2O_3$-Kontakten oder an Chromnickelstahl erfolgt.

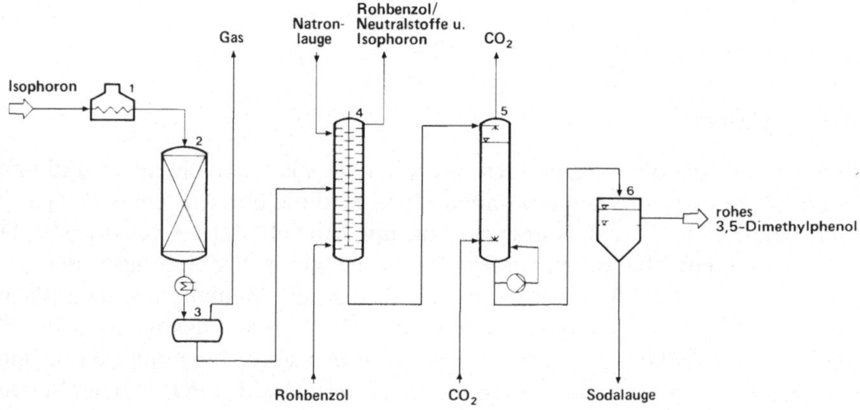

Abbildung 5.24 zeigt das bei 520 bis 540 °C und Drucken von 10 bis 15 bar arbeitende Verfahren der *Rütgerswerke*. Die Raffination des Reaktionsproduktes erfolgt analog der Gewinnung der Phenole aus Steinkohlenteer.

1 Verdampfer/Überhitzer; **2** Reaktor; **3** Gasabscheider; **4** RDC-Extraktor; **5** Saturationskolonne; **6** Phasentrennbehälter

Abbildung 5.24: Verfahrensschema der Aromatisierung von Isophoron zu 3,5-Dimethylphenol

Ein wichtiges Folgeprodukt des 3,5-Dimethylphenols ist das Insektizid Methiocarb *(Bayer)*, das durch Umsetzung von 3,5-Dimethylphenol mit Methylsulfenylchlorid über das 4-Methylmercapto-3,5-xylenol und Weiterreaktion mit Methylisocyanat hergestellt wird.

3,5-Dimethylphenol dient ferner als Ausgangsprodukt für die Synthese von Vitamin E (α-Tocopherol) und nach Chlorierung zu 4-Chlor- und 2,4-Dichlor-3,5-dimethylphenol als technisches Konservierungsmittel; außerdem wird durch Ammonolyse 3,5-Dimethylanilin, ein Farbstoffzwischenprodukt, erzeugt.

Vitamin E

Vitamin E, dessen Weltproduktion bei ca. 7.000 t/a liegt, wird außerdem zu ca. 10% aus pflanzlichen Ölen (Desodorierungsbrüden) und aus 2,3,5-Trimethylanilin (s. Kapitel 8.1) gewonnen.

Xylenol-Gemische dienen als Lösungs- und Desinfektionsmittel.

5.3.4.3.3 Höhere Alkylphenole

Von den tertiären Butylphenolen haben das o- und p-Derivat sowie das 2,6-Di-tert.-butylphenol technische Bedeutung. Sie finden Verwendung zur Herstellung von Antioxidantien. o-tert.-Butylphenol und 2,6-Di-tert.-butylphenol werden durch Alkylieren von Phenol mit Isobuten bei einer Reaktionstemperatur von 100 °C in Gegenwart von Aluminiumphenolat als Katalysator hergestellt.

Zur Butylierung von Phenol mit Isobuten zum p-tert.-Butylphenol dienen als Katalysator Schwefelsäure, Phosphorsäure, Bortriflorid oder makroporöse, perlförmige, stark saure, sulfonierte Styrol/Divinylbenzol-Harze.

Unter den langkettigen Alkylphenolen haben p-tert.-Octylphenol, Nonylphenol und Dodecylphenol besondere technische Bedeutung. Die Alkylierung kann mit geradkettigen oder verzweigten Olefinen erfolgen.

Zur Herstellung von p-tert.-Octylphenol werden Phenol und Diisobutylen (ein Gemisch aus 2,4,4-Trimethyl-1-penten und 2,4,4-Trimethyl-2-penten) im Verhältnis 1,5:1 über Ionenaustauscherharze geleitet, die durch innere Kühlschlangen bei einer Temperatur von 100 bis 105 °C gehalten werden. Zur Vermeidung der Bildung unerwünschter Nebenprodukte wird die Alkylierung nach 95%igem Diisobutylen-Umsatz beendet. Das Reaktionsprodukt, das durch Vakuumdestillation in seine Bestandteile zerlegt wird, besteht zu 93 bis 96% aus p-tert.-Octylphenol; der Anteil von o-tert.-Octylphenol liegt bei 2% bis 3%.

Die Herstellung von Nonylphenol erfolgt durch Umsetzung von Phenol mit Tripropylen bei einer Temperatur von 70 bis 125 °C. Als Katalysator dient ebenfalls ein Ionenaustauscherharz. Um Überhitzungen zu vermeiden wird die Reaktion in der Regel zweistufig durchgeführt.

Die Produktion von Nonylphenol betrug 1985 in den USA 80.000 t, in WestEuropa ca. 55.000 t.

Durch Umsetzung von Nonylphenol mit Ethylenoxid werden nichtionogene Tenside gewonnen, die als Waschmittelrohstoffe und zur Pestizidformulierung Verwendung finden.

Dodecylphenol dient in Form des Calcium- oder Magnesiumsulfonats als Schmieröladditiv. Es wird durch Umsetzung von Phenol mit Tetrapropylen im Molverhältnis 3:1 bei einer Temperatur von 100 °C an Ionenaustauscherharzen hergestellt. Die Produktion in West-Europa lag 1985 bei ca. 20.000 t.

Höheralkylierte Phenole, die durch Umsetzung von Phenol mit C_{16}-C_{18}-Olefinen aus der Wachscrackung erhalten werden, haben in Form der entsprechenden Alkylsalicylate (Kolbe-Schmitt-Carboxylierung) als Schmiermittel für Dieselmotoren große Bedeutung.

n-Hexadecylsalicylat

Wichtigstes Verwendungsgebiet der langkettigen Alkylphenole ist nach Veretherung mit Ethylenoxid die Herstellung von Waschmittelrohstoffen, Netzmitteln und Emulgatoren. Wegen der schlechten biologischen Abbaubarkeit ist der Einsatz rückläufig; als Emulgatoren sind sie durch die aliphatischen Fettalkoholethoxylate allerdings nur schwer ersetzbar.

5.3.4.4 Salicylsäure

Salicylsäure wurde 1838 erstmals von Raphael Piria durch Umsetzung von Salicyl-aldehyd mit Kaliumhydroxid gewonnen.

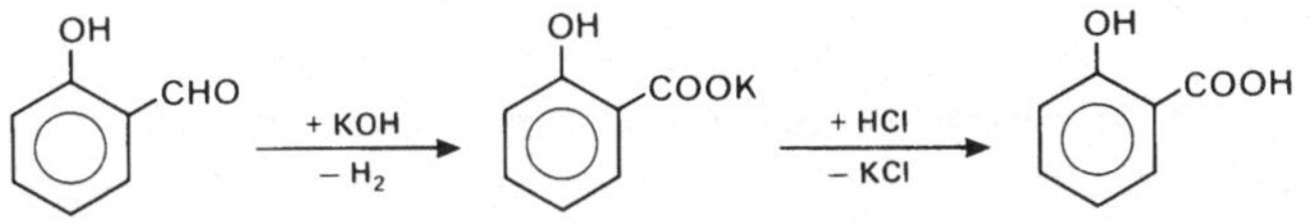

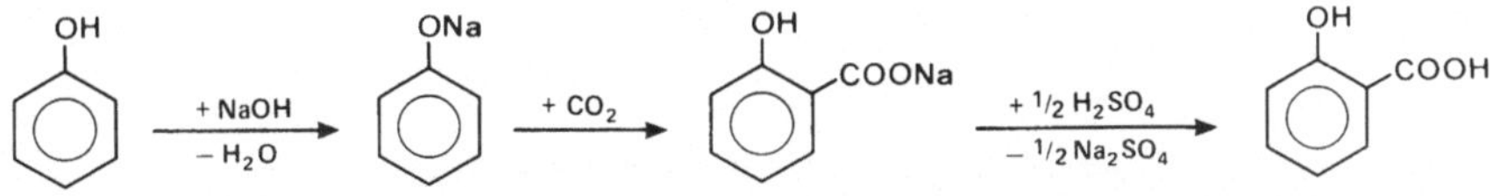

Das heute dominierende Verfahren zur Herstellung von Salicylsäure beruht auf der Kolbe-Schmitt-Synthese. Hermann Kolbe und E. Lautemann haben 1860 die Umsetzung von Kohlendioxid mit Natriumphenolat zum Natriumsalicylat und die anschließende Reaktion mit Schwefelsäure zur Salicylsäure beschrieben. Bei diesem Verfahren wurde wegen der Bildung von Dinatriumsalicylat jedoch nur die Hälfte des Phenols in Salicylsäure umgesetzt. Rudolf Schmitt modifizierte die Synthese 1884, indem er Kohlendioxid zunächst mit kaltem, trockenem Natriumphenolat umsetzte und anschließend das Gemisch unter Druck auf 120 bis 140 °C erhitzte.

Nach dem heute üblichen Verfahren wird über trockenes Natriumphenolat, das aus Phenol und 50%iger wässriger Natriumhydroxid-Lösung sowie durch Vakuumverdampfung des Wassers hergestellt wird, Kohlendioxid unter einem Druck von 6 bis 7 bar und einer Temperatur von 100 °C geleitet. Das Reaktionsgemisch wird anschließend bei 150 bis 170 °C soweit carboxyliert bis keine CO_2-Aufnahme mehr festgestellt wird. Nach Zugabe von Wasser und Schwefelsäure wird die rohe Salicylsäure gewonnen. Die Reinigung kann mit Aktivkohle, die Zinkstaub zur Beseitigung der Farbreste enthält, oder durch Kristallisation des Hexahydrates durchgeführt werden. Die Herstellung der gereinigten Salicylsäure aus raffiniertem Natriumsalicylat erfolgt auch durch Ansäuern mit Schwefelsäure und anschließender Vakuumsublimation.

Die Produktion von Salicylsäure in den Vereinigten Staaten belief sich 1985 auf ca. 15.000 t. Die westeuropäische Produktion wird auf ca. 20.000 t geschätzt; die größten Hersteller sind *Monsanto* und *Rhône Poulenc*.

Über die Hälfte der Salicylsäure dient zur Herstellung von Acetylsalicylsäure, einer der mengenmäßig bedeutendsten analgetischen Pharmawirksubstanzen. Acetylsalicylsäure wurde erstmals 1853 durch die Reaktion von Acetylchlorid mit Natriumsalicylat gewonnen. Die Einführung als Medikament erfolgte in Deutschland im Jahre 1899 (Aspirin) und in den USA im Jahre 1900. Acetylsalicylsäure wird durch Umsetzung von Salicylsäure und Essigsäureanhydrid in rostfreien oder mit Emaille ausgekleideten Reaktoren bei Temperaturen unter 98 °C hergestellt (Reaktionsdauer: 2 bis 3 Stunden). Die Aufarbeitung des Reaktionsgemisches erfolgt durch Kristallisation bei 0 °C.

Weitere wichtige Folgeprodukte der Salicylsäure sind die Amyl- und Methylester, die als Duftstoffe Verwendung finden.

5.3.4.5 Chlorierte Phenole

Chlorierte Phenole dienen insbesondere als Zwischenprodukte zur Herstellung von Pflanzenbehandlungsmitteln und Holzschutzmitteln. o-Chlorphenol entsteht als Hauptprodukt bei der Chlorierung von Phenol mit $NaOCl/HCl$; es dient zur Herstellung von Pentachlorphenol und zur Erzeugung des Insektizids Profenofos.

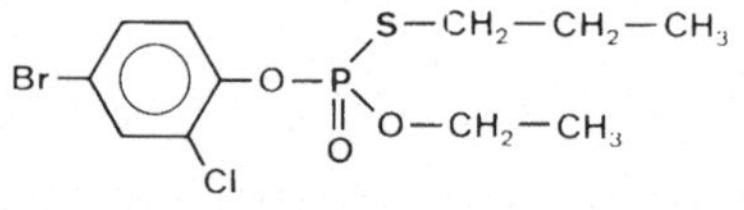

Profenofos

p-Chlorphenol kann durch Umsetzung von Phenol mit Sulfurylchlorid (SO_2Cl_2) in Gegenwart von $FeCl_3$ oder $AlCl_3$ in hoher Selektivität gewonnen werden.

Ein wichtiges Folgeprodukt des p-Chlorphenols ist das Fungizid Triadimefon *(Bayer)*, das durch Umsetzung von α-Brompinakon mit Natrium-p-chlorphenolat und anschließender Bromierung und Umsetzung mit 1,2,4-Triazol erhalten wird.

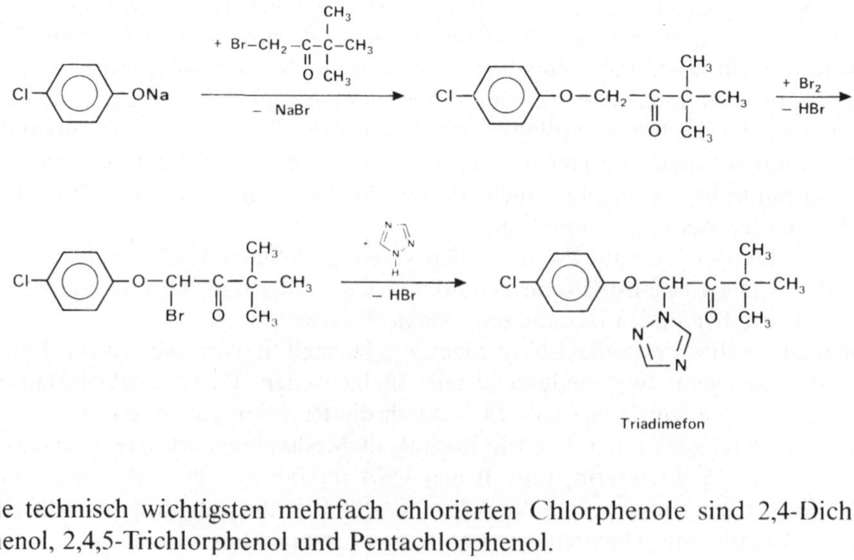

Triadimefon

Die technisch wichtigsten mehrfach chlorierten Chlorphenole sind 2,4-Dichlorphenol, 2,4,5-Trichlorphenol und Pentachlorphenol.

2,4-Dichlorphenol   2,4,5-Trichlorphenol   Pentachlorphenol

2,4-Dichlorphenol wird durch Chlorierung von Phenol in einem polaren Lösungsmittel wie Wasser oder Essigsäure bei Temperaturen von 70 bis 80 °C hergestellt; (insbesondere bei der Anwendung nicht-polarer Lösungsmittel mit einem Überschuß an Chlor entsteht vorwiegend 2,4,6-Trichlorphenol). Das Reaktionsprodukt wird durch fraktionierte Destillation gereinigt. Die westeuropäische Produktion an 2,4-Dichlorphenol liegt bei ca. 20.000 t/a. 2,4-Dichlorphenol dient hauptsächlich zur Herstellung der 1942 erstmals als Herbizid verwendeten 2,4-Dichlorphenoxyessigsäure (2,4-D), die durch Umsetzung von 2,4-Dichlorphenol und Monochloressigsäure bei 80 bis 100 °C und einem pH-Wert von 7 bis 11 hergestellt wird.

Auch die entsprechende Propionsäure (2,4-DP) wird in ähnlichem Größenmaßstab erzeugt. Die westeuropäische Gesamtproduktion lag 1985 bei ca. 20.000 t; in der gleichen Größenordnung lag 1985 der Verbrauch in den USA.

2,4-D

Abbildung 5.25 zeigt das Verfahrensschema der Herstellung von 2,4-Dichlorphenoxy-essigsäure.

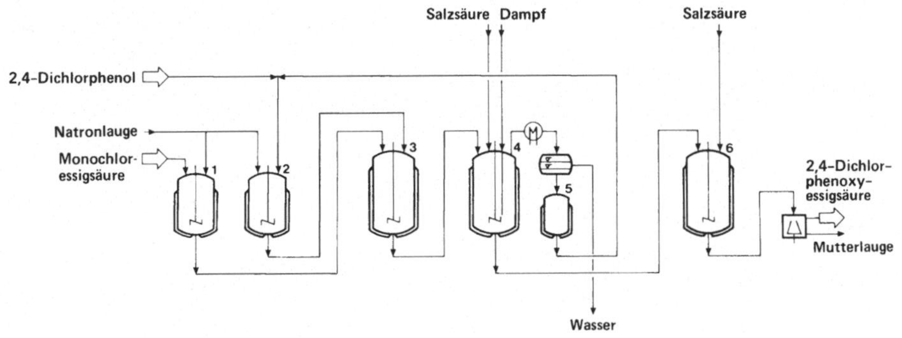

1 Neutralisationsbehälter; **2** Lösebehälter; **3** Reaktor; **4** Wasserdampfdestillationsblase; **5** 2,4-Dichlorphenol-Zwischenbehälter; **6** Fällungsbehälter

Abbildung 5.25: Verfahrensschema der Herstellung von 2,4-D

2,4-D, 2,4-DP sowie die im Kapitel 5.3.4.3.1 beschriebenen Kresol-Derivate MCPP und MCPA gehören zu der mengenmäßig wichtigsten Gruppe aromatischer Pflanzenschutzmittel, die vornehmlich zur Bekämpfung von Unkräutern verwendet wird. Eine interessante Neuentwicklung ist die Herstellung der besonders wirksamen, optisch reinen D-Formen der Phenoxypropionsäure-Derivate 2,4-DP und MCPP, wodurch die ökologische Belastung deutlich reduziert werden kann; bei diesem Verfahren wird biotechnologisch hergestellte D-Milchsäure als Aufbaukomponente benutzt.

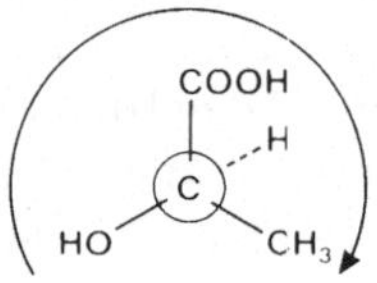

D-Milchsäure

Ein weiteres wichtiges Pflanzenschutzmittel auf der Basis von 2,4-Dichlorphenol ist das Diclofop-methyl, das über die Zwischenstufe Nitrofen (aus 2,4-Dichlorphenol und p-Nitrochlorbenzol) durch Reduktion der Nitrogruppe, Diazotierung und Verkochung des Diazoniumsalzes zum Phenol sowie anschließende Umsetzung mit 2-Chlorpropionsäuremethylester hergestellt wird.

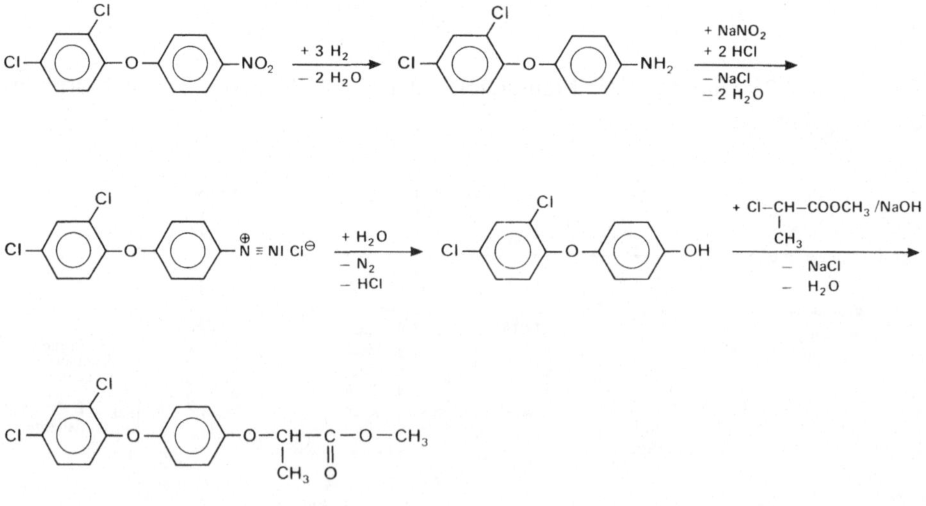

Dichlofop-methyl

Die Produktion dieses von *Hoechst* entwickelten Pflanzenschutzmittels lag 1985 bei ca. 5.000 t.

2,4,5-Trichlorphenol wird durch Chlorierung von Benzol mit 4 Mol Chlor über die Zwischenstufe 1,2,4,5-Tetrachlorbenzol hergestellt. Das Tetrachlorbenzol wird mit Natriumhydroxid bei Temperaturen von maximal 140 °C in Ethylenglycol oder Methanol hydrolysiert. Bei diesem Verfahrensschritt ist insbesondere durch genaue Temperaturkontrolle darauf zu achten, daß die Bildung von 2,3,7,8-Tetra-chlor-dibenzo-p-dioxin, eines der hochtoxischen der insgesamt 75 möglichen Chlordioxine, vermieden wird. 2,4,5-Trichlorphenol wird zur Herstellung des Her-bizides 2,4,5-Trichlorphenoxyessigsäure (2,4,5-T) eingesetzt.

2,3,7,8-Tetrachlor-dibenzo-p-dioxin

Pentachlorphenol wird z. B. durch Chlorierung von geschmolzenem Phenol bei Temperaturen von 100 bis 180 °C in Gegenwart eines Friedel-Crafts-Katalysators wie Eisenchlorid oder Aluminiumchlorid hergestellt. Die Reaktionszeit beträgt bis zu 15 Stunden. Das rohe Pentachlorphenol wird anschließend durch Destillation gereinigt; es war lange Zeit, auch in Form des Natriumsalzes, eines der wichtig-sten Holzschutzmittel.

Eine alternative Herstellungsmöglichkeit für Natrium-Pentachlorphenolat besteht in der Hydrolyse von Hexachlorbenzol in alkalischer Lösung bei 240 °C unter Druck. Die Bedeutung dieses Verfahrens ist allerdings rückläufig. Die Welt-produktion an Pentachlorphenol lag 1985 bei ca. 35.000 t.

Wegen der schlechten biologischen Abbaubarkeit der hochchlorierten Phenole und der Möglichkeit der Entstehung von Dioxinen und Dibenzofuranen bei ihrer Herstellung ist die Bedeutung dieser Produkte stark rückläufig und die Produktion in einigen Ländern eingestellt worden.

5.3.4.6 Nitrophenole

Von geringerer Bedeutung als Zwischenprodukte im Vergleich zu den Chlorphe-nolen sind die Nitrophenole. Nitrophenole können durch Nitrierung von Phenol oder bevorzugt durch nucleophile Substitution mit Alkalilösung der entsprechen-den Chlornitrobenzole (s. Kapitel 5.8.1) erhalten werden. Durch Nitrierung von Phenol wird ein o-/p-Gemisch aus ca. 55% o-Nitrophenol und 45% p-Nitrophenol gewonnen.

o-Nitrophenol wird vorwiegend unter Verwendung von Palladium/Aktivkohle zu o-Aminophenol reduziert, das als Ausgangsstoff zur Herstellung von Farbstof-fen und Pflanzenschutzmitteln, wie dem Insektizid Phosalon, dient. Hierzu wird o-Aminophenol mit Harnstoff zum Benzoxazol-2-on umgewandelt. Durch Chlorierung und Chlormethylierung erhält man 6-Chlor-3-chlormethyl-benzoxazol-2-on, das durch weitere Umsetzung mit O,O-Diethyldithiophosphorsäure (bzw. deren Salz) in Phosalon *(Rhône Poulenc)* überführt wird.

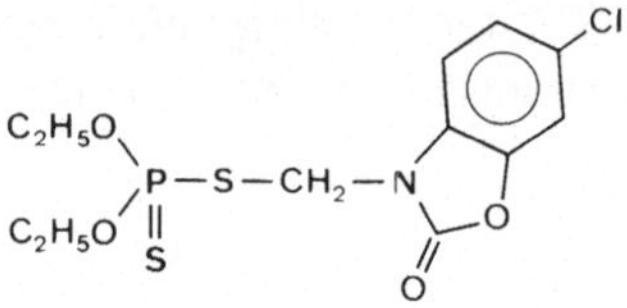

Phosalon

p-Nitrophenol dient vorwiegend als Zwischenprodukt zur Herstellung von p-Aminophenol, das zur Erzeugung von p-Acetaminophenol (Paracetamol), einem leichten Analgetikum, als photographischer Entwickler und als Farbstoffkomponente verwendet wird. Der überwiegende Teil des p-Aminophenols basiert allerdings nicht auf p-Nitrophenol, sondern wird aus Nitrobenzol durch katalytische Reduktion (Pt-Kontakt) in schwefelsaurem Medium über die Zwischenstufe Phenylhydroxylamin hergestellt. Diese Route wird insbesondere vom größten Paracetamol-Hersteller *Mallinckrodt* (USA) angewandt. Außerdem ist die Herstellung aus p-Nitrochlorbenzol möglich. Der weltweite Verbrauch an Paracetamol liegt bei ca. 27.000 t/a.

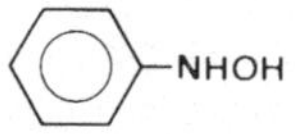

Phenylhydroxylamin

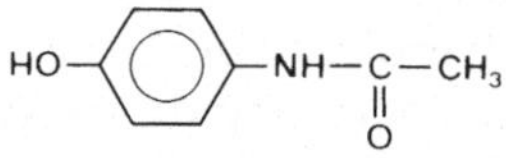

Paracetamol

Durch Umsetzung von p-Nitrophenol mit O,O-Dimethylthiophosphorsäurechlorid wird Methylparathion, ein Insektizid mit Breitbandwirkung, gewonnen.

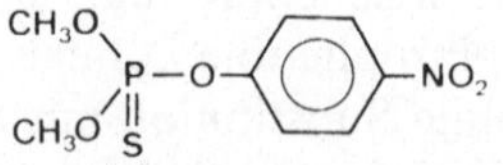

Methylparathion

Auch das Diethyl-Derivat dient als Insektizid; die Gesamtmenge dieser Phosphorsäureester wird weltweit auf ca. 20.000 t/a geschätzt.

Durch Nitrierung von Phenol in Schwefelsäure wird 2,4,6-Trinitrophenol (Pikrinsäure) hergestellt. Pikrinsäure dient vorwiegend als Zwischenprodukt zur Herstellung der Pikraminsäure, einem Farbstoffzwischenprodukt; die frühere große Bedeutung der Pikrinsäure als Sprengstoff ist heute nicht mehr gegeben.

Pikrinsäure   Pikraminsäure

5.3.4.7 Sonstige Phenol-Derivate

Durch Kolbe-Schmitt-Reaktion von Kaliumphenolat mit CO_2 bei 200 °C wird in 80%iger Ausbeute p-Hydroxybenzoesäure gewonnen, die in Form der Propyl- und Butylester als Konservierungsmittel für Kosmetika und Pharmaprodukte dient.

p-Hydroxybenzoesäurepropylester

In geringem Umfang dient p-Hydroxybenzoesäure zur Herstellung von p-Hydroxybenzonitril (Ammonolyse), einem Zwischenprodukt zur Gewinnung der Herbizide Bromoxynil und Ioxynil.

Bromoxynil   Ioxynil

p-Hydroxybenzonitril ist auch über p-Hydroxybenzaldehyd zugänglich, der durch Umsetzung von Glyoxylsäure und Phenol hergestellt werden kann.

p-Hydroxybenzaldehyd wird mit Hydroxylamin zum Oxim umgewandelt, das durch Dehydratisierung in das Nitril überführt wird.

Natriumphenolat reagiert mit Chloressigsäure zur Phenoxyessigsäure, die zur Herstellung von Penicillin V dient.

Phenoxyessigsäure

Penicillin V

Durch Umsetzung von Phenol mit Chloroform und Alkali (Dichlorcarben) bei 65 bis 70 °C erhält man Salicylaldehyd (Reimer-Tiemann-Synthese), aus dem durch Umsetzung mit Essigsäureanhydrid und Natriumacetat bei 135 bis 155 °C Cumarin gewonnen wird, das als Parfüm- und Riechstoff Verwendung findet (Perkin-Synthese).

Cumarin

5.3.4.8 Mehrwertige Phenole

Mehrwertige Phenole wie Di- und Trihydroxybenzol-Verbindungen, sind technisch im Vergleich zu Phenol von untergeordneter Bedeutung. Neben der Synthese ist die Gewinnung aus Tieftemperaturteeren, insbesondere aus der Pyrolyse von jungen Kohlen möglich.

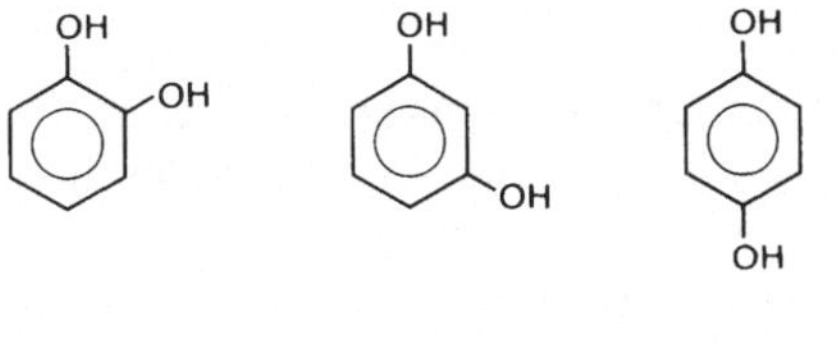

Brenzcatechin Resorcin Hydrochinon

Brenzcatechin (o-Dihydroxybenzol) wurde 1839 erstmals von Hugo Reinsch durch Destillation eines Tannin-ähnlichen Baumwollgerbstoffes hergestellt. Da es bei einer zersetzenden Destillation erhalten wurde, erhielt es zunächst den Namen Pyrocatechol.

Der Methylether des Brenzcatechins, das Guajacol, ist im Buchenholzteer enthalten, woraus Brenzcatechin durch Destillation mit Bromwasserstoffsäure gewonnen werden kann.

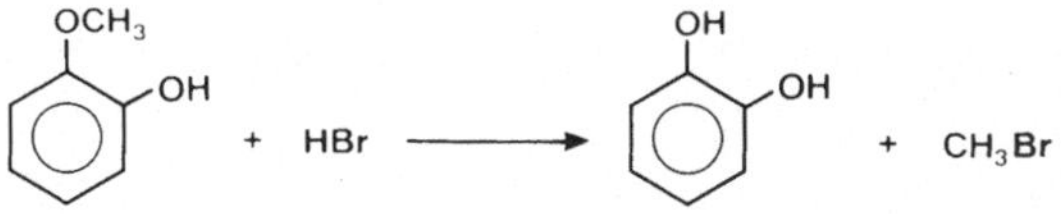

Guajacol

Die heute veraltete synthetische Herstellung von Brenzcatechin geht von o-sulfonierten oder -halogenierten Phenolen aus. Diese Phenol-Derivate werden unter Druck mit Alkali hydrolysiert und das Reaktionsprodukt mit einem Lösungsmittel wie Ether extrahiert. Die anschließende Reinigung des rohen Brenzcatechins erfolgt durch Destillation.

Bei der derzeit angewandten Syntheseroute fällt Brenzcatechin bei der Herstellung von Hydrochinon aus Phenol durch Oxidation mit Persäuren als Kuppelprodukt an. Brenzcatechin findet Verwendung als Antioxidans, vornehmlich für Terpentinöl und Riechstoffe. Für diesen Verwendungszweck wird insbesondere in den USA auch das durch Butylierung erhältliche 4-tert.-Butylbrenzcatechin eingesetzt.

4-tert.-Butylbrenzcatechin

Brenzcatechin dient außerdem als Ausgangsmaterial für die Herstellung des Riech- und Geschmacksstoffs Piperonal (3,4-Methylendioxy-benzaldehyd).

Piperonal

Ein wichtiges Pflanzenschutzmittel auf der Basis von Brenzcatechin ist das von *Bayer* und *FMC* erzeugte Carbofuran, das durch Umsetzung von Brenzcatechin mit Methallylchlorid, anschließender Claisen-Umlagerung bei ca. 200 °C und Ringschluß zum Benzofuran sowie folgender Umsetzung des Phenols mit Methylisocyanat in Gegenwart von Triethanolamin erhalten wird. (Ein alternativer Syntheseweg geht von o-Nitrophenol aus).

Carbofuran

Ein weiteres Insektizid auf der Basis von Brenzcatechin ist das Propoxur *(Bayer)*, das aus 1-Hydroxy-2-isopropoxybenzol und Methylisocyanat zugänglich ist.

$$H_3C \quad CH_3$$
$$CH$$
$$O$$
$$O-C-NH-CH_3$$
$$O$$

Propoxur

Brenzcatechin dient auch als Rohstoff zur Herstellung von Vanillin und Veratrol, das insbesondere zur Gewinnung von Papaverin (s. Kapitel 14.5.4) Verwendung findet.

$$OCH_3$$
$$OCH_3$$

Veratrol

Die Produktion von Brenzcatechin lag 1985 in West-Europa bei ca. 7.000 t.

Von größerer Bedeutung als Brenzcatechin ist Resorcin (m-Dihydroxybenzol), das erstmals 1868 von Wilhelm Körner durch Alkalischmelze von Jodphenol erzeugt wurde. Die heutigen technischen Prozesse zur Resorcin-Gewinnung gehen entweder von m-Benzoldisulfonsäure aus, die durch Alkalischmelze in das Dihydroxyprodukt umgewandelt wird *(Koppers, Hoechst)*, oder von m-Diisopropylbenzol, das in Analogie zur Hock'schen Phenol-Synthese zu Resorcin oxidiert wird.

Bei dem Resorcin-Verfahren von *Hoechst* werden zur Herstellung von Benzol-1,3-disulfonsäure flüssiges SO_3, Benzol und Na_2SO_4 (zur Verhinderung der Bildung von Sulfonen) bei 150 °C umgesetzt und die Disulfonsäure in einem Wirbelschichttrockner mit konzentrierter Natronlauge neutralisiert. Durch anschließende Schmelze mit Natriumhydroxid in elektrisch beheizten gußeisernen Kesseln bei 350 °C entsteht Resorcindinatrium, das in Wasser aufgelöst wird. Nach Ansäuern mit Schwefelsäure wird Resorcin aus der wäßrigen Phase mit einem geeigneten Lösungsmittel wie Diisopropylether extrahiert und durch Vakuumdestillation gereinigt.

Das Schema des *Hoechster* Verfahrens zeigt Abbildung 5.26.

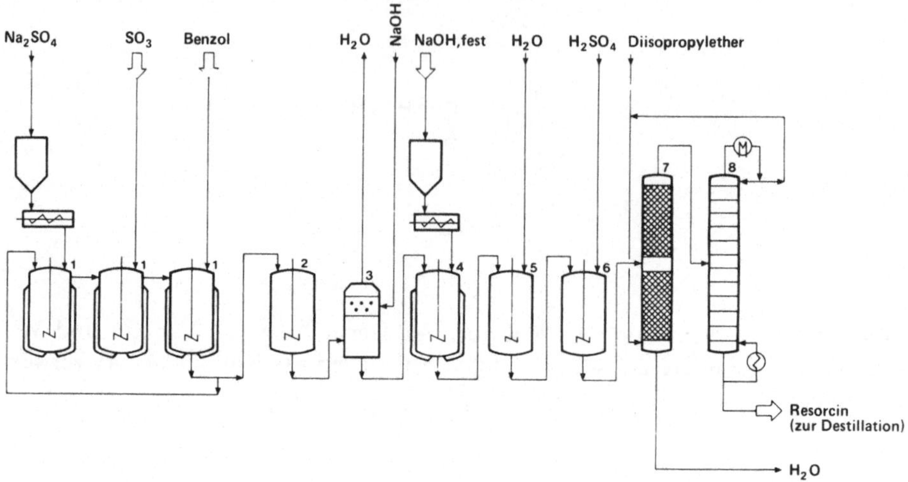

1 Reaktorkaskade; **2** Dosierbehälter; **3** Wirbelschichttrockner; **4** Backreaktor; **5** Lösebehälter; **6** Fällungsbehälter; **7** Extraktionskolonne; **8** Destillationskolonne

Abbildung 5.26: Resorcin-Herstellung durch Alkalischmelze von Benzol-1,3-disulfonsäure

Wegen des hohen Einsatzes anorganischer Hilfsstoffe ist versucht worden, dieses Verfahren durch ein rein organisches zu ersetzen. Die oxidative Spaltung von m-Diisopropylbenzol in Aceton und Resorcin hat sich jedoch nicht breit durchsetzen können, da wegen der beiden Isopropylgruppen die Zahl der Nebenprodukte wesentlich größer ist als bei der Cumol-Oxidation zur Herstellung von Phenol. Außerdem ist die Reaktionsgeschwindigkeit deutlich geringer, so daß nur geringe Raum-Zeit-Ausbeuten erzielt werden können. Wegen der Labilität des Diperoxids sind zudem besondere Anforderungen an den Sicherheitsstandard zu legen. Das Verfahren wird ausschließlich in Japan von *Mitsui Petrochemical* und *Sumitomo Chemical* angewandt.

Die Weltproduktion an Resorcin lag 1985 bei etwa 25.000 t. Durch Umsetzung von Resorcin mit Formaldehyd hergestellte Resorcinharze werden als Spezialkleber in der Holzindustrie und als Haftvermittler insbesondere in Kombination mit Vinylpyridin-Latex für Gummi mit Stahlcord eingesetzt.

Durch Umsetzung von Resorcin mit Benzotrichlorid oder Benzoylchlorid erhält man 2,4-Dihydroxybenzophenon, das mit Octylchlorid zum 2-Hydroxy-4-octyl-

2-Hydroxy-4-octyloxybenzophenon

oxybenzophenon, einem wichtigen UV-Absorber für die Stabilisierung von Poly-
olefin-Filmen umgesetzt wird.

Ein neues Verfahren zur Herstellung von m-Aminophenol der *Sumitomo Chemical* geht von Resorcin aus. Resorcin wird dabei mit Ammoniak in einer Reaktionsstufe zum m-Aminophenol umgesetzt; es wird z. B. mit CO_2 bei 5 bis 10 bar in alkalischem Medium in die 4-Aminosalicylsäure, einem Antituberkulotikum, überführt.

m-Aminophenol   4-Aminosalicylsäure

Bislang wurde m-Aminophenol vorwiegend durch Alkalischmelze von 3-Amino-benzolsulfonsäure (Metanilsäure) hergestellt.

Hydrochinon (p-Dihydroxybenzol) wurde 1820 erstmals von Pierre Joseph Pelletier und Josef Caventon durch trockene Destillation von Chininsäure hergestellt. Die Struktur wurde 1844 von Friedrich Wöhler aufgeklärt.

Chininsäure

Die klassische Methode zur Herstellung von Hydrochinon beruht auf der Oxidation von Anilin mit Mangandioxid oder Natriumdichromat in Schwefelsäure. Das als Zwischenprodukt anfallende Chinon wird durch Eisenspäne in wässriger Salzsäure zum Hydrochinon reduziert. Dieses Verfahren, das z. B. in Indien und China angewendet wird, ist durch einen hohen Anfall an Mangan- oder Chrom- sowie Eisensalzen und Ammoniumsulfat gekennzeichnet. Aus diesem Grunde wurde zur Herstellung von Hydrochinon die oxidative Spaltung in Analogie zur Phenol-Synthese von p-Diisopropylbenzol entwickelt. Dieser Prozeß, dessen Schema Abbildung 5.27 zeigt, ist u.a. in den Vereinigten Staaten *(Goodyear)* und in Japan *(Mitsui Petrochemical)* zur kommerziellen Reife geführt worden.

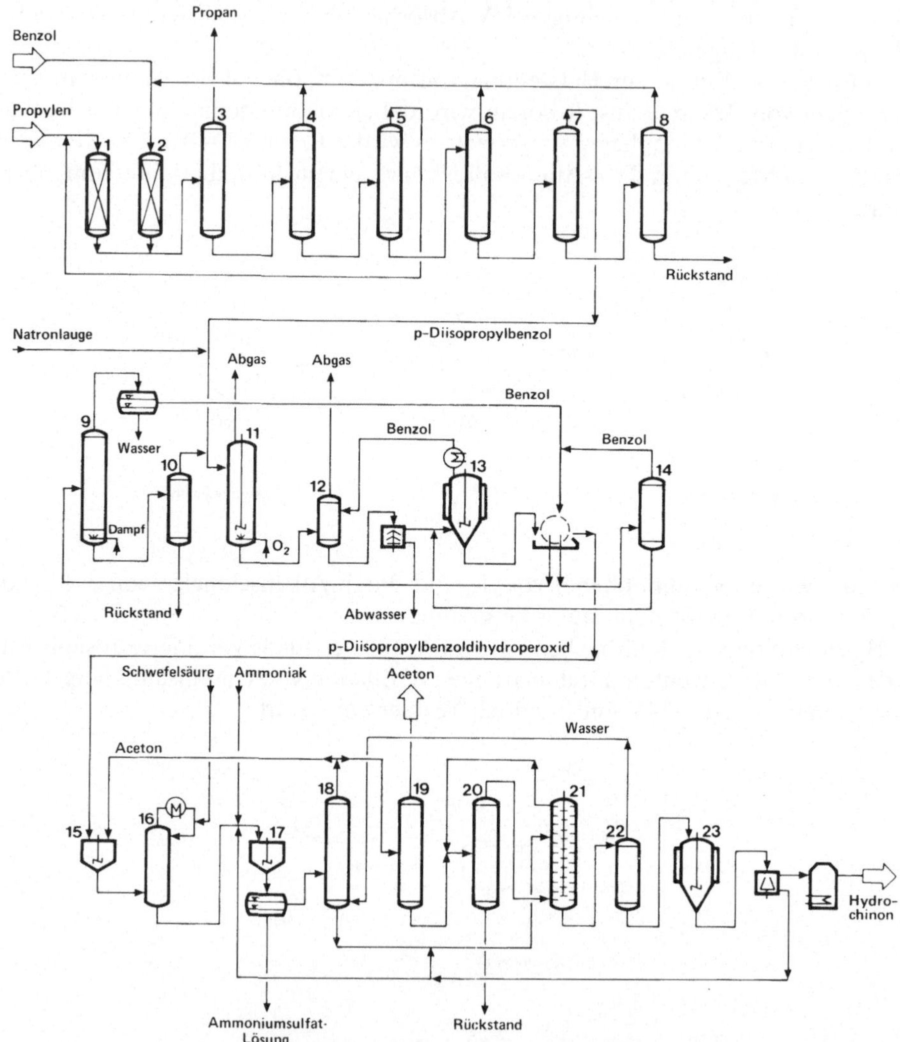

1 Alkylierungsreaktor; 2 Transalkylierungsreaktor; 3 Entpropanisierkolonne; 4 Benzol-Kolonne; 5 Cumol-Kolonne; 6 o-/m-Diisopropylbenzol-Kolonne; 7 p-Diisopropylbenzol-Kolonne; 8 Triisopropylbenzol-Kolonne; 9 Benzol-Rückgewinnung; 10 Monohydroperoxid-Strippkolonne; 11 Oxidationsreaktor; 12 Entspannungsbehälter; 13 Kristallisator; 14 Benzol-Rückgewinnung; 15 Lösebehälter; 16 Spaltungsreaktor; 17 Neutralisationsbehälter; 18 Gegenlösungsmittel-Kolonne; 19 Aceton-Kolonne; 20 Benzol-Rückgewinnung; 21 Extraktor; 22 Stripp-Kolonne; 23 Kristallisator

Abbildung 5.27: Herstellung von Hydrochinon durch oxidative Spaltung von p-Diisopropylbenzol

Nach einem Verfahren von *Rhône-Poulenc* werden Hydrochinon und Brenzca-techin bei ca. 90 °C durch Umsetzung von Phenol mit Perameisensäure oder ande-ren Persäuren in Gegenwart von Phosphorsäure gewonnen. Der Anfall des Kop-pelproduktes Brenzcatechin ist bei diesem Prozeß allerdings nur begrenzt steuerbar.

Abbildung 5.28 zeigt das Verfahrensschema des *Rhône-Poulenc*-Prozesses.

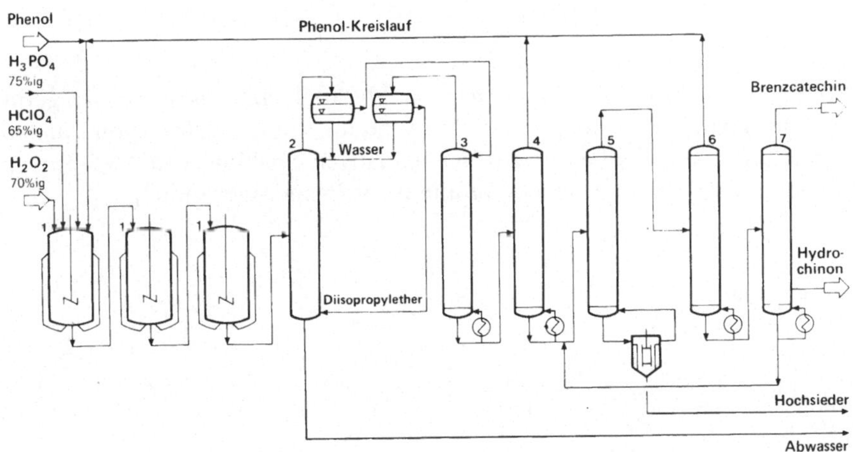

1 Reaktorkaskade; **2** Extraktionskolonne; **3** Diisopropylether-Wasser-Abtrennung; **4** Vor-konzentrationskolonne; **5** Hochsieder-Abtrennung; **6** Aufkonzentrationskolonne; **7** Brenzca-techin/Hydrochinon-Kolonne

Abbildung 5.28: Verfahren zur Herstellung von Hydrochinon und Brenzcatechin durch Oxida-tion von Phenol

Durch elektrochemische Oxidation von Benzol, die sehr selektiv ist, kann Hydro-chinon in hoher Reinheit gewonnen werden. Technische Anwendung hat dieses Verfahren bisher allerdings noch nicht gefunden.

Die Weltproduktion an Hydrochinon liegt bei ca. 25.000 t/a. Hydrochinon fin-det insbesondere Verwendung in der Photographie als Entwickler und dient zur Herstellung von Antioxidantien durch Umsetzung mit Aminen sowie als Polyme-risationsinhibitor und Farbstoffvorprodukt.

Hydrochinon kann auch als Rohstoffbasis zur Herstellung von Chinacridon-Pigmenten (s. Kapitel 7.3.2) nach Carboxylierung (Kolbe-Schmitt) zur 2,5-Dihydroxyterephthalsäure und Umsetzung mit Arylaminen (z. B. Anilin) dienen.

Durch Umsetzung des Dikaliumsalzes des Hydrochinons mit 4,4'-Difluordiphenylketon erhält man den hochtemperaturbeständigen Kunststoff Polyetheretherketon (PEEK).

PEEK

Ein neues Verfahren zur Herstellung von Phloroglucin, das in relativ geringer Menge als Pharmazwischenprodukt Verwendung findet, wurde von *Sumitomo Chemical* entwickelt. Es basiert auf der oxidativen Spaltung von 1,3,5-Triisopropylbenzol in Analogie zum Hock-Verfahren zur Phenol-Gewinnung.

Phloroglucin

5.4 Benzol-Hydrierung – Cyclohexan

Cyclohexan ist ein bedeutendes Zwischenprodukt zur Herstellung von Nylon 6 über Caprolactam bzw. von Nylon 6,6 über Adipinsäure. Mit der Herstellung der Nylonfasern, die 1937 bei *Du Pont* und kurze Zeit später bei der *IG Farbenindustrie* begann, nahm der Bedarf an Cyclohexan deutlich zu. Die Gewinnung ist möglich durch Aufarbeitung entsprechender Mineralölfraktionen sowie durch Hydrierung von Benzol.

Die destillative Gewinnung von Cyclohexan aus Mineralölfraktionen ist gegenüber der Benzol-Hydrierung heute nur in Einzelfällen (z. B. *Phillips Petroleum/ Borger, Tx*) konkurrenzfähig, da die Abtrennung der Siedebegleiter wie Methylcyclopentan einen hohen Energieaufwand erfordert. Die Reinheit des auf diesem Wege hergestellten Cyclohexans liegt im allgemeinen bei 85%; höhere Reinheiten können durch Extraktivdestillation erzeugt werden.

Überwiegend wird Cyclohexan durch Hydrierung von Benzol hergestellt. Aus thermodynamischen Gründen sollte die Reaktionstemperatur ca. 220 °C nicht überschreiten, da der Benzol-Anteil aufgrund des Gleichgewichts dann zu groß ist und die Isomerisierung zunimmt.

$$\text{C}_6\text{H}_6 + 3\ \text{H}_2 \longrightarrow \text{C}_6\text{H}_{12} \qquad \Delta H_{298} = -206\ \text{kJ/Mol}$$

Während die älteren Hydrierverfahren wegen des zum Einsatz gelangenden schwefelhaltigen Benzols mit schwefelfesten Katalysatoren arbeiten mußten, fordern die neuen Verfahren, die Nickel- und Edelmetallkatalysatoren verwenden, ein sehr reines Benzol mit einem Schwefelgehalt unter 1 ppm. Die Hydrierung erfolgt in der Gasphase mit einem Festbett-Katalysator oder in der Flüssigphase mit einem suspendierten Katalysator. Typisch für einen Flüssigphasenprozeß ist das Verfahren des *Institut Francais du Pétrole (IFP)*. Das Verfahrensschema dieses Prozesses zeigt Abbildung 5.29.

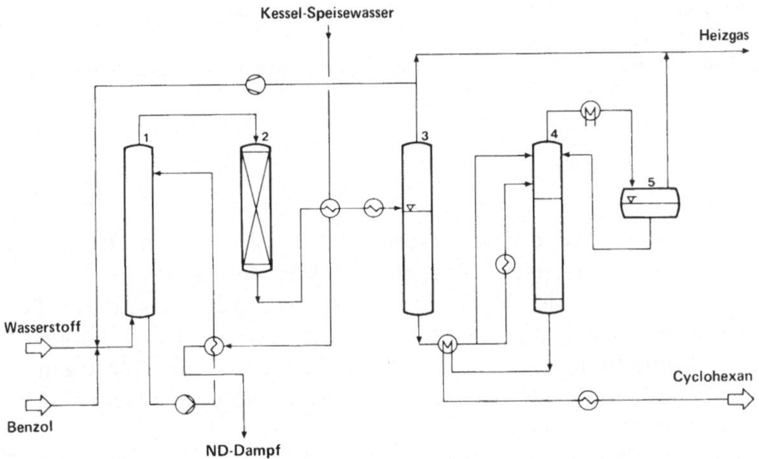

1 Hauptreaktor; **2** Nachreaktor; **3** Abscheider; **4** Stabilisier-Kolonne; **5** Abscheider

Abbildung 5.29: Verfahren zur Herstellung von Cyclohexan durch Flüssigphasenhydrierung von Benzol

Bei diesem Verfahren werden Benzol und Wasserstoff ohne Vorerhitzung in den Reaktor eingespeist, in dem der Katalysator (Raney-Nickel) in flüssigem Cyclohexan suspendiert ist. Die Wärmeabfuhr erfolgt durch einen Kreislauf mit außenliegendem Wärmeaustauscher. Das erzeugte Cyclohexan wird aus dem Reaktor dampfförmig mit einem geringen Wasserstoffüberschuß in einen Nachhydrierreaktor geleitet. Der Hauptreaktor arbeitet nach dem Blasensäulen-Prinzip, der Nachreaktor als Festbettreaktor. Zur Vermeidung der Isomerisierung von Cyclohexan zu Methylcyclopentan ist die Einhaltung einer oberen Temperaturgrenze von ca. 230 °C erforderlich; die Ausbeute liegt bei 99,8%.

Beispielhaft für einen Flüssigphasenprozeß mit Festbettreaktor (Pt-Kontakt) zur Hydrierung von Benzol ist das von *UOP* entwickelte Hydra-Verfahren, dessen Verfahrensschema Abbildung 5.30 zeigt.

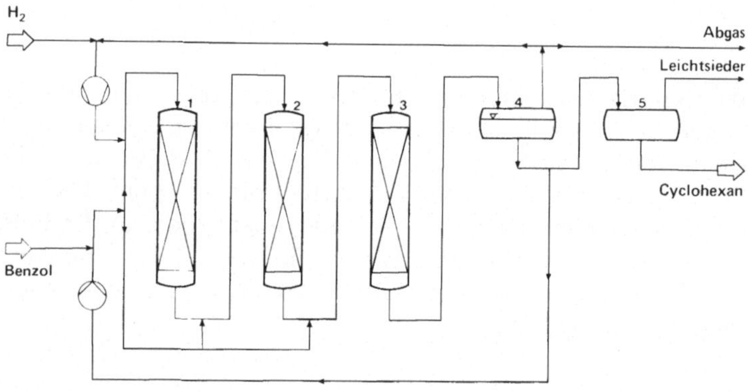

1–3 Hydrierreaktoren; **4** Gasabscheider; **5** Entspannungsgefäß

Abbildung 5.30: Verfahren zur Herstellung von Cyclohexan durch Flüssigphasenhydrierung von Benzol

Die Reaktionstemperatur variiert zwischen 200 und 350 °C; der Druck im Reaktor liegt bei 30 bar; das Wasserstoff/Benzol-Verhältnis beträgt 3:1.

Ursprünglich basierte der Hydra-Prozeß auf Platin-Katalysatoren, die mit Lithiumsalz dotiert waren; neuerdings finden auch Nickel-Katalysatoren Verwendung. Durch Einhaltung einer geringen Verweilzeit wird dafür Sorge getragen, daß sich trotz der hohen Reaktionstemperatur das Cyclohexan/Methylcyclopentan-Gleichgewicht nicht einstellen kann.

Die nur vereinzelt angewandte Gasphasenhydrierung von Benzol (z. B. Bexane-Verfahren/*DSM*) wird bei Temperaturen bis 370 °C und einem Druck von 30 bar am Pt-Kontakt durchgeführt.

Für die Qualität des gewonnenen Cyclohexans ist insbesondere die Reinheit des eingesetzten Benzols von Bedeutung. Üblicherweise liegt die Konzentration des

Rein-Cyclohexans bei 99,5%; der Benzol-Gehalt beträgt weniger als 300 ppm, während der Aliphaten-Gehalt auf 5.000 ppm begrenzt ist.

In Tabelle 5.6 sind die Produktionszahlen der wichtigsten Erzeugerländer von Cyclohexan zusammengestellt.

Tabelle 5.6: Produktion von Cyclohexan (1985)

	(1.000 t)
USA	790
Kanada	90
Brasilien	50
Bundesrepublik Deutschland	160
Italien	45
Belgien/Niederlande	265
Großbritannien	240
Japan	530
Andere Länder	530
Gesamtproduktion	2.700

Die wichtigsten Folgeprodukte des Cyclohexans sind die Polyamid-Bausteine Adipinsäure und Caprolactam, die durch Oxidation von Cyclohexanol bzw. durch Oxim-Bildung von Cyclohexanon und Beckmann-Umlagerung zugänglich sind.

$$HOOC-(CH_2)_4-COOH$$

Adipinsäure

ε -Caprolactam

5.5 Nitrobenzol und Anilin

Nitrobenzol und das zunächst aus Steinkohlenteerbasen gewonnene Anilin gehörten in der Entwicklungsphase der industriellen Farbstoffchemie in der Mitte des letzten Jahrhunderts zu den wichtigsten Aromaten.

Nitrobenzol

Anilin

5.5.1 Nitrobenzol

Nitrobenzol wurde im Jahre 1834 erstmals von Eilhard Mitscherlich durch Nitrieren von Benzol hergestellt. 1847 wurde in England die Herstellung aus Steinkohlenteerbenzol patentiert und von Charles B. Mansfield technisch ausgearbeitet; 1848 wurde in Frankreich die Fabrikation aufgenommen.

Nitrobenzol findet insbesondere als Zwischenprodukt zur Herstellung von Anilin Verwendung; außerdem dient es als Grundstoff zur Gewinnung von 3-Chlornitrobenzol, m-Nitrobenzolsulfonsäure sowie von p-Aminophenol; die früher wichtige Herstellung des Farbstoffzwischenproduktes Benzidin ist wegen der karzinogenen Wirkung heute unbedeutend. Die technische Herstellung von Nitrobenzol erfolgt durch isotherme Nitrierung von Benzol. Dabei wird als nitrierendes Agens eine Mischsäure, bestehend aus 40% HNO_3, 40% H_2SO_4 und 20% Wasser eingesetzt. Während das Verfahren früher im allgemeinen diskontinuierlich in Chargenprozessen durchgeführt wurde, überwiegt heute die kontinuierliche Fahrweise in Anlagen mit einer Kapazität bis zu 100.000 t/a. Als Werkstoffe zur Auslegung der Apparaturen werden Edelstähle eingesetzt, die infolge der Passivierungseffekte korrosionsbeständig sind.

Abbildung 5.31 zeigt das Verfahrensschema des von *Bofors Nobel Chemie* entwickelten kontinuierlichen Nitrierungsprozesses.

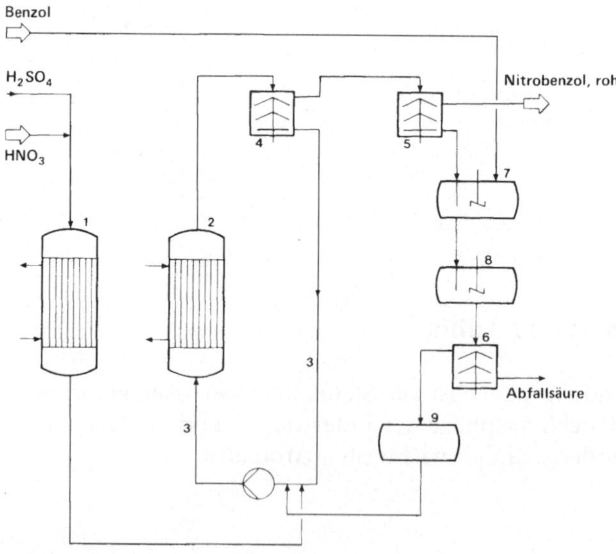

1 und **2** Kühler; **3** Pumpenkreislauf-Reaktor; **4–6** Zentrifugalseparatoren; **7** und **8** Ausrührgefäße; **9** Benzol-Zwischenbehälter

Abbildung 5.31: Verfahrensschema der kontinuierlichen Nitrierung von Benzol

Da die Nitrierung heterogen zwischen der anorganischen und der organischen Phase abläuft, werden Benzol und Mischsäure intensiv durchmischt. Die Nitrierung findet dabei hauptsächlich in der Säurephase statt. Die bei 60 °C durchgeführte Reaktion wird mit einem molaren HNO_3/Benzol-Verhältnis von 0,94 bis 0,98 durchgeführt. Die Ausbeute beträgt ca. 98% bezogen auf HNO_3. Als Nebenprodukte fallen Oxidationsprodukte des Nitrobenzols mit phenolischer Struktur an, die bei der wäßrig-alkalischen Weiterbehandlung des Reaktionsproduktes in Lösung gehen. Sicherheitstechnische Maßnahmen spielen bei der Durchführung der technischen Nitrierung zur Vermeidung von Explosionen eine besondere Rolle. Da die Nitrierung exotherm verläuft und bei erhöhter Temperatur eine Zersetzung der Nitroprodukte auftreten kann, sind eine exakte Temperaturkontrolle, gute Durchmischung und gute Wärmeabführung von wesentlicher Bedeutung. Nitrieranlagen werden daher häufig unter Stickstoff-Atmosphäre betrieben.

In Tabelle 5.7 sind die Produktionskapazitäten für die wichtigsten Nitrobenzol produzierenden Länder zusammengestellt.

Tabelle 5.7: Produktionskapazitäten von Nitrobenzol (1985)

	(1.000 t)
USA	650
Brasilien	15
Belgien	200
Bundesrepublik Deutschland	240
Portugal	70
Großbritannien	160
Japan	90
Indien	20
Andere Länder	255
Gesamtkapazität westl. Welt	1.700

Neben der Herstellung von Anilin (s. Kapitel 5.5.2) dient Nitrobenzol in untergeordnetem Maßstab zur Gewinnung von m-Nitrochlorbenzol und m-Nitrobenzolsulfonsäure sowie zur Herstellung von p-Aminophenol (s. Kapitel 5.3.4.6).

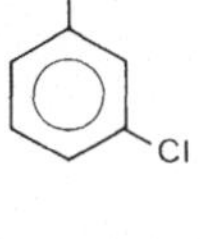

m-Nitrochlorbenzol 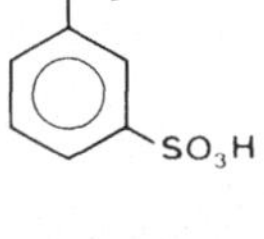   m-Nitrobenzolsulfonsäure

m-Nitrochlorbenzol ist durch Nitrierung von Chlorbenzol nur in geringer Ausbeute gewinnbar. Es wird daher bevorzugt durch Chlorierung von Nitrobenzol in Gegenwart von Lewis-Säuren, wie Eisen-III-chlorid hergestellt; die Aufarbeitung des rohen Reaktionsproduktes erfolgt durch Destillation. m-Nitrochlorbenzol dient vorwiegend zur Herstellung von m-Chloranilin, einem Ausgangsprodukt zur Herstellung von Pflanzenschutzmitteln und Pharmazeutika, wie dem 4,7-Dichlorchinolin (s. Kapitel 14.5.3).

m-Nitrobenzolsulfonsäure wird durch Sulfonierung von Nitrobenzol in hoher Selektivität erhalten. Sie dient hauptsächlich zur Gewinnung von m-Aminophenol durch Alkalischmelze. m-Aminophenol (s. Kapitel 5.3.4.8) findet Verwendung zur Herstellung von Pflanzenschutzmitteln, Pharmazeutika und Farbstoffen sowie zur Erzeugung von 3,4'-Diaminodiphenylether, der zur Gewinnung einer hochwertigen Aramid-Faser (Technora) eingesetzt wird *(Teijin)*.

Technora

5.5.2 *Anilin*

Mit deutlichem Abstand wichtigstes Folgeprodukt des Nitrobenzols ist das Anilin. Anilin wurde 1826 erstmals von Otto Unverdorben bei der Destillation von Indigo erhalten und als „Krystallin" bezeichnet, da es mit Schwefelsäure gut kristallisierende Salze bildet. Das 1841 von Nikolai N. Zinin eingeführte Verfahren der Reduktion von Nitrobenzol mit Eisen und heißer Salzsäure wird auch heute noch großtechnisch angewandt, da die entstehenden Eisenoxide als Pigmente verwendet werden können.

Die chargenweise durchgeführte Reduktion führt zu einem Rohanilin, das destillativ gereinigt wird; die Anilin-Ausbeute liegt bei ca. 99%.

Eine neuere Verfahrensentwicklung zur Herstellung von Anilin ist die kontinuierliche Gasphasenhydrierung von Nitrobenzol im Fließbett oder im Festbett.

Abbildung 5.32 zeigt das von *American Cyanamid* entwickelte Fließbett-Verfahren, das bei einer Reaktionstemperatur von 270 °C und einem Druck von 1,8 bar arbeitet. Als Katalysator wird mit Kupfer dotiertes Silicagel verwendet. Die Ausbeute liegt auch bei diesem Verfahren bei ca. 99%; ähnlich arbeitet das Verfahren der *BASF*.

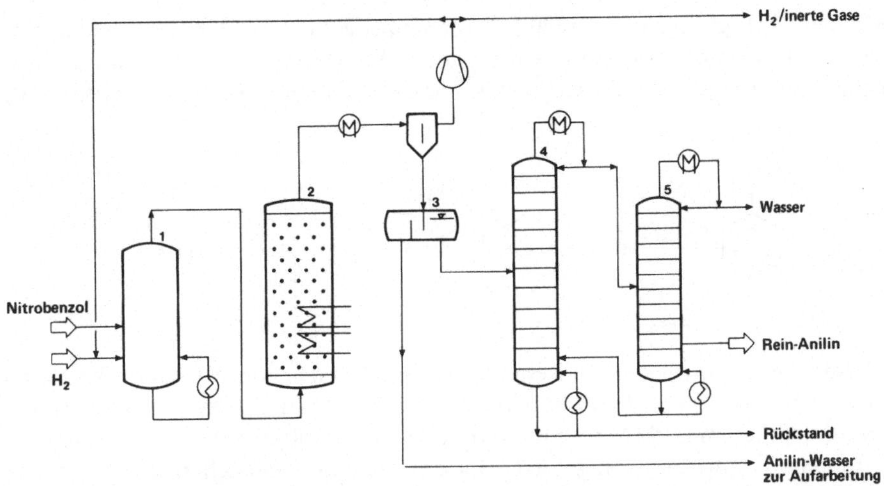

1 Sättiger; **2** Reaktor; **3** Abscheider; **4** Rohanilin-Fraktionierung; **5** Entwässerung

Abbildung 5.32: Herstellung von Anilin durch Gasphasenhydrierung nach dem Fließbett-Verfahren

Typisch für die Gasphasenhydrierung im Festbett ist ein von *Lonza/Alusuisse*
(Abbildung 5.33) entwickeltes Verfahren. Dabei wird Nitrobenzol in Wasserstoff
von 2 bis 15 bar im Verhältnis 1,5 bis 1,6 eingedüst. Das Reaktionsgemisch tritt
dann in den auf 150 bis 300 °C erhitzten Gaskreislauf ein. Als Katalysator dient
Kupfer auf Bimsstein. Das mit einem Festbettkatalysator arbeitende Verfahren
von *Bayer* benutzt NiS-Kontakte; die Reaktion läuft bei 300 bis 470 °C ab.

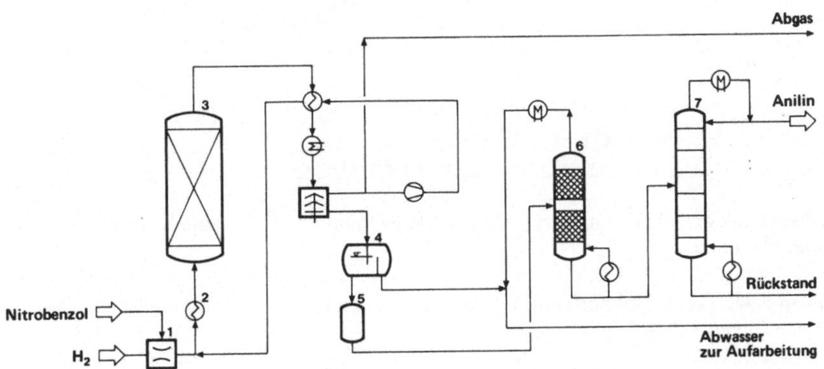

1 Zerstäuber; **2** Verdampfer; **3** Festbett-Reaktor; **4** Abscheider; **5** Rohprodukt-Vorlage;
6 Entwässerungskolonne; **7** Destillation

Abbildung 5.33: Anilin-Herstellung durch Gasphasenhydrierung nach dem Festbett-Verfahren

Mit der Verfügbarkeit von relativ kostengünstigem Phenol aus der Hock-Synthese durch Cumol-Oxidation wurde auch die Herstellung von Anilin durch Gasphasenammonolyse (400 °C, 200 bar) von Phenol wirtschaftlich durchführbar.

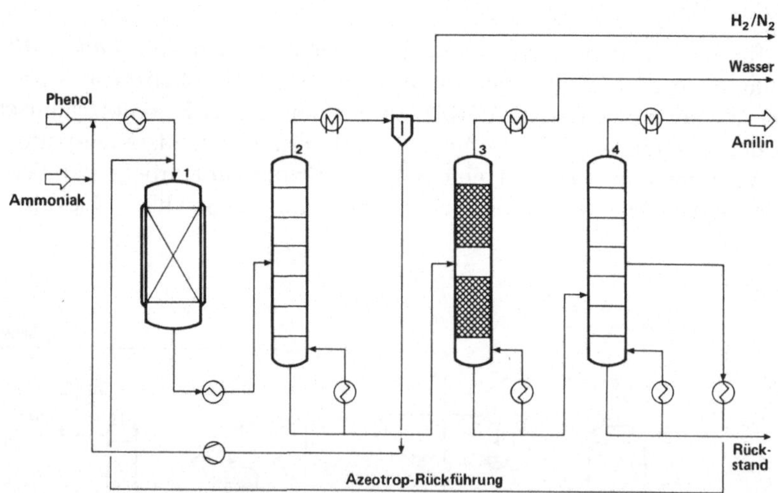

Das von *Halcon* entwickelte mit einem Festbett-Katalysator arbeitende Verfahren wird von *Mitsui Petrochemical*/Japan und *Aristech*/USA betrieben. Als Katalysator werden Siliciumoxid/Aluminiumoxid oder Siliciumboroxide mit Zusätzen von Wolfram und Vanadium eingesetzt. Bei der Reaktion entstehen als Nebenprodukte Diphenyl- und Triphenylamin sowie Carbazol. Der Vorteil des Verfahrens liegt insbesondere in den geringen Investitionskosten im Vergleich zu dem auf Nitrobenzol basierenden Verfahren.

Abbildung 5.34 zeigt das Fließbild des *Halcon*-Prozesses.

1 Festbett-Reaktor; **2** Kolonne zur NH$_3$-Rückgewinnung; **3** Trocknungskolonne; **4** Anilin-Fraktionierkolonne

Abbildung 5.34: Verfahren zur kontinuierlichen Herstellung von Anilin durch Gasphasenammonolyse von Phenol

Die früher von *Dow* in Analogie zur Phenol-Synthese aus Chlorbenzol in den USA betriebene Chlorbenzol-Ammonolyse ist seit mehreren Jahren ohne technische Bedeutung.

In Tabelle 5.8 sind die Produktionskapazitäten der wichtigsten Erzeugerländer von Anilin zusammengestellt; es ist auffallend, daß die Anilin-Produktion auf nur wenige Länder beschränkt ist.

Tabelle 5.8: Produktionskapazitäten von Anilin (1985)

	(1.000 t)
USA	570
Belgien	110
Bundesrepublik Deutschland	200
Großbritannien	115
Portugal	50
Japan	175
Schweiz	15
Andere Länder	165
Gesamtkapazität	1.400

Der Verbrauch von Anilin in den USA betrug 1985 ca. 350.000 t.

5.5.3 Anilin-Derivate

Die wichtigsten Verwendungsgebiete des Anilins sind derzeit die Herstellung von 4,4'-Diphenylmethandiisocyanat (MDI) sowie von Chemikalien, die bei der Verarbeitung von Kautschuk, insbesondere als Vulkanisationsbeschleuniger oder als Antioxidantien dienen. Die früher dominierenden Farbstoffe sowie Pflanzenschutzmittel und Faserrohstoffe ergänzen die Palette der Anilin-Einsatzgebiete.

Dementsprechend sind die bedeutendsten Zwischenprodukte aus Anilin das durch Umsetzung mit Formaldehyd erhältliche Gemisch aus 4,4'- und 2,4'-Diaminodiphenylmethan und die dabei entstehenden höheren Polyamine sowie die als Gummizusatzmittel verwendeten Komponenten 2-Mercaptobenzothiazol und Cyclohexylamin. Zur Farbstoffherstellung dienen insbesondere N,N-Dialkylaniline, während Phenylhydrazin als Zwischenprodukt zur Herstellung von Pflanzenschutzmitteln, Pharmazeutika und Farbstoffen Verwendung findet. Weitere wichtige Anilin-Folgeprodukte sind die Sulfanilsäure und Acetanilid.

5.5.3.1 4,4'-Diphenylmethandiisocyanat (MDI)

4,4'-Diphenylmethandiisocyanat ist nach Toluylendiisocyanat (s. Kapitel 6.1.2) das mengenmäßig zweitwichtigste aromatische Isocyanat.

Bei der Umsetzung von Formaldehyd mit Anilin in Gegenwart von Säuren (z. B. HCl) erhält man auch einen Angriff des Formaldehyds auf den Aminstickstoff; mit Anilin ist eine Folgereaktion zum p-Aminobenzylanilin und höher molekularen sekundären Aminen möglich. In der zweiten Reaktionsstufe werden die sekundären Amine zu primären Aminen „isomerisiert", wobei die Reaktionszeit ca. 4 h beträgt.

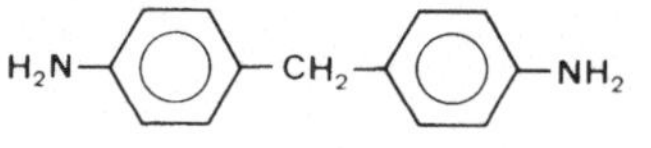

4,4'-Diaminodiphenylmethan

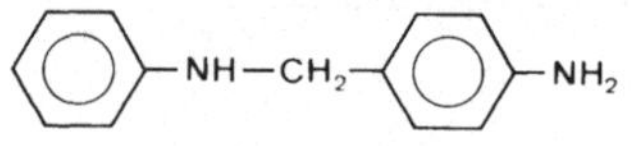

p-Aminobenzylanilin

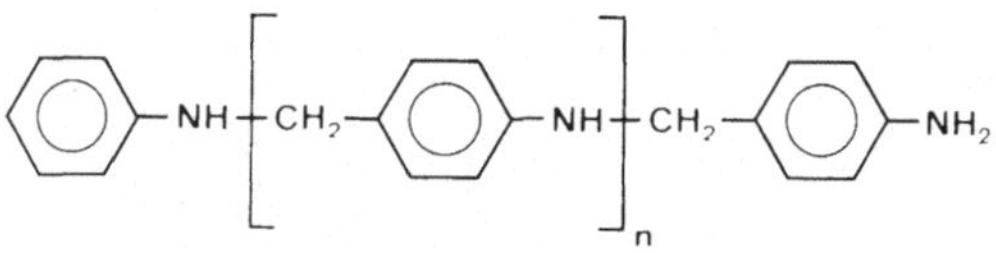

Polyamin-Gemisch

Bei dem säurekatalytischen Verfahren wird die Kondensation in der ersten Stufe bei 50 bis 70 °C durchgeführt, während in der zweiten Stufe eine Temperatur von ca. 105 °C und ein Druck von 3 bar angewandt wird. Die anschließende Neutralisation wird bei 90 bis 100 °C durchgeführt, um die Polyamine in flüssigem Zustand zu halten. Die Aufarbeitung des rohen Amin-Gemisches erfolgt durch Destillation, wobei ca. 60% 4,4'-Diamin, 5% 2,4'-Diamin und 35% Polyamine gewonnen werden.

Temperaturerhöhung und Vergrößerung des Verhältnisses Anilin/Formaldehyd begünstigen die Bildung des 2,4'-Isomeren zu Lasten des 4,4'-Isomeren.

Abbildung 5.35 zeigt ein Verfahrensschema der Herstellung von Diaminodiphenylmethan.

Nach Destillation der Amine zur Gewinnung von 4,4'-Diaminodiphenylmethan und der Polyamin-Fraktion erfolgt die Umsetzung mit Phosgen bei Temperaturen bis zu 140 °C in Lösungsmitteln wie Dichlorbenzol.

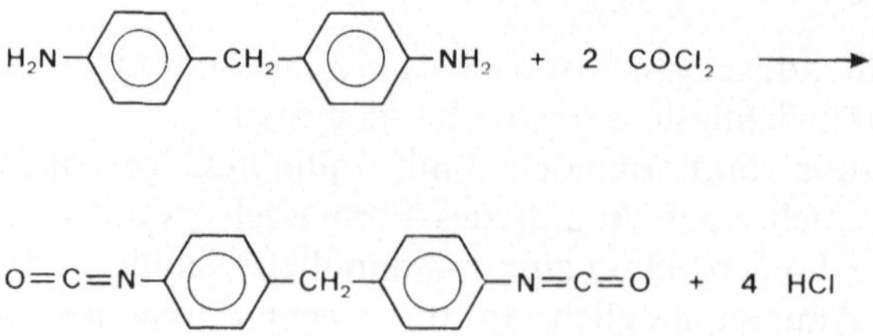

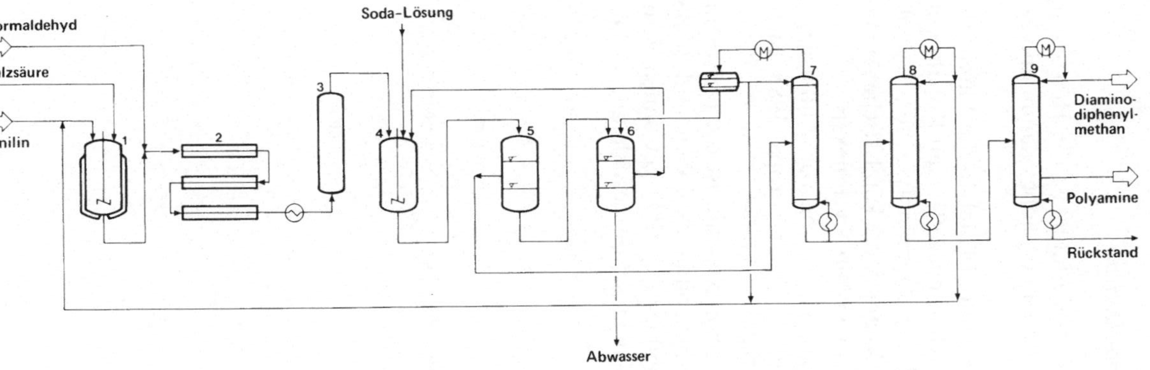

1 Reaktor; **2** Rohrreaktor; **3** Nachreaktor; **4** Neutralisationsbehälter; **5** und **6** Phasentrennbehälter; **7** Entwässerungskolonne; **8** Anilin-Kolonne; **9** Amin-Kolonne

Abbildung 5.35: Verfahrensschema der Herstellung von Diaminodiphenylmethan

Durch Abtrennung des Lösungsmittels in Dünnschichtverdampfern wird das MDI konzentriert; es wird z. B. mit Polyester-Alkoholen zu den breit einsetzbaren Polyurethan-Kunststoffen verarbeitet.

Der Verbrauch an MDI lag 1985 in den USA bei 260.000 t; über die größten Kapazitäten verfügen *Dow* und *Mobay/Bayer.*

5.5.3.2 *Cyclohexylamin und Benzothiazol-Derivate*

Das zweitwichtigste Anwendungsgebiet des Anilins ist die Herstellung von Chemikalien für die Gummiindustrie in Form von Cyclohexylamin und Benzothiazol-Derivaten.

Cyclohexylamin wird im allgemeinen durch katalytische Flüssigphasenhydrierung von Anilin unter hohem Druck (60 bar) bei 230 °C am Kobalt-Kontakt hergestellt. Alternative Synthesewege sind die Ammonolyse von Cyclohexanol bei 200 bar und 220 °C am Calciumsilikat-Kontakt, die katalytische Ammonolyse von Cyclohexylchlorid sowie die Reduktion von Nitrocyclohexan.

In West-Europa wird vorwiegend die Hydrierung von Anilin angewandt. Die Produktion an Cyclohexylamin betrug in West-Europa 1985 ca. 10.000 t; die Erzeugung in den USA lag 1985 bei 4.000 t.

Ein Hauptanwendungsgebiet von Cyclohexylamin ist die Herstellung des Vulkanisationsbeschleunigers Cyclohexyl-benzothiazylsulphenamid (CBS), der aus Cyclohexylamin und 2-Mercaptobenzothiazol (MBT) gewonnen wird; auch das Dicyclohexylamin-Derivat wird als Vulkanisationsbeschleuniger (DCBS) eingesetzt.

MBT   CBS

DCBS

Das 2-Mercaptobenzothiazol ist ebenfalls ein Folgeprodukt des Anilins, da es aus Anilin, Schwefelkohlenstoff und Schwefel in kontinuierlicher Reaktion bei 285 °C und einem Druck von 150 bar hergestellt wird. Die größten Erzeuger in West-Europa sind *Bayer* und *Monsanto.*

Weitere wichtige Vulkanisationsbeschleuniger auf der Basis von 2-Mercapto-benzothiazol sind Dibenzothiazyldisulfid (MBTS), das durch Oxidation (z. B. mit Chlor) aus MBT zugänglich ist, sowie 2-Morpholinobenzothiazylsulfenamid (MBS), das genauer als N-(Oxydiethylen)-2-benzothiazylsulfenamid zu bezeichnen ist.

Mercaptobenzothiazol dient auch zur Herstellung des Herbizids Methabenzthia-zuron *(Bayer)* über die Zwischenstufe 2-(Methylamino)-benzothiazol.

Ein weiteres Anwendungsgebiet von Cyclohexylamin ist die Herstellung von Natrium- und Calciumcyclohexylsulfamat, die als Süßstoffe Verwendung finden. Dabei wird Cyclohexylamin in Gegenwart eines überschüssigen (salzbildenden) tertiären Amins mit SO_3 umgesetzt. Durch anschließende Reaktion des gebildeten Aminsalzes mit Natriumhydroxid entsteht Natriumcyclohexylsulfamat (Natrium-cyclamat). Analog wird durch Umsetzung mit Calciumhydroxid Calciumcyclo-hexylsulfamat gewonnen.

5.5.3.3 Sekundäre und tertiäre Anilin-Basen

Die N-Alkylderivate des Anilins wie N-Methylanilin und N,N-Dimethylanilin werden durch Reaktion von Anilin bei ca. 200 °C mit einem Überschuß des zur Alkylierung eingesetzten Alkohols unter Druck (30 bis 50 bar) in Gegenwart eines

Säurekatalysators (H_2SO_4, H_3PO_4) hergestellt; sie dienen insbesondere zur Herstellung von Farbstoffen.

Die Produktion von N,N-Dimethylanilin lag 1985 in West-Europa bei ca. 9.000 t. Wichtige Folgeprodukte des N,N-Dimethylanilins sind z. B. das Michlers Keton, das zur Herstellung von Triphenylmethan-Farbstoffen wie dem Kristallviolett (Basic Violet 3) dient oder das Malachitgrün (Basic Green 4), das durch Umsetzung mit Benzaldehyd in schwefelsaurem Medium und anschließender Oxidation zugänglich ist.

Michlers Keton

Basic Violet 3

Basic Green 4

Diphenylamin wird durch Kondensation von Anilin in Gegenwart von geringen Mengen Mineralsäure unter Freisetzung von Ammoniak hergestellt. Das rohe Diphenylamin/Anilin-Gemisch wird durch fraktionierte Destillation aufgearbeitet. Diphenylamin kann auch durch Umsetzung von Chlorbenzol mit Anilin unter Druck hergestellt werden; als Katalysator wird Cu_2O/KCl verwandt.

Diphenylamin dient als Zwischenprodukt zur Herstellung von Farbstoffen und in Form des N-Nitrosodiphenylamins als Vulkanisationsbeschleuniger. Die Verwendung dieser Nitrosoverbindung ist wegen der insbesondere bei Kombination mit sekundären Aminen auftretenden kanzerogenen Wirkung z. B. in der Bundesrepublik Deutschland eingestellt worden.

N-Nitrosodiphenylamin

Durch Umsetzung von Diphenylamin mit Schwefel wird unter Einsatz von Jod als Katalysator bei 180 °C in 90%iger Ausbeute Phenothiazin gewonnen, das als Ausgangsstoff zur Herstellung von Antioxidantien und von Psychopharmaka wie dem Promazin dient.

Phenothiazin

Promazin

5.5.3.4 Sonstige Anilin-Derivate

Acetanilid wird aus Anilin und Essigsäureanhydrid gewonnen.

Acetanilid

Es dient insbesondere zur Herstellung von Sulfonamid-Chemotherapeutika, die durch Umsetzung von Acetanilid und Chlorsulfonsäure und Weiterreaktion mit einem primären Amin und anschließender Entacylierung hergestellt werden. In der Humanmedizin ist insbesondere das Sulfamethoxazol (in Kombination mit Trimethoprim) als Antimetabolit des Bakterienstoffwechsels von Bedeutung, während wegen der Nebenwirkung die anderen Sulfonamide hauptsächlich in der Veterinärmedizin angewendet werden.

Sulfamethoxazol

Trimethoprim

Die Herstellung von 4,4'-Diaminodiphenyl (Benzidin) und seiner Derivate erfolgt durch Reduktion der entsprechenden Nitrobenzole in hochsiedenden Lösungsmitteln, wie o-Dichlorbenzol, mit Zinkstaub zum Hydrazobenzol, das in Säurelösung in Benzidin umgewandelt wird. Wegen der Karzinogenität des Benzidins ist bei der Herstellung besondere Vorsicht geboten; die Herstellung ist in vielen Ländern wegen seiner Toxizität eingestellt worden.

Benzidin

Benzidin-Derivate, insbesondere die 3,3'-Dichlor- und 3,3'-Dimethylbenzidine, sind als Zwischenprodukte zur Herstellung von Azofarbstoffen von Bedeutung; die Herstellung dieser Farbstoffzwischenprodukte erfolgt aus o-Nitrochlorbenzol sowie aus o-Nitrotoluol.

Die selektive Einführung von Alkylresten an den Benzol-Kern des Anilins, wie sie z. B. zur Herstellung von 2,6-Diethylanilin erforderlich ist, ist durch gewöhnliche elektrophile Substitution des Anilins wirtschaftlich nicht durchführbar, da der Aminstickstoff ebenfalls elektrophil angegriffen wird. Die Herstellung des 2,6-Diethylanilins wird daher mit metallorganischen Katalysatoren wie Diethylaluminiumchlorid durchgeführt. Durch Reaktion mit Ethylen erhält man unter Druck von 70 bar bei einer Temperatur von ca. 150 °C in über 85%iger Ausbeute 2,6-Diethylanilin. 2,6-Diethylanilin dient insbesondere zur Herstellung des Herbizids Alachlor, das in den USA in einer Menge von ca. 42.000 t/a verwendet wird;

größter Hersteller ist *Monsanto*. Das 2,6-Diethylanilin wird dazu mit Formaldehyd in 2,6-Diethylmethylenanilin umgewandelt, das mit Chloracetylchlorid und Methanol in Alachlor überführt wird.

Alachlor

Phenylhydrazin wird durch Diazotierung von Anilin und anschließende Reduktion mit Natriumhydrogensulfit hergestellt.

Phenylhydrazin

Die westeuropäische Produktion lag 1985 bei ca. 8.000 t. Hauptanwendungsgebiet von Phenylhydrazin ist die Herstellung von 1-Phenyl-3-methylpyrazolon-(5) (PMP), das durch Umsetzung mit Acetessigsäuremethylester oder Acetessigsäureamid zugänglich ist.

1-Phenyl-3-methylpyrazolon-(5)

Aus PMP wird durch N-Alkylierung mit Dimethylsulfat das 1-Phenyl-2,3-dime-thylpyrazolon-(5), ein schmerzlinderndes Heilmittel (Antipyrin), hergestellt.

PMP dient außerdem als Ausgangssubstanz zur Herstellung von Azopigmenten wie dem wichtigen Pigment Orange 13.

Pigment Orange 13

Ein weiteres wichtiges Phenylhydrazin-Derivat ist das von der *BASF* hergestellte Pflanzenschutzmittel Pyrazon, das aus Phenylhydrazin und Mucochlorsäurean-hydrid und anschließender Substitution eines Chlors mit Ammoniak hergestellt wird.

Pyrazon

Während die erste technisch bedeutsame Synthese von Indigo auf Phthalsäure-anhydrid als Rohstoff beruhte, ist heute das Anilin Ausgangspunkt für die groß-technische Indigo-Synthese. Dazu wird Anilin mit Formaldehyd kondensiert und mit Cyanid zum N-Phenylglycin umgewandelt. Durch Erhitzen des N-Phenylgly-cins mit Natriumamid entsteht Indoxyl, das durch Oxidation in Indigo überführt wird.

Indoxyl   Indigo

Die frühere große Bedeutung des Indigos als „König der Farbstoffe" ist allerdings heute nicht mehr gegeben.

Sulfanilsäure wird durch Verbacken von Anilinhydrogensulfat bei 170 bis 180 °C erzeugt. Sie dient zur Herstellung von optischen Aufhellern sowie zur Gewinnung von Azofarbstoffen wie dem Tartrazin (Acid Yellow 23) und dem Acid Orange 7 (s. Kapitel 9.3.3.2).

Sulfanilsäure   Tartrazin

Durch Kondensation von Anilin mit Chlorcyan erhält man N,N'-Diphenylguanidin (DPG), das als Vulkanisationsbeschleuniger eingesetzt wird.

N,N'-Diphenylguanidin

Anilin selbst ist trotz der heute dominierenden Anwendungsgebiete zur Herstellung von Polyurethanen und Chemikalien für die Kautschuk-Verarbeitung seit der Entwicklung der Farbstoffindustrie ein wichtiges Ausgangsprodukt für Farbstoffe geblieben. Es dient heute u. a. zur Herstellung der Farbstoffe Solvent Red 19 und Solvent Red 23, die in der Bundesrepublik Deutschland und in Frankreich zur Kennzeichnung von Heizöl zur Unterscheidung von Dieselöl angewandt werden; als Lösungsmittel für die Farbstoffe wird Methylnaphthalin verwendet.

Solvent Red 19 wird nach Diazotierung von Anilin und Umwandlung in das p-Aminoazobenzol durch Umsetzung mit N-Ethyl-2-aminonaphthalin erhalten, während das Solvent Red 23 durch Umsetzung des p-Aminoazobenzols mit β-Naphthol gewonnen wird.

Solvent Red 19

Solvent Red 23

Diazotiertes Anilin dient auch als Ausgangssubstanz zur Herstellung von Fluorbenzol, das allerdings nur in geringem Umfang durch thermische Zersetzung von Diazoniumfluorid hergestellt wird.

Durch Umsetzung von Diketen in verdünnter Essigsäure mit Anilin erhält man Acetessigsäureanilid. Es wird insbesondere zur Herstellung von Azopigmenten wie dem Pigment Yellow 1 verwendet; ein wichtiger Azofarbstoff auf dieser Rohstoffbasis ist das Acid Yellow 151. Auch Anilinhomologe (z. B. Xylidine) dienen zur Herstellung von Acetessigsäureanilid-Pigmenten wie dem Pigment Yellow 13.

Pigment Yellow 1

Acid Yellow 151

Pigment Yellow 13

5.6 Alkylbenzole und Alkylbenzolsulfonate

Monoalkylbenzole mit einer längeren Alkylkette ($\geq C_6$) sind die wichtigsten Rohstoffe zur Herstellung von ionischen Waschmitteln in Form der Alkylbenzolsulfonate.

Die Entwicklung von grenzflächenaktiven Substanzen und Dispergiermitteln auf organischer Basis beruhte in der ersten Hälfte des vergangenen Jahrhunderts auf nachwachsenden Rohstoffen. Friedlieb Ferdinand Runge stellte 1834 erstmals sulfatierte Olivenöle her. 1875 folgte die Einführung von Türkischrotöl, das durch Sulfatierung von Rizinusöl gewonnen wurde. Die Entwicklung von Sulfonaten auf der Basis von Alkylaromaten geht auf eine Entdeckung von Fritz Günther *(BASF)* aus dem Jahre 1917 zurück. Bei Versuchen zur Herstellung von Diisopropylether benutzte Günther als Kondensationsmittel Naphthalinsulfonsäure anstelle der sonst üblichen Schwefelsäure. Bei der Untersuchung der Reaktionsprodukte stellte er fest, daß der Isopropylalkohol sich mit der Naphthalinsulfonsäure zu Diisopropylnaphthalinsulfonsäure umgesetzt hatte. Das Natriumsalz dieser Säure zeigte in wäßriger Lösung eine überraschende Netz- und Emulgierwirkung; das Tensid erlangte unter dem Namen „Nekal" große Bedeutung.

Die Herstellung von Alkylbenzol-Derivaten in den 40er Jahren dieses Jahrhunderts war an die Fischer-Tropsch-Synthese gekoppelt. Bei der *IG Farbenindustrie* wurde 1941 begonnen, aus einem n-paraffinreichen Fischer-Tropsch-Alkangemisch mit einer Kettenlänge von durchschnittlich C_{14} durch Chlorierung Chlorparaffin herzustellen, das mit Benzol unter Friedel-Crafts-Bedingungen und anschließender Sulfonierung zum Alkylbenzolsulfonat umgesetzt wurde. Das Produkt hatte den Handelsnamen „Igepal NA".

Die modernen Tenside auf Benzol-Basis haben heute Alkylgruppen mit 10 bis 14 Kohlenstoffatomen, da bei weniger als 6 Kohlenstoffatomen in der Alkylgruppe die Alkylbenzolsulfonate nicht mehr ausreichend grenzflächenaktiv sind und Alkylbenzolsulfonate mit 15 und mehr Kohlenstoffatomen in der Alkylgruppe in Wasser schwer löslich, dagegen aber in organischen Medien leicht löslich sind.

Bei den Alkylbenzolsulfonaten unterscheidet man zwei Typen, nämlich Alkylbenzole mit linearer Alkylgruppe (LAS) und Alkylbenzole mit verzweigter Alkylgruppe (ABS oder TPS).

$$CH_3-(CH_2)_4-CH-(CH_2)_5-CH_3$$

LAS

$$CH_3-CH(CH_3)-CH_2-C(CH_3)_2-CH_2-CH(CH_3)-CH(CH_3)-CH_3$$

TPS

Die insbesondere zwischen 1950 und 1970 hergestellten verzweigten C_{12}-Alkylbenzole wurden durch Umsetzung von Tetrapropylen mit Benzol bei Temperaturen von 20 bis 50 °C und einer Reaktionsdauer von wenigen Minuten mit Friedel-Crafts-Katalysatoren (HF oder $AlCl_3$) erzeugt. Um Mehrfachalkylierungen weitgehend zu vermeiden, wurde mit einem 5 bis 10-fachen Benzol-Überschuß gearbeitet. Die Ausbeute an Dodecylbenzol betrug 70 bis 80%.

Da linear alkylierte Benzol-Derivate biologisch besser abbaubar sind als verzweigte, ist der Verbrauch an verzweigtkettigen Alkylbenzolsulfonaten seit Mitte der 60er Jahre stark zurückgegangen („Detergentien-Gesetz" von 1962).

Die linearen Alkylbenzolsulfonate werden durch Umsetzung von Benzol mit sekundären Monochlorparaffinen hergestellt, die durch Chlorierung von n-Paraffinen gewonnen werden. Voraussetzung für diesen Prozeß war die Gewinnung reiner n-Paraffine, die durch die Einführung von Molekularsieben möglich wurde. Aus Kerosin oder Gasöl gelingt mit Molekularsieben die Abtrennung der n-Paraffine, da diese einen kleineren Durchmesser haben (ca. 4,9 Å) als die verzweigtkettigen Paraffine.

Neben der Alkylierung mit Chlorparaffinen ist heute insbesondere die Umsetzung mit Olefinen von Bedeutung. Die Herstellung der linearen Alkylbenzole erfolgt dabei hauptsächlich nach dem Fluorwasserstoff-Verfahren mit einer Dehydrochlorierung, dessen Fließschema in Abbildung 5.36 dargestellt ist.

Durch Chlorieren der Paraffine wird zunächst ein sogenanntes Chloröl hergestellt, das ca. 30% Alkylchloride und 70% Paraffine enthält. Das Chloröl wird in einer Dehydrochlorierungskolonne, deren Sumpftemperatur bei ca. 300 °C liegt, dehydrochloriert. Das entstandene Olefin/Paraffin-Gemisch wird mit einem mehrfach molaren Überschuß an Benzol vermischt und in den mit einem starken Rührer und mit Kühlrohren ausgerüsteten Reaktor geleitet, in dem in Gegenwart von Fluorwasserstoff die Alkylierung des Benzols bei einer Temperatur von unter 50 °C erfolgt. Das Reaktionsprodukt wird anschließend in einem Trennbehälter in zwei Phasen aufgetrennt: die obere Phase, das Rohalkylat, wird destillativ in Benzol, Zwischenlauf, Paraffin, Alkylbenzol und einen höher siedenden Nachlauf zerlegt. Der in der unteren Phase anfallende Fluorwasserstoff wird rezirkuliert.

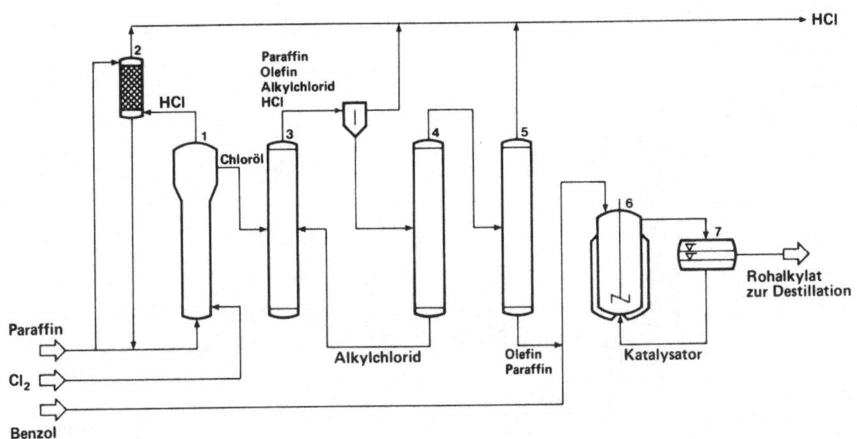

1 Chlorierungsturm;　2 Wäsche für Chlorwasserstoff;　3 Dehydrochlorierungskolonne;
4 Kolonne zur Abtrennung von Alkylchlorid;　5 Ausgasekolonne;　6 Alkylierungsreaktor;
7 Trennbehälter

Abbildung 5.36:　Herstellung von linearem Alkylbenzol nach dem Fluorwasserstoff-Verfahren

Mit dem Fluorwasserstoff-Verfahren steht die Alkylierung mit Aluminiumchlorid im Wettbewerb. Bei der Verwendung von Aluminiumchlorid als Katalysator ergibt sich, ausgehend von linearen Alkylchloriden oder Olefinen, eine Isomerenverteilung, bei der die 2-Phenylalkane überwiegen und 3-, 4- und 5-Phenylalkane in untergeordneter Menge vertreten sind. Bei dem Fluorwasserstoff-Verfahren sind die Hauptisomeren dagegen 3-, 4- und 5-Phenylalkane.

Die langkettigen Alkylbenzole werden durch Sulfonierung zu den entsprechenden Alkylbenzolsulfonaten umgesetzt. Die Sulfonierung erfolgt mit Schwefelsäure oder Schwefeltrioxid. Die Sulfonierung mit Schwefeltrioxid hat gegenüber dem Schwefelsäure-Verfahren die Vorteile der höheren Reaktionsgeschwindigkeit und des Entfalls von Abfallschwefelsäure.

Abbildung 5.37 zeigt das Verfahrensschema der Alkylbenzol-Sulfonierung mit Schwefeltrioxid.

Das Schwefeltrioxid wird in geringem Überschuß eingespeist. Die Verweilzeit von Flüssigkeit und Gas im Reaktor beträgt einige Minuten, die Reaktionstemperatur liegt bei 40 bis 50 °C.

Die Sulfonsäuren werden nach der Gewinnung neutralisiert und finden überwiegend in Form der Natriumsalze als Tenside Verwendung. Bei der Herstellung der Natriumsalze ist auf gute Durchmischung zu achten, da Sulfonsäuren mit 10 bis 50% Wasser hochviskose Gele bilden. Die zunächst braun gefärbten Sulfonsäuren hellen sich bei der Neutralisation deutlich auf. Eine weitere Aufhellung der hellbraunen Sulfonate kann durch Zugabe von 1 bis 3% Chlorbleiche (100 bis 150 g aktives Cl_2/l) erfolgen.

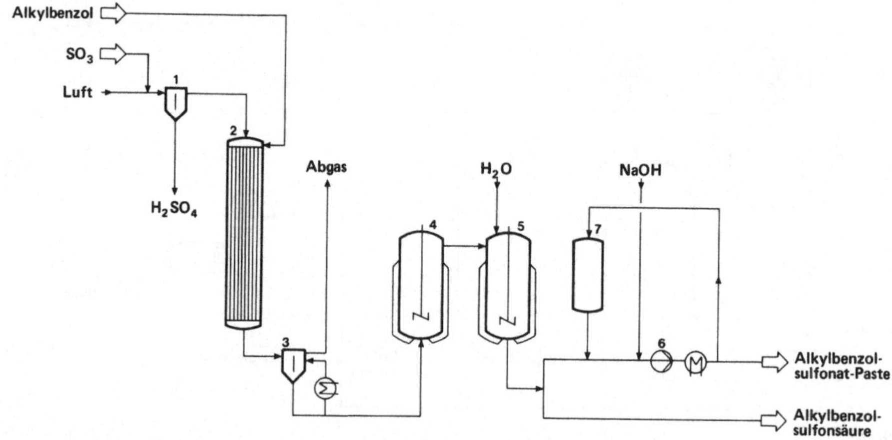

1 Nebelabscheider; 2 Fallfilm-Sulfonierungsreaktor; 3 Gasabscheider; 4 Nachreaktor; 5 Hydrolysator; 6 Mischpumpe; 7 Zwischenbehälter

Abbildung 5.37: Kontinuierliche Herstellung von Alkylbenzolsulfonaten

In Tabelle 5.9 sind die Produktionskapazitäten der wichtigsten Erzeugerländer von Alkylbenzolen zusammengestellt.

Tabelle 5.9: Produktionskapazitäten von Alkylbenzolen (1985)

	(1.000 t)
USA	350
Mexiko	140
Frankreich	150
Bundesrepublik Deutschland	140
Italien	250
Großbritannien	100
Spanien	165
Jugoslawien	65
Japan	185
VR China	50
Andere Länder	405
Gesamtkapazität	2.000

5.7 Maleinsäureanhydrid

Maleinsäureanhydrid ist ein wichtiger Rohstoff zur Herstellung von Alkyd- und Polyesterharzen. Es wurde erstmals 1817 von Nikolas Louis Vauquelin durch Erhitzen von Maleinsäure auf über 140 °C gewonnen. 1905 stellte Richard Kempf Maleinsäure durch Oxidation von Benzochinon her. Die ersten Patente zur Herstellung von Maleinsäureanhydrid aus Benzol stammen von John M. Weiss und Charles R. Downs aus dem Jahre 1918. Die Oxidation von Benzol bietet auch heute noch eine Möglichkeit zur Maleinsäureanhydrid-Herstellung, doch sind seit etwa 1975 an die Stelle von Benzol als Rohstoff in wachsendem Maße n-Butan und n-Butylene getreten, die als Koppelprodukte bei der Dampfpyrolyse von Rohbenzin und aus der Kondensation von nassen Erdgasen zur Verfügung stehen.

$$\text{Benzol} + 4\tfrac{1}{2}\,O_2 \longrightarrow \text{MSA} + 2\,CO_2 + 2\,H_2O$$

Das Verfahren zur Herstellung von Maleinsäureanhydrid durch Oxidation von Benzol läuft weitgehend analog wie die Prozesse zur Gewinnung von Phthalsäureanhydrid aus o-Xylol (s. Kapitel 7.1.1) ab (Abbildung 5.38).

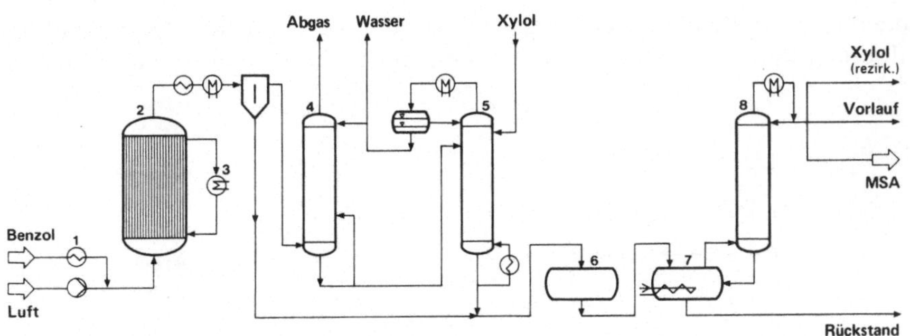

1 Benzol-Verdampfer; 2 Rohrbündelreaktor; 3 Salzbad-Kühler; 4 Gas-Wäscher; 5 Dehydratisierungskolonne; 6 Zwischenlagerbehälter; 7 Destillationsblase; 8 Destillationskolonne

Abbildung 5.38: Herstellung von Maleinsäureanhydrid durch Oxidation von Benzol

Benzol-Dampf wird mit Luft gemischt (Benzol-Konzentration: 1 bis 1,4 Mol%) und über einen Festbettkatalysator geleitet, der in einem Rohrbündelreaktor angebracht ist. Die vertikal angeordneten Rohre haben einen Durchmesser von 20 bis 50 mm; ein Reaktor enthält bis zu 20.000 Rohre. Die Reaktionstemperatur wird durch Kühlung mit einem Salzbad bei 350 bis 400 °C gehalten; der Druck liegt bei 1 bis 2 bar.

Die den Reaktor verlassenden Reaktionsprodukte werden zunächst auf unter 200 °C und anschließend in einem Kondensator bis in die Nähe des Taupunktes (55 bis 65 °C) gekühlt. Das nicht kondensierte Maleinsäureanhydrid wird in einem nachgeschalteten Absorber gewonnen. Das mit nicht umgesetztem Benzol beladene Abgas kann in einer Benzol-Adsorptionsanlage aufgearbeitet werden. Die Reinigung des rohen Maleinsäureanhydrids kann durch Destillation mit o-Xylol als Schleppmittel erfolgen. Beim Betrieb der Dehydratisierungskolonne ist darauf zu achten, daß die Temperaturobergrenze von 130 °C nicht überschritten wird, um die unerwünschte Isomerisierung von Maleinsäure zur Fumarsäure zu unterbinden.

Neben der Verflüssigung wird auch die Festabscheidung des Oxidationsproduktes durch Abkühlung auf ca. 40 °C durchgeführt. Bei diesem Verfahren scheidet sich das rohe Maleinsäureanhydrid in nadelförmigen Kristallen an den Flächen des Kühlers ab. Es werden mindestens zwei Abscheider (Switch-Condenser) benötigt. Der beladene Abscheider wird auf 60 bis 80 °C erwärmt und das geschmolzene MSA in einen Sammelbehälter zur destillativen Weiterverarbeitung abgezogen.

Als Katalysator wird im allgemeinen Vanadiumpentoxid eingesetzt, das zur Verbesserung der Ausbeute mit Molybdän- oder Wolframoxid dotiert ist. Die Lebensdauer des Katalysators liegt bei 1 bis 3 Jahren. Die Ausbeute an Maleinsäureanhydrid beträgt ca. 70 Mol % bzw. ca. 90 Gew. %. Als Nebenprodukte fallen geringe Mengen Phenole, Aldehyde und Carbonsäuren an; ein nennenswerter Teil des Benzols (ca. 20%) wird in CO_2 umgewandelt.

Da bei der Oxidation von Benzol zu Maleinsäureanhydrid zwei Kohlenstoffatome als CO_2 verloren gehen, ist bereits frühzeitig versucht worden, Maleinsäureanhydrid aus C_4-Produkten herzustellen. Mit der Entwicklung der Petrochemie standen C_4-Schnitte in großer Menge zur Verfügung, aus denen Butene und durch Hydrierung Butan gewonnen werden konnte. Der Einsatz von Benzol ist insbeson-

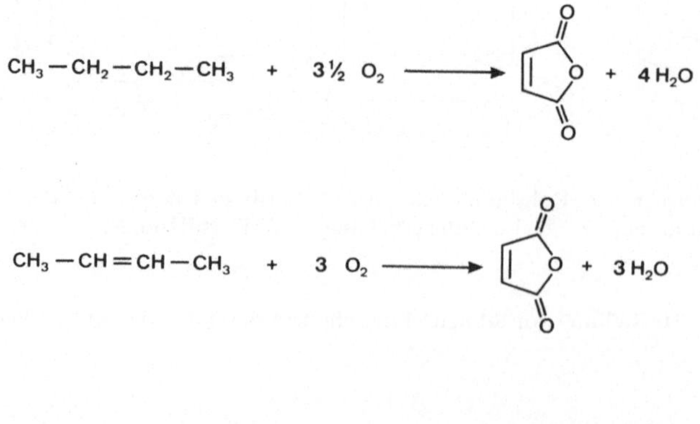

$$CH_3-CH_2-CH_2-CH_3 \;+\; 3\tfrac{1}{2}\,O_2 \longrightarrow \text{[Maleinsäureanhydrid]} + 4\,H_2O$$

$$CH_3-CH=CH-CH_3 \;+\; 3\,O_2 \longrightarrow \text{[Maleinsäureanhydrid]} + 3\,H_2O$$

dere in den USA stark rückläufig, da dort Benzol u. a. durch Dealkylierung von Toluol gewonnen wird, während C_4-Komponenten aus Cat-Cracker- und Ethylen-Anlagen günstig zur Verfügung stehen.

Abbildung 5.39 zeigt das Fließbild der Oxidation von Butan.

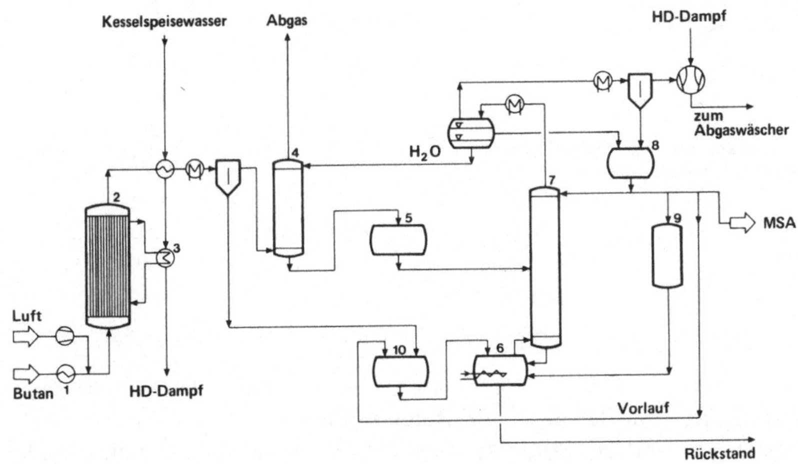

1 Butan-Verdampfer; **2** Rohrbundelreaktor; **3** Salzbad-Kühler; **4** Gas-Wäscher; **5** Malein säurelösung-Behälter; **6** diskont. Destillationsblase; **7** Destillationskolonne/Dehydratisie-rungskolonne; **8** Destillationsvorlage; **9** Schleppmittel-Behälter; **10** Roh-MSA-Behälter

Abbildung 5.39: Herstellung von Maleinsäureanhydrid durch katalytische Festbett-Oxidation von Butan

Das Verfahren ähnelt der Oxidation von Benzol, doch ist die Konzentration von Maleinsäureanhydrid im Reaktionsprodukt geringer. Auch die Reaktionsge-schwindigkeit ist niedriger als bei der Oxidation von Benzol, so daß für eine Butan-Oxidationsanlage ein größerer Reaktor (Faktor 1,2) und ein größerer Kom-pressor mit entsprechend höheren Investitionsaufwendungen erforderlich sind. Einige MSA-Anlagen sind neuerdings sowohl für den Einsatz von Benzol als auch für den Einsatz von Butan ausgelegt (Dual-Feed). Nachteilig bei der Butan-Oxida-tion ist die relativ geringe Ausbeute, die lediglich bei ca. 50 bis 55 Mol% liegt.

Für die Herstellung von Maleinsäureanhydrid aus Butan ist in jüngster Zeit auch ein Verfahren im Fluidbett entwickelt worden, das sich durch bessere Wär-meabführung, geringere Instandhaltungskosten und niedrigeren Investitionsauf-wand auszeichnet.

Abbildung 5.40 zeigt das Verfahrensschema des Fluidbett-Verfahrens zur Oxi-dation von Butan, das auch für Butene angewandt werden kann.

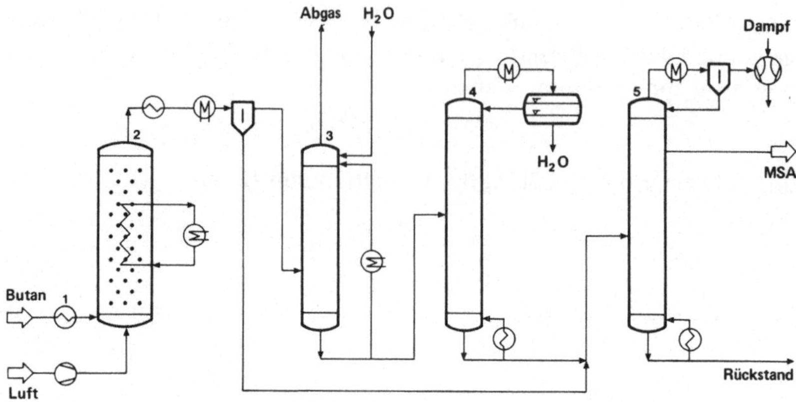

1 Butan-Verdampfer; **2** Wirbelschicht-Reaktor; **3** Gas-Wäscher; **4** Dehydratisierungskolonne; **5** Destillationskolonne

Abbildung 5.40: Herstellung von Maleinsäureanhydrid durch katalytische Oxidation von Butan im Fluidbett

In Japan wird von *Mitsubishi Chemical Ind.* eine Anlage (18.000 t/a) nach dem Fluidbettverfahren auf der Basis von Buten betrieben.

In Tabelle 5.10 sind die Produktionszahlen der wichtigsten Erzeugerländer von Maleinsäureanhydrid zusammengestellt.

Tabelle 5.10: Produktion von Maleinsäureanhydrid (1985)

	(1.000 t)
USA	170
Frankreich	20
Bundesrepublik Deutschland	45
Italien	40
Großbritannien	15
Japan	70
Sowjetunion	80
Andere Länder	60
Gesamtproduktion	500

Mehr als die Hälfte der Maleinsäureanhydrid-Produktion dient zur Herstellung ungesättigter Polyesterharze durch Umsetzung von Maleinsäureanhydrid mit Glykolen. Ungesättigte Polyesterharze finden insbesondere Verwendung als Verstärkungskunststoffe zur Herstellung von Teilen für die Bauindustrie, von Tanks und Elektroartikeln.

Maleinsäureanhydrid dient ferner als Ausgangsmaterial zur Herstellung von Schmierstoffadditiven und zur Erzeugung von Fumarsäure, einem Rohstoff für Polyester und Mischpolymerisate.

Fumarsäure

Derivate des Maleinsäureanhydrids wie Captan *(Chevron)* finden auch als Pflanzenschutzmittel Verwendung. Captan wird aus Maleinsäureanhydrid durch Diels-Alder-Reaktion mit Butadien zum cis-1,2,3,6-Tetrahydrophthalsäureanhydrid, anschließende Ammonolyse und Umsetzung des cis-1,2,3,6-Tetrahydrophthalsäureimids mit Trichlormethansulfenylchlorid erhalten.

Captan

Maleinsäureanhydrid dient außerdem im Wettbewerb mit Acetylen als Ausgangsmaterial zur Herstellung von 1,4-Butandiol.

5.8 Chlorbenzole

5.8.1 Chlorbenzol

Chlorbenzol war eine der ersten großtechnisch hergestellten organischen Grundchemikalien; es wurde bereits 1909 von der *United Alkali Co.,* Wipnes/USA erzeugt. Die Bedeutung des Chlorbenzols nahm während des 1. Weltkriegs sprunghaft zu, da es als Zwischenprodukt zur Herstellung von Phenol zur Pikrinsäure-Gewinnung benötigt wurde. Weitere, vorwiegend historisch bedeutungsvolle Einsatzgebiete, sind die Herstellung von DDT (1,1,1-Trichlor-2,2-bis(4-chlorphenyl)-ethan) aus Chlorbenzol und Chloral in Gegenwart von Schwefelsäure – es wurde 1874 erstmals von Othmar Zeidler synthetisiert – sowie die Ammonolyse zur Gewinnung von Anilin.

Die Umsetzung von Benzol mit Chlor läuft mit Friedel-Crafts-Katalysatoren wie $FeCl_3$ oder HCl bereits unter sehr milden Bedingungen ab. Niedrige Mol-Verhältnisse von Chlor zu Benzol begünstigen die Monosubstitution. Die Herstellung von Monochlorbenzol erfolgt daher mit einem molaren Chlor/Benzol-Verhältnis von 0,6 bei Temperaturen von 30 bis 80 °C.

Abbildung 5.41 zeigt die Bildung mehrfach chlorierter Benzole in Abhängigkeit vom Mol-Verhältnis bei Chargenchlorierung, Chlorierung in kontinuierlich betriebenen Rührkesseln sowie in einer zweistufigen Reaktorkaskade.

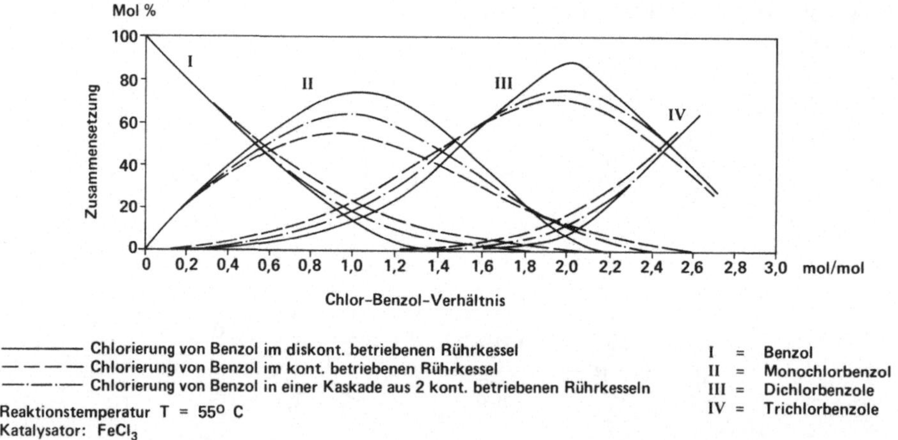

Abbildung 5.41: Chlorierung von Benzol in Abhängigkeit vom Molverhältnis und Reaktortyp

Für die technische Durchführung der Reaktion ist der Einsatz von trockenen Reaktanden erforderlich, da Wasser den Katalysator deaktiviert und mit der gebildeten Salzsäure Korrosionsschäden verursacht.

Das Verfahrensschema der kontinuierlichen Herstellung von Chlorbenzol zeigt Abbildung 5.42.

Das bis auf einen Restwasser-Gehalt von 35 ppm vorgetrocknete Benzol wird in einer Rieselkolonne mit dem bei der Chlorierung entstehenden trockenen HCl-Gas in Kontakt gebracht, um nahezu wasserfreies Benzol zu erhalten, das anschließend in den Chlorierungsreaktor eingespeist wird. Aus dem Reaktionsprodukt wird durch atmosphärische Destillation in der Chlorbenzol-Kolonne

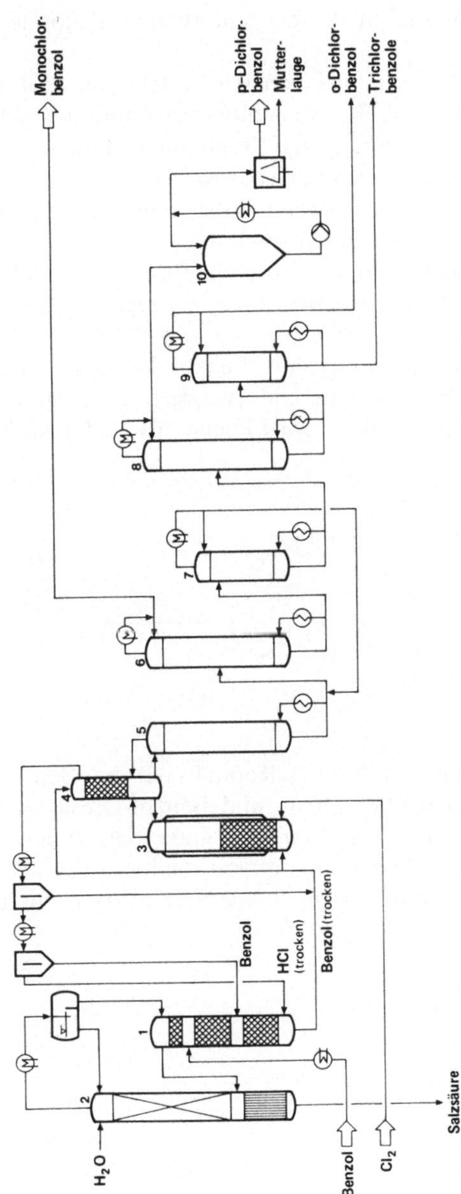

1 Benzol-Trocknung (Hausmann-Kolonne); **2** adiabatische HCl-Absorption; **3** Reaktor; **4** und **5** Benzol- und HCl-Abtriebskolonnen; **6** Chlorbenzol-Hauptkolonne; **7** Chlorbenzol-Seitenkolonne; **8** p-Dichlorbenzol-Kolonne; **9** o-Dichlorbenzol-Kolonne; **10** Kristallisationsbehälter

Abbildung 5.42: Kontinuierliche Herstellung von Chlorbenzol

(ca. 30 Böden) Monochlorbenzol gewonnen. Der Rückstand wird in der Chlorbenzol-Seitenkolonne (ca. 12 Böden/200 mbar) in eine Monochlorbenzol-reiche Kopffraktion sowie einen Dichlorbenzol-reichen Rückstand aufgetrennt. Die weitere Aufarbeitung der Dichlorbenzole erfolgt zunächst in der p-Dichlorbenzol-Kolonne (150 mbar); p-Dichlorbenzol wird durch Kristallisation des Kopfproduktes gewonnen, während der Sumpf in der o-Dichlorbenzol-Kolonne redestilliert wird.

Bei einem Chlor/Benzol-Molverhältnis von 0,6 besteht das Rohprodukt aus 30% Benzol, 60% Monochlorbenzol, 3% o-Dichlorbenzol und 7% p-Dichlorbenzol. Die Reaktion kann durch Steuerung der Reaktionsbedingungen so geführt werden, daß bis zu 95% Monochlorbenzol erzeugt werden.

Zur Vermeidung von Korrosionen werden gußeiserne, emaillierte oder mit einem Nickelhemd ausgekleidete Reaktoren sowie HCl-Leitungen aus Kunststoff (z. B. Phenol-Formaldehyd-Harze oder Polyvinylidenfluorid), Emaille oder Glas eingesetzt; als Katalysatoren dienen eiserne Raschig-Ringe, die am Boden des Reaktors aufgeschichtet sind.

Neben der Friedel-Crafts-Chlorierung von Benzol kann Chlorbenzol auch durch Oxychlorierung unter Einsatz von Chlorwasserstoff hergestellt werden; nach dem von *Gulf* entwickelten Verfahren wird Phenol als Endprodukt erhalten.

Im Unterschied zum *Raschig*-Verfahren (s. Kapitel .3.2), bei dem Chlorbenzol durch Oxychlorierung von Benzol bei 240 °C und Benzol-Umsätzen von 10 bis 15% erhalten wird, läuft das Gulf-Verfahren mit guter Selektivität und hohen Umsätzen bereits bei relativ niedrigen Temperaturen (60 bis 150 °C).

Das Fließbild dieses HNO_3-katalysierten Flüssigphasenverfahrens zeigt Abbildung 5.43.

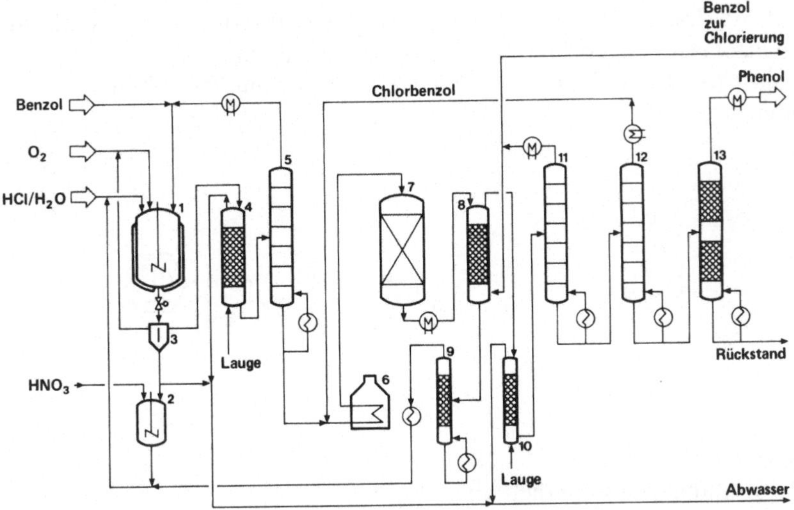

1 Oxychlorier-Reaktor; 2 Katalysator-Behälter; 3 Abscheider; 4 Laugenwäscher; 5 Benzol-Fraktionierkolonne; 6 Aufheizer; 7 Hydrolyse-Reaktor; 8 Extraktionskolonne; 9 HCl-Stripp-Kolonne; 10 Laugenwäscher; 11 Benzol-Kolonne; 12 Chlorbenzol-Kolonne; 13 Phenol-Kolonne

Abbildung 5.43: Verfahrensschema der Phenol-Herstellung durch Oxychlorierung

In Tabelle 5.11 sind die Kapazitäten der wichtigsten Erzeugerländer von Chlorbenzol zusammengestellt.

Tabelle 5.11: Kapazitäten zur Herstellung von Chlorbenzol (1985)

	(1.000 t)
USA	170
Bundesrepublik Deutschland	180
Italien	20
Frankreich	20
Japan	55
Andere Länder	15
Gesamtkapazität westl. Welt	460

Der Verbrauch an Monochlorbenzol lag 1985 in den USA bei 110.000 t.

Die industrielle Bedeutung des Monochlorbenzols ist stark zurückgegangen, da es im großen Maßstab seit Mitte der 70er Jahre nicht mehr als Ausgangsstoff zur Herstellung von Phenol dient und der Verbrauch an DDT wegen der geringen biologischen Abbaubarkeit und des Anwendungsverbotes in vielen Ländern (z.B.

USA 1973) drastisch zurückgegangen ist. Auch für die Anilin-Gewinnung hat Chlorbenzol seit einigen Jahren keine Bedeutung mehr.

Die insektizide Wirkung von DDT war 1939 von Paul Müller *(Ciba Geigy)* gefunden worden.

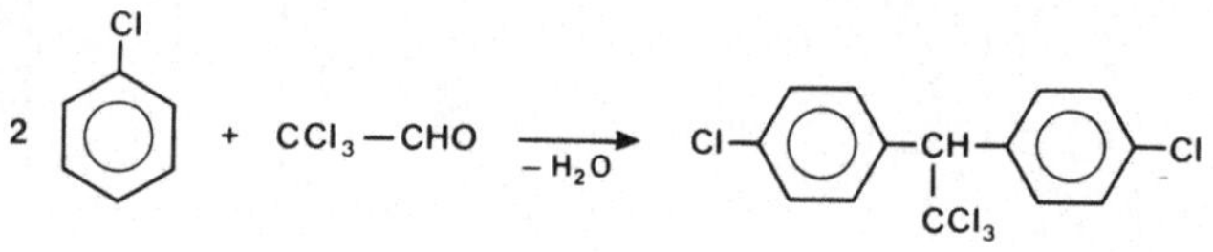

Die Auffindung eines synthetischen Insektizids war zu Beginn der 40er Jahre besonders für Großbritannien und die USA von großer Bedeutung, da der bislang aus Malaysia eingeführte Wurzelextrakt Rotenon im 2. Weltkrieg nicht mehr zur Verfügung stand.

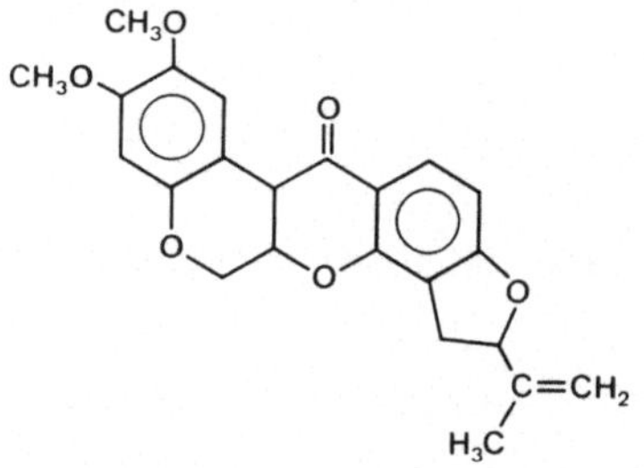

DDT wurde eines der bedeutendsten Insektizide, das insbesondere zur Bekämpfung von Malaria mit großem Erfolg eingesetzt wurde.

5.8.1.1 Nitrochlorbenzole

Als Zwischenprodukte zur Herstellung von nitrierten Chlorverbindungen sind Chlorbenzole unverändert wichtige Ausgangsstoffe, insbesondere zur Herstellung von o- und p-Nitrochlorbenzol.

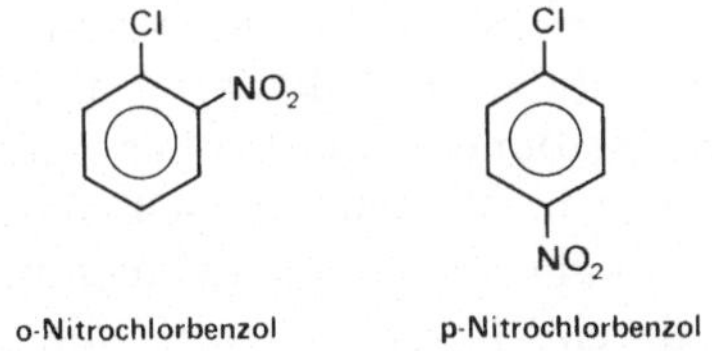

o-Nitrochlorbenzol   p-Nitrochlorbenzol

Durch Nitrierung von Chlorbenzol mit einem Nitriersäuregemisch, bestehend aus ca. 35% Salpetersäure, 53% Schwefelsäure und 12% Wasser erhält man bei Temperaturen von 40 bis 80 °C und einem molaren HNO_3/Chlorbenzol-Verhältnis von ca. 1 in 98%iger Ausbeute ein Isomerengemisch, das zu ca. 33% aus o-Chlornitrobenzol, 66% p-Chlornitrobenzol und 1% m-Chlornitrobenzol besteht.

Die Auftrennung der Isomeren erfolgt durch Kombination von Destillation und Kristallisation, wobei der tiefere Schmelzpunkt des o-Chlornitrobenzols von 33 °C die Abtrennung des bei 83,5 °C schmelzenden p-Chlornitrobenzols durch Kristallisation ermöglicht.

Die Produktion von o- und p-Nitrochlorbenzol liegt in der Bundesrepublik Deutschland bei ca. 60.000 t/a; in den USA werden ca. 40.000 t/a hergestellt; sie sind vielseitig verwendbare Zwischenprodukte (Abbildung 5.44).

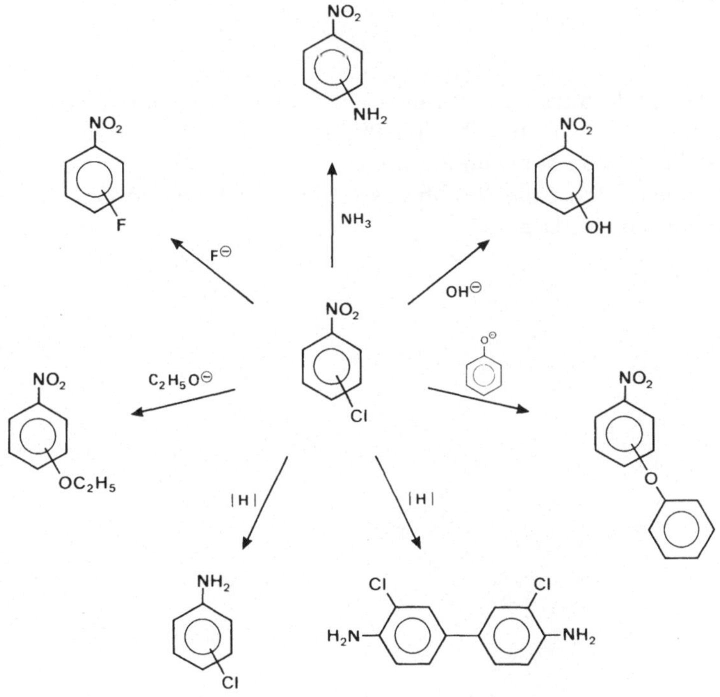

Abbildung 5.44: Zwischenprodukte auf der Basis von o-/p-Nitrochlorbenzol

o-Chlornitrobenzol dient u.a. zur Herstellung von o-Chloranilin, das durch katalytische Reduktion mit sulfidierten Palladium/Aktivkohle-Katalysatoren, mit denen eine Dechlorierung unterbunden werden kann, hergestellt wird.

Das aus o-Chlornitrobenzol herstellbare 3,3′,4,4′-Tetraaminodiphenyl (3,3′-Diaminobenzidin) dient zur Erzeugung von hochtemperaturbeständigen Benzimidazol-Polymeren (PBI), die durch Umsetzung mit Diphenylisophthalat hergestellt werden *(Celanese)*.

Durch nucleophile Substitution von o-Nitrochlorbenzol mit Ammoniak entsteht o-Nitroanilin, das für Farbstoffe und Pflanzenschutzmittel sowie zur Herstellung von UV-Stabilisatoren Verwendung findet.

In Abbildung 5.45 ist das Verfahrensschema der Ammonolyse von Chlornitrobenzol zu Nitroanilin dargestellt.

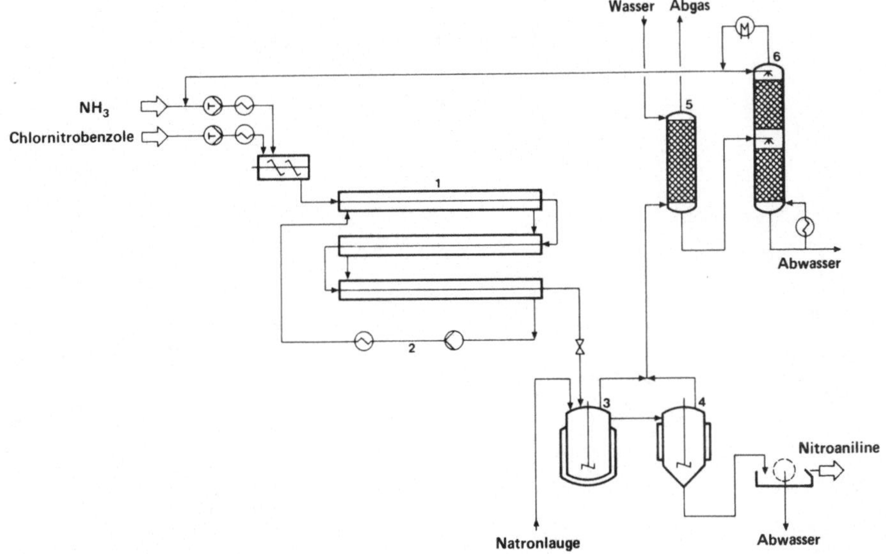

1 Rohrreaktor; **2** Heiz-/Kühlkreislauf; **3** Entspannungsbehälter; **4** Kristallisator; **5** Abgaswäscher; **6** NH_3-Destillationskolonne

Abbildung 5.45: Verfahrensschema der Ammonolyse von Chlornitrobenzol

Bei dem kontinuierlich durchgeführten Verfahren werden Chlornitrobenzol, flüssiger Ammoniak und wässrige Ammoniak-Lösung unter hohem Druck (200 bar) bei 200 °C in einem langen Reaktionsrohr umgesetzt. Die nach Entspannung, Neutralisation und Kristallisation anfallenden ammoniakalischen Abwässer werden durch Druckdestillation von Ammoniak befreit; dabei wird eine konzentrierte, wässrige NH_3-Lösung zur Wiederverwendung zurückgewonnen.

o-Nitroanilin wird durch katalytische Reduktion mit Palladium/Aktivkohle in o-Phenylendiamin umgewandelt; es dient zur Herstellung von Pflanzenschutzmitteln wie dem Fungizid Carbendazim und dessen Folgeprodukt, dem Benomyl, sowie zur Erzeugung des Fungizids Thiophanat-methyl.

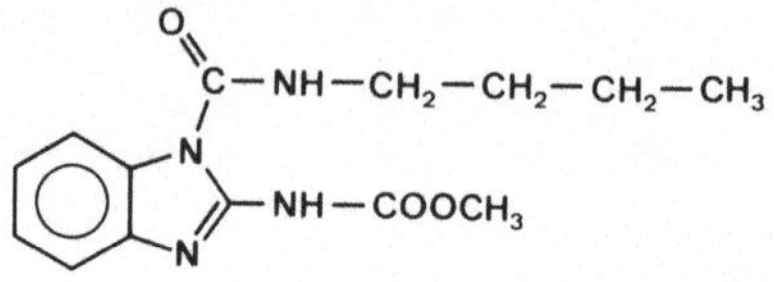

Benomyl

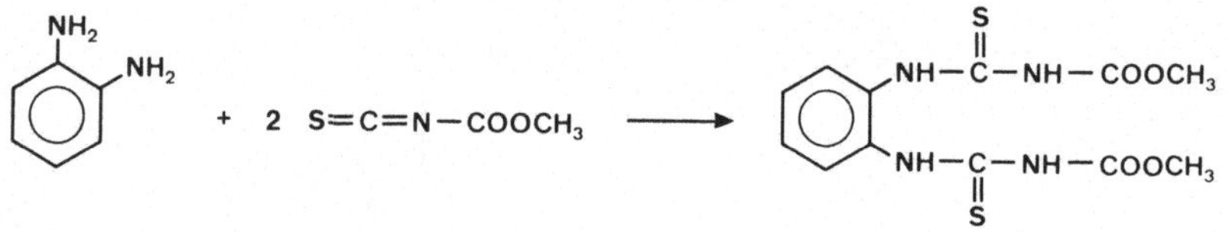

Thiophanat-methyl

Außerdem dient o-Phenylendiamin als Ausgangsstoff für Benzimidazolon-Pigmente wie dem Pigment Orange 36, das über die vielseitig verwendbare Kupplungskomponente 5-Acetoacetylaminobenzimidazolon erhältlich ist.

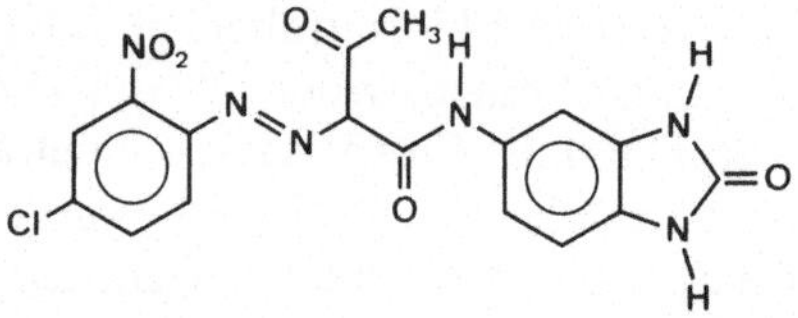

Pigment Orange 36

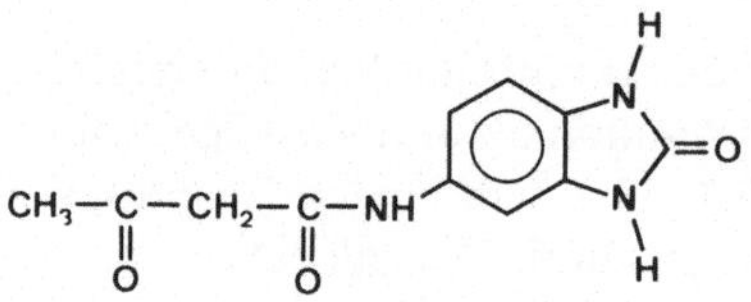

5-Acetoacetylamino-benzimidazolon

Eine weitere breit verwendbare Kupplungskomponente zur Herstellung von roten Pigmenten ist das 5-(2'-Hydroxy-3'-naphthoyl)-aminobenzimidazolon, das z. B. zur Herstellung von Pigment Red 171 dient.

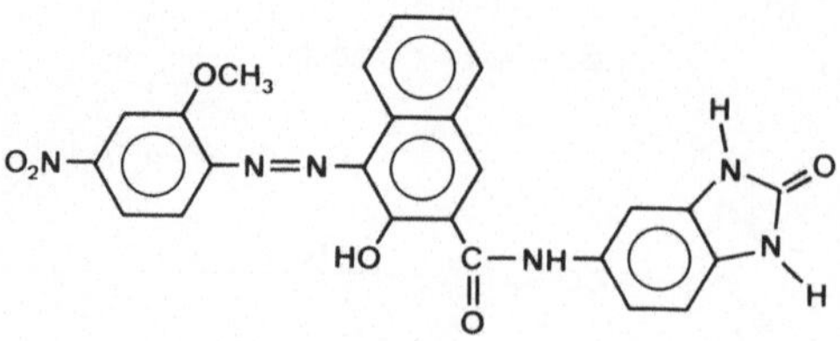

Pigment Red 171

p-Chlornitrobenzol wird insbesondere zur Herstellung von p-Nitrophenol, p-Chloranilin, p-Nitroanilin und p-Nitrodiphenylethern (z.B. Nitrofen) verwendet.

Nitrofen

Traditionelles Folgeprodukt ist z.B. das Pigment Red 1 („Pararot"), das aus p-Nitroanilin und β-Naphthol (nach Diazotierung) zugänglich ist.

Pigment Red 1

Durch Kondensation von Anilin mit p-Nitrochlorbenzol wird 4-Nitro-diphenyl-amin (PNDPA), ein wichtiges Zwischenprodukt zur Herstellung von Antioxidantien, gewonnen. Aus PNDPA erhält man durch reduktive N-Alkylierung Gummi-Alterungsschutzmittel, von denen die wichtigsten Vertreter IPPD und 6PPD sind.

4-Nitro-diphenylamin

IPPD

6PPD

Die Produktion dieser PNDPA-Derivate, die insbesondere von *Monsanto* und *Bayer* hergestellt werden, liegt in West-Europa bei ca. 20.000 t/a.

Durch Reduktion des p-Nitroanilins wird p-Phenylendiamin hergestellt.

p-Phenylendiamin

p-Phenylendiamin dient als Zwischenprodukt zur Herstellung von Farbstoffen wie Dispers Yellow 3, das aus p-Kresol und p-Phenylendiamin zugänglich ist.

Dispers Yellow 3

Ein weiterer Farbstoff auf der Basis p-Phenylendiamin ist das Safranin B extra (C.I. 50200), ein Azinfarbstoff, der durch Umsetzung mit Anilin über die Zwischenstufe Indamin erhalten wird; die frühere Bedeutung der Safranin-Farbstoffe ist allerdings heute nicht mehr gegeben.

Safranin B extra (C.I. 50200)

Durch Polymerisation von p-Phenylendiamin mit Terephthalsäuredichlorid werden aromatische Polyamide erhalten, die flüssigkristallinen Charakter aufweisen.

Durch Verspinnen der Polymere aus Schwefelsäurelösung werden hochwertige Aramid-Fasern (Kevlar, Twaron) hergestellt, die sich durch hohe Temperaturbeständigkeit auszeichnen (s. Kapitel 7.3.1).

5.8.2 Dichlorbenzole

Von den zweifach chlorierten Benzolen sind das o-Dichlorbenzol und das p-Dichlorbenzol von technischer Bedeutung. Das Verhältnis von p- zu o-Dichlorbenzol bei der Chlorierung von Benzol hängt vom Katalysator und den Reaktionsbedingungen ab; es variiert zwischen 1 und 5. Wegen der dirigierenden Wirkung des ersten Chloratoms im Chlorbenzol-Molekül ist der Anfall an m-Dichlorbenzol sehr gering. (m-Dichlorbenzol kann durch denitrierende Chlorierung von m-Dinitrobenzol oder durch Isomerisierung in Gegenwart von HCl und Aluminiumchlorid bei 120 °C aus o- oder p-Dichlorbenzol hergestellt werden). Die Auftrennung der Dichlorbenzol-Isomeren erfolgt durch Kombination von Destillation und Kristallisation. Wegen der eng beieinanderliegenden Siedepunkte von o- und p-Dichlorbenzol (179,0/173,7 °C) ist eine rein destillative Auftrennung schwierig; günstig dagegen ist die Kristallisation, die aufgrund der unterschiedlichen Schmelzpunkte von o- und p-Dichlorbenzol ($-17,6/53,0$ °C) sehr effizient durchgeführt werden kann (siehe Kapitel 5.8.1). Abbildung 5.46 zeigt das Phasendiagramm von o-/p-Dichlorbenzol mit dem eutektischen Punkt bei ca. 12% p-Dichlorbenzol.

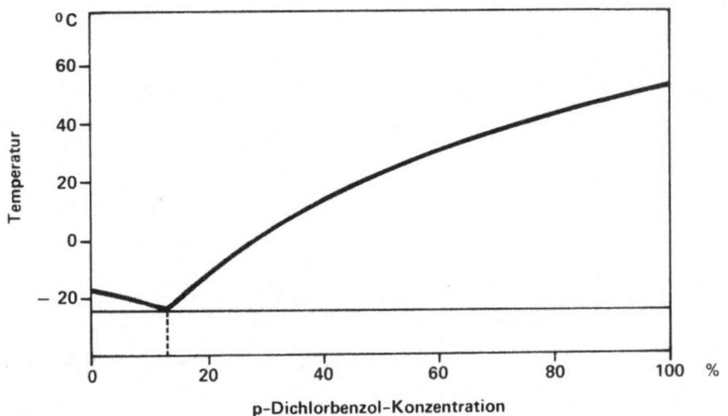

Abbildung 5.46:   Phasendiagramm von o-/p-Dichlorbenzol

Die Produktion von o-Dichlorbenzol beträgt ca. 80.000 t/a. Die größten Produzenten sind die Vereinigten Staaten, Japan und die Bundesrepublik Deutschland.

o-Dichlorbenzol findet Verwendung als inertes Lösungsmittel z. B. zur Herstellung von Toluylendiisocyanaten. Außerdem dient es als Ausgangsmaterial zur

Erzeugung von 3,4-Dichloranilin, einem Zwischenprodukt für die Herstellung von Farbstoffen und Pflanzenschutzmitteln (Herbiziden) wie Linuron, das in einer Menge von 4.000 t/a hergestellt wird.

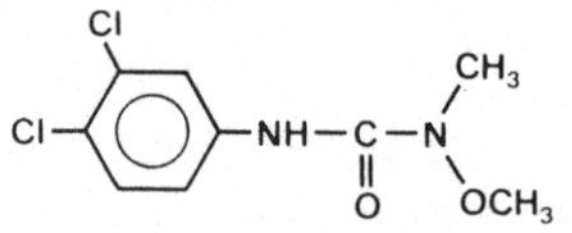

Linuron

Ein weiteres Herbizid auf der Basis von 3,4-Dichloranilin, das in der gleichen Größenordnung erzeugt wird, ist das Diuron *(Du Pont)*, das durch Umsetzung von 3,4-Dichloranilin mit Harnstoff und Dimethylamin unter Ammoniakabspaltung zugänglich ist.

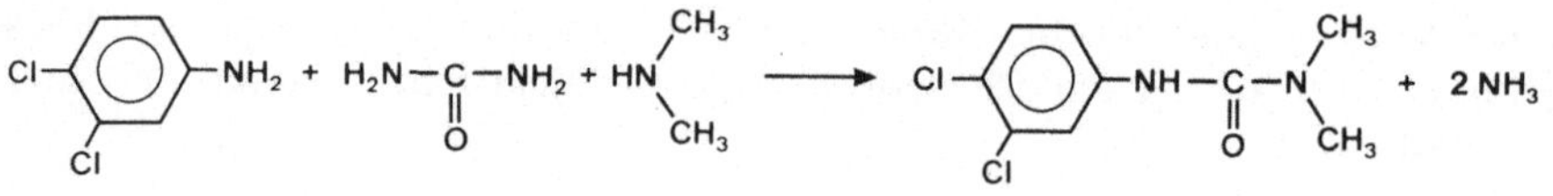

Diuron

Durch Umsetzung von 3,4-Dichloranilin mit Propionsäure in Gegenwart von Thionylchlorid erhält man das von *Rohm und Haas* eingeführte Herbizid Propanil.

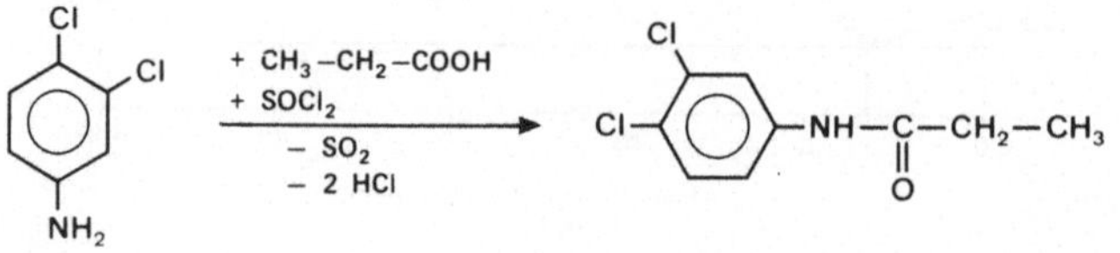

Propanil

Durch Reaktion von 3,4-Dichlornitrobenzol mit KF in aprotischen Lösungsmitteln, wie Sulfolan, entsteht das 3-Chlor-4-fluornitrobenzol, das durch Reduktion und Umsetzung mit Chlorpropionsäure, Veresterung und anschließender Acylierung mit Benzoylchlorid in das *Shell*-Herbizid Flamprop-methyl überführt wird.

Flamprop-methyl

p-Dichlorbenzol wird weltweit in einer Menge von ca. 75.000 t/a erzeugt; der Verbrauch in den USA lag 1985 bei 25.000 t. Neben der Verwendung als Desinfektionsmittel und Deodorant dient es seit einigen Jahren zur Herstellung von Polyphenylensulfid (PPS), das durch Umsetzung von p-Dichlorbenzol mit Natriumsulfid gewonnen wird.

Polyphenylensulfid

Polyphenylensulfid wird zur Herstellung thermoplastischer Kunststoffe verwendet, die sich durch eine hohe Dauergebrauchstemperatur (260 °C) und gute chemische Beständigkeit auszeichnen.

Durch Nitrierung von p-Dichlorbenzol bei 30 bis 65 °C wird 1,4-Dichlor-2-nitrobenzol in hoher Ausbeute gewonnen, das z. B. als Ausgangsstoff zur Herstellung von Pigment Red 88 dienen kann.

Pigment Red 88

Das Thioindigo-Derivat Pigment Red 88 wird auch durch Umsetzung von p-Dichlorbenzol mit Chlorsulfonsäure, anschließender Reduktion mit Zink sowie S-Alkylierung mit Chloressigsäure und folgendem Ringschluß mit $AlCl_3$ über die Zwischenstufe 2,5-Dichlorthioindoxyl durch Oxidation mit Luftsauerstoff gewonnen.

2,5-Dichlorthioindoxyl

m-Dichlorbenzol dient als Ausgangsstoff zur Herstellung des Pflanzenschutzmittels Iprodion. Zu dessen Erzeugung wird m-Dichlorbenzol bei 10 bis 40 °C in Gegenwart von $AlCl_3$ zum 1-Brom-2,4-dichlorbenzol bromiert und anschließend zum 1-Brom-3,5-dichlorbenzol isomerisiert. Durch Reaktion mit Ammoniak wird 3,5-Dichloranilin gewonnen, das zum Isocyanat und anschließend mit Glycin zum Hydantoin umgesetzt wird. Die Weiterreaktion mit Isopropylisocyanat führt zum Iprodion *(Rhône Poulenc)*.

Iprodion

5.8.3 Hexachlorcyclohexan

Ein chloriertes Benzol-Derivat, das in den wichtigsten industrialisierten Ländern nur noch von historischer Bedeutung ist, ist das Hexachlorcyclohexan, dessen γ-Isomeres, das Lindan, einige Zeit ein in großem Maßstab verwandtes Pflanzenschutzmittel war. Hexachlorcyclohexan (HCH) wurde 1825 erstmals von Michael Faraday durch Addition von Chlor an Benzol unter der Einwirkung von Sonnenlicht gewonnen. 1940 wurde bei *ICI* die insektizide Wirkung des Hexachlorcyclohexans entdeckt.

Abbildung 5.47 zeigt die acht Isomeren-Strukturen des Hexachlorcyclohexans.

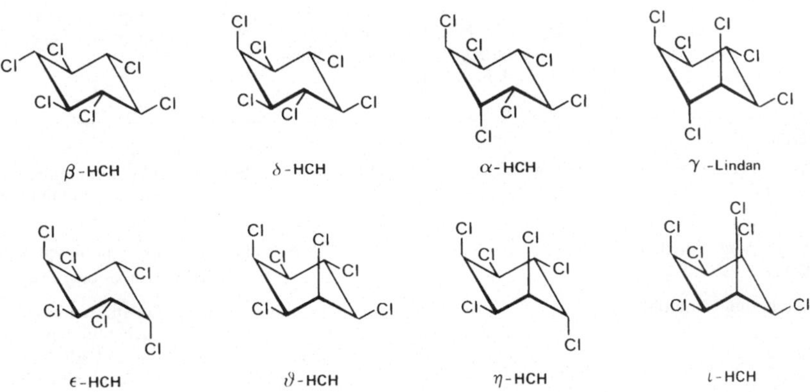

Abbildung 5.47: Strukturen der Hexachlorcyclohexan-Isomeren

Das technische Hexachlorcyclohexan enthält ca. 65% des α-Isomeren, 7% des β-Isomeren, 14% des γ-Isomeren, 4% des ε-Isomeren und 10% der restlichen Isomeren.

Bei der technischen Herstellung wird Hexachlorcyclohexan durch Umsatz von Benzol mit Chlor bei 15 bis 25 °C in einem Glasreaktor unter Einwirkung von UV-

Licht bei Atmosphärendruck mit einem Überschuß von Benzol gewonnen. Dabei ist darauf zu achten, daß Sauerstoff und Katalysatoren, wie Eisen, die die Substitution begünstigen, ausgeschlossen werden. Wenn 5 bis 8% des Benzols chloriert sind, beginnt das β-Isomere auszufallen. Nach Verdampfung von Benzol und überschüssigem Chlor bei Temperaturen von 85 bis 88 °C verbleibt ein Hexachlorcyclohexan-Gemisch mit einem γ-Isomerengehalt von 12 bis 14%. Das γ-Isomere wird durch fraktionierte Kristallisation gewonnen. Die abgetrennten Isomeren werden durch thermische oder katalytische Dechlorierung zu Tri- und Tetrachlorbenzolen aufgearbeitet; letztere dienen als Ausgangsstoff für 2,4,5-Trichlorphenol (s. Kapitel 5.3.4.5).

Wegen der geringen biologischen Abbaubarkeit und der Anreicherung in der Nahrungskette ist die Bedeutung von Hexachlorcyclohexan als Insektizid deutlich zurückgegangen. Die Produktion wird weltweit heute nur noch auf 10.000 t/a geschätzt.

5.9 Verfahrensübersicht

In Tabelle 5.13 sind die wichtigsten Verfahren zur Herstellung von Benzol-Derivaten zusammenfassend dargestellt.

Tabelle 5.13: Zusammenfassende Darstellung der wichtigsten Verfahren zur Herstellung von Benzol-Derivaten

Verfahren	Ziel des Prozesses	Prozeßbedingungen			Reaktionskomponenten	Sonstige Charakteristika
		Druck (bar)	Temperatur (°C)	Katalysator		
1. Alkylierung:						
Benzol-Alkylierung (*Union Carbide/Badger*)	Ethylbenzol-Synthese	2–4	125–140	$AlCl_3$	Benzol/Ethylen	Flüssigphasenreaktion; korrosives Medium
Benzol-Alkylierung (*Mobil/Badger*)	Ethylbenzol-Synthese	20	420–430	Zeolith	Benzol/Ethylen	Gasphasenreaktion; Korrosion gering
Benzol-Alkylierung	Cumol-Synthese	3–10	250–350	Phosphorsäure/Silikat	Benzol/Propylen	Gasphasenreaktion; auch Flüssigphasenreaktion mit $AlCl_3$ bei 50–70 °C möglich
Phenol-Alkylierung	2,6-Xylenol-Synthese	1–2	300–400	Al_2O_3	Phenol/Methanol	Gasphasenreaktion; auch zur Gewinnung von Kresolen einsetzbar
2. Dehydrierung:						
BASF-Verfahren	Styrol-Herstellung	atmosph.	580–590	Fe_2O_3	Ethylbenzol	isothermes Verfahren
Dow-Verfahren	Styrol-Herstellung	atmosph.	570–640	Fe_2O_3	Ethylbenzol	adiabatisches Verfahren
3. Oxidation:						
Hock-Verfahren	Phenol-Synthese	6	90–100		Cumol/O_2	wichtigste Phenol-Synthese

Tabelle 5.13 (Fortsetzung)

Verfahren	Ziel des Prozesses	Prozeßbedingungen			Reaktions-komponenten	Sonstige Charakteristika
		Druck (bar)	Temperatur ($°C$)	Katalysator		
Dow-Verfahren	Phenol-Synthese	5-10	150-170	Co-Salze	Toluol/ O_2	nur vereinzelte Anwendung
Benzol-Oxidation	MSA-Synthese	1-2	350-400	V_2O_5	Benzol/ O_2	Festbett-Verfahren
Butan-Oxidation	MSA-Synthese	1-2	350-400	V_2O_5	Butan/ O_2	Festbett-Verfahren; gewinnt gegenüber Benzol-Oxidation an Bedeutung
4. Kondensation:						
Hooker-Verfahren	Bisphenol A-Synthese	atmosph.	50-90	HCl	Phenol/ Aceton	beide Reaktionskomponenten aus der Hock-Synthese gewinnbar
5. Hydrierung:						
Phenol-Hydrierung	Cyclohexanon-Herst.	atmosph.	140-170	Pd	Phenol/ H_2	Gasphasenreaktion
Phenol-Hydrierung	Cyclohexanol-Herst.	10-20	120-200	Ni/SiO$_2$/ Al$_2$O$_3$	Phenol/ H_2	Gasphasenreaktion
Benzol-Hydrierung *(IFP)*	Cyclohexan-Herst.	20-50	150-200	Ni	Benzol/ H_2	Flüssigphasenreaktion
Nitrobenzol-Hydrierung	Anilin-Synthese	1,8	270	Cu	Nitrobenzol/H_2	Fließbett-Verfahren
6. Alkalischmelze:						
Hoechst-Verfahren	Resorcin-Synthese	atmosph.	350	–	Benzol-1,3-disulfonsäure/ NaOH	Verfahren in Anlehnung an die früher angewandte Phenol-Synthese aus Benzolsulfonsäure
7. Nitrierung:						
Bofors Nobel-Verfahren	Nitrobenzol-Synthese	atmosph.	60	–	Benzol/ HNO_3/ H_2SO_4	Nitrierung kann auch absatzweise erfolgen
8. Sulfonierung:						
Alkylbenzol-Sulfonierung	Tensid-Herstellung	atmosph.	40-50	–	Alkylbenzole/SO_3	Fallfilmsulfonierung
9. Chlorierung:						
Benzol-Chlorierung	Chlorbenzol-Synthese	atmosph.	30-40	AlCl$_3$/ FeCl$_3$	Benzol/ Cl_2	kontinuierlich oder diskontinuierliches Verfahren; Chlorierungsgrad von den Reaktionsbedingungen abhängig

6 Herstellung und Verwendung von Toluol-Derivaten

Grundsätzlich gibt es drei Möglichkeiten der Reaktionen des Toluols, nämlich die elektrophile Substitution, die Reaktion an der Methylseitenkette sowie der Bruch der Methyl-Phenyl-Bindung. Die technisch bei weitem bedeutungsvollsten elektrophilen Substitutionen sind die Nitrierung und die Chlorierung. Von großer technischer Bedeutung sind auch Umsetzungen, die an der Methylgruppe des Toluols ablaufen, wie Oxidationsreaktionen oder Seitenkettenchlorierungen. Der Bruch der Bindung zwischen der Methylgruppe und dem Aromatenkern des Toluols wird bei der Dealkylierung zur Benzol-Herstellung mit der dabei ablaufenden Kuppelproduktion von Diphenyl angewandt (s. Kapitel 4.4.1 und 10.1).

Die wichtigsten Anwendungsgebiete für Toluol sind je nach Region die Herstellung von Benzol durch Dealkylierung, die in den USA überwiegt, der Einsatz als aromatisches Solvent, die Herstellung von Toluylendiisocyanat über die Vorstufe Nitrotoluol sowie die Gewinnung der Oxidationsprodukte Benzoesäure, Benzaldehyd und Benzylalkohol.

Die Gewinnung von Phenol und ε-Caprolactam auf Toluol-Basis wird nur in Einzelfällen durchgeführt.

Als wichtige aromatische Zwischenprodukte, hauptsächlich zur Herstellung von Pflanzenschutzmitteln und Farbstoffen, dienen die chlorierten Toluol-Derivate o- und p-Chlortoluol, Benzylchlorid, Benzalchlorid und Benzotrichlorid sowie die Nitroderivate des Toluols. Sulfonsäure-Verbindungen des Toluols finden breite Anwendung als Tenside.

In Abbildung 6.1 sind die wichtigsten Toluol-Anwendungsgebiete für die USA, West-Europa und Japan gegenübergestellt.

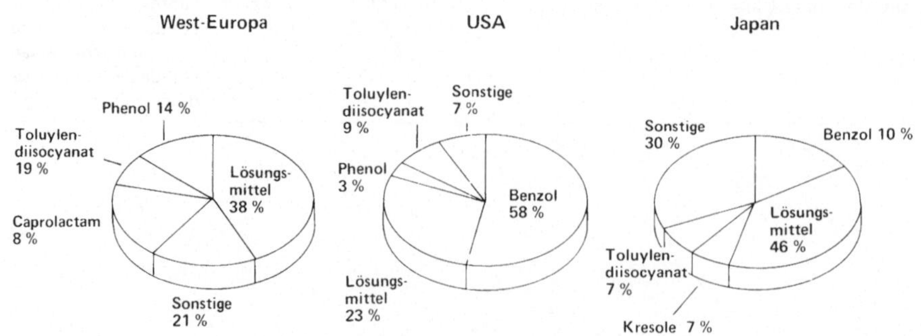

Abbildung 6.1: Hauptanwendungsgebiete für Toluol in den USA, Japan und West-Europa (1985)

6.1 Nitroderivate des Toluols

6.1.1 Mononitrotoluole und ihre Folgeprodukte

Die Nitrierung des Toluols führt je nach den angewandten Reaktionsbedingungen zu Mono-, Di- und Trinitrotoluol-Derivaten.

Die technische Nitrierung des Toluols wird ähnlich wie die Nitrierung des Benzols durchgeführt; allerdings sind wegen der durch die Methylgruppe erhöhten Reaktivität mildere Bedingungen erforderlich.

Die Temperatur sollte 60 °C nicht überschreiten, da oberhalb dieses Grenzwertes sowohl die Methylgruppe als auch der Aromatenkern durch das Nitriergemisch oxidativ angegriffen werden; dies führt zu einer erhöhten Nebenproduktbildung, wobei Nitrophenole, Nitrokresole sowie Phenylnitromethan und Tetranitromethan gebildet werden.

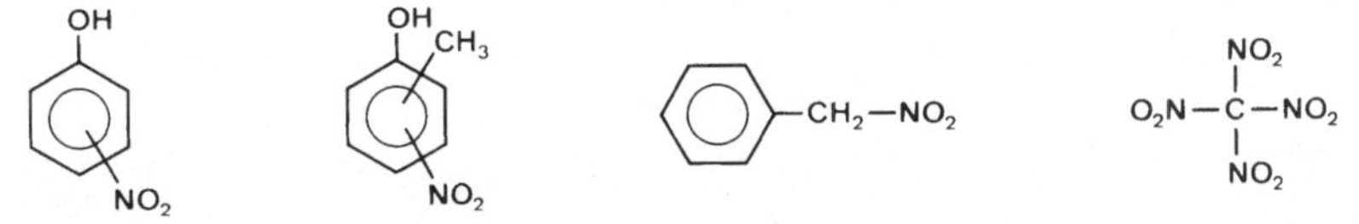

Nitrophenole Nitrokresole Phenylnitromethan Tetranitromethan

Die Mononitrierung von Toluol wird bei Temperaturen von 30 bis 45 °C und relativ geringen NO_2^+-Konzentrationen durchgeführt; mit einem Salpetersäure/Schwefelsäure-Gemisch (20/60) erhält man 57 bis 60% o-Nitrotoluol, 3 bis 4% m-Nitrotoluol und 37 bis 40% p-Nitrotoluol.

Die Nitrierung kann chargenweise oder kontinuierlich durchgeführt werden. Die Ausbeute liegt bei 97 bis 98%, wobei als Nebenprodukte ca. 0,1% Dinitrotoluol und geringe Mengen Nitrokresole erzeugt werden.

Die Auftrennung der drei Nitrotoluol-Isomeren erfolgt durch kombinierte Destillation und Kristallisation. o-Nitrotoluol kann aufgrund des tieferen Siedepunktes (221,7 °C) durch Destillation als hochkonzentriertes Kopfprodukt gewonnen werden. Die Trennung der höhersiedenden m- und p-Nitrotoluole (232,6 °C bzw. 238,4 °C) wird technisch als Schmelzkristallisation durchgeführt, die bei einer Differenz der Erstarrungspunkte von 35,3 °C (16,1 °C bzw. 51,4 °C) zu hochreinen Isomeren führt.

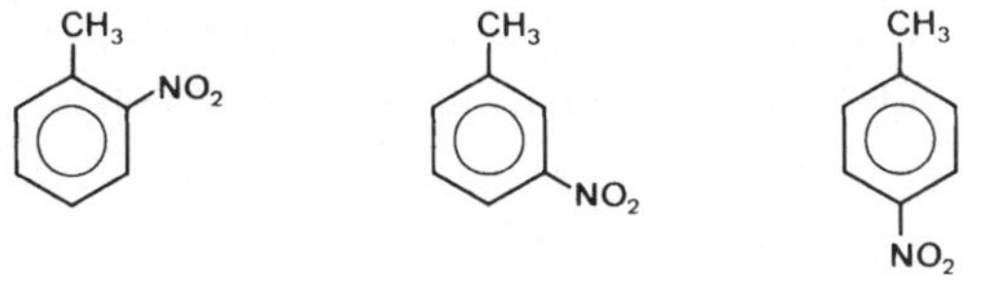

o-Nitrotoluol m-Nitrotoluol p-Nitrotoluol

Die Kapazität zur Herstellung von Mononitrotoluol liegt in der westlichen Welt bei ca. 200.000 t/a; über die mit Abstand größten Kapazitäten verfügt *Bayer*.

o-Nitrotoluol wird hauptsächlich zu 2,4/2,6-Dinitrotoluol-Gemischen weiternitriert, die zur Herstellung von Toluylendiisocyanat dienen. Daneben sind die Weiternitrierung zu Trinitrotoluol sowie die Reduktion zu o-Toluidin und die Herstellung von o-Tolidin durch Benzidin-Umlagerung die wichtigsten Folgereaktionen von o-Nitrotoluol.

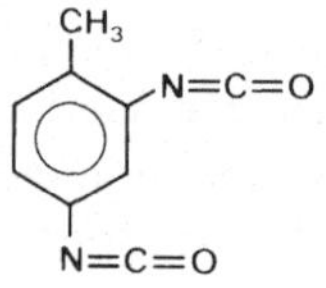

2,4-Toluylendiisocyanat 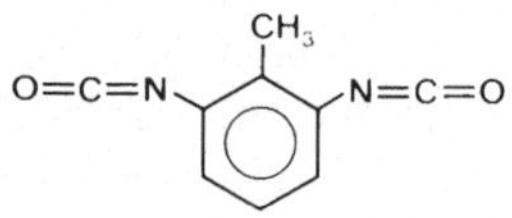   2,6-Toluylendiisocyanat

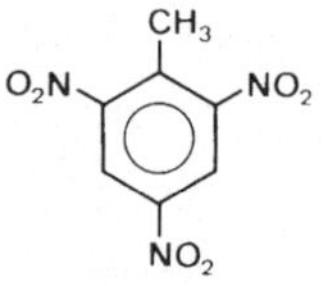

2,4,6-Trinitrotoluol 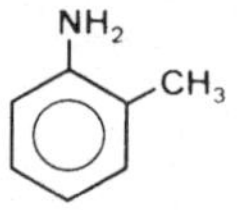   o-Toluidin 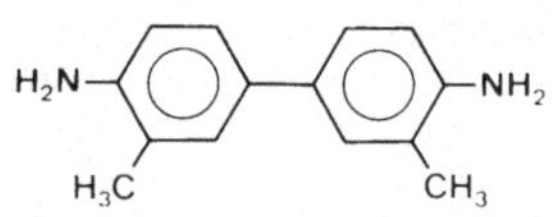   o-Tolidin

Während o-Nitrotoluol in früherer Zeit ein im Überschuß anfallendes Koppelprodukt der Toluol-Nitrierung war, ist insbesondere durch die Einführung des Herbizides Metolachlor durch *Ciba Geigy* 1974 der Bedarf an o-Nitrotoluol deutlich gestiegen.

Hauptfolgeprodukt des o-Nitrotoluols ist das o-Toluidin. Die Reduktion des o-Nitrotoluols zum o-Toluidin kann kontinuierlich oder diskontinuierlich durchgeführt werden; bei der diskontinuierlichen Arbeitsweise werden in der Regel Mitteldruckverfahren mit einem Wasserstoffdruck von 20 bis 50 bar angewandt, während bei der kontinuierlichen Hochdruckhydrierung Drucke über 100 bar zur Anwendung kommen; als Katalysatoren dienen Nickel- oder Edelmetallkatalysatoren (Pd/Aktivkohle).

Zur Metolachlor-Herstellung wird o-Toluidin mit metallorganischen Aluminium-Katalysatoren ethyliert, das 2-Ethyl-6-methylanilin mit 2-Chlor-1-methoxypropan umgesetzt und das Reaktionsprodukt mit Chloracetylchlorid kondensiert. Die Produktion an Metolachlor betrug 1985 ca. 17.000 t.

Metolachlor

Ein weiteres wichtiges Folgeprodukt des o-Toluidins ist ein Gemisch von arylierten p-Phenylendiaminen, das als Alterungsschutzmittel bei der Kautschuk-Verarbeitung verwendet wird; es wird durch Reaktion von Hydrochinon, Anilin und o-Toluidin hergestellt und besteht aus N,N'-Ditolyl- und N,N'-Diphenyl-p-phenylendiamin (DTPD, DPPD) und N-Tolyl-N'-phenyl-p-phenylendiamin.

DTPD

DPPD

N-Tolyl-N'-phenyl-p-phenylendiamin

Durch Umsetzung von o-Toluidin mit Diketen erhält man N-Acetoacetyl-o-toluidid, einen Rohstoff zur Gewinnung von Pigmenten wie dem Pigment Yellow 14.

Pigment Yellow 14

Ein weiteres Zwischenprodukt zur Herstellung von Farbstoffen und Pigmenten auf der Basis von o-Nitrotoluol ist das o-Tolidin. o-Tolidin wird aus o-Nitrotoluol durch Reduzierung über die entsprechende Hydrazoverbindung und anschließende Benzidin-Umlagerung hergestellt.

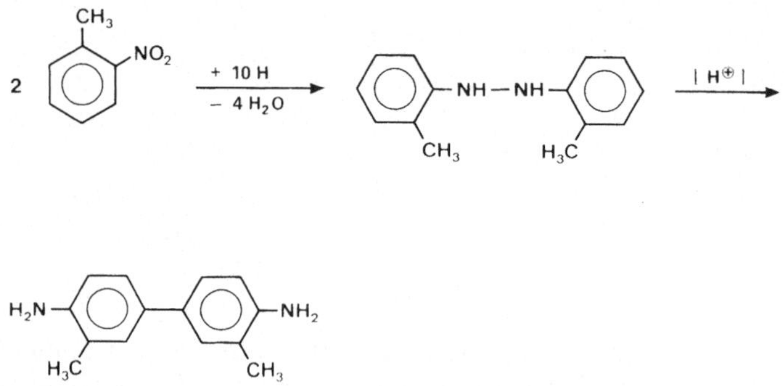

o-Tolidin

Ein wichtiges Folgeprodukt von o-Tolidin ist z. B. das Acid Red 114.

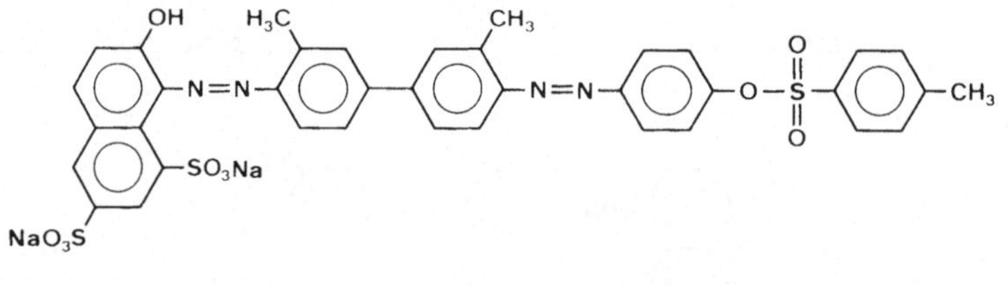

Acid Red 114

Durch katalytische Reduktion von m-Nitrotoluol erhält man m-Toluidin, ein Zwischenprodukt zur Gewinnung von Azofarbstoffen wie beispielsweise Dispers Red 65.

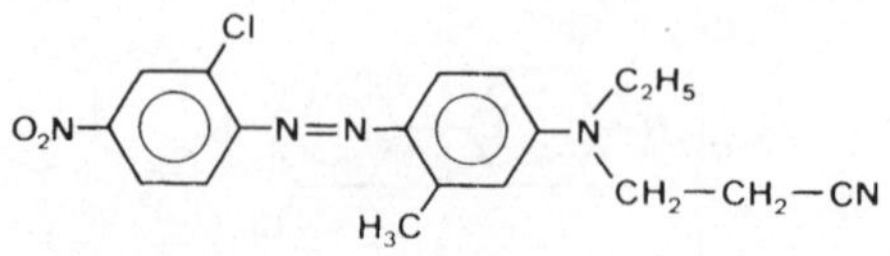

Dispers Red 65

m-Toluidin dient außerdem nach Überführung in das entsprechende Isocyanat als Ausgangsstoff für das von *Schering* entwickelte Herbizid Phenmedipham, das durch Umsetzung von 3-Methoxycarbonylaminophenol, einem Folgeprodukt des m-Aminophenols (s. Kapitel 5.3.4.8) mit m-Tolylisocyanat zugänglich ist.

Phenmedipham

p-Nitrotoluol dient hauptsächlich zur Herstellung von reinem 2,4-Toluylendiisocyanat. Das zweitwichtigste Folgeprodukt ist die durch Sulfonierung zugängliche 4-Nitrotoluol-2-sulfonsäure, die durch Oxidation mit Natriumhypochlorit in die 4,4'-Dinitrostilben-2,2'-disulfonsäure (DNSDSA) umgewandelt wird. Durch Reduktion der DNSDSA wird die entsprechende Amino-Verbindung (DASDSA) gewonnen, die zur Herstellung von optischen Aufhellern und Farbstoffen dient.

4,4'-Diamino-stilben-2,2'-disulfonsäure (DASDSA)

DASDSA wird dazu mit 2 Mol 2,4,6-Trichlor-1,3,5-triazin umgesetzt und die Chlorgruppen der Triazin-Bausteine mit Aminen wie Anilin oder Morpholin substituiert.

N,N'-Di-[2-(4,6-dichlortriazino)]-4,4'-diaminostilben-2,2'-disulfonsäure

4-Nitrotoluol-2-sulfonsäure wird außerdem als Ausgangsprodukt zur Herstellung von Farbstoffen eingesetzt.

Das durch katalytische Reduktion von p-Nitrotoluol erzeugte p-Toluidin wurde in West-Europa 1985 in einer Menge von ca. 4.000 t hergestellt. Es dient als Zwischenprodukt zur Gewinnung von organischen Pigmenten, zum Beispiel auf der Basis von 3-Nitro-4-aminotoluol, das nach Acylierung von p-Toluidin und anschließender Nitrierung und Abspaltung der Schutzgruppe zugänglich ist. Beispiele für wichtige Pigmente auf dieser Rohstoffgrundlage sind Pigment Yellow 1 (s. Kapitel 5.5.3.4) und Pigment Red 3.

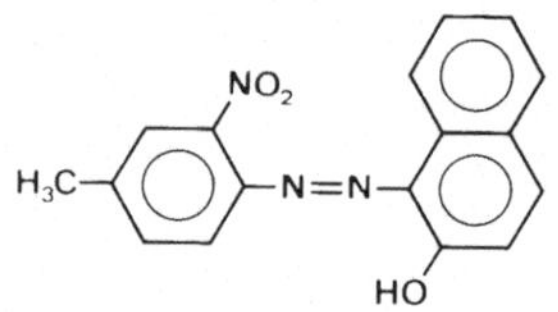

Pigment Red 3

Durch Sulfonierung von p-Toluidin gewinnt man die p-Toluidin-3-sulfonsäure (4B-Säure). Diese Säure dient zur Herstellung eines der wichtigsten Rotpigmente, dem Pigment Red 57:1 (4B-Toner).

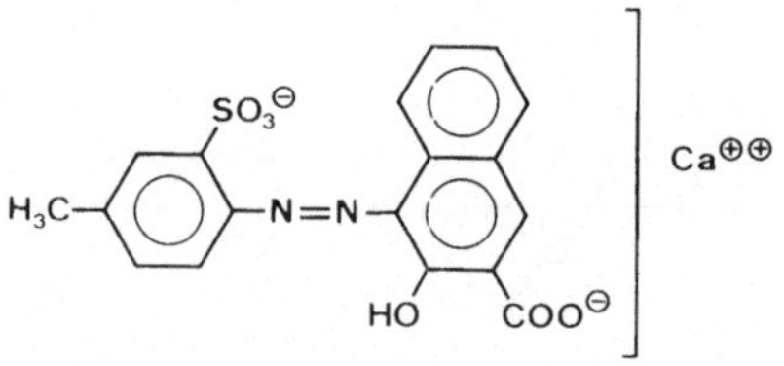

Pigment Red 57:1

Durch Chlorierung von p-Nitrotoluol und anschließende katalytische Reduktion an sulfidierten Pd/Aktivkohle-Kontakten erhält man 3-Chlor-4-methylanilin, aus

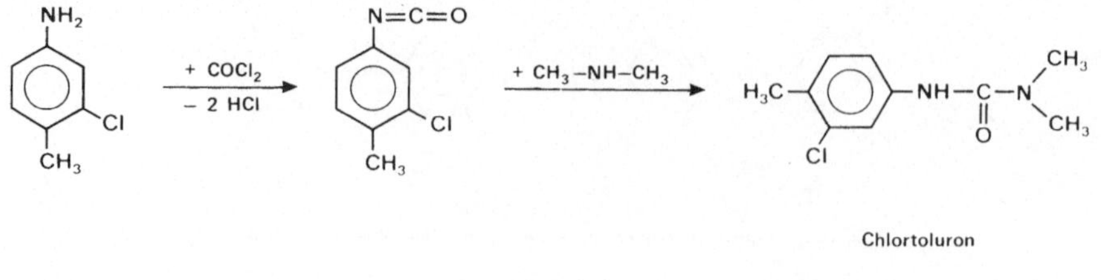

Chlortoluron

dem nach Umwandlung in das Isocyanat und Umsetzung mit Dimethylamin das Herbizid Chlortoluron hergestellt wird.

6.1.2 Dinitrotoluole und ihre Folgeprodukte

Von mengenmäßig größerer Bedeutung als die Mononitrierung ist die Dinitrierung von Toluol. Die Reaktionsbedingungen bei der Dinitrierung sind etwas schärfer als bei der Mononitrierung; die Temperaturen liegen bei 65 bis 70 °C. Als Nitriersäure wird eine Mischsäure mit einem Schwefelsäure-Gehalt von 65% und einem Salpetersäure-Gehalt von 25% sowie 10% Wasser eingesetzt; die Nitrierung erfolgt kontinuierlich oder diskontinuierlich.

Bei der Aufarbeitung des Reaktionsgemisches der Dinitrierung läßt man das Reaktionsgemisch absitzen und trennt es in einen Dinitrotoluol-reichen Strom sowie einen verbrauchten Säurestrom. Die Aufarbeitung des Dinitrotoluol-Stroms erfolgt durch Alkaliwäsche und durch Kristallisation. Die Isomeren-Zusammensetzung liegt bei knapp 20% 2,6-Dinitrotoluol, 76% 2,4-Dinitrotoluol, 0,6% 3,5-Dinitrotoluol und geringen Mengen von 2,5-Dinitrotoluol (80/20 DNT). Die Ausbeute der Dinitrierung beträgt 96 bis 98%; das kommerzielle Handelsprodukt hat einen Kristallisationspunkt von 55 bis 58 °C. Die Lagerungstemperatur soll 75 °C nicht überschreiten, da die Nitrotoluole sich bei höherer Temperatur unter starker Exothermie zersetzen können.

Dinitrotoluole dienen vorwiegend zur Gewinnung der Toluylendiisocyanate (TDI), die aus den entsprechenden Diaminotoluolen hergestellt werden. Die Reduktion der Dinitrotoluole wird technisch an Raney-Nickel oder Palladium/ Kohlenstoff-Katalysatoren unter einem Wasserstoffdruck von 70 bar und einer Temperatur bis zu 150 °C in einer Reaktorkaskade oder einem Schlaufenreaktor durchgeführt. Die Konzentration von Dinitrotoluol im Reaktionsgemisch wird sehr niedrig gehalten, um Ausbeuten von über 99% zu erreichen. Aus dem Reaktionsgemisch wird der Recycleteil abgezogen, während der Rest zur Abtrennung des Katalysators filtriert oder in einem Zyklon getrennt wird; in einer anschließenden Destillation wird das Reaktionsprodukt in seine Bestandteile Methanol, Wasser, Diamine und Rückstand zerlegt. Die Destillation der wasserfreien Amine wird unter Vakuum (ca. 50 mbar) durchgeführt, wobei in einer Vorkolonne 2,3- und 3,4-Toluylendiamin abgetrennt werden. In der Hauptkolonne wird ein teerartiger Rückstand als Sumpfprodukt abgezogen, während 2,4- und 2,6-Toluylendiamin als Gemisch über Kopf abgenommen werden.

Die destillative Entfernung von 2,3- und 3,4-Toluylendiamin ist von besonderer Bedeutung, da diese Verbindungen bei der Umsetzung mit Phosgen Benzimidazo-

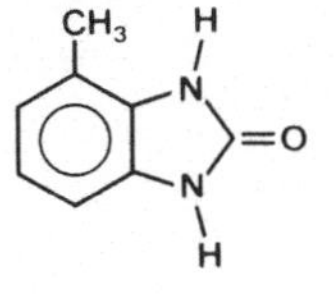

4–Methylbenzimidazolon 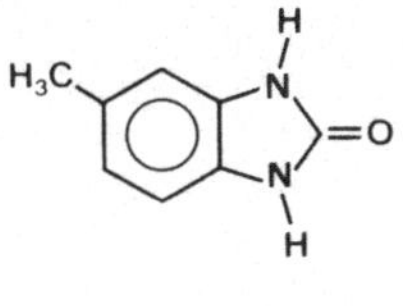   5-Methylbenzimidazolon

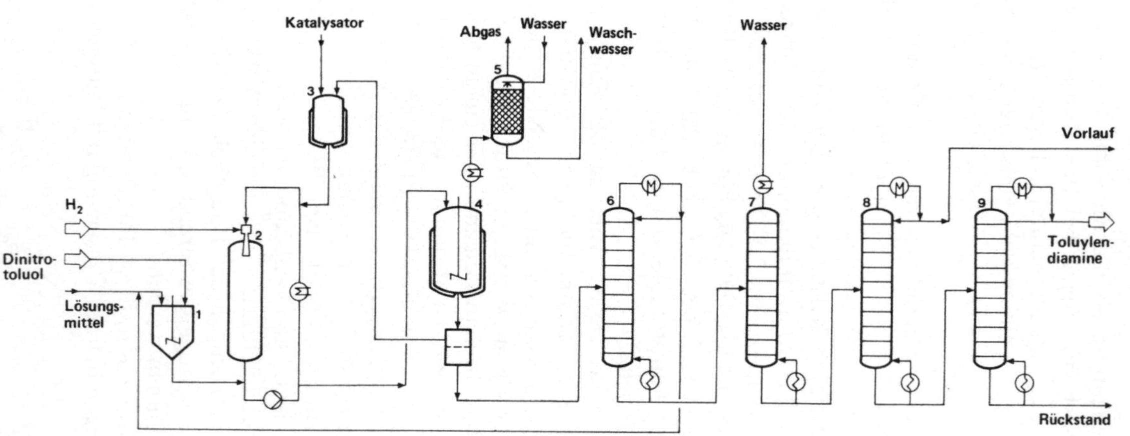

1 Lösebehälter;   2 Schlaufenreaktor;   3 Katalysatorbehälter;   4 Entspannungsbehälter;
5 Waschkolonne;   6 Lösungsmittel-Rückgewinnung;   7 Entwässerungskolonne;   8 und
9 Fraktionierkolonnen

Abbildung 6.2: Verfahrensschema der Reduktion von Dinitrotoluol zu Toluylendiaminen

lone bilden, die wegen der aktivierten Amidwasserstoffe mit Toluylendiisocyanat reagieren und die Ausbeute erniedrigen.

Abbildung 6.2 zeigt ein Verfahrensschema der Reduktion von Dinitrotoluol in methanolischer Lösung.

Die Umsetzung der Toluylendiamine mit Phosgen kann in Lösung oder in der Gasphase durchgeführt werden. Als Lösungsmittel werden reaktionsträge Aromaten mit hohem Siedepunkt, wie beispielsweise o-Dichlorbenzol verwendet.

In Abbildung 6.3 ist ein Schema der drucklosen Herstellung von Toluylendiisocyanat dargestellt. Dabei wird eine 10 bis 20%-ige Lösung von Toluylendiamin in o-Dichlorbenzol mit einer 25 bis 50%-igen Phosgen-Lösung umgesetzt. Die Temperatur der exothermen Reaktion steigt dabei von ca. 5 °C (Carbamidsäurechlorid-Bildung) auf ca. 170 °C (Isocyanat-Bildung) an.

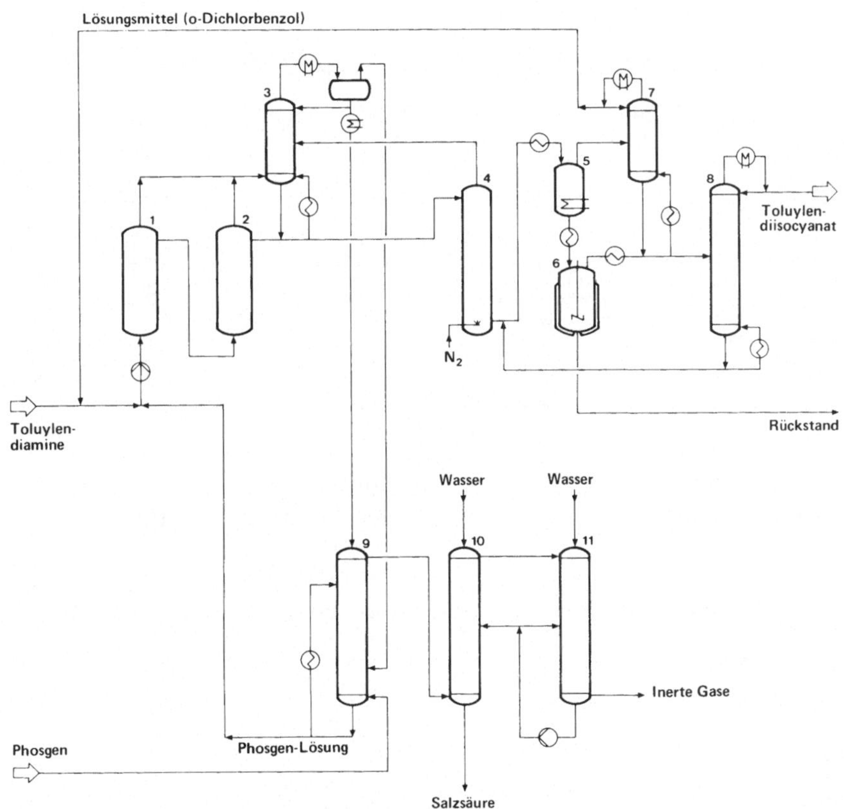

1 und **2** Reaktoren; **3** Waschkolonne; **4** Strippkolonne; **5** Vorverdampfer; **6** Endverdampfer; **7** Lösungsmittelkolonne; **8** Isocyanat-Kolonne; **9** Phosgen-Auswaschkolonne; **10** HCl-Absorber; **11** Phosgen-Zersetzung

Abbildung 6.3: Verfahrensschema der Herstellung von Toluylendiisocyanat

Die Gewinnung von Toluylendiisocyanat ist verfahrenstechnisch ein aufwendiger Prozeß, der große Spezialkenntnis erfordert, insbesondere wegen des geringen zulässigen Grenzwertes der Arbeitsstoffkonzentration des Toluylendiisocyanats, der erforderlichen Sicherheitsvorkehrungen beim Umgang mit Phosgen und den Korrosionsproblemen.

Toluylendiisocyanat dient zur Herstellung von Polyurethan-Kunststoffen, die durch Umsetzung mit Polyolen und Polyestern gewonnen werden.

$$2n \text{ (Toluylendiisocyanat)} + n \; HO-R-OH \longrightarrow$$

$$n \; O{=}C{=}N{-}\text{(Aren)}{-}NH{-}\underset{O}{\overset{\|}{C}}{-}O{-}R{-}O{-}\underset{O}{\overset{\|}{C}}{-}NH{-}\text{(Aren)}{-}N{=}C{=}O \xrightarrow{+\, n\; HO-(CH_2)_m-OH}$$

$$\left[O{-}(CH_2)_m{-}O{-}\underset{O}{\overset{\|}{C}}{-}NH{-}\text{(Aren)}{-}NH{-}\underset{O}{\overset{\|}{C}}{-}O{-}R{-}O{-}\underset{O}{\overset{\|}{C}}{-}NH{-}\text{(Aren)}{-}NH{-}\underset{O}{\overset{\|}{C}} \right]_n$$

Polyurethan

R : Polyestersegment

In Tabelle 6.1 sind die Kapazitäten der wichtigsten Erzeugerländer für Toluylendiisocyanat zusammengestellt; über die größten Kapazitäten verfügt *Bayer*.

Tabelle 6.1: Kapazitäten der wichtigsten Toluylendiisocyanat-Produzenten (1985)

	(1.000 t)
USA	300
Brasilien	30
Belgien	30
Frankreich	120
Bundesrepublik Deutschland	150
Italien	60
Japan	80
Andere Länder	100
Gesamtkapazität westl. Welt	870

Die Produktion von TDI lag 1985 in den USA bei 280.000 t, in West-Europa bei 290.000 t und in Japan bei 80.000 t.

6.1.3 Trinitrotoluol-Verbindungen

Die Erzeugung von Trinitrotoluol ist heute im Vergleich zur Herstellung von Dinitrotoluol-Verbindungen relativ unbedeutend. Zur Herstellung kann entweder Toluol oder im Überschuß anfallendes o-Nitrotoluol eingesetzt werden.

Die Herstellung von 2,4,6-Trinitrotoluol (TNT), einem traditionell wichtigen Sprengstoff, wird überwiegend kontinuierlich durchgeführt, wobei Einheiten von 4 bis 6 Nitrierreaktoren und Separatoren zur Abtrennung der im Nitriergemisch wenig löslichen Nitrotoluole hintereinandergeschaltet werden. Die Reaktionspartner Toluol und Nitriersäure (16,5% HNO_3, 83,5% H_2SO_4) werden in dieser Kaskade im Gegenstrom geführt. Im ersten Reaktor wird vorwiegend Mononitrotoluol erzeugt, während in den folgenden Reaktoren die Mehrfachnitrierung stattfindet. Die Reaktion läuft unter Steigerung der Temperatur von 50 auf 100 °C ab.

Die Aufarbeitung des rohen Trinitrotoluols erfolgt durch Waschen mit Wasser und Sodalösung bzw. mit Natriumsulfit-Lösung zur Entfernung der asymmetrischen Isomeren, die den Erstarrungspunkt des 2,4,6-TNT herabsetzen und weniger beständig sind. Durch die elektronenziehende Wirkung der Nitrogruppen der asymmetrischen Isomeren erfolgt eine nucleophile Substitution durch OH^- oder $HSO_3{}^-$-Gruppen bereits bei Raumtemperatur, so daß die Reaktionsprodukte wasserlöslich sind. Der Kristallisationspunkt des gereinigten TNT soll bei mindestens 80,6 °C liegen. Im Gemisch mit 20% Aluminium wird TNT unter dem Handelsnamen Tritonal, im Gemisch mit 50% Ammoniumnitrat unter dem Handelsnamen Amatol vermarktet.

6.2 Benzoesäure

Während die Nitroderivate des Benzols durch elektrophile Aromatensubstitution hergestellt werden, werden die weiteren wichtigsten Folgeprodukte des Toluols vorwiegend durch Reaktion an der Methylgruppe erzeugt; dies betrifft die Herstellung von Oxidationsprodukten, wie Benzoesäure und die seitenkettenchlorierten Toluol-Verbindungen.

Wie viele andere Aromatenverbindungen wurde auch Benzoesäure erstmals in nachwachsenden Rohstoffen entdeckt und zwar von Blaise de Vigenére bereits im 16. Jahrhundert im Benzoeharz. Carl Wilhelm Scheele befaßte sich 1755 mit diesem Rohstoff, der bis zur Mitte des 19. Jahrhunderts die Hauptquelle für die in der Medizin benutzte Benzoesäure blieb. Die erste technische Synthese von Benzoesäure basierte auf Naphthalin über das Zwischenprodukt Phthalsäure; diese Synthese wurde 1863 eingeführt. 1877 berichtete August Wilhelm v. Hofmann über die Synthese von Benzoesäure aus Hippursäure, die im Harn von Pflanzenfressern enthalten ist.

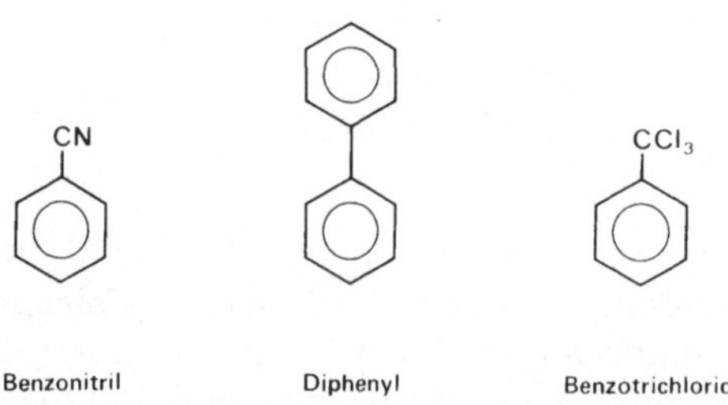

Die bis zum Ende des 2. Weltkriegs durchgeführte Herstellung von Benzoesäure aus Naphthalin ist in einer Stufe ohne die Isolierung der entstehenden Phthalsäure möglich. Die Oxidation von Naphthalin wird bei 340 °C mit Zinkoxid durchgeführt. Dabei wird die Phthalsäure in der Gasphase decarboxyliert; der Umsatz bei dieser Reaktion ist allerdings nicht vollständig, so daß die Benzoesäure von der Phthalsäure abgetrennt werden muß. Die Trennung ist durch Lösen von Phthalsäure in Wasser möglich.

Auch die Decarboxylierung von Phthalsäure in flüssiger Phase wurde zur Herstellung von Benzoesäure durchgeführt. Bei diesem von *Monsanto* entwickelten Verfahren wurde flüssiges Phthalsäureanhydrid an Nickeloxid oder Kupferoxid unter Einleitung von 220 °C heißem Wasserdampf umgesetzt.

Heute wird Benzoesäure großtechnisch praktisch ausschließlich durch Oxidation von Toluol mit Luft erzeugt.

Das Verfahrensschema der Flüssigphasenoxidation ist in Kapitel 5.3.2 im Rahmen der Phenol-Gewinnung dargestellt.

Weitere Verfahren zur Herstellung von Benzoesäure, wie die Verseifung des im Steinkohlenteer enthaltenen Benzonitrils, die Oxidation von Diphenyl sowie die Verseifung von Benzotrichlorid sind heute ohne technische Bedeutung.

Hauptanwendungsgebiet für Benzoesäure ist die Phenol-Herstellung; die Bedeutung dieser Phenol-Route ist allerdings in den letzten Jahren deutlich rückläufig. Außerdem dient Benzoesäure zur Herstellung von Benzoylchlorid und Natriumbenzoat. In Italien wird Benzoesäure nach einem von *Snia Viscosa* entwickelten Verfahren als Ausgangsmaterial zur Herstellung von ε-Caprolactam verwendet. Dazu wird Benzoesäure bei 170 °C und 15 bar am Palladium-Kontakt hydriert und die destillativ gereinigte Cyclohexancarbonsäure mit Nitrosylschwefelsäure in ε-Caprolactam umgewandelt.

Die Produktion von Benzoesäure lag in West-Europa 1985 bei ca. 25.000 t, in den USA einschließlich der zur Phenol-Erzeugung hergestellten Menge bei ca. 80.000 t.

Natriumbenzoat, das durch Neutralisation von Benzoesäure mit NaOH zugänglich ist, dient als Konservierungsmittel für Nahrungsmittel wie Saucen, Sirups und Fruchtsäfte. Außerdem dient es als Korrosionsinhibitor in glycolstämmigen Frostschutzmitteln, wofür in West-Europa 1985 ca. 3.500 t eingesetzt wurden.

Benzoesäureester wie das 1,3-Propylenglykoldibenzoat sind wichtige Weichmacher für Polyurethan-Kunststoffe.

Benzoesäurebenzylester wird in der Parfümindustrie eingesetzt; er ist wegen seiner blutgefäßerweiternden und krampflösenden Wirkung auch Bestandteil von Asthma-Präparaten.

Durch Umsetzung von Benzoesäure mit Benzotrichlorid erhält man Benzoylchlorid, das vorwiegend zur Herstellung von Dibenzoylperoxid dient.

Dibenzoylperoxid

Die westeuropäische Produktion an Benzoylchlorid lag 1985 bei ca. 15.000 t. Neben dem durch Reaktion mit Na_2O_2 zugänglichen Dibenzoylperoxid, einem Radikalstarter zur Herstellung von Kunststoffen (PVC, Polyethylen, Polystyrol) dient Benzoylchlorid vorwiegend zur Erzeugung von Pflanzenschutzmitteln wie dem *Bayer*-Herbizid Metamitron.

Metamitron

Durch Umsetzung von Benzoylchlorid mit Benzol unter Friedel-Crafts-Reaktionsbedingungen wird Benzophenon gewonnen. Benzophenon dient als Riechstoffkomponente und außerdem als Zusatz bei der Herstellung von Druckfarben.

Benzophenon

Durch Sulfonierung und Alkalischmelze erhält man aus Benzoesäure m-Hydroxybenzoesäure, ein Zwischenprodukt zur Herstellung des Herbizids Acifluorfen. m-Hydroxybenzoesäure ist auch aus m-Kresol durch Oxidation herstellbar.

Acifluorfen

6.3 Chlor-Derivate des Toluols

Die Chlorierung des Toluols kann in der Seitenkette und am aromatischen Kern durchgeführt werden; technisch bedeutungsvoll sind beide Produktgruppen, wobei die seitenkettenchlorierten Toluole mengenmäßig überwiegen.

Die beiden Reaktionsarten laufen nach unterschiedlichen Reaktionsmechanismen ab. Die Seitenkettenchlorierung erfolgt durch Radikalreaktion, die Kernchlorierung durch elektrophile Substitution.

6.3.1 Seitenkettenchlorierung von Toluol

Der Substitutionsgrad bei der Seitenkettenchlorierung von Toluol ist vom molaren Chlor/Toluol-Verhältnis abhängig, wie in Abbildung 6.4 dargestellt ist. Zur Herstellung von Benzylchlorid und Benzalchlorid ist die Reaktion bei niedrigen Umsätzen abzubrechen, um die Erzeugung von Benzotrichlorid zu unterdrücken.

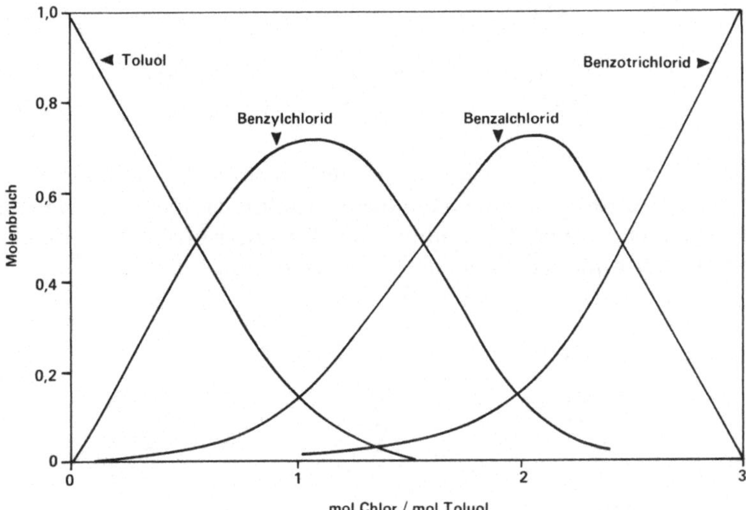

Abbildung 6.4: Produktverteilung bei der Seitenkettenchlorierung von Toluol in Abhängigkeit vom Chlor/Toluol-Verhältnis

Besondere Anforderungen sind an die Reinheit des Toluols zu stellen; häufig wird zur Entfernung von Wasserspuren vor der Chlorierung eine destillative Reinigung durchgeführt.

6.3.1.1 Benzylchlorid

Die Herstellung von Benzylchlorid wird, um die Kernchlorierung durch Friedel-Crafts-Katalyse von Eisen zu vermeiden, in Gefäßen aus Reinnickel oder in Apparaturen aus Emaille oder Borsilikatglas ausgeführt. Die Radikalreaktion erfolgt mit photochemisch erzeugten Chlorradikalen, wobei Quecksilbertauchlampen zum Einsatz kommen; die Reaktionstemperatur beträgt 80 bis 160 °C. Es wird mit einem Unterschuß von Chlor gearbeitet, so daß eine hohe Ausbeute an Benzylchlorid bei geringem Umsatz erzielt wird. Die Auftrennung des Reaktionsgemisches erfolgt destillativ.

Wichtigstes Folgeprodukt des Benzylchlorids, dessen Produktion 1985 in den USA bei ca. 35.000 t lag, ist das Butylbenzylphthalat, das durch Umsetzung von Mononatriumbutylphthalat mit Benzylchlorid hergestellt wird. Butylbenzylphthalat findet als Weichmacher für die Herstellung von PVC-Kunststoffen Verwendung.

Benzylalkohol ist das zweitwichtigste Folgeprodukt des Benzylchlorids. 1853 klärte Stanislao Cannizzaro seine Struktur durch Umsetzung von Benzaldehyd mit Kaliumhydroxid auf.

Benzylalkohol wird durch Umsetzung von Benzylchlorid mit Sodalösung bei 90 °C in 70%iger Ausbeute in einer mehrstündigen Reaktion erhalten; als Nebenprodukt fällt Dibenzylether an. Die Auftrennung des Reaktionsproduktes erfolgt destillativ; Dibenzylether findet als Weichmacher Verwendung.

Benzylalkohol

Dibenzylether

Drittwichtigstes Verwendungsgebiet für Benzylchlorid ist die Herstellung von Benzylcyanid. Benzylcyanid wird aus Benzylchlorid durch Umsetzung mit Natriumcyanid hergestellt. Bedeutendstes Folgeprodukt des Benzylcyanids ist die Phenylessigsäure, die durch Verseifung des Benzylcyanids leicht zugänglich ist.

Phenylessigsäure dient insbesondere zur Herstellung von Benzylpenicillin (Penicillin G), das auf biotechnologischem Wege gewonnen wird.

Penicillin G

Alexander Fleming hatte 1929 beim Auftreten eines Hemmhofes entdeckt, daß das Wachstum von eitererregenden Staphylococcen mit einem von einer Schimmelpilzkultur produzierten Wirkstoff gehemmt wird. Da der die Wirksubstanz produzierende Schimmelpilz als Penicillium notatum identifiziert wurde, nannte Fleming den Wirkstoff Penicillin. Fleming befaßte sich jedoch nicht weiter systematisch mit der Isolierung des Penicillins.

Die volle Bedeutung des Penicillins als wirkungsvolles Antibiotikum ist von Howard W. Florey und Ernst B. Chain (1940) erkannt worden. Nach dieser Entdeckung setzte eine intensive Entwicklung zur biotechnologischen Gewinnung von Penicillin ein. Es gelang, die Produktion von nur wenigen Milligramm Penicillin pro Liter Kulturflüssigkeit durch Mutation der Schimmelpilze und biotechnologische Verfahrensverbesserungen auf einen Wert von ca. 35 g/l anzuheben.

Die biotechnologische Penicillin G-Herstellung wird heute ausschließlich im aeroben Submers-Verfahren durchgeführt, bei dem die Zufuhr von Sauerstoff durch Belüftung am Boden der Reaktoren (Fermenter) erfolgt; als Mikroorganismen dienen vorwiegend Stämme des Schimmelpilzes Penicillium chrysogenum.

Als Substrat für die Fermentation wird im allgemeinen Maisquellwasser (Cornsteep-Lösung) benutzt, das als Nebenprodukt bei der Stärke- bzw. Zuckergewinnung aus Mais anfällt. Außerdem können dem Fermentationsmedium noch andere Kohlenstoffquellen in Form von Lactose, Glucose, Saccharose, Ölen und Fetten zugeführt werden. Zur Penicillin G-Erzeugung wird während der Fermentation Phenylessigsäure als Kaliumsalz in neutraler wässriger Lösung zugesetzt.

Die bei 25 °C diskontinuierlich betriebene Fermentation dauert insgesamt ca. 200 Stunden. In der anschließenden Reinigung wird die gebildete Zellmasse (Pilzmycel) mit Trommelrotationsfiltern abfiltriert und das Filtrat mit Schwefel- oder Phosphorsäure angesäuert (pH 2). Die Konzentration von Penicillin G erfolgt durch Extraktion mit Lösungsmitteln, wie zum Beispiel Butanol oder Amylacetat. Nach Überführung der Säure in das Kaliumsalz wird Penicillin G nach Trocknung und Filtration in einer Reinheit von 99,5% gewonnen. Das Mycel kann als Tierfutter Verwendung finden.

In Abbildung 6.5 ist der verfahrenstechnische Ablauf der Penicillin G-Herstellung dargestellt.

Die Weltproduktion von Penicillin G liegt bei ca. 12.000 t/a; die größten Hersteller sind *Gist-Brocades, Glaxo* und *Beecham*.

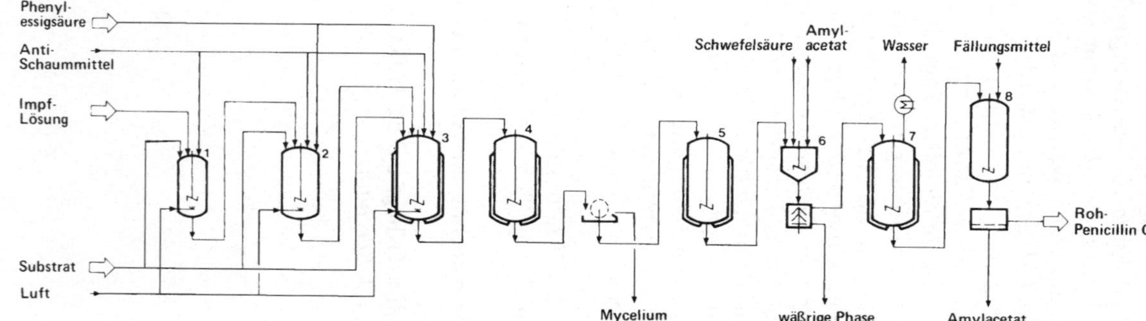

1 Vorfermenter I; **2** Vorfermenter II; **3** Produktionsfermenter; **4** Kühlbehälter; **5** Kulturfiltrat-Lagerbehälter; **6** Mischbehälter; **7** Entwässerungsbehälter; **8** Fällungsbehälter

Abbildung 6.5: Verfahrensschema der Produktion von Penicillin G

Im Rahmen der Untersuchungen zur Verbesserung der Wirksamkeit der Penicillin-Antibiotika wurde festgestellt, daß Substitutionen am Phenylrest bzw. andersartige Substituenten an der Thiazolidin-β-lactam-Einheit zu einer besseren Wirkung als Penicillin G führen.

Die Herstellung der modifizierten Penicilline erfolgt bevorzugt aus Penicillin G (halbsynthetische Penicilline). Penicillin G wird dazu mit trägergebundenen Acylasenenzymen in Phenylessigsäure und die 6-Aminopenicillansäure gespalten; als Enzymquelle für die Penicillinacylase dienen z.B. Escherichia coli oder Bacillus megaterium. Die 6-Aminopenicillansäure läßt sich durch Anfügen geeigneter Seitenketten in eine Vielzahl hochwirksamer halbsynthetischer Penicillin-Antibiotika überführen, wie zum Beispiel Amoxicillin.

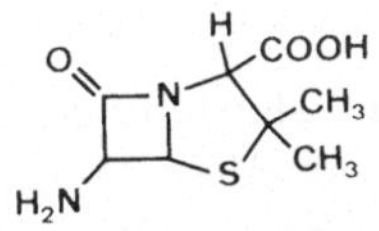

6-Aminopenicillansäure

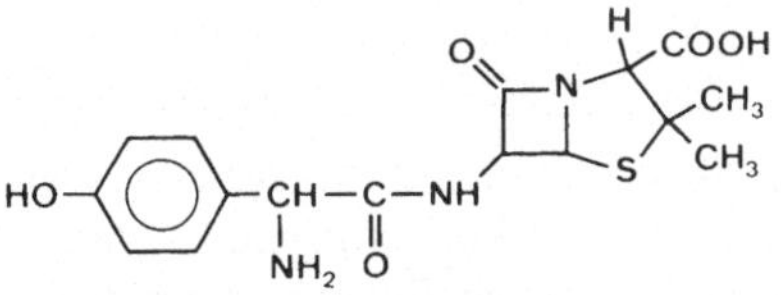

Amoxicillin

Das mengenmäßig bedeutendste Penicillin-Derivat ist das Ampicillin, das durch Umsetzung von 6-Aminopenicillansäure mit dem geschützten Amin des D-Phenylglycins erhältlich ist (Dane-Verfahren).

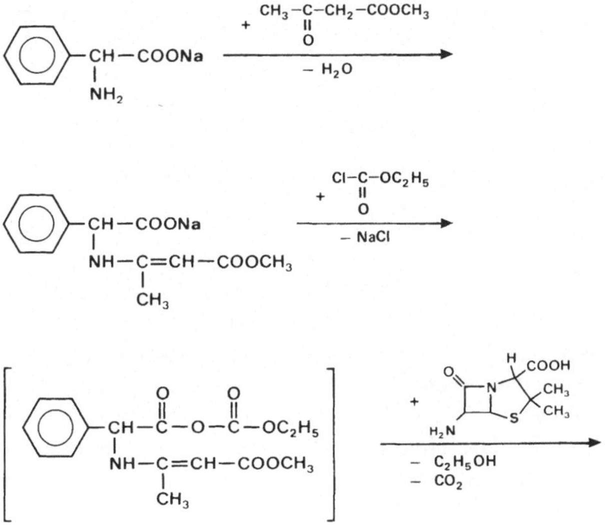

Ampicillin

Phenylessigsäure bietet interessante Perspektiven zur Herstellung von reinen stereoisomeren Amin-Verbindungen. Dazu wird das gebildete DL-Phenylessigsäureamidgemisch durch Enzyme gespalten, wobei nur die L-Form der enzymatischen Spaltung unterliegt, so daß eine Trennung der stereoisomeren Amine erfolgen kann.

Weitere wichtige Folgeprodukte des Benzylalkohols sind die Ester (Essigsäure-, Salicylsäure-, Benzoesäureester), die als Duftstoffe Verwendung finden. Außerdem dient Benzylalkohol als Verdünnungsmittel für Epoxidharzhärter.

Ein neues Anwendungsgebiet für Benzylalkohol hat sich bei der Herstellung des Süßstoffes Aspartam über die Aufbaukomponente Phenylalanin ergeben.

Phenylalanin

Aspartam

6.3.1.2 Benzalchlorid

Die Herstellung von Benzalchlorid ist im Vergleich zur Herstellung von Benzylchlorid relativ unbedeutend. Benzalchlorid dient hauptsächlich zur Herstellung von Benzaldehyd, aus dem es durch alkalische Hydrolyse unter Verwendung von $ZnCl_2$ bei 120 bis 130 °C zugänglich ist. Benzaldehyd ist auch gewinnbar als chlorfreies Nebenprodukt der Toluol-Oxidation zu Benzoesäure, wo er in einer Menge von 5 bis 8% anfällt. Die Hauptverwendungsgebiete von Benzaldehyd sind die Herstellung von Benzylalkohol (s. Kapitel 6.3.1.1), von Chloramphenicol, von 2-Phenylglycin und von Zimtaldehyd.

Benzaldehyd

Zimtaldehyd

Das Antibiotikum Chloramphenicol, das hauptsächlich in der Veterinärmedizin Verwendung findet, wird nach dem Verfahren von *Boehringer Mannheim* aus Zimtalkohol hergestellt, der aus Benzaldehyd durch Aldol-Kondensation mit Acetaldehyd und Reduktion des entstehenden Zimtaldehyds zugänglich ist.

Chloramphenicol

2-Phenylglycin wird als DL-Aminosäure-Gemisch aus Benzaldehyd, Natriumcyanid und Ammoniumchlorid hergestellt. Von Bedeutung ist insbesondere die D-Form des 2-Phenylglycins, die zur Herstellung einer Vielzahl von halbsynthetischen Penicillinen, wie Ampicillin dient, das weltweit in einer Menge von ca. 3.500 t/a hergestellt wird.

D-(2-Phenylglycin)

Zimtaldehyd erhält man durch Aldolkondensation von Acetaldehyd mit Benzaldehyd; er dient durch Umsetzung mit langkettigen n-Aldehyden (C_7/C_8) zur Herstellung von Riech- und Parfümstoffen.

Durch Selbstkondensation von Benzaldehyd entsteht Benzoin, das als Photoinitiator für die UV-Härtung von Lacken dient. Den gleichen Anwendungszweck hat das Benzil, das durch Oxidation von Benzoin gewonnen wird.

Benzoin

Benzil

Auf der Basis von Benzaldehyd wird das Sympathikomimetikum Ephedrin hergestellt. Nach der Synthese von Carl Neuberg (1921) wird Benzaldehyd biotechnologisch mit dem bei der Melasse-Vergärung entstehenden Acetaldehyd zum optisch aktiven Phenylacetylcarbinol (($-$)-1-Hydroxy-1-phenylaceton) umgewandelt, das nach katalytischer Hydrierung in Gegenwart von Methylamin in das L-($-$)-Ephedrin überführt wird.

Phenylacetylcarbinol

L-($-$)-Ephedrin

6.3.1.3 Benzotrichlorid

Benzotrichlorid wird durch Seitenkettenchlorierung von Toluol mit Chlor bei 100 bis 140 °C im Überschuß hergestellt. Die westeuropäische Produktion lag 1985 bei 15.000 t. Wichtigstes Einsatzgebiet von Benzotrichlorid ist die Herstellung von Benzoylchlorid (s. Kapitel 6.2) durch Verseifung mit äquimolaren Mengen Wasser bei 120 bis 140 °C unter Zusatz von $ZnCl_2$; die Reinigung des Benzoylchlorids erfolgt durch Destillation.

Durch Umsetzung von Benzotrichlorid mit wasserfreier HF bei 120 °C im Nikkel- oder Edelstahlreaktor wird Benzotrifluorid hergestellt, aus dem durch selektive m-Nitrierung und anschließende katalytische Reduktion des m-Trifluormethylnitrobenzols das m-Trifluormethylanilin gewonnen wird.

Benzotrifluorid

m-Trifluormethylanilin

m-Trifluormethylanilin (m-Aminobenzotrifluorid) ist ein vielseitig anwendbares Zwischenprodukt, das vorwiegend zur Herstellung von Pflanzenschutzmitteln und in untergeordnetem Maße auch für Pharmaprodukte Verwendung findet.

Ein wichtiges Pflanzenschutzmittel auf der Basis von m-Aminobenzotrifluorid ist das von *Ciba Geigy* hergestellte Fluometuron, das durch Umsetzung des Isocyanats mit Dimethylamin zugänglich ist.

Fluometuron

Auch das von *Sandoz* entwickelte Norflurazon wird auf der Basis von m-Aminobenzotrifluorid hergestellt; in der Endstufe reagiert dabei das Reaktionsprodukt aus 3-Hydrazinobenzotrifluorid und Mucochlorsäure mit Methylamin.

Norflurazon

Benzotrichlorid dient auch als Grundstoff zur Herstellung von Farbstoffen wie dem Vat Yellow 2 (einer Bis-Thiazol-Verbindung), die aus Benzotrichlorid und 2,6-Diaminoanthrachinon zugänglich ist.

Vat Yellow 2

6.3.2 Kernchlorierung von Toluol

Die Chlorierung des Aromatenkerns wird im allgemeinen bei relativ tiefen Temperaturen (ca. 50 °C) unter Atmosphärendruck durchgeführt und führt zu ca. 95% Monochlortoluol und 5% Dichlortoluolen; die Anteile an o- und p-Chlortoluol sind durch Wahl des Katalysators steuerbar. Die Auftrennung der o/p-Isomeren erfolgt durch Destillation. Die Kapazität zur Kernchlorierung von Toluol liegt in West-Europa bei ca. 100.000 t/a.

Von besonderer Bedeutung ist das p-Chlortoluol mit einer Produktion in West-Europa in 1985 von ca. 20.000 t. Wichtigstes Folgeprodukt des p-Chlortoluols ist p-Chlorbenzotrichlorid, das durch Photochlorierung hergestellt wird.

p-Chlortoluol   p-Chlorbenzotrichlorid   o-Chlortoluol

Es dient als Zwischenprodukt z. B. zur Herstellung von p-Chlorbenzotrifluorid, das zur Herstellung des Pflanzenschutzmittels Trifluralin weiterverarbeitet wird. Trifluralin wird durch Kondensation von 4-Chlor-3,5-dinitrobenzotrifluorid mit Di-n-propylamin hergestellt.

Trifluralin

Die Weltproduktion dieses von *Eli Lilly* entwickelten Pflanzenschutzmittels liegt bei ca. 25.000 t/a.

Ein weiteres Pflanzenschutzmittel auf der Basis von p-Chlortoluol ist das in seiner Wirkungsweise mit den Pyrethroid-Insektiziden vergleichbare Fenvalerat (s. Kapitel 5.3.4.3.1).

Zur Herstellung der dazu benötigten „Chrysanthemumsäure-Ersatzgruppe" wird p-Chlortoluol photochemisch chloriert und das p-Chlorbenzylchlorid mit Natriumcyanid zum Nitril umgesetzt. Durch basenkatalytische Einführung der Isopropylgruppe und anschießender Verseifung des Nitrils und Chlorierung erhält man 2-Isopropyl-(4-chlorphenyl)-essigsäurechlorid als Reaktionskomponente zur Herstellung des Fenvalerats.

o-Chlortoluol, das in West-Europa in einer Menge von ca. 20.000 t/a erzeugt wird, dient hauptsächlich zur Herstellung von Kresolen (s. Kapitel 5.3.4.3) durch Hydrolyse.

Außerdem findet es über die Zwischenstufe o-Chlorbenzalchlorid als Ausgangsmaterial zur Gewinnung optischer Aufheller wie z. B. Benzaldehyd-o-sulfonsäure Verwendung.

6.4 Sulfonsäure-Derivate des Toluols

Toluolsulfonsäuren werden durch Umsetzung von Toluol mit Oleum, SO$_3$ oder Chlorsulfonsäure hergestellt. Durch Wahl der Reaktionsbedingungen ist die Stellung der Sulfonsäuregruppe entscheidend beeinflußbar. p-Toluolsulfonsäure erhält man durch Umsetzung von Toluol bei 95 bis 100 °C mit 90 bis 95%iger Schwefelsäure. Das rohe Gemisch setzt sich zu 75 bis 85% aus p-Toluolsulfonsäure, 10 bis 20% o-Toluolsulfonsäure und 2 bis 5% m-Toluolsulfonsäure zusammen. Die Reinigung der p-Toluolsulfonsäure ist durch Kristallisation aus 66 bis 70%iger Schwefelsäure möglich.

Die Bildung von o-Toluolsulfonsäure wird durch niedrige Temperaturen begünstigt. Durch Umsetzung von Toluol mit 96%iger Schwefelsäure bei 40 °C erhält man vorwiegend o-Toluolsulfonsäure.

m-Toluolsulfonsäure wird durch Umlagerung des Monotoluolsulfonsäure-Gemisches bei 140 bis 200 °C angereichert.

Insbesondere in kontinuierlichen Verfahren wird die Sulfonierung mit SO$_3$ durchgeführt. Die exotherme Reaktion kann dabei durch das Verdampfen des Toluols kontrolliert werden.

In Abbildung 6.6 wird das Verfahrensschema der diskontinuierlichen Sulfonierung von Toluol mit Oleum dargestellt; das bei der Reaktion entstehende Wasser kann durch Azeotropdestillation mit überschüssigem Toluol abgetrieben werden.

p-Toluolsulfonsäure wird in 65%iger Lösung als Beschleuniger bei der Härtung von Furan- und Phenolharzen hauptsächlich in der Gießereiindustrie eingesetzt. Die Salze, insbesondere das Natriumsalz in 45%iger Lösung, dienen als Waschmittelrohstoffe (Hydrotropes), vornehmlich zur Reduzierung der Viskosität von Alkylbenzolsulfonaten.

p-Toluolsulfonsäure findet ferner Verwendung als Ausgangsstoff zur Herstellung von 2-Chlor-5-amino-p-toluolsulfonsäure (CLT-Säure). CLT-Säure wird

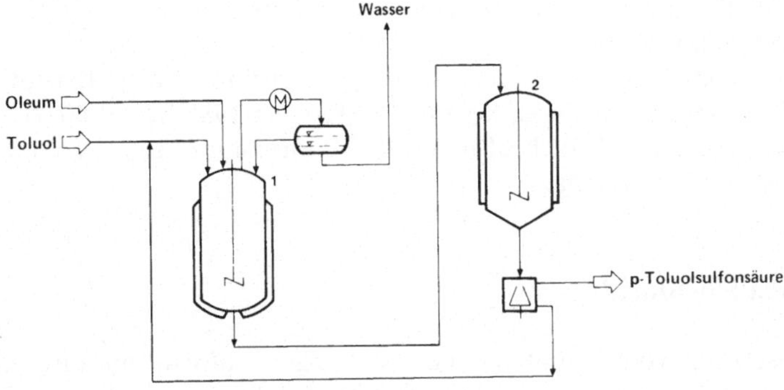

1 Sulfonierungsreaktor; **2** Kristallisationsbehälter

Abbildung 6.6: Verfahrensschema der Toluol-Sulfonierung

durch Chlorierung von p-Toluolsulfonsäure, Überführung der 2-Chlor-p-toluolsulfonsäure in die 2-Chlor-5-nitro-p-toluolsulfonsäure und anschließende Reduzierung der Nitrogruppe mit Eisen/HCl hergestellt. CLT-Säure dient z. B. als Rohstoff zur Herstellung von Pigment Red 52:1, Pigment Red 53:1 und anderer Metallkomplexe.

Durch Alkalischmelze von p-Toluolsulfonsäure kann p-Kresol (s. Kapitel 5.3.4.3) gewonnen werden.

Der Gesamtverbrauch an aromatischen Sulfonsäuren, d. h. Benzol-, Toluol-, Xylol- und Cumol-Sulfonsäuren lag in West-Europa 1985 bei ca. 40.000 t.

Die Bedeutung der mehrfachsulfonierten Toluole ist im Vergleich zu den Monosulfonsäure-Derivaten gering.

6.5 Toluolsulfochlorid

Durch Umsetzung von Toluol mit überschüssiger Chlorsulfonsäure erhält man eine Mischung aus o- und p-Toluolsulfochlorid; bei niedriger Temperatur (ca. 0 °C) wird die Bildung des o-Isomeren begünstigt, während hohe Temperatur bis zu einem p-Anteil von ca. 80% führen kann. Die Trennung der Isomeren kann destillativ oder durch Kristallisation erfolgen.

Das o-Toluolsulfochlorid wird in das entsprechende Sulfonamid umgewandelt, das nach einem Oxidationsschritt zur Herstellung des Süßstoffes Saccharin dient.

Saccharin kann außerdem aus Anthranilsäure über das Dithionatriumsalicylat hergestellt werden.

Der Verbrauch an Saccharin in West-Europa liegt bei ca. 2.200 t/a.

p-Toluolsulfochlorid dient zur Herstellung von Chloramin T, einem Chlorierungsmittel.

$$H_3C\text{—}\langle \bigcirc \rangle\text{—}SO_2\text{—}\overset{\ominus}{N}\text{—}Cl \quad Na^{\oplus}$$

Chloramin T

Das Isomerengemisch der Toluolsulfonamide wird als Weichmacher für Melamin-Formaldehyd-Harze verwendet.

6.6 Sonstige Toluol-Derivate

Ein wichtiges Folgeprodukt des Toluols ist das p-tert.-Butyltoluol, das durch Alkylierung von Toluol mit Isobuten erhalten wird. p-tert.-Butyltoluol dient zur Herstellung von p-tert.-Butylbenzoesäure, die als Korrosionsinhibitor und als Modifizierungsmittel für Alkydharze Einsatz findet.

Durch milde Oxidation von p-tert.-Butyltoluol wird p-tert.-Butylbenzaldehyd hergestellt, der als Parfüm-Komponente Verwendung findet.

p-tert.-Butyltoluol   p-tert.-Butylbenzaldehyd   p-tert.-Butylbenzoesäure

7 Herstellung und Verwendung von Xylol-Derivaten

Während Benzol und Toluol für eine Vielzahl von Folgeprodukten als Grundstoff dienen, sind die Anwendungsgebiete der drei Xylol-Isomeren o-, m- und p-Xylol im wesentlichen auf die oxidativ hergestellten Folgeprodukte beschränkt, d.h. Phthalsäureanhydrid (PSA) aus o-Xylol, Isophthalsäure aus m-Xylol und Terephthalsäure aus p-Xylol.

Phthalsäureanhydrid   Isophthalsäure   Terephthalsäure

7.1 o-Xylol und seine Folgeprodukte

7.1.1 Oxidation von o-Xylol zu Phthalsäureanhydrid

Phthalsäure wurde 1836 von dem französischen Chemiker Auguste Laurent entdeckt, der beim Experimentieren mit Naphthalin auf einen Stoff mit saurer Natur stieß, den er „Naphthalinsäure" nannte. 1869 erkannte Carl Graebe, daß es sich bei dieser Naphthalinsäure um die Benzol-o-dicarbonsäure (Phthalsäure) handelt.

Die technische Herstellung von Phthalsäureanhydrid und Phthalsäure begann bei der *BASF* im Jahre 1872 durch Oxidation von Naphthalin mit Braunstein und Salzsäure, um den notwendigen Grundstoff (PSA) für die Farbstoffe Fluorescein und Eosin sowie später für Phenolphthalein zur Verfügung zu haben. Die Ausbeute lag allerdings nur bei 5 bis 7%.

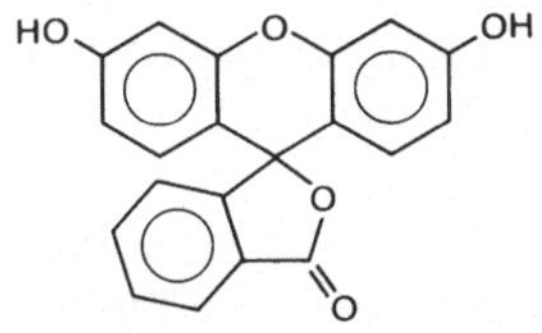

Fluorescein 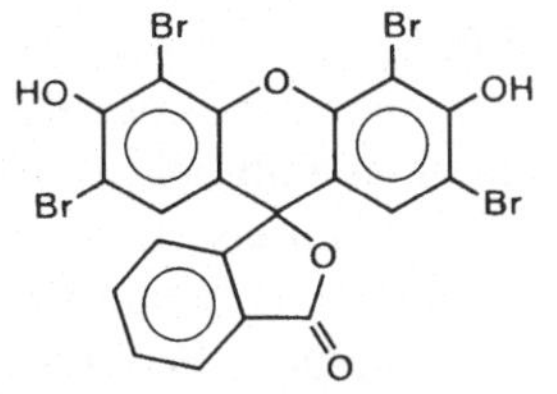   Eosin 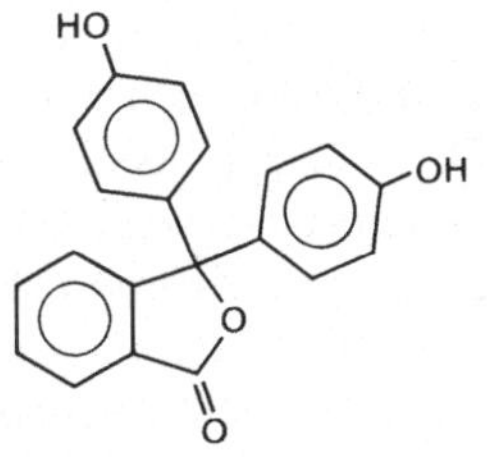   Phenolphthalein

Trotz der Verfahrensverbesserungen durch den Einsatz von Chromsäure und später von Oleum, womit die Ausbeute auf ca. 15% gesteigert wurde, blieben die unkatalysierten Verfahren weiterhin unbefriedigend.

Bei den Forschungsarbeiten zur Entwicklung einer kostengünstigen Indigo-Synthese erzielte Eugen Sapper 1891 eine deutliche Ausbeutesteigerung durch den Einsatz von Quecksilbersulfat als Katalysator; dieses Sapper-Verfahren blieb bis 1925 in Betrieb.

Während des 1. Weltkrieges entdeckten Alfred Wohl sowie in den USA Harry D. Gibbs und Courtney Conover unabhängig voneinander die katalytische Gasphasenoxidation des Naphthalins mit Vanadiumpentoxid.

Als Folge des sich aus dieser parallelen Entwicklung ergebenden langjährigen Patentrechtsstreits und der Importbeschränkung von deutschem PSA während des Krieges wurde in den USA im Jahre 1917 ein Hochtemperaturverfahren zur katalytischen Gasphasenoxidation von Naphthalin mit einem Quecksilberbad-Ofen zur Wärmeabführung verfahrenstechnisch realisiert.

Parallel hierzu wurde von der *BASF* ein robuster Katalysator für ein bei niedriger Temperatur arbeitendes Verfahren entwickelt, mit dem Naphthalin in hoher Ausbeute, die anfänglich 73,5% und später bis zu 87% betrug, in PSA umgewandelt werden konnte. Der zylinderförmige *BASF*-Katalysator enthielt 10% Vanadiumpentoxid, 20 bis 30% Kaliumsulfat und 60 bis 70% poröse Kieselsäure. Die Durchführung der Reaktion erfolgte bei 380 bis 390 °C in einem Rohrbündelreaktor; die Wärme wurde mit einem Salzbad abgeführt.

Einen weiteren Innovationsschub erhielt die PSA-Herstellung durch die Verbreiterung der Rohstoffbasis. 1944/45 wurde von der *Oronite Chemical Co. (Standard Oil (CA))* in den USA erstmals o-Xylol in einem Salzbad-Rohrbündelreaktor zu PSA oxidiert. Als Katalysator gelangte ein porenarmer Träger (Quarzkies bzw. Siliciumcarbid), der mit 7 bis 8% geschmolzenem V_2O_5 überzogen war, zum Einsatz. Die Reaktionstemperaturen lagen mit 450 bis 600 °C deutlich höher als beim *BASF*-Verfahren.

Auch heute wird Phthalsäureanhydrid sowohl aus Naphthalin als auch aus o-Xylol hergestellt. Besonders hoch ist der Einsatz von Naphthalin in Japan mit knapp 40%, während er in den USA und einigen westeuropäischen Staaten relativ gering ist, da in diesen Ländern Naphthalin insbesondere für die Herstellung von Farbstoffen und Pflanzenschutzmitteln Verwendung findet. Weltweit werden derzeit 80% des Phthalsäureanhydrids auf der Basis o-Xylol hergestellt.

Die Oxidation von Aromaten und damit auch von o-Xylol und Naphthalin zu Carbonsäuren kann in der Flüssig- und in der Gasphase durchgeführt werden. Die Flüssigphasenoxidation zeichnet sich in der Regel durch hohe Selektivität bei hohem Umsatz aus. Von Nachteil ist, daß bei der Aufarbeitung der Reaktionsprodukte eine Abtrennung des Lösungsmittels erfolgen muß.

Bei der Gasphasenoxidation ist der Aufwand für die Reinigung der Reaktionskomponenten geringer, da keine zusätzlichen Lösungsmittelkreisläufe auftreten. Nachteilig ist die geringere Selektivität, die auch durch die erforderlichen höheren Temperaturen verursacht wird.

Technisch durchsetzen konnte sich für die Oxidation von o-Xylol und Naphthalin lediglich die Gasphasenoxidation. Von besonderer Bedeutung für die optimale Prozeßführung sind das Erreichen einer hohen Ausbeute bei hohem Gasdurchsatz, die kontrollierte Abführung der Reaktionswärme und optimale Nutzung des Prozeßdampfes, die möglichst quantitative Abscheidung und Gewinnung des rohen Produktes und dessen effiziente Reinigung.

Das nebenstehende Reaktionsschema für die o-Xylol-Oxidation mit den möglichen Nebenreaktionen zu organischen Sauerstoffverbindungen zeigt den komplexen Reaktionsablauf der Gasphasenoxidation.

Bei der Naphthalin-Oxidation wird zusätzlich Naphthochinon als Nebenprodukt erzeugt.

Die technische Oxidation des o-Xylols im Festbett wird heute ausschließlich in Rohrbündel-Reaktoren mit einer Kapazität bis zu 50.000 t/a durchgeführt; Großreaktoren sind mit 25.000 Rohren (Durchmesser: 25 mm) bestückt. Als Katalysator dient insbesondere Vanadiumpentoxid, dessen Reaktivität durch die Zugabe von Salzen (z.B. K_2SO_4) und Oxiden (z.B. TiO_2) und durch die Form des beschichteten Katalysators eingestellt wird.

Man unterscheidet zwischen Niedertemperatur-Verfahren (*BASF*-Katalysator, *von Heyden*-Kontakt) und Hochtemperatur-Verfahren, die bei ca. 450 °C betrieben werden.

An die Stelle der ursprünglich verwendeten zylinderförmigen Katalysator-Pellets sind zur Erzielung einer höheren Raum-Zeit-Ausbeute Kugeln mit glatter oder poriger Oberfläche, vornehmlich aus Porzellan, Magnesiumsilikat, Quarz und Siliciumcarbid, getreten. Zur Katalysator-Herstellung wird V_2O_5/TiO_2-Katalysatormasse in sehr dünner Schicht auf den Träger aufgezogen; als günstiges Mischungsverhältnis von TiO_2 zu V_2O_5 hat sich ein Gehalt von 2 bis 15% V_2O_5 in der aktiven Masse erwiesen. Die Kontaktzeit liegt bei 0,15 bis 0,6 sec. Die Lebensdauer der Katalysatoren liegt heute in der Größenordnung von 2 bis 4 Jahren.

Beim *BASF*-Verfahren, einem typischen Niedertemperatur-Verfahren, wird das o-Xylol mit auf ca. 150 °C vorgewärmter Luft dem Rohrbündelreaktor zugeführt, wobei das Reaktionsgas von oben nach unten das Katalysatorbett durchströmt (Abbildung 7.1).

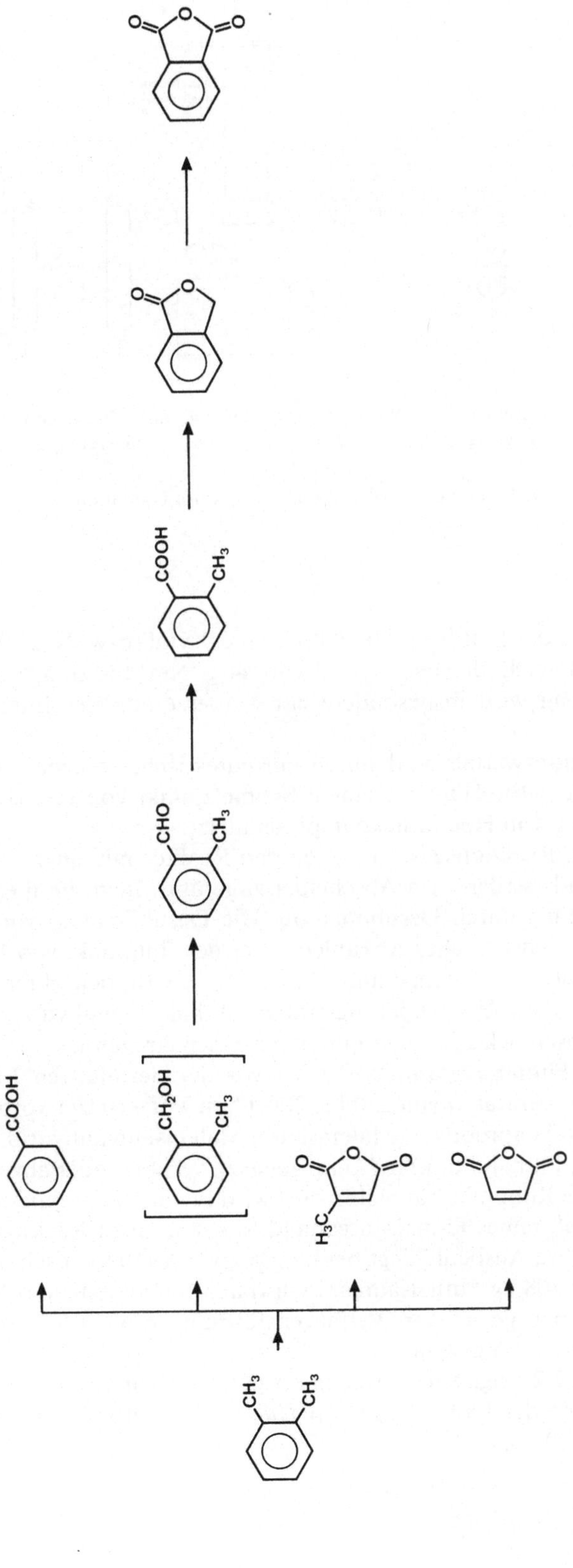

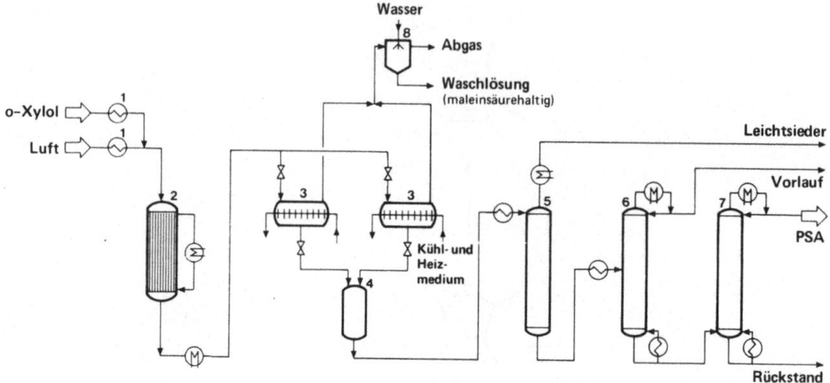

1 Vorwärmer; **2** Reaktor; **3** Wechselabscheider; **4** PSA-Zwischenbehälter; **5** Thermische Vorbehandlung; **6** Vorlaufkolonne; **7** PSA-Kolonne; **8** Gasreinigung

Abbildung 7.1: Niedertemperatur-Verfahren zur o-Xylol-Oxidation

Die Beladung der Luft liegt mit 60 bis 70 g o-Xylol (bzw. Naphthalin) pro Nm^3 im explosiven Bereich, der bei o-Xylol von 44 g/Nm^3 bis zu 335 g/Nm^3 reicht. Die hohe Beladung wird insbesondere zur Verbesserung der Energieeffizienz angestrebt.

Die Reaktionswärme wird durch ein eutektisches Salzbad aus Kaliumnitrat/ Natriumnitrit (59%/41%) mit einem Schmelzpunkt von ca. 141 °C abgeführt und zur Erzeugung von Hochdruckdampf genutzt.

Die heißen Reaktionsgase verlassen den Reaktor mit einer Temperatur von 350 bis 450 °C und werden dem Abscheider zugeführt. Beim Festbettverfahren erfolgt die Abscheidung durch Desublimation. Die Desublimation von festem PSA verlangt ein möglichst rasches Abkühlen unter den Taupunkt von 125 °C; sie wird in Wechselabscheidern durchgeführt, die mit ovalen Rippenrohren ausgestattet sind. Die Kühlung zum Abscheiden des rohen Phthalsäureanhydrids sowie die Beheizung zum Abschmelzen erfolgt mit einem Wärmeträgeröl.

Das rohe Phthalsäureanhydrid wird vor der destillativen Endreinigung thermisch bei Temperaturen von 230 bis 300 °C im Vorzersetzer vorbehandelt. Hierbei werden die Nebenprodukte (Maleinsäure, Maleinsäureanhydrid, o-Toluylaldehyd, Benzoesäure, Phthalid u.a.) teilweise zersetzt, verharzt oder abgetrieben. Das wärmebehandelte Rohphthalsäureanhydrid wird in einer kontinuierlichen Destillation in den Vorlauf, reines Phthalsäureanhydrid sowie einen Rückstand zerlegt.

Die erzielbare Ausbeute liegt bei knapp 80% des theoretisch möglichen Wertes, entsprechend 108 kg Phthalsäureanhydrid aus 100 kg reinem o-Xylol. Als Nebenprodukt ist bei geeigneter Verfahrensführung Maleinsäureanhydrid in einer Menge bis zu ca. 4% gewinnbar.

Abbildung 7.2 zeigt einen Ausschnitt der Destillationsanlage und thermischen Vorbehandlung der PSA-Anlage von *Hüls/Veba*, Bottrop, mit einer Gesamtkapazität von 90.000 t/a.

Abbildung 7.2: Vorzersetzer und Destillation der *Hüls/Veba*-PSA-Anlage, Bottrop

Insbesondere in den USA wurde die Entwicklung des Hochtemperaturverfahrens verfolgt. Das bei 450 °C arbeitende Verfahren erlaubt wegen der kürzeren Verweilzeit eine erhöhte Raum-Zeit-Ausbeute; von Nachteil ist jedoch die höhere Explosionsgefahr, denn die Zündtemperatur eines Luft/o-Xylol-Gemisches liegt bei 456 °C und die eines Luft/PSA-Gemisches bei 580 °C.

Nachdem zunächst Quecksilber beim Hochtemperaturverfahren als Kühlmittel diente, gelangte nach 1940 überwiegend das eutektische Salzgemisch aus Kaliumnitrat und Natriumnitrit zum Einsatz.

Die Flüssigphasenoxidation von o-Xylol war nach der Einführung der Gasphasenoxidation ohne vergleichbare großtechnische Bedeutung und wurde lediglich vereinzelt angewandt. Anfang der 70er Jahre wurde von *Rhône Poulenc* (Chauny) eine Anlage mit einer Kapazität von 19.000 t/a in Betrieb genommen. Nach dem

Verfahren von *Rhône Poulenc/Progil* wird o-Xylol zusammen mit Essigsäure und einem Gemisch der Katalysatorlösung einer dreistufigen Reaktorkaskade zugeführt. Im ersten Reaktor wird ein Umsatz zwischen 50 und 60% erreicht, im zweiten zwischen 35 und 40% und im dritten Reaktor zwischen 8 und 10%. Die Reaktion wird unter einem Druck von 6 bar und bei Temperaturen von 150 bis 165 °C durchgeführt.

Um Explosionen zu vermeiden, muß das Abgas weitgehend sauerstoff-frei bleiben. Die Reaktion wird daher auf einen Restgehalt von 2% Sauerstoff im Abgas gesteuert. Das Abgas wird gekühlt und das Reaktionswasser abgetrennt; dabei kann nicht umgesetztes o-Xylol als Schleppmittel dienen. In einer Entspannungsstufe wird das rohe Phthalsäureanhydrid mit Hilfe von Kristallisatoren aus der Lösung abgeschieden und mit o-Xylol gewaschen. Nach einer weiteren Reinigung mit Essigsäure wird das PSA aufgeschmolzen und unter Vakuum zur Erzielung der notwendigen Reinheit destilliert.

Abbildung 7.3 zeigt das Verfahrensschema des *Rhône Poulenc/Progil*-Verfahrens.

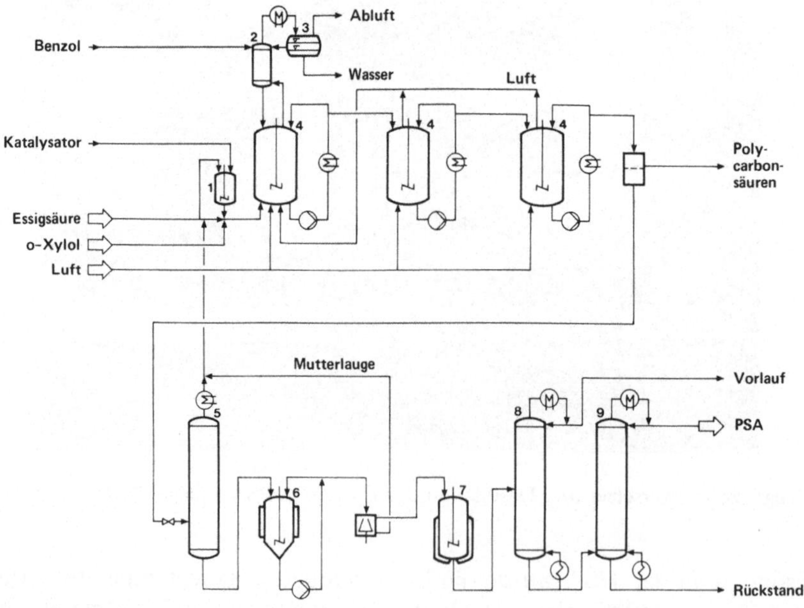

1 Katalysatormischbehälter; **2** Destillationskolonne; **3** Wasserabscheider; **4** Reaktorkaskade; **5** Flashkolonne; **6** Kristallisationsbehälter; **7** Vorzersetzer; **8** und **9** Vakuumdestillationskolonnen

Abbildung 7.3: Verfahrensschema der Flüssigphasenoxidation von o-Xylol

Die Flüssigphasenoxidation konnte sich gegenüber der Gasphasenoxidation nicht durchsetzen, so daß derzeit weltweit keine großtechnische Anlage zur Herstellung von PSA durch Flüssigphasenoxidation in Betrieb ist.

Die Herstellung von Phthalsäureanhydrid im Fluidbett-Verfahren aus Naphthalin wird im Kapitel 9.3.1 erläutert.

Das handelsübliche Rein-PSA hat einen Erstarrungspunkt von 130,8 °C bei einer Reinheit von 99,8%; der Maleinsäureanhydrid-Gehalt beträgt maximal 0,05%, der Benzoesäure-Gehalt maximal 0,1%.

In Tabelle 7.1 sind die Produktionszahlen der wichtigsten PSA-produzierenden Länder zusammengestellt.

Tabelle 7.1: Produktionszahlen der wichtigsten PSA-produzierenden Länder (1985)

	(1.000 t)
USA	400
Kanada	20
Brasilien	70
Frankreich	75
Bundesrepublik Deutschland	210
Italien	90
Großbritannien	70
Österreich	30
Spanien	30
Sowjetunion	220
Jugoslawien	40
Japan	280
Korea (Süd)	60
Australien	20
Andere Länder	485
Gesamterzeugung	2.100

In West-Europa und Japan werden über 60% des Phthalsäureanhydrids zur Herstellung von Phthalsäureestern eingesetzt; in den Vereinigten Staaten liegt dieser Anteil bei ca. 55%.

Die restlichen Anwendungsgebiete von Phthalsäureanhydrid sind die Herstellung von Alkydharzen und ungesättigten Polyesterharzen mit je ca. 20% sowie die Herstellung von Farbstoffen und Pigmenten.

7.1.2 Herstellung von Phthalsäureestern

Hauptanwendungsgebiet des Phthalsäureanhydrids sind Weichmacher in Form der Phthalsäureester.

Weichmacher sind Hilfsmittel, die der technischen Verarbeitung hochmolekularer Substanzen dienen. Durch Erniedrigung der zwischenmolekularen Kräfte zwischen den Molekülketten verleihen sie den hochpolymeren Stoffen bestimmte angestrebte physikalische Eigenschaften wie z. B. erniedrigte Einfriertemperatur, erhöhtes Formänderungsvermögen, erhöhte elastische Eigenschaften, verringerte Härte und gegebenenfalls gesteigertes Haftvermögen.

Als erster fand James A. Cutting 1854, daß sich Campher als Weichmacher für Nitrocellulose eignet.

Campher

Die industrielle Anwendung dieser Erkenntnis begann 1868 mit der Herstellung von Celluloid durch John Wesley Hyatt. Phthalsäureester sind seit 1880 als Weichmacher bekannt; sie wurden als Ersatz von Campher in Celluloid verwendet.

Die wichtigsten industriellen Weichmacher sind die Phthalsäureester. In der Praxis sind fast alle technisch zugänglichen Alkohole aliphatischer oder cyclischer Natur Veresterungskomponenten des Phthalsäureanhydrids. Der Standardweichmacher ist das Dioctylphthalat (DOP), das einen ausgewogenen Kompromiß zwischen Lösungswirkung, Flüchtigkeit und Gesamteigenschaften darstellt. Neben 2-Ethylhexanol werden Isononylalkohol und geradkettige C_7- bis C_9-Alkohole als weitere Standardkomponenten für Phthalsäureester eingesetzt.

In Tabelle 7.2 sind die Eigenschaften verschiedener Phthalsäureester zusammengestellt.

Tabelle 7.2: Kenndaten von Phthalsäureestern

Ester	M	d_{20}^{20} g/cm³	Siedeverlauf bei 6,66 mbar (T_1–T_{95})	Flammpunkt nach Pensky-Martens (°C)
Di-2-ethylhexyl-phthalat (DOP)	390	0,982–0,984	230–233	ca. 200
Diisononyl-phthalat (DINP)	418	0,976–0,980	244–252	ca. 200
Diisobutyl-phthalat (DIBP)	278	1,039–1,042	171–177	ca. 172
Diphthalat von geradkettigen C_9-C_{11} Alkoholen		0,964–0,967	264–279	ca. 200
Diphthalat von geradkettigen C_6-C_{10} Alkoholen		0,973–0,976	235–270	ca. 200

Das Reaktionsschema der Veresterung zeigt den zweistufigen Verlauf dieses Prozesses.

Die Phthalsäurediester-Bildung aus Monoester kann sowohl durch Säuren als auch durch amphotere Stoffe katalysiert werden. Als Katalysatoren haben Schwefelsäure, Natriumaluminat, Titan- und Zirkonsäureester besondere Bedeutung. Grundsätzlich kann auch autokatalytisch verestert werden, wobei der Phthalsäuremonoester als Säure wirkt. Dieses Verfahren erfordert wegen des höheren pH-Wertes längere Veresterungszeiten.

Abbildung 7.4 zeigt ein Verfahrensschema *(Hüls/Veba)* der diskontinuierlichen Dioctylphthalat-Herstellung.

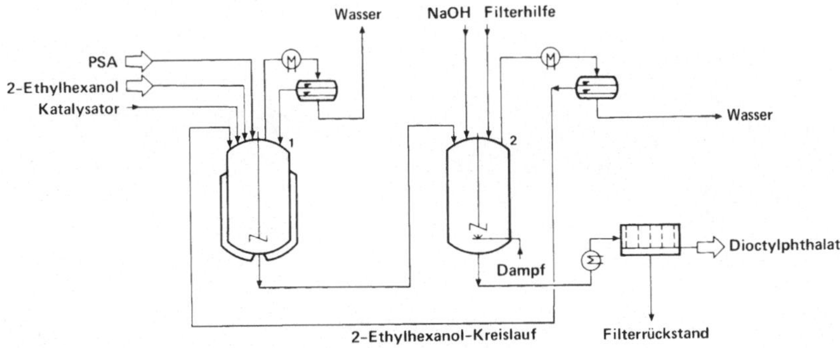

1 Veresterungsreaktor; **2** Nachbehandlungsreaktor

Abbildung 7.4: Verfahrensschema der Dioctylphthalat-Herstellung

Die amphoter katalysierte Veresterungsreaktion wird im Rührreaktor durchgeführt. Phthalsäureanhydrid und 2-Ethylhexanol werden im Molverhältnis 1:2,5 dem Reaktor zugeführt und das entstehende Reaktionswasser azeotrop abdestilliert, wobei der Alkohol als Schleppmittel dient.

Nach Abschluß der Reaktion werden Spuren des nicht umgesetzten Monoesters mit Alkali neutralisiert; anschließend folgt eine Abtrennung des überschüssigen Alkohols durch Wasserdampfstrippen. Nach Zugabe von Filterhilfe wird der Ester zur Endreinigung filtriert.

Nach diesem Verfahren können auch andere Alkohole, vorwiegend nach dem Oxo-Verfahren hergestellt, mit Phthalsäureanhydrid verestert werden.

85% der Phthalsäureester dienen als Weichmacher für PVC. Die restlichen 15%

werden als Hilfsmittel für Lacke, Dispersionen, Cellulose, Polystyrol und andere Polymere verwendet.

Neben den Phthalsäureestern sind ungesättigte Polyesterharze sowie die durch Reaktion mit mehrwertigen Alkoholen hergestellten Alkydharze die wichtigsten Anwendungsgebiete für Phthalsäureanhydrid. Diese Polymere dienen vorwiegend als Rohstoffe zur Lack-Herstellung.

7.1.3 Sonstige Phthalsäureanhydrid-Folgeprodukte

Mengenmäßig untergeordnete Anwendung findet Phthalsäureanhydrid zur Herstellung von Pigmenten, Farbstoffen und von Phthalimid, das als Rohstoff zur Gewinnung von Anthranilsäure, Pestiziden und Pharmazeutika dient.

Von großer technischer Bedeutung für die frühe Teerfarbenindustrie war die Umsetzung von Chlorbenzol mit Phthalsäureanhydrid zu 2-Chloranthrachinon, das als Zwischenstufe zur Gewinnung von Indanthron dient (s. Kapitel 11.3.2). Durch Umsetzung von Phthalsäureanhydrid mit Chinaldin wird Chinophthalon gewonnen, der Grundkörper der Chinolingelb-Farbstoffe.

Chinophthalon

Erhitzen von PSA mit Phenol in Gegenwart von konzentrierter Schwefelsäure führt zum Phenolphthalein (s. Kapitel 7.1.1), das 1871 von Adolf von Baeyer entdeckt wurde.

Eine heute weit verbreitete, in den 20er Jahren dieses Jahrhunderts gefundene Pigmentklasse, sind die Phthalocyanine, die als Kupfer-, Kobalt- und Nickel-Komplexe je nach Substitutionsgrad durch Halogene blaue bis grüne Farbnuancen mit hoher Echtheit aufweisen. Phthalocyanine können nach den überwiegend angewandten Verfahren aus Phthalsäureanhydrid und Harnstoff sowie aus Phthalodinitril hergestellt werden.

Die Umsetzung von Harnstoff-, CuCl und Phthalsäureanhydrid wird mit Ammoniummolybdat als Katalysator bei ca. 200 °C in einer 2 bis 3-stündigen Reaktion durchgeführt; als Lösungsmittel kann Nitrobenzol, Trichlorbenzol oder Kerosin eingesetzt werden. Bei Verwendung von Phthalodinitril wird die Reaktion ohne Katalysator bei ca. 200 °C als Back-Verfahren oder in Lösung durchgeführt. Nach der Herstellung des rohen Phthalocyanins erfolgt die Konditionierung zu geeigneten Kristallmodifikationen z. B. durch Lösen in Schwefelsäure und anschließender Hydrolyse oder Behandlung mit organischen Lösungsmitteln.

Die Phthalocyanine dienen zum Pigmentieren von grün-blauen Druckfarben, Kunststoffen und Lacken.

Phthalodinitril

Kupferphthalocyanin

Phthalimid wird durch Umsetzung von Phthalsäureanhydrid und Ammoniak bei Temperaturen von 250 bis 280 °C in einer Ausbeute von 98% und einer Reinheit von 99% hergestellt.

Phthalimid

Die alternativ möglichen Erzeugungsrouten durch Umsetzungen von Harnstoff mit Phthalsäureanhydrid bzw. die oxidative Ammonolyse von o-Xylol haben nur geringe technische Bedeutung.

Die Umsetzung von Phthalimid-Kalium mit Trichlormethansulfenylchlorid führt zu dem von *Chevron* entwickelten Fungizid Folpet (N-Trichlormethyl-thiophthalimid), das weltweit in einer Menge von ca. 6.000 t/a hergestellt wird.

Folpet

Wichtigstes Folgeprodukt des Phthalimids ist die Anthranilsäure. Durch Hofmann-Abbau von Phthalimid mit Natriumhypochlorit erhält man in einer exothermen Reaktion das Natriumsalz der Anthranilsäure, das durch Umsetzung mit Schwefelsäure in die freie Anthranilsäure überführt wird.

Anthranilsäure

Die westeuropäische Anthranilsäure-Produktion lag 1985 bei ca. 8.000 t/a; sie dient vorwiegend zur Herstellung von Pflanzenschutzmitteln wie dem Bentazon *(BASF)*, das durch Umsetzung mit Isopropylsulfamoylchlorid gewonnen wird.

Bentazon

Durch Reaktion von Anthranilsäureamid mit salpetriger Säure erhält man 1,2,3-Benzotriazin-4-on, aus dem durch Umsetzung mit Formaldehyd und O,O-Dimethyldithiophosphorsäure das Insektizid Azinphos-methyl *(Bayer)* hergestellt wird.

Azinphos-methyl

Auch das Thalidomid, das unter dem Handelsnamen „Contergan" vertrieben wurde, ist ein Phthalimid-Derivat, das wegen seiner extrem teratogenen Wirkungen nur kurze Zeit als Schlafmittel Verwendung fand.

Thalidomid

7.1.4 Nitrierung von o-Xylol

Durch Nitrierung von o-Xylol bei ca. 30 °C und Trennung der Isomeren durch Destillation und Kristallisation wird 3,4-Dimethylnitrobenzol gewonnen, das durch katalytische Reduktion in 3,4-Xylidin überführt wird.

3,4-Dimethylnitrobenzol   3,4-Xylidin

3,4-Xylidin dient als Ausgangssubstanz zur Herstellung von Riboflavin (Vitamin B_2), dessen Synthese auf der Kondensation von 3,4-Dimethylanilin mit D-Ribose zur Schiffschen Base beruht. Durch Hydrierung mit Raney-Nickel und Kupplung des Amins mit Benzoldiazoniumchlorid erhält man unter Kondensation mit Barbitursäure Riboflavin.

Die Weltproduktion von Vitamin B_2 liegt bei ca. 2.500 t/a.

Riboflavin

7.2 m-Xylol und seine Folgeprodukte

Im Unterschied zu o-Xylol und p-Xylol findet m-Xylol nur relativ beschränkte Anwendung zur Herstellung von Isophthalsäure, von nitrierten Xylolen und m-Xylylendiamin. Die früher durchgeführte Erzeugung von 3,5-Dimethylphenol durch Alkalischmelze ist durch Gasphasenaromatisierung von Isophoron ersetzt (s. Kapitel 5.3.4.3) worden.

7.2.1 Herstellung von Isophthalsäure

Der verfahrenstechnische Ablauf der m-Xylol-Oxidation lehnt sich an das Flüssigphasen-Oxidations-Verfahren zur Herstellung von Terephthalsäure an. Die Luftoxidation in Essigsäure wird mit Kobalt- und Mangansalzen sowie Brom katalysiert und bei Temperaturen von 170 bis 230 °C und Drucken von 20 bis 25 bar durchgeführt. Nach der Reaktion wird die Isophthalsäure durch Kristallisation abgetrennt und die Mutterlauge rezirkuliert.

Isophthalsäure wird nur von wenigen Unternehmen in den USA *(Amoco)*, Japan *(Mitsubishi Gas Chemical)* und Italien *(Sisas)* hergestellt und dient hauptsächlich zur Herstellung von ungesättigten Polyesterharzen. Sie verleiht den Polyestern eine größere Festigkeit und größere Widerstandsfähigkeit gegen Korrosionen als Phthalsäure.

Weitere Anwendungsgebiete sind die Herstellung von Alkydharzen, wo Isophthalsäure jedoch im Vergleich zu PSA keine nennenswerten Vorteile bringt. Während der 60er Jahre bestand jedoch zeitweise in den USA eine Knappheit an PSA, so daß Isophthalsäure trotz höherer Kosten zum Einsatz gelangte.

Ein technisch bedeutsames Isophthalsäure-Derivat ist das Isophthaloylchlorid,

Nomex

das durch Chlorierung ($SOCl_2/Cl_2$) von m-Xylol über die Zwischenstufe 1,3-Bis-(trichlormethyl)-benzol und Umsetzung mit Isophthalsäure hergestellt wird. Isophthaloylchlorid dient neben m-Phenylendiamin als Monomerbaustein zur Herstellung der hochreißfesten und hitzebeständigen Aramidfaser Nomex *(Du Pont)*.

7.2.2 Sonstige Folgeprodukte von m-Xylol

Durch Umsetzung mit Ammoniak und Luft kann m-Xylol zu Isophthalodinitril umgesetzt werden, das durch Hydrierung in m-Xylylendiamin umgewandelt wird.

Abbildung 7.5 zeigt das von *Showa Denko* entwickelte Verfahren zur Ammonoxidation und anschließenden Hydrierung, das sich auch auf m-/p-Xylol-Gemische anwenden läßt.

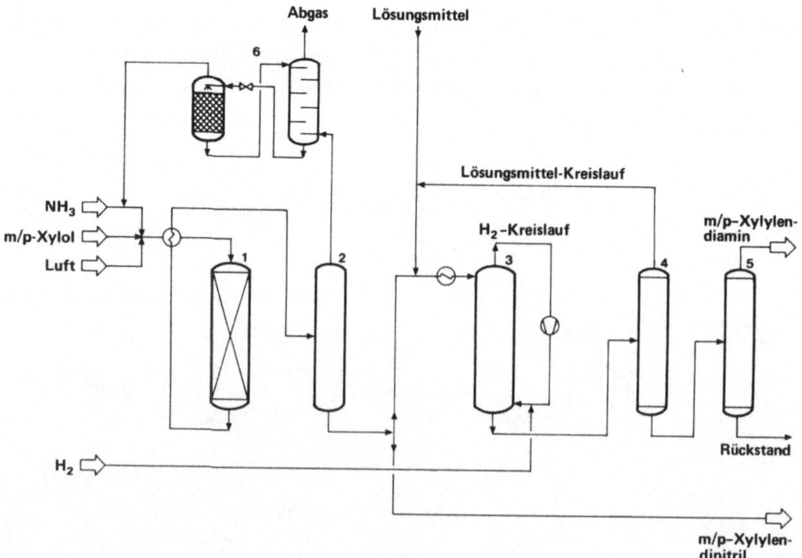

1 Ammonoxidationsreaktor; **2** Produktabscheider; **3** Hydrierreaktor; **4** Lösungsmittel-Rückgewinnung; **5** Destillationskolonne; **6** NH_3-Rückgewinnung

Abbildung 7.5: Verfahrensschema der Ammonoxidation und anschließenden Hydrierung von m-/p-Xylol

m-Xylylendiamin dient als Monomerkomponente zur Herstellung spezieller Polyamide.

Aus Isophthalodinitril wird durch Chlorierung das von *Diamond Shamrock* entwickelte Fungizid Tetrachlorisophthalodinitril (Chlorothalonil) gewonnen.

Chlorothalonil

Einen heute nicht mehr wirtschaftlichen Zugang zu 3,5-Dimethylphenol bietet die Sulfonierung und Alkalischmelze von m-Xylol.

Durch Nitrierung von m-Xylol erhält man eine Mischung von Nitroxylol-Isomeren, die aus 80 bis 85% 2,4-Dimethylnitrobenzol und 15 bis 20% 2,6-Dimethylnitrobenzol besteht; der Anteil an 3,5-Dimethylnitrobenzol ist gering. Die Auftrennung dieses Isomeren-Gemisches erfolgt durch Destillation und Schmelzkristallisation. Durch Reduktion mit Raney-Nickel werden die entsprechenden Xylidine gewonnen.

2,4-Xylidin dient zur Herstellung von N-Acetoacetyl-2,4-xylidid (AAX), einem Zwischenprodukt zur Pigmentherstellung; es ist durch Umsetzung von 2,4-Xylidin mit Diketen zugänglich.

Eines der wichtigsten Pigmente auf der Basis von AAX ist das Pigment Yellow 13 (s. Kapitel 5.5.3.4)

2,6-Xylidin wird neben der Reduktion des bei der Xylol-Nitrierung anfallenden 2,6-Dimethylnitrobenzols auch durch Ammonolyse von 2,6-Xylenol hergestellt. Es findet zur Erzeugung von Pflanzenschutzmitteln wie dem Fungizid Metalaxyl *(Ciba Geigy)* oder dem Herbizid Metazachlor *(BASF)* Verwendung.

Metalaxyl

Metazachlor

7.3 p-Xylol und seine Folgeprodukte

7.3.1 Terephthalsäure

In Analogie zu den Isomeren o- und m-Xylol beruht die technische Bedeutung des p-Xylols praktisch ausschließlich auf der Gewinnung der Dicarbonsäure, nämlich der Terephthalsäure. Terephthalsäure und ihre Ester dienen zur Herstellung von Polyesterfasern, die neben den Polyamidfasern und den Acrylfasern die wichtigsten technischen Fasern sind.

Bis zum Ende des 2. Weltkrieges waren Terephthalsäure und ihre Ester ohne große technische Bedeutung. Zwar hatte schon Wallace H. Carothers, der Erfinder der Nylonfaser, 1930 Polyester aus Phthalsäure und Glycol hergestellt, jedoch ließen sich aus diesen Polymeren keine hochschmelzenden Fasern herstellen. Dies gelang erst, als die räumlich „sperrige" Phthalsäure durch Terephthalsäure ersetzt wurde. Mit der Entwicklung der Polyesterfasern nach der Entdeckung von John Rex Whinfield und James Tennant Dickson 1939 bei der *Calico Printers' Association* in Großbritannien und der technischen Realisierung des Verfahrens bei *ICI* (1949) und bei *Du Pont* (1953) nahm auch die Technologie der Umwandlung von p-Xylol einen lebhaften Aufschwung.

Die Entwicklung von Fasern auf Terephthalsäurebasis stieß zunächst auf außerordentliche Schwierigkeiten. Terephthalsäure ist ein weißes Pulver, das in nahezu allen Lösungsmitteln praktisch unlöslich ist, nicht schmilzt und auch nicht destillierbar ist. Diese Eigenschaften machen die Reinigung der rohen Terephthalsäure sehr aufwendig. Da für die Herstellung der synthetischen Fasern eine hohe Reinheit der Ausgangsstoffe eine unumgängliche Voraussetzung ist, wurde zur Reinigung ein „Umweg" über den Dimethylester gefunden. Dimethylterephthalat (DMT) ist eine kristallisierbare Substanz, die auch destilliert werden kann; sie ist daher relativ einfach in reiner Form herstellbar.

Die Entwicklung von Herstellungsprozessen für Terephthalsäure verlief in Deutschland, Japan und in den USA unterschiedlich. In Deutschland wurde der Weg über den Methylester entwickelt, während in den USA die Reinigung der rohen Terephthalsäure besonders im Vordergrund stand. In Japan dagegen wurden die Umlagerungsprozesse (*Henkel* I und II) zur großtechnischen Reife geführt, da insbesondere in Japan wegen der stürmisch wachsenden Stahlindustrie PSA auf der Basis von kohlestämmigem Naphthalin als Rohstoff in wachsenden Mengen zur Verfügung stand. Bis zum Beginn der 60er Jahre dominierte mengenmäßig die Verfahrensroute über den Dimethylester; später setzten sich vermehrt insbesondere in den USA und Japan die Direktreinigungsverfahren für Terephthalsäure durch.

In der Anfangsphase wurde die Oxidation von p-Xylol mit wässriger Salpetersäure (30 bis 40%) bei 165 °C und 10 bar Druck durchgeführt; das gebildete NO wurde rezirkuliert. Die erzeugte Terephthalsäure enthielt daher Stickstoffverbindungen und war bezüglich ihrer Reinheit noch deutlich verbesserbar.

Die Herstellung von Terephthalsäure in technischer Reinheit (TPA) wird heute durch Flüssigphasenoxidation von p-Xylol mit Luft durchgeführt. Abbildung 7.6 zeigt das Fließschema des *Amoco*-Prozesses, einer Weiterentwicklung des *Mid Century/Amoco*-Verfahrens, der die weiteste Verbreitung gefunden hat.

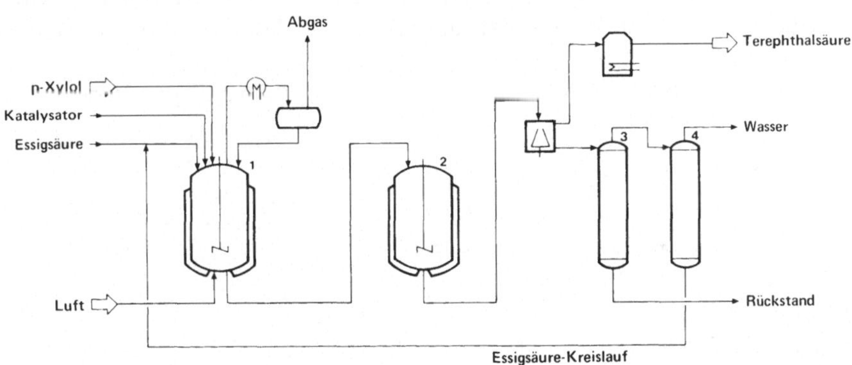

1 Oxidationsreaktor; **2** Zwischenbehälter; **3** Rückstandskolonne; **4** Entwässerungskolonne

Abbildung 7.6: Verfahrensschema des *Amoco*-Prozesses zur Herstellung von Terephthalsäure (TPA)

p-Xylol, Essigsäure, Luft und der Katalysator (z. B. Kobaltacetat, NaBr, CBr_4) werden kontinuierlich in den Reaktor eingespeist; die Oxidation erfolgt bei Temperaturen zwischen 175 und 230 °C und einem Druck von 15 bis 35 bar. Die Luft wird im überstöchiometrischen Verhältnis zugegeben, um die Bildung von Nebenprodukten zu minimieren. Die Reaktionswärme wird durch Verdampfen der Essigsäure abgeführt, die kondensiert und dem Prozeß wieder zugeführt wird. Die Verweilzeit im Reaktor beträgt 30 Minuten bis 3 Stunden je nach Prozeßbedingungen. Der Umsatz liegt bei über 95%, wobei eine Ausbeute von ca. 90 Mol% erhalten wird. Das Reaktionsgemisch wird einem Entspannungsgefäß zugeführt und die Terephthalsäure durch Kristallisation gewonnen. Die Aufarbeitung der Mutterlauge erfolgt durch Destillation.

Ähnlich wie der *Amoco*-Prozeß verläuft der Prozeß von *Eastman-Kodak*, bei dem Acetaldehyd als Oxidationsbeschleuniger zugesetzt wird. Eine weitere Variante ist der Prozeß von *Toray*, der mit Paraldehyd als Oxidationsbeschleuniger arbeitet.

Beim Arbeiten mit Brom-Verbindungen als Katalysatoren können nur hochwertige Reaktorwerkstoffe, wie z. B. Hastelloy oder Titan, verwendet werden, da die Bromverbindungen stark oxidierend wirken.

Die rohe Terephthalsäure (CTA) enthält eine Vielzahl von Nebenprodukten; Verbindungen mit nur einer funktionellen Gruppe wie Benzoesäure und Methylbenzoesäure können die Polymerisation verlangsamen und den Polymerisationsgrad erniedrigen. Andere Verbindungen wie 4-Carboxybenzaldehyd führen zur Verfärbung der Rohterephthalsäure.

Der Hauptreinigungsschritt der Raffination zur Herstellung von reiner Terephthalsäure (PTA) besteht in einer katalytischen Hydrierung. Dabei wird rohe Terephthalsäure mit Wasser angemaischt und nach Erhitzen auf ca. 250 °C in einen Hydrierreaktor geleitet, der einen Edelmetallkatalysator (z. B. Palladium) auf Kohlenstoffträger enthält. Durch die Flüssigphasenhydrierung werden die zu Farbreaktionen neigenden Verunreinigungen beseitigt; 4-Carboxybenzaldehyd wird in p-Methylbenzoesäure überführt. Die anschließende Aufarbeitung erfolgt durch Kristallisation.

Abbildung 7.7 zeigt das Schema des Raffinationsverfahrens von *Amoco*.

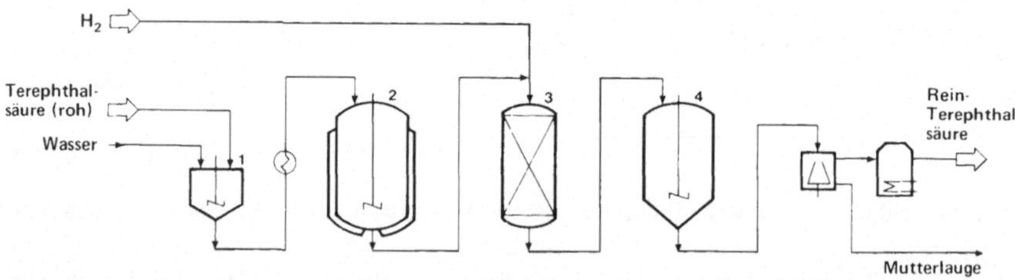

1 Anmaischbehälter; **2** Lösebehälter; **3** Hydrierreaktor; **4** Kristallisationsbehälter

Abbildung 7.7: Verfahrensschema der Terephthalsäure-Raffination

Abbildung 7.8 zeigt die Hydrierstufe der Anlage zur Herstellung von reiner Terephthalsäure (PTA) der *Mitsui Petrochemical*, Iwakuni-Ohtake/Japan mit einer Kapazität von 150.000 t/a.

Abbildung 7.8: Anlage zur Herstellung von Rein-Terephthalsäure (PTA) der *Mitsui Petrochemical*, Iwakuni-Ohtake/Japan

Der 4-Carboxybenzaldehyd-Gehalt muß für spezifikationsgerechte Terephthalsäure in „Polymerqualität" unter 25 ppm liegen. Ein weiteres wichtiges Qualitätskriterium ist die Säurezahl; sie muß 675 ± 2 mg KOH/g Säure betragen.

Wegen der schwierigen Reindarstellung von zur Polymerisation geeigneter Terephthalsäure wurden Anfang der 50er Jahre Verfahren zur Herstellung von Dimethylterephthalat entwickelt. Die Oxidation wird dabei zunächst bis zur p-Methylbenzoesäure geführt; anschließend erfolgt die Veresterung der ersten Säuregruppe mit Methanol. Die Oxidation der zweiten Methylgruppe läßt sich nachfolgend leichter durchführen, wobei Terephthalsäuremonomethylester entsteht, der mit weiterem Methanol in den Diester überführt wird.

Nach dem Verfahren der *Chemischen Werke Witten*, das von *Dynamit Nobel* und *Hercules* weiterentwickelt wurde, werden p-Xylol, Luft und Katalysator kontinuierlich in den Oxidationsreaktor geleitet, dem außerdem rezirkulierter p-Methylbenzoesäuremethylester zugeführt wird. Die Oxidation wird bei einer Temperatur von 140 bis 170 °C und einem Druck von 4 bis 7 bar durchgeführt. Die Abführung der Reaktionswärme erfolgt durch Verdampfen von Wasser und überschüssigem p-Xylol. Das Reaktionsprodukt wird bei 200 bis 250 °C unter leicht erhöhtem Druck im Veresterungsreaktor mit Methanol umgesetzt, um das Reaktionsgemisch in flüssiger Phase zu halten. Die Veresterungsprodukte fließen der Rohesterkolonne zu, in der p-Methylbenzoesäuremethylester vom rohen Dimethylterephthalat abgetrennt wird. p-Methylbenzoesäuremethylester wird in den Oxidationsreaktor zurückgeführt, wo die Oxidation der zweiten Methylgruppe erfolgt. Das rohe Dimethylterephthalat wird durch Destillation und Kristallisation aus Methanol sowie anschließende Redestillation in einer Kolonne mit ca. 30 Böden „faserrein" gereinigt. Die Ausbeute an Dimethylterephthalat beträgt in der Regel 87 Mol %. Abbildung 7.9 zeigt das Verfahrensschema des *Dynamit Nobel/Witten*-Verfahrens.

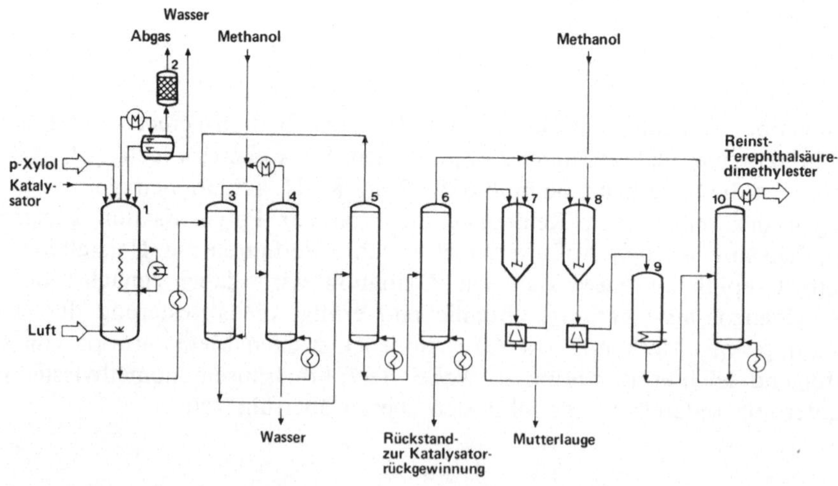

1 Oxidationsreaktor; 2 Abgasreinigung; 3 Veresterungsreaktor; 4 Methanol-Entwässerungskolonne; 5 p-Methylbenzoesäuremethylester-Kolonne; 6 Terephthalsäuredimethylester-Kolonne; 7 und 8 Kristallisationsbehälter; 9 Aufschmelzbehälter; 10 Destillationskolonne

Abbildung 7.9: Verfahrensschema der Herstellung von Terephthalsäuredimethylester

Bei Anlagen bis zu einer Größe von ca. 150.000 t/a wird das Reaktorsystem als dreistufige Kaskade ausgelegt. Neben der Verwendung von p-Xylol als Rohstoff zur Herstellung von Terephthalsäure wurden in der Vergangenheit auch Verfahren zur Herstellung von Terephthalsäure auf der Basis von Toluol und Phthalsäure-anhydrid betrieben.

Beim *Henkel*-Verfahren (*Henkel* I-Prozeß), das insbesondere in Japan bis Ende der 70er Jahre großtechnische Anwendung fand, wurde Phthalsäureanhydrid in das Dikaliumsalz der Phthalsäure umgewandelt und unter Kohlendioxid-Druck von 10 bis 50 bar bei 350 bis 400 °C zum Dikaliumterephthalat isomerisiert.

Auch das *Henkel* II-Verfahren wurde insbesondere in Japan durchgeführt. Bei diesem Verfahren wird Toluol mit Luft an Kobalt-Katalysatoren zur Benzoesäure oxidiert und durch anschließende Neutralisation in Kaliumbenzoat überführt. In Gegenwart von Cadmiumoxid oder Zinkoxid erfolgt bei Temperaturen um 450 °C und unter CO_2-Druck eine Disproportionierung zum Dikaliumterephthalat, das in Terephthalsäure umgewandelt wird. Als Nebenprodukt der Disproportionierung entsteht Benzol.

Terephthalsäure und Dimethylterephthalat dienen praktisch ausschließlich zur Herstellung von Terephthalsäurediglycolester und anderer Ester, die durch Kondensation in Polyester überführt und zu Fasern (z. B. Diolen, *Enka;* Terylene, *ICI*) und Filmen verarbeitet werden.

$$
\underset{\text{COOCH}_3}{\overset{\text{COOCH}_3}{\bigcirc}} \;+\; 2\ \text{HO}-\text{CH}_2-\text{CH}_2-\text{OH} \longrightarrow
$$

$$
\text{HO}-\text{CH}_2-\text{CH}_2-\text{O}-\underset{\text{O}}{\overset{\|}{\text{C}}}-\bigcirc-\underset{\text{O}}{\overset{\|}{\text{C}}}-\text{O}-\text{CH}_2-\text{CH}_2-\text{OH} \;+\; 2\ \text{CH}_3\text{OH}
$$

$$
n\ \text{HO}-\text{CH}_2-\text{CH}_2-\text{O}-\underset{\text{O}}{\overset{\|}{\text{C}}}-\bigcirc-\underset{\text{O}}{\overset{\|}{\text{C}}}-\text{O}-\text{CH}_2-\text{CH}_2-\text{OH} \longrightarrow
$$

$$
\left[-\underset{\text{O}}{\overset{\|}{\text{C}}}-\bigcirc-\underset{\text{O}}{\overset{\|}{\text{C}}}-\text{O}-\text{CH}_2-\text{CH}_2-\text{O}-\right]_n \;+\; n\ \text{HO}-\text{CH}_2-\text{CH}_2-\text{OH}
$$

Da bei der Umesterung von Dimethylterephthalat (DMT) eine Methanol-Rückgewinnungsanlage erforderlich ist und die Veresterung von Terephthalsäure (TPA) mit Ethylenglycol eine höhere Ausbeute aufweist, gewinnen die Verfahren zur Herstellung von TPA zu Lasten von DMT größere Anteile an der Produktionskapazität. In Tabelle 7.5 sind die Produktionszahlen der wichtigsten Terephthalsäure (TPA) herstellenden Länder zusammengestellt.

Tabelle 7.5: Produktion der wichtigsten Terephthalsäure (TPA) herstellenden Länder (1985)

	(1.000 t)
USA	1.200
Mexico	260
Brasilien	75
Benelux	80
Italien	85
Großbritannien	340
Spanien	90
Japan	850
Korea (Süd)	175
Taiwan	480
Bundesrepublik Deutschland	–
Andere Länder	65
Gesamtproduktion westl. Welt	3.700

Ergänzend zu den Produktionszahlen für Terephthalsäure (TPA) werden in der folgenden Tabelle die Produktionszahlen für Dimethylterephthalat (DMT) aufgeführt; aus dieser Darstellung wird die regionale unterschiedliche Bedeutung der DMT- und TPA-Produktion deutlich.

Tabelle 7.6: Produktion von Dimethylterephthalat (DMT) (1985)

	(1.000 t)
USA	1.500
Mexico	180
Brasilien	60
Benelux	100
Frankreich	60
Bundesrepublik Deutschland	610
Italien	115
Spanien	60
Japan	330
Indien	50
Andere Länder	635
Gesamtproduktion westl. Welt	3.700

Wegen der Bedeutung der Terephthalsäure als mengenmäßig wichtigste Dicarbonsäure hat es nicht an Versuchen gefehlt, alternative Verfahren zur p-Xylol-Oxidation zu finden.

Von *Lummus* wurde ein Ammonoxidationsverfahren entwickelt, bei dem p-Xylol mit Ammoniak an Vanadiumkontakten in Terephthalsäuredinitril umgewandelt wird, das anschließend in die freie Säure überführt wird.

Eine weitere Alternative zur Herstellung von Terephthalsäure ist das von *Mitsubishi Gas Chemical* entwickelte Verfahren, bei dem aus Toluol, HF und BF_3 ein

Komplex hergestellt wird, der unter Druck mit Kohlenmonoxid (Gattermann-Koch) reagiert. Nach Zersetzung des Komplexes kann p-Methylbenzaldehyd durch Kristallisation gewonnen und anschließend zu Terephthalsäure oxidiert werden.

Beide Alternativ-Verfahren konnten sich jedoch bislang in der Technik gegen die p-Xylol-Oxidation nicht durchsetzen.

Mengenmäßig von geringerer Bedeutung als die Polyester, jedoch mit großem Wachstumspotential, ist das Kondensationsprodukt von Terephthalsäuredichlorid und p-Phenylendiamin, das zu den hochreißfesten Aramidfasern (Kevlar/*Du Pont*; Twaron/*AKZO*) versponnen werden kann.

Kevlar, Twaron

7.3.2 Sonstige p-Xylol-Derivate

p-Xylol kann, neben anderen Rohstoffen bzw. Verfahrensrouten, zur Herstellung von Chinacridon-Pigmenten dienen. Dazu wird p-Xylol zum 2,5-Dibrom-1,4-xylol umgesetzt und anschließend zur 2,5-Dibromterephthalsäure oxidiert. Durch Substitution mit Arylaminen unter katalytischer Wirkung von Kupferacetat und Kondensation im sauren Medium erhält man die Chinacridone wie z. B. das Pigment Violet 19.

Pigment Violet 19

8 Mehrfach alkylierte Benzole – Herstellung und Verwendung

Mineralöl- und kohlestämmige Schwerbenzin-Fraktionen mit einem Siedebereich von ca. 160 bis 220 °C enthalten mehrfach methylierte Benzole, wie Trimethylbenzole (Pseudocumol, Mesitylen und Hemellitol) sowie die vierfach methylierten Benzole Durol, Isodurol und Prehnitol. Auch Indan- und Inden-Verbindungen, Penta- und Hexamethylbenzol sowie Cumol, dessen Herstellung und Weiterverarbeitung zu Phenol im Kapitel 5.2 dargestellt wurde, finden sich im Siedebereich des Schwerbenzins.

Pseudocumol

Mesitylen

Hemellitol

Durol

Isodurol

Prehnitol

Pentamethylbenzol

Hexamethylbenzol

Tabelle 8.1 zeigt die Zusammensetzung der C_9-Aromaten aus einem Pyrolysebenzin und einem katalytischen Reformatschnitt.

Tabelle 8.1: Zusammensetzung der C_9-Aromaten aus Pyrolysebenzin und katalytischem Reformat (in %)

C_9-Aromat	aus Pyrolysebenzin	aus katalytischem Reformat
Cumol	4,2	0,6
n-Propylbenzol	12,3	5,2
o-Ethyltoluol	11,8	9,1
m-Ethyltoluol	24,0	17,4
p-Ethyltoluol	11,5	8,6
Mesitylen	5,6	7,4
Pseudocumol	14,6	41,3
Hemellitol	3,3	8,2
Indan	12,7	2,0

Von den Polymethylbenzolen haben lediglich Pseudocumol, Mesitylen und Durol großtechnische Bedeutung.

8.1 Pseudocumol

Pseudocumol (1,2,4-Trimethylbenzol) wird durch fraktionierte Destillation aus dem Trimethylbenzol-Schnitt von Schwerbenzol-Rückständen der katalytischen Reformierung hergestellt; dazu ist wegen der nur geringen Siedepunktsdifferenz der Begleitkomponenten eine Feinfraktionierung in Destillationskolonnen mit bis zu 300 Böden erforderlich.

Die wichtigsten Folgeprodukte des Pseudocumols sind Trimellithsäureanhydrid sowie 2,3,5-Trimethylanilin, ein Zwischenprodukt zur Herstellung von Vitamin E (s. Kapitel 5.3.4.3.2). Außerdem kann durch Methylierung von Pseudocumol Durol hergestellt werden.

Die Oxidation von Pseudocumol zu Trimellithsäureanhydrid erfolgt in der Flüssigphase mit Kobalt/Mangansalzen und Brom-Verbindungen in Essigsäure (*Amoco*-Verfahren).

Trimellithsäureanhydrid

Auch für die Oxidation mit verdünnter Salpetersäure ist ein Verfahren entwickelt worden. Abbildung 8.1 zeigt das Verfahrensschema der Pseudocumol-Oxidation mit Salpetersäure nach dem Prozeß des *Bergwerksverbandes*.

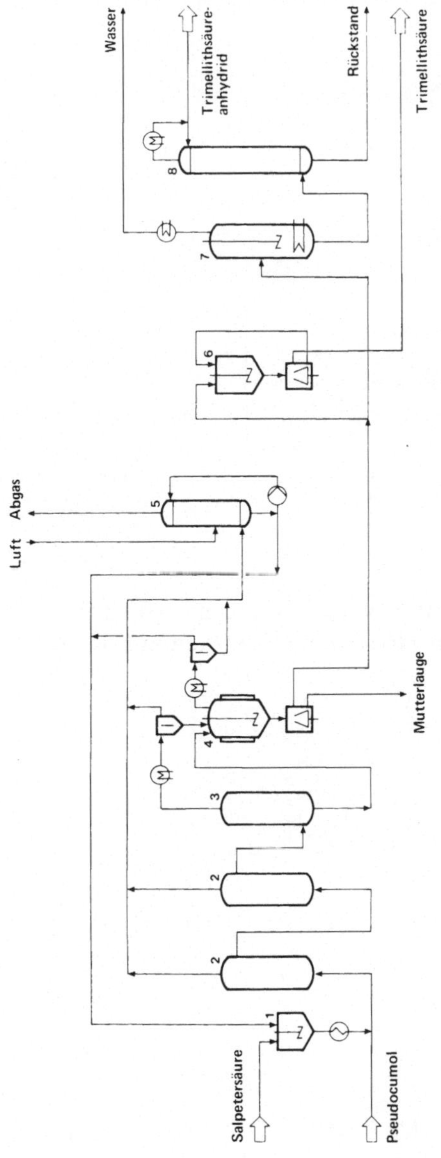

1 Mischbehälter; **2** Reaktoren; **3** Nachreaktor; **4** Kristallisationsbehälter; **5** Absorptionskolonne; **6** Mischbehälter; **7** Dehydratisierungsbehälter; **8** Destillationskolonne

Abbildung 8.1: Verfahrensschema der Pseudocumol-Oxidation mit verdünnter Salpetersäure

Die Reaktion wird bei 170 bis 190 °C unter einem Druck von 20 bar mit 7%iger Salpetersäure durchgeführt.

Trimellithsäureanhydrid dient als Weichmacher-Rohstoff, als Komponente in Polyesterimiden und als Härtungsmittel für Epoxidharze.

Hochtemperaturbeständige und hochfeste Polyimide werden durch Umsetzung von Trimellithsäureanhydrid mit einem aromatischen Diamin wie dem 4,4'-Diaminodiphenylmethan gewonnen (z. B. Torlan/*Amoco*).

Torlan

Durch Nitrierung und Reduktion von Pseudocumol wird 2,3,5-Trimethylanilin hergestellt, das als Rohstoff zur Herstellung von Vitamin E über das Trimethylhydrochinon dient.

2,3,5-Trimethylanilin

8.2 Mesitylen

Die Gewinnung von Mesitylen kann destillativ bei der Auftrennung der C_9-Aromaten aus dem Reformatrückstand erfolgen; allerdings ist die Trennung vom Siedebegleiter o-Ethyltoluol außerordentlich schwierig. Mesitylen wird in geringem Umfang zu Trimesinsäure (1,3,5-Benzoltricarbonsäure) oxidiert. Die Oxidation kann in der Gasphase oder in der Flüssigphase erfolgen.

Durch Nitrierung und Reduktion von Mesitylen erhält man Mesidin (2,4,6-Trimethylanilin), das als Zwischenprodukt zur Herstellung von Farbstoffen verwendet wird.

Trimesinsäure   Mesidin

8.3 Durol

Durol wird durch Tieftemperaturkristallisation des Reformatrückstandes gewonnen; die destillative Gewinnung ist wegen des praktisch identischen Siedepunktes des Isodurols nicht möglich. Durol kommt auch in den neuerdings nach dem *Mobil*-Verfahren hergestellten Benzinen vor (s. Kapitel 3.4.1); eine hohe Konzentration in diesen methanolstämmigen Benzinen kann zur Verstopfung des Vergasers durch Auskristallisieren des Durols führen.

Durol wird vorwiegend zu Pyromellithsäuredianhydrid oxidiert; dieses Anhydrid kann auch durch Oxidation der entsprechenden Triisopropyltoluole und Diisopropylxylole erzeugt werden. Bevorzugtes Verfahren ist die Gasphasenoxidation mit V_2O_5 als Katalysator bei Temperaturen von 400 bis 600 °C.

Pyromellithsäuredianhydrid dient hauptsächlich zur Herstellung von Polyimiden, z.B. durch Umsetzung mit einem aromatischen Diamin, wie dem 4,4'-Diaminodiphenylether; dabei wird der hochtemperaturbeständige Kunststoff Kapton *(Du Pont)* hergestellt.

Pyromellithsäuredianhydrid   4,4'-Diaminodiphenylether

Kapton

8.4 Weitere Cumol-Derivate

8.4.1 Nitrocumol und Isoproturon

Das Herbizid Isoproturon ist neben Phenol eines der wenigen Folgeprodukte des Cumols mit großtechnischer Bedeutung. Durch Nitrieren von Cumol wird o-/p-Nitrocumol im Verhältnis 35:65 gewonnen. Das p-Isomere wird durch Vakuumdestillation gewonnen und zum Cumidin (p-Isopropylanilin) reduziert. (Cumidin kann auch durch Ammonolyse von p-Isopropylphenol, das als Kuppelprodukt bei der Oxidation von p-Diisopropylbenzol zur Herstellung von Hydrochinon anfällt, erzeugt werden.) Cumidin wird mit Phosgen zum p-Isopropylphenylisocyanat umgesetzt. Durch Reaktion von p-Isopropylphenylisocyanat mit Dimethylamin erhält man Isoproturon, das in West-Europa in einer Menge von ca. 6.000 t/a hergestellt wird.

Isoproturon

8.4.2 Cumolsulfonsäure

Durch Umsetzung von Cumol mit Schwefelsäure in Analogie zur Toluol-Sulfonierung (s. Kapitel 6.4) erhält man Cumolsulfonsäure, die nach Neutralisation mit Natriumhydroxid in wässriger Lösung als Tensid breite Verwendung findet.

Cumolsulfonsäure

8.5 Indan und Inden

Indan kann durch Destillation des Schwerbenzols aus der Steinkohlenteerraffination gewonnen werden. Von technischer Bedeutung ist insbesondere das im Pyrolysebenzin und Steinkohlenteerschwerbenzol enthaltene Inden, das mit Cumaron und anderen Olefinen zu Inden/Cumaron-Harzen polymerisiert wird.

Indan   Inden   Cumaron

Inden/Cumaron-Harze haben ein breites Anwendungsgebiet und dienen insbesondere zur Herstellung von Klebstoffen, als Verstärker und Klebrigmacher bei der Herstellung technischer Gummiprodukte und zur Erzeugung von Lacken. Die Produktion an Inden-stämmigen Harzen liegt in West-Europa bei ca. 110.000 t/a.

9 Naphthalin – Herstellung und Verwendung

9.1 Geschichte

Naphthalin wurde 1819 von Alexander Garden im Steinkohlenteer entdeckt, in dem es zu etwa 10% enthalten ist.

Die technische Bedeutung des Naphthalins beruhte in der zweiten Hälfte des vergangenen Jahrhunderts vornehmlich auf seiner Umsetzungsmöglichkeit zu den Sulfonsäuren bzw. den daraus erhältlichen Naphtholen als Farbstoffzwischenprodukte. Der erste synthetische Farbstoff auf der Basis von Naphthalin war allerdings ein Nitroderivat, das Martiusgelb (Acid Yellow 24), das von Carl Alexander Martius 1864 erstmals hergestellt wurde.

Acid Yellow 24

Auch die weiteren Impulse für die Naphthalin-Chemie stammten aus der Farbstoffentwicklung. Die Herstellung von Phthalsäureanhydrid wurde zum Ende des vergangenen Jahrhunderts eine Reaktion von besonderer Bedeutung für die Naphthalin-Chemie, denn sie ermöglichte den Siegeszug des synthetischen Indigos.

Im 20. Jahrhundert wurden die klassischen Naphthalin-Verwendungsgebiete zunehmend ergänzt durch neue Anwendungssektoren, z. B. für Naphthole zur Herstellung von Farbstoffen (z. B. Naphthol AS-Farbstoffe), sowie für die PSA-stämmigen Weichmacher und Pflanzenschutzmittel. Die neuesten Entwicklungen auf dem Gebiet der industriellen Naphthalin-Chemie betreffen die Herstellung von Alkylnaphthalin-Derivaten als Lösungsmittel für kohlefreie Durchschreibepapiere sowie die Gewinnung von Naphthochinon zur Synthese von Anthrachinon. Zukünftige Anwendungsmöglichkeiten für Naphthalin-Derivate ergeben sich für bifunktionelle Hydroxy- und Carboxyverbindungen, die als Komponenten zur

Herstellung von flüssigkristallinen Polymeren bei der Erzeugung hochwertiger Konstruktionswerkstoffe dienen können (s. Kapitel 10.2).

9.2 Gewinnung von Naphthalin

Die traditionelle Rohstoffgrundlage für die Naphthalin-Gewinnung ist der Steinkohlenteer; durch die Einführung neuer Crackverfahren sind in den letzten Jahrzehnten petrostämmige Rohstoffe hinzugekommen. Neben kohlestämmigem Naphthalin wird seit 1961 vorwiegend in den USA petrostämmiges Naphthalin durch Dealkylierung aus Rückständen der Ethylen-Erzeugung und aromatenreichen Reformat- und Cat-Crackerfraktionen gewonnen. An der weltweiten Naphthalin-Erzeugung ist das petrostämmige Naphthalin mit fallender Tendenz nur noch mit ca. 5% beteiligt, da kohlestämmiges Naphthalin in ausreichender Menge zur Verfügung steht.

Wegen seiner hohen Aromatizität eröffnet der Steinkohlenteer den besten Zugang zum Naphthalin. Dem Steinkohlenteer in seiner Aromatizität sehr nahe kommt der Pyrolyseteer (s. Kapitel 3.6, Abbildung 3.60) mit einer Aromatizität von ca. 0,8. Aus diesen beiden Rohstoffen sowie dem Naphthalinöl aus der Spaltung von Rohöl (s. Kapitel 3.3.2.5.2) ist die Isolierung des Naphthalins durch Destillation und Kristallisation möglich.

In den anderen petrostämmigen Rohstoffquellen für Naphthalin wie den Reformatrückständen und den Catcracker-Kreislaufölen, die wegen der geringeren Aromatizität einen höheren Anteil an Alkylnaphthalinen aufweisen, ist der Naphthalin-Gehalt für die wirtschaftliche Direktgewinnung nicht ausreichend. Zur Naphthalin-Anreicherung müssen daher Dealkylierungsverfahren angewandt werden.

9.2.1 Naphthalin aus Steinkohlenteer

Bei der Steinkohlenteerdestillation wird durch Rektifikation eine Naphthalin-Fraktion gewonnen, deren Naphthalin-Gehalt je nach Trennleistung der Naphthalin-Kolonne bis auf über 90% gesteigert werden kann. Tabelle 9.1 zeigt die Zusammensetzung einer eng geschnittenen Naphthalin-Fraktion aus Steinkohlenteer.

Tabelle 9.1: Zusammensetzung einer Naphthalin-Fraktion aus Steinkohlenteer

Indan	0,1%
Inden	1,0%
Methylindene	2,0%
Naphthalin	89,0%
Thionaphthen	2,5%
Phenole	3,5%
2-Methylnaphthalin	1,3%
1-Methylnaphthalin	0,6%
Gesamtschwefelgehalt	6.000 ppm
Gesamtstickstoffgehalt	750 ppm

Zur Kennzeichnung der Qualität des Naphthalinöls wird in der Praxis nicht der Naphthalin-Gehalt, sondern der Erstarrungspunkt angegeben. Abbildung 9.1 zeigt die Abhängigkeit des Erstarrungspunktes vom Naphthalin-Gehalt kohlestämmiger Naphthalin-Fraktionen.

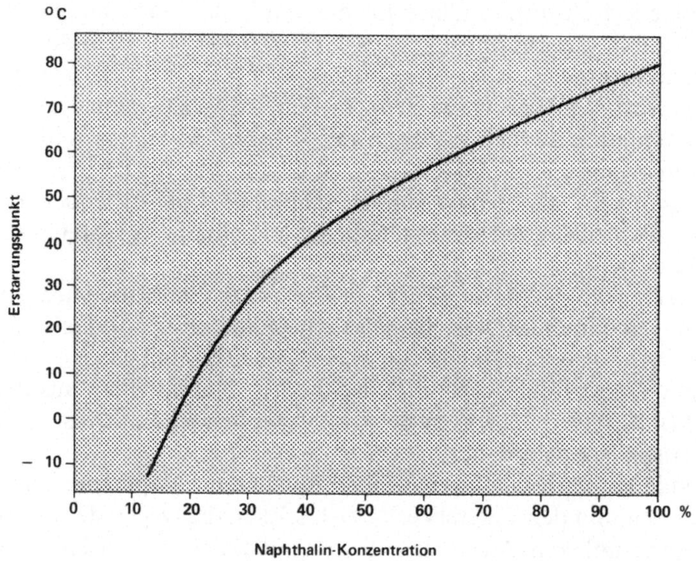

Abbildung 9.1: Abhängigkeit des Erstarrungspunktes vom Naphthalin-Gehalt

Der Erstarrungspunkt einer in der Primärdestillation gewonnenen „technischen" Naphthalin-Fraktion kann bis zu 76 °C betragen, entsprechend einem Gehalt von über 90% Naphthalin. Zur weiteren Anreicherung und Isolierung ist eine Abtrennung der Siedebegleiter des Naphthalins erforderlich. Die Raffinationstiefe richtet sich dabei nach den Verwendungszwecken. Man unterscheidet zwischen „technischen" Naphthalin-Qualitäten mit einem Erstarrungspunkt von 78,0, 78,5 und 79,0 °C (entsprechend einem Naphthalin-Gehalt von 95 bis 98%) und Reinnaphthalin, das bei einem Erstarrungspunkt von über 79,6 °C einen Naphthalin-Gehalt von über 98,7% aufweist.

Zur Herstellung von „technischem" Naphthalin (Erstarrungspunkt 78,5 °C) ist eine Redestillation des Naphthalinöls unter Einsatz von Kolonnen mit ca. 80 Böden bei Rücklaufverhältnissen von 7 bis 10 : 1 ausreichend.

Im allgemeinen werden die Phenole aus dem Naphthalinöl vor der Destillation mit 15 bis 40%iger Natronlauge extrahiert. Abbildung 9.2 zeigt ein Verfahrensschema der Destillation einer Naphthalinöl-Fraktion zur Gewinnung von Naphthalin mit einem Erstarrungspunkt von ca. 78,5 °C. Die Vorkolonne wird unter atmosphärischen Bedingungen betrieben, während die Hauptkolonne unter leichtem Überdruck arbeitet, so daß ein optimaler Wärmeverbund möglich ist.

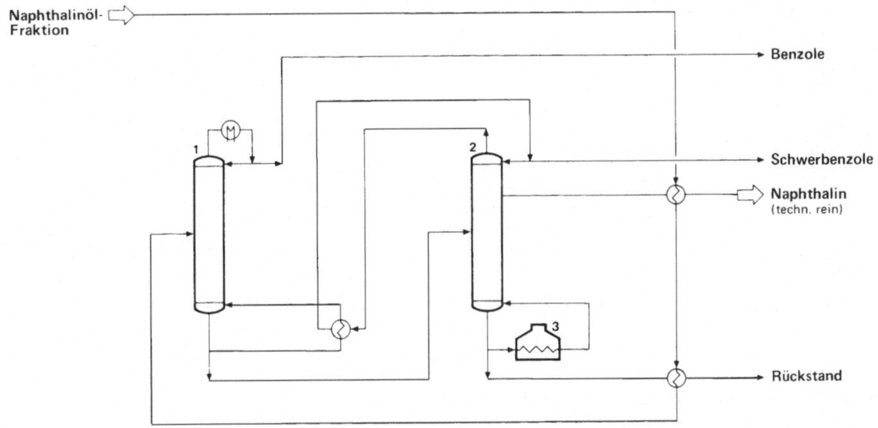

1 Vorkolonne; **2** Hauptkolonne; **3** Röhrenofen

Abbildung 9.2: Herstellung von Naphthalin (Erstarrungspunkt ca. 78,5 °C) durch Destillation

Die Herstellung von Reinnaphthalin mit einem Erstarrungspunkt über 79,6 °C wird durch Kristallisation oder hydrierende Raffination durchgeführt. Die Auswahl des Verfahrens richtet sich neben wirtschaftlichen Gesichtspunkten, die insbesondere durch den Wasserstoffpreis bestimmt werden, nach den Anforderungen an den Schwefel-Gehalt des Reinnaphthalins. Die Kristallisation zeichnet sich durch eine hohe Ausbeute an Naphthalin und günstige Energiekosten aus; von Vorteil für die Erzielung einer hohen Ausbeute ist eine hohe Naphthalin-Konzentration der Einsatzfraktion. Allerdings kann der Schwefel-Gehalt von kohlestämmigem Naphthalin durch Kristallisation mit vertretbarem Aufwand nicht unter 300 bis 400 ppm gesenkt werden.

Durch Hydrierung ist der Schwefel-Gehalt deutlich unter 100 ppm reduzierbar. Nachteilig bei der Hydrierung sind die Naphthalin-Verluste durch Bildung von 1,2,3,4-Tetrahydronaphthalin (Tetralin) sowie die wegen der thermischen Belastung entstehenden Pyrolyseprodukte in Form von Gasen und pechartigen Rückständen.

In Abbildung 9.3 ist das Verfahrensschema der Hydrierung von steinkohlenteerstämmigem Naphthalin (Unionfining) dargestellt; das erzeugte Naphthalin kann durch Kristallisation oder Destillation weiter konzentriert werden.

Die Hydrierung wird bei 400 °C unter einem Druck von ca. 14 bar mit Kobalt/Molybdän-Katalysatoren durchgeführt. Thionaphthen wird dabei in H_2S und Ethylbenzol umgewandelt. Die anderen Siedebegleiter des Naphthalins werden zu niedrigsiedenden Kohlenwasserstoffen abgebaut, die durch Destillation abgetrennt werden können.

Das unter hydrierenden Bedingungen gewonnene Naphthalin weist einen Schwefel-Gehalt von 10 bis 100 ppm auf. Der Erstarrungspunkt liegt zwischen 77,5 und 79 °C. Wesentliche Begleitkomponente ist Tetralin in einer Konzentration von ca. 1 %.

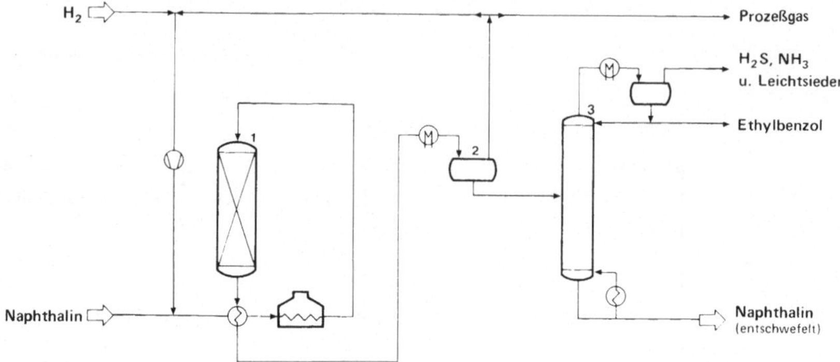

1 Reaktor; **2** Gasabscheider; **3** Strippkolonne

Abbildung 9.3: Verfahrensschema der Hydrierung von steinkohlenteerstämmigem Naphthalin (Unionfining)

Die hydrierende Raffination von Naphthalin wird insbesondere zur Herstellung von schwefelarmem Naphthalin für die Erzeugung von Phthalsäureanhydrid nach dem Fluidbett-Verfahren angewandt, da die Schwefelverbindungen zu einer Vergiftung des Fluidbett-Katalysators führen können.

Aufgrund der Fortschritte in der Kristallisationstechnik und der gestiegenen Brennstoffkosten hat die Gewinnung von Naphthalin durch Kristallisation zunehmend an Bedeutung gewonnen. Unter energetischen Gesichtspunkten ist dabei von besonderem Vorteil, daß die Kristallisation im Temperaturbereich zwischen 20 und 95 °C durchgeführt wird. Vorteilhaft ist außerdem die niedrige Schmelzenthalpie des Naphthalins, die im Verhältnis zur Verdampfungsenthalpie um den Faktor 2,5 geringer ist.

Hauptzweck der Kristallisation von Naphthalin ist die Abtrennung von Thionaphthen, das mit einem Siedepunkt von 219,9 °C nur 1,9 °C oberhalb des Naphthalins siedet. Die hohe Schmelzpunktdifferenz von 48 °C ermöglicht dagegen die Trennung durch Kristallisation, die allerdings durch die Mischkristallbildung von Naphthalin und Thionaphthen erschwert wird, so daß das Verfahren mehrstufig durchgeführt werden muß.

Abbildung 9.4 zeigt das Phasendiagramm Naphthalin/Thionaphthen.

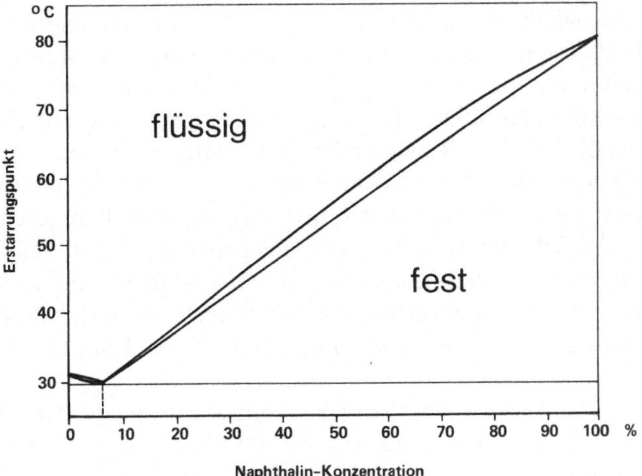

Abbildung 9.4: Phasendiagramm Naphthalin/Thionaphthen

Zur Naphthalin-Gewinnung durch Schmelzkristallisation gelangen insbesondere das *Sulzer-MWB*-Verfahren und das Brodie-Kristallisations-Verfahren zur Anwendung. Abbildung 9.5 zeigt das Verfahrensschema des *Sulzer-MWB*-Verfahrens, das in modifizierter Form in Anlagen mit einer Naphthalin-Produktion von bis zu 60.000 t/a betrieben wird.

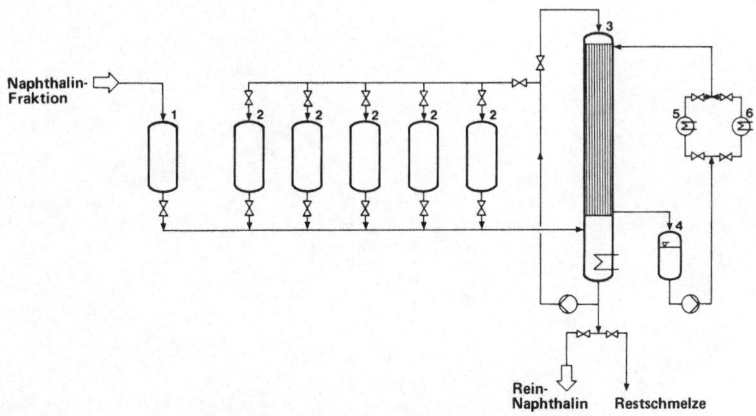

1 Füllbehälter; **2** Vorratsbehälter (Zwischenfraktionen); **3** Rohrbündelkristallisator; **4** Kreislaufwasserbehälter; **5** Kühleinrichtung; **6** Heizeinrichtung

Abbildung 9.5: Verfahrensschema des *Sulzer-MWB*-Prozesses zur Gewinnung von Naphthalin durch Schmelzkristallisation

In den Vorratsbehältern werden die bei dem Kristallisationsprozeß anfallenden Naphthalin-Fraktionen gelagert und wechselweise dem Kristallisator zugeführt. Der Kristallisator enthält ca. 1.100 kühlbare Rohre (Durchmesser: 25 mm), an deren Innenseite die Naphthalin-Fraktion in turbulenter Strömung herabläuft und partiell auskristallisiert. Die Restschmelze wird umgewälzt und am Ende der Kristallisation in einen Vorratsbehälter gepumpt. Die an den Rohrwandungen abgeschiedenen Kristalle werden zur weiteren Reinigung partiell abgeschmolzen. Nach dem Abziehen der Schwitzflüssigkeit wird das gereinigte Naphthalin geschmolzen. Zur Gewinnung von Reinnaphthalin mit einem Erstarrungspunkt von 80 °C sind je nach Qualität des Einsatzproduktes vier bis sechs Kristallisationsstufen erforderlich. Die Ausbeute liegt je nach Konzentration der Einsatzfraktion bei ca. 88 bis 94 %.

Abbildung 9.6 zeigt die Naphthalin-Kristallisationsanlage der *Rütgerswerke* in Castrop-Rauxel mit einer Kapazität von 60.000 t/a, die nach einem modifizierten *Sulzer-MWB*-Verfahren arbeitet.

Abbildung 9.6: Kristallisationsanlage der *Rütgerswerke* in Castrop-Rauxel zur Reinnaphthalin-Gewinnung

Der Brodie-Kristallisator (Abbildung 9.7) besteht aus drei horizontalen, kaskadenartig geschalteten Kratzkühlern und einer vertikalen Reinigungskolonne. Im oberen Teil des Kristallisators (Rückgewinnungsteil) entstehen die Kristalle; sie durchlaufen in der Mitte die Anreicherungszone (Raffinierungsteil) und werden am Fuß des Apparates als geschmolzenes Produkt abgezogen. Die Brodie-Kristallisation zur Reinigung von Naphthalin wird z. B. von *Nippon Steel Chemical* (Tobata/Japan) betrieben.

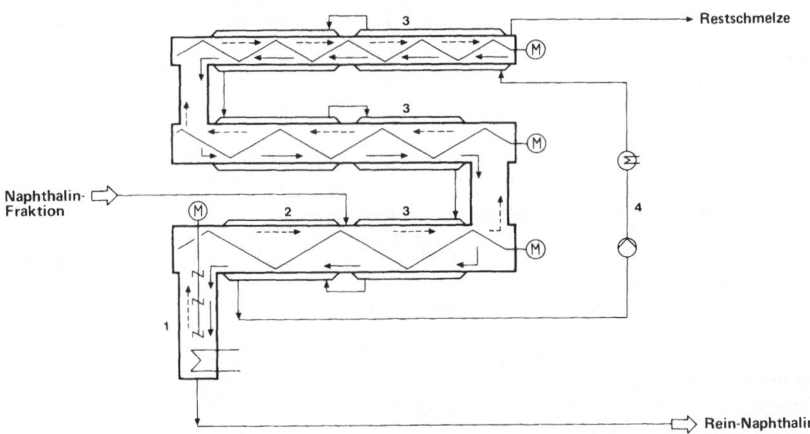

1 Reinigungskolonne; **2** Raffinierungsteil; **3** Rückgewinnungsteil; **4** Kühl- bzw. Heizkreislauf

Abbildung 9.7: Verfahrensschema des Brodie-Kristallisators

In Tabelle 9.2 ist die Qualität der Einsatzfraktion und des Reinnaphthalins, das durch Kristallisation im Brodie-Kristallisator gewonnen wurde, gegenübergestellt.

Tabelle 9.2: Zusammensetzung des Einsatzmaterials und des mit dem Brodie-Kristallisator gewonnenen Reinnaphthalins

	Einsatz	Reinnaphthalin
Erstarrungspunkt, °C	67,0	80,2
Naphthalin, %	71,0	99,9
Thionaphthen, %	2,2	0,1
1-Methylnaphthalin, %	0,5	Spuren
2-Methylnaphthalin, %	1,1	Spuren
Schwefel, ppm	5500	310
Stickstoff, ppm	840	10

9.2.2 Naphthalin aus petrostämmigen Rohstoffen

Naphthalin ist in unterschiedlichen Mengen in allen petrostämmigen Pyrolyseprodukten enthalten, die einer Temperatur von über 500 °C oder katalytischen Prozessen unter relativ harten Bedingungen ausgesetzt waren. Es findet sich demgemäß
in den entsprechenden Siedeschnitten der Flüssigprodukte der Dampfpyrolyse zur
Herstellung von Ethylen, den Nebenprodukten bei der Rohölcrackung sowie in
Rückständen der katalytischen Benzinreformierung und der katalytischen Crak-
kung von Gasölen. Eine weitere Quelle für Naphthalin kann nach Abtrennung der
Aliphaten der Extrakt von Kerosin-Fraktionen sein.

In Tabelle 9.3 ist die typische Zusammensetzung von mineralölstämmigen
Naphthalin-Fraktionen im Siedebereich 210 bis 295 °C einer steinkohlenteerstämmigen Naphthalin-Fraktion gegenübergestellt.

Tabelle 9.3:   Zusammensetzung Naphthalin-haltiger Fraktionen

	Reformer-rückstand	leichtes katalyt. Kreislauföl	Pyrolyseteer-Fraktion	breit geschnittene Naphthalin-Frak-tion aus Stein-kohlenteer
Gesamtaromaten-gehalt, Gew%	90-95	45-65	70-95	95-100
Aromatenzusammen-setzung, Gew%				
Alkylbenzole	20	25	20	5
Indane und Tetraline	15	25	10	5
Alkylindene	2	7	18	3
Naphthalin und Alkylnaphthaline	55	35	45	75
Diphenyle und Acenaphthene	6	6	5	10
Anthracen und Phenanthren	2	2	2	2

Relativ hoch ist der Naphthalin-Gehalt in der Naphthalinöl-Fraktion des Pyrolyseteers der Dampfspaltung von Naphtha, aus der die Naphthalin-Gewinnung
durch Destillation und Kristallisation erfolgen kann. Der Naphthalin-Gehalt einer
enggeschnittenen Fraktion aus Pyrolyseteer kann bis zu 80% betragen, wobei insbesondere Methylindene als Begleitsubstanzen in der weiteren Aufarbeitung abgetrennt werden müssen.

Tabelle 9.4 zeigt die Zusammensetzung einer destillativ gewonnenen Naphthalin-Fraktion aus Pyrolyseöl mit einem Erstarrungspunkt von 69,5 °C.

Tabelle 9.4: Zusammensetzung einer Naphthalin-
Fraktion aus Pyrolyseöl

Inden	0,7 %
Methylindene	17,0 %
Naphthalin	78,5 %
2-Methylnaphthalin	1,2 %
1-Methylnaphthalin	0,3 %
Dimethylnaphthaline	0,15 %
Schwefelgehalt	500 ppm

Ist der Gehalt an Naphthalin in der mineralölstämmigen Naphthalin-Fraktion für die Gewinnung nicht ausreichend, erfolgt die Naphthalin-Anreicherung in Analogie zur Benzol-Erzeugung aus Toluol durch Dealkylierung.

In Abbildung 9.8 ist das Unidak-Verfahren der *Union Oil (CA)* zur Herstellung von Naphthalin aus Reformatrückständen dargestellt.

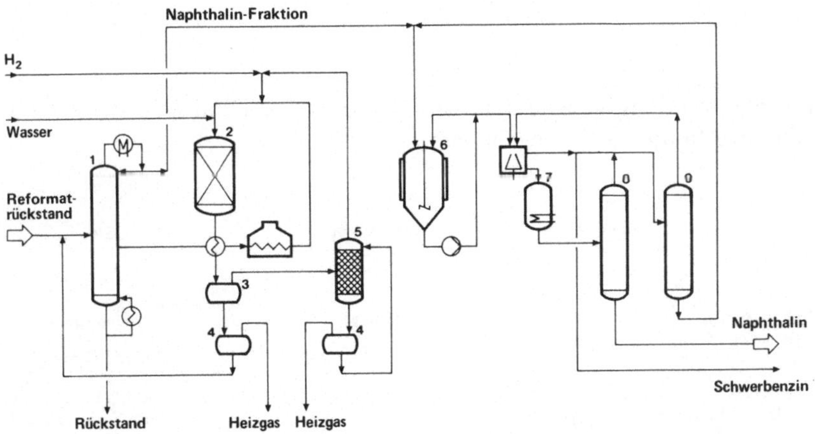

1 Naphthalin-Kolonne; **2** Dealkylierungsreaktor; **3** Hochdruckgasabscheider; **4** Niederdruckgasabscheider; **5** Methan-Wäscher; **6** Kristallisator; **7** Schmelzbehälter; **8** Strippkolonne; **9** Lösungsmittelkolonne

Abbildung 9.8: Verfahrensschema zur Hydrodealkylierung von Alkylnaphthalinen

Im ersten Schritt des Verfahrens wird in einer Vorkolonne eine weitere Konzentration der Naphthalin-Derivate durchgeführt. Die Dealkylierung der Alkylnaphthaline findet bei 35 bar und einer Temperatur von 540 bis 620 °C statt. Das molare Verhältnis von Wasserstoff zum Einsatzprodukt beträgt ca. 4–10 : 1. Die Umsetzung wird bei ca. 60 % Umsatzrate beendet, um die Hydrierung des Naphthalins gering zu halten.

Die Aufarbeitung der rohen Naphthalin-Fraktion erfolgt durch Kristallisation. In Tabelle 9.5 sind die wichtigsten Erzeugerländer von Naphthalin zusammengestellt.

Tabelle 9.5: Naphthalin-Produktion (1985)

	(1.000 t)
Frankreich	30
Italien	15
Bundesrepublik Deutschland	120
Spanien	10
Japan	175
Korea (Süd)	20
USA	170
Kanada	20
Polen	50
UdSSR	140
Andere Länder	200
Gesamterzeugung	950

Die Hauptanwendungsgebiete für Naphthalin in West-Europa, Japan und den USA sind in Abbildung 9.9 gegenübergestellt.

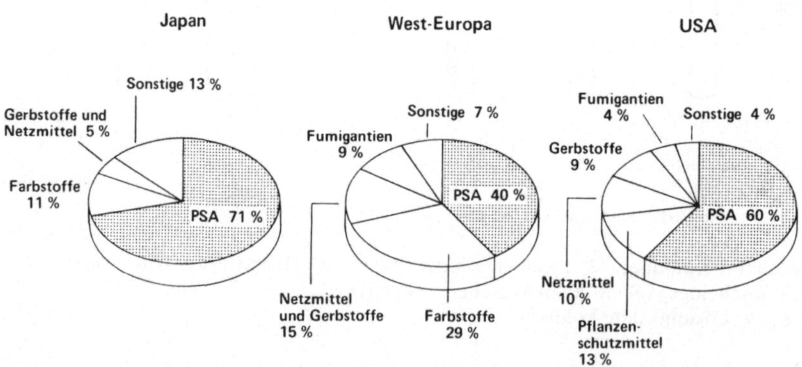

Abbildung 9.9: Verwendung von Naphthalin in Japan, den USA und in West-Europa (1985)

Während in Japan und in den USA die Verwendung von Naphthalin zur Phthalsäureanhydrid-Herstellung überwiegt, gelangt in West-Europa Naphthalin in größerer Menge zur Herstellung von Farb- und Gerbstoffen sowie von Netzmitteln zum Einsatz.

Reines kohlestämmiges Naphthalin (Erstarrungspunkt über 80 °C), das durch Kristallisation oder Sublimation hergestellt wird, findet weltweit in einer Menge von ca. 30.000 t Anwendung als Fumigantien (Mottenkugeln). Zur Erhaltung der Lichtbeständigkeit ist bei dieser Naphthalin-Qualität ein besonders niedriger Gehalt an ungesättigten Begleitstoffen (Indene) erforderlich.

Ohne technische Bedeutung sind heute wegen der schwierigen Abbaubarkeit und der toxischen Eigenschaften die chlorierten Naphthaline, die früher insbesondere als Lösungsmittel, Transformatorenöle und chemische Zwischenprodukte eingesetzt wurden.

9.3 Naphthalin-Derivate

Die Naphthalin-Chemie unterscheidet sich von der Chemie des Benzols grundsätzlich darin, daß durch Monosubstitution zwei Isomere erzeugt werden können und die Nebenproduktbildung damit begünstigt wird. Außerdem ist Naphthalin im Vergleich zu Benzol bei elektrophilen Substitutionsreaktionen reaktiver, so daß die Reaktionen bei relativ milden Bedingungen durchgeführt werden können. Die Naphthalin-Chemie ist daher von besonders optimierten Reaktionsabläufen und komplexen Aufarbeitungsverfahren gekennzeichnet. Die Erhöhung der Reaktivität und der Substituierbarkeit bietet Vorteile, die z. B. bei der Herstellung von Farbstoffen ausgenutzt werden, bei denen das Naphthalin-Gerüst als breit variierbarer Träger von auxochromen Gruppen dient.

9.3.1 Herstellung von Phthalsäureanhydrid aus Naphthalin

Traditionell ist ein Haupteinsatzgebiet des Naphthalins die Herstellung von Phthalsäureanhydrid. Die Oxidation von Naphthalin zu Phthalsäureanhydrid hat im Laufe der letzten Jahrzehnte beachtliche Entwicklungen durchlaufen. Wichtige Stationen der Entwicklung waren die Quecksilberkatalyse und die Einführung der Festbett- und Fluidbettverfahren (s. Kapitel 7.1.1). Da zwischen der Gasphasenoxidation von Naphthalin und o-Xylol zu Phthalsäureanhydrid keine grundsätzlichen Unterschiede bestehen, ist es mit entsprechenden Modifikationen möglich, eine Anlage für beide Ausgangsstoffe zu verwenden.

Wegen der unterschiedlichen Siedepunkte von Naphthalin und o-Xylol ist beim Einsatz von Naphthalin die Installation eines Verdampfers erforderlich. Außerdem müssen die unterschiedlichen Explosionsgrenzen beachtet werden, die beim Naphthalin zwischen 0,9 Vol% (45 g Naphthalin/Nm^3) und 5,9 Vol% (320 g Naphthalin/Nm^3) und beim o-Xylol zwischen 1,0 Vol% (44 g o-Xylol/Nm^3) und 7,6 Vol% (335 g o-Xylol/Nm^3) liegen. Die Zündtemperatur des Naphthalins liegt bei 520 °C und ist damit wesentlich höher als die bei den Tieftemperaturverfahren üblichen Betriebstemperaturen; die Reaktionsenthalpie (ΔH_{298}: – 1790 kJ/Mol) liegt in der gleichen Größenordnung wie bei der o-Xylol-Oxidation.

Von besonderer verfahrenstechnischer Bedeutung war die Entwicklung der Fluidbett-Technologie. Sie wurde zur Herstellung von Phthalsäureanhydrid durch Oxidation von Naphthalin 1944/45 erstmals in den USA eingesetzt in Anlehnung an die 1941 bei *Standard Oil (CA)* in Baton Rouge/Louisiana eingeführte Fließbett-Technologie zur katalytischen Crackung von Mineralöl-Fraktionen. Der Vorteil der Fließbett-Technologie liegt darin, daß die Wärmeentwicklung wesentlich gleichmäßiger ist, so daß eine selektivere Reaktionsführung möglich ist.

Im Gegensatz zum Festbettreaktor, wo die Kontaktzeit beim Hochtemperatur-Verfahren 0,2 sec. bzw. beim Niedertemperatur-Verfahren 3 sec. beträgt, liegt die Kontaktzeit im Fluidbett bei 10 bis 20 sec. Ein weiterer Unterschied ist das geringere Luft/Naphthalin-Verhältnis, das im Fluidbett bei 10:1 bis 12:1 liegt, während beim Festbett-Verfahren Werte von 15:1 bis 30:1 üblich sind.

Abbildung 9.10 zeigt das Fließschema des *Sherwin-Williams/Badger*-Verfahrens zur PSA-Herstellung aus Naphthalin im Fluidbett-Verfahren.

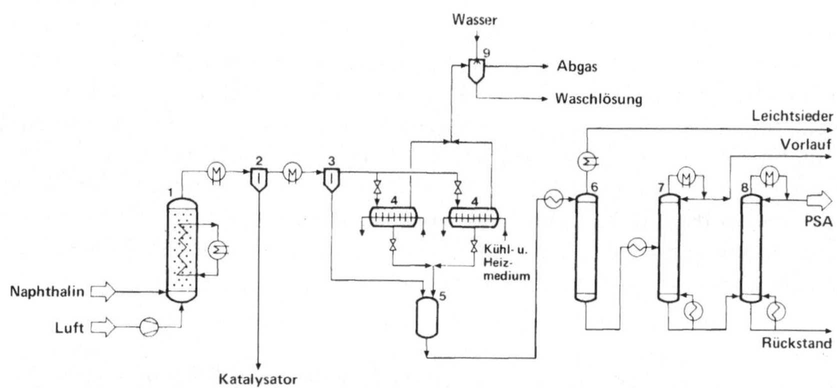

1 Wirbelschichtreaktor; **2** Katalysatorabscheider; **3** Flüssig-PSA-Abscheider; **4** Desublimationswechselabscheider; **5** PSA-Zwischenbehälter; **6** Thermische Vorbehandlung; **7** Vorlaufkolonne; **8** PSA-Kolonne; **9** Gasreinigung

Abbildung 9.10: Fluidbett-Verfahren zur PSA-Herstellung aus Naphthalin

Im Gegensatz zum Festbett-Verfahren erfolgt die Naphthalin-Zuspeisung in den Reaktor in flüssiger Form am Boden des Katalysatorbetts; dort erfolgt eine Spontanverdampfung durch den Kontakt mit den heißen Katalysatorpartikeln. Die Luft wird unterhalb der Naphthalin-Zuspeisung über einen Verteilerboden zugeleitet. Die Temperatur der Reaktionszone liegt zwischen 340 und 380 °C; der Betriebsdruck beträgt ca. 4 bar.

Der ausgetragene Katalysator wird von den Reaktionsgasen in Spezialfiltern abgetrennt und zum Reaktor zurückgeführt. Aus dem Reaktionsprodukt kann das Phthalsäureanhydrid bis zu 60% in flüssiger Form durch Kühlung abgeschieden werden. Die restliche Menge wird in Desublimierabscheidern gewonnen. Die nicht kondensierbaren Anteile des Reaktionsproduktes werden nach einer Wäsche der Gasverbrennung zugeführt.

Das rohe Phthalsäureanhydrid wird durch Vakuumdestillation gereinigt. Die Ausbeute liegt bei ca. 87 bis 88 Gew% (bezogen auf Naphthalin) mit einer Reinheit von 96 bis 97%, entsprechend einem Erstarrungspunkt von 130,5 bis 130,8 °C.

Als Katalysator für das Fluidbett-Verfahren wird Vanadiumpentoxid auf Silicagel-Trägern eingesetzt. Zur Dotierung dient Kaliumhydrogensulfit, insbesondere um durch Reduzierung der Aktivität des Katalysators eine Überoxidation des Naphthalins zu vermeiden. Die Partikelgröße des Fluidbett-Katalysators liegt zwischen 40 und 300 µm.

Der in den 40er Jahren erstmals benutzte Katalysator für das Fluidbett-Verfahren war gegen Schwefel wenig resistent, so daß zuvor eine Entschwefelung des Naphthalins durchgeführt werden mußte. Das Fluidbett-Verfahren wurde daher insbesondere zur Oxidation von petrostämmigem Naphthalin aus Reformatrückständen eingesetzt.

In der Zwischenzeit sind schwefelresistente Katalysatoren entwickelt worden. Trotzdem ist die Bedeutung des Fluidbett-Phthalsäureanhydrid-Verfahrens rückläufig, da bei einem Anteil der Rohstoffkosten von ca. 70% an den gesamten Erzeugungskosten bevorzugt die kostengünstigen Einsatzstoffe o-Xylol und Steinkohlenteer-Naphthalin eingesetzt werden, die im Festbettreaktor oxidiert werden.

Die Anwendungsgebiete des Phthalsäureanhydrids werden in Kapitel 7.1.2 beschrieben.

9.3.2 Herstellung und Verwendung von Naphthochinon

Der Oxidation von Naphthalin zur Herstellung von Phthalsäureanhydrid ist die Oxidation zu Naphthochinon eng verwandt, denn bei der PSA-Herstellung tritt Naphthochinon als (unerwünschtes) Nebenprodukt auf. Naphthochinon findet praktisch ausschließlich Verwendung zur Synthese von Anthrachinon/Tetrahydroanthrachinon durch Umsetzung mit Butadien.

$$\text{Naphthalin} \xrightarrow[- H_2O]{+ 3/2\ O_2} \text{Naphthochinon}$$

Die großtechnische Herstellung von Naphthochinon durch Gasphasenoxidation ist wesentlich komplizierter als die Herstellung von PSA. Verfahrenstechnisch aufwendig sind neben der gezielten Reduzierung der PSA-Bildung, die als Kuppelproduktion abläuft, insbesondere die Aufarbeitung des rohen Reaktionsproduktes, welche die Auftrennung von nicht umgesetztem Naphthalin, Phthalsäureanhydrid und Naphthochinon beinhaltet, sowie die Reinigung des Abgases.

In Analogie zur Phthalsäureanhydrid-Herstellung wird die Reaktion in einem Rohrbündelreaktor durchgeführt. Der Katalysator besteht aus einem Gemisch von

Siliciumdioxid als Träger und Vanadiumpentoxid, das mit Kaliumsulfat und Ammoniumsulfat oder Kaliumhydrogensulfat dotiert ist.

Die Reaktion wird bei einer Temperatur von 400 °C und einer Beladung von ca. 40 g Naphthalin/Nm^3 Luft durchgeführt. Bezogen auf das eingesetzte Naphthalin werden bei 94%igem Umsatz ca. 50% Naphthochinon und etwa 50% Phthalsäureanhydrid erzeugt.

Die Reinigung des Naphthochinons und Abtrennung vom Phthalsäureanhydrid erfolgt durch Auswaschung der durch Hydrolyse gebildeten Phthalsäure mit Wasser und einer anschließenden Extraktion des Naphthochinons mit einem aromatischen Lösungsmittel (z. B. Toluol). Die Endreinigung des rohen Naphthochinons gelingt durch die Abtrennung letzter Reste von Phthalsäure mit Alkalilauge.

Das als Kuppelprodukt erhaltene PSA wird nach Hydrolyse durch Kristallisation als Phthalsäure gewonnen und durch Dehydratisierung in Phthalsäureanhydrid umgewandelt.

Neben dem technisch realisierten Verfahren von *Kawasaki Kasei* mit hohem Naphthalin-Umsatz ist insbesondere das *Bayer*-Verfahren zu erwähnen, bei dem nur ein teilweiser Umsatz des Naphthalins bei der Oxidation vorgesehen ist und das rohe Reaktionsgemisch mit Butadien zum Umsatz gebracht wird.

Aus Naphthochinon wird durch Umsetzung mit überschüssigem Butadien (molares Verhältnis 1:3) in einer Diels-Alder-Reaktion Tetrahydroanthrachinon typischerweise bei 120 °C unter einem Druck von 20 bar hergestellt.

Anthrachinon

Tetrahydroanthrachinon dient als Katalysator beim Holzaufschluß (s. Kapitel 11.6) oder zur Erzeugung von Anthrachinon durch Dehydrierung.

Die oxidative Dehydrierung des Tetrahydroanthrachinons läuft in der Flüssigphase mit einem Umsatz von nahezu 100% ab; auch die Selektivität ist praktisch quantitativ. Das rohe Anthrachinon wird am Boden des Oxidationsreaktors abgezogen und durch Destillation weiter gereinigt.

Ein Fließschema zur kontinuierlichen Naphthochinon-Erzeugung mit hohem Naphthalin-Umsatz und anschließender Anthrachinon-Herstellung ist in Abbildung 9.11 dargestellt.

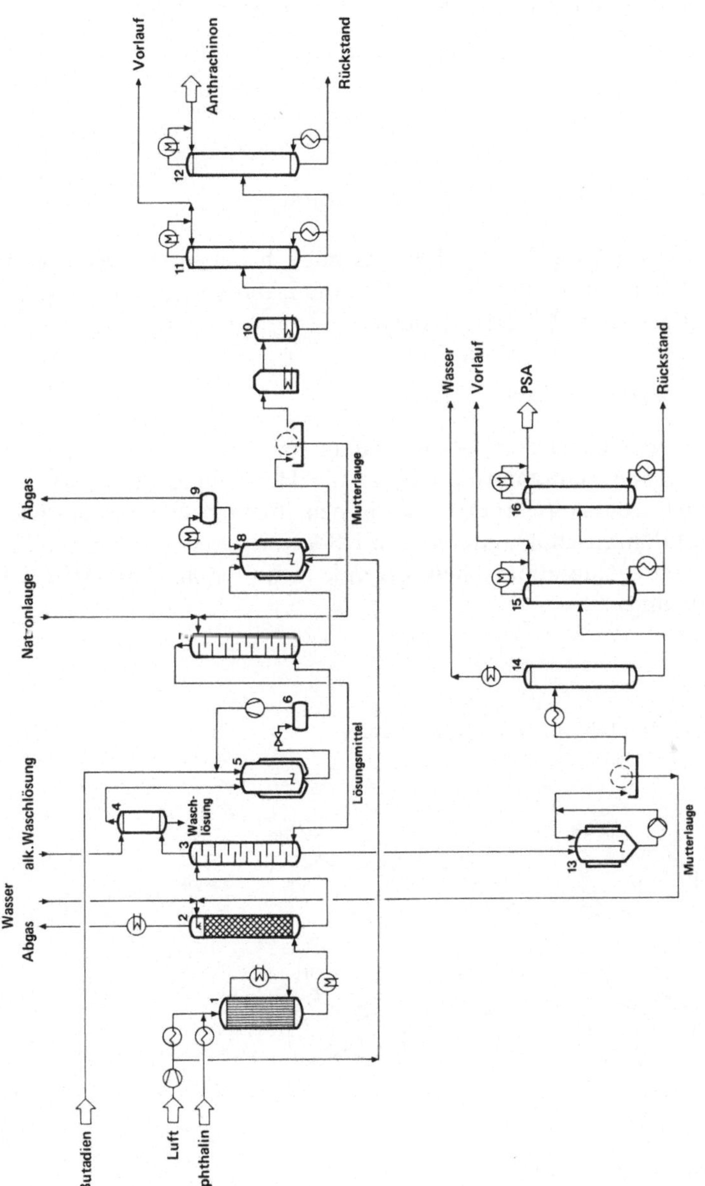

1 Oxidationsreaktor; 2 Waschkolonne; 3 Extraktionskolonne; 4 Nachbehandlung; 5 Diels-Alder-Reaktor; 6 Entspannungsbehälter; 7 Extraktionskolonne; 8 Oxidationsreaktor; 9 Gasabscheider; 10 Schmelzbehälter; 11 und 12 Destillationskolonnen; 13 Kristallisator; 14 Dehydratisierungskolonne; 15 und 16 Destillationskolonnen

Abbildung 9.11: Verfahrensschema der kontinuierlichen Synthese von Naphthochinon und Weiterreaktion mit Butadien zu Anthrachinon

Die Herstellung von Naphthochinon bzw. Tetrahydroanthrachinon wird derzeit ausschließlich von *Kawasaki Kasei (Mitsubishi Chemical Ind.)* in einer 7.000 t/a-Anlage nach einem kontinuierlichen Verfahren durchgeführt.

Das Naphthochinon-Verfahren ergänzt die anderen Herstellungsverfahren zur Gewinnung von Anthrachinon, die in Kapitel 11 beschrieben werden.

9.3.3 Herstellung und Verwendung der Naphthole

Die wichtigsten Folgeprodukte des Naphthalins mit erhaltenem Zweiringsystem sind die Naphthol-Isomeren α- und β-Naphthol, die insbesondere als Zwischenprodukte für Azofarbstoffe und Pigmente dienen.

9.3.3.1 α-Naphthol und seine Folgeprodukte

α-Naphthol hat im Vergleich zu dem β-Isomeren als Farbstoffkomponente relativ geringe Bedeutung. Seine Hauptanwendung ist die Herstellung des Insektizids 1-Naphthyl-N-methylcarbamat (Carbaryl), das in den 70er Jahren eines der wichtigsten organischen Pflanzenschutzmittel in den USA war.

Zur Herstellung von α-Naphthol stehen folgende technisch anwendbaren Synthesewege zur Verfügung:

1. die Alkalischmelze der 1-Naphthalinsulfonsäure,

2. die Hydrolyse von 1-Chlornaphthalin,

3. die Druckhydrolyse von α-Naphthylamin,

4. die Dehydrierung von Tetralon zu Naphthol.

Das wichtigste Verfahren zur Gewinnung von α-Naphthol ist der von *Union Carbide* entwickelte Prozeß zur Oxidation von Tetralin zum α-Naphthol (s. Kapitel 9.3.6). Die Herstellungsverfahren durch Alkalischmelze aus der bei 180 °C durch Selektivsulfonierung gewinnbaren 1-Naphthalinsulfonsäure sowie durch Druckhydrolyse von α-Naphthylamin bei 185 °C mit 20%iger Schwefelsäure sind mengenmäßig von untergeordneter Bedeutung.

Die α-Naphthol-Produktion liegt in der westlichen Welt bei ca. 15.000 t/a, wobei die Hauptmenge in den USA erzeugt wird.

Das Hauptfolgeprodukt des α-Naphthols, das Carbaryl, wird durch Umsetzung von α-Naphthol mit Methylisocyanat hergestellt. Methylisocyanat, eine toxische, bei 38 °C siedende Flüssigkeit, wird u. a. durch Umsetzung von Phosgen mit Methylamin erzeugt. Wegen seiner Toxizität sollte es nur in der für eine kurzfristige Produktion benötigten Menge zwischengelagert werden, um mögliche Risiken durch die Lagerung zu vermeiden (Bhopal-Unglück).

Carbaryl

Ein weiteres wichtiges Folgeprodukt des α-Naphthols ist das von *ICI* entwickelte Propranolol, ein β-Rezeptorenblocker, der weltweit in einer Menge von ca. 500 t/a hergestellt wird. Die Synthese erfolgt durch Umsetzung von α-Naphthol mit Epichlorhydrin und anschließender Substitution des Chlors von 1-Chlor-3-(1-naphthoxy)-2-propanol mit Isopropylamin zum Propranolol.

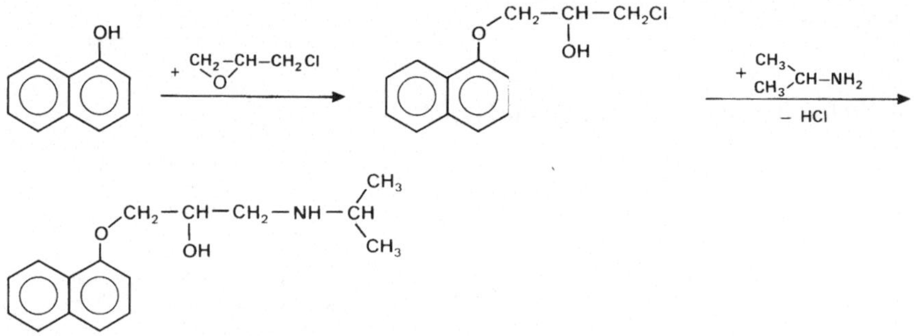

Propranolol

Durch Sulfonierung von α-Naphthol mit Schwefelsäure bei 65 °C in Nitrobenzol ist die 1-Hydroxynaphthalin-4-sulfonsäure (Nevile-Winther-Säure) zugänglich, die als Kupplungskomponente für Azofarbstoffe wie dem Acid Orange 19 dient.

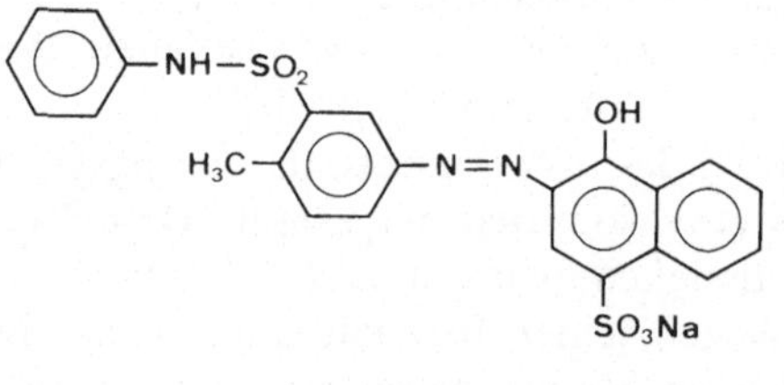

Acid Orange 19

Die Nevile-Winther-Säure wird auch durch (umgekehrte) Bucherer-Reaktion aus 1-Aminonaphthalin-4-sulfonsäure mit wässriger Natriumhydrogensulfit-Lösung und SO_2 bei 95 °C und einem Druck von 2,5 bar erhalten.

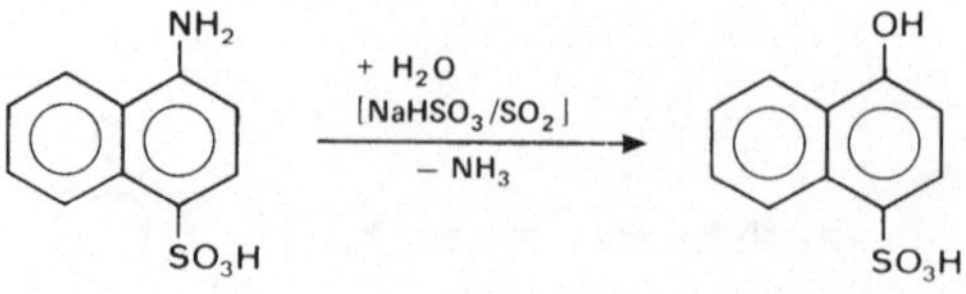

Nevile-Winther-Säure

9.3.3.2 β-Naphthol und seine Folgeprodukte

β-Naphthol ist mengenmäßig und in der Anwendungsbreite das wichtigere der beiden Naphthol-Isomeren.

Zur Gewinnung von β-Naphthol konnten sich zwei Verfahren durchsetzen, nämlich die Alkalischmelze von Natrium-β-Naphthalinsulfonat sowie die oxidative Spaltung von β-Isopropylnaphthalin.

Das Verfahrensschema des heute ausschließlich angewandten Prozesses zur Herstellung von β-Naphthol durch Alkalischmelze ist in Abbildung 9.12 dargestellt.

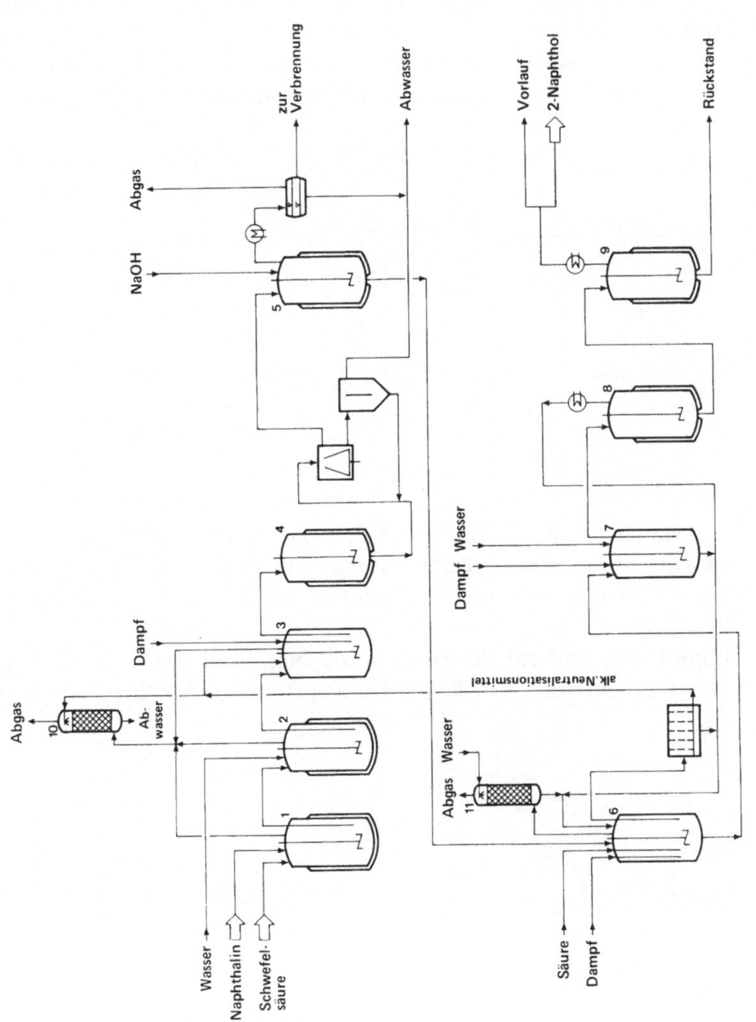

Abbildung 9.12: Herstellung von β-Naphthol durch Alkalischmelze

1 Sulfonierungsreaktor; 2 Hydrolysereaktor; 3 Neutralisierungsbehälter; 4 Kristallisator; 5 Schmelzreaktor; 6 Löse- und Neutralisierungsbehälter; 7 Waschtehälter; 8 Entwässerungsreaktor; 9 diskont. Vakuum-Destillierblase; 10 und 11 Gaswäscher

Im ersten Verfahrensschritt wird Naphthalin mit Schwefelsäure unter thermo-dynamisch kontrollierten Reaktionsbedingungen zur Naphthalin-2-sulfonsäure umgesetzt. Es folgt die Umsetzung des Natriumsalzes der Naphthalin-2-sulfon-säure mit etwa 2,5 Mol Natriumhydroxid bei 300 bis 320 °C mit einer Ausbeute von etwa 75%.

Die Reinigung des rohen β-Naphthols erfolgt durch Vakuumdestillation. Die bei der Herstellung von β-Naphthol auftretende hohe Sulfat-Beladung des primä-ren Abwassers wird in modernen Produktionsanlagen durch Gewinnung von Natriumsulfat stark reduziert.

American Cyanamid betrieb einige Jahre bis 1982 eine Anlage mit einer Kapazi-tät von 14.000 t/a β-Naphthol, in der die Oxidation von 2-Isopropylnaphthalin durchgeführt wurde. Zur Herstellung von 2-Isopropylnaphthalin wird Naphthalin bei 150 bis 240 °C und 10 bar am Phosphorsäurekontakt bei hohem Naphthalin-Überschuß und anschließender Isomerisierung zu einem Gemisch aus 1- und 2-Isopropylnaphthalin (5 : 95) umgesetzt; durch Einleiten von Sauerstoff oder Luft bei 110 °C wird das α-Hydroperoxid des 2-Isomeren erzeugt. Die Spaltung des Hydroperoxides erfolgt mit Schwefelsäure in Analogie zur Hock-Synthese von Phenol; die Ausbeute an β-Naphthol liegt bei ca. 95%.

Die β-Naphthol-Kapazität in der westlichen Welt liegt bei ca. 50.000 t/a, wobei *Acna* (Italien) und *Hoechst* über die größten Anlagen verfügen; die Kapazität in China liegt bei ca. 7.000 t/a. Weitere bedeutende Erzeugerländer sind Polen, Rumänien und die CSSR.

Technisch wichtige Farbmittel auf der Basis von β-Naphthol sind z. B. das Pig-ment Orange 5, das Pigment Red 3 (s. Kapitel 6.1.1) und der Azofarbstoff Acid Orange 7.

Acid Orange 7

Pigment Orange 5

Das bedeutendste Folgeprodukt des β-Naphthols ist die 2-Hydroxy-3-naphthoesäure (BON) bzw. ihr Anilid, das Naphthol AS, das als Kupplungskomponente zur Herstellung von Azofarbstoffen verwendet wird. Zur Herstellung von
BON wird β-Naphthol mit 50%iger Natronlauge zunächst in das β-Naphtholat
überführt, das als feines Pulver anfällt. Die anschließende Kolbe-Schmitt-Carboxylierung mit CO_2 erfolgt bei Temperaturen von 230 bis 260 °C und einem Druck
von 15 bar; die Ausbeute liegt bei über 90%.

Die westeuropäische Produktion an 2-Hydroxy-3-naphthoesäure lag 1985 bei
ca. 8.000 t.

Durch Umsetzung von BON mit Anilin bei 70 bis 80 °C in Toluol unter Einwirkung von PCl_3 wird das entsprechende Säureamid des β-Naphthols hergestellt;
dieses Anilid (Azoic Coupling Component 2) ist der Grundkörper der Naphthol
AS-Farbstoffe.

Azoic Coupling Component 2

Die Naphthol AS-Farbstoffe wurden bereits 1912 von Adolph Winther, August
Leopold Laska und Arthur Zitscher bei *Hoechst* entdeckt; die Bezeichnung „AS"
ist die Abkürzung für den Ausdruck „Amid einer Säure". Naphthol AS-Farbstoffkomponenten zeichnen sich gegenüber dem unsubstituierten β-Naphthol-Derivat
durch erhöhte Haftung auf dem Färbesubstrat und durch höhere chemische Stabilität gegenüber der Luft aus. Als aromatischer Rest der Amid-Gruppe können
Nitro-, Chlor-, Methyl- und Methoxybenzol-Derivate dienen. Die Kupplungsreaktion mit dem Diazoniumsalz erfolgt in 1-Stellung. Als Beispiel für frühe, bedeutsame Naphthol AS-Farbstoffe seien das 1912 gefundene Griesheimer Rot sowie
das Indrarot genannt.

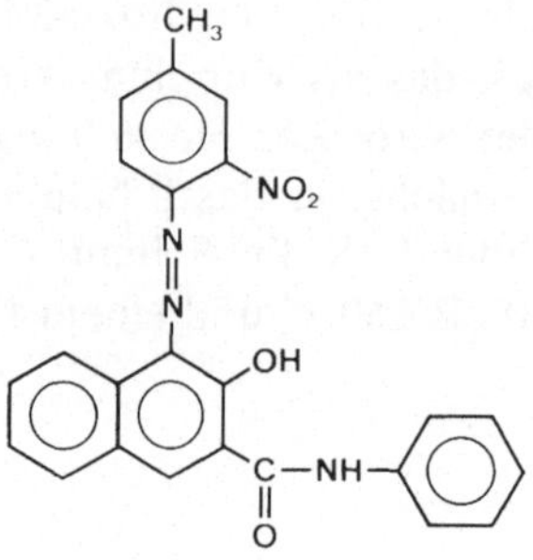

Griesheimer Rot

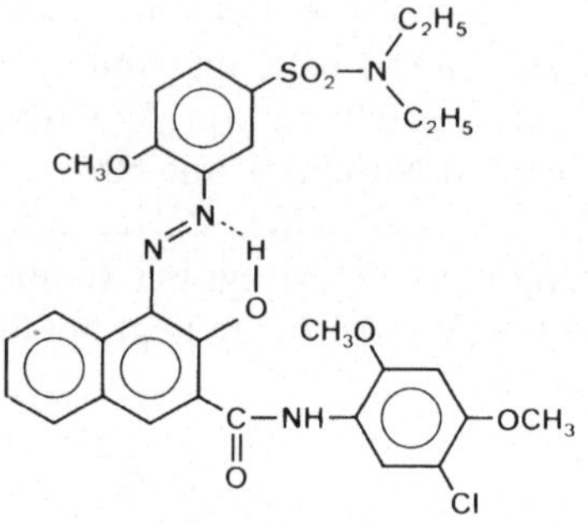

Indrarot

Wichtige Naphthol AS-Pigmente sind das Pigment Red 7 sowie das Pigment Red 112.

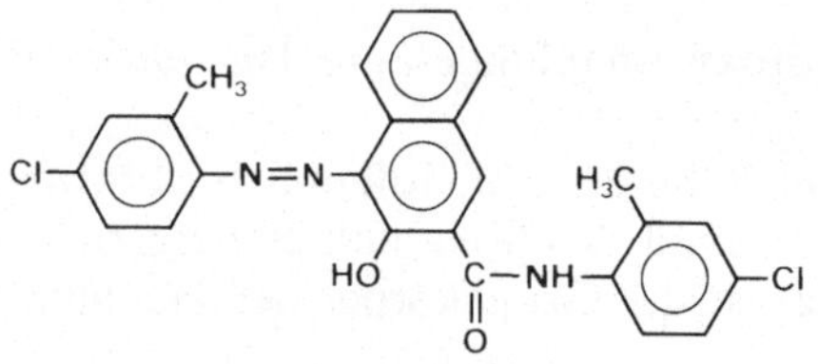

Pigment Red 7

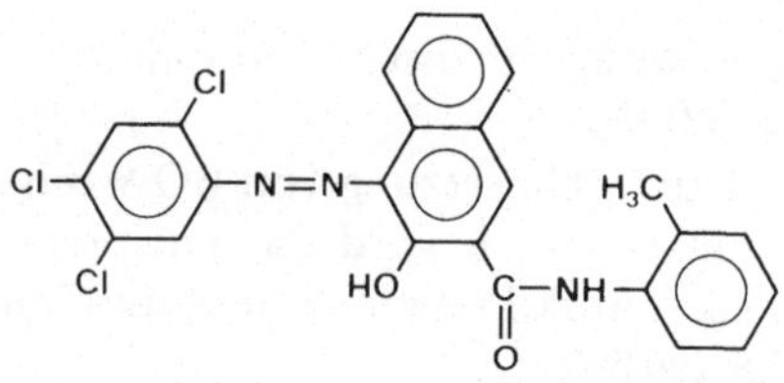

Pigment Red 112

Die Produktion an β-Naphthol AS-Farbstoffen liegt weltweit bei ca. 25.000 t/a.

Ein weiteres bedeutsames Folgeprodukt des β-Naphthols ist die Schäffer-Säure, die durch Sulfonierung von β-Naphthol unter Zusatz von Natriumsulfat bei 85 bis 105 °C hergestellt wird.

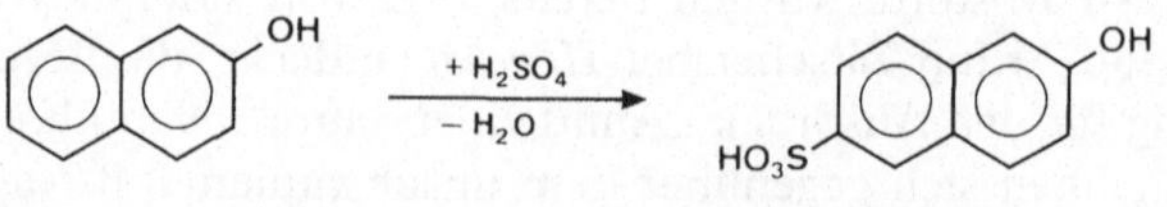

Schäffer-Säure

Die Schäffer-Säure dient als Kupplungskomponente zur Herstellung von Azofarbstoffen wie dem Acid Black 26.

Acid Black 26

Durch Alkalischmelze bei 295 °C kann Schäffer-Säure in 2,6-Dihydroxynaphthalin umgewandelt werden, das als Komponente zur Herstellung von aromatischen Polyestern verwendet wird, die ebenso wie die entsprechenden Amide flüssigkristalline Eigenschaften aufweisen.

Durch Umsetzung von β-Naphthol mit Chlorsulfonsäure bei 0 °C in inerten Lösungsmitteln wie o-Dichlorbenzol oder Chlorethanen wird 2-Hydroxy-1-naphthalinsulfonsäure hergestellt, die durch direkte Sulfonierung von β-Naphthol mit Schwefelsäure nicht in zufriedenstellender Ausbeute zugänglich ist. Durch Ammonolyse bei 150 °C wird 2-Hydroxy-1-naphthalinsulfonsäure in 2-Amino-1-naphthalinsulfonsäure (Tobias-Säure) überführt, eines der mengenmäßig wichtigsten Folgeprodukte des β-Naphthols.

Tobias-Säure

Beispiele für besonders in den USA weit verbreitete Pigmente für Druckfarben und die Einfärbung von Kunststoffen auf der Basis von Tobias-Säure sind das Pigment Red 63:1 und das Pigment Red 49:1.

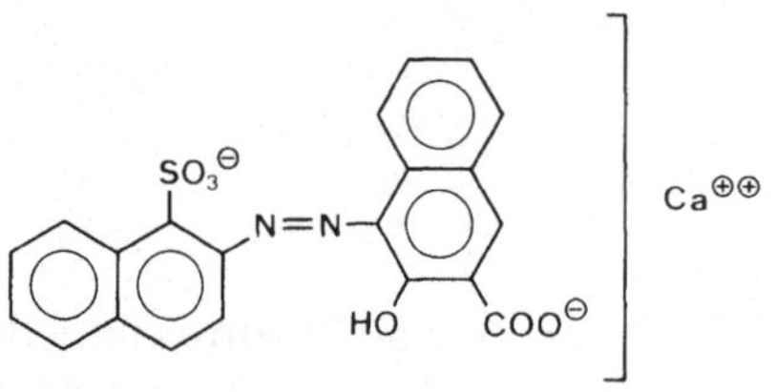

Pigment Red 63 : 1

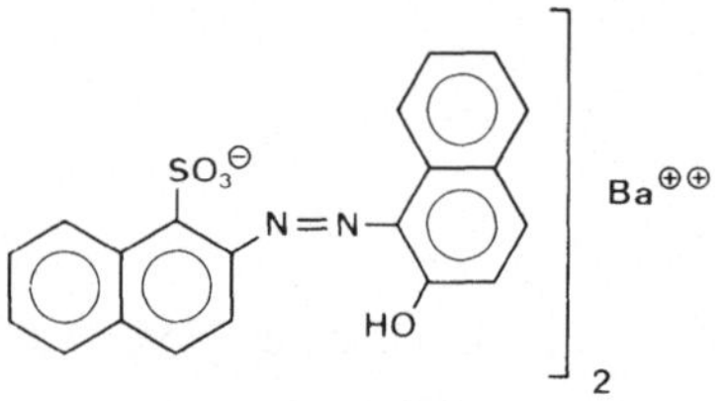

Pigment Red 49 : 1

Etwa die Hälfte der in West-Europa hergestellten Tobias-Säure dient zur Erzeugung von I-Säure, einem Zwischenprodukt für Farbstoffe wie z.B. dem Direct Blue 71.

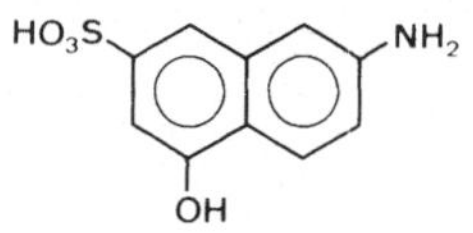

I-Säure

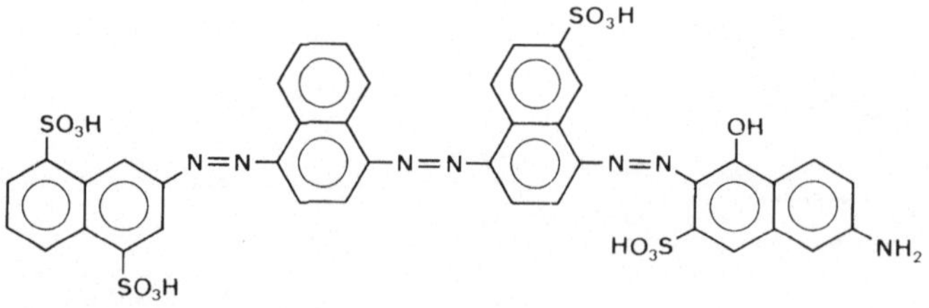

Direct Blue 71

Die I-Säure kann aus Tobias-Säure durch Sulfonierung mit 30%igem Oleum bei 100 °C zur 2-Aminonaphthalin-1,5,7-trisulfonsäure, hydrolytischer Abspaltung der 1-ständigen Sulfonsäuregruppe und Alkalischmelze hergestellt werden.

Durch Umsetzung von Anilin mit β-Naphthol bei 180 °C erhält man N-Phenyl-2-naphthylamin (PBN), das als Antioxidans bei der Kautschuk-Verarbeitung eingesetzt wird.

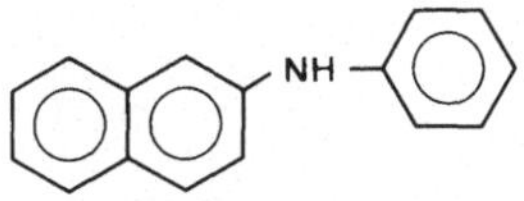

N-Phenyl-2-naphthylamin

Die Disulfonierung von β-Naphthol führt zu 2-Hydroxynaphthalin-3,6-disulfonsäure (R-Säure) und 2-Hydroxynaphthalin-6,8-disulfonsäure (G-Säure), die zur Herstellung von Farbstoffen wie dem Acid Red 26 und dem Acid Red 18 verwendet werden.

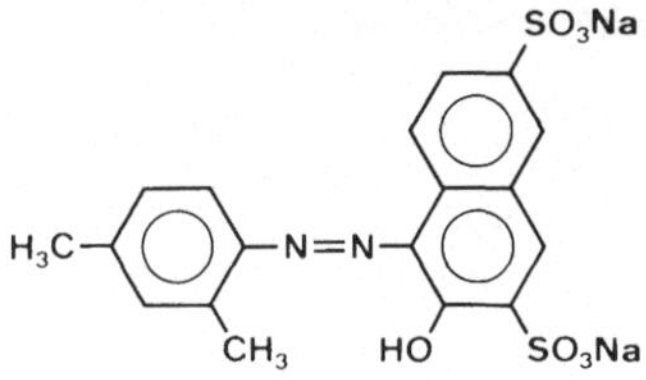

Acid Red 26

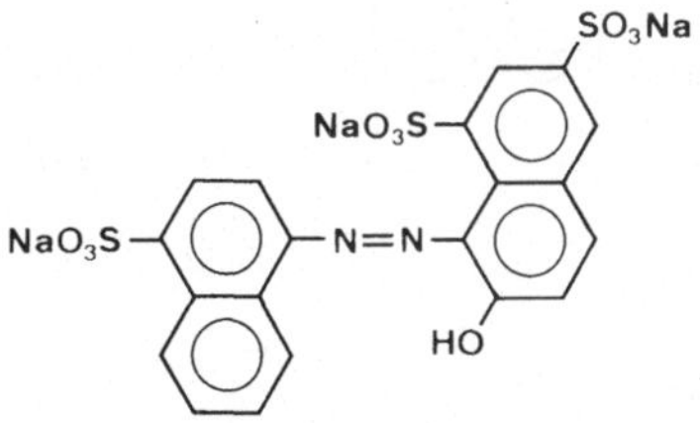

Acid Red 18

Weitere Folgeprodukte des β-Naphthols, allerdings mit mengenmäßig wesentlich geringerer Bedeutung, sind das halbsynthetische Penicillin Nafcillin sowie das Antimykotikum Tolnaftat, das aus 2-Naphthol, Thiophosgen und N-Methyl-m-toluidin hergestellt wird.

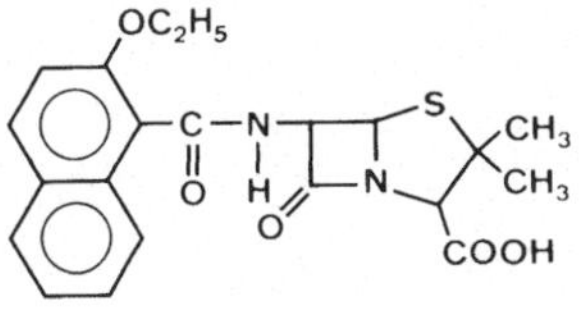

Nafcillin

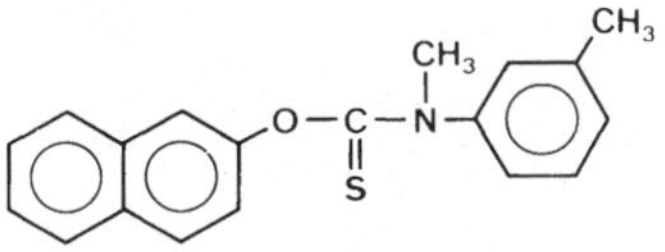

Tolnaftat

Auch das Naproxen, ein Antirheumatikum, ist ein Folgeprodukt des β-Naphthols; es wird durch Friedel-Crafts-Acylierung von 2-Methoxynaphthalin und anschließender Willgerodt-Kindler-Reaktion gewonnen. Da nur die S-Konfiguration wirksam ist, erfolgt die Racemat-Trennung mit dem Alkaloid Cinchonidin.

9.3.4 Sulfonsäure-Derivate des Naphthalins

Durch Sulfonierung und anschließende Nitrierung lassen sich weitere Naphthalin-Derivate herstellen, die vorwiegend als Farbstoffzwischenprodukte eingesetzt werden.

Die technische Sulfonierung erfolgt nach dem klassischen Verfahren mit Schwefelsäure in Rührkesselreaktoren, die aus Gußeisen bestehen oder mit Email ausgekleidet sind. Modernere Verfahren arbeiten in organischen Lösungsmitteln mit Chlorsulfonsäure oder Schwefeltrioxid bei Temperaturen unter 10 °C. Die Reaktionsbedingungen der Naphthalin-Sulfonierung zur Herstellung definierter Derivate sind in Abbildung 9.13 zusammengestellt.

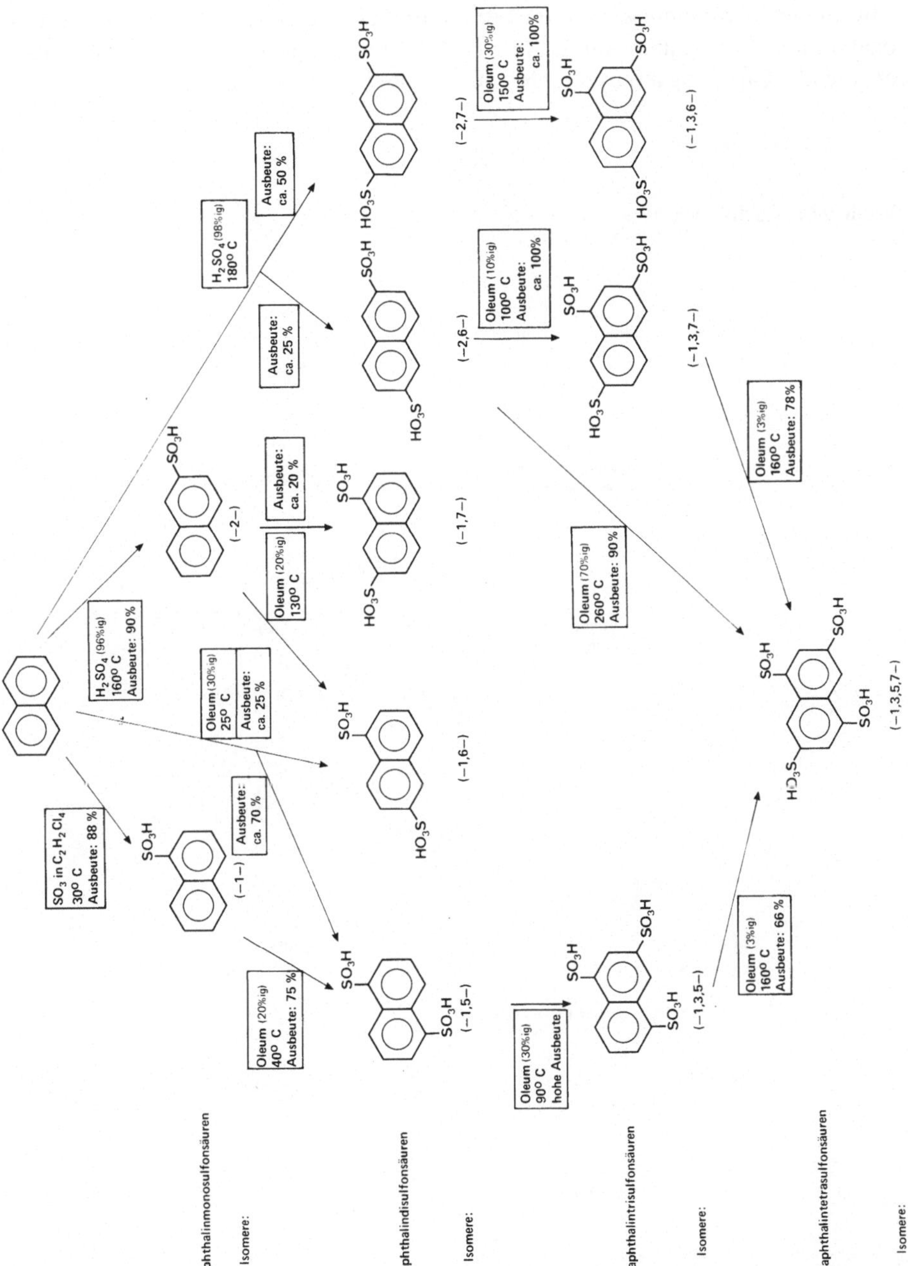

Abbildung 9.13: Ausgewählte Reaktionsbedingungen der Naphthalin-Sulfonierung

Besonders erwähnenswert unter den Naphthalinsulfonsäure-Derivaten sind die sogenannten Buchstabensäuren. Tabelle 9.6 zeigt einige wichtige Buchstabensäuren, die als Kupplungskomponenten zur Herstellung von Azofarbstoffen dienen.

Tabelle 9.6: Buchstabensäuren

G-Säure	2-Hydroxynaphthalin-6,8-disulfonsäure	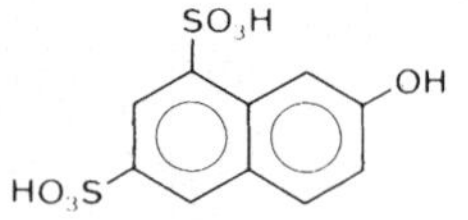
H-Säure	1-Amino-8-hydroxy-naphthalin-3,6-disulfonsäure	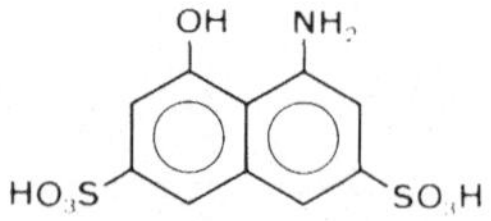
I-Säure	2-Amino-5-hydroxy-naphthalin-7-sulfonsäure	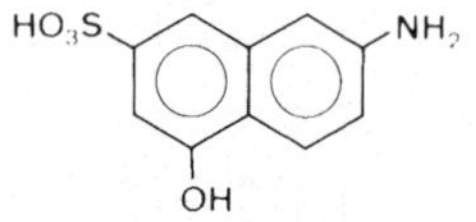
R-Säure	2-Hydroxynaphthalin-3,6-disulfonsäure	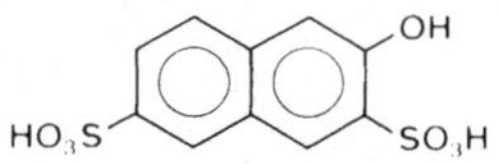
δ-Säure	2-Amino-8-hydroxy-naphthalin-6-sulfonsäure	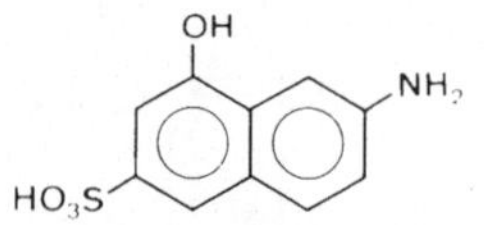
T-Säure	1-Aminonaphthalin-3,6,8-trisulfonsäure	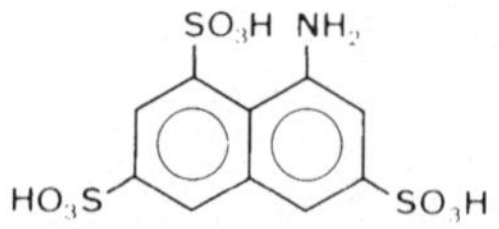

In Abbildung 9.14 wird beispielhaft das Verfahrensschema der Herstellung von H-Säure dargestellt.

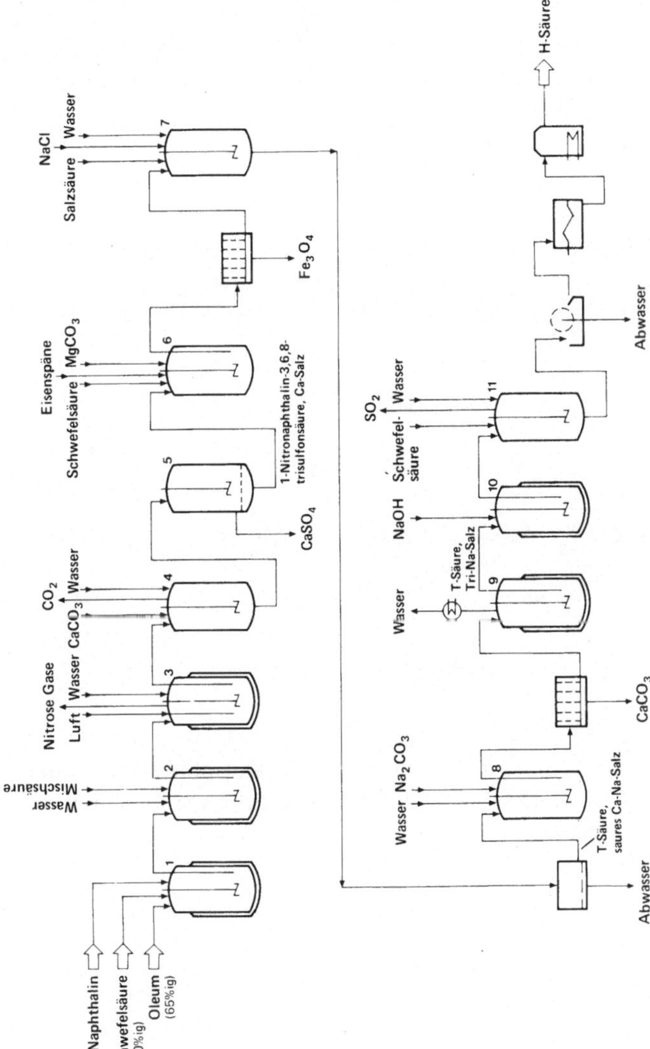

Sulfonierungsreaktor; **2** Nitrierungsreaktor; **3** NOₓ-Abtreiber; **4** Neutralisationsbehälter; **5** Filtrations-behälter; **6** Reduktionsreaktor; **7** Fällungsbehälter; **8** Tri-Na-Salz-Bildung; **9** Eindampfbehälter; **10** Schmelzreaktor; **11** Fällungsbehälter

Abbildung 9.14: Herstellung der H-Säure

In der ersten Reaktionsstufe erfolgt die Sulfonierung des Naphthalins mit Schwefelsäure. Durch anschließende Nitrierung und Neutralisation der Naphthalintrisulfonsäure mit Kalk erhält man das Calciumsalz der 1-Nitronaphthalin-3,6,8-trisulfonsäure, das traditionell mit Eisenspänen und Salzsäure zur T-Säure reduziert wird; moderne Verfahren arbeiten kontinuierlich mit katalytischer Hydrierung am Nickel-Kontakt. Durch anschließende Schmelze der T-Säure mit Natriumhydroxid und Neutralisation mit Schwefelsäure wird die H-Säure gewonnen. Sie dient als Kupplungskomponente zur Herstellung von Azofarbstoffen wie dem Direct Blue 15 oder Acid Black 1.

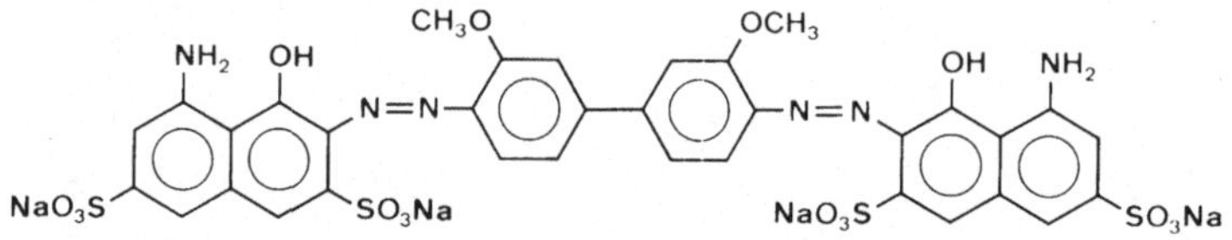

Direct Blue 15

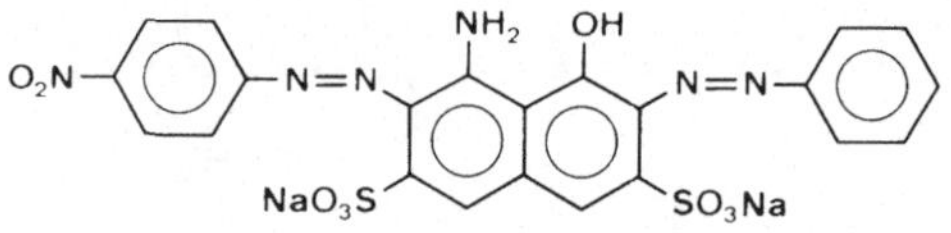

Acid Black 1

Ein Beispiel für einen Azofarbstoff, bei dem als Kupplungskomponente die γ-Säure dient, ist das Acid Red 337, das durch Umsetzung von diazotiertem o-Trifluormethylanilin und γ-Säure gewonnen wird.

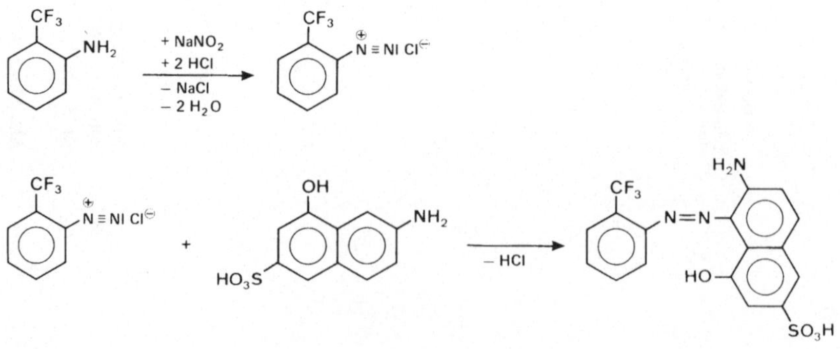

Acid Red 337

Das o-Trifluormethylanilin wird in wässriger Salzsäure mit Natriumnitrit bei 0 bis 5 °C diazotiert. Nach der Filtration erfolgt die Umsetzung mit γ-Säure zum Farbstoff, der hauptsächlich zum Einfärben von Polyamidfasern dient. Abbildung 9.15 zeigt das Verfahrensschema der Diazotierung zur Herstellung von Acid Red 337.

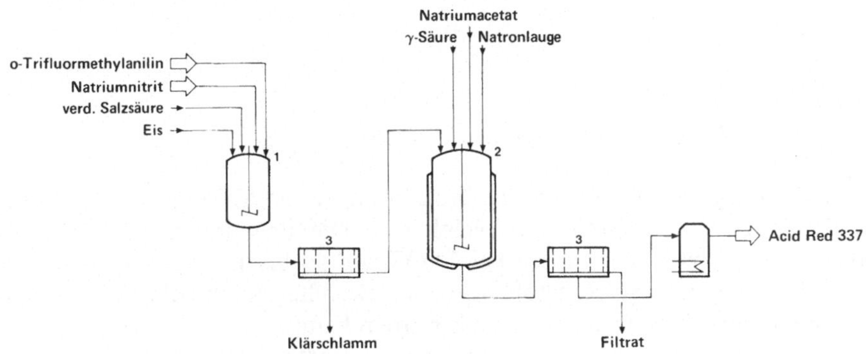

1 Diazotierungsreaktor; **2** Kupplungsreaktor; **3** Filter

Abbildung 9.15: Verfahrensschema der Diazotierung zur Herstellung von Acid Red 337

9.3.5 Nitro- und Aminonaphthaline

Die Nitronaphthaline werden durch Umsetzung von Naphthalin mit Salpetersäure hergestellt; sie dienen als Ausgangsstoff zur Herstellung der Naphthylamine. Da β-Naphthylamin wegen der karzinogenen Eigenschaften seine frühere großtechnische Verwendung, insbesondere als Farbstoffkomponente, verloren hat, dient die Mononitrierung von Naphthalin heute ausschließlich zur Gewinnung von 1-Nitronaphthalin. Durch Nitrierung bei 40 bis 55 °C kann die Reaktion so gesteuert werden, daß der Anteil an 2-Nitronaphthalin lediglich bei 5% und der Anteil an Dinitronaphthalinen unter 0,3% liegt. Aus dem Reaktionsgemisch wird durch Destillation das technisch reine 1-Nitronaphthalin gewonnen.

Die Reduzierung des 1-Nitronaphthalins erfolgt mit Eisen oder mit Wasserstoff mit Hilfe von Nickel-Katalysatoren; die Aufarbeitung erfolgt durch Destillation; der Gehalt an β-Naphtylamin kann bei modernen Verfahren auf unter 10 ppm reduziert werden.

α-Naphthylamin ist ein bedeutendes Zwischenprodukt für Azofarben und dient ferner als Aminokomponente zur Herstellung des Herbizides Naptalam *(Uniroyal)*, das durch Umsetzung mit Phthalsäure bei 25 °C in Xylol hergestellt wird.

Naptalam

9.3.6 Herstellung von Tetralin und Tetralon

Die Hydrierung von Naphthalin zu Tetralin erfolgt in Analogie zur Hydrierung von Benzol zur Gewinnung von Cyclohexan. Die Reaktion kann in der Flüssigphase an Nickel-Katalysatoren bei 200 °C und 10 bis 15 bar Wasserstoffdruck durchgeführt werden. Als Rohstoff wird entschwefeltes Naphthalin eingesetzt, das durch Reaktion mit Natrium hergestellt werden kann.

Die Weltproduktion an Tetralin liegt bei ca. 25.000 t/a. Neben dem beschriebenen Haupteinsatzgebiet, der Herstellung von α-Tetralon (s. Kapitel 9.3.3.1), dient Tetralin als Lösungsmittel.

Die frühere Anwendung als Wasserstoffdonator bei der Kohlehydrierung ist heute technisch bedeutungslos, wird aber häufig als Modellreaktion durchgeführt.

Die Oxidation von Tetralin führt zum Hydroperoxid, das zu α-Tetralon und α-Tetralol gespalten wird. Die Dehydrierung des Tetralols und Tetralons erfolgt zweistufig, um die am Platin-Kontakt mögliche Dehydratisierung des Tetralols zu vermeiden. In der ersten Stufe wird in der Gasphase in Gegenwart von Wasserstoff bei 200 bis 325 °C und Nickel- oder Kupfer-Katalysatoren das Tetralol zum Tetralon dehydriert; in der zweiten Stufe erfolgt die Dehydrierung am Platin-Kontakt bei 350 bis 450 °C zum β-Naphthol.

9.3.7 Herstellung von Isopropylnaphthalin-Derivaten

Ein neues Anwendungsgebiet des Naphthalins mit einem nennenswerten Wachstumspotential ist die Herstellung von alkylierten Naphthalinen, insbesondere in Form von Diisopropylnaphthalinen. Wegen der gegenseitigen Schmelzpunktsdepression ist das Gemisch der Diisopropylnaphthaline flüssig und kann daher als hochwertiges Lösungsmittel für Farbstoffe zur Herstellung von kohlefreien Durchschreibepapieren verwendet werden.

Diese Lösungsmittel müssen sich neben einem hohen Lösungsvermögen für den Farbstoff durch Geruchsfreiheit, toxische Unbedenklichkeit, geeignete Viskosität sowie eine ausreichende biologische Abbaubarkeit auszeichnen. Besonders geeignet sind isopropylierte Naphthaline mit einem hohen Anteil an Diisopropylnaphthalinen.

Abbildung 9.16: Produktionsanlage der *Rütgers Kureha Solvents* zur Herstellung des Lösungsmittels KMC

Das von *Kureha Chemical* entwickelte Verfahren zur Herstellung von Diisopropylnaphthalin-Gemischen arbeitet in Anlehnung an die Alkylierung von Benzol; dabei werden die drei Stufen Transalkylierung, Alkylierung und destillative Aufarbeitung des Reaktionsproduktes durchlaufen. Naphthalin wird zunächst in der Transalkylierungsstufe mit der vorwiegend aus Triisopropylnaphthalinen bestehenden Fraktion umgesetzt; anschließend erfolgt die Propylierung zu Diisopropylnaphthalinen. Die Reaktion wird bei 7 bar und einer Temperatur von 200 °C am SiO_2/Al_2O_3-Kontakt durchgeführt. Abbildung 9.17 zeigt das Verfahrensschema des *Kureha*-Verfahrens.

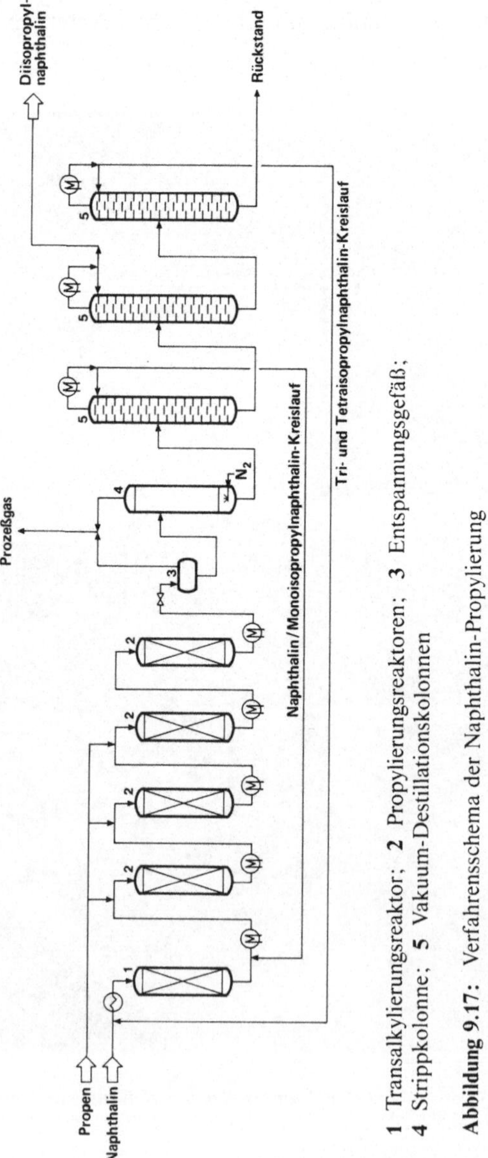

1 Transalkylierungsreaktor; 2 Propylierungsreaktoren; 3 Entspannungsgefäß;
4 Strippkolonne; 5 Vakuum-Destillationskolonnen

Abbildung 9.17: Verfahrensschema der Naphthalin-Propylierung

Die Kapazität der Herstellung von Diisopropylnaphthalinen, die unter dem Handelsnamen KMC vertrieben werden, beträgt in Japan und in der Bundesrepublik Deutschland jeweils 10.000 t/a. Bild 9.16 zeigt die Produktionsanlage der *Rütgers Kureha Solvents* in Duisburg-Meiderich.

Weitere mögliche Anwendungsgebiete von Isopropylnaphthalinen sind die Herstellung der 2,6-Naphthalindicarbonsäure (s. Kapitel 10.2) sowie die Erzeugung von β-Isopropenylnaphthalin, das als vinyloges Monomeres zur Herstellung von Polymeren mit hoher Glastemperatur eingesetzt werden kann.

2,6-Naphthalindicarbonsäure   2-Isopropenylnaphthalin

9.3.8 Sonstige Alkylnaphthaline aus Naphthalin

Produkte mit technischer Bedeutung als Mineralöladditiv sind die Erdalkalisalze sulfonierter Dinonylnaphthaline. Die Herstellung erfolgt durch Friedel-Crafts-Alkylierung von Naphthalin mit Nonen bei 60 bis 80 °C unter Verwendung von Aluminiumchlorid und Sulfonierung des destillativ angereicherten Dinonylnaphthalins mit SO_3 oder Oleum bei 20 bis 40 °C.

Barium-Dinonylnaphthalinsulfonat

Durch Umsetzung der Sulfonsäuren des Naphthalins mit Formaldehyd werden oberflächenaktive Stoffe gewonnen, die als Netzmittel und Gerbstoffe Verwendung finden. Diese Produkte gehören zu den Syntanen, welche die natürlichen Gerbstoffe und Netzmittel und die zum Teil anorganischen Gerbstoffe auf Chrom-III-Basis ergänzen.

Kondensationsprodukte aus Naphthalinsulfonsäuren und Formaldehyd dienen ferner als Zusatzmittel zur Verbesserung des Fließverhaltens von Beton. Der Kondensationsgrad (n) bei diesen Produkten, die weltweit in einer Menge von ca. 40.000 t/a hergestellt werden, liegt zwischen 5 und 8.

9.4 Verfahrensübersicht

In Tabelle 9.7 sind die wichtigsten Verfahren zur Gewinnung von Naphthalin-Folgeprodukten zusammengestellt.

Tabelle 9.7: Zusammenfassende Darstellung der wichtigsten Umwandlungsverfahren der Naphthalin-Chemie

Verfahren	Ziel des Prozesses	Prozeßbedingungen				Sonstige Charakteristika
		Druck (bar)	Temperatur ($^\circ$C)	Katalysator	Reaktionskomp.	
1. Hydrierung						
Unionfining-Verfahren	Naphthalin-Raffination	14	400	Co/Mo	H_2	Entschwefelung durch Umwandlung von Thionaphthen in H_2S und Ethylbenzol
Alkylnaphthalin-Dealkylierung (UNIDAK-Verfahren)	Naphthalin-Gewinnung	35	540–620	Co/Mo	H_2	Verfahren zur Gewinnung von petrostämmigem Naphthalin
Naphthalin-Hydrierung	Tetralin	10–15	200	Ni	H_2	Flüssigphasenreaktion in Analogie zur Benzol-Hydrierung
2. Oxidation						
Naphthalin-Oxidation (*BASF*-Verfahren/ von Heyden-Verf.)	PSA	1–1,5	350–380	V_2O_5	O_2	Festbett-Verfahren
Naphthalin-Oxidation (*Sherwin-Williams/Badger*)	PSA	4	340–380	V_2O_5	O_2	Fließbett-Verfahren; heute wenig verbreitet

Tabelle 9.7 (Fortsetzung)

Verfahren	Ziel des Prozesses	Prozeßbedingungen				Sonstige Charakteristika
		Druck (bar)	Tempe-ratur ($°C$)	Kataly-sator	Reak-tions-komp.	
Naphthalin-Oxidation	Naphthochinon	atmosph.	400	V_2O_5	O_2	Festbett-Verfahren
3. Alkalischmelze						
Hoechst-Verfahren	β-Naphthol	atmosph.	300–320	–	Naph-thalin-2-sulfon-säure/ NaOH	heute einzige Route zu β-Naphthol
4. Sulfonierung						
Naphthalin-Sulfonierung	Naphthalin-1-sulfon-säure	atmosph.	10	–	SO_3	Umsetzung erfolgt in organischen Lösungsmitteln (z.B. $C_2H_2Cl_4$)
Naphthalin-Sulfonierung	Naphthalin-2-sulfon-säure	atmosph.	160	–	H_2SO_4	Sulfonierung unter thermodynamisch kontrollierten Bedingungen
Dinonylnaphtha-lin-Sulfonierung	Herstellung vor Schmier-stoffadditiven	atmosph.	20–40	–	Oleum	Sulfonierung in organischen Lösungsmitteln (z.B. n-Heptan)
5. Nitrierung						
Naphthalin-Nitrierung	1-Nitronaphthalin	atmosph.	40–55	–	HNO_3	Ausgangsstoff für die Herstellung von α-Naphthylamin
6. Alkylierung						
Naphthalin-Propylierung	Diisopropylnaphthaline	7	200	$SiO_2/$ Al_2O_3	Propylen	mehrstufige Flüssigphasenreaktion

10 Alkylnaphthaline und weitere Zweikernaromaten – Herstellung und Verwendung

Zweikernaromaten von technischer Bedeutung sind neben Naphthalin insbesondere Diphenyl (auch Biphenyl genannt) sowie Acenaphthen und Acenaphthylen. Sie sind ebenso wie die Methylnaphthaline in unterschiedlicher Konzentration im Steinkohlenteer enthalten. Bei ausreichend hoher Konzentration, wie dies für Methylnaphthaline sowie Acenaphthen (bzw. Acenaphthylen) zutrifft, erfolgt die Gewinnung aus dem Steinkohlenteer, während bei niedriger Konzentration, wie im Fall des Diphenyls, die Herstellung durch Synthese durchgeführt wird.

10.1 Diphenyl

Diphenyl, das 1862 erstmals von Rudolph Fitting beschrieben wurde, kommt im Steinkohlenteer in einer Konzentration von ca. 0,4% vor. Wegen dieser geringen Konzentration erfolgt die Herstellung durch thermische Dehydrierung von Benzol sowie durch Kuppelproduktion bei der Dealkylierung von Toluol.

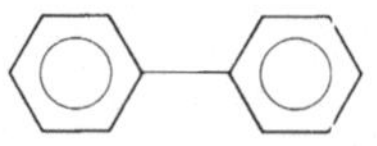

Diphenyl

Die thermische Dehydrierung von Benzol wird unter Atmosphärendruck bei 600 bis 800 °C durchgeführt. Zur Vermeidung einer überhöhten Bildung von Pyrolyseprodukten liegt die Reaktionszeit unter 3 Sekunden; bei sehr kurzer Reaktionszeit (unter 0,1 sec.) sinken die Ausbeuten bzw. der Umsatz deutlich ab. Neben dem Diphenyl fällt ein Isomeren-Gemisch der Terphenyle an, die als Hochsieder vom Diphenyl durch Destillation abgetrennt werden. In der Regel enthält die Terphenyl-Fraktion ca. 8% o-, 49% m- und 23% p-Terphenyl sowie ca. 20% Triphenylen und geringe Anteile Tetraphenyl.

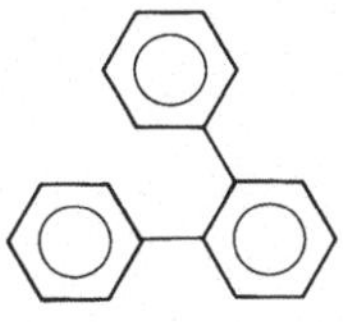

o-Terphenyl

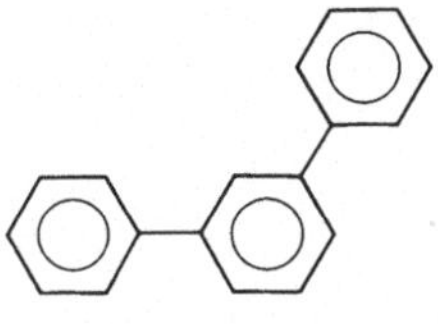

m-Terphenyl

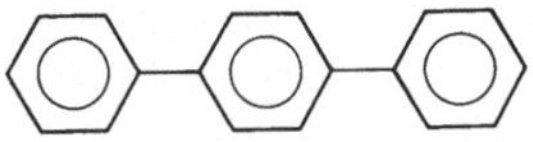

p-Terphenyl

Triphenylen

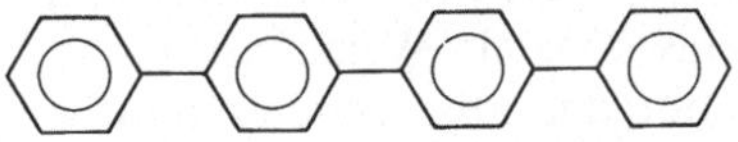

Tetraphenyl

Durch teilweise Hydrierung der Terphenyl-Isomeren mit Raney-Nickel entstehen hydrierte Terphenyle, (s. u.) die als Lösungsmittel für Farbstoffe, z. B. bei der Herstellung von kohlefreien Durchschreibepapieren, Einsatz finden.

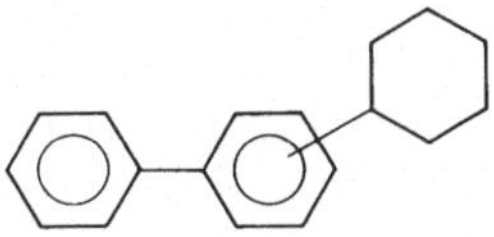

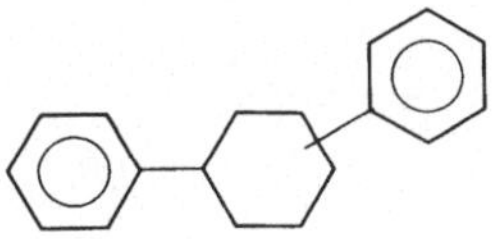

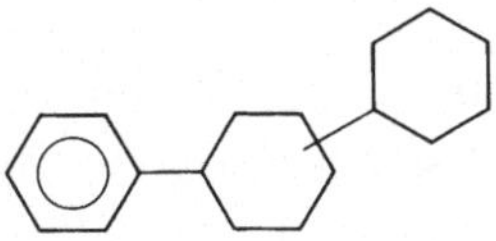

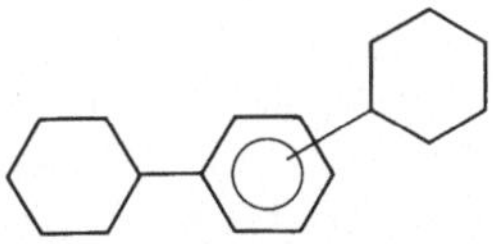

Die Hauptquelle für Diphenyl ist die Toluol-Dealkylierung, bei der Diphenyl mit einer Ausbeute von ca. 1% als Kuppelprodukt anfällt; aus dem Rückstand der Benzol-Gewinnung kann es durch Destillation in technischer Reinheit (93 bis 95%) gewonnen werden.

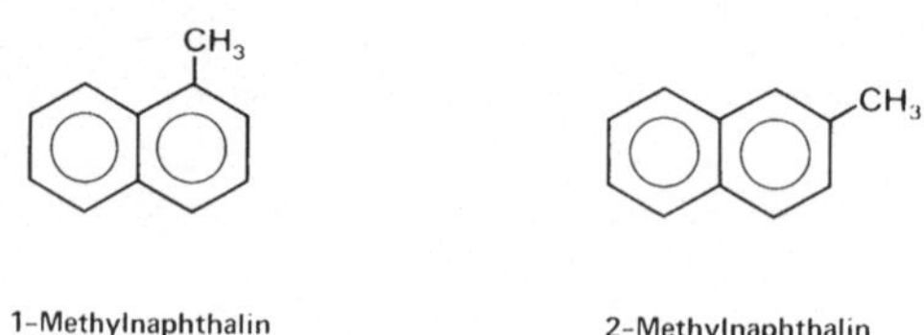

Als Nebenprodukte entstehen bei der Toluol-Dealkylierung neben Diphenyl auch Methyldiphenyle und Dimethyldiphenyle.

Diphenyl findet insbesondere im eutektischen Gemisch mit Diphenyloxid (Diphenylether) Verwendung als Wärmeträgeröl, wobei Mischungen aus 26,5% Diphenyl und 73,5% Diphenyloxid zum Einsatz gelangen.

Durch Friedel-Crafts-Chlorierung von Diphenyl mit $FeCl_3$ als Katalysator sind insgesamt 209 Chlordiphenyle zugänglich. Die frühere Bedeutung des Diphenyls zur Gewinnung von polychlorierten Diphenylen (PCB) mit einem Chlor-Gehalt von ca. 50 bis 55% als Weichmacher und Transformatorenöl besteht heute nicht mehr, da Ende der 60er Jahre erkannt wurde, daß diese Verbindungen biologisch nur sehr schwer abbaubar sind und bei ihrer Verbrennung zwischen 600 und 900°C toxische Dioxine entstehen können. Die Herstellung von polychlorierten Diphenylen wurde daraufhin in einer Reihe von Industrienationen, so z. B. in den USA 1976, eingestellt.

10.2 Methylnaphthaline

Die beiden isomeren Methylnaphthaline sind im Steinkohlenteer mit 0,7% (1-Methylnaphthalin) bzw. 1,5% (2-Methylnaphthalin) enthalten.

Durch Destillation werden sie in der zwischen 230 und 245°C siedenden Methylnaphthalin-Fraktion angereichert; es folgen als weitere Raffinationsschritte die Entphenolung und Entbasung. Die Trennung der beiden Isomeren erfolgt aufgrund ihres unterschiedlichen Erstarrungspunktes. Das 2-Methylnaphthalin mit einem Erstarrungspunkt von 34,6°C kristallisiert beim Abkühlen der hochangereicherten Methylnaphthalin-Fraktion aus, während das 1-Methylnaphthalin mit einem Kristallisationspunkt von −30,5°C in der Mutterlauge konzentriert wird. Die Gewinnung von 1-Methylnaphthalin erfolgt durch Redestillation der Mutterlauge. Das 2-Methylnaphthalin-reiche Kristallgut mit einem Erstarrungspunkt von

25 bis 28 °C wird mit Schwefelsäure gewaschen, neutralisiert und anschließend redestilliert. Die Reinheit des technischen 2-Methylnaphthalins liegt bei 95 bis 98%.

Auch in mineralölstämmigen Rohstoffen, wie dem Pyrolyseöl aus der Ethylen-Gewinnung und den Catcracker-Rückständen, sind Methylnaphthaline enthalten (s. Kapitel 9.2.2). Das 1-/2-Methylnaphthalin-Isomerenverhältnis, das für die Methylnaphthaline des Steinkohlenteers bei ca. 1:2,5 liegt, ist hier wegen der geringeren Temperaturexposition des Rohstoffes größer und nähert sich 1:1. Die Gewinnung von Methylnaphthalinen aus diesen Quellen wird im allgemeinen nur in untergeordnetem Maßstab durchgeführt, da die Abtrennung von den Siedebegleitern außerordentlich aufwendig sein kann; die petrostämmigen Methylnaphthaline dienten insbesondere in den 60er und 70er Jahren in den USA als Rohstoff zur Naphthalin-Herstellung durch Dealkylierung.

Die Produktion an 2-Methylnaphthalin liegt weltweit bei ca. 1.500 t/a. Daneben dienen 1-/2-Methylnaphthalin-Gemische in der gleichen mengenmäßigen Grössenordnung als Lösungsmittel und Wärmeträgeröl.

Die Anwendungsbreite von 1-Methylnaphthalin ist relativ gering; es dient vorwiegend als Ausgangsstoff zur Gewinnung von 1-Naphthylessigsäure (NAA), einem der ersten, 1936 *(ICI)* gefundenen Pflanzenwachstumsregulator, der durch Seitenkettenchlorierung, anschließende Umsetzung des Naphthylchlorids mit Kaliumcyanid und nachfolgende Verseifung zugänglich ist.

1-Naphthylessigsäure (NAA)

2-Methylnaphthalin wird insbesondere als Ausgangsmaterial zur Herstellung des Vitamins K_3 (Menadion) verwendet. Die Oxidation des Methylnaphthalins zum Menadion erfolgt mit Chromsäure oder Salpetersäure analog zur Anthracen-Oxidation. Menadion dient als Zwischenprodukt zur Gewinnung von Vitamin K_1. Zur Herstellung von Vitamin K_1 wird Menadion mit Wasserstoff an Pd/Aktivkohle-Katalysatoren zum Menadiol reduziert. Durch Veresterung der beiden Hydroxylgruppen mit Essigsäureanhydrid erhält man das Menadioldiacetat, das mit Ammoniak in das 1-Monoacetat umgewandelt wird. Durch Umsetzung des

1-Menadiolmonoacetats mit Phytol unter Katalyse von BF_3-Etherat und nachfolgende Verseifung und Dehydrierung wird das Vitamin K_1 (Phytomenadion) gewonnen.

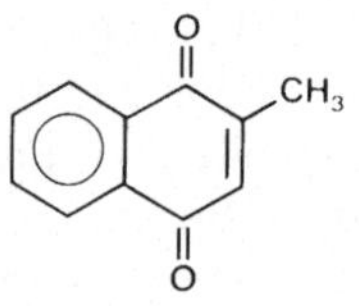

Menadion

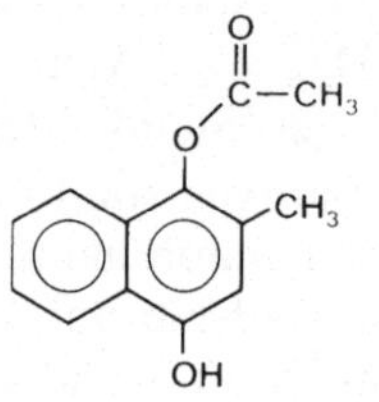

1-Menadiolmonoacetat

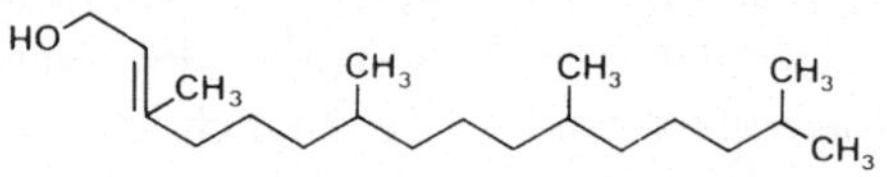

Phytol

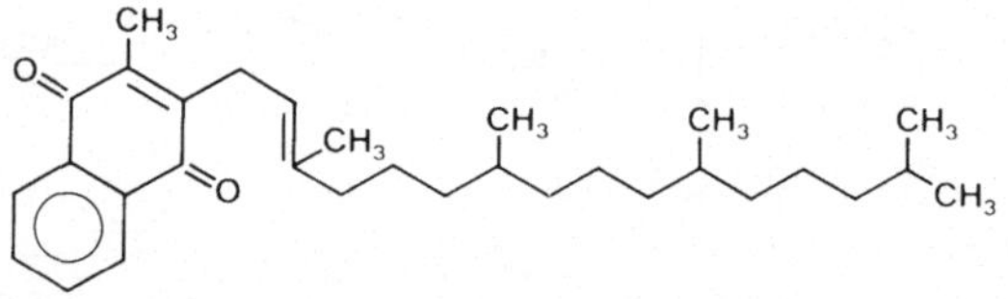

Vitamin K_1 (Phytomenadion)

2-Methylnaphthalin kann durch Acylierung mit BF_3/Essigsäureanhydrid in hoher Selektivität bei hohem Umsatz in das 2-Methyl-6-acetyl-naphthalin umgewandelt werden, aus dem durch Oxidation bei 130 °C und einem Druck von 6 bis 8 bar unter Verwendung von Kobalt/Brom-Katalysatoren in Essigsäure 2,6-Naphthalin-dicarbonsäure herstellbar ist.

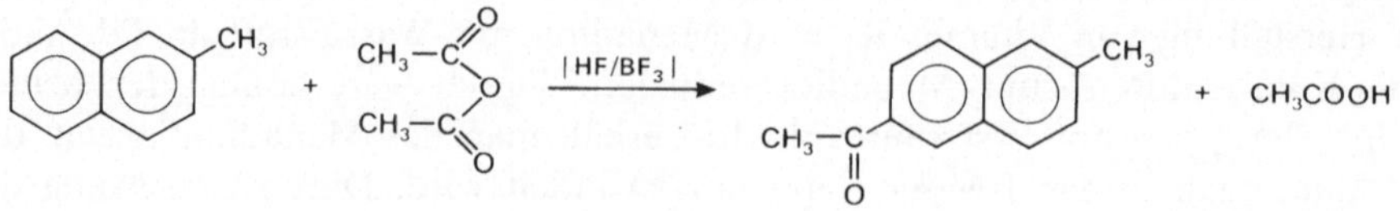

Ein weiterer Syntheseweg zu 2,6-Naphthalindicarbonsäure geht vom 2-Methylnaphthalin bzw. Mischungen aus 1-/2-Methylnaphthalin aus. Die Methylnaphthaline werden dabei zu den Carbonsäuren oxidiert; durch eine anschließende *Henkel*-Umlagerung, die bei 400 bis 500 °C unter einem CO_2-Druck von ca. 100 bar in Japan *(Teijin)* großtechnisch durchgeführt wurde, erfolgt die Umlagerung der Monocarbonsäure zur Dicarbonsäure.

Geringe Mengen des 2-Methylnaphthalins finden in sulfonierter Form als Textilhilfsmittel, Netzmittel und Emulgatoren Verwendung.

Die Umwandlung der beiden isomeren Methylnaphthaline ist durch Isomerisierung z. B. am Zeolith-Kontakt oder mit HF/BF_3 möglich.

Von den zweifach substituierten Alkylnaphthalin-Derivaten ist das 2,6-Dimethylnaphthalin von Bedeutung, das ebenfalls als Rohstoff zur Herstellung von 2,6-Naphthalindicarbonsäure dienen kann. Es wird aus der bei 255 bis 265 °C siedenden Fraktion des Steinkohlenteers durch Redestillation und Kristallisation gewonnen. Die Oxidation des 2,6-Dimethylnaphthalins erfolgt in Analogie zur

Terephthalsäure-Oxidation in der Flüssigphase mit Co/Br-Katalysatoren. 2,6-Napthalindicarbonsäure bzw. deren Chlorid und Ester dienen als Komponenten zur Herstellung von hochwertigen Polymerfilmen und Fasern mit hoher Temperaturbeständigkeit; diese Polymere können in der Schmelze flüssigkristallinen Charakter aufweisen.

10.3 Acenaphthen/Acenaphthylen

Acenaphthen wurde 1873 von Pierre E. M. Berthelot im Steinkohlenteer entdeckt. Die Konzentration des Acenaphthens im Steinkohlenteer liegt lediglich bei ca. 0,2%; daneben enthält der Steinkohlenteer jedoch ca. 2,5% Acenaphthylen, der dehydrierten Form des Acenaphthens.

Im Rahmen der bei der Steinkohlenteer-Destillation ablaufenden Wasserstoffübertragungen wird ein großer Teil des Acenaphthylens zum Acenaphthen hydriert (s. Kapitel 3.2.3).

Die Gewinnung von Acenaphthen erfolgt durch Destillation der Waschöl-Fraktion des Steinkohlenteers, die Acenaphthen in einer Konzentration von 25% enthält. Die Redestillation dieses Teerölschnittes liefert ein zwischen 265 und 285 °C siedendes Acenaphthen-Konzentrat, aus dem durch Kristallisation technisch reines Acenaphthen in 95 bis 99%iger Reinheit gewonnen werden kann. Die Produktion an Acenaphthen lag 1985 bei 2.500 t.

Das Hauptanwendungsgebiet von Acenaphthen ist die Herstellung von Naphthalsäureanhydrid durch Gasphasenoxidation, die mit Vanadium-Katalysatoren bei 330 bis 400 °C durchgeführt wird; auch die Flüssigphasenoxidation mit Chromaten wird technisch, allerdings in untergeordnetem Maßstab, angewandt.

Abbildung 10.1 zeigt das Verfahrensfließbild der in Analogie zur Naphthalin-Oxidation ablaufenden Gasphasen-Reaktion.

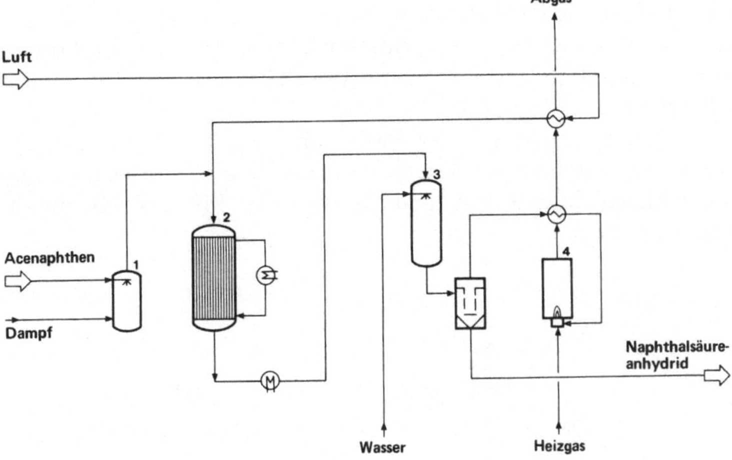

1 Verdampfer; **2** Rohrbündelreaktor; **3** Desublimationsturm; **4** Abgas-Nachverbrennung

Abbildung 10.1: Verfahrensschema der Gasphasenoxidation von Acenaphthen

Naphthalsäureanhydrid (NSA) dient in einer technischen Reinheit von ca. 95% als Zwischenprodukt für die Herstellung von Perylentetracarbonsäure-Pigmenten, die sich durch hohe Farbstärke und Echtheit auszeichnen.

Perylentetracarbonsäure

Hierzu wird NSA zunächst mit Ammoniak in das Säureimid umgewandelt, aus dem durch Alkalischmelze und Oxidation das Perylentetracarbonsäurediimid gewonnen wird; anschließend erfolgt die Verseifung mit konzentrierter Schwefelsäure zur Perylentetracarbonsäure.

Die wichtigsten Pigmente auf der Basis von Perylentetracarbonsäure sind das Pigment Red 179, das insbesondere zur Pigmentierung von Autolacken benutzt wird, und das blaustichige Rotpigment Pigment Red 149, das z. B. zur Einfärbung von Kunststoffen dient.

Pigment Red 149

Pigment Red 179

Die Gewinnung von Acenaphthylen erfolgt bei Bedarf nicht durch Aufarbeitung der entsprechenden Fraktionen des Steinkohlenteers, sondern durch katalytische Dehydrierung von Acenaphthen in der Gasphase.

Acenaphthylen ist ein Rohstoff zur Harz-Gewinnung, insbesondere im Gemisch mit anderen Vinylaromaten; die Harze zeichnen sich durch hohe Erweichungspunkte aus.

11 Anthracen – Herstellung und Verwendung

Anthracen wurde 1832 erstmals von Jean B. A. Dumas und Auguste Laurent im Steinkohlenteer entdeckt. Die Bedeutung des Anthracens für die industrielle Aromatenchemie begann mit der Synthese des Farbstoffes Alizarin, der 1868 von Carl Graebe und Carl Th. Liebermann sowie William H. Perkin synthetisiert wurde und damit den aus der Krappwurzel gewonnenen Naturstoff verdrängte. Anthrachinon-Farbstoffe sind seit dem Beginn der synthetischen Farbstoffchemie neben den Azofarbstoffen die wichtigste Farbstoffklasse.

Seit der Zeit der ersten Alizarin-Synthese ist das Anthrachinon das bedeutendste Anthracen-Derivat. Dies gilt sowohl für die Herstellung von Farbstoffen als auch für die neuere Anwendung des Anthrachinons als Zusatzmittel (Redox-Katalysator) beim Holzaufschluß und als Wasserstoffüberträger bei der H_2O_2-Herstellung.

11.1 Gewinnung von Anthracen

Während die Gewinnung des zweikernigen Naphthalins aus Pyrolyseprodukten von kohle- und petrostämmigen Rohstoffen möglich ist, ist die Erzeugung des dreikernigen Anthracens ausschließlich auf die Isolierung aus Steinkohlenhochtemperaturteer beschränkt, da in den anderen Pyrolyseprodukten ebenso wie in den Rückständen der katalytischen Kohlenwasserstoffbehandlung Anthracen nur in sehr geringen Mengen enthalten ist.

Die Synthese von Anthracen hat wegen seiner ausreichenden Verfügbarkeit im Steinkohlenteer bislang keine technische Bedeutung; theoretisch steht einem Rohstoffangebot von ca. 150.000 t/a Anthracen ein Verbrauch von ca. 20.000 t/a gegenüber.

Ausgangsstoff für die Anthracen-Gewinnung aus Steinkohlenteer ist die Anthracen-Fraktion („Anthracenöl"), die mit einem Siedebereich von 300 bis 400 °C ca. 6% Anthracen enthält (Tabelle 11.1).

Die erste Verfahrensstufe der Anthracenöl-Aufarbeitung ist die Gewinnung eines 25 bis 30%igen Anthracen-Konzentrats durch Kristallisation, die zur Steigerung der Ausbeute zweistufig durchgeführt werden kann. Das als „Anthracen-Rückstand" bezeichnete Kristallisat wird im allgemeinen durch Vakuumdestillation auf eine Konzentration von ca. 50% angereichert. Hauptsiedebegleiter des 50er Anthracens ist das Phenanthren, während Carbazol auf einen Gehalt unter 2% abgesenkt wird. Die anschließende Aufarbeitung zu Reinanthracen mit einem

Tabelle 11.1: Zusammensetzung eines Steinkohlenteer-Anthracenöls

Dimethylnaphthaline	0,7 %
Acenaphthen	3,1 %
Diphenylenoxid	4,0 %
Fluoren	7,7 %
Methylfluorene	10,6 %
Diphenylensulfid	1,9 %
Anthracen	5,8 %
Phenanthren	18,8 %
Carbazol	3,8 %
Methylphenanthrene	12,3 %
Fluoranthen	8,0 %
Pyren	4,1 %
Sonstige Aromaten	19,2 %

Gehalt von über 95% erfolgt bevorzugt durch Rekristallisation in polaren Lösungsmitteln, wie Acetophenon, Cyclohexanol/Cyclohexanon-Gemischen oder N-Methylpyrrolidon; daneben kann auch die Destillation bzw. Azeotropdestillation mit Ethylenglycol zur Anreicherung benutzt werden. Die Qualität des so gewonnenen Reinanthracens ist zur Herstellung von Anthrachinon nach den gebräuchlichen Verfahren ausreichend. Wegen des Wasserstofftransfers bei der Aufarbeitung des Steinkohlenteers ist der bei der Destillation des Anthracen-Kristallisats anfallende Vorlauf mit 9,10-Dihydroanthracen angereichert, das durch

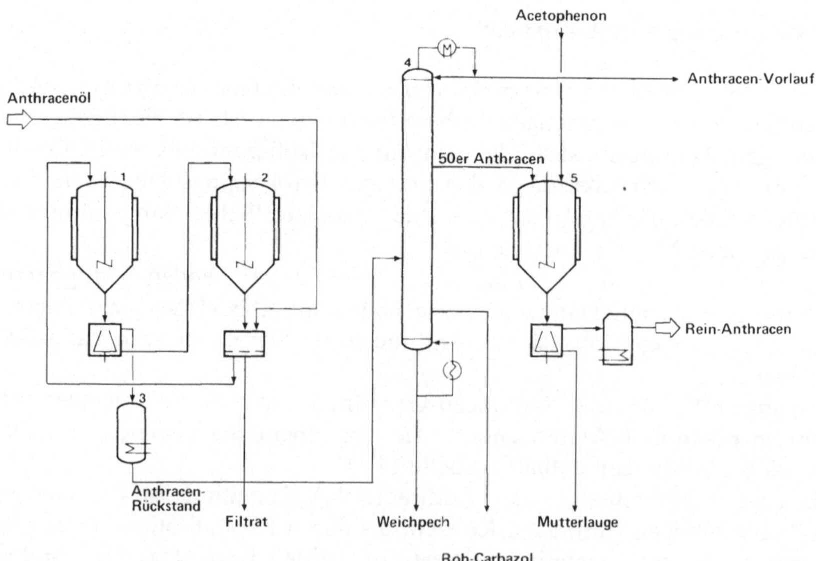

1 Kristallisator (1. Stufe); 2 Kristallisator (2. Stufe); 3 Schmelzbehälter; 4 Destillationskolonne; 5 Kristallisator

Abbildung 11.1: Verfahrensschema der Anthracen-Gewinnung aus Anthracenöl

Einblasen von Luft in Anthracen umgewandelt werden kann. Dieses durch anschließende Kristallisation gewinnbare Anthracen zeichnet sich durch besondere Stickstoffarmut aus.

Abbildung 11.1 zeigt das Verfahrensschema der Gewinnung von Reinanthracen aus Anthracenöl durch die kombinierte Anwendung von Kristallisation und Destillation.

Trotz der ausreichenden Verfügbarkeit von Anthracen im Steinkohlenteer wurden Verfahren entwickelt, Anthracen aus dem in höherer Konzentration im Steinkohlenteer vorhandenen Phenanthren bzw. aus Diphenylmethan zu synthetisieren.

Nach dem Verfahren der *Bergbau-Forschung* wird Phenanthren zunächst zum sym.-Octahydrophenanthren hydriert, dann zum sym.-Octahydroanthracen umgelagert und anschließend dehydriert.

Diese Synthese, ebenso wie die von Diphenylmethan ausgehende Anthracen-Herstellung durch Friedel-Crafts-Reaktion und Dehydrierung haben jedoch keine technische Bedeutung gewonnen.

Die Weltproduktion an Anthracen aus Steinkohlenteer liegt bei ca. 20.000 t/a. Die *Rütgerswerke* mit ca. 8.000 t/a und *Nippon Steel Chemical* mit ca. 3.000 t/a sind die wichtigsten Hersteller von Anthracen.

Die technische Bedeutung des Anthracens beruht im wesentlichen auf seiner Verwendung als Rohstoff zur Anthrachinon-Herstellung; geringe Mengen dienen zur Herstellung des Psychosedativums Benzoctamin, das aus Anthracen und Acrolein in einer Diels-Alder-Reaktion und anschließender reduktiver Aminierung des Aldehyds zum Methylamin hergestellt wird.

$+ CH_2=CH-CHO$

$+ CH_3-NH_2$
$+ H_2$
$- H_2O$

CHO

CH_2-NH-CH_3

Benzoctamin

Ein neues Anwendungsgebiet für Anthracen kann sich bei zunehmender Bedeutung von Wasserstoff als Treibstoff in Form von Magnesiumhydrid ergeben. Magnesiumhydrid enthält pro Liter 150 g Wasserstoff, der beim Erhitzen auf 250 bis 300 °C frei wird. Zur Synthese von Magnesiumhydrid eignet sich ein metallorganischer Komplex von Magnesium mit Anthracen als Zwischenstufe. Dieser Komplex wird durch Reaktion von reinem Magnesium mit Anthracen in Tetrahydrofuran bei Raumtemperatur hergestellt.

$Mg (THF)_3$

+ Mg in THF

11.2 Herstellung von Anthrachinon

Zur Herstellung von Anthrachinon und Anthrachinon-Derivaten stehen zwei Wege zur Verfügung:

1. die Oxidation von Anthracen;
2. die Synthese von Anthrachinon aus kleineren Bausteinen.

Wegen der ausreichenden Verfügbarkeit von Anthracen ist die Oxidation günstiger als die Synthese, die jedoch zur Einführung von Substituenten in definierte Positionen vorteilhaft sein kann.

11.2.1 Oxidation von Anthracen zu Anthrachinon

Das eleganteste Verfahren zur Oxidation von Anthracen ist die Gasphasenoxidation, die im Rahmen einer Untersuchung der Gasphasenoxidation von mehrkernigen Aromaten, insbesondere zur PSA-Synthese, 1916 von Alfred Wohl erstmals beschrieben wurde. Daneben wird die Anthracen-Oxidation mit Dichromat und in untergeordnetem Maße mit Salpetersäure durchgeführt.

Die technische Gasphasenoxidation von Anthracen wird in Anlehnung an die Oxidation von Naphthalin zu PSA oder Naphthochinon betrieben.

Als Rohstoff zur Anthracen-Oxidation dient technisch reines Anthracen mit einem Gehalt von ca. 95%. Anthracen wird unter Zusatz von Wasserdampf und vorgewärmter Luft verdampft und gelangt mit zusätzlicher Luft in einen Festbett-Rohrbündelreaktor. Als Kontakt dient wie bei der Naphthalin-Oxidation Vanadiumpentoxid, das mit Alkalimetallen dotiert ist. Die Reaktionstemperatur liegt bei 380 bis 420 °C. Nach Kondensation der Reaktionsprodukte durch Quenchen mit kalter Luft fällt das Anthrachinon pulverförmig an. Nach dem Aufschmelzen wird durch Redestillation 99%iges Anthrachinon gewonnen. Durch Modifizierung des Katalysators mit Titan und Phosphat ist unter geeigneten Reaktionsbedingungen auch ein technisches Anthracen mit einem geringeren Gehalt als 95% einsetzbar. Die Reaktion ist dann allerdings so zu führen, daß die Begleitsubstanzen des Anthracens zu den entsprechenden Carbonsäuren oxidiert werden, die von dem Anthrachinon durch eine alkalische Wasserwäsche abgetrennt werden können *(Nihon Iyoryu Kogyo)*.

Das Verfahrensschema der Gasphasenoxidation von Anthracen ist in Abbildung 11.2 dargestellt. Die Ausbeute liegt je nach Katalysator bei 80 bis 95%.

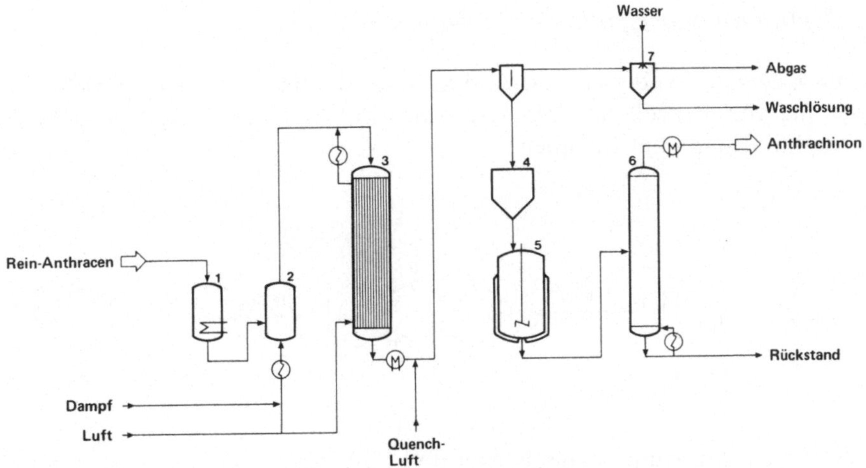

1 Schmelzbehälter; 2 Verdampfer; 3 Rohrbündelreaktor; 4 Rohanthrachinon-Silo; 5 Schmelz- und Polymerisationsbehälter; 6 Vakuumdestillation; 7 Abgaswäscher

Abbildung 11.2 Verfahrensschema der Gasphasenoxidation von Anthracen

Neben der Gasphasenoxidation ist die Flüssigphasenoxidation mit Dichromat ein vorteilhafter Prozeß, wenn die entstehenden Chrom-(III)-sulfate als Gerbstoffe eingesetzt werden können. Die größte Anthrachinon-Anlage *(Bayer)* mit einer Kapazität von 11.000 t/a arbeitet nach diesem Verfahren. Die chargenweise durchgeführte Oxidation wird mit pulverisiertem 94 bis 95%igem Anthracen in Rührkesseln unter Zusatz von Natriumdichromat und Schwefelsäure bei 60 bis 105 °C durchgeführt. Der Zeitbedarf der Reaktion beträgt 25 bis 30 Stunden. Die Ausbeute an Anthrachinon, das in einer Reinheit von ca. 95% anfällt, liegt bei über 90%. Durch Umkristallisation aus Nitrobenzol oder Cyclohexanol/Cyclohexanon kann die Reinheit auf über 99% gesteigert werden.

Besteht für die Chrom-(III)-sulfat-Lauge keine Verwendungsmöglichkeit als Gerbstoff, so ist die Regenerierung der Dichromate durch elektrochemische Oxidation (12 bis 16 V) möglich.

Die Oxidation von Anthracen mit Salpetersäure ist von untergeordneter Bedeutung; sie wird großtechnisch in England *(ICI)* angewandt.

11.2.2 Aufbauende Synthese von Anthrachinon

Die aufbauenden Synthesen von Anthrachinon beruhen auf der Friedel-Crafts-Acylierung von Benzol mit Phthalsäureanhydrid und der Diels-Alder-Reaktion von Naphthochinon mit Butadien.

Die Anthrachinon-Synthese aus Benzol und PSA wird insbesondere in Entwicklungsländern wie Indien angewandt. Bei diesem Prozeß werden PSA, Benzol und AlCl₃ im Verhältnis 1:1:2 bei Temperaturen unter 45 °C umgesetzt. Unter großer Schaumbildung führt die Reaktion in etwa 95%iger Ausbeute zur o-Benzoylbenzoesäure. Die Kondensation der o-Benzoylbenzoesäure erfolgt mit Schwefelsäure bei 115 bis 140 °C. Der Nachteil dieses Verfahrens liegt in dem grundsätzlichen Problem der Friedel-Crafts-Acylierung, nämlich dem hohen Katalysatorverbrauch, der mit dem Anfall von belasteten Abwässern verbunden ist. Von Vorteil ist die hohe Ausbeute an Anthrachinon, die bei über 95% liegt.

Die Diels-Alder-Reaktion von Naphthochinon mit Butadien ist in Kapitel 9.3.2 beschrieben.

Von der *BASF* wurde ein Verfahren zur Herstellung von Anthrachinon durch Dimerisierung von Styrol und anschließender Oxidation des 1-Methyl-3-phenyl-indans entwickelt.

Dieses Verfahren hat ebenso wie die Diels-Alder-Reaktion von Benzochinon mit Butadien bisher keine technische Anwendung gefunden.

Gleiches gilt für das Verfahren von *American Cyanamid,* nach dem aus Benzol über Benzophenon durch Druck-Carbonylierung bei 40 bar mit $CuCl_2/PdCl_2$ als Katalysator bei 220 bis 250 °C Anthrachinon in 90%iger Ausbeute hergestellt werden kann.

Die Weltkapazität an Anthrachinon liegt derzeit bei ca. 30.000 t/a. Hieran haben die Chromsäure-Oxidationsverfahren mit ca. 40% den größten Anteil. Es folgt die Gasphasenoxidation mit ca. 30% sowie die Friedel-Crafts-Acylierung von Benzol mit Phthalsäureanhydrid und die Salpetersäureoxidation mit zusammen ca. 30%.

Das wichtigste Anwendungsgebiet von Anthrachinon ist die Herstellung von Farbstoffen; ein neueres Anwendungsgebiet ist die Redox-Katalyse mit Anthrachinon bei dem Holzaufschluß zur Zellstoffgewinnung.

11.3 Anthrachinon-Derivate

11.3.1 Herstellung von Anthrachinon-Derivaten aus Anthrachinon

Neben den Azofarbstoffen sind die Farbstoffe auf der Basis von Anthrachinon eine der wichtigsten Farbstoffklassen. In bezug auf die Farbe ergänzen die Anthrachinon-Farbstoffe mit ihrem Blau- und Türkischarakter die gelb bis roten Farbstoffe der Azofarbstoffklasse. Trotz der relativ komplexen Synthesewege haben Anthrachinon-Farbstoffe insbesondere dann einen hohen Stellenwert, wenn die Farbechtheit und andere Qualitätseigenschaften durch die konkurrierenden Azofarbstoffe nicht erreicht werden.

Neben den synthetischen Anthrachinon-Derivaten haben natürliche Anthrachinon-Farbstoffe seit vielen Jahrhunderten Bedeutung. Außer Alizarin sind im Krapp z. B. Purpurin, Pseudopurpurin, Rubiadin und Munjistin enthalten.

Purpurin

Pseudopurpurin

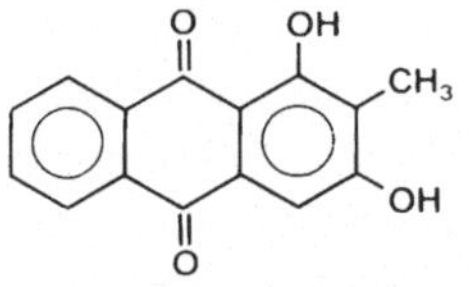

Rubiadin

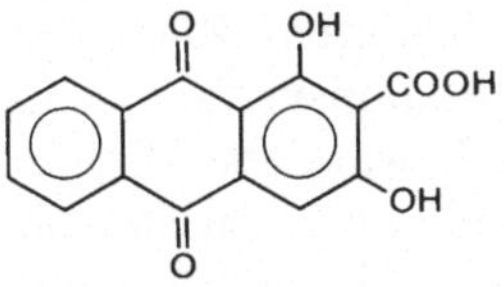

Munjistin

Nicht nur pflanzliche Rohstoffe, sondern auch Insekten dienten als Ausgangsbasis zur Gewinnung von Anthrachinon-Farbstoffen. Ein in Amerika seit vielen Jahrhunderten bekannter Farbstoff ist die Carminsäure, die aus der Cochenille-Laus gewonnen wurde; dieser Farbstoff wurde 1530 erstmals nach Spanien importiert.

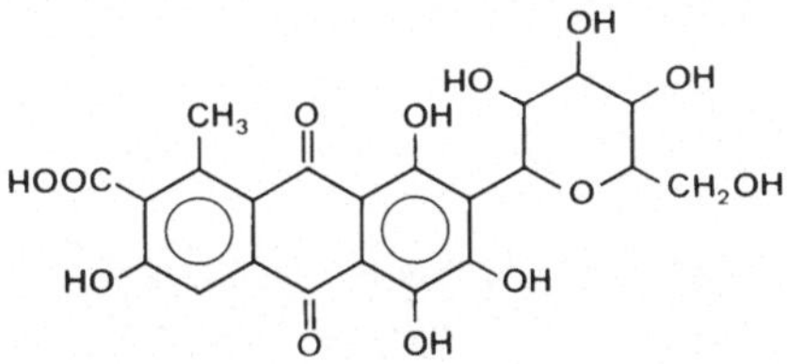

Carminsäure

Auch die Kermessäure, ein aus Kermococcus illicis (Ilex-Schildlaus) gewonnener Farbstoff, wurde in Europa im 14. und 15. Jahrhundert zum Färben von Teppichen verwendet.

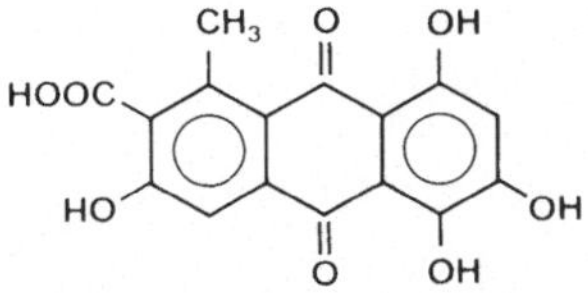

Kermessäure

Die bei weitem wichtigsten synthetischen Anthrachinon-Farbstoffe basieren auf Anthrachinon-Derivaten, die in 1-, 1,4-, 1,5- und 1,8-Positionen substituiert sind; auch 1,2-Substitutionen wie im Falle des Alizarins sind von Bedeutung.

Die Herstellung von Farbstoffzwischenprodukten auf der Basis von Anthrachinon ist durch einen Austausch der Ringsubstituenten charakterisiert. Von besonderer Bedeutung ist der Austausch der Sulfonsäure-Gruppe, der bereits bei der klassischen Alizarin-Synthese im letzten Jahrhundert angewandt wurde.

Eines der wichtigsten Ziele der Anthrachinon-Chemie ist die Entwicklung selektiver Substitutionsverfahren. Ein Meilenstein in der Geschichte der Anthrachinon-Farbstoffe war daher die 1903 publizierte Entdeckung von Michail Iljinski, daß Anthrachinon unter Zusatz von Quecksilber als Katalysator bei der Sulfonierung mit hoher Selektivität in Anthrachinon-1-sulfonsäure überführt wird. Diese Reaktion blieb bis vor wenigen Jahren die bei weitem wichtigste Reaktion der Anthrachinon-Chemie.

Die Sulfonierung von Anthrachinon zur Herstellung von Anthrachinon-1-sulfonsäure wird bei relativ milden Bedingungen in Gegenwart von Quecksilber (0,5%) mit 20%igem Oleum durchgeführt. Zur Vermeidung der Disulfonierung wird die Reaktion nur bis zu einem Umsatz von ca. 50% bei einer Temperatur von 120 °C geführt. Anthrachinon ist in Oleum mit roter Farbe löslich. Nicht umgesetztes Anthrachinon wird zusammen mit dem Hauptteil des als Sulfid gefällten Quecksilbers durch Verdünnen abgeschieden, gewaschen und in den Prozeß zurückgeführt. Die Anthrachinon-1-sulfonsäure wird als Kaliumsalz gefällt (Diamantsalz).

Anthrachinon-1-sulfonsäure

Das Hauptverwendungsgebiet von Anthrachinon-1-sulfonsäure ist die Herstellung von 1-Aminoanthrachinon. Die Herstellung von 1-Aminoanthrachinon über die Sulfonsäure ist wegen des Einsatzes von Quecksilber rückläufig. An ihre Stelle tritt in zunehmendem Maße die Nitrierung von Anthrachinon und anschließende Reduzierung des 1-Nitroanthrachinons sowie die Druckammonolyse.

1-Nitroanthrachinon

1-Aminoanthrachinon

1-Aminoanthrachinon wird nach dem klassischen Verfahren aus dem Kaliumsalz der Anthrachinon-1-sulfonsäure mit Ammoniak und Natrium-3-nitrobenzolsulfonat bei 175 °C und einem Druck von 25 bis 30 bar hergestellt. Das Natrium-3-nitrobenzolsulfonat dient dabei als Oxidationsmittel beim Abbau des frei werdenden Sulfits.

Die Reduktion von 1-Nitroanthrachinon zum 1-Aminoanthrachinon erfolgt mit Natriumsulfid oder Natriumhydrogensulfid; neuerdings wird auch die Reduktion mit Raney-Nickel entwickelt. Neben der Reduktion ist der Austausch der Nitrogruppe gegen die Aminogruppe durch Reaktion mit Ammoniak bei 140 bis 170 °C unter Druck möglich.

Für die Herstellung saurer Anthrachinon-Farbstoffe ist die Bromaminsäure (1-Amino-4-bromanthrachinon-2-sulfonsäure) das wichtigste Zwischenprodukt.

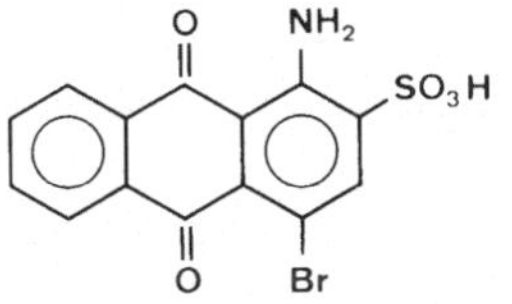

Bromaminsäure

Zu ihrer Herstellung wird 1-Aminoanthrachinon mit Chlorsulfonsäure zur 1-Aminoanthrachinon-2-sulfonsäure umgesetzt; daraus läßt sich mit Brom unter Eiskühlung die 1-Amino-4-bromanthrachinon-2-sulfonsäure herstellen. Beispielhaft für Farbstoffe aus Bromaminsäure sind das Alizarinbrillantreinblau R (Acid Blue 62), das aus Bromaminsäure durch Umsetzung mit Cyclohexylamin in Gegenwart von Natriumhydroxid zugänglich ist; verwendet man statt Cyclohexylamin Anilin, so erhält man Alizarinsaphirol A (Acid Blue 25).

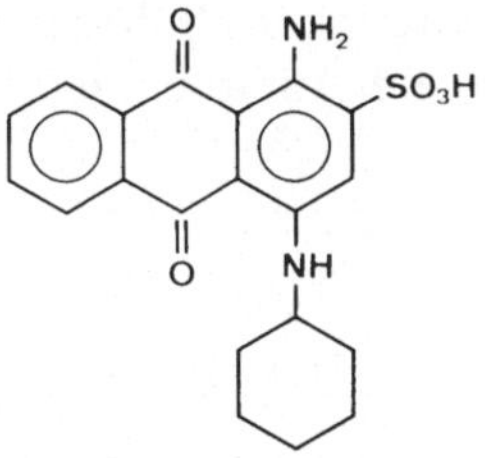

Acid Blue 62 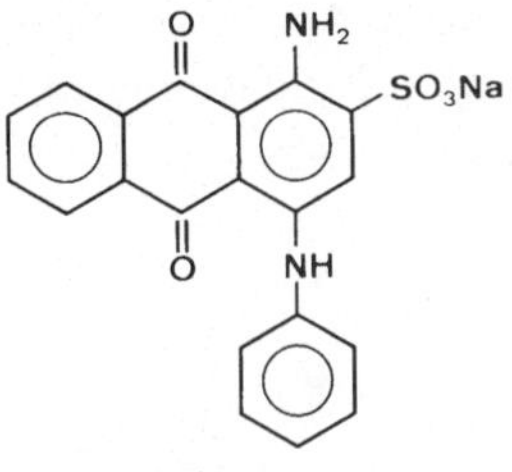   Acid Blue 25

Das Verfahrensschema der Herstellung des Farbstoffes Reactive Blue 19, der ebenfalls aus Bromaminsäure gewonnen wird, zeigt Abbildung 11.3.

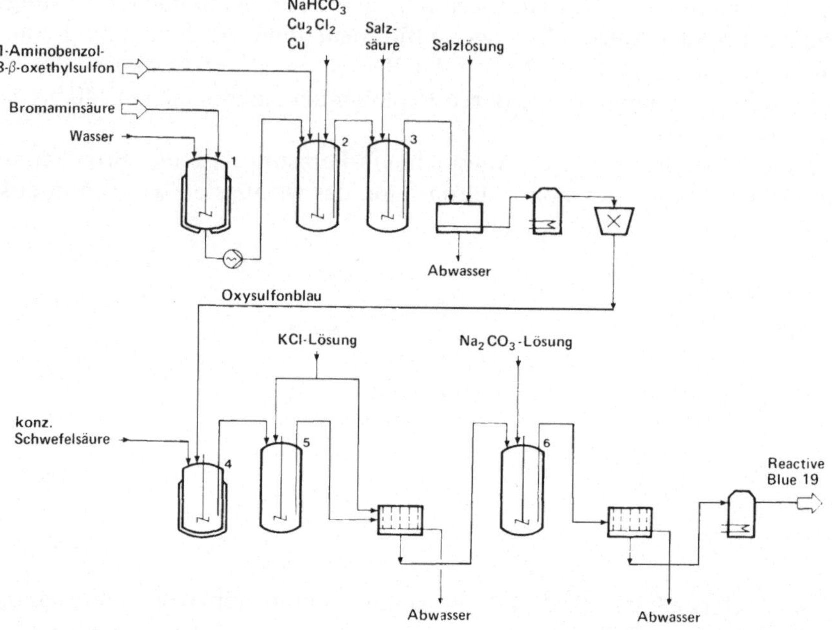

1 Anmaischbehälter; **2** Reaktor; **3** Säuerungsbehälter; **4** Veresterungsreaktor; **5** Fällungsbehälter; **6** Reaktor

Abbildung 11.3: Verfahrensschema der Herstellung von Reactive Blue 19

Die Umsetzung von Bromaminsäure mit 1-Aminobenzol-3-β-oxethylsulfon erfolgt bei 70 °C; nach Ansäuern wird das gefällte Oxysulfonblau abfiltriert und nach Aufarbeitung mit Schwefelsäure verestert. Die weitere Aufarbeitung erfolgt mit Soda-Lösung.

Reactive Blue 19

11.3.2 Aufbauende Synthese von Anthrachinon-Derivaten

Bei schwieriger selektiver Einführung von Substituenten in das Anthrachinon-Molekül wird häufig die Synthese aus kleineren Bausteinen angewandt. Als wichtigste Reaktionskomponente dient dabei Phthalsäureanhydrid, das durch Friedel-Crafts-Reaktion mit einem anderen substituierten Aromaten wie Chlorbenzol, Chlorphenol oder Toluol zu dem gewünschten Anthrachinon-Derivat umgesetzt wird.

Chinizarin

Von besonderer Bedeutung ist die Herstellung des 1,4-Dihydroxy-anthrachinons (Chinizarin), das durch Umsetzung von Phthalsäureanhydrid mit p-Chlorphenol bei 170 bis 190 °C erhalten wird.

Abbildung 11.4 zeigt das Verfahrensschema der Chinizarin-Synthese.

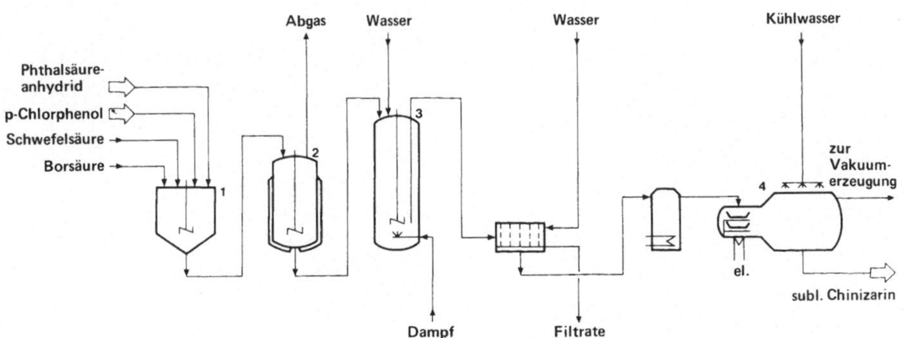

1 Mischbehälter; **2** Reaktor; **3** Hydrolyse-Reaktor; **4** Vakuum-Sublimationskammer

Abbildung 11.4: Verfahrensschema der Chinizarin-Synthese

Die Spaltung des intermediär mit Chinizarin gebildeten Borsäureesters, der eine weitere Oxidation verhindert, wird bei Siedetemperatur durchgeführt. Die anschließende Reinigung des Chinizarins erfolgt durch Sublimation.

Chinizarin dient als Ausgangsmaterial zur Herstellung von 1,4-Diamino-anthrachinon-Farbstoffen, wie z. B. dem Alizarincyaningrün G (Acid Green 25), das aus Chinizarin und p-Toluidin sowie anschließender Sulfonierung und Neutralisation zugänglich ist.

Acid Green 25

Auch die Umsetzung von Chlorbenzol mit Phthalsäureanhydrid hat technische Bedeutung. Das Verfahrensschema dieser Friedel-Crafts-Reaktion zeigt Abbildung 11.5.

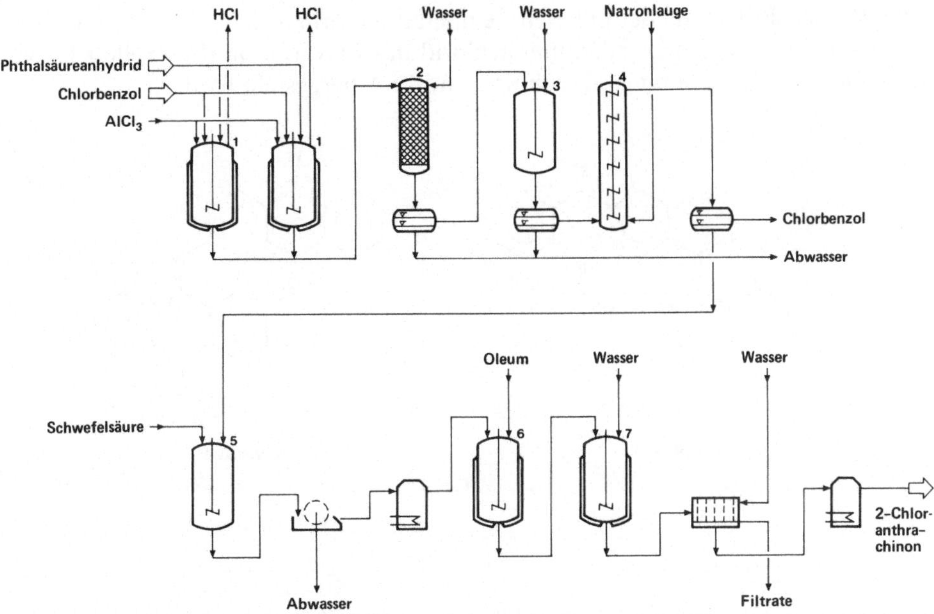

1 Reaktoren; **2** Hydrolisierkolonne; **3** Waschbehälter; **4** Extraktor; **5** Fällungsbehälter; **6** Reaktor; **7** Verdünnungsbehälter

Abbildung 11.5: Herstellung von 2-Chloranthrachinon aus Chlorbenzol und PSA

Die Reaktion wird bei 75 bis 80 °C durchgeführt. Anstelle von Aluminiumchlorid kann auch Schwefelsäure als Katalysator verwendet werden. Als Zwischenprodukt erhält man bei der Vakuumfiltration 4′-Chlor-benzoylbenzoesäure. Die anschließende Kondensation zum 2-Chloranthrachinon wird mit Oleum durchgeführt.

4′- Chlor - benzoylbenzoesäure   2- Chloranthrachinon

2-Chloranthrachinon wird insbesondere verwendet als Ausgangsstoff zur Herstellung von 2-Aminoanthrachinon, das durch Umsetzung nach dem von René Bohn 1901 gefundenen Verfahren mit Luftsauerstoff in alkalischer Lösung in Gegenwart von Kaliumnitrat bei 150 bis 200 °C in den Küpenfarbstoff Indanthron (Vat

Blue 4) überführt wird. Bei höheren Temperaturen erhält man unter Einsatz von Antimon-(V)-chlorid oder Aluminiumchlorid das Flavanthron (Vat Yellow 1), das heute aus 1-Chlor-2-aminoanthrachinon und PSA hergestellt wird.

Vat Blue 4   Vat Yellow 1

11.4 Höherkondensierte Farbstoffe aus Anthrachinon

Neben der Herstellung von Farbstoffen auf der Basis des Antrachinon-Gerüstes dient Anthrachinon auch als Ausgangsstoff zur Erzeugung höherkondensierter Aromaten, insbesondere von Benzanthronen. Benzanthron wird aus Anthrachinon durch Reaktion mit Glycerin, Schwefelsäure und Eisen hergestellt. Als Zwischenprodukt entsteht bei der Reaktion das Anthron, welches mit seiner Methylengruppe mit Acrolein, das durch Wasserabspaltung aus Glycerin entsteht, kondensiert und dann einen Ringschluß eingeht. Die anschließende Dehydrierung des Dihydrobenzanthrons kann durch Oxidation in Gegenwart von Kupfer-I-sulfat erfolgen.

Benzanthron

Benzanthron selbst ist bereits ein Küpenfarbstoff, wird aber bevorzugt zur Herstellung von Indanthrenbrilliantgrün B (Vat Green 1) eingesetzt. Dazu wird Benzanthron mit Luft in Gegenwart von Kaliumhydroxid in Isopropanol zum 4,4′-Dibenzanthronyl umgesetzt. Das 4,4′-Dibenzanthronyl geht bei weiterem Erwärmen einen Ringschluß zum Violanthron ein. 4,4′-Dibenzanthronyl kann außerdem mit Mangandioxid und Schwefelsäure bei 35 °C zum 16,17-Violanthronchinon umgewandelt werden. Reduzierung mit Natriumhydrogensulfit führt zum 16,17-Dihydroxyviolanthron, aus dem durch Methylierung Indanthrenbrillantgrün B (Vat Green 1) entsteht.

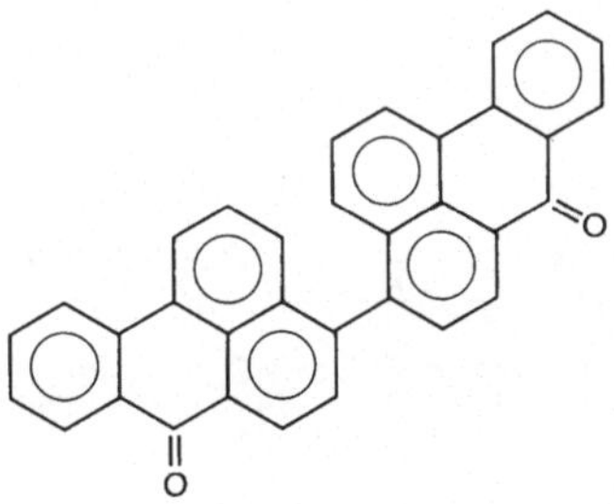

4,4′-Dibenzanthronyl

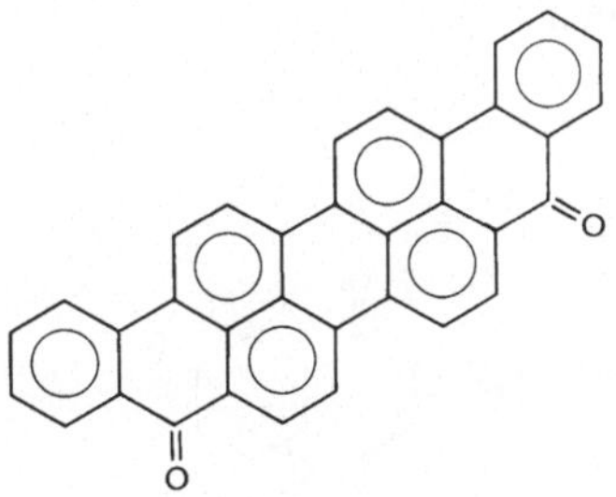

Dibenzanthron Küpenblau 20
(Violanthron)

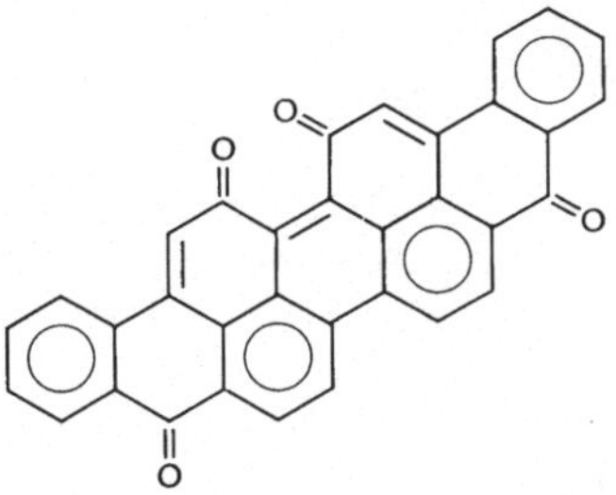

16,17-Violanthronchinon

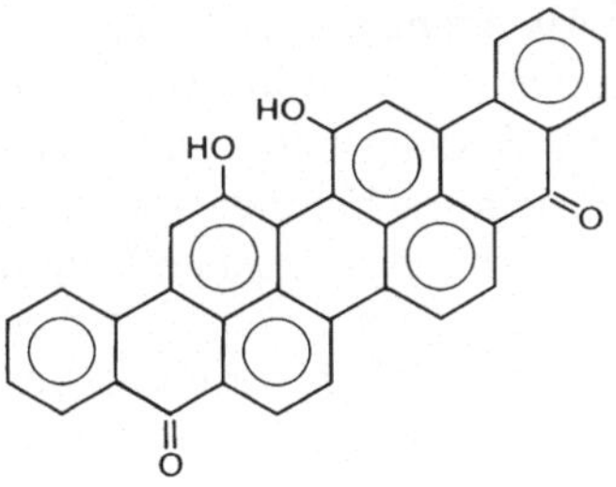

16,17-Dihydroxyviolanthron

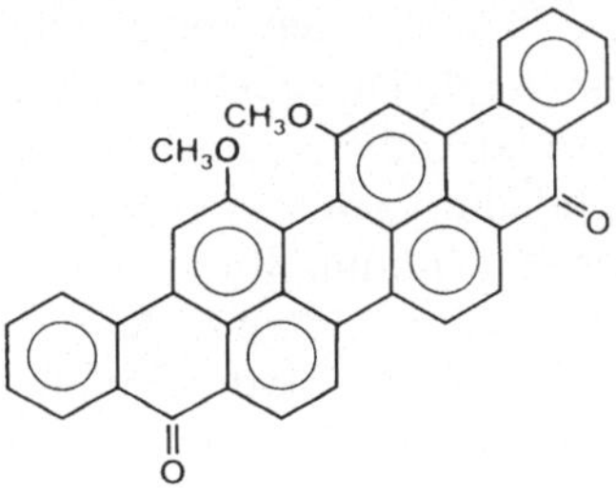

Vat Green 1

11.5 Anthrachinon als Katalysator
bei der Wasserstoffperoxid-Erzeugung

Die Herstellung von Wasserstoffperoxid, das weltweit jährlich in einer Menge von ca. 0,5 Mio t erzeugt wird, erfolgt durch naß-chemische Verfahren auf der Basis von Bariumperoxid, elektrochemische Prozesse und organische Autoxidationsverfahren. Die Wasserstoffperoxid-Gewinnung durch Autoxidation wurde Mitte der 30er Jahre von der *BASF* in Form des Hydrazobenzol-Verfahrens zur technischen Reife entwickelt. Das Hydrazobenzol-Verfahren hatte den Nachteil, daß zur Reduktion des Azobenzols zum Hydrazobenzol Natriumamalgam verwendet werden mußte. Georg Pfleiderer und Hans-Joachim Riedl setzten daraufhin anstelle des Azobenzols alkylierte Anthrachinone ein. Die erste Anlage zur H_2O_2-Herstellung mit Anthrachinon wurde 1953 in Memphis/Tenn. von *Du Pont* in Betrieb genommen.

Beim Anthrachinon-Verfahren wird ein Alkylanthrachinon mit Wasserstoff katalytisch zum Hydrochinon reduziert; das Hydrochinon wird mit Sauerstoff (Luft) umgesetzt, wobei es unter Bildung von Wasserstoffperoxid wieder zum Anthrachinon-Derivat oxidiert wird.

Als Anthrachinon-Derivate werden insbesondere die durch Friedel-Crafts-Acylierung aus PSA und den entsprechenden Alkylbenzolen zugänglichen Alkylanthrachinone 2-Ethylanthrachinon, 2-tert.-Butylanthrachinon und 2-Pentylanthrachinon verwendet, die in einem aromatischen Lösungsmittel (alkylierte Benzole, Methylnaphthalin) gelöst werden. Die Alkylanthrachinone werden mit einem Katalysator (Palladium, Raney-Nickel) bei leichtem Wasserstoffüberdruck und geringer Temperatur hydriert. Bei der Hydrierung erfolgt nicht nur die Umwandlung des Chinons zum Hydrochinon, sondern auch die Hydrierung des unsubstituierten Anthracenrings. Bei der Umsetzung des gebildeten Tetrahydroanthrahydrochinons mit Sauerstoff kann ein Epoxid gebildet werden, das an der Bildung von H_2O_2 nicht teilnimmt und daher zu einem Verlust von aktivem Chinon führt.

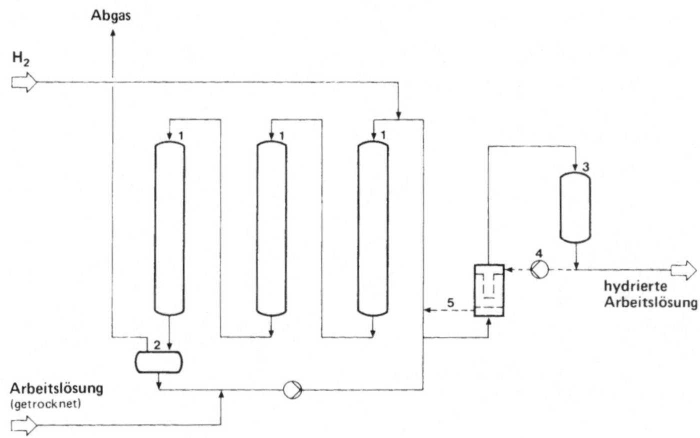

2-Ethyl-5,6,7,8-tetrahydroanthrachinonepoxid

Die Reduktionsbedingungen bei der Herstellung des Hydrochinons werden daher so gewählt, daß eine möglichst selektive Hydrierung des Chinonsauerstoffs zum Hydrochinon erfolgt.

Abbildung 11.6 zeigt das Schema der Alkylanthrachinon-Hydrierung nach dem Verfahren der *Degussa*. Durch Veränderung des Reaktorrohrdurchmessers wird die Reaktion in einem Schlaufenreaktor mit unterschiedlicher Strömungsgeschwindigkeit der Reaktanden durchgeführt.

1 Hydrierreaktoren; **2** Gasabscheider; **3** Zwischenbehälter; **4** Rückspülpumpe; **5** Rückspülleitung

Abbildung 11.6: Verfahrensschema der Alkylanthrachinon-Hydrierung

11.6 Holzaufschluß mit Anthrachinon

1977 wurde mit dem Holzaufschluß ein neues Anwendungsgebiet mit großen Zukunftsaspekten für Anthrachinon erschlossen.

Ein Primärziel des Holzaufschlusses ist die Abtrennung des Lignins von der Cellulose. Hierfür werden insbesondere zwei chemische Prozesse angewandt, nämlich das Sulfit- und das Sulfat-Verfahren. Beim Sulfit-Verfahren wird das Lignin des Holzes durch wässrige Lösungen von Sulfiten oder Hydrogensulfiten unter Zusatz von SO_2 bei erhöhter Temperatur sulfoniert, so daß lösliche Ligninsulfonsäuren entstehen, die aus dem Holz herausgelöst werden. Das Sulfat-Verfahren wendet Natriumhydroxid und Natriumcarbonat als wesentliche Aufschlußchemikalien an. Es hat seinen Namen durch den geringen Zusatz von Natriumsulfat erhalten, das zum Ausgleich von Alkali-Verlusten verwendet werden kann.

Durch Zusatz von weniger als 0,1% Anthrachinon kann die Cellulose-Ausbeute gesteigert und der Delignifizierungsprozeß beschleunigt werden, was zu einer besseren Kapazitätsausnutzung führt. Außerdem ist beim alkalischen Aufschluß ein verminderter Zusatz von Natriumsulfid notwendig, so daß die Belastung der Luft und des Abwassers reduziert wird.

Die Reaktion des Lignins ist durch Redox-Katalyse des Anthrachinons erklärt worden. Der Mechanismus der Reaktion zwischen Anthrachinon und dem Lignin läuft über eine Spaltung in β-Stellung ab.

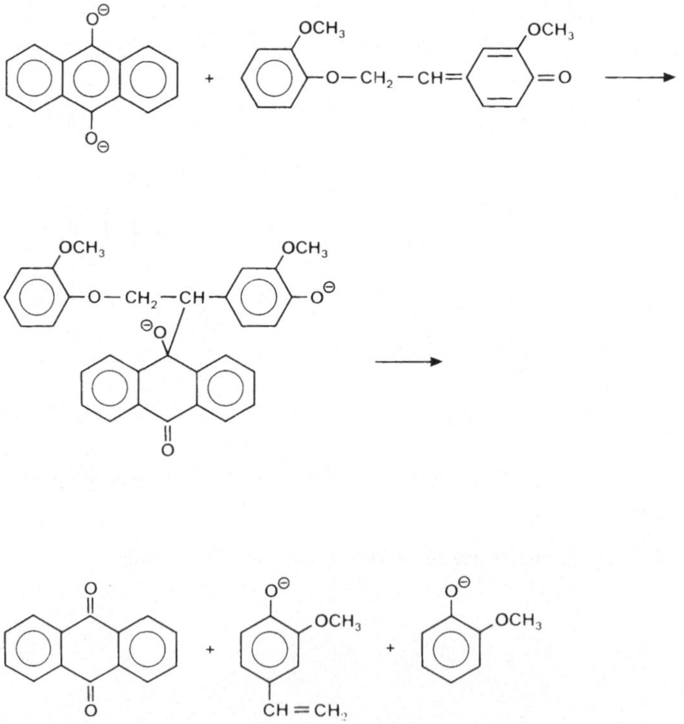

Neben Anthrachinon kann auch Tetrahydroanthrachinon zur Aktivierung des Holzaufschlusses Verwendung finden.

Das Anthrachinon-Aufschlußverfahren wird insbesondere in Japan, Skandinavien, den USA und Kanada angewandt.

12 Sonstige Mehrkernaromaten – Herstellung und Verwendung

Die industriell wichtigsten höherkondensierten Aromaten nächst dem Anthracen sind Phenanthren, Fluoren, Fluoranthen und Pyren. Die Produktion dieser vier Mehrkernaromaten liegt weltweit bei ca. 2.000 t/a.

12.1 Phenanthren

Phenanthren wurde 1872 von Rudolph Fittig und Eugen Ostermayer im Steinkohlenteer entdeckt, in dem es zu 5% enthalten ist.

Phenanthren

In der Natur kommen Phenanthren-Verbindungen in Alkaloiden, wie dem Morphin, vor.

Morphin

Als Ausgangsmaterial zur Gewinnung von Phenanthren dient insbesondere das Filtrat aus der Herstellung von Reinanthracen (s. Kapitel 11.1), das einen Phenanthren-Gehalt von ca. 65% bei einem Anthracen-Gehalt von unter 10% aufweist.

Durch Destillation erhält man Phenanthren in 90%iger Reinheit; die mengenmäßig wichtigsten Begleitkomponenten des technisch reinen Phenanthrens sind Anthracen und Diphenylensulfid (Dibenzothiophen).

Diphenylensulfid

Die Abtrennung des Anthracens kann durch Adduktbildung (Diels-Alder-Reaktion) mit Maleinsäureanhydrid erfolgen.

Das wichtigste Folgeprodukt des Phenanthrens ist das 9,10-Phenanthrenchinon, das durch Flüssigphasenoxidation (bzw. in Suspension) von Phenanthren mit Chromsäure in schwefelsaurem Medium bei 80 bis 85 °C in 85 bis 90%iger Ausbeute gewonnen wird. Die Gasphasenoxidation führt zu wesentlich schlechteren Ausbeuten.

9,10-Phenanthrenchinon

9,10-Phenanthrenchinon dient als Ausgangsmaterial zur Herstellung des Pflanzenschutzmittels Flurenol-n-butylester, das aus Phenanthrenchinon durch Benzilsäure-Umlagerung zur Fluoren-9-hydroxy-9-carbonsäure und anschließende Veresterung mit n-Butanol gewonnen wird. In Mischung mit anderen Wirkstoffen wie z.B. MCPA findet es unter dem Namen Aniten *(Cela Merck)* Verwendung.

Flurenol-n-butylester

Dem Flurenol-n-butylester verwandt ist der Chlorflurenol-methylester, ein Wachstumsregulator.

Chlorflurenol-methylester

Ein weiteres Folgeprodukt des Phenanthrens ist die 2,2′-Diphensäure, die zur Herstellung von Polyester- und Alkydharzen dienen kann.

2,2′-Diphensäure

12.2 Fluoren

Fluoren wurde 1867 von Pierre E.M. Berthelot im Steinkohlenteer gefunden, in dem es mit ca. 2% enthalten ist.

Fluoren

Die Herstellung erfolgt durch Redestillation der Fluorenöl-Fraktion, die zwischen 290 und 305 °C siedet (oder aus dem Vorlauf der destillativen Anthracen-Gewinnung), und anschließende Umkristallisation, zum Beispiel aus Lösungsbenzol. Das technische Fluoren mit einer Reinheit von ca. 95% dient insbesondere zur Herstellung von Fluorenon, das durch Flüssigphasenoxidation mit Sauerstoff bei ca. 100 °C hergestellt wird. Fluorenon wird vornehmlich als mildes Oxidationsmittel für Oppenauer-Oxidationen, insbesondere in der Steroid-Chemie, verwendet.

Fluorenon

12.3 Fluoranthen

Fluoranthen ist nächst Naphthalin und Phenanthren mit einem Vorkommen von über 3% einer der Hauptinhaltsstoffe des Steinkohlenteers, in dem es 1878 von Rudolph Fittig und Ferdinand Gebhard entdeckt wurde.

Fluoranthen

Die Gewinnung von Fluoranthen erfolgt durch Destillation von hochsiedenden Anthracenöl-Fraktionen oder aus Pechdestillaten und anschließende Umkristallisation der zwischen 375 und 385 °C siedenden Fluoranthen-Fraktion. Die Reinheit des technischen Produktes liegt bei ca. 95%.

Fluoranthen findet insbesondere Verwendung zur Herstellung von Fluoreszenzfarbstoffen.

12.4 Pyren

Pyren wurde 1871 von Carl Graebe im Steinkohlenteer entdeckt, in dem es mit knapp 2% enthalten ist.

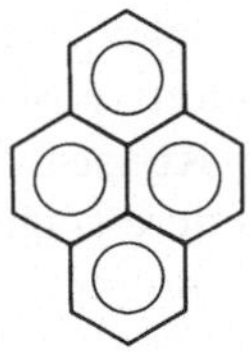

Pyren

Die Pyren-Gewinnung geht von Destillaten des Steinkohlenteerpechs aus, die bei der Hartpech-Gewinnung und bei der Pechverkokung anfallen. Die Pyren-Fraktion siedet zwischen 320 und 420 °C und enthält etwa 5 bis 7% Pyren. Die Anreicherung auf eine Konzentration von 50% erfolgt durch Destillation, die weitere Reinigung auf einen Gehalt von 95% des technischen Pyrens durch Umkristallisation in Lösungsbenzol oder Acetophenon.

Pyren dient insbesondere zur Herstellung der Naphthalin-1,4,5,8-tetracarbonsäure, einem Vorprodukt für Perinonpigmente, die sich z. B. durch gute Hitzestabilität auszeichnen.

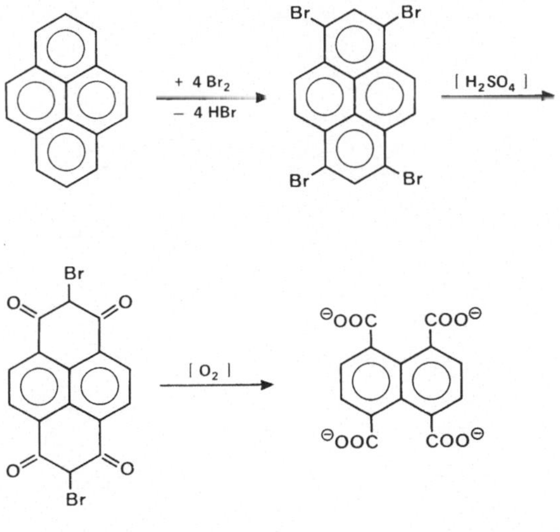

Nach einem Verfahren von *Hoechst* wird Pyren durch Umsetzung mit Brom in 1,3,6,8-Tetrabrompyren überführt, aus dem durch Oxidation mit Schwefelsäure über die Zwischenstufe 2,7-Dibrom-1,2,3,6,7,8-hexahydro-1,3,6,8-tetraoxopyren und anschließend erneute Oxidation in alkalischem Medium das Tetranatriumsalz der Naphthalin-1,4,5,8-tetracarbonsäure gewonnen wird.

Durch Umsetzung mit o-Diaminobenzol in Eisessig erhält man ein Gemisch der cis- und transisomeren Perinone; die Trennung der Isomeren ist durch fraktionierte Fällung mit Ethanol/KOH möglich, wobei die trans-Verbindung (Pigment Orange 43) als orangefarbene Additionsverbindung ausfällt. Pigment Orange 43 dient insbesondere zum Färben von Kunststoffen wie PVC oder Polyethylen und zur PAN-Spinnfärbung. Das cis-Isomere (Pigment Red 194) findet hauptsächlich zum Pigmentieren von Lacken Verwendung.

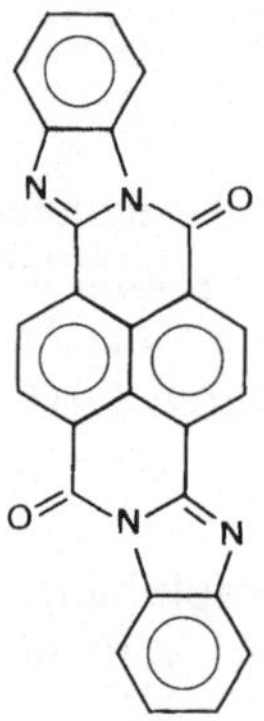

Pigment Orange 43

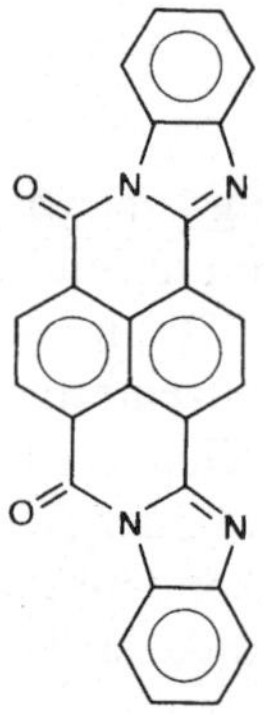

Pigment Red 194

13 Herstellung und Verwendung von Kohlenstoffprodukten aus Gemischen von kondensierten Aromaten

Bei der Steinkohlenteer-Raffination, der Naphtha-Pyrolyse, der thermischen und der katalytischen Crackung fallen aromatische Rückstandsfraktionen an (s. Kapitel 3), die wegen ihres hohen C/H-Verhältnisses bevorzugte Ausgangsmaterialien zur Herstellung von Kohlenstoffprodukten sind. Zu den graphitischen Kohlenstoffprodukten gehören der synthetische Graphit und die Kohlenstoff-Fasern mit Graphitstruktur, die sich durch eine Anisotropie des Aufbaus des Kohlenstoffgitters sowie einem dem Wert des Idealgraphits nahekommenden Abstand der Gitterebenen auszeichnen. Außerdem werden Kohlenstoffprodukte mit einem hohen Anteil isotroper Bereiche erzeugt, insbesondere zur Herstellung von Anoden für die Aluminium-Industrie.

Die Umwandlung der kohlenstoffreichen Raffinationsrückstände, die hauptsächlich aus Drei-, Vier- und Fünf-Ringaromaten mit teilweiser Alkylsubstitution bestehen, in Spezialkokse, Graphit und Kohlenstoff-Fasern erfolgt überwiegend in der Flüssigphase. Ruß, ein weiteres wichtiges Kohlenstoffprodukt, wird dagegen durch Pyrolyse in der Gasphase gewonnen.

Die durch Pyrolyse von Aromatengemischen erhaltenen Graphitprodukte werden ergänzt durch natürlichen Graphit, der insbesondere in China, der Sowjetunion, Sri Lanka, der Bundesrepublik Deutschland, Österreich und Mexiko in einer Menge von insgesamt ca. 500.000 t/a gewonnen wird. Die Gewinnung erfolgt durch bergmännischen Abbau. Der Rohgraphit wird durch Flotation gereinigt. Der Gehalt an Asche-Bildnern kann reduziert werden durch Umsetzung mit Flußsäure und durch Alkalischmelze. Naturgraphit findet Verwendung in der Eisen- und Stahl-Industrie zur Herstellung von Schmelztiegeln und Aufkohlungsmitteln zur Adjustierung des Kohlenstoff-Gehaltes von Stählen. Neuerdings gewinnt die Herstellung von Graphit-Folien für Dichtungen als Ersatz von Asbest zunehmend an Bedeutung.

13.1 Pyrolyse von aromatischen Kohlenwasserstoff-Gemischen in der Flüssigphase

13.1.1 Mesophasenbildung

Bei der Herstellung von Kohlenstoffprodukten mit graphit-kristalliner Struktur aus hochsiedenden, aromatischen Rückständen unter Abspaltung von Wasserstoff wird eine Vielzahl von Ordnungszuständen ausgebildet.

Von besonderer Bedeutung ist das Mesophasenstadium, das in einem Temperaturbereich von 300 bis 500 °C durchlaufen wird; es ist gekennzeichnet durch eine hohe Assoziation von großflächigen Aromaten unter Ausbildung einer optisch sichtbaren flüssigkristallinen Phase.

Nach der sich anschließenden Halbkoksphase, die bis etwa 700 °C reicht, erfolgt bei weiterer Temperatursteigerung die Bildung von anisotropem Koks, der als Ausgangsmaterial zur Herstellung von Graphit, insbesondere von Graphitelektroden dient.

Bei fehlender Vororientierung in der Mesophase infolge zu geringer Aromatizität der Rückstände oder durch schockartige Erhitzung auf Temperaturen über 500 °C, entstehen isotrope Kokse, die vornehmlich zur Herstellung von Anoden für die Aluminium-Gewinnung durch Schmelzflußelektrolyse Verwendung finden.

Die anisotropen Kokse und die Ruße besitzen zum Teil parakristalline Strukturen. Der Orientierungsgrad der graphitischen Kohlenstoffe kann über den Abstand der Graphitschichten bestimmt werden; er liegt beim Idealkristall bei 0,354 nm, bei Koksen bei 0,34 bis 0,35 nm und bei Rußen bei 0,36 nm. Abbildung 13.1 zeigt das Kristallgitter des hexagonalen Graphits.

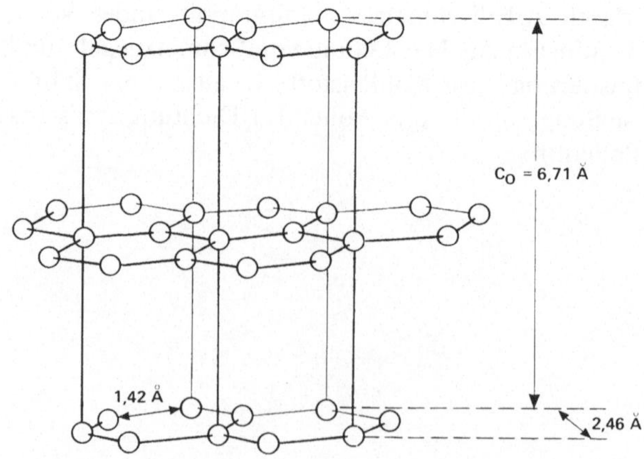

Abbildung 13.1: Struktur des hexagonalen Graphit-Gitters

Bei der Verfolgung der Pyrolyse eines petrostämmigen Rückstandes (Pyrolyseteer, Catcracker-Rückstand) oder eines filtrierten Steinkohlenteerpechs unter dem Polarisationsmikroskop beobachtet man bei einer bestimmten Temperatur die Bildung von anisotropen Sphärolithen, die mit fortschreitender Reaktionsdauer und steigender Temperatur wachsen, koaleszieren und bei ca. 500 bis 600 °C in eine Halbkoksphase mit ausgeprägter Anisotropie übergehen. Abbildung 13.2 zeigt Mikroschliffaufnahmen eines bei 400 °C pyrolisierten, filtrierten Steinkohlenteerpechs mit den sich bildenden sphärolithischen Mesophasen nach einer Reaktionszeit von 2, 6, 10 und 16 Stunden.

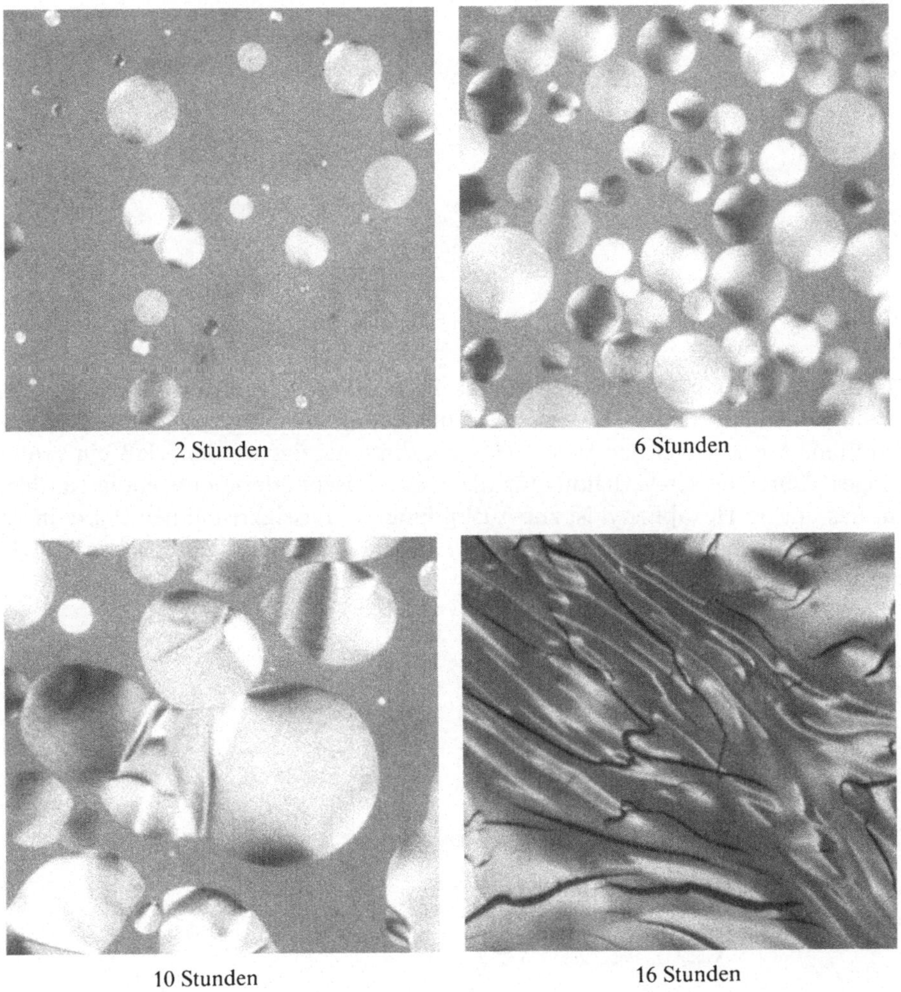

Abbildung 13.2: Verlauf der Mesophasenbildung und Koaleszenz bei der Pyrolyse von filtriertem Steinkohlenteerpech bei 400 °C (aufgenommen unter polarisiertem Licht)

Während der Keimbildung, des Wachsens und Koaleszierens hat die Pechphase flüssigkristallinen Charakter. Die optisch sichtbaren flüssigkristallinen, sphärischen Mesophasen haben einen Durchmesser von ca. 1 bis 30 µm. Die isotrope Pechmatrix enthält zunächst keine oder nur wenige Aromaten, die zur Bildung der flüssigkristallinen Phase fähig sind (Mesogene). Erst durch thermisch induzierte Reaktionen werden größere mesogene Moleküle unterschiedlicher Natur gebildet. Die Zusammensetzung des Gemisches aus Mesogenen und Nicht-Mesogenen unterliegt aufgrund der ablaufenden thermischen Reaktion einer ständigen Veränderung. Im Unterschied zur Flüssigkristallbildung bei synthetisch hergestellten Mesogenen, wie z. B. 4'-Octylbiphenyl-4-carbonitril, wird eine reversible Flüssigkristallbildung bei Pechen in der Regel nicht beobachtet, da die Bildung der Flüssigkristalle von einer chemischen Reaktion (Dehydrierung) begleitet wird.

4'-Octylbiphenyl-4-carbonitril

Für die Bildung von Flüssigkristallen ist die Erfüllung einer Vielzahl von Voraussetzungen erforderlich, die insbesondere die Geometrie des potentiellen Mesogens betreffen. Am Beispiel der Hexaphenyle konnte gezeigt werden, daß ein großes Längen/Durchmesser-Verhältnis für die Mesophasenbildung notwendig ist, denn nur das lineare Hexaphenyl ist zur Ausbildung der flüssigkristallinen Phase in der Lage, wie dies bereits von Paul J. Flory 1956 aufgrund von theoretischen Überlegungen postuliert wurde.

(flüssigkristallbildend)

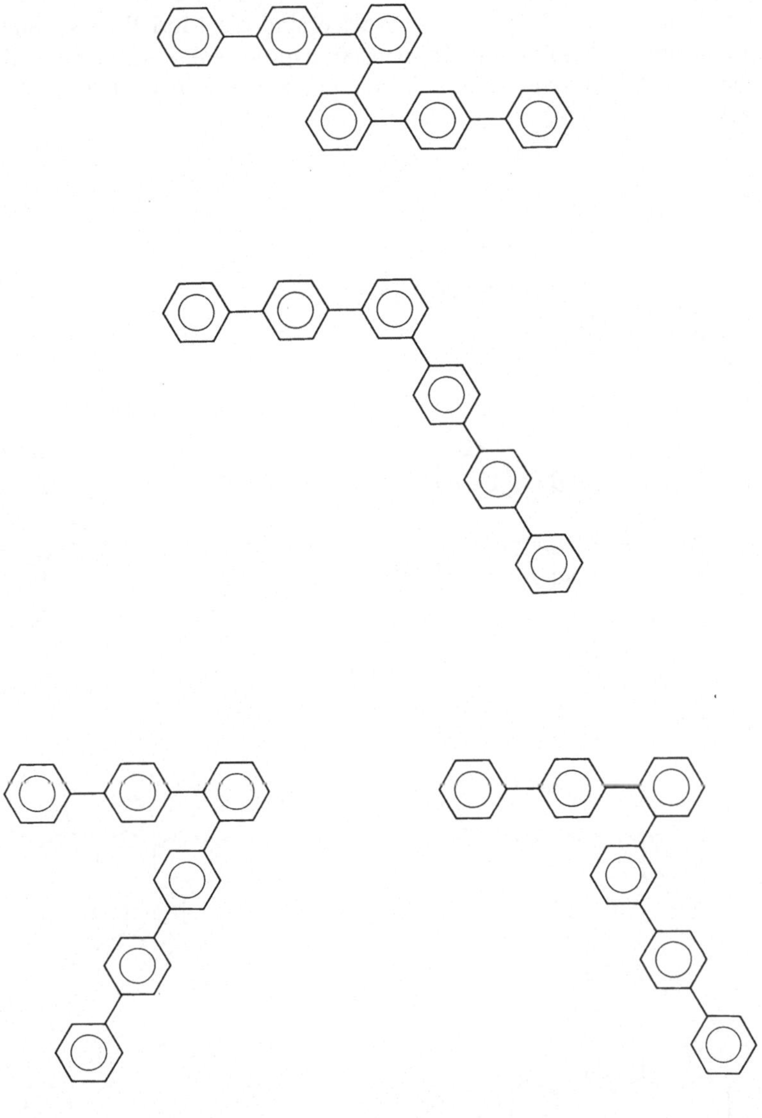

Abbildung 13.3: Struktur von Hexaphenylen-Isomeren

Die Mesophasen werden von Aromaten gebildet, die durch Kondensation aus kleineren Molekülen entstehen. Da sich die großflächigen Moleküle wie Scheiben verhalten, werden die flüssigkristallinen Phasen von Pecharomaten als diskotische Flüssigkristalle bzw. bei Ausrichtung entlang einer Vorzugsachse als diskotisch-nematische Phasen bezeichnet.

Für ein Pech aus der Naphthalin-Pyrolyse sind als Modell-Mesogene heptamere und octamere Naphthalin-Kondensationsprodukte postuliert worden; die
entsprechenden Molekulargewichte liegen bei 878/876 bzw. 1006/1008 (Abbildung 13.4).

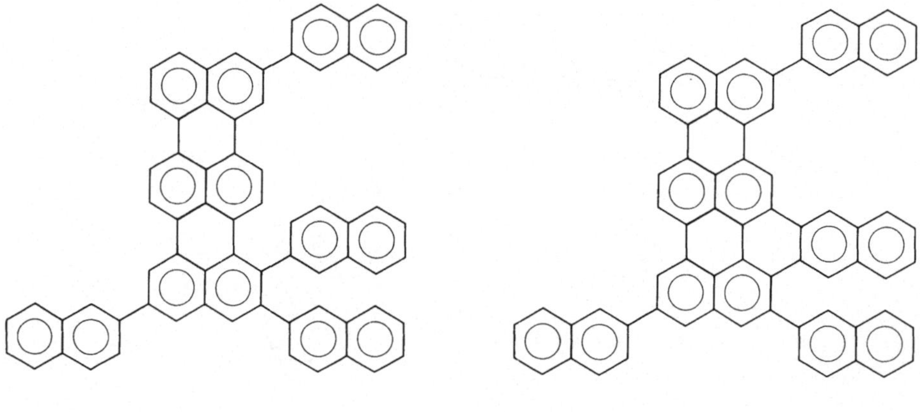

Heptamere

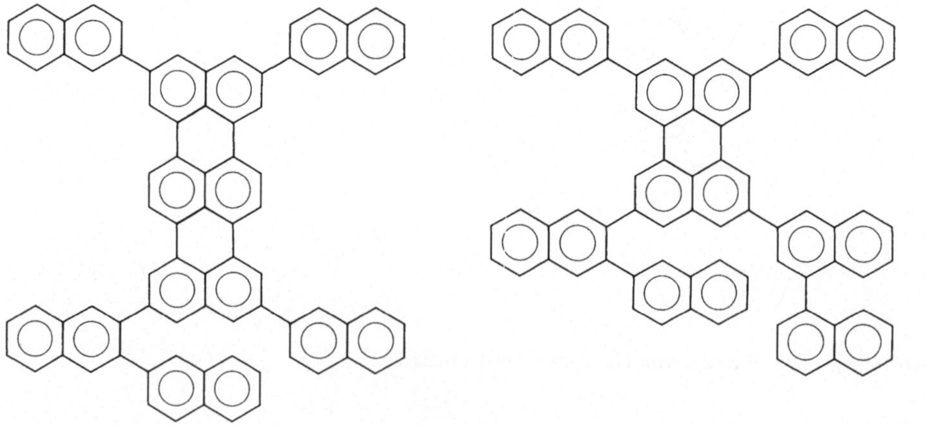

Octamere

Abbildung 13.4: Kondensationsprodukte aus der Naphthalin-Pyrolyse

Die für ein synthetisch hergestelltes Pech aus Phenanthren vorgeschlagene Poly-
merstruktur zeigt Abbildung 13.5.

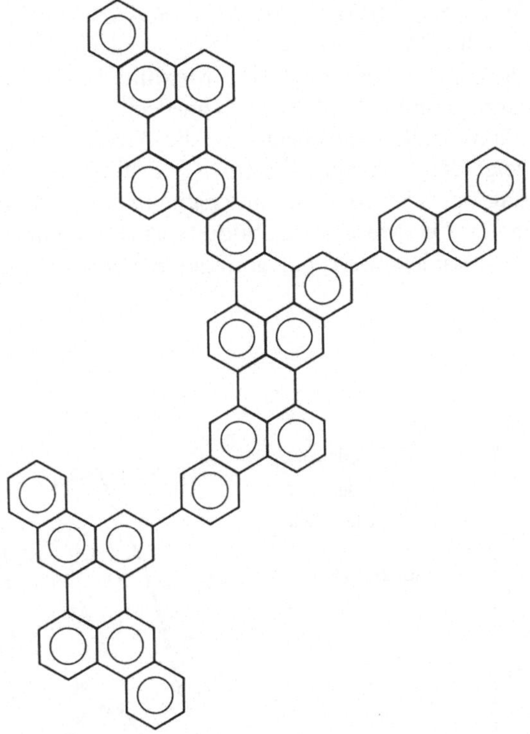

Abbildung 13.5: Phenanthrenpolymer-Struktur

Die Molekulargewichte von isotropem Pech und Mesophasen-Pech unterscheiden sich insbesondere in der Breite der Verteilung. In Abbildung 13.6 ist die Moleku-

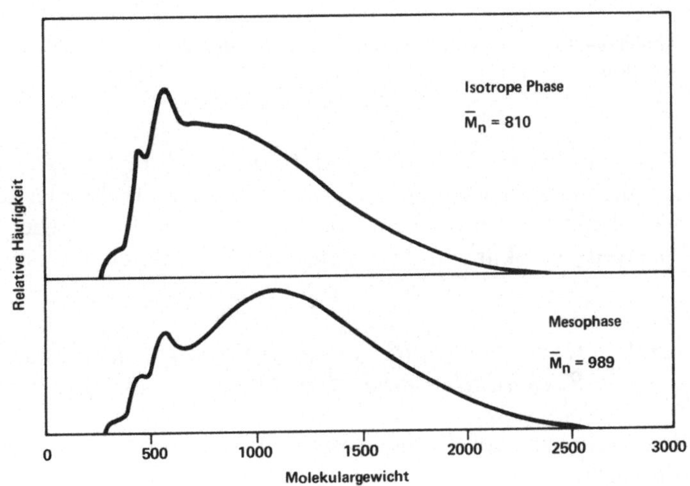

Abbildung 13.6: Molekulargewichtsverteilung von Mesophasen-Pech und isotropem Pech aus der Naphthalin-Pyrolyse

largewichtsverteilung von isotropem und Mesophasen-Pech aus der Pyrolyse von Naphthalin dargestellt. Das Mesophasen-Pech weist eine breitere Molekulargewichtsverteilung auf, außerdem liegt das Maximum der Verteilungskurve bei höheren Molekulargewichten als bei isotropem Pech.
Auch im Viskositätsverhalten des Pechs ist die Mesophasenbildung erkennbar. Abbildung 13.7 zeigt die Viskositätskurven bei Erhitzung eines Steinkohlenteerpechs und Messung der Viskosität bei unterschiedlicher Scherbeanspruchung im Rotationsviskosimeter. Die Mesophasenbildung ist durch ein Viskositätsminimum gekennzeichnet, das insbesondere bei geringer Scherbeanspruchung in Erscheinung tritt.

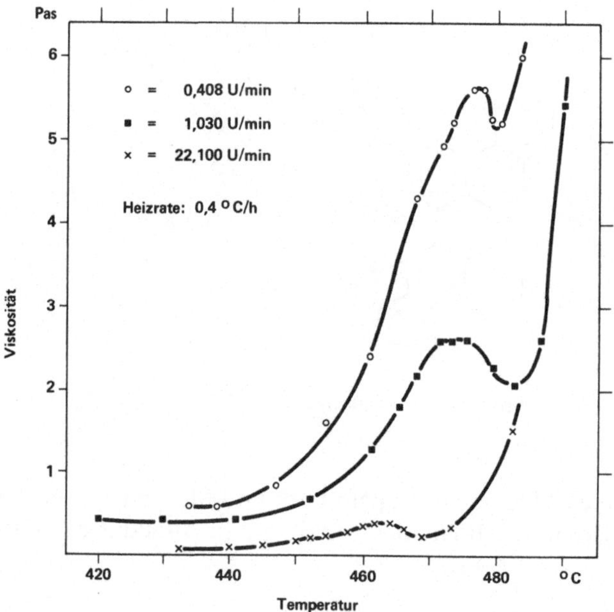

Abbildung 13.7: Viskositätsverlauf bei Erhitzung eines Steinkohlenteerpeches unter Mesophasenbildung

Das von James D. Brooks und Geoffrey H. Taylor 1965 gefundene Mesophasenphänomen hat entscheidend zum Verständnis der Herstellung von hochwertigen Kohlenstoffprodukten aus Mesophasen-Pech, wie Premiumkoks durch Delayed-Verkokung und Kohlenstoff-Fasern durch Verspinnen, beigetragen.

13.1.2 Herstellung und Verwendung von Koks aus aromatischen Rückständen nach dem Delayed-Coking-Verfahren

Die Verkokung von Kohlenwasserstoffen wird heute mit folgenden Zielrichtungen durchgeführt:

1. Erzeugung von niedermolekularen, flüssigen Kohlenwasserstoffen unter Bildung von Koks als zwangsläufig anfallendes Nebenprodukt, d. h. die Konversion von Mineralölrückständen zur Gewinnung von Mitteldestillaten und Benzin
2. Herstellung von hochwertigem Koks (Premiumkoks) bei gleichzeitigem Anfall geringer Mengen flüssiger und gasförmiger Kohlenwasserstoffe, d. h. die Gewinnung von Premiumkoks aus hocharomatischen Rückständen (Steinkohlenteerpech, Pyrolyserückständen aus der Naphtha-Spaltung, Rückstände von thermischen und katalytischen Crackern)

Die Verkokung ist eine Dismutation der Kohlenwasserstoffe in hochangereicherten Kohlenstoff und wasserstoff-angereicherte Kohlenwasserstoff-Verbindungen; sie läuft überwiegend in der Flüssigphase ab. Das wichtigste Verfahren zur Verkokung von flüssigen Kohlenwasserstoffen (nicht zur Herstellung von Steinkohlenkoks) ist das Delayed-Coking-Verfahren, das in den 30er Jahren in den USA zur Konversion von Mineralölrückständen entwickelt wurde. 1968 wurde das Delayed-Coking-Verfahren von *Nippon Steel Chemical* erstmals auch auf Steinkohlenteerpech angewandt.

Die Koksproduktion nach dem Delayed-Coking-Verfahren liegt in der westlichen Welt bei ca. 18 Mio t/a, wobei der bei weitem größte Teil in den USA hergestellt wird.

Eine Delayed-Coker-Anlage besteht aus einem Ofen zum Erhitzen des Einsatzproduktes auf ca. 500 °C, zwei Druckbehältern (Kokstrommeln) mit einem Durchmesser von 4 bis 7 m und 20 bis 30 m Höhe sowie einer Destillationskolonne zur Auftrennung der flüchtigen Bestandteile. Abbildung 13.8 zeigt das Verfahrensschema des Delayed-Coking-Prozesses.

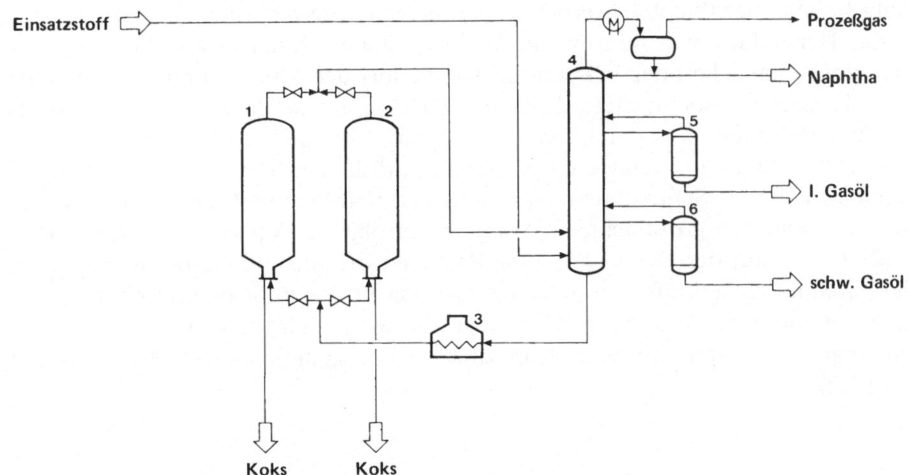

1 und **2** Kokstrommeln; **3** Röhrenofen; **4** Destillationskolonne; **5** und **6** Seitenkolonnen

Abbildung 13.8: Verfahrensschema des Delayed-Coking-Prozesses

Die Aufheizung des mit einer Geschwindigkeit von ca. 2 m/sec. unter Zuführung von Wasserdampf eingespeisten Einsatzstoffes, der aus dem Rohstoff und dem zurückgeführten Sumpfprodukt der Destillationskolonne besteht, erfolgt in chromlegierten Rohrschlangen im Röhrenofen auf ca. 500 °C. Aufgrund der hohen Turbulenz ist ein guter Wärmeübergang gewährleistet; außerdem wird die Neigung zur Koksanbackung reduziert. Die Kokstrommeln werden mit dem erhitzten Einsatzmaterial von unten beschickt. Die Füllhöhe wird in der Regel über radioaktive Meßsonden angezeigt, die im oberen Drittel der Trommel seitlich angebracht sind. Das Schäumen des Einsatzproduktes wird durch Zusatz von Siliconöl zurückgedrängt. Der Druck bei der Verkokung liegt bei ca. 2 bis 7 bar; ein hoher Druck führt ebenso wie ein hohes Recycle-Verhältnis zu erhöhter Koksausbeute. Nach einer mittleren Verkokungszeit von ca. 12 Stunden, in der eine leicht endotherme Reaktion der Kohlenwasserstoffe zu hochmolekularen Reaktionsprodukten abläuft, wird die Einspeisung auf die zweite Kokstrommel umgestellt und die gefüllte Kokstrommel mit Dampf beschickt (Steaming-Phase), um die flüchtigen, noch nicht in Koks umgesetzten Bestandteile bis zu einem Restgehalt von unter 15% abzutreiben. In der Steaming-Phase wird der Koks auf ca. 300 °C abgekühlt; die weitere Abkühlung erfolgt mit Wasser.

Nach dem Entspannen und Öffnen der Kokstrommel wird in das Koksbett von oben mit einem Hochdruckwasserstrahl ein zentrisches Loch mit einem Durchmesser von 600 mm gebohrt, durch das der weitere horizontale Abbau des Kokses erfolgt. Mit einer absenkbaren Wasserbohreinrichtung wird unter Drucken bis zu 300 bar der Koks scheibenförmig herausgeschnitten. Die Koksstücke, die teilweise einen Durchmesser von über 40 cm haben, werden anschließend gebrochen und dann in eine Kammer zum Abscheiden des Wassers gefördert. Nach dem Ausschneiden des Kokses wird die Kokskammer kontrolliert, verschlossen und anschließend mit Dampf und den Koksdämpfen der im Betrieb befindlichen Kammer vorgeheizt. Nach insgesamt 48 Stunden beginnt ein neuer Zyklus. Die Aufarbeitung der flüchtigen Produkte erfolgt durch Destillation.

Zur Herstellung von Benzin und Mitteldestillaten durch Delayed-Coking werden atmosphärische oder Vakuumrückstände aus der Mineralölraffination eingesetzt. Ist dagegen hochwertiger Koks das Zielprodukt, so dienen hocharomatische Pyrolyserückstände aus der Ethylen-Erzeugung, thermische Cracker-Rückstände, Catcracker-Rückstände sowie von Chinolin-unlöslichen Bestandteilen und Asche-Bildnern befreites Steinkohlenteerpech als Ausgangsmaterial. Durch die Assoziation der planaren großflächigen Aromaten erfolgt bei Verwendung dieser Rohstoffe im Verlauf des Delayed-Coking-Prozesses die Ausbildung der Mesophasen, die durch die Scherkräfte der aufsteigenden Gasblasen in Strömungsrichtung ausgerichtet werden. Abbildung 13.9 zeigt die vier Delayed-Coker der *Conoco*, Immingham/England mit einer Kapazität zur Erzeugung von ca. 300.000 t/a Premiumkoks.

Abbildung 13.9:   Delayed-Coker der *Conoco*, Immingham/England

Der erhaltene Grünkoks weist beim Einsatz von hocharomatischen Rückständen nadelartige Strukturen auf und wird daher auch als Nadelkoks bezeichnet. Wird dagegen ein atmosphärischer Rückstand oder ein Vakuumrückstand aus der Mineralölraffination eingesetzt, so fällt ein schwammartiger Koks (sponge-coke) an.

Die Koksausbeute ist insbesondere vom Verkokungsrückstand des Rohstoffes abhängig; sie beträgt für atmosphärische Rückstände ca. 20%, für Pyrolyserückstände ca. 35% und für Steinkohlenteerpech über 50%. In Tabelle 13.1 sind die Ausbeuten bei dem Delayed-Coking von Rückständen unterschiedlicher Provenienz gegenübergestellt.

Tabelle 13.1: Ausbeuten beim Einsatz unterschiedlicher Einsatzstoffe in der Delayed-Verkokung

Einsatzprodukt	Brega	Light Arabian	thermischer Crackerteer	Heavy Arabian	Steinkohlenteerpech
Dichte (g/cm^3)	0,984	1,019	1,030	1,040	1,223
Conradson-Verkokungs-Rückstand (%)	14,6	15,4	8,0	24,2	31,2
Schwefel-Gehalt (%)	1,06	4,1	0,7	5,25	0,48
Ausbeuten:					
Gas bis C$_4$-Fraktion, (Gew%)	7,0	11,1	15,0	13,2	3,0
Benzinfraktion (bis 195 °C, Gew%)	18,6	16,1	10,5	13,5	10,7
Gasöl (über 195 °C, Gew%)	52,4	45,8	32,5	40,4	25,4
Koks (Gew%)	22,0	27,0	42,0	33,0	60,9

Der Grünkoks hat einen Kohlenstoffgehalt von ca. 92%. Zur Herstellung von Kohlenstoffprodukten wird der Grünkoks, der einen Flüchtigen-Gehalt bis 12% aufweist, kalziniert, wodurch der Flüchtigen-Gehalt auf ca. 0,1% gesenkt wird. Die Kalzinierung erfolgt in Drehtrommeln oder auf einem Drehherd bei Temperaturen von 1.250 bis 1.450 °C; die flüchtigen Bestandteile dienen als Brennstoff.

In Tabelle 13.2 sind die Elementarzusammensetzungen von Grünkoks und kalziniertem Koks gegenübergestellt.

Tabelle 13.2: Zusammensetzung von Grünkoks und kalziniertem Koks

	Grünkoks	Kalzinierter Koks
Kohlenstoff (%)	91,80	98,40
Wasserstoff (%)	3,82	0,10
Sauerstoff (%)	1,30	0,02
Stickstoff (%)	0,95	0,22
Schwefel (%)	1,29	1,20
Asche (%)	0,35	0,35
C/H-Verhältnis	2,00	82,00

Bei hohem Schwefel- und Metall-Gehalt wird der Grünkoks als Brennstoff, z. B. in der Zementindustrie, eingesetzt.

Je nach der Qualität finden die kalzinierten Kokse zur Herstellung von Graphitformkörpern (z. B. Elektroden), Anoden für die Aluminiumelektrolyse oder als Reduktionsmittel (z. B. bei der Titan-Gewinnung) Verwendung. Petrolkokse dienen außerdem als Magerungsmittel für Kokskohlen.

Zur Herstellung von großen Graphitelektroden (Ultra High Power(UHP)-Elektroden) mit einem Durchmesser bis zu 600 mm wird der hochwertige Premiumkoks nach dem Konfektionieren und Mischen mit ca. 20% Steinkohlenteer-Binderpech in Strangpressen mit geeigneten Düsen in die gewünschte Form gebracht und die grünen Elektroden in einem Ringofen bei Temperaturen bis zu 1.300 °C gebrannt. Das als Binderpech eingesetzte Steinkohlenteerpech wird aus insbesondere bezüglich des QI-Gehaltes geeigneten Teeren hergestellt. Zur Erhöhung der Kohlenstoffdichte werden die gebackenen Kohlenstoffkörper mit QI-armen Pechen im Vakuum/Druck-Verfahren imprägniert.

Die wichtigsten Kenndaten der als Bindemittel und Imprägniermittel verwendeten Peche sind in Tabelle 13.3 zusammengestellt. Die Elektrodenbindemittel werden ausschließlich aus Steinkohlenteer hergestellt, während Imprägnierpeche aus QI-armem Steinkohlenteer oder durch Luftverblasen und Wärmebehandlung von Cat-Cracker-Rückständen gewonnen werden können.

Tabelle 13.3: Typische Kenndaten von Binderpech und Imprägnierpech zur Graphitelektroden-Herstellung

	Binderpech	Imprägnierpech
Erweichungspunkt, °C (Kraemer-Sarnow)	95	60
Chinolin-Unlösliches, % (QI)	10	2
Toluol-Unlösliches, % (TI)	39	18
Verkokungsrückstand (Conradson)	56	38
Viskosität (150 °C, mPas)	1200	55

Die Graphitierung der gebackenen und imprägnierten Kohlenstoffprodukte erfolgt bei Temperaturen von 2.500 bis 3.000 °C nach dem Acheson-Verfahren (Quergraphitierung) oder nach dem Verfahren nach Castner (Längsgraphitierung).

Die Graphitelektroden dienen zur Herstellung von Elektrostahl, wobei zur Herstellung von 1 t Stahl 3 bis 5 kg Elektrodenmaterial verbraucht werden. Ein weiteres breites Anwendungsgebiet für Graphit ist die Elektroindustrie, wo Graphitkohlenstoffe z. B. als Bürstenmaterial dienen. Außerdem findet Graphit als Werkstoff zur Herstellung von Apparaturen (z. B. Wärmeaustauscher) und neuerdings auch von Heizelementen zur Gewinnung von Reinst-Silicium für die Wafer-Herstellung Verwendung.

Die Graphit-Weltproduktion lag 1985 bei ca. 1 Mio t. Die größten Erzeugerländer sind die USA (z. B. *Union Carbide, Great Lakes*), Japan (z. B. *Showa-Denko*) und die Bundesrepublik Deutschland (z. B. *Sigri, Conradty*).

Die auch als Regular-Kokse bezeichneten schwammartigen Kokse aus der Delayed-Verkokung von Mineralölrückständen (Petrolkoks) und Steinkohlenteerpech (Pechkoks) dienen, ergänzt durch Pechkoks aus der Horizontalkammer-Verkokung, insbesondere zur Herstellung von Anoden für die Aluminiumindustrie.

13.1.3 Pechverkokung im Horizontalkammerofen

Zur Herstellung von Pechkoks durch Horizontalkammer-Verkokung dienen modifizierte Koksöfen, wie sie zur Verkokung der Kohle verwendet werden.

Zur Erhöhung der Kohlenstoffdichte wird das bei der Steinkohlenteerdestillation anfallende Normalpech zunächst diskontinuierlich mit Luft verblasen oder durch Flashdestillation auf einen Erweichungspunkt von ca. 160 °C gebracht. Mit dem so hergestellten flüssigen Hartpech werden die Koksofenkammern beschickt. Durch 14 bis 24-stündige Verkokung bei einer Temperatur bis zu 1.200 °C wird ein isotroper Koks gewonnen, der zur Herstellung von Anoden für die Aluminium-Gewinnung sowie als Ausgangsmaterial für die Erzeugung von Graphit verwendet wird.

Zur elektrochemischen Aluminium-Gewinnung werden vorgebrannte Anoden oder Söderberg-Anoden eingesetzt. Die vorgebrannten Anoden werden durch Konfektionieren von Petrol- oder Pechkoks und Mischen mit ca. 20% Elektrodenbindemittel (s. Kapitel 13.1.2) sowie die anschließende, auch bei der Graphitelektroden-Fertigung übliche, Formgebung hergestellt. Die so gewonnene grüne Elektrode wird in einem Ringofen bei einer Temperatur von 1.200 °C gebacken.

Die Carbonisierung der im Einsatz zurückgehenden Söderberg-Anoden erfolgt direkt in der Aluminium-Reduktionszelle. Hierzu wird Petrolkoks mit 25 bis 30% Bindemittel gemischt; das Gemisch wird durch die Wärme des heißen Elektrolysebades (940 bis 980 °C) carbonisiert.

Zur Herstellung der Weltproduktion an Rohaluminium, die 1985 bei ca. 15,5 Mio t lag, wurden ca. 7 Mio t Anodenmaterial (vorgebrannte und Söderberg-Anoden) verbraucht.

13.1.4 Herstellung von Kohlenstoff-Fasern

Kohlenstoff-Fasern wurden 1879 erstmals von Thomas Alva Edison aus Cellulose für Lampenglühfäden hergestellt. 1961 wurde in Großbritannien von der Royal Air Force eine höchstwertige Kohlenstoff-Faser aus Polyacrylnitril (PAN) gewonnen.

Die Herstellung der Pechfasern wurde zuerst in Japan untersucht. Sugio Otani erhielt 1963 Pechfasern bei der Pyrolyse von Lignin und später von PVC-Pech. Das erste kommerzielle Produkt war die Faser aus Pech der Rohöl-Pyrolyse, die von *Kureha* hergestellt wurde.

Die industrielle Erzeugung von Kohlenstoff-Fasern mit hohem Modul auf Pechbasis erfolgte 1982 basierend auf den grundlegenden Arbeiten (1977) von Leonard Sidney Singer in den USA *(Union Carbide)*.

In Abhängigkeit vom Kohlenstoff-Gehalt werden die Kohlenstoff-Fasern eingeteilt in:

- verkohlte Fasern: C-Gehalt < 90 %
- Kohlenstoff-Fasern: C-Gehalt 91–99%
- Graphit-Fasern: C-Gehalt > 99 %

Während die Kohlenstoff-Fasern mit einem niedrigen Kohlenstoff-Gehalt vorwiegend aus aliphatischen Bausteinen (Rayon) aufgebaut sind, werden hochkohlenstoffhaltige Kohlenstoff-Fasern aus aromatischen bzw. leicht aromatisierbaren Rohstoffen hergestellt. Die wichtigsten Ausgangsprodukte zur Herstellung von hochkohlenstoffhaltigen Kohlenstoff-Fasern sind Polyacrylnitril-Fasern sowie Mesophasenpech.

Aufgrund der unterschiedlichen Orientierbarkeit der hocharomatischen Moleküle bei der Mesophasenpech-Bildung haben die Kohlenstoff-Fasern unterschiedliche Qualitäten.

In Tabelle 13.4 sind die Eigenschaften von Kohlenstoff-Fasern aus verschiedenen Rohstoffen dargestellt.

Tabelle 13.4: Eigenschaften von Kohlenstoff-Fasern unterschiedlicher Provenienz

Rohstoff	Fasertyp	Dichte (g/cm^3)	Zugfestigkeit (GPa)	E-Modulus (GPa)	Bruchdehnung (%)	elektr. Widerstand $(\mu\Omega m)$
Rayon[1]	50 S	1,67	1,9	390	0,5	10
	75 S	1,82	2,5	520	0,5	–
Polyacryl-	T800	1,80	5,6	290	1,9	13
nitril[2]	M50	1,91	2,4	490	0,4	7,6
isotropes	T101 F	1,65	0,8	33	2,4	150
Pech[3]	T201 F	1,57	0,7	33	2,1	50
Mesophasen-	P25	1,90	1,4	160	0,9	13
Pech[4]	P120	2,18	2,2	830	0,3	2,2
Graphit-Einkristall		2,25	–	1000	–	0,4

[1] *Union Carbide*, Thornel;   [2] *Toray*, Toayca;   [3] *Kureha*;   [4] *Union Carbide*, Thornel

Die Kohlenstoff-Fasern aus unterschiedlichen Rohstoffen ergänzen sich in ihren Eigenschaften. Pech-Fasern können eine höhere Dichte, einen höheren Modul und höhere elektrische Leitfähigkeit aufweisen, aus Polyacrylnitril lassen sich besonders hochfeste Fasern herstellen.

Große Unterschiede bestehen in der Ausbeute: Die Kohlenstoff-Faser-Ausbeute aus Rayon liegt bei 20 bis 25%, aus Polyacrylnitril bei 45 bis 50% und aus Pech bei 75 bis 85%. Die hohe Faserausbeute aus Pech ist ein wesentlicher Grund für die großen Anstrengungen, die weltweit unternommen werden, um Pech in größerem Maßstab als bisher als Precursor für Kohlenstoff-Fasern zum Einsatz zu bringen.

Zur Herstellung von Hochmodul-Kohlenstoff-Fasern aus Pech wird Petro- oder Steinkohlenteerpech zunächst zur Entfernung der das Mesophasenwachstum hemmenden Festkörper filtriert. Nach der anschließenden Wärmebehandlung, in der ein Mesophasengehalt von 70 bis 95% eingestellt wird, wird das Mesophasenpech in einer Spinndüse in Monofilamente mit einem Faserdurchmesser von ca. 5μm versponnen. Von wesentlicher Bedeutung für die Verspinnung ist eine optimale Viskosität und eine geringe Ausgasung des Peches. Das erzeugte Pech-monofilament wird in der zweiten Phase oxidiert, um es unschmelzbar zu machen. Als Oxidationsmittel dient Sauerstoff. Im Unterschied zur PAN-Faser-Herstellung ist keine Verstreckung vor der Oxidation erforderlich.

Der nächste Schritt zur Bearbeitung der oxidierten Faser ist die Carbonisierung, die bei Temperaturen von 1.000 bis 1.500 °C durchgeführt wird. Zur Herstellung von Hochmodulfasern kann sich eine Graphitierung bei 2.500 bis 3.000 °C anschließen.

Neben den Verfahrensparametern hängt die Qualität der Faser von den Eigen-schaften des eingesetzten Rohstoffes ab. Insbesondere durch leichte Hydrierung der Peche gelingt es, einen hohen Mesophasengehalt bei relativ geringer Viskosität zu erreichen, so daß die Verspinnbarkeit erleichtert wird. Vorwiegend aliphatische Peche, wie das von *Kureha* verwendete Pech aus der Crackung von Rohöl, führen dagegen zu isotropen Pech-Fasern mit geringerem Modul.

Die Erzeugung von Kohlenstoff-Fasern lag 1985 bei insgesamt 3.800 t/a, wobei Polyacrylnitril-Fasern zur Zeit der mengenmäßig bei weitem wichtigste Rohstoff sind.

Kohlenstoff-Fasern dienen insbesondere zur Herstellung von hochbelastbaren Konstruktionswerkstoffen im Verbund mit einer Matrix (Epoxidharz, Phenolharz) sowie zur Herstellung von hochbelastbaren Sportgeräten (Golfschläger, Tennis-schläger, Ski). Wenn eine weitere Reduzierung der Herstellungskosten gelingt, eröffnet sich ein zusätzliches großes Absatzpotential insbesondere in der Automo-bilindustrie.

Die Kohlenstoff-Fasern ergänzen damit zum Teil die ebenfalls über die flüssig-kristalline Phase hergestellten hochwertigen aromatischen Fasern, wie die Aramid-Fasern.

13.2 Pyrolyse von Aromatengemischen in der Gasphase – Ruß-Erzeugung

Im Unterschied zur Herstellung von Koks und Kohlenstoff-Fasern erfolgt die Erzeugung von Ruß aus Aromatengemischen durch Pyrolyse in der Gasphase.

Ruß wurde aus Ölen und Harzen bereits in der vorindustriellen Zeit insbeson-dere zur Gewinnung von Pigmenten hergestellt. Anfang des 19. Jahrhunderts wur-den das Flammruß- und das Thermalruß-Verfahren eingeführt, die als Rohstoff hauptsächlich aliphatische Kohlenwasserstoffe (Erdgas) benutzten.

Bedeutende Pioniere in der Entwicklung der Ruß-Erzeugung waren insbeson-dere die amerikanischen Gebrüder Samuel und Godfrey Cabot sowie Joseph Bin-ney, Edwin Drew und C. Harold Smith, die 1882 nach der Entdeckung des Mine-ralöls und Erdgases in Pennsylvania die Ruß-Gesellschaften *Cabot* bzw. *Colum-bian Carbon* gründeten.

Bei dem zur Ruß-Herstellung heute dominierenden Furnace-Verfahren werden aromatenreiche Öle aus der Pyrolyse von Naphtha oder Gasöl, Rückstände des Catcrackens (Decantöle) sowie Aromatengemische aus Steinkohlenteer eingesetzt. In Tabelle 13.5 sind die charakteristischen Daten von Decantöl, Pyrolyseöl aus der

Naphtha-Crackung sowie eines steinkohlenteerstämmigen Rußrohstoffes zusammengestellt.

Tabelle 13.5: Kenndaten von kohle- und mineralölstämmigen aromatischen Rußrohstoffen

	Decantöl	Pyrolyseöl	Steinkohlenteerrußrohstoff
Schwefel, %	0,7–4	0,5–1	0,5–0,6
Asche, %	0,02–1	<0,01	<0,01
Pentan-Unlösliches, %	1–8	10–15	1–3
BMCI	110–135	125–140	140–160
Dichte, g/ml	1–1,13	1,04–1,08	1,07–1,16
Destillation (bei 1013 mbar) Siedebeginn, °C	250–280	160–200	200–250
50 Vol% bei °C	300–350	220–260	260–320
Kohlenstoffgehalt, %	87–88	91,5–92	91–91,5
Wasserstoffgehalt, %	9–9,5	7,2–8,4	5,8–6,2

Als ein besonders wichtiges Maß für die Qualität des Rußrohstoffes dient der Korrelationsindex des Bureau of Mines, der wie folgt definiert ist:

$$BMCI = 473,7 \cdot d - 456,8 + 48\,640 \cdot K^{-1}$$

Dabei bedeuten d die Dichte des Kohlenwasserstoffgemisches in g/ml bei 16,6 °C und K die mittlere Siedetemperatur in Kelvin.

Kohlenwasserstoffgemische vorwiegend aliphatischer Natur haben einen Korrelationsindex (CI) von 15 bis 50; Benzol weist definitionsgemäß einen CI von 100 auf, während hochsiedende Aromatengemische einen Korrelationsindex von über 100 besitzen. Die Rußausbeute steigt mit zunehmendem Korrelationsindex; die höchsten Ausbeuten ergeben Drei- und Vier-Ringaromaten. Von Bedeutung für die Qualität des Rußrohstoffes ist neben einem geeigneten Fließverhalten (Viskosität, Stockpunkt) hauptsächlich ein niedriger Alkali-Gehalt, da Alkali die Struktur des Rußes unkontrolliert beeinflußt. Aufgrund des hohen CI ergeben teerstämmige Öle in der Regel die höchste Rußausbeute (bis zu 70%). Die Ausbeute wird außerdem stark durch die verfahrenstechnischen Parameter beeinflußt, insbesondere durch das Luft/Rohstoff-Verhältnis. Die Herstellung von feinteiligen Rußen bedingt durch das erforderliche hohe Luft/Rohstoff-Verhältnis eine relativ niedrige Ausbeute.

Abbildung 13.10 zeigt das Verfahrensschema der Ruß-Herstellung nach dem Furnace-Verfahren.

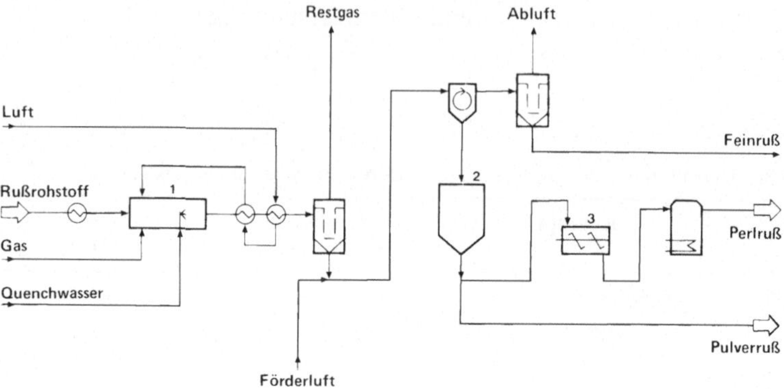

1 Rußreaktor; 2 Silo; 3 Naßperlmaschine

Abbildung 13.10: Verfahrensschema der Ruß-Herstellung nach dem Furnace-Verfahren

Das vorgewärmte „Rußöl" wird in den Reaktor eingedüst, in dem es in einer Hochtemperaturzone (1.200 bis 1.800 °C) gecrackt wird. Die Reaktionstemperatur wird durch Verbrennen eines Zusatzenergieträgers, wie Erdgas, mit überstöchiometrischer Menge an Luftsauerstoff aufrechterhalten; der unverbrauchte Sauerstoff führt zur Teilverbrennung des Rußrohstoffes.

Nach der Ruß-Bildung wird die Pyrolysereaktion durch Quenchen mit Wasser abgebrochen. Zur weiteren Abkühlung wird das Gas/Ruß-Gemisch in Wärmeaustauschern auf 200 bis 300 °C gekühlt; die gewonnene Wärme dient zur Vorwärmung der Verbrennungsluft. Die Abscheidung des Rußes erfolgt in Spezialfiltern. Das Restgas wird in einer Verbrennungsanlage zur Energiegewinnung genutzt. Der in Pulverform anfallende Ruß wird zur besseren Handhabbarkeit in einer Perlmaschine in Perlruß überführt.

Zum Mechanismus der Ruß-Bildung gibt es Hinweise, daß die erzeugten Rußmikrokristallite durch Rekombination kleinerer Kohlenwasserstoffe (Acetylen, Ethylen und deren Radikale) gebildet werden.

Die Eigenschaften des Rußes hängen insbesondere von den Reaktionsbedingungen der Pyrolyse ab. Das Spektrum der Partikelgröße von Furnace-Ruß reicht von ca. 10 nm bis 100 nm. (Kleinere Partikel lassen sich nach dem Gasruß-Verfahren, größere Partikel nach dem Thermalruß-Verfahren, insbesondere aus Methan, herstellen.)

Kleine Rußteilchen erhält man bei kurzen Verweilzeiten von etwa 10^{-2} sec., während Verweilzeiten von 1 bis 2 sec. zu Partikeldurchmessern von 35 bis 65 nm führen.

Das Korngrößenspektrum der wichtigsten Rußtypen und die Bezeichnung nach der ASTM-Vorschrift ist in Abbildung 13.11 dargestellt.

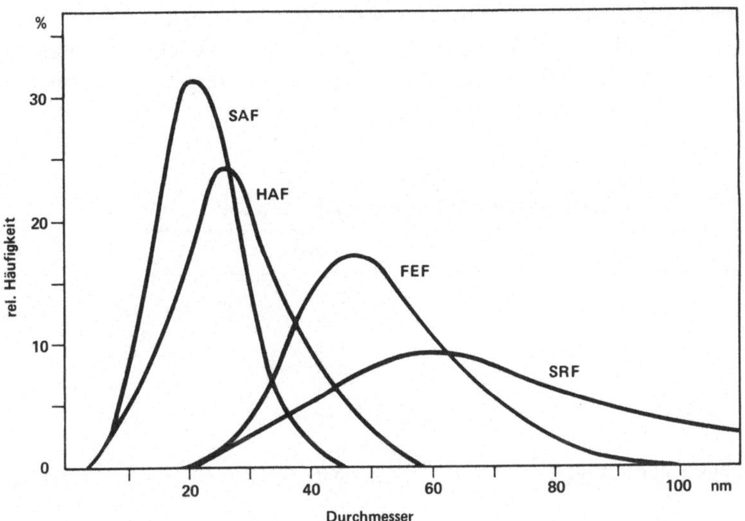

SAF: super abrasion furnace black; **HAF:** high abrasion furnace black; **FEF:** fast extrusion furnace black; **SRF:** semi-reinforcing furnace black

Abbildung 13.11: Korngrößenspektrum der wichtigsten Rußtypen

Mit wachsender Partikelgröße nimmt die spezifische Oberfläche der Ruße ab. Man unterscheidet zwischen Aktivgummirußen mit einer spezifischen Oberfläche von 70 bis 150 m^2/g, die insbesondere zur Herstellung der Reifenlaufflächen verwendet werden, sowie Halbaktivrußen vorwiegend für den Reifenunterbau mit einer spezifischen Oberfläche von 15 bis 70 m^2/g. Die Inaktivruße haben eine spezifische Oberfläche von < 15 m^2/g; sie dienen insbesondere als Füller zur Herstellung von technischen Gummiartikeln. Der mengenmäßig wichtigste Rußtyp ist der HAF-Ruß, der in West-Europa ca. 50% des gesamten Ruß-Bedarfes ausmacht.

In der Bundesrepublik Deutschland wird zur Ruß-Herstellung neben dem Furnace-Verfahren das von der *Degussa* 1935 entwickelte Gasruß-Verfahren angewandt, das insbesondere zur Herstellung von kleinteiligen Farbrußen für die Druckfarben- sowie die Kunststoff- und Lackindustrie dient. Beim Gasruß-Verfahren werden bevorzugt steinkohlenteerstämmige Rußrohstoffe eingesetzt; früher fanden insbesondere Naphthalin- und Anthracenrückstände Verwendung. Zur Ruß-Erzeugung wird das Rußöl in einem Trägergasstrom (Wasserstoff, Kokereigas) verdampft. Nach der partiellen Oxidation dieses Gemisches mit Luftsauerstoff in den Rußbrennern schlägt sich der Ruß an wassergekühlten Walzen nieder und wird in Rußabscheidern aufgenommen. Die durch das Gasruß-Verfahren hergestellten Rußqualitäten ergänzen die Furnace-Ruße vornehmlich in bezug auf die Partikelgröße, die beim Gasruß-Verfahren durchschnittlich bei 10 nm liegen, während Furnace-Ruße eine Durchschnittspartikelgröße von ca. 20 nm besitzen. Aufgrund der Herstellung in einer oxidativen Atmosphäre reagiert der Gas-Ruß im Gegensatz zum basischen Furnace-Ruß schwach sauer.

Die Ruß-Produktion der westlichen Welt liegt bei etwa 4,0 Mio t/a. Größte Erzeugerländer sind die USA, Japan und die westeuropäischen Staaten.

In Tabelle 13.6 sind die Kapazitäten der wichtigsten Produktionsländer der westlichen Welt zusammengestellt.

Tabelle 13.6: Kapazitäten der wichtigsten Erzeugerländer von Ruß (1985)

	(1.000 t)
USA	1.500
Mexiko	75
Kanada	170
Japan	660
Indien	125
Korea	75
Brasilien	180
Bundesrepublik Deutschland	400
England	170
Frankreich	250
Holland	110
Italien	170
Spanien	90
Australien	110
Andere Länder	415
Gesamtkapazität	4.500

Über 90% der Rußproduktion werden von der kautschukverarbeitenden Industrie als Verstärkerruße verwendet. Die restlichen 10% dienen als Pigmente für Lacke, Papier, Druckfarben und Kunststoffe.

14 Aromatische Heterocyclen
– Herstellung und Verwendung

Die industrielle Chemie der heterocyclischen Aromaten ist außerordentlich vielfältig. Eine Vielzahl von ein- und mehrkernigen Heterocyclen (s. u.) ist im Steinkohlenteer enthalten. Diese kohlestämmige Rohstoffquelle wird ergänzt durch synthetische Gewinnungsmöglichkeiten aus vorwiegend petrostämmigen Grundstoffen.

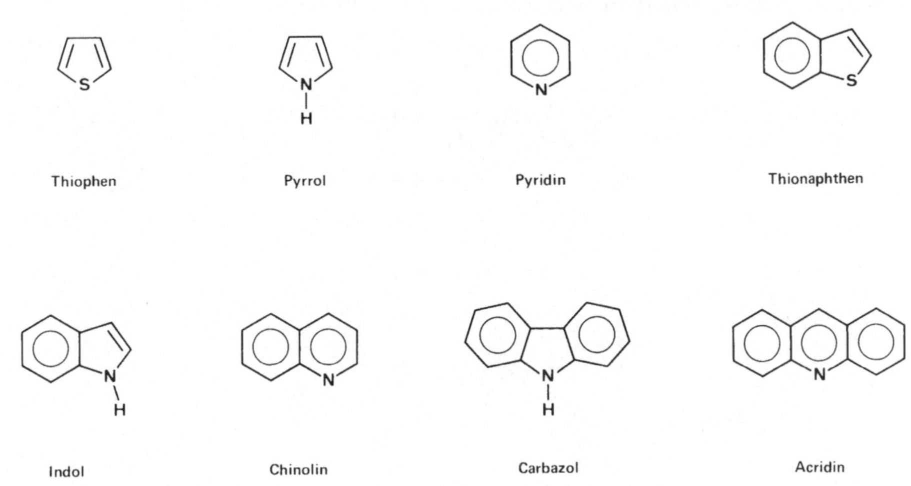

Neben den Heterocyclen mit einem Heteroatom haben auch aromatische Verbindungen mit mehreren Heteroatomen nennenswerte industrielle Bedeutung. Ihre Gewinnung erfolgt in der Regel nicht durch Isolierung aus rohen Aromatengemischen, sondern durch Synthese aus kleineren Molekülbausteinen. Sie finden in substituierter Form vorwiegend Anwendung als Pflanzenschutzmittel, Farbstoffe und Pharmawirkstoffe.

14.1 Fünfring-Heterocyclen

14.1.1 Furan

Das nur begrenzt aromatischen Charakter aufweisende Furan wird durch Decarbonylierung von Furfural (s. Kapitel 3.5.2) am ZnO/Cr_2O_3-Kontakt bei 400 °C hergestellt. Es dient vorwiegend zur Herstellung von Pyrrol durch Umsetzung mit Ammoniak.

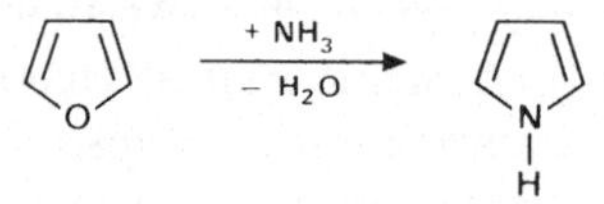

5-Nitrofurfuraldiacetat

Durch Einwirkung von Salpetersäure auf Furfural in Essigsäureanhydrid erhält man 5-Nitrofurfuraldiacetat, ein wichtiges Zwischenprodukt zur Herstellung von Chemotherapeutika wie dem Nitrofurazon und dem Nitrofurantoin.

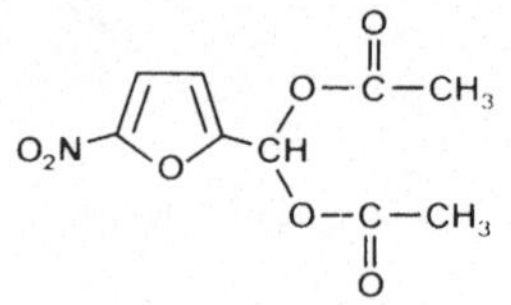

5-Nitrofurfuraldiacetat

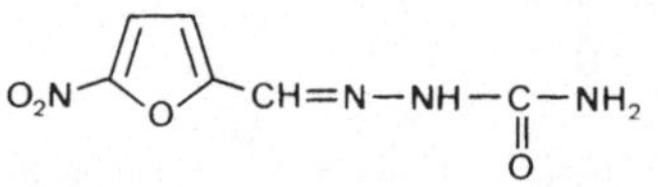

Nitrofurazon

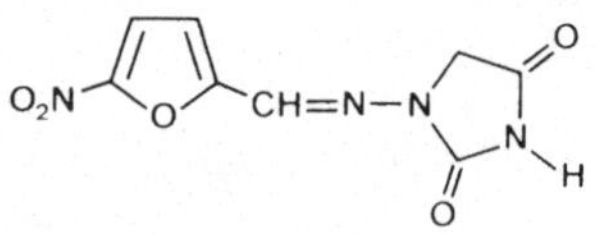

Nitrofurantoin

Ein kürzlich entwickeltes Medikament zur Geschwürbehandlung mit rasch zunehmendem Marktanteil ist das Ranitidin *(Glaxo)*, ein H_2-Antagonist; die Herstellung erfolgt auf der Basis von Furfurylalkohol.

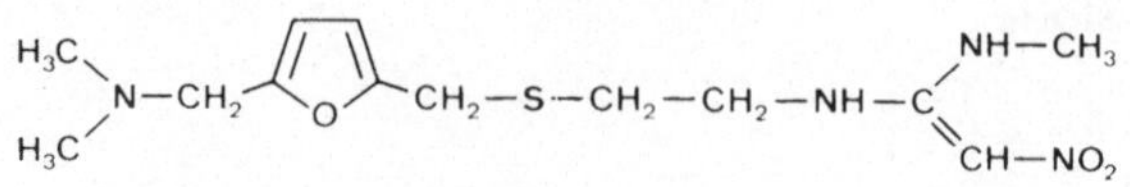

Ranitidin

14.1.2 Thiophen

Thiophen wurde 1883 von Viktor Meyer erstmals im Kokereibenzol nachgewiesen, in dem es in einer Konzentration von ca. 1% enthalten ist. (Wegen der engen Vergesellschaftung von Thiophen und Benzol hatte Meyer auch den Namen Kryptophen („im Benzol verborgen") in Erwägung gezogen) Die Gewinnung von Thiophen aus Kokereibenzol, die durch Überführung des Thiophens mit konzentrierter Schwefelsäure in die Thiophensulfonsäure möglich ist, wird technisch nicht angewandt, da die Synthese wirtschaftlicher ist.

Die technische Synthese von Thiophen geht von Butan aus, das mit Schwefel oder Schwefelkohlenstoff umgesetzt wird. Thiophen läßt sich im Vergleich zu Benzol leichter in 2- bzw. 5-Stellung elektrophil substituieren; diese Reaktivität wird zur Herstellung einer Vielzahl von pharmazeutischen Wirkstoffen ausgenutzt. Beispielhaft hierfür ist das Antihistaminikum Thenalidin, das aus Thiophen durch Chlormethylierung zu 2-Thienylmethylchlorid und anschließende Umsetzung mit 4-Anilino-1-methylpiperidin gewonnen wird.

Thenalidin

Wichtiger ist das β-Lactam-Antibiotikum Cefalotin *(Eli Lilly)*, das zu den ersten Cephalosporin-Präparaten gehörte.

Cefalotin

14.1.3 Pyrrol

Pyrrol wurde 1834 von Friedlieb Ferdinand Runge im Steinkohlenteer entdeckt, in dem es in einer Konzentration von unter 0,01% vorkommt. Die Gewinnung aus Steinkohlenteer ist daher nicht wirtschaftlich. Die Pyrrol-Synthese erfolgt durch

Umsetzung von Furan mit Ammoniak. Pyrrol dient zur Herstellung von Polypyrrol und Pharmazeutika, wie dem antirheumatisch wirkenden Tolmetin. Zur Synthese von Tolmetin wird die Acidität des Pyrrols genutzt. Pyrrol wird dabei in das Kaliumsalz überführt, das mit Methylchlorid zum 1-Methylpyrrol reagiert. Durch Umsetzung von 1-Methylpyrrol mit Formaldehyd und Dimethylamin erhält man die Mannich-Base, die mit Methyljodid oder Dimethylsulfat quarterniert wird. Durch Austausch der Trimethylaminogruppe gegen die Cyanogruppe wird das 2-Acetonitril-Derivat des 1-Methylpyrrols gewonnen, das zum Tolmetin weiterreagiert.

Tolmetin

Eine alternative, zunehmend an Bedeutung gewinnende Synthese des Tolmetins geht von Methylamin, Acetondicarbonsäure und Chloracetaldehyd aus.

Pyrrol ist auch in Naturstoffen von großer Bedeutung, wo es zum Beispiel in Form des Corrins als Grundbaustein des Vitamins B_{12} zu finden ist.

Corrin

14.1.4 Fünfring-Heterocyclen mit zwei und mehr Heteroatomen

Von den Fünfring-Heterocyclen mit mehr als einem Heteroatom sind insbesondere die Abkömmlinge des Imidazols, des Oxazols, des Thiazols und des 1,2,4-Triazols von Bedeutung.

Imidazol   Oxazol   Thiazol   1,2,4-Triazol

Oxazol und Thiazol haben als unsubstituierte Verbindungen praktisch keine Bedeutung. Imidazol wird durch Umsetzung von Glyoxal, Formaldehyd und Ammoniak bei Temperaturen von ca. 70 °C in ca. 75%iger Ausbeute erhalten.

1,2,4-Triazol ist aus 4-Amino-1,2,4-triazol durch Desaminierung oder durch Kondensation von Hydrazin mit Formamid in hoher Ausbeute zugänglich.

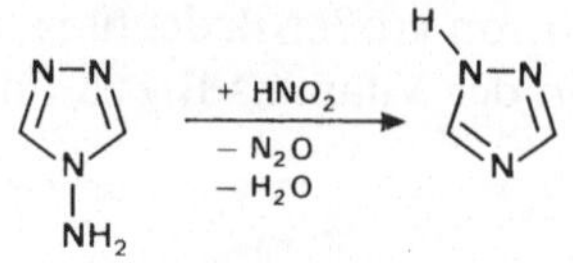

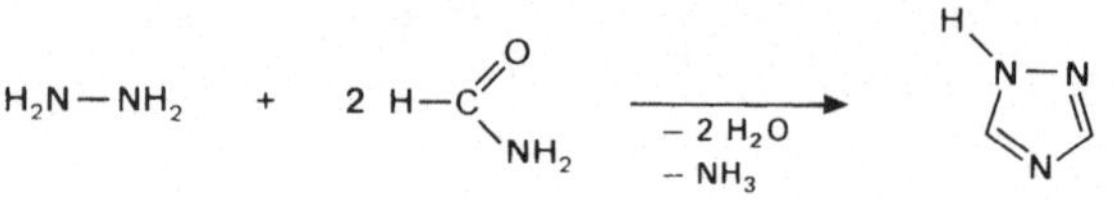

Beispiele für im Pflanzenschutz verwendete Imidazol-Derivate sind die Fungizide Prochloraz *(Schering)* und Imazalil *(Janssen-Pharmaceutica)*.

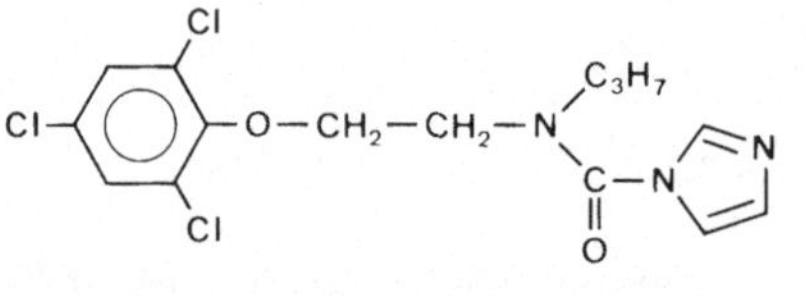

Prochloraz

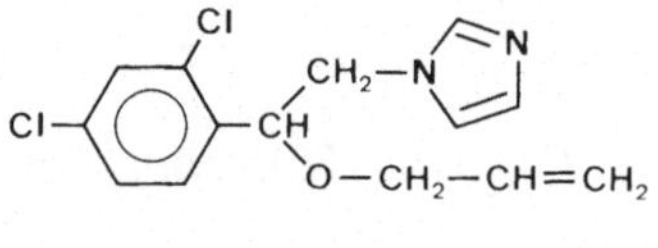

Imazalil

Eine Vielzahl von Heilmitteln wird durch Derivatisierung von Imidazol-Verbindungen hergestellt. Beispielhaft hierfür ist das Clotrimazol, das aus 2-Chlor-triphenylchlormethan und Imidazol hergestellt wird; Clotrimazol ist eines der vielen Breitbandantimykotika auf der Basis von Imidazol.

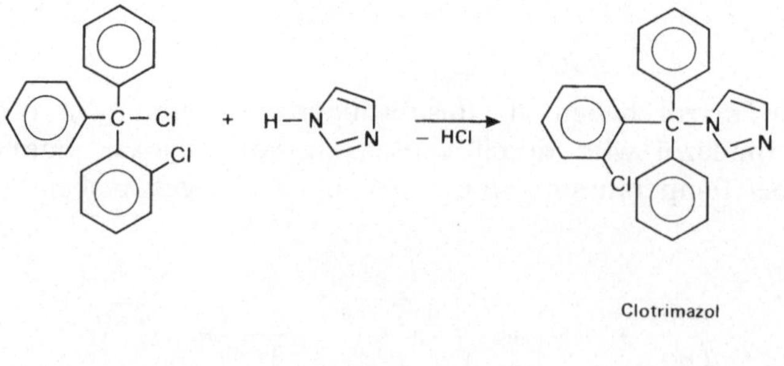

Clotrimazol

Auch das von *Smith Kline & French* entwickelte Cimetidin, ein Wirkstoff zur Behandlung von Geschwüren, ist ein Imidazol-Derivat. Der Aufbau des Imidazols erfolgt aus Formamid und Chloracetessigsäureethylester zum 5-Methylimidazol-4-carbonsäureethylester.

5-Methylimidazol-4-carbonsäureethylester

Cimetidin

Oxazol-Derivate dienen zur Herstellung des Vitamins B_6 (s. Kapitel 14.2.1).

1,2,4-Triazole dienen als Bausteine bei der Herstellung einer Vielzahl von Fungiziden, wie z. B. Triadimefon (s. Kapitel 5.3.4.5), Bitertanol *(Bayer)*, Propiconazol *(Ciba Geigy)* sowie dem Diclobutrazol *(ICI)*.

Bitertanol

Propiconazol

Diclobutrazol

Ein Beispiel für ein bedeutsames Thiazol-Derivat ist das Fungizid und Wurmmittel Thiabendazol, das aus o-Phenylendiamin und 4-Thiazolcarboxamid zugänglich ist; 4-Thiazolcarboxamid wird aus 4-Methylthiazol durch Ammonoxidation und anschließende partielle Verseifung gewonnen.

Thiabendazol

14.2 Sechsring-Heterocyclen

14.2.1 Pyridin

Von wesentlich größerer technischer Bedeutung als die Fünfring-Heterocyclen ist der Sechsring-Heterocyclus Pyridin.

Pyridin wurde 1851 von Thomas Anderson aus Knochenöl gewonnen; 1846 hatte er bereits 2-Methylpyridin (α-Picolin) aus Steinkohlenteer isoliert, das neben β- und γ-Picolin in Kohlepyrolyseprodukten enthalten ist.

α –Picolin   β –Picolin   δ –Picolin

Wie fast alle aromatischen Verbindungen mit einem Heteroatom wurde Pyridin bis Ende der 50er Jahre ausschließlich aus Steinkohlenteer gewonnen. Das Pyridin ist hauptsächlich in der Leichtölfraktion des Steinkohlenteers enthalten (s. Kapitel 3.2.3). Leichtöl enthält neben den Benzolkohlenwasserstoffen Phenole und polymerisierbare Verbindungen, wie Cyclopentadien, sowie 2 bis 7% Pyridinbasen.

Tabelle 14.1 zeigt die Zusammensetzung der rohen Pyridinbasen.

Tabelle 14.1: Zusammensetzung der rohen Pyridinbasen aus der Leichtöl-Raffination des Steinkohlenteers

Pyridin	12%	2,5-Lutidin	4%
α-Picolin	10%	2,6-Lutidin	6%
β-Picolin	6%	2,3,6- und	
γ-Picolin	8%	2,4,6-Collidin	9%
2-Ethylpyridin	2%	Anilin	12%
2,3-Lutidin	2%	o-Toluidin	4%
2,4-Lutidin	11%	m- und p-Toluidin	8%
		höhersiedende Basen	6%

Zur Gewinnung der Pyridinbasen wird das Leichtöl zunächst entphenoliert. Anschließend werden die Pyridinbasen mit Schwefelsäure extrahiert. Durch „Ausfällen" mit Ammoniak oder Natronlauge erhält man das freie Basengemisch, das nach der Abtrennung durch Azeotropdestillation mit Benzol entwässert wird.

Das entwässerte Pyridinbasen-Gemisch wird durch Rektifikation in Reinpyridin und die höhersiedenden Basenfraktionen zerlegt.

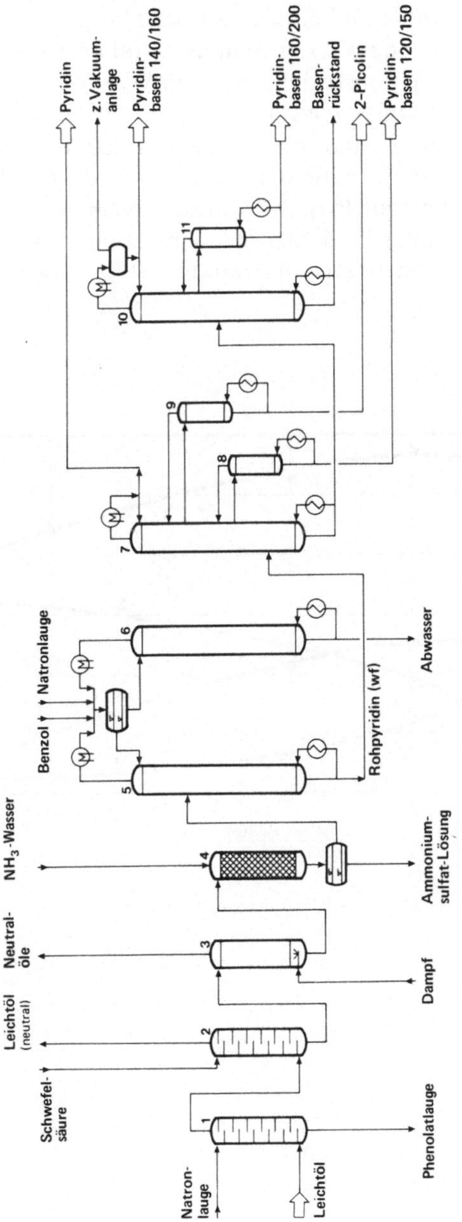

Abbildung 14.1: Verfahrensschema der Pyridinbasen-Raffination

1 Extraktionskolonne (Phenole); **2** Extraktionskolonne (Basen); **3** Strippkolonne; **4** Basenfällungskolonne; **5** und **6** Entwässerungskolonnen; **7** Pyridin-Hauptkolonne; **8** und **9** Seitenkolonnen; **10** Vakuumhauptkolonne; **11** Vakuumseitenkolonne

In Abbildung 14.1 ist das Fließschema der Pyridin-Gewinnung aus Leichtöl dargestellt; neben Pyridin werden β-Picolin und Pyridinbasen-Schnitte mit den angegebenen Siedebereichen gewonnen.

Die Gewinnung von Pyridin aus Steinkohlenteer beträgt derzeit in Westeuropa ca. 300 t/a.

Mit der Entwicklung von Pflanzenschutzmitteln auf der Basis von Pyridin Ende der 50er Jahre *(ICI)* reichte die kohlestämmige Rohstoffbasis für die Herstellung von Pyridin nicht mehr aus und wurde durch Synthesen ergänzt.

Die wichtigsten Pyridin-Synthesen beruhen auf der Umsetzung von Aldehyden und Ketonen mit Ammoniak; bei diesen Synthesen fallen neben Pyridin auch alkylierte Pyridine an. Die Reaktionsbedingungen und die Ausgangsstoffe werden nach dem gewünschten Produktmix gewählt.

Als Aldehyde gelangen bei den industriell angewandten Verfahren Formaldehyd und Acetaldehyd zum Einsatz, außerdem in untergeordnetem Maßstab Acrolein; auch Crotonaldehyd kann zur Pyridin-Synthese dienen.

Eine typische Abhängigkeit der Produktzusammensetzung von den Einsatzkomponenten Formaldehyd/Acetaldehyd ist in Abbildung 14.2 dargestellt.

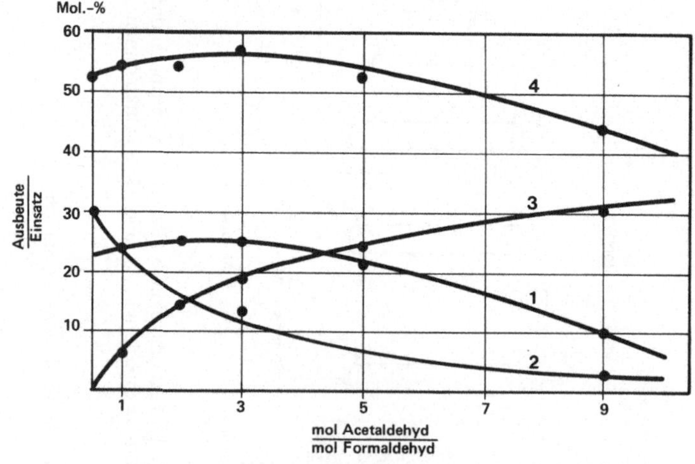

1 Pyridin; **2** 3-Methylpyridin; **3** 2- und 4-Methylpyridin; **4** Gesamtausbeute

Abbildung 14.2: Zusammensetzung der Pyridinbasen in Abhängigkeit vom Verhältnis der Einsatzstoffe Acetaldehyd/Formaldehyd

Mit zunehmendem Anteil von Acetaldehyd sinkt die Ausbeute von 3-Methylpyridin; auch der Pyridin-Anteil geht zurück. Außerdem nimmt die Gesamtausbeute bei erhöhtem Acetaldehyd-Anteil langsam ab.

Die klassische *Reilly*-Synthese von Pyridin wird an einem mit CdF_2 aktivierten SiO_2/Al_2O_3-Kontakt bei Temperaturen von ca. 400 bis 500 °C unter atmosphärischen Bedingungen durchgeführt.

Das Molverhältnis Acetaldehyd/Formaldehyd beträgt 1,4 : 1; zur Ausbeutesteigerung wird Methanol zugespeist. Die Ausbeute beläuft sich auf ca. 40% Pyridin und knapp 25% 3-Methylpyridin. Das Schema der Gasphasenreaktion ist in Abbildung 14.3 dargestellt.

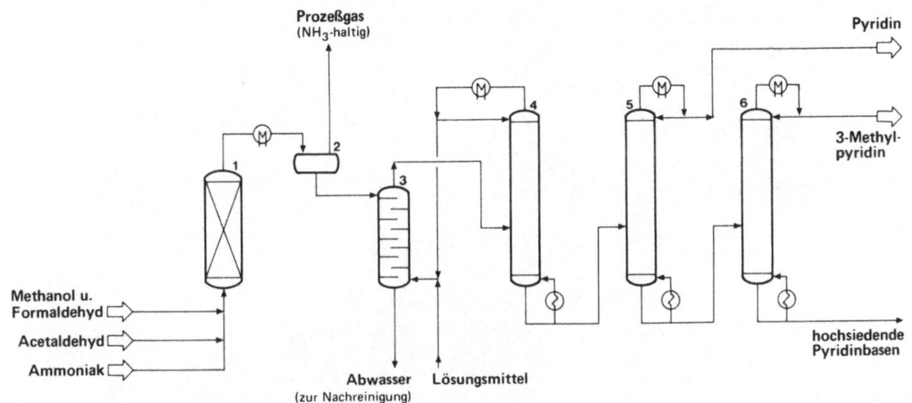

1 Reaktor; **2** Gasabscheider; **3** Extraktionskolonne; **4** Lösungsmittelkolonne; **5** Pyridin-Kolonne; **6** Picolin-Kolonne

Abbildung 14.3: Verfahrensschema der Gasphasenreaktion zur Herstellung von Pyridin und 3-Methylpyridin aus Ammoniak, Formaldehyd und Acetaldehyd

Abbildung 14.4 zeigt einen Teil der Pyridin-Anlage der *Reilly Tar & Chemical,* Tertre/Belgien.

Über weitere große Pyridinkapazitäten in den USA verfügt *Nepera.*

Abbildung 14.4: Pyridin-Anlage der *Reilly Tar & Chemical*, Tertre/Belgien

Neben den C_1- und C_2-Aldehyden werden auch C_3-Aldehyde zur Herstellung von Pyridin angewandt. Nach dem von *Daicel* in Japan betriebenen Verfahren wird auch Acrolein zur Gewinnung von Pyridinen eingesetzt.

$$4 \ CH_2{=}CH{-}CHO \ + \ 2 \ NH_3 \ \longrightarrow$$

Ein Verfahrensschema der Pyridin-Synthese aus Ammoniak und Acrolein ist in Abbildung 14.5 dargestellt.

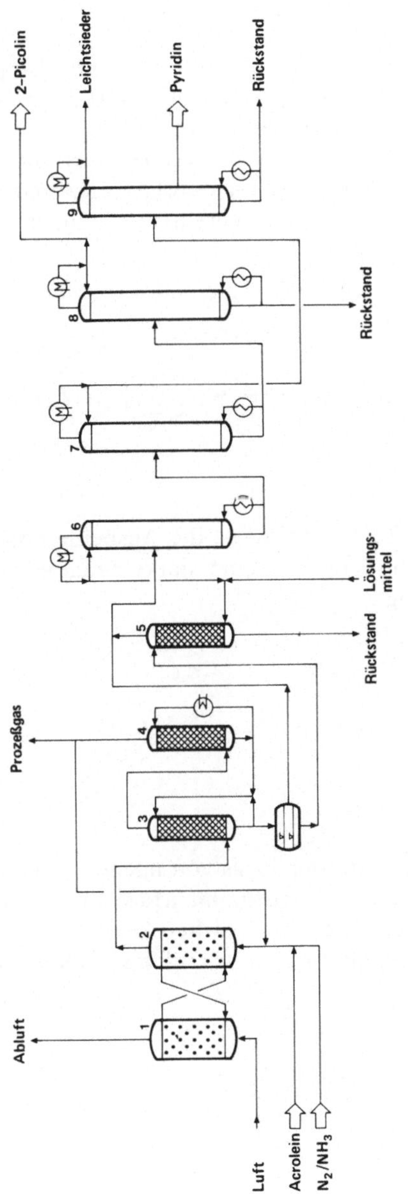

1 Katalysatorregenerierung; 2 Wirbelschichtreaktor; 3 und 4 Absorptionskolonnen; 5 Extraktionskolonne; 6 Lösungsmittelkolonne; 7 Leichtsiederkolonne; 8 2-Picolin-Kolonne; 9 Pyridin-Kolonne

Abbildung 14.5: Verfahrensschema der Pyridin-Synthese aus Ammoniak und Acrolein

Auch Crotonaldehyd ist als Reaktionskomponente zur Herstellung von Pyridin vorgeschlagen worden, doch hat sich das Verfahren aus wirtschaftlichen Gründen nicht durchsetzen können.

$$CH_3-CH{=}CH-CHO \; + \; HCHO \; + \; NH_3 \longrightarrow \text{(Pyridin)} + 2\,H_2O + H_2$$

Weitere Herstellungsmöglichkeiten für Pyridin sind die Ringerweiterung von Cyclopentadien sowie die Cyclisierung von Pentennitril, das bei der Dimerisierung von Acrylnitril als Nebenprodukt anfällt.

Die Ammonoxidation von Cyclopentadien (*Hoechst*-Verfahren) wird mit Al_2O_3 als Katalysator durchgeführt. Die Reaktion erfolgt bei Atmosphärendruck und einer Temperatur von ca. 300 °C. Die Ausbeute liegt bei einem Umsatz von 95 bis 97% unter 50%.

$$\text{(Cyclopentadien)} + NH_3 + O_2 \longrightarrow \text{(Pyridin)} + 2\,H_2O$$

Bei der Verwendung von cis-2-Pentennitril ist die Ausbeute noch geringer, da bei den erforderlichen hohen Temperaturen eine starke Fragmentierung unter Gas- und Kohlenstoffbildung erfolgt.

$$CH_3-CH{=}CH-CH_2-CN \longrightarrow \text{(Pyridin)} + H_2$$

Auch die Synthese von Pyridin auf der Basis von nachwachsenden Rohstoffen in Form des Tetrahydrofurfurylalkohols wurde mehrfach untersucht. Als Zwischenprodukt wird bei diesem Verfahren, das bisher keine technische Anwendung gefunden hat, Piperidin hergestellt, das zum Pyridin dehydriert wird.

Die Weltproduktion an Pyridin liegt bei ca. 30.000 t/a. Die größten Produktionsregionen sind die USA mit ca. 8.000 t/a, Japan mit ca. 3.000 t/a und West-Europa mit ca. 10.000 t/a.

14.2.2 Pyridin-Derivate

Pyridin ist in seiner Reaktivität bezüglich der elektrophilen Substituierbarkeit mit Nitrobenzol vergleichbar; die elektrophile Einführung von Substituenten erfordert daher eine relativ hohe Temperatur. Einfacher dagegen ist der nucleophile Austausch, insbesondere nach Überführung des Pyridins in das N-Oxid.

Die wichtigsten Derivate sind die dimeren Pyridine in Form des 4,4'-Bipyridins und des 2,2'-Bipyridins. Die Synthese von 2,2'-Bipyridin kann durch oxidative Dimerisierung bzw. durch Bromieren zu 2-Brompyridin und Umsetzung mit Buntmetall-Katalysatoren, wie Kupfer, durchgeführt werden.

4,4'-Bipyridin wird durch Umsetzung von Pyridin mit Natrium bei −45 °C in Dimethylformamid und Oxidation des intermediär gebildeten 4,4'-Tetrahydrobipyridins mit Luftsauerstoff hergestellt.

2,2'-Bipyridin   4,4'-Tetrahydrobipyridin   4,4'-Bipyridin

Die Bipyridine werden durch Quarternierung mit Dimethylsulfat, Methylchlorid bzw. 1,2-Dichlorethan in die von William Boon *(ICI)* entwickelten Pflanzenschutzmittel Paraquat und Diquat umgewandelt; das Paraquat ist das bei weitem wichtigere der beiden Quat-Totalherbizide.

Paraquat   Diquat

Ein Beispiel für die in der Pharmazie verwendeten Folgeprodukte des Pyridins ist das Cetylpyridiniumchlorid, das aus Pyridin und 1-Chlorhexadecan hergestellt wird; es dient als Antiseptikum.

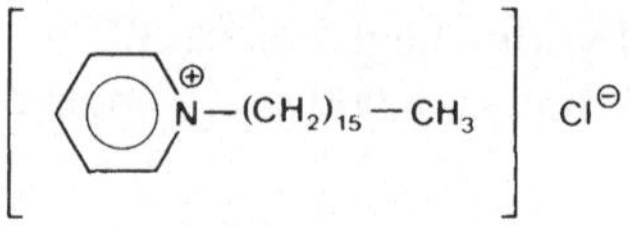

Cetylpyridiniumchlorid

Durch Umsetzung von Pyridinhydrochlorid mit Stearamid und Formaldehyd wird Stearamidomethylpyridiniumchlorid hergestellt, das zur Wasserfestausrüstung von Textilien dient.

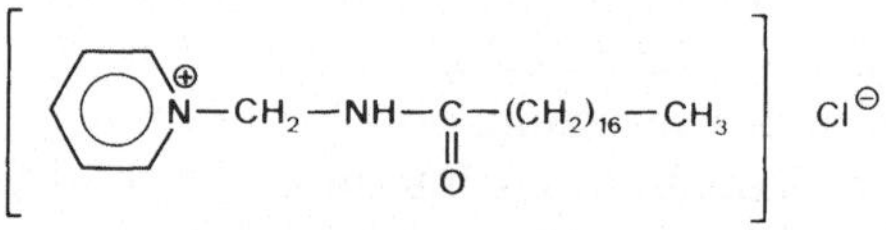

Stearamidomethylpyridiniumchlorid

Durch Chlorierung von Pyridin in der Gasphase bei Temperaturen um 350 °C wird 2-Chlorpyridin gewonnen. Der Umsatz wird auf ca. 60 bis 90% begrenzt, um einen höheren Chlorierungsgrad zu vermeiden. Nichtumgesetztes Pyridin fällt als Hydrochlorid an und wird zurückgeführt.

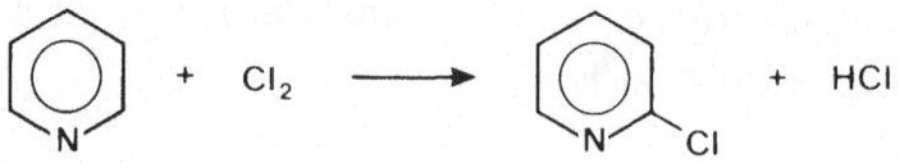

2-Chlorpyridin dient als Rohstoff zur Herstellung von Pyridinthionen, die durch Umsetzung von Chlorpyridin mit H_2O_2 oder anderen Peroxiden sowie nachfolgender nucleophiler Reaktion des N-Oxides mit Natriumhydrogensulfid zur Herstellung der Thiolverbindung erzeugt werden. Das Zinksalz findet als Wirkstoff (Antischuppenmittel) in Haarshampoos Verwendung.

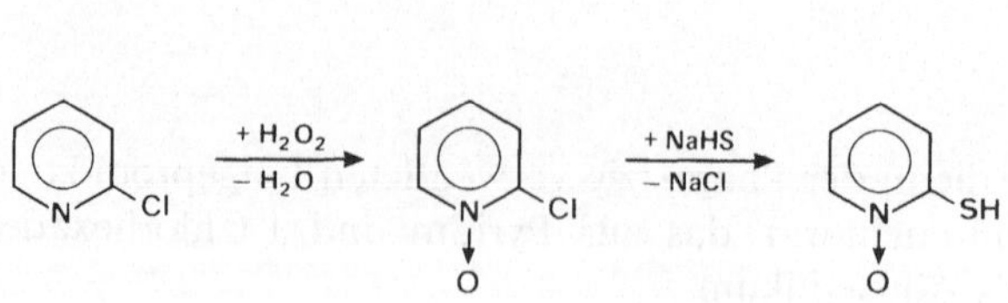

2-Chlorpyridin ist außerdem Ausgangsprodukt für eine Reihe von Antihistaminika wie z. B. dem Dexchlorpheniramin und dessen Bromanalogon, dem Brompheniramin.

Dexchlorpheniramin

Durch Hydrierung von Pyridin erhält man Piperidin, das als Grundstoff zur Herstellung von Vulkanisationsbeschleunigern, wie dem Dipentamethylenthiuramtetrasulfid (DPTT), dient.

DPTT

Die Hydrierung kann elektrochemisch oder mit Raney-Nickel bei 200 °C durchgeführt werden.

Piperidin fällt auch als Nebenprodukt bei der Herstellung von 4,4'-Bipyridin an.

Das von *Dow* entwickelte Insektizid Chlorpyrifos wird hauptsächlich nicht auf der Basis von Pyridin, sondern durch Reaktion von Glutarimid und PCl$_5$ und nachfolgendem nucleophilen Chloraustausch über das 3,5,6-Trichlorpyrid-2-on hergestellt.

Glutarimid   Chlorpyrifos

14.2.3 Alkylierte Pyridine

Alkylierte Pyridine spielen sowohl in der chemischen Technik als auch in der Natur eine erhebliche Rolle. Ein natürliches, in Tabakpflanzen vorkommendes Alkylpyridin-Derivat ist das Nicotin; dieses Alkaloid wurde seit dem 17. Jahrhundert bis in die 50er Jahre dieses Jahrhunderts als Pflanzenschutzmittel verwendet.

Nicotin

Von den synthetischen alkylierten Pyridinen ist mit großem Abstand das 2,5-Methylethylpyridin (MEP) die wichtigste Verbindung; es dient zur Herstellung des Vitamins Nicotinsäure. (Sowohl die Nicotinsäure (Niacin, Vitamin PP, Vitamin B_3) als auch das Nicotinsäureamid wirken als Vitamine).

Die Gewinnung erfolgt durch Flüssigphasen-Synthese aus Acetaldehyd und Ammoniak. Acetaldehyd wird dazu zunächst zum Paraldehyd trimerisiert. Die anschließende Reaktion mit wässrigem Ammoniak, die in 70%iger Ausbeute zum 2,5-Methylethylpyridin führt, erfolgt in der flüssigen Phase bei 230 °C und einem Druck von ca. 150 bar mit Ammoniumsalz-Katalysatoren.

Ein Verfahrensschema zur Herstellung von 2,5-Methylethylpyridin ist in Abbildung 14.6 dargestellt.

Die Weltproduktion an 2,5-Methylethylpyridin liegt derzeit bei ca. 15.000 t/a.

Methylethylpyridin wird durch Oxidation in die Nicotinsäure überführt. Die Reaktion erfolgt in Titanrohrreaktoren bei ca. 290 bar und 330 °C. Die Ausbeute liegt bei etwa 95%.

Nicotinsäure

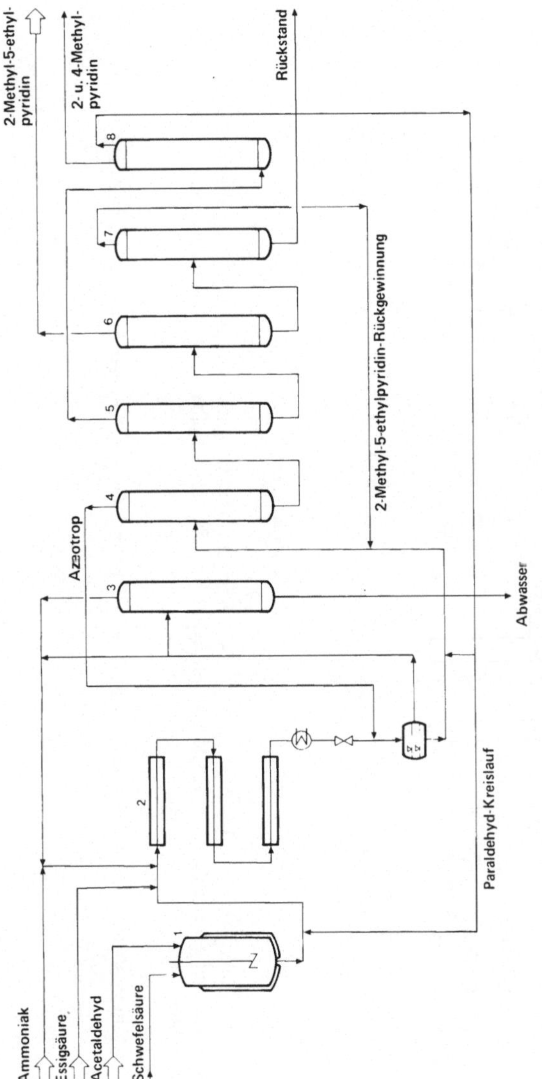

Abbildung 14.6: Verfahrensschema der Herstellung von 2,5-Methylethylpyridin

1 Reaktor; **2** Rohrreaktor; **3** NH$_3$-Strippkolonne; **4** Entwässerungskolonne; **5** Leichtsiederkolonne; **6** 2,5-Methylethylpyridin-Kolonne; **7** Rückstandskolonne; **8** diskont. Fraktionierkolonne

Abbildung 14.7 zeigt das Verfahrensschema der Herstellung von Nicotinsäure durch Oxidation mit Salpetersäure. Der selektive Prozeß führt zu einem Produkt mit einer Reinheit von über 99,5%, die durch Umkristallisation weiter erhöht werden kann.

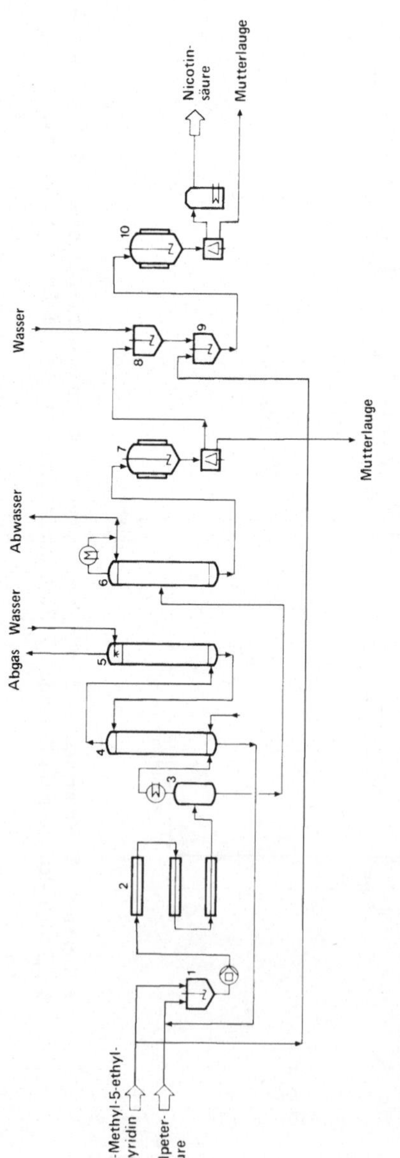

Abbildung 14.7: Verfahrensschema der Oxidation von 2,5-Methylethylpyridin mit Salpetersäure zur Herstellung von Nicotinsäure

1 Mischbehälter; 2 Rohrreaktor; 3 Abscheider; 4 Stickstoffoxid-Oxidationskolonne; 5 Salpetersäure-Abscheider; 6 Entwässerungskolonne; 7 Kristallisationsbehälter; 8 Lösebehälter; 9 Neutralisationsbehälter; 10 Kristallisationsbehälter

Das von *Lonza/Alusuisse* entwickelte Verfahren hat den Vorteil der hohen Selektivität und der hohen molaren Ausbeute; von Nachteil ist der Verlust von zwei Kohlenstoffatomen pro Molekül Methylethylpyridin.

Abbildung 14.8 zeigt die Niacin-Anlage der *Lonza*, Visp/Schweiz.

Abbildung 14.8:   Niacin-Anlage der *Lonza*, Visp/Schweiz

Insbesondere in den USA wird zur Niacin-Herstellung der Verfahrensweg ausgehend von 3-Methylpyridin (β-Picolin) bevorzugt; die Oxidation erfolgt mit Luft und Ammoniak.

In Abbildung 14.9 ist das Verfahrensschema zur Ammonoxidation von β-Picolin dargestellt.

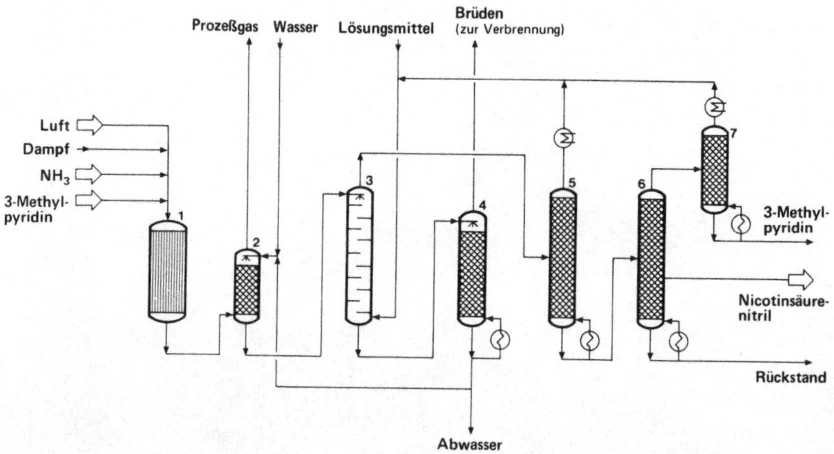

1 Rohrbündelreaktor; **2** Absorber; **3** Extraktionskolonne; **4** Prozeßwasser-Aufarbeitung;
5–**7** Destillationskolonnen

Abbildung 14.9: Verfahrensschema der Ammonoxidation von β-Picolin

Die Gasphasenoxidation wird bei ca. 350 °C an Al_2O_3/SiO_2 bzw. TiO_2/V_2O_5-Katalysatoren durchgeführt. Die Verseifung des 3-Cyanopyridins erfolgt mit Natronlauge bei 120 bis 180 °C und 3 bis 8 bar.

Nicotinsäure und Nicotinsäureamid dienen als Nahrungs- und Futtermittelzusatz; in Naturprodukten ist die Nicotinsäure hauptsächlich in Hefen in einer Konzentration bis zu 500 ppm vorhanden.

Ein neu entwickeltes Gräser-Herbizid auf β-Picolin-Basis ist das Fluazifop-butyl *(ICI, Ishihara Sangyo Kaisha)*. Das durch Chlorierung erhältliche 2-Chlor-5-trichlormethylpyridin wird zur Herstellung dieses Herbizids durch Fluorierung mit HF/SbF_3 in 2-Chlor-5-trifluormethylpyridin überführt, das in einer nucleophilen Substitution mit p-Hydroxyphenoxypropionsäurebutylester umgesetzt wird.

Fluazifop–butyl

Für die Synthese von α-Picolin (2-Methylpyridin) wurde kürzlich ein neues Verfahren von *DSM* vorgestellt. Als Rohstoff dient Aceton, das mit einem primären Amin, wie Cyclohexylamin oder Isopropylamin, und Acrylnitril zum 5-Oxohexannitril umgewandelt wird. Die Cyclisierung bei Temperaturen von ca. 200 °C führt bei fast quantitativen Umsätzen zum α-Picolin.

In Abbildung 14.10 ist das Verfahrensschema des *DSM*-Verfahrens dargestellt.

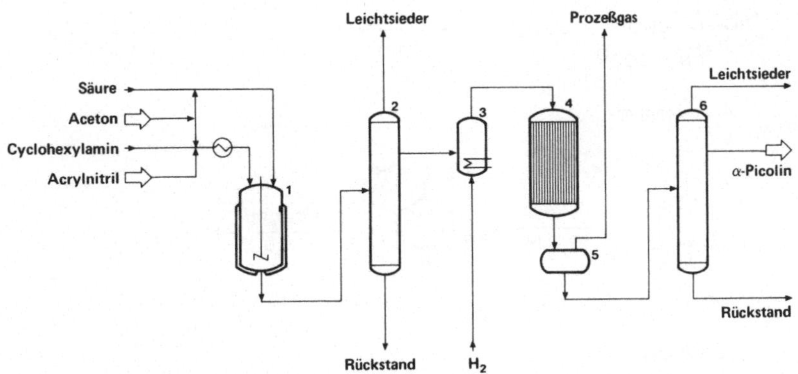

1 Reaktor; **2** Destillationskolonne; **3** Verdampfer; **4** Rohrbündelreaktor; **5** Gasabscheider; **6** Destillationskolonne

Abbildung 14.10: Verfahrensschema der α-Picolin-Herstellung über 5-Oxohexannitril

α-Picolin reagiert aufgrund seiner C-H-Acidität mit Formaldehyd zum 2-Pyridinethanol, das unter Einsatz von Basen in 2-Vinylpyridin überführt wird. 2-Vinylpyridin dient zur Verbesserung der Haftfähigkeit zwischen Gummi (Styrol-Butadien-Kautschuk) und Gewebe, z.B. bei der Reifen-Herstellung, sowie in untergeordnetem Maße zur Verbesserung der Anfärbbarkeit von Polyacrylnitril-Fasern.

α-Picolin dient auch als Rohstoff zur Herstellung des Herbizids Picloram *(Dow)*, das durch Chlorierung, Ammonolyse und Oxidation hergestellt wird.

Picloram

Die Anwendungsbreite von γ-Picolin (4-Methylpyridin) ist relativ gering. Es diente zu Beginn der 50er Jahre zur Herstellung des heute wichtigsten Antituber-

Ammoniumcitrat

Isoniazid

kulosewirkstoffes Isoniazid; Isoniazid wird heute bevorzugt durch Pyrolyse des Zitronensäuretriammoniumsalzes hergestellt.

Außerdem wird γ-Picolin zur Erzeugung von 4-Vinylpyridin verwendet.

Die mehrfach methylierten Pyridine (Lutidine, Collidine) finden Verwendung als Lösungs- und Antikorrosionsmittel oder können durch Dealkylierung bei Temperaturen zwischen 700 und 800 °C in Pyridin umgewandelt werden.

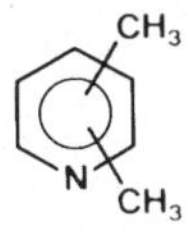

Lutidine

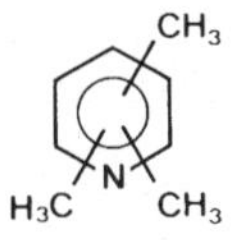

Collidine

Ein mehrfach substituiertes Pyridin-Derivat ist das Pyridoxol (Pyridoxin/Vitamin B_6), das sich aus Cyanacetamid und 1-Ethoxy-2,4-pentadion darstellen läßt.

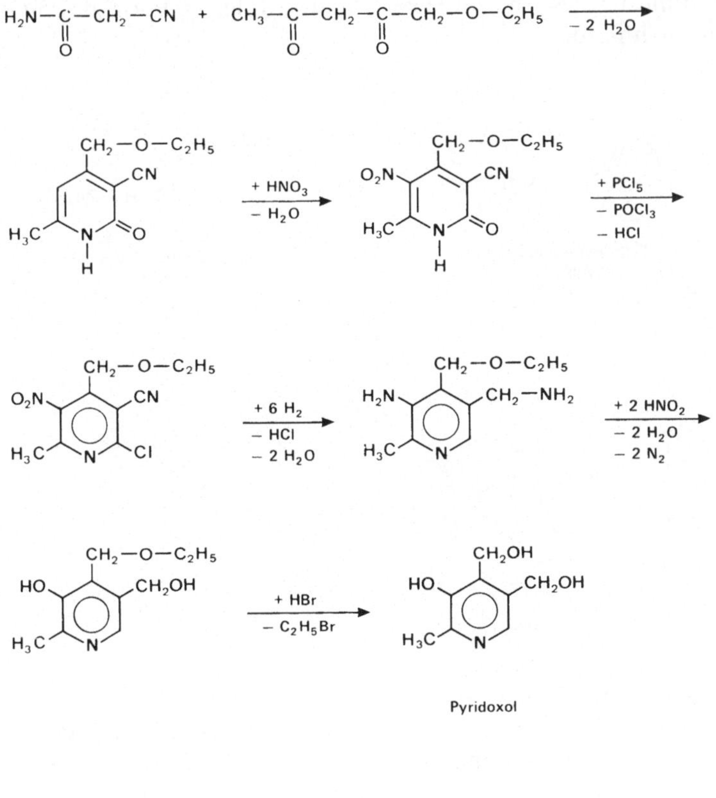

Pyridoxol

14.3 Pyrimidin

Von den Sechsring-Heterocyclen mit zwei Stickstoffatomen, dem Pyridazin, dem Pyrimidin und dem Pyrazin, sind hauptsächlich die Pyrimidin-Verbindungen von technischer Bedeutung.

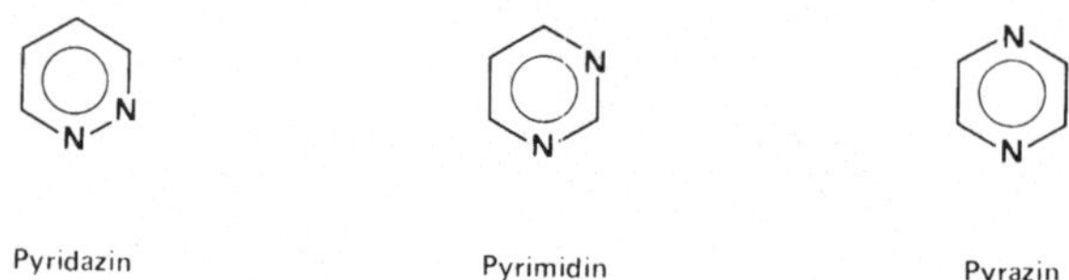

Pyridazin   Pyrimidin   Pyrazin

Pyrimidin kommt in Naturstoffen, wie dem Vitamin B_1 (Thiamin) vor, das z. B. in Getreideschalen, Hefe oder Kartoffeln in einer Konzentration bis zu 25 ppm enthalten ist. Die synthetische Gewinnung des Thiamins erfolgt in einer Vielstufensynthese.

Ausgangsprodukt ist das Acetamidin, das mit der Formylverbindung des β-Ethoxypropionsäureethylesters zum 5-Ethoxymethyl-4-hydroxy-2-methylpyrimidin kondensiert wird.

Die Einführung des Thiazol-Heterocyclus erfolgt in Form des 5-(2'-Hydroxyethyl)-4-methylthiazols.

5-(2'-Hydroxyethyl)-
4-methylthiazol

5-Ethoxymethyl-4-hydroxy-
2-methylpyrimidin

Thiamin

Die Produktion von Vitamin B_1 liegt bei knapp 2.000 t/a.

Auch wichtige Insektizide wie Diazinon *(Ciba Geigy)* und Pirimicarb *(ICI)* basieren auf Pyrimidin-Verbindungen; der Pyrimidin-Ring wird zur Herstellung dieser Verbindungen aus aliphatischen Bausteinen aufgebaut.

Diazinon

Pirimicarb

Weitere bedeutsame Pyrimidin-Verbindungen sind in 5-Stellung substituierte Derivate der Barbitursäure, die durch Kondensation von Harnstoff mit Malonsäureestern hergestellt werden. Diese Produkte sind allerdings nicht mehr als Aromaten zu bezeichnen, da sie vorwiegend in der Ketoform vorliegen. Wichtige Vertreter der Barbitursäuren sind die Schlafmittel Veronal und Luminal.

Barbitursäure

Veronal

Luminal

Die Pyridazin-Verbindungen werden insbesondere als Pflanzenschutzmittel verwendet. Ein typischer Vertreter ist das *BASF*-Herbizid Pyrazon, das aus Mucochlorsäureanhydrid mit Phenylhydrazin und Substitution eines Chlors durch Ammoniak hergestellt wird (s. Kapitel 5.5.3.4).

14.4 Triazine

Von den Triazinen sind in überwiegendem Maß die Derivate des 1,3,5-Triazins von Bedeutung.

Wichtige Zwischenverbindungen sind das 2,4,6-Triamino-1,3,5-triazin (Melamin) sowie das 2,4,6-Trichlor-1,3,5-triazin (Cyanurchlorid).

Melamin wird aus Dicyandiamid durch Cyclisierung bei 300 bis 330 °C und 150 bar erhalten.

Daneben ist die Gewinnung aus Harnstoff im atmosphärischen Verfahren *(BASF)* bei Temperaturen von ca. 370 °C im Wirbelbett am Al_2O_3-Kontakt möglich.

In Abbildung 14.11 ist das Verfahrensschema der Melamin-Gewinnung aus Harnstoff dargestellt.

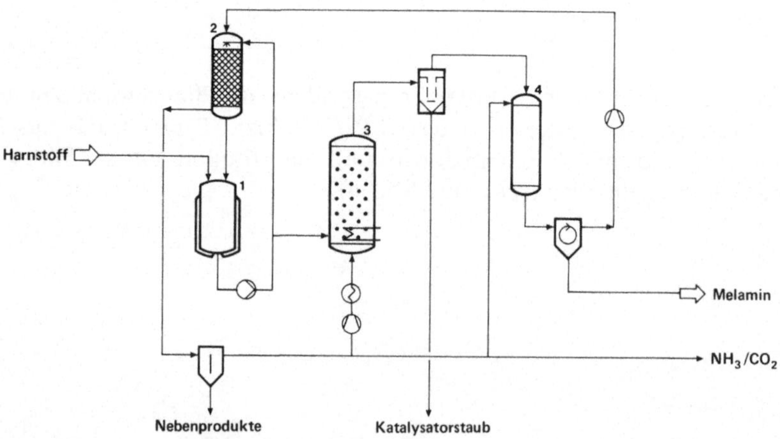

1 Schmelzbehälter; **2** Gaswäscher; **3** Wirbelschichtreaktor; **4** Desublimationskammer

Abbildung 14.11: Verfahrensschema der Herstellung von Melamin aus Harnstoff

Melamin dient durch Umsetzung mit Formaldehyd zur Herstellung von Harzen, Klebstoffen und als Bindemittel.

Insbesondere für die Herstellung von Pflanzenschutzmitteln und Farbstoffen hat das 2,4,6-Trichlor-1,3,5-triazin große Bedeutung; seine Herstellung erfolgt durch Umsetzung von Blausäure mit Chlor, die zum Chlorcyan führt. Durch Trimerisierung von Chlorcyan bei Temperaturen von über 300 °C erhält man 2,4,6-Trichlor-1,3,5-triazin, das weltweit in einer Menge von ca. 100.000 t/a hergestellt wird. In Abbildung 14.12 ist ein Verfahren der 2,4,6-Trichlor-1,3,5-triazin-Herstellung dargestellt.

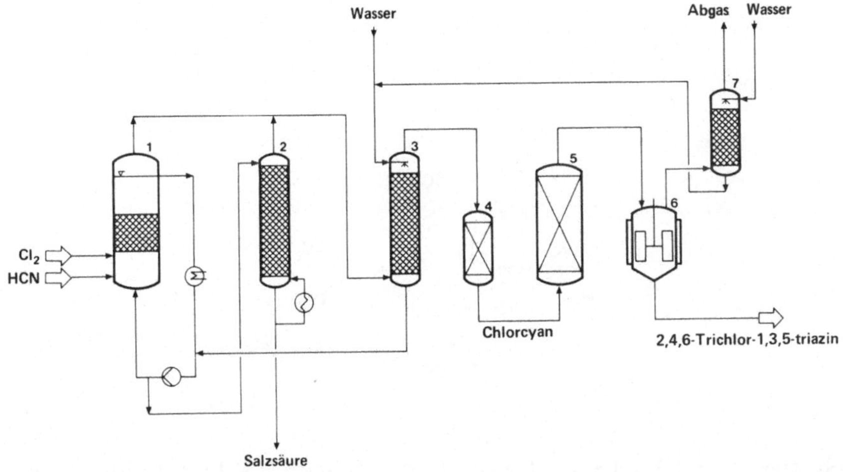

1 Chlorcyan-Reaktor; **2** Entgasungskolonne; **3** Waschkolonne; **4** Trockner; **5** Trimerisierungsreaktor; **6** Desublimationskammer; **7** Waschkolonne

Abbildung 14.12: Verfahrensschema der Herstellung von 2,4,6-Trichlor-1,3,5-triazin

Durch nucleophile Reaktion von 2,4,6-Trichlor-1,3,5-triazin mit Ethylamin und weitere Umsetzung mit Isopropylamin wird das Pflanzenschutzmittel Atrazin *(Ciba Geigy)* gewonnen, das mit einer Produktion von ca. 45.000 t/a zu den bedeutendsten organischen Pflanzenschutzmitteln gehört.

Dem Atrazin verwandt sind die Herbizide Cyanazin *(Shell)*, Prometryn *(Ciba Geigy)* und Prometon *(Ciba Geigy)*.

Cyanazin

Prometryn

Prometon

Die Synthese der 1,3,5-Triazin-Derivate erfolgt durch die Einführung einer Vielzahl von nucleophilen Agentien wie Aminen, Alkoxyden oder Mercaptiden. Die Selektivität ist durch die Temperaturführung beeinflußbar. Zur Einführung von Aminen wird das erste Chlor bei 0 bis 5 °C, das zweite Chlor bei 30 bis 50 °C und das dritte Chlor bei 70 bis 100 °C ausgetauscht (Regel von Hans E. Fierz-David).

2,4,6-Trichlor-1,3,5-triazin dient auch als Komponente zur Herstellung einer Vielzahl von Reaktivfarbstoffen und optischen Aufhellern. Ein Beispiel hierfür ist der Fluorescent Brightener 28, dessen Herstellung durch Kondensation des 2,4,6-Trichlor-1,3,5-triazins mit Diaminostilbendisulfonsäure und anschließender Substitution der Chloratome durch die entsprechenden Aminogruppen erfolgt.

Fluorescent Brightener 28

Ein Beispiel für einen Reaktivfarbstoff ist das Procionbrillantorange GS (Reactive Orange 1), das ein Derivat der I-Säure darstellt. Die Triazin-Gruppe dient dabei nicht als Chromogen, sondern als Anker, um den Farbstoff an Baumwolle zu binden (Triazin-Anker).

Reactive Orange 1

1,2,4-Triazin-Derivate wie das Metribuzin dienen auch als Pflanzenschutzmittel; Metribuzin wird aus Butylglyoxylsäure und Thiocarbohydrazid hergestellt.

Metribuzin

Analog verläuft die Umsetzung von Phenylglyoxylessigsäureester mit Acetylhydrazid zum Metamitron (s. Kapitel 6.2).

14.5 Kondensierte Heterocyclen

14.5.1 Thionaphthen

Thionaphthen wurde 1920 von Rudolf Weißgerber und Otto Kruber im Steinkohlenteer entdeckt, nachdem es bereits 1902 von J. Boes im Braunkohlenteer nachgewiesen wurde.

Thionaphthen kommt im Steinkohlenteer in einer Konzentration von 0,3% vor; dem bedeutenden Rohstoffpotential steht derzeit nur ein geringer Verbrauch gegenüber. Die Isolierung von Thionaphthen erfolgt, nach Anreicherung im Rückstand der Naphthalin-Kristallisation, durch Entphenolung und Entbasung sowie eine anschließende Kombination von Kristallisation und Redestillation.

Ein mögliches Anwendungsgebiet ist die Herstellung des Antiöstrogens Keoxifene *(Eli Lilly)*.

Keoxifene

14.5.2 Indol

Von größerer Bedeutung als das Thionaphthen ist das Stickstoffanalogon des Thionaphthens, das Indol.

Indol kommt im Steinkohlenteer in einer Konzentration von 0,2% vor; seine Gewinnung erfolgt nach destillativer Zerlegung der Waschöl-Fraktion durch azeotrope Destillation, durch Extraktion oder durch Alkalischmelze.

Die Synthese des Indols wird in Japan (z. B. *Mitsui Toatsu*) durchgeführt. Als Ausgangsverbindungen dienen Anilin und Ethylenglycol; die Ausbeute liegt bei ca. 70%.

Hauptsächlich dient Indol in Parfümen zur Fixierung von Duftstoffen.

Ein weiteres wichtiges Anwendungsgebiet von Indol ist die Herstellung der Aminosäure Tryptophan. Da Tryptophan als essentielle Aminosäure ausschließlich in der L-Form benötigt wird, bietet sich die Herstellung auf biotechnologischem Wege an. Möglich sind die enzymkatalysierte Umsetzung von Indol mit L-Serin sowie die Fermentation von Anthranilsäure-haltigem Nährmedium (C-Quelle) mit Mutanten von Bacillus subtilis.

Die biotechnologische Herstellung von Tryptophan erfolgt im Prinzip analog wie die von Penicillin G; zur Steigerung der Produktion werden derzeit auch Methoden der Gen-Rekombination untersucht.

Die Produktion von Tryptophan liegt weltweit bei ca. 400 t/a; die größten Produktionsanlagen befinden sich in Japan *(Showa Denko, Mitsui Toatsu)*.

14.5.3 Benzothiazol

Die technisch bedeutendste Verbindung des Benzothiazols ist das 2-Mercaptobenzothiazol, das durch Umsetzung von Anilin mit CS_2 und Schwefel in 85%iger Ausbeute gewonnen wird (s. Kapitel 5.5.3.2).

Benzothiazol

14.5.4 Benzotriazol

Durch Umsetzung von o-Phenylendiamin mit salpetriger Säure erhält man Benzotriazol, ein Korrosionsinhibitor für Kupferlegierungen.

Benzotriazol

14.5.5 Chinolin und Isochinolin

Chinolin wurde von Friedlieb Ferdinand Runge 1834 im Steinkohlenteer entdeckt, in dem es zu 0,3% enthalten ist. Die Gewinnung von Chinolin erfolgt durch Extraktion mit Schwefelsäure aus der Methylnaphthalin-Fraktion, anschließende „Fällung" mit Ammoniak und Rektifikation des Rohbasengemisches. Für die Synthese von Chinolin stehen das Verfahren nach Skraup durch Umsetzung von Anilin mit Glycerin bzw. dem daraus erzeugten Acrolein und die katalytische Gasphasenreaktion von Anilin mit Acetaldehyd zur Verfügung. Da die teerstämmige Rohstoffquelle für Chinolin bislang ausreicht, ist die synthetische Herstellung nicht erforderlich.

Die Produktion von Chinolin liegt weltweit bei ca. 1.200 t/a.

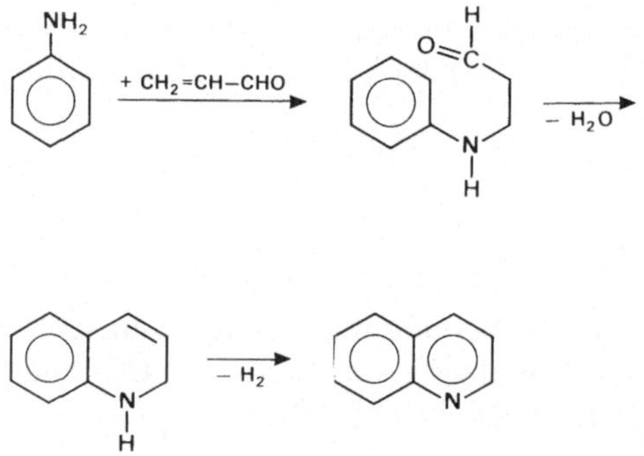

Skraup'sche Chinolin-Synthese

Hauptanwendungsgebiet des Chinolins ist die Herstellung von 8-Hydroxychinolin (Oxin), das durch Alkalischmelze der Chinolin-8-sulfonsäure gewonnen wird.

Die Sulfonierung von Chinolin zur Herstellung von Chinolin-8-sulfonsäure erfolgt bei 180 bis 200 °C. Die Alkalischmelze wird bei 250 °C und 45 bar durchgeführt; zur Endreinigung wird das 8-Hydroxychinolin destilliert.

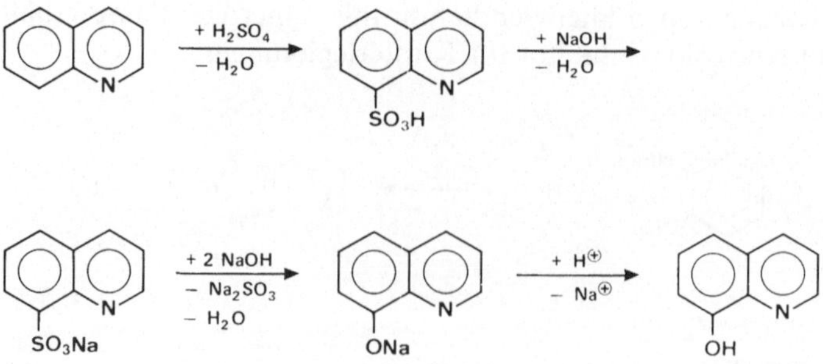

Neben der Herstellung von 8-Hydroxychinolin (und dessen Kupfersalz), das hauptsächlich als Fungizid und Desinfektionsmittel Verwendung findet, dient Chinolin als Ausgangsmaterial zur Gewinnung von 2,3-Pyridindicarbonsäure (Chinolinsäure) durch Oxidation. Chinolinsäure findet Verwendung zur Herstellung des Pflanzenschutzmittels Arsenal *(American Cyanamid)*.

Chinolinsäure

Arsenal

Durch Kondensation von Anilin mit Ketonen wie Aceton oder Methylisobutylketon werden Trimethyl-1,2-dihydrochinoline wie das 2,2,4-Trimethyl-1,2-dihydrochinolin gewonnen, die als wichtige Antioxidantien bei der Gummiverarbeitung dienen. Die westeuropäische Produktion liegt bei ca. 10.000 t/a.

2,2,4-Trimethyl-1,2-dihydrochinolin

Ein bedeutendes Anti-Malariamittel ist das Chloroquin, das aus 4,7-Dichlorchinolin durch Umsetzung mit 4-Amino-1-diethylaminopentan zugänglich ist. 4,7-Dichlorchinolin wird aus m-Chloranilin durch Cyclisierung mit Oxalessigsäureester und Chlorierung mit $POCl_3$ hergestellt.

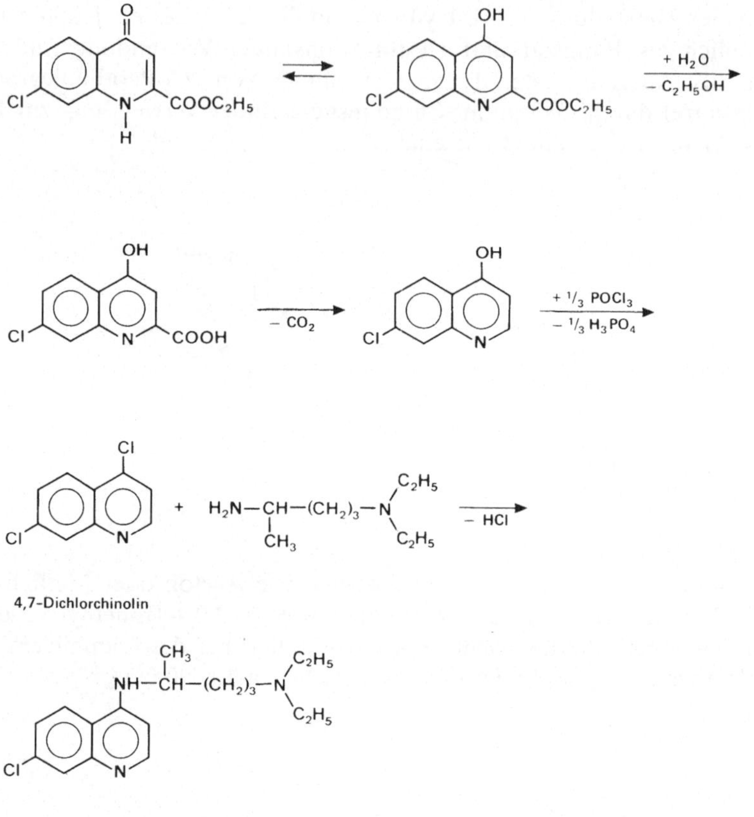

4,7-Dichlorchinolin

Chloroquin

Im Steinkohlenteer sind neben Chinolin alkylierte Chinoline, wie 2-Methylchinolin und 4-Methylchinolin, enthalten; sie dienen zur Herstellung von Farbstoffen.

In einer Konzentration von ca. 0,2% ist Isochinolin im Steinkohlenteer enthalten, dessen Isolierung analog wie die des Chinolins erfolgt.

Isochinolin dient vorwiegend zur Herstellung von Arzneimitteln wie dem Wurmmittel Praziquantel, das durch Umsetzung von Isochinolin mit Cyclohexancarbonsäurechlorid und Kaliumcyanid sowie drei weiteren Reaktionsstufen gewonnen wird.

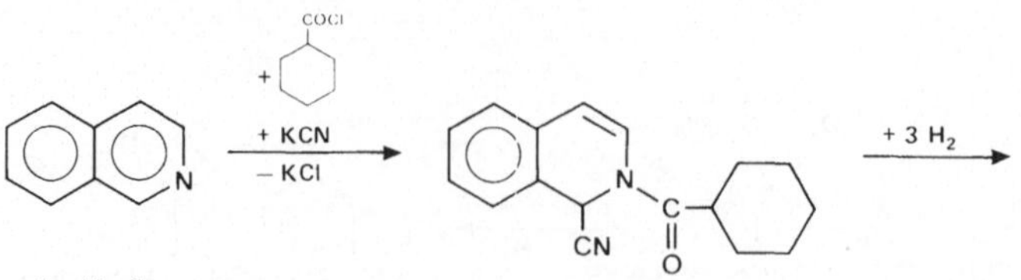

Isochinolin

Praziquantel

7-Hydroxyisochinolin

Das Alkaloid Chinin ist ein Chinolin-Derivat; seine Synthese gelang erstmals Robert B. Woodward und William v. E. Doering (1944) fast 100 Jahre nach Perkin's erfolglosen Versuchen (s. Kapitel 1) ausgehend von 7-Hydroxyisochinolin.

Das pharmazeutisch wichtigste Isochinolin-Derivat ist das Papaverin, das allerdings nicht unter Einsatz von Isochinolin synthetisiert wird, sondern aus Homoveratrylamin und Homoveratrumsäure mit anschließendem Isochinolin-Ringschluß nach Bischler-Napieralski mit Hilfe von $POCl_3$ und nachfolgender Reduktion.

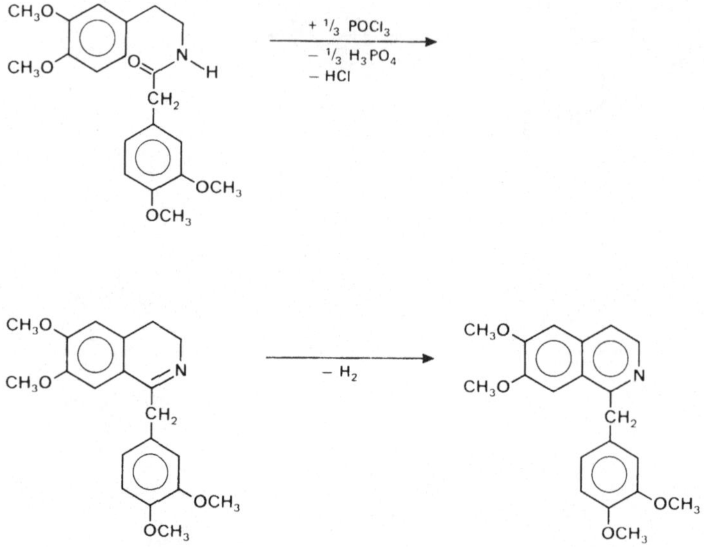

Papaverin

14.5.6 Carbazol

Carbazol wurde 1872 von Carl Graebe und Carl Glaser im Steinkohlenteer entdeckt, in dem es in einer Konzentration von ca. 1,5% enthalten ist. Rohes Carbazol (70%) kann bei der Destillation zur Anthracen-Gewinnung (s. Kapitel 11.1) in einem Seitenstrom abgenommen werden, aus dem es durch Kristallisation in polaren Lösungsmitteln wie Acetophenon in reiner Form gewinnbar ist.

Die Weltproduktion an Carbazol liegt bei ca. 2.000 t/a; die größten Produzenten sind die *Rütgerswerke* und *Nihon Iyoryu Kogyo/Nippon Steel Chemical*.

Carbazol dient neben der Gewinnung von Pigmenten hauptsächlich zur Herstellung von N-Vinylcarbazol, das durch Umsetzung mit Acetylen in der Flüssigphase bei 150 bis 250 °C und einem Druck von ca. 25 bar oder in der Gasphase bei 350 °C in Gegenwart von Alkalihydroxiden hergestellt wird.

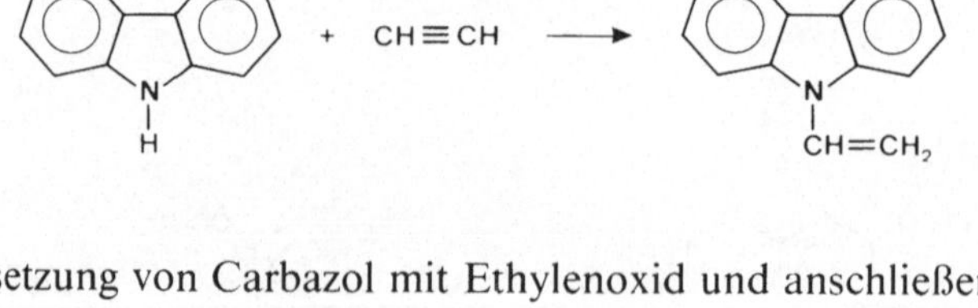

Auch die Umsetzung von Carbazol mit Ethylenoxid und anschließende Dehydratisierung führt zum N-Vinylcarbazol.

N-Vinylcarbazol findet Verwendung als Copolymer zur Herstellung von Spezialkunststoffen insbesondere für die Elektroindustrie.

Carbazol-Derivate haben traditionell als Pigmente und Farbstoffe großtechnische Bedeutung. Die Herstellung ist auf der Basis von Carbazol oder durch Cyclisierung von Stickstoffverbindungen möglich; beispielhaft für die letztere Route sind die Herstellung von Vat Black 27 und Vat Orange 15.

Vat Orange 15

Vat Black 27

Technisch bedeutungsvoll ist z. B. das universell verwendbare Dioxazin-Pigment Pigment Violet 23, das sich durch hohe Farbstärke auszeichnet. Es ist durch Umsetzung von 3-Amino-N-ethylcarbazol und Chloranil in o-Dichlorbenzol bei Temperaturen von 130 bis 150 °C und oxidierendem Ringschluß zu Dioxazin in Gegenwart von Benzolsulfochlorid zugänglich. Das zur Synthese benötigte 3-Amino-N-ethylcarbazol wird aus Carbazol durch N-Alkylierung, z. B. mit Diethylsulfat oder Ethylchlorid und Nitrierung mit anschließender Reduktion zum Amin hergestellt.

Pigment Violet 23

Ein traditionell bedeutender Schwefel-Farbstoff auf der Basis von Carbazol ist das von *Cassella* 1909 entwickelte Hydronblau R (Vat Blue 43). Durch Umsetzung von p-Nitrosophenol mit Carbazol in Schwefelsäure erhält man das „Indocarbazol" (N-(3-Carbazol)-1,4-benzochinonimin), das durch Umsetzung mit Natriumpolysulfid in den entsprechenden Schwefel-Farbstoff umgewandelt wird. Die Struktur dieses Farbstoffes ist ebenso wie die Struktur anderer Schwefel-Farbstoffe trotz der wirtschaftlichen Bedeutung noch nicht vollständig aufgeklärt.

N-(3-Carbazol)-1,4-benzochinonimin

14.5.7 Diphenylenoxid

Diphenylenoxid ist im Steinkohlenteer in einer Konzentration von ca. 1% enthalten; es wird durch Kombination von Kristallisation und Destillation aus der Waschöl-Fraktion gewonnen (s. Kapitel 3.2.3).

Diphenylenoxid

Wichtigstes Folgeprodukt des Diphenylenoxids ist das 2,2'-Dihydroxydiphenyl, das durch Alkalischmelze (Etherspaltung) hergestellt wird; es dient als Zwischenprodukt zur Herstellung von Pflanzenschutzmitteln und Wirkstoffen für Desinfektionsmittel.

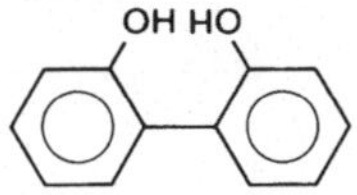

15 Toxikologie/Produktumweltschutz

15.1 Toxikologische Grundsatzbetrachtungen

Die Toxikologie, die Wissenschaft von der schädigenden Wirkung chemischer Substanzen natürlichen und industriellen Ursprungs auf lebende Organismen, hat insbesondere die Aufgabe, mögliche Schädigungen von Lebewesen durch chemische Stoffe zu untersuchen.

Ziel der toxikologischen Untersuchungen ist es, das Risiko chemischer Stoffe für die Gesundheit von Mensch und Tier zu ermitteln, um die möglichen Gefahren rechtzeitig zu erkennen und abzuwehren.

Neben der Ermittlung der akuten und chronischen Giftwirkung (insbesondere der karzinogenen, mutagenen, embryotoxischen und teratogenen Wirkung) steht die Untersuchung der Abbaubarkeit bzw. Persistenz sowie die Gefahr der Bioakkumulation in der Nahrungskette im Vordergrund des Produktumweltschutzes.

Die akute Giftwirkung einer Substanz wird in der Regel in Tierversuchen, meist an der Ratte, bestimmt. Als sehr giftig gelten Substanzen, bei denen eine orale Aufnahme von maximal 25 mg/kg Körpergewicht (LD) zum Tode führt. Giftig sind solche Substanzen, bei denen bei Applikation von 25 bis 200 mg/kg eine tödliche Wirkung auftritt. Mindergiftige (gesundheitsschädliche) Substanzen verursachen Todesfälle bei Dosierungen zwischen 200 und 2.000 mg/kg Körpergewicht. Substanzen, deren akute Toxizität über 2.000 mg/kg liegt, werden als nicht giftig eingestuft. Diejenige Dosis, durch welche 50% der Versuchstiere eines Kollektivs verenden, wird als mittlere letale Dosis - LD_{50} - bezeichnet.

Neben der Bestimmung der akuten Toxizität spielt die Ermittlung der chronischen und subchronischen Toxizität (Langzeitwirkung) eine zunehmend große Rolle bei der Prüfung der Umweltverträglichkeit.

Für die Schädlichkeit einer chemischen Substanz ist die Menge, die Einwirkungszeit und die Art der Einwirkung (oral, inhalativ, dermal) bestimmend. Unverändert gilt der von Paracelsus bereits im 16. Jahrhundert geprägte Satz: „Alle Dinge sind Gift und nichts ist ohn' Gift; allein die Dosis macht, das ein Ding kein Gift ist".

In Tabelle 15.1 sind die LD- und LD_{50}-Werte einiger Aromaten zusammengestellt.

Tabelle 15.1: LD- und LD_{50}-Werte von Aromaten

Stoff	Tox.-Werte in mg/kg (oral, Ratte)	
Anilin	LD_{50}:	440
Anthracen	LD:	> 16.000
Benzol	LD_{50}:	3.800
Benzolsulfonsäure	LD_{50}:	890
Chlorbenzol	LD_{50}:	2.910
2,4-D	LD_{50}:	500
DDT	LD_{50}:	500
Ethylbenzol	LD_{50}:	3.500
Fluoranthen	LD:	> 16.000
o-Kresol	LD_{50}:	121
Naphthalin	LD:	> 16.000
β-Naphthol	LD_{50}:	2.420
Phenanthren	LD:	> 16.000
Phenol	LD_{50}:	414
Pyren	LD:	> 16.000
PSA	LD_{50}:	4.020
Styrol	LD_{50}:	5.000
Terephthalsäuredimethylester	LD_{50}:	4.390
Toluol	LD_{50}:	5.000
o-Xylol	LD_{50}:	5.000
m-Xylol	LD_{50}:	5.000
p-Xylol	LD_{50}:	5.000

Unsubstituierte Aromaten und Alkylaromaten weisen eine relativ geringe akute Toxizität auf; durch Substitution mit reaktiven Gruppen, wie z. B. Amino- und Hydroxylgruppen steigt die akute Toxizität in der Regel deutlich an.

15.2 Arbeitsmedizinische Aspekte und gesetzliche Rahmenbedingungen

Die arbeitsmedizinische Untersuchung von Industriearbeitern hat eine lange Tradition. Der Londoner Arzt John Hill publizierte 1761 eine Arbeit, in der er auf die krebserzeugende Wirkung von übermäßigem Schnupftabakgebrauch hinwies. 1775 folgte eine weitere Veröffentlichung über die hohe Krebsrate bei Kaminfegern. Percival Pott stellte fest, daß diese erhöhte Krebsrate aus dem Umgang mit Ruß herrührte.

Eine weitere Untersuchung der Vergangenheit stammt von den Japanern Katsusaburo Yamagiwa und Koichi Ichikawa, die Anfang dieses Jahrhunderts fanden, daß Steinkohlenteerfraktionen bei Mäusen Krebs erzeugen können.

Als erste krebserzeugende aromatische Verbindung wurde 1930 von Ernest L. Kennaway und Izrael Hieger das Dibenz-(a,h)-anthracen identifiziert. Kennaway untersuchte daraufhin weitere hochsiedende Teerfraktionen und isolierte aus 2 Tonnen Pech die Isomeren Benzo-(a)-pyren und Benzo-(e)-pyren; er zeigte im Tierversuch, daß nur Benzo-(a)-pyren eine starke krebserzeugende Wirkung aufweist.

1971 beschloß die International Agency for Research on Cancer (IARC) ein Programm zur Bestimmung des krebserzeugenden Risikos von Chemikalien für Menschen.

Nach dem Erkennen des karzinogenen Potentials wurde die industrielle Anwendung der karzinogenen Substanzen entweder weitgehend eingeschränkt oder entsprechende Vorkehrungen getroffen, um mit den toxischen Verbindungen sicherer umgehen zu können. Beispiele hierfür gibt es bereits im 19. Jahrhundert. Da bei der Herstellung des Farbstoffes Fuchsin (Magenta) eine erhöhte Blasenkrebs-Häufigkeit auftrat, wurden insbesondere die aromatischen Amine bezüglich ihrer krebserregenden Wirkung untersucht. Vornehmlich β-Naphthylamin und Benzidin sowie Auramin wurden als krebserregend erkannt. Die letzte Fabrikationsstätte zur Herstellung von β-Naphthylamin schloß in Großbritannien im Jahre 1949; bei der Herstellung von α-Naphthylamin werden große verfahrenstechnische Anstrengungen unternommen, um den Gehalt an β-Naphthylamin deutlich zu vermindern. Ein weiteres Beispiel ist das Buttergelb (Solvent Yellow 2), das zum Färben von Margarine und Butter benutzt wurde; es ist wegen seiner krebserzeugenden Wirkung seit 1938 nicht mehr im Verkehr.

Buttergelb

Bei der Neuentwicklung von Produkten werden die toxikologischen Risiken insbesondere bei Verdacht auf Krebserzeugung berücksichtigt. Das 2-Acetylaminofluoren wurde zum Beispiel als Insektizid nicht eingeführt, nachdem ein berechtigter Verdacht auf Karzinogenität erkannt wurde.

2-Acetylaminofluoren

In den wichtigsten Industriestaaten gelten Vorschriften für den Umgang mit Chemikalien, in der Bundesrepublik Deutschland insbesondere das „Gesetz zum Schutz vor gefährlichen Stoffen" (Chemikaliengesetz vom 16. September 1980), in Großbritannien der „Health and Safety Act" und in Frankreich das „décret no. 85

á 217" vom 13. Februar 1985 „portant sur le contrôle des produits chimiques". In den USA sind die Rahmenvorschriften durch die Bestimmungen der Occupational Health and Safety Administration (OSHA) sowie durch den Toxic Substance Control Act (TSCA) von 1976 gegeben, deren Durchführung der Environmental Protection Agency (EPA) obliegt.

Ziel der Chemikaliengesetze ist es, durch Verpflichtung zur Prüfung und Anmeldung von Stoffen sowie zur Einstufung, Kennzeichnung und Verpackung gefährlicher Stoffe und Zubereitungen, durch Verbote und Beschränkungen sowie durch besondere gift- und arbeitsschutzrechtliche Regelungen den Menschen und die Umwelt vor schädlichen Einwirkungen gefährlicher Stoffe zu schützen.

Von besonderer Bedeutung im gesetzlichen Rahmenwerk der Bundesrepublik Deutschland ist die „Verordnung über gefährliche Stoffe" (Gefahrstoffverordnung vom 26. August 1986). In dieser Ausführungsverordnung zum Chemikaliengesetz werden das Inverkehrbringen, die Kennzeichnungs- und Verpackungsmodalitäten sowie der Umgang mit Gefahrstoffen detailliert geregelt. Im Anhang I der Gefahrstoffverordnung sind die Einstufung und Kennzeichnung gefährlicher Stoffe und Zubereitungen aufgeführt. Im Anhang II sind die besonderen Vorschriften über den Umgang mit krebserzeugenden, fruchtschädigenden und erbgutverändernden Gefahrstoffen zusammengestellt. Der Anhang VI beinhaltet die „Liste eingestufter gefährlicher Stoffe und Zubereitungen".

Tabelle 15.2 zeigt die Einstufung der krebserzeugenden aromatischen Gefahrstoffe.

Tabelle 15.2: Einteilung aromatischer Gefahrstoffe im Anhang VI der Gefahrstoffverordnung (Massengehalte des Gefahrstoffs in %)

Krebserzeugender Gefahrstoff	Gruppen		
	I (sehr stark gefährdend)	II (stark gefährdend)	III (gefährdend)
o-Aminoazotoluol		$\geqq 0,1$	$< 0,1–0,01$
4-Aminodiphenyl	$\geqq 1$	$< 1–0,1$	$< 0,1–0,01$
Benzidin	$\geqq 1$	$< 1–0,1$	$< 0,1–0,01$
Benzidin-Salze	$\geqq 1$	$< 1–0,1$	$< 0,1–0,01$
Benzol		$\geqq 1$	
Benzo-(a)-pyren*		$\geqq 0,1$	$< 0,1–0,005$
3,3'-Dichlor-benzidin		$\geqq 1$	$< 1–0,1$
3,3'-Dimethyl-4,4'-diamino-diphenylmethan		$\geqq 1$	$< 1–0,1$
2-Naphthylamin	$\geqq 1$	$< 1–0,1$	$< 0,1–0,01$
5-Nitroacenaphthen		$\geqq 1$	$< 1–0,1$
4-Nitrodiphenyl	$\geqq 1$	$< 1–0,1$	$< 0,1–0,01$
2-Nitronaphthalin		$\geqq 1$	$< 1–0,1$

* Als Bezugssubstanz für krebserzeugende polycyclische aromatische Kohlenwasserstoffe (PAH) in Pyrolyseprodukten aus organischem Material

Die Senatskommission der Deutschen Forschungsgemeinschaft (DFG) zur Prüfung gesundheitsschädlicher Arbeitsstoffe veröffentlicht jährlich u.a. eine Auflistung krebserzeugender Arbeitsstoffe. Die DFG-Kommission verabschiedet hierzu auch die „Technische Richtkonzentration" (TRK). Der TRK-Wert ist diejenige Konzentration der Substanz als Gas, Dampf oder Schwebstoff in der Luft, die als Anhalt für die zu treffenden Schutzmaßnahmen und die meßtechnische Überwachung am Arbeitsplatz gilt.

Außerdem wird von der Senatskommission zur Prüfung gesundheitsschädlicher Arbeitsstoffe der maximale Arbeitsplatzkonzentrations-Wert (MAK) als höchstzulässige Konzentration eines Arbeitsstoffes als Gas, Dampf oder Schwebstoff in der Luft am Arbeitsplatz festgelegt, der nach dem derzeitigen Stand der Kenntnis auch bei wiederholter und langfristiger, in der Regel achtstündiger Exposition im allgemeinen die Gesundheit der Beschäftigten nicht beeinträchtigt.

Die wichtigsten aromatischen Verbindungen aus der MAK-Liste sind in Tabelle 15.3 zusammengestellt. Die MAK-Werte können sowohl nach oben als auch nach unten entsprechend dem Stand der vorliegenden toxikologischen Erkenntnisse geändert werden.

Tabelle 15.3: MAK-Werte von Aromaten und Aromaten-Derivaten

Stoff	Formel	MAK ml/m^3(ppm)	mg/m^3
o-Aminoazotoluol	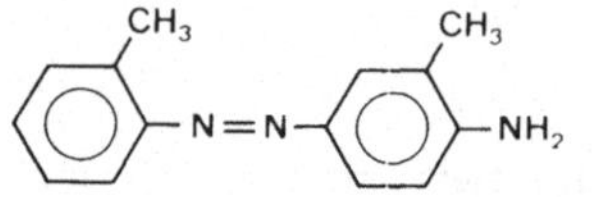		* *
4-Aminodiphenyl	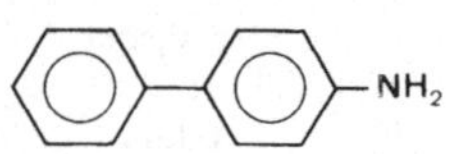		*
3-Amino-9-ethyl-carbazol	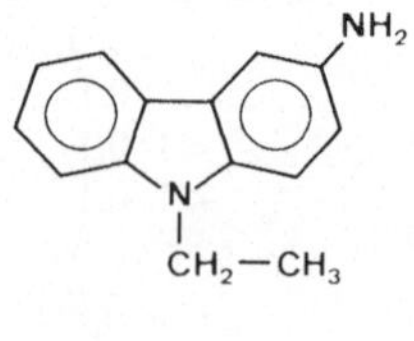		* * *
2-Aminopyridin	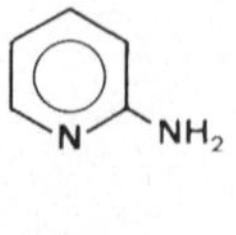	0,5	2
Anilin***		2	8

Stoff	Formel	MAK ml/m³(ppm)	mg/m³
ANTU (α-Naphthylthio-harnstoff)			0,3
Atrazin			2
Auramin			* *
Azinphos-methyl			0,2
Benzidin und seine Salze			*
p-Benzochinon		0,1	0,4
Benzol			*
Benzo-(a)-pyren			* * * * *
Biphenyl		0,2	1

Stoff	Formel	MAK ml/m³(ppm)	mg/m³
p-tert.-Butyl-phenol	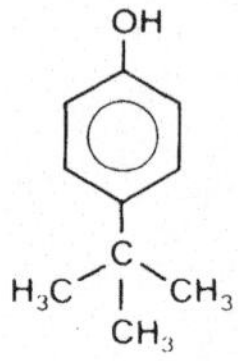	0,08	0,5
p-tert.-Butyl-toluol	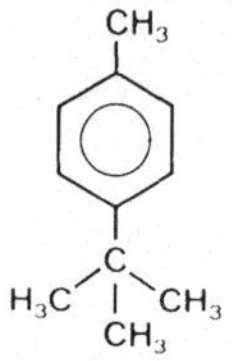	10	60
Carbaryl	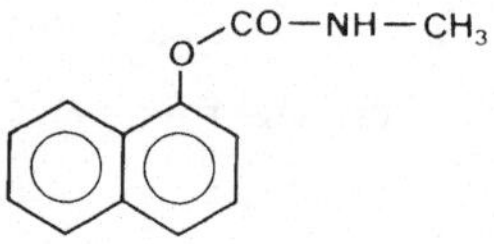		5
Chlorbenzol	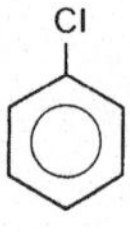	50	230
Chlorierte Biphenyle Chlorgehalt 42%***		0,1	1
Chlorierte Biphenyle Chlorgehalt 54%***		0,05	0,5
1-Chlor-4-nitro-benzol	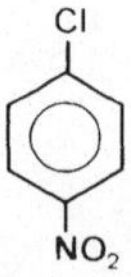		1
4-Chlor-o-toluidin	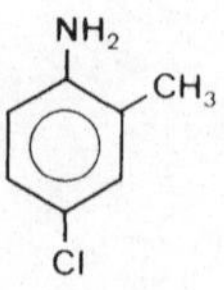		**
5-Chlor-o-toluidin	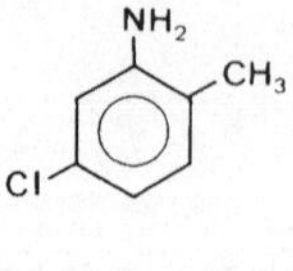		***

Stoff	Formel	MAK	
		ml/m³(ppm)	mg/m³
α-Chlortoluol	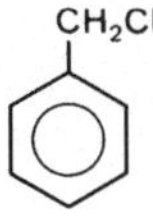	1	5
Chrysen	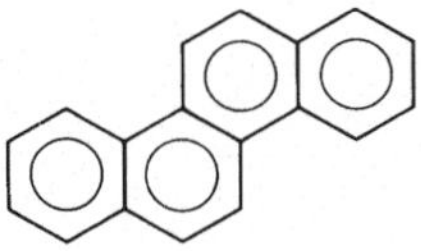		**
2,4-D	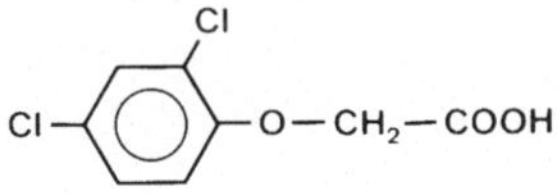		10
DDT	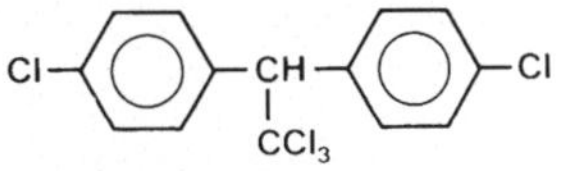		1
2,4-Diamino-anisol	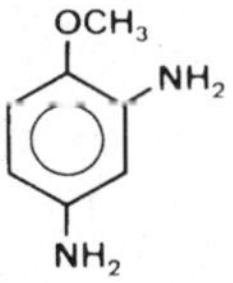		**
4,4′-Diaminodi-phenylmethan	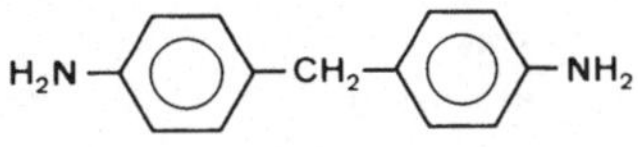		***
Diazinon	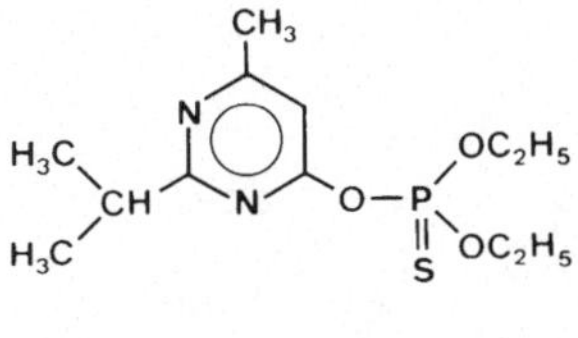		1
Dibenzoylperoxid****	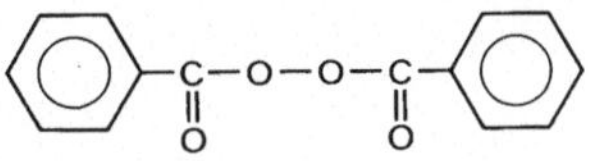		5
3,3′-Dichlor-benzidin**	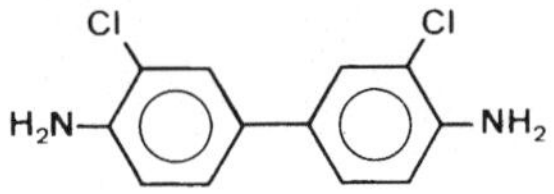	0,1	

Stoff	Formel	MAK ml/m³(ppm)	mg/m³
1,2-Dichlor-benzol		50	300
1,4-Dichlor-benzol		75	450
α, α-Dichlor-toluol			* * *
1,4-Dihydroxy-benzol			2
2,4-Diisocyanat-toluol		0,01	0,07
2,6-Diisocyanat-toluol		0,01	0,07
3,3′-Dimethoxy-benzidin			* *
N,N-Dimethylanilin		5	25

Stoff	Formel	MAK ml/m³(ppm)	mg/m³
3,3'-Dimethyl-benzidin			* *
α, α-Dimethyl-benzylhydroperoxid			* * * *
3,3'-Dimethyl-4,4'-diamino-diphenyl-methan			* *
Dinitrobenzol		0,15	1
4,6-Dinitro-o-kresol			0,2
Dinitronaphthaline			* * *
Dinitrotoluole			* *
Di-sec-octyl-phthalat			10

Stoff	Formel	MAK	
		ml/m³(ppm)	mg/m³
Diphenylether	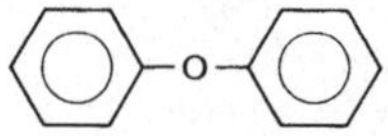	1	7
Diphenylmethan-4,4'-diisocyanat	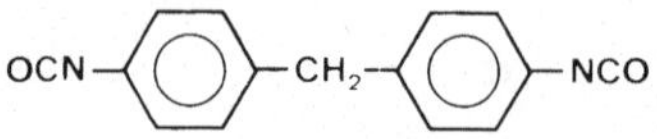	0,01	0,1
O-Ethyl-O-(4-nitro-phenyl)-phenylthio-phosphonat (EPN)	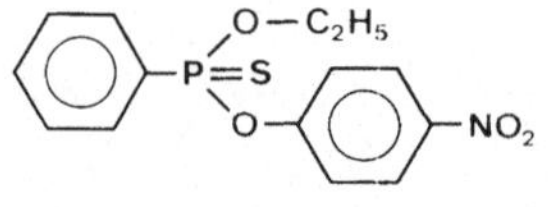		0,5
Ethylbenzol	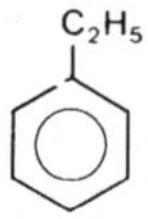	100	440
Fenthion	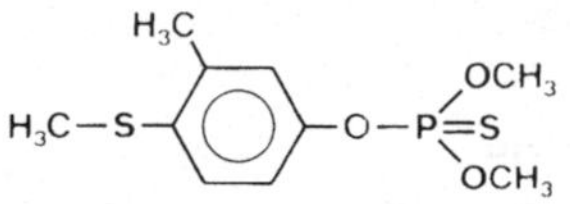		0,2
Furfuryl-alkohol	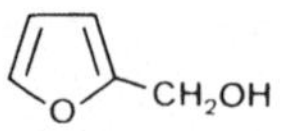	50	200
2-Furylmethanal	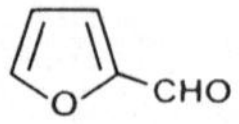	5	20
Kresole	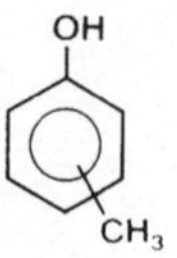	5	22
2-Methoxyanilin	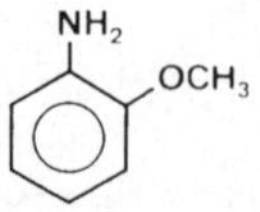	0,1	0,5

Stoff	Formel	MAK	
		ml/m³(ppm)	mg/m³
4-Methoxyanilin		0,1	0,5
Methoxychlor			15
N-Methylanilin		2	9
4,4'-Methylen-bis-(2-chloranilin)			**
4,4'-Methylen-bis-(N,N-dimethyl-anilin)			***
Methylstyrol (alle Isomere)		100	480
N-Methyl-2,4,6-N-tetranitroanilin			1,5
Michlers Keton			***

Stoff	Formel	MAK ml/m³(ppm)	mg/m³
Naphthalin	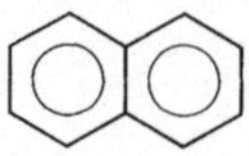	10	50
2-Naphthylamin	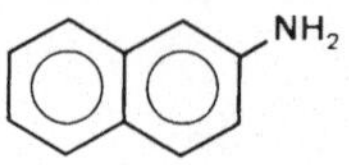		*
1,5-Naphthylen-diisocyanat	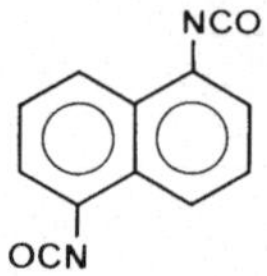	0,01	0,09
Nicotin	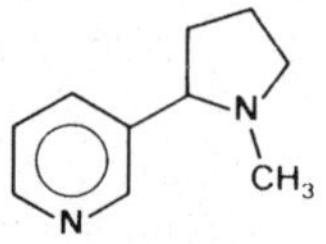	0,07	0,5
5-Nitroacenaphthen	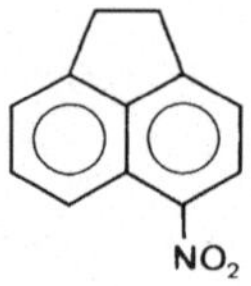		**
2-Nitro-4-amino-phenol	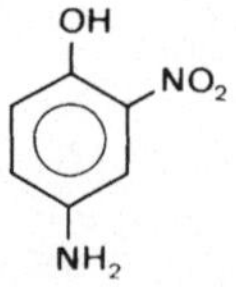		***
4-Nitroanilin		1	6
Nitrobenzol	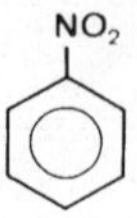	1	5

Stoff	Formel	MAK	
		ml/m^3(ppm)	mg/m^3
4-Nitrobiphenyl	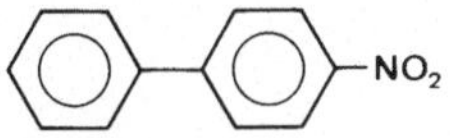		**
1-Nitronaphthalin	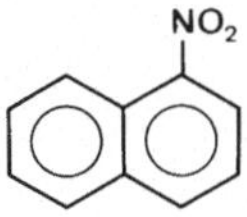		***
2-Nitronaphthalin	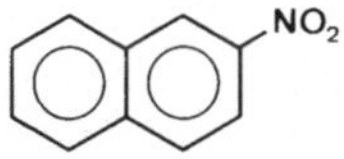		**
2-Nitro-p-phenylen-diamin	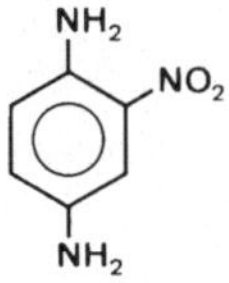		***
Nitrotoluole	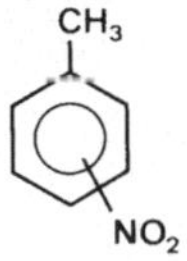	5	30
4,4′-Oxydianilin	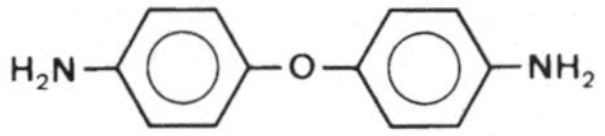		***
Paraquatdichlorid	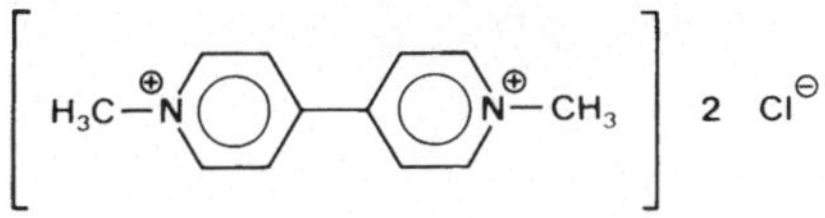		0,1
Parathion	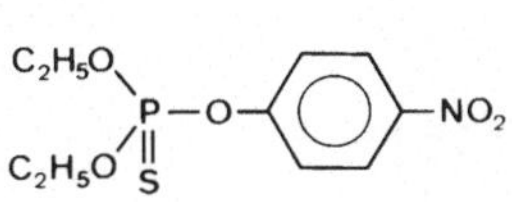		0,1
Pentachlorphenol	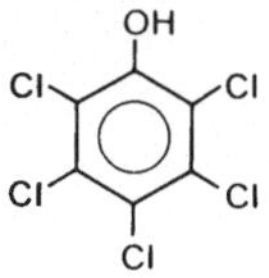	0,05	0,5

Stoff	Formel	MAK ml/m³(ppm)	mg/m³
Phenol	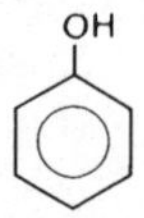	5	19
p-Phenylendiamin	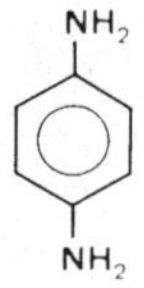		0,1
Phenylglycidyl-ether***	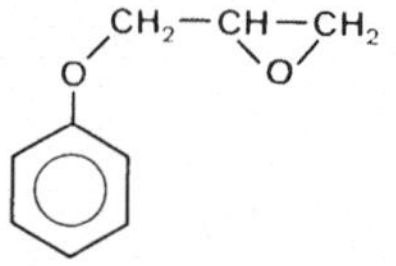	1	6
Phenylhydrazin***	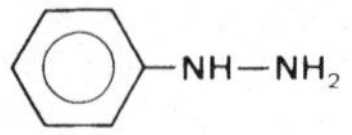	5	22
N-Phenyl-2-naphthylamin	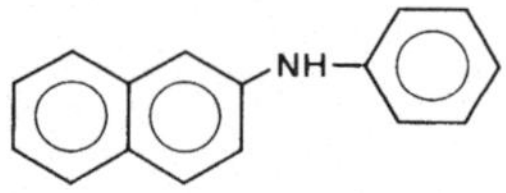		***
Phthalsäure-anhydrid	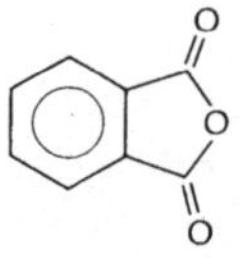		5
iso-Propenyl-benzol	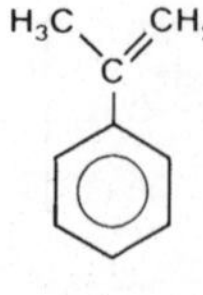	100	480
Propoxur	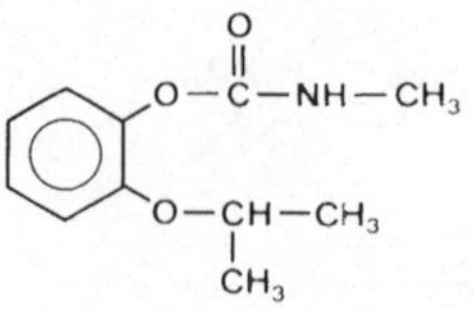		2

Stoff	Formel	MAK	
		ml/m³(ppm)	mg/m³
iso-Propylbenzol	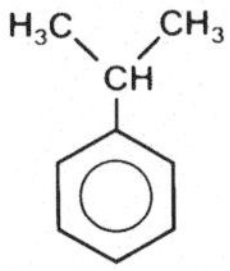	50	245
Pyridin	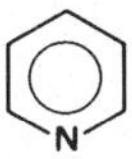	5	15
Pyrolyseprodukte aus org. Material			* * * * * * * *
Rotenon	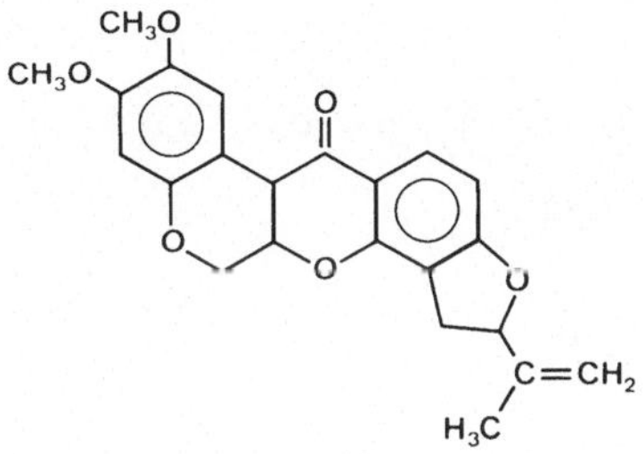		5
Styrol	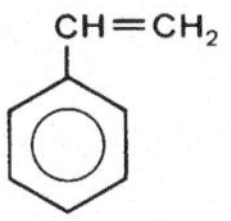	100	420
2,3,7,8-Tetrachlor-dibenzo-p-dioxin	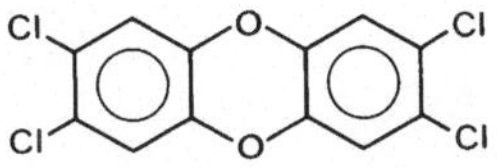		* *
4,4'-Thiodianilin	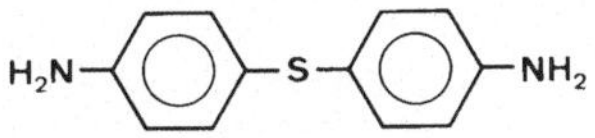		* * *
o-Toluidin	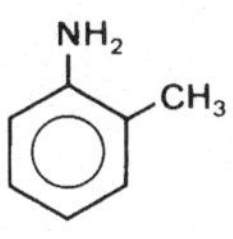		* *

Stoff	Formel	MAK	
		ml/m³(ppm)	mg/m³
Toluol	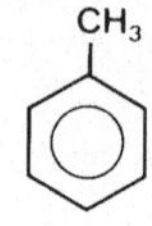	100	375
2,4-Toluylen-diamin	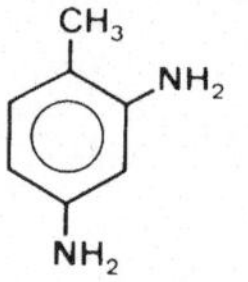		* *
1,2,4-Trichlor-benzol	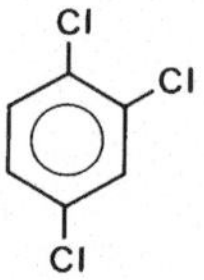	5	40
2,4,5-Trichlor-phenoxyessigsäure	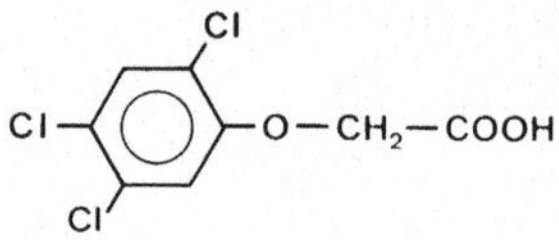		10
α, α, α-Tri-chlortoluol	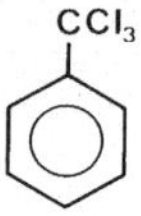		* * *
Trimellitsäure-anhydrid	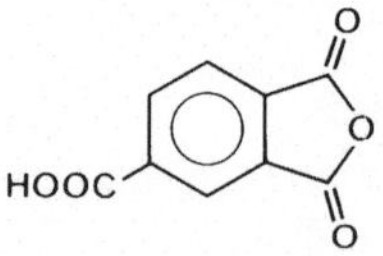	0,005	0,04
2,4,5-Trimethyl-anilin	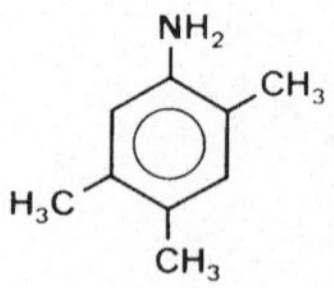		* * *
2,4,7-Trinitro-fluorenon	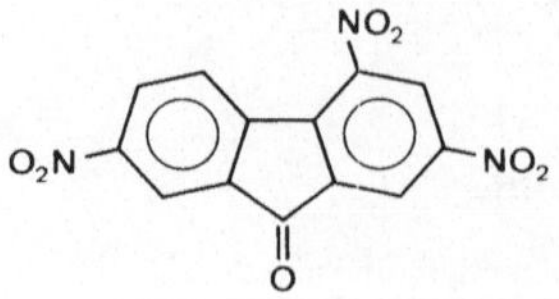		* * *

Stoff	Formel	MAK ml/m^3(ppm)	mg/m^3
2,4,6-Trinitro-phenol	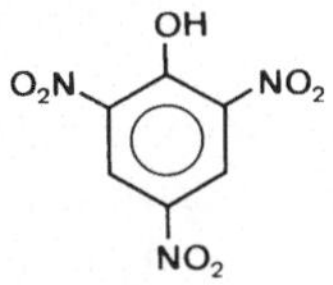		0,1
2,4,6-Trinitro-toluol	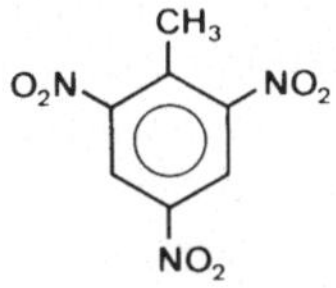	0,15	1,5
Warfarin	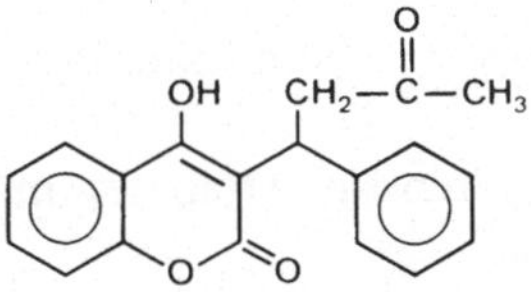		0,5
Xylidine	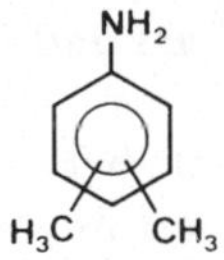	5	25
2,4-Xylidin***	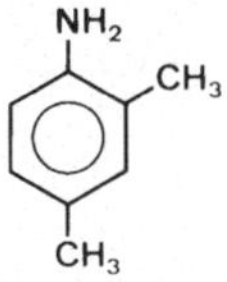	5	25
Xylole	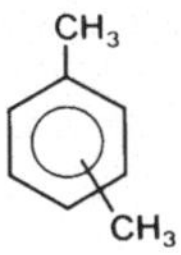	100	440

Darüber hinaus gehören Braunkohlenteer, Steinkohlenteer, Steinkohlenteerpech und Steinkohlenteeröle mit krebserzeugendem Potential sowie Gemische damit zu den krebserzeugenden Arbeitsstoffen.

Folgende weitere Hinweise sind in der MAK-Liste aufgeführt:

*III A₁   Krebserzeugende Arbeitsstoffe; eindeutig erwiesen und begründet verdächtig
Stoffe, die beim Menschen erfahrungsgemäß bösartige Geschwülste zu verursachen vermögen

**III A₂   Stoffe, die sich bislang nur im Tierversuch nach Meinung der Kommission eindeutig als krebserzeugend erwiesen haben, und zwar unter Bedingungen, die der möglichen Exponierung des Menschen am Arbeitsplatz vergleichbar sind bzw. aus dem Vergleichbarkeit abgeleitet werden kann

***III B   Stoffe mit begündetem Verdacht auf krebserzeugendes Potential; neuere Befunde der Krebsforschung erfordern die Berücksichtigung weiterer Stoffe, bei denen ein nennenswertes krebserzeugendes Potential zu vermuten ist und die dringend der weiteren Abklärung bedürfen. Die bei den krebserzeugenden Gefahrstoffen angegebenen Konzentrationswerte sind TRK-Werte.

****Va   organische Peroxide

*****Vd   Pyrolyseprodukte aus organischem Material

Besonders niedrige MAK-Werte gelten für Aromaten mit reaktiven Substituenten wie Amine, Phenole und Isocyanate.

Aus der Gruppe der unsubstituierten polycyclischen aromatischen Verbindungen erwiesen sich im Tierversuch einige der Verbindungen mit vier und mehr Ringen als krebserzeugend; bei Naphthalin, Anthracen und Phenanthren wurde keine krebserzeugende Wirkung festgestellt.

Während die toxische Wirkung von industriell hergestellten Aromaten in der Regel gut untersucht ist, ist über die zahlreichen in der Natur vorkommenden Gifte häufig relativ wenig bekannt. Aromatische Naturgifte mit hoher Toxizität sind beispielsweise das Aflatoxin B₁, das als Stoffwechselprodukt des Aspergillus flavus erzeugt wird, sowie das Colchicin, das von der Herbstzeitlose stammt.

Aflatoxin B₁

Colchicin

Bruce N. Ames hat festgestellt, daß die Hauptbelastung der Menschen durch erbgutverändernde und krebserzeugende Substanzen aus natürlichen Inhaltsstoffen von Nahrungs- und Genußmitteln sowie den allgemeinen Lebensgewohnheiten resultiert; die Belastung durch Industriechemikalien ist dagegen vergleichsweise gering.

15.3 Umweltschutzaspekte und biologischer Abbau von Aromaten

Bei der Herstellung von Industriechemikalien in der Bundesrepublik Deutschland wird die Emission von Schadstoffen in die Luft durch die Technische Anleitung zur Reinhaltung der Luft vom 27. Februar 1986 im Rahmen der ersten allgemeinen Verwaltungsvorschrift zum Bundes-Immissionsschutzgesetz geregelt.

Die zulässigen Emissionen krebserzeugender Stoffe sind in der TA Luft in drei Konzentrationsklassen des Abgases aufgeteilt. Stoffe mit dem höchsten karzinogenen Potential wie Benzo-(a)-pyren, Dibenz-(a,h)-anthracen und 2-Naphthylamin sind in die Klasse I eingeordnet und dürfen bei einem Massenstrom von 0,5 g/h oder mehr 0,1 mg/m^3 Massenkonzentration im Abgas nicht überschreiten.

In die Klasse II, in der bei einem Massenstrom von 5 g/h oder mehr eine Konzentration von 1 mg/m^3 nicht überschritten werden darf, fällt aus der Reihe der aromatischen Verbindungen nur das 3,3'-Dichlorbenzidin.

Zur Klasse III, die bei einem Massenstrom von 25 g/h oder mehr eine Konzentration von 5 mg/m^3 nicht überschreiten darf, gehört das Benzol.

Der Abbau der Aromaten im Wasser und im Boden erfolgt hauptsächlich durch mikrobiologische Vorgänge; der Abbau von Aromaten, die an Partikel adsorbiert sind, kann außerdem durch UV-Strahlung beschleunigt erfolgen.

Der erste Schritt des biochemischen Aromatenabbaus geschieht in der Regel durch Einführung freier Sauerstoffatome in das aromatische Molekül. Dieser Vorgang wird von Dioxygenasen katalysiert. Vom Benzol ausgehend ist das Oxidationsprodukt Brenzcatechin. Während der Reaktionsmechanismus in Säugerzellen in allen Teilschritten weitgehend aufgeklärt werden konnte, besteht hinsichtlich des primären mikrobiellen Oxidationsschrittes noch Unklarheit. Da im Unterschied zur Umsetzung von Säugern, bei der trans-1,2-Dihydroxydihydrobenzol entsteht, bei dem mikrobiellen Benzol-Abbau cis-1,2-Dihydroxydihydrobenzol nachgewiesen wurde, kann angenommen werden, daß der erste Metabolit ein cyclisches Peroxid ist. In der Säugerzelle wurde das Benzol-1,2-epoxid nachgewiesen.

Im Anschluß an die Dihydroxylierung des aromatischen Ringes erfolgt dessen Spaltung. Für die Ringöffnung sind im mikrobiellen Stoffwechsel drei Mechanismen bekannt:

1. der ortho-Weg, der für Brenzcatechin und Protocatechusäure nachgewiesen wurde,
2. der meta-Weg, der für Brenzcatechin und substituierte Brenzcatechine nachgewiesen wurde sowie
3. der Homogentisinsäure-Weg.

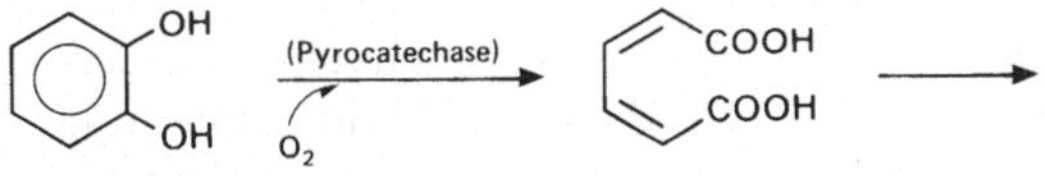

$$HOOC-CH_2-\underset{\underset{O}{\|}}{C}-CH_2-CH_2-COOH \longrightarrow HOOC-CH_2-CH_2-COOH + CH_3-COOH$$

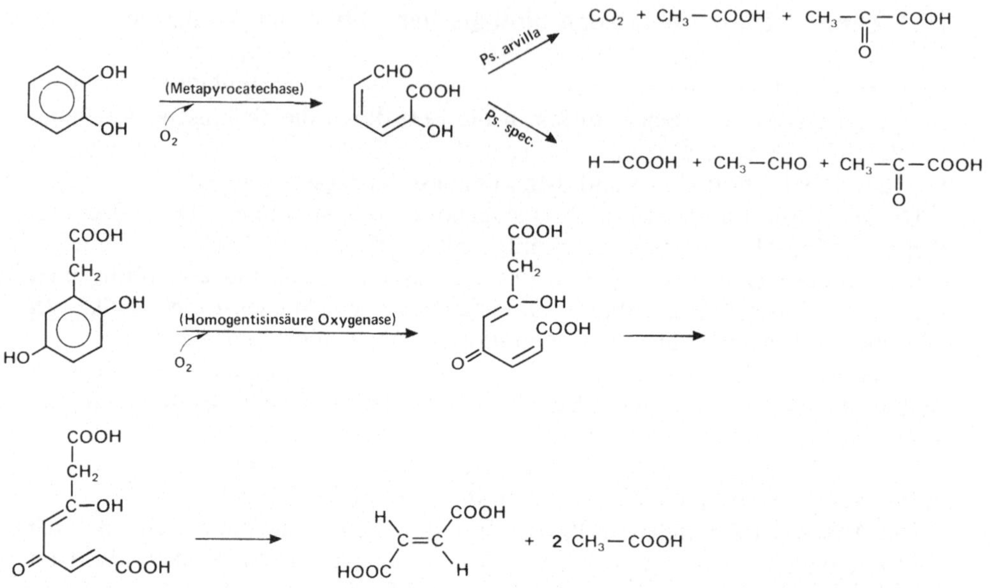

Prinzipiell ist der biologische Abbau von Aromaten schwieriger als der Abbau aliphatischer Verbindungen. Beim Abbau von aromatischen Verbindungen wurden jedoch in den letzten Jahren erhebliche Fortschritte erzielt, so zum Beispiel beim Abbau von Lignin oder Braunkohle.

Unerwünscht ist die Persistenz bestimmter Stoffe in Kombination mit anderen Wirkungseffekten wie beispielsweise der Bioakkumulation und der Giftwirkung. Die Kombination dieser Eigenschaften hat beispielsweise zu einem Verbot von DDT in den wichtigsten Industriestaaten geführt. Eine gewisse Resistenz gegen die biologische Abbaubarkeit ist jedoch insbesondere bei Pflanzenschutzmitteln notwendig.

Chlorierte Aromaten sind gegen den biologischen Abbau häufig besonders resistent und reichern sich in der Nahrungskette an; dies gilt insbesondere für para-substituierte Aromaten. Diese als para-Rekalzitranz bezeichnete Beständigkeit chlorierter Aromaten resultiert aus dem Fehlen geeigneter Enzymsysteme bzw. einer Enzymhemmung in den Stoffwechselsystemen.

Der rasche biologische Abbau von Aromaten ist bei der biotechnischen Reinigung von aromatenreichen Abwässern erforderlich.

In der Bundesrepublik Deutschland wird die Ableitung von belasteten Abwässern durch das Gesetz zur Ordnung des Wasserhaushaltes (Wasserhaushaltsgesetz - WHG vom 16. Oktober 1976) und das Gesetz über Abgaben für die Einleitung von Abwasser in Gewässer (Abwasserabgaben-Gesetz - AbwAG vom 13. September 1976) sowie branchenspezifische Verwaltungsvorschriften zum § 7a des WHG geregelt, in denen der Stand der Klärtechnik, der bei der Einleitung in Gewässer zu erfüllen ist, festgeschrieben wurde.

16 Zukunftsaspekte der Aromatenchemie

Mit der Aromatenchemie begann der Aufschwung der industriellen organischen Chemie in der Mitte des 19. Jahrhunderts. Die Aromatenchemie hat seitdem eine stete Weiterentwicklung erfahren, die von zahlreichen Innovationen getragen wurde. Nach den Farbstoffen und Heilmitteln folgten als Hauptinnovationen Kunststoffe und Pflanzenschutzmittel.

Auch in der Zukunft wird der Innovationsschub in der Aromatenchemie anhalten, gekennzeichnet durch ein qualitatives Wachstum.

Die Hauptrohstoffquellen für die Aromatengewinnung werden weiterhin die Pyrolyseprozesse der Naphtha-Spaltung und der Verkokung von Steinkohle sowie die katalytische Reformierung von Benzin-Fraktionen sein. Diese Rohstoffbasen werden zunehmend ergänzt durch katalytische Verfahren zur Herstellung von Aromaten aus niedermolekularen aliphatischen Bausteinen. Erste Ansätze hierzu sind das *Mobil*-MTG-Verfahren sowie das Cyclar-Verfahren *(UOP/BP)*. Diese Prozesse schließen letztlich an die von Pierre E. M. Berthelot 1866 durchgeführten Versuche an, Benzol durch Trimerisierung von Acetylen herzustellen.

Die Rohstoffgrundlage für die Aromatenchemie ist auch für zukünftige breitere Anwendungen ausreichend, denn Aromaten dienen in großen Mengen zur Herstellung von Kraftstoffen und technischen Ölen. Im Verhältnis hierzu ist der Rohstoffbedarf für die Aromatenchemie gering.

Bei den Verfahren zur Reinherstellung von Aromaten werden Kristallisationsprozesse weiter an Boden gewinnen, da sie im allgemeinen einen geringeren Energieverbrauch haben als die destillativen Prozesse.

Bei der Verfahrensentwicklung zur Umwandlung von Aromaten werden in der Zukunft vermehrt katalytische Prozesse an Bedeutung gewinnen. Zur Verbesserung des Umweltschutzes wird dabei das Ziel der hochselektiven Reinherstellung der gewünschten Produkte im Vordergrund stehen. An die Stelle der Katalysatoren mit korrosiven Eigenschaften werden weniger korrosive treten, wie zum Beispiel Zeolith-Katalysatoren.

Die Palette der Verfahren zur Weiterverarbeitung von Aromaten wird zusätzlich durch biotechnologische Prozesse ergänzt werden. Aromatische Moleküle werden durch Mikroorganismen zwar häufig schwieriger umgewandelt als aliphatische Grundkörper, doch hat die Entwicklung der jüngsten Zeit gezeigt, daß zum Beispiel auch Aromaten abgebaut werden können, die lange Zeit als kaum abbaubar galten. Exemplarisch hierfür sind die jüngsten Erfolge bei der biochemischen Umwandlung von Lignin und Braunkohle.

Aus der Verknüpfung der Biotechnologie mit der pharmazeutischen Chemie werden auch in der Zukunft deutliche Impulse für die Aromatenchemie ausgehen. Eine Vielzahl der in den Naturvorgängen eine dominierende Rolle spielenden Chemikalien sind aromatischer Natur wie Tryptophan, die Alkaloide Chinin und Morphin sowie Nucleinsäuren. Komplexe Moleküle mit aromatischen Bausteinen wie Vitamin E, Penicilline sowie einfachere Aromaten wie Acetylsalicylsäure, Paracetamol und Ephedrin dienen als traditionelle Heilmittel. Der vermehrte Einsatz biotechnologischer Verfahren bei der Herstellung pharmazeutisch wirksamer Verbindungen bietet daher interessante Zukunftsperspektiven.

Auch bei der rein synthetischen Herstellung von Heilmitteln ergeben sich unter Verwendung von Heterocyclen, Einkern- und Mehrkernaromaten ständig Neuentwicklungen; eines der jüngsten Beispiele ist das Antimyketikum Naftifin, ein Allylamin-Derivat des Naphthalins.

Naftifin

Bei der Entwicklung von Pflanzenschutzmitteln wird zukünftig die selektive Wirksamkeit bei geringer Aufwandmenge sowie eine gute biologische Abbaubarkeit und die Bildung nichttoxischer Abbauprodukte im Vordergrund stehen. Auch auf diesem Entwicklungsgebiet werden Aromaten eine bedeutende Rolle spielen, wie zum Beispiel die synthetischen Pyrethroid-Insektizide zeigen.

Durch die Ausbildungsmöglichkeit vororientierter Phasen (Flüssigkristalle) bieten sich zusätzliche Einsatzgebiete für Aromaten insbesondere bei Kunststoffprodukten für hochwertige Verbundwerkstoffe.

Die industrielle Aromatenchemie wird daher auch in der Zukunft ein aussichtsreiches Arbeitsgebiet für den Chemiker und Verfahrensingenieur sein.

Anhang

	Summenformel	Schmelzpunkt (°C)	Siedepunkt (°C/1.013 mbar)
1. Grundkörper			
Benzol	C_6H_6	5,5	80,1
Inden	C_9H_8	− 1,5	182,4
Indan	C_9H_{10}	−51,4	177,8
Naphthalin	$C_{10}H_8$	80,2	217,9
Acenaphthylen	$C_{12}H_8$	92,5	104 (4 mbar)
Acenaphthen	$C_{12}H_{10}$	95	279
Diphenyl	$C_{12}H_{10}$	69,2	254,9
Fluoren	$C_{13}H_{10}$	115	294
Anthracen	$C_{14}H_{10}$	218	340
Phenanthren	$C_{14}H_{10}$	100	338,4
Pyren	$C_{16}H_{10}$	150	393,5
Benzo(a)pyren	$C_{20}H_{12}$	180	495,5
Benzo(e)pyren	$C_{20}H_{12}$	178	492,9
2. N-Heterocyclen			
Pyrrol	C_4H_5N	− 23,4	129,8
Pyridin	C_5H_5N	−42	115,3
Indol	C_8H_7N	52	254
Chinolin	C_9H_7N	− 15	237,7
Isochinolin	C_9H_7N	26,5	243,3
Carbazol	$C_{12}H_9N$	244,8	354,8
Acridin	$C_{13}H_9N$	111	343,9
Pyrimidin	$C_4H_4N_2$	21	124
1,3,5-Triazin	$C_3H_3N_3$	86	114
3. O-Heterocyclen			
Furan	C_4H_4O	−85,6	32
Cumaron	C_8H_6O	−28,9	171,4
Diphenylenoxid	$C_{12}H_8O$	85	285,1
Xanthen	$C_{13}H_{10}O$	101,5	311

	Summenformel	Schmelzpunkt ($^\circ$C)	Siedepunkt ($^\circ$C/1.013 mbar)
4. S-Heterocyclen			
Thiophen	C_4H_4S	$-38{,}2$	84
Thionaphthen	C_8H_6S	31,3	219,9
Diphenylensulfid	$C_{12}H_8S$	97	331,4
5. Phenole			
Phenol	C_6H_6O	40,9	181,8
Brenzcatechin	$C_6H_6O_2$	105	245,9
Resorcin	$C_6H_6O_2$	110,7	276,5
Hydrochinon	$C_6H_6O_2$	170,3	285 (971 mbar)
1-Naphthol	$C_{10}H_8O$	96	288
2-Naphthol	$C_{10}H_8O$	122	295
1,5-Dihydroxy-naphthalin	$C_{10}H_8O_2$	258	Z
1,8-Dihydroxy-naphthalin	$C_{10}H_8O_2$	140	–
o-Aminophenol	C_6H_7ON	173	subl.
m-Aminophenol	C_6H_7ON	122,1	164 (15 mbar)
p-Aminophenol	C_6H_7ON	186	subl.
8-Hydroxychinolin	C_9H_7ON	75,8	266,6 (1000 mbar)
6. Carbonsäuren und -anhydride			
Benzoesäure	$C_7H_6O_2$	121,7	249,2
Salicylsäure	$C_7H_6O_3$	159	211 (27 mbar)
Phthalsäureanhydrid	$C_8H_4O_3$	130,8	284,5
Phthalsäure	$C_8H_6O_4$	208	Z
Isophthalsäure	$C_8H_6O_4$	330	subl.
Terephthalsäure	$C_8H_6O_4$	subl.	–
Naphthalsäureanhydrid	$C_{12}H_6O_3$	274	subl.
1,4,5,8-Naphthalin-tetracarbonsäure	$C_{14}H_8O_8$	320	–
Anthranilsäure	$C_7H_7O_2N$	146,1	subl.
7. Aniline			
Anilin	C_6H_7N	$-6{,}2$	184,4
o-Diaminobenzol	$C_6H_8N_2$	103,8	256
m-Diaminobenzol	$C_6H_8N_2$	62,8	287
p-Diaminobenzol	$C_6H_8N_2$	140	267
1-Aminonaphthalin	$C_{10}H_9N$	50	300,8
2-Aminonaphthalin	$C_{10}H_9N$	110,1	306,1

	Summenformel	Schmelzpunkt (°C)	Siedepunkt (°C/1.013 mbar)
8. Alkyl-Derivate			
Toluol	C_7H_8	-95	110,8
Styrol	C_8H_8	-31	145,2
o-Xylol	C_8H_{10}	-25	144
m-Xylol	C_8H_{10}	$-47,4$	139,3
p-Xylol	C_8H_{10}	13,2	138,5
Ethylbenzol	C_8H_{10}	$-94,4$	136,2
Pseudocumol	C_9H_{12}	$-43,8$	169,4
Mesitylen	C_9H_{12}	-45	164,8
Cumol	C_9H_{12}	$-96,9$	152,5
Durol	$C_{10}H_{14}$	79,2	196,8
o-Cymol	$C_{10}H_{14}$	$-71,5$	177
m-Cymol	$C_{10}H_{14}$	$-63,7$	175,1
p-Cymol	$C_{10}H_{14}$	$-73,5$	177,1
p-Diisopropylbenzol	$C_{12}H_{18}$	-17	210,3
1-Methylnaphthalin	$C_{11}H_{10}$	$-30,5$	244,6
2-Methylnaphthalin	$C_{11}H_{10}$	34,6	241
1,4-Dimethylnaphthalin	$C_{12}H_{12}$	7,6	268
2,3-Dimethylnaphthalin	$C_{12}H_{12}$	104	265
2,6-Dimethylnaphthalin	$C_{12}H_{12}$	112	262
1-Isopropylnaphthalin	$C_{13}H_{14}$	$-15,7$	267,9
2-Isopropylnaphthalin	$C_{13}H_{14}$	12	268,2
2,6-Diisopropyl-naphthalin	$C_{16}H_{20}$	68,5	$-$
α-Picolin	C_6H_7N	$-66,7$	128,8
β-Picolin	C_6H_7N	$-18,3$	143,5
γ-Picolin	C_6H_7N	3,7	143,1
o-Kresol	C_7H_8O	30,8	191,0
m-Kresol	C_7H_8N	10,9	202,0
p-Kresol	C_7H_8O	34,7	201,9
2,6-Xylenol	$C_8H_{10}O$	45,8	201
3,5-Xylenol	$C_8H_{10}O$	63,3	221,7
p-tert.-Butylphenol	$C_{10}H_{14}O$	99	239,5
o-Toluidin	C_7H_9N	$-16,3$	199,7
m-Toluidin	C_7H_9N	$-31,5$	203,3
p-Toluidin	C_7H_9N	43,5	200,3
Cumidin	$C_9H_{13}N$	-63	225
9. Chlor- und Brom-Derivate			
Chlorbenzol	C_6H_5Cl	$-45,2$	132,1
o-Dichlorbenzol	$C_6H_4Cl_2$	$-17,6$	179
m-Dichlorbenzol	$C_6H_4Cl_2$	$-24,8$	172
p-Dichlorbenzol	$C_6H_4Cl_2$	53	174

	Summenformel	Schmelzpunkt ($^\circ$C)	Siedepunkt ($^\circ$C/1.013 mbar)
1,3,5-Trichlorbenzol	$C_6H_3Cl_3$	63,5	208,5
1,2,4,5-Tetrachlorbenzol	$C_6H_2Cl_4$	138	245
Hexachlorbenzol	C_6Cl_6	230	309 (987 mbar)
Benzylchlorid	C_7H_7Cl	-39	179,4
Benzalchlorid	$C_7H_6Cl_2$	$-17,4$	205,2
Benzotrichlorid	$C_7H_5Cl_3$	$-4,7$	220,7
o-Chlortoluol	C_7H_7Cl	-34	159,5
m-Chlortoluol	C_7H_7Cl	$-47,8$	161,6
p-Chlortoluol	C_7H_7Cl	7,5	162,2
1-Chlornaphthalin	$C_{10}H_7Cl$	-20	259,3
2-Chlornaphthalin	$C_{10}H_7Cl$	56	264 (999 mbar)
1,4-Dichlornaphthalin	$C_{10}H_6Cl_2$	68	286,5 (984 mbar)
1,5-Dichlornaphthalin	$C_{10}H_6Cl_2$	107	subl.
o-Bromphenol	C_6H_5OBr	5,6	194,5
m-Bromphenol	C_6H_5OBr	33	236,5
p-Bromphenol	C_6H_5OBr	63,5	238
o-Chlorphenol	C_6H_5OCl	7	174,9
m-Chlorphenol	C_6H_5OCl	33	214
p-Chlorphenol	C_6H_5OCl	43	217
2,4-Dichlorphenol	$C_6H_4OCl_2$	45	210
o-Chlornitrobenzol	$C_6H_4O_2NCl$	32,5	245,5 (1002 mbar)
m-Chlornitrobenzol	$C_6H_4O_2NCl$	44,4	235,6
p-Chlornitrobenzol	$C_6H_4O_2NCl$	83,6	242
Cyanurchlorid	$C_3N_3Cl_3$	145,7	194

10. Nitro-Derivate

	Summenformel	Schmelzpunkt ($^\circ$C)	Siedepunkt ($^\circ$C/1.013 mbar)
Nitrobenzol	$C_6H_5O_2N$	5,7	210,9
1,3,5-Trinitrobenzol	$C_6H_3O_6N_3$	121	Z
o-Nitrotoluol	$C_7H_7O_2N$	$-4,1$	221,7
m-Nitrotoluol	$C_7H_7O_2N$	16	232,6
p-Nitrotoluol	$C_7H_7O_2N$	51,9	237,7
2,4-Dinitrotoluol	$C_7H_6O_4N_2$	70	300
2,6-Dinitrotoluol	$C_7H_6O_4N_2$	64,3	–
2,4,6-Trinitrotoluol	$C_7H_5O_6N_3$	80,8	expl.
1-Nitronaphthalin	$C_{10}H_7O_2N$	61,5	304
2-Nitronaphthalin	$C_{10}H_7O_2N$	79	165 (20 mbar)
1,5-Dinitronaphthalin	$C_{10}H_6O_4N_2$	216	subl.
1,8-Dinitronaphthalin	$C_{10}H_6O_4N_2$	171,5	Z

	Summenformel	Schmelzpunkt (°C)	Siedepunkt (°C/1.013 mbar)
o-Nitrophenol	$C_6H_5O_3N$	45,1	214,5
m-Nitrophenol	$C_6H_5O_3N$	97	194 (93 mbar)
p-Nitrophenol	$C_6H_5O_3N$	114	subl.
2,3-Dinitrophenol	$C_6H_4O_5N_2$	145,1	−
2,4-Dinitrophenol	$C_6H_4O_5N_2$	115	subl.
2,6-Dinitrophenol	$C_6H_4O_5N_2$	64	subl.
2,4,6-Trinitrophenol	$C_6H_3O_7N_3$	121,8	expl.
o-Nitroanilin	$C_6H_6O_2N_2$	71,5	284,1
m-Nitroanilin	$C_6H_6O_2N_2$	114	306,4
p-Nitroanilin	$C_6H_6O_2N_2$	147,8	331,7
11. Sulfonsäuren			
Benzolsulfonsäure	$C_6H_6O_3S$	51	Z
p-Toluolsulfonsäure	$C_7H_8O_3S$	38	186 (0,2 mbar)
12. Chinone			
Naphthochinon	$C_{10}H_6O_2$	125,5	subl.
Anthrachinon	$C_{14}H_8O_2$	286	379,8

expl.: explodiert
subl.: sublimiert
Z: Zersetzung

Literaturverzeichnis

Kapitel 1

1. Bäumler, E.: Ein Jahrhundert Chemie; Econ-Verlag, Düsseldorf (1963)
2. Haber, L. F.: The Chemical Industry during the Nineteenth Century; Oxford University Press, London (1958)
3. Hardie, D. W. F., Pratt, J. D.: A History of the Modern British Chemical Industry; Pergamon Press, Oxford (1966)
4. Krätz, O.: Zur Geschichte der Farben-Chemie; Chem. Lab. Betr., *30*, 525 (1979)
5. Menzi, K.: Die Basler Chemie im Wandel der Zeit; Swiss Chem., *5*, Nr. 5 a, 15 (1983)
6. Ress, F. M.: Geschichte der Kokereitechnik; Verlag Glückauf, Essen (1957)
7. Roggersdorf, W., Steinert, O.: Im Reiche der Chemie; Econ-Verlag, Düsseldorf (1965)
8. Schäfer, H.-G.: Zur Entwicklung der thermischen und chemischen Kohleveredelung; Techn. Mitteilungen, 75, Nr. 2/3, 82 (1982)
9. Schultz, G.: Die Chemie des Steinkohlenteers; F. Vieweg & Sohn, Braunschweig (1926)
10. Welham, R. D.: The Early History of the Synthetic Dye Industry I – The Chemical History; J. Soc. Dyers Colour., *79*, 98 (1963)
11. Wojtkowiak, B.: Histoire de la Chimie de l'Antiquité à 1950; Technique & Documentation – Lavoisier, Paris (1984)

Kapitel 2

1. Allinger, N. L., Cava, M. P., de Jongh, D. C., Johnson, C. R., Lebel, N. A., Stevens, C. L.: Organische Chemie; Verlag Walter de Gruyter, Berlin (1980)
2. Balaban, A. T.: Is Aromaticity Outmoded? Pure Appl. Chem., *52*, 1409 (1980)
3. Bernasconi, C. F.: Mechanisms of Nucleophilic Aromatic and Hetero-aromatic Substitution; Chimia, *34*, 1 (1980)
4. Buddrus, J.: Grundlagen der Organischen Chemie; Verlag Walter de Gruyter, Berlin (1980)
5. Effenberger, F., Reisinger, F., Schönwälder, K. H., Bäuerle, P., Stezowski, J. J., Jogun, K. H., Schöllkopf, K., Stohrer, W.-D.: Structure and Reactivity of Aromatic σ-Complexes (Cyclohexadienylium Ions): A Correlated Experimental and Theoretical Study; J. Am. Chem. Soc., *109*, 882 (1987)
6. Effenberger, F.: Neues über die elektrophile Aromatensubstitution; Chem. i. u. Zeit, *13*, 87 (1979)

7. Garratt, P.J.: Aromaticity; MacGraw-Hill, London (1986)
8. Griffiths, J.: Modern dye chemistry; Chemistry in Britain, Nr.11, 997 (1986)
9. Hafner, K.: August Kekulé dem Baumeister der Chemie zum 150.Geburtstag; Justus von Liebig Verlag, Darmstadt (1980)
10. Klessinger, M.: Konstitution und Lichtabsorption organischer Farbstoffe; Chem. i.u. Zeit, *12*, 1 (1978)
11. Lloyd, D.: Carbocyclic Non-Benzenoid Aromatic Compounds; Elsevier, Amsterdam/London/New York (1966)
12. Lloyd, D., Marshall, D.R.: Ein alternativer Ansatz zur Nomenklatur cyclisch konjugierter Polyolefine einschließlich einiger Bemerkungen über den Gebrauch des Ausdrucks „aromatisch"; Angew. Chem., *84*, 447 (1972)
13. Lowry, T.H., Schueller Richardson, K.: Mechanismen und Theorie in der Organischen Chemie; Verlag Chemie, Weinheim (1980)
14. March, J.: Advanced Organic Chemistry; 3.Ed., John Wiley, New York (1985)
15. Olah, G.A.: Friedel-Crafts and Related Reactions, I – General Aspects; Intersci. Publ., New York/London (1963)
16. Olah, G.A.: Friedel-Crafts and Related Reactions, II – Alkylation and Related Reactions; Intersci. Publ., New York/London/Sydney (1964)
17. Olah, G.A.: Friedel-Crafts and Related Reactions, III – Acylation and Related Reactions; Intersci. Publ., New York/London/Sydney (1964)
18. Olah, G.A.: Friedel-Crafts and Related Reactions, IV – Miscellaneous Reactions – Cumulative Indexes; Intersci. Publ., New York/London/Sydney (1965)
19. Olah, G.A.: Mechanism of Electrophilic Aromatic Substitutions; Acc. Chem. Res.. *4*, 240 (1971)
20. Pines, H.: The Chemistry of Catalytic Hydrocarbon Conversions; Academic Press, New York (1981)
21. Sondheimer, F.: Non-benzenoid Aromatic π-Electron Systems; Chimia, *28*, 163 (1974)
22. Zander, M.: Aspekte der Physik und Chemie polycyclischer aromatischer Kohlenwasserstoffe; Naturwissenschaften, *69*, 436 (1982)
23. Zander, M.: Physical and Chemical Properties of Polycyclic Aromatic Hydrocarbons; In: Bjørseth, A., Ed.: Handbook of Polycyclic Aromatic Hydrocarbons; Marcel Dekker, New York/Basel (1983)
24. Zoltewicz, J.A.: New Directions in Aromatic Nucleophilic Substitution; Topics in current Chemistry, *59*, 33 (1975)

Kapitel 3

1. Ahland, E., Friedrich, F., Romey, I., Strobel, B., Weber, H.: Verfahrensentwicklung in der Kohlehydrieranlage der Bergbau-Forschung; Erdöl, Erdgas, Kohle, *102*, 148 (1986)
2. Aiba, T., Kaji, H.: Residue Thermal Cracking By the Eureka Process; Chem. Eng. Progr., Nr.2, 37 (1981)
3. Anderson, R.F., Johnson, J.A., Mowry, J.R.: Cyclar – One Step Processing of LPG to aromatics and hydrogen; Am. Inst. Chem. Eng. Spring National Meeting, Houston, Texas, March 24–28, 1985
4. Anderson, R.P.: Recycling Solvent Techniques for the SRC Process; Coal Process. Technol., Nr.2, 130 (1975)
5. Berry, R.I.: Gasoline or olefins from an alcohol feed; In: Greene, R.et al., Ed.:

Process Technology and Flowsheets, *II*, 140, Chemical Engineering, MacGraw-Hill, London (1983)

6. Bertling, H., Nashan, G.: Energiewirtschaft des Verkokungsprozesses; Erdöl, Kohle, Erdgas, Petrochem., *34*, 397 (1981)

7. Bockrath, B.C.: Chemistry of Hydrogen Donor Solvents; Coal Sci., *2*, 65 (1983)

8. Chauvel, A., Lefebvre, G., Castex, L.: Procédés de pétrochimie, Caractéristiques techniques et économiques, 2.Ed., Editions Technip, Paris (1985)

9. Clements, L.D., Beck, S.R., Heintz, C.: Chemicals from Biomass Feedstocks; Chem. Eng. Progr., Nr.11, 59 (1983)

10. Collin, G.: Steinkohlenteerchemie: Bedeutung, Produkte und Verfahren; Erdöl, Kohle, Erdgas, Petrochemie, *38*, 489 (1985)

11. Collin, G., Zander, M.: Steinkohlenteerchemie - Aktuelle Entwicklungen aus Technik und Forschung; Erdöl, Erdgas, Kohle, *102*, 517 (1986)

12. Delannoy, G.: Les principes généraux de la gazéification du charbon; Industrie Minerale, *60*, 125 (1978)

13. Derbyshire, F.J., Varghese, P., Whitehurst, D.D.: Synergistic effects between light and heavy solvent components during coal liquefaction; Fuel, *61*, 859 (1982)

14. Dry, M.E.: The Fischer-Tropsch Synthesis; In: Anderson, J.R., Boudart, M., Ed.: Catalysis, Science and Technology, *1*, 174, Springer-Verlag, Berlin/Heidelberg/New York (1981)

15. v. Eberan-Eberhorst, C.C.A., Geldern, L., Pischinger, F., Seidel, G.: Mineralölprodukte und deren Anwendung; Erdöl, Kohle, Erdgas, Petrochem., *37*, 69 (1984)

16. Edgar, M.D.: Catalytic Reforming of Naphtha in Petroleum Refineries; In: Leach, B.E., Ed.: Applied Industrial Catalysis, Vol.1, 124, Academic Press New York (1983)

17. Eickermann, R.: Thermische Crackverfahren; Chem. Ing. Tech., *55*, 134 (1983)

18. Falbe, J.: Chemierohstoffe aus Kohle; Georg Thieme Verlag, Stuttgart (1977)

19. Fiedler, J.: Umweltverträglichkeit der Kohlenhydrierung am Beispiel der Kohleöl-anlage Bottrop; Glückauf, *121*, 48 (1985)

20. Franck, H.-G.: Die Kohle als Rohstoff für die Chemie; Chem. Ind., *30*, 185 (1978)

21. Franck, H.-G., Collin, G.: Steinkohlenteer - Chemie, Technologie und Verwendung; Springer-Verlag, Berlin/Heidelberg/New York (1968)

22. Franck, H.-G., Knop, A.: Kohleveredlung - Chemie und Technologie; Springer-Verlag, Berlin/Heidelberg/New York (1979)

23. Fricke, J.: Biomasse; Physik i.u. Zeit, *15*, 121 (1984)

24. Goossens, A.G., Westerduin, R.F., Mol, A.: New Developments in Ethylene Technology; Erdöl, Kohle, Erdgas, Petrochem., *28*, 471 (1975)

25. Griesbaum, K., Swodenk, W.: Entwicklungen und Entwicklungstendenzen in der Petrochemie; Erdöl, Kohle, Erdgas, Petrochem., *33*, 34 (1980)

26. Grosskinsky, O.: Handbuch des Kokereiwesens, Bd. I und Bd. II; Karl Knapp Verlag, Düsseldorf (1954)

27. Gundermann, K.-D.: Die chemische Konstitution der Steinkohle als Grundlage für die Erforschung ihres Reaktionsverhaltens; Erdöl, Erdgas, Kohle, *102*, 100 (1986)

28. Hatch, L.F., Matar, S.: From Hydrocarbons to Petrochemicals - Part 8: Production of olefins; Hydrocarb. Proc., *57*, Nr.1, 135 (1978)

29. Hatch, L.F., Matar, S.: From Hydrocarbons to Petrochemicals - Part 9: Production of olefins; Hydrocarb. Proc., *57*, Nr.3, 129 (1978)

30. Hedden, K., Weitkamp, J.: Thermisches Hydrocracken von Kohlenwasserstoffen; Chem. Ing. Tech., *55*, 907 (1983)

31. Hellwig, K.C., Alpert, S.B., Johanson, E.S., Wolk, R.H.: H-Oil- und H-Coal-Verfahren; Brennstoff-Chemie, *50*, 263 (1969)

474 Literaturverzeichnis

32. Hiller, H.: Modern Coal Upgrading Processes; Chem. Econ. Eng. Rev., *16*, Nr. 10, 10 (1984)
33. Hirotani, Y., Takeuchi, T., Miyabuchi, Y., Aiba, T., Shigeta, M.: Successful performance of a refinery with Eureka unit; ACS Div. Petrol. Chem., *26*, Nr. 2, 465 (1981)
34. Hobson, G. D.: Modern Petroleum Technology, 4. Ed.; Appl. Sci. Publ., Barking/Ess. (1973)
35. Hölderich, W., Gallei, E.: Industrielle Anwendung zeolithischer Katalysatoren bei petrochemischen Prozessen; Chem. Ing. Tech., *56*, 908 (1984)
36. Hollerbach, A.: Grundlagen der organischen Geochemie; Springer-Verlag, Berlin/Heidelberg/New York (1985)
37. Hosoi, T., Keister, H. G.: Ethylen From Crude Oil; Chem. Eng. Progr., *71*, Nr. 11, 63 (1975)
38. Hus, M.: Visbreaking process has strong revival; Oil Gas J., 109 (13.4.1981)
39. Jäckh, W.: Probleme der Hydrierung von Kohle; Erdöl, Kohle, Erdgas, Petrochem., *23*, 334 (1970)
40. Jahnig, C. E., Martin, H. Z., Campbell, D. L.: The development of fluid catalytic cracking; ChemTech, Nr. 2, 106 (1984)
41. Jenkins, J. H., Stephens, T. W.: Kinetics of cat reforming; Hydrocarb. Proc., *59*, Nr. 11, 163 (1980)
42. Jüntgen, H.: Zum Mechanismus von Pyrolyse und Hydropyrolyse; Erdöl, Kohle, Erdgas, Petrochem., *38*, 448 (1985)
43. Keim, K. H., Maziuk, J., Tönnesmann, A.: The Methanol-to-Gasoline (MTG)-Process; Erdöl, Kohle, Erdgas, Petrochem., *37*, 558 (1984)
44. McKillip, W. G., Sherman, E.: Furan Derivatives; In: Kirk-Othmer, Encycl. Chem. Tech., 3. Ed., *11*, 499 (1980)
45. Knab, H., Mielicke, C., Rosum, E.: Kennzeichnende Verfahrens- und Einflußgrößen beim katalytischen Fließbett-Cracken; Chem. Ing. Tech., *54*, 79 (1982)
46. Kölling, G., Langhoff, J., Collin, G.: Kohlenwertstoffe und Verflüssigung von Kohle; Erdöl, Kohle, Erdgas, Petrochem., *37*, 394 (1984)
47. v. Krevelen, D. W.: Coal, Typology-Chemistry-Physics-Constitution; Elsevier, Amsterdam/London/New York/Princeton (1961)
48. Kronseder, J. G., Bogart, M. J. P.: Coal, Liquefaction, South Africa's Sasol II; Encycl. Chem. Proc. Des., *9*, 299 (1979)
49. Kürten, H.: Verfahrenstechnik der Kohlehydrierung in Sumpfphasen-Reaktoren; Chem. Ing. Tech., *54*, 409 (1982)
50. Kubo, H., Masamune, S., Sako, R.: Make BTX from cracker gasoline; Hydrocarb. Proc., *49*, Nr. 7, 111 (1970)
51. Langhoff, J., Dürrfeld, R., Wolowski, E.: Neue Technologien zur Steinkohlenveredlung; Erdöl, Kohle, Erdgas, Petrochem., *34*, 379 (1981)
52. Larsen, J. W., Lee, D., Shawver, S. E.: Coal macromolecular structure and reactivity; Fuel Process. Technol., *12*, 51 (1986)
53. Marcilly, Ch.: Progrès apportés par l'utilisation des zéolithes en cracking catalytique; Rev. Inst. Franc. Pétrole, *30*, 969 (1975)
54. Mikulla, K. D., Bölt, H., Richter, H.: Einsatzflexibilität in Olefinanlagen (Teil 1); Erdöl, Kohle, Erdgas, Petrochem., 33, 309 (1980)
55. Mochida, I., Shiraki, A., Korai, Y., Okuhara, T.: Carbonization of coals into anisotropic cokes; Fuel, *64*, 45 (1985)
56. Nashan, G.: Zur Entwicklung der Kokereitechnik und der Kokereiwirtschaft; Glückauf, *118*, 721 (1982)
57. v. Ness, J. H.: Vanillin; In: Kirk-Othmer Encycl. Chem. Tech., 3. Ed., *23*, 704 (1983)

58. Oberkobusch, R.: Neuere Entwicklung in der technischen Gewinnung reiner Steinkohlenteerbasen; Brennstoff-Chemie, *40*, 145 (1959)

59. Oelert, H.-H., Severin, D., Windhager, H.-J.: Charakterisierung des Aufbaus nichtsiedender Erdölanteile, I. Gesättigte Kohlenwasserstoffe; Erdöl, Kohle, Erdgas, Petrochem., *26*, 397 (1973)

60. Powell, T.G., Snowdon, L.R.: A Composite Hydrocarbon Generation Model; Erdöl, Kohle, Erdgas, Petrochem., *36*, 163 (1983)

61. Puppe, L.: Zeolithe - Eigenschaften und technische Anwendungen; Chem. i.u. Zeit, *20*, 117 (1986)

62. Rapp, L.M., v. Driesen, R.P.: H-Oil-Process Gives Product Flexibility; Hydrocarb. Proc., *44*, Nr. 12, 103 (1965)

63. Rhoé, A.: Aspects technologiques de la pyrolyse des charges lourdes; Rev. Inst. Franc. Petr., *36*, 191 (1981)

64. Riediger, B.: Die Verarbeitung des Erdöles; Springer-Verlag, Berlin (1971)

65. Ritzer, H.: Auswirkungen einer veränderten Rohstoffbasis auf die Produktion in Olefin-Anlagen; Erdöl, Kohle, Erdgas, Petrochem., *35*, 124 (1982)

66. Romey, I.: Stand der Kohlehydrierung in Europa; Erdöl, Kohle, Erdgas, Petrochem., *33*, 314 (1980)

67. Ruf, H.: Kleine Technologie des Erdöls; Birkhäuser-Verlag, Stuttgart (1963)

68. Schicketanz, W.: Ein Rückblick auf Forschungs- und Entwicklungsarbeiten zur Kohlehydrierung nach dem IG-Verfahren; Erdöl, Kohle, Erdgas, Petrochem., *35*, 287 (1982)

69. Schütze, B.: Thermische Crackprozesse zur Destillatoptimierung; Erdöl, Kohle, Erdgas, Petrochem., *37*, 156 (1984)

70. Semel, J., Steiner, R.: Nachwachsende Rohstoffe in der chemischen Industrie; Chem. Ind., *35*, 489 (1983)

71. Sfihi, H., Quinton, M.F., Legrand, A., Pregermain, S., Carson, D., Chiche, P.: Evaluation of the aromaticity in French coals by ^{13}C- ^1H cross polarization, magic angle spinning and dipolar dephasing nuclear magnetic resonance spectroscopy; Fuel, *65*, 1006 (1986)

72. Singh, V.D.: Visbreaking Technology; Erdöl, Kohle, Erdgas, Petrochem., *39*, 19 (1986)

73. Specks, R., Klusmann, A.: German hard coal conversion projects; Energy Prog., *2*, 60 (1982)

74. Stadelhofer, J.W., Gerhards, R.: ^{13}C n.m.r. study on hydroaromatic compounds in anthracene oil; Fuel, *60*, 367 (1981)

75. Stadelhofer, J.W., Zander, M., Gerhards, R.: ^{13}C n.m.r. study on the hydrogen transfer during the distillation of crude coal tar; Fuel, *59*, 604 (1980)

76. Steinhofer, A., Frey, O.: Die Erzeugung von Äthylen aus Rohöl in der Wirbelschicht; Chem. Ing. Tech., *32*, 782 (1960)

77. Stolfa, F.: New roles for thermal cracking; Hydrocarb. Proc., *59*, Nr. 5, 101 (1980)

78. Teggers, H., Jüntgen, H.: Stand der Kohlevergasung zur Erzeugung von Brenngas und Synthesegas; Erdöl, Kohle, Erdgas, Petrochem., *37*, 163 (1984)

79. Tissot, B.: La genèse du pétrole; La Recherche, *8*, 326 (1977)

80. VandeVen, J., Mackey, J.: Progress report: continuous reforming; Oil Gas J., 116 (24.9.1973)

81. Weisz, P.B.: Molecular shape-selective catalysis - the personal adventure; Chem. Ind. (London), 392 (1985)

82. Weitkamp, J.: Hydrocracken, Cracken und Isomerisieren von Kohlenwasserstoffen; Erdöl, Kohle, Erdgas, Petrochem., *31*, 13 (1978)

83. Weitkamp, J.: Gewinnung leichter Kohlenwasserstoffe aus schweren Ölen – Verfahren und Entwicklungen; Chem. Ing. Tech., *54*, 101 (1982)
84. Welte, D. H.: Neue Wege in der Kohlenwasserstoffexploration; Erdöl, Kohle, Erdgas, Petrochem., *35*, 503 (1982)
85. Welte, D. H.: Erdöl und Kohle – Fossile Energierohstoffe und Zeugnisse vergangenen Lebens; Erdöl, Kohle, Erdgas, Petrochem., *31*, 139 (1978)
86. White, P. J.: How Cracker Feed Influences Yield; Hydrocarb. Proc., *47*, Nr. 5, 103 (1968)
87. Würfel, H.: Pyrosol – Das neue Kohleverflüssigungsverfahren der Saarbergwerke AG; Erdöl, Erdgas, Kohle, *102*, 45 (1986)
88. Zdonik, S. B., Bassler, E. J., Hallee, L. P.: How feedstocks affect ethylene; Hydrocarb. Proc., *53*, Nr. 2, 73 (1974)
89. Zürn, G., Kohlhase, K., Hedden, K., Weitkamp, J.: Entwicklungen der Raffinerietechnik; Erdöl, Kohle, Erdgas, Petrochem., *37*, 62 (1984)

Kapitel 4

1. Craig, R. G., Doelp, L. C., Logwinuk, A. K.: Benzene by Hydrodealkylation Using the Detol Process; Erdöl, Kohle, Erdgas, Petrochem., *18*, 527 (1965)
2. Dermietzel, J., Bauer, F., Wienhold, C., Jockisch, W., Klempin, J., Barz, H.-J., Franke, H., Becker, K., John, H.: Die hydrokatalytische Isomerisierung technischer C_8-Aromatenfraktionen; Chem. Techn. (Leipzig), *30*, 626 (1978)
3. Eisenlohr, K.-H., Wirth, J.: Verfahren zur Gewinnung von Reinaromaten aus Hydrierraffinaten und Reformaten; Chem. Ing. Tech., *32*, 789 (1960)
4. Eisenlohr, K.-H., Jäckh, R.: Toluol; In: Ullmanns Enzykl. Tech. Chem., 4. Aufl., *23*, 301 (1983)
5. Eisenlohr, K.-H., Jäckh, R.: Xylole; In: Ullmanns Enzykl. Tech. Chem., 4. Aufl., *24*, 525 (1983)
6. Feigelman, S., Lehman, L. M., Aristoff, E., Pitts, P. M.: Lowest Cost Route to Benzene: Thermally Dealkylate Toluene; Hydrocarb. Proc., *44*, No. 12, 147 (1965)
7. Fisher, J., Niclaes, H. J.: Aromatiques: une triple couronne; Rev. Assoc. Franc. Tech. Pétrole, Nr. 3/4, 57, (1974)
8. Folkins, H. O.: Benzene; In: Ullmann's Enzycl. Ind. Chem., 5. Ed., *A3*, 475 (1985)
9. Grandio, P., Schneider, F. H., Schwartz, A. B., Wise, J. J.: Toluene for benzene and xylenes; Hydrocarb. Proc., *51*, Nr. 8, 85 (1972)
10. Helms, G., John, P.: Récupération des aromatiques par distillation extractive; Inf. Chimie, Nr. 161, 105 (1976)
11. MacKay, D. L., Dale, G. H., Tabler, D. C.: Para-xylene via fractional crystallization; Chem. Eng. Progr., *62*, Nr. 11, 104 (1966)
12. König, G.: Die Herstellung von p- und o-Xylol durch Isomerisierung und Adsorption; Erdöl, Kohle, Erdgas, Petrochem., *26*, 323 (1973)
13. Krönig, W., Halcour, K.: Hydrierende Aufarbeitung von Pyrolysebenzin; Brennstoff-Chemie, *50*, 258 (1969)
14. Lackner, K.: Aromatengewinnung mit Hilfe von N-Formylmorpholin (NFM); Chem. Tech., *11*, 3 (1982)
15. Logwinuk, A. K., Friedman, L., Weiss, A. H.: The Houdry Litol Process; Erdöl, Kohle, Erdgas, Petrochem., *17*, 532 (1964)
16. Lohr, B., Schliebener, C., Sohns, D.: Pyrolysebenzin, ein wertvolles Produkt bei der Olefin-Erzeugung; Erdöl, Kohle, Erdgas, Petrochem., *33*, 126 (1980)

17. Lorz, W., Craig, R. G., Cross, W. J.: Die Hydrodealkylierung von Aromaten; Erdöl, Kohle, Erdgas, Petrochem., *21*, 610 (1968)
18. Müller, E.: Use of N-methylpyrrolidone for aromatics extraction; Chem. Ind. (London), *518* (1973)
19. Müller, E.: Gewinnung und Abtrennung von Aromaten durch Extraktion und Extraktivdestillation; Verfahrenstechn., *8*, 88 (1974)
20. Nonnenmacher, H., Reitz, O., Schmidt, P.: Das BASF-Scholven-Verfahren zur Druckraffination von Rohbenzol; Erdöl, Kohle, Erdgas, Petrochem., *8*, 407 (1955)
21. Ockerbloom, N. E.: Xylenes and higher aromatics - Part 2: Metaxylene; Hydrocarb. Proc., *50*, Nr. 8, 113 (1971)
22. Ockerbloom, N. E.: Xylenes and higher aromatics - Part 4: Orthoxylene; Hydrocarb. Proc., *50*, Nr. 10, 101 (1971)
23. Ockerbloom, N. E.: Xylenes and higher aromatics - Part 6: Paraxylene; Hydrocarb. Proc., *51*, Nr. 1, 93 (1972)
24. Otani, S., Kanaoka, M., Matsumura, K., Akita, S., Sonoda, T.: Aromax Isolene - New Paraxylene Recovery and Xylene Isomerization Processes Developed by Toray; Chem. Econ. Eng. Rev., *3*, Nr. 6, 56 (1971)
25. Preusser, G., Emmrich, G.: Recovery of High-Purity Aromatics: New Process Technologies Improve Economy; Chem. Age India, *35*, 169 (1984)
26. Ransley, D. L.: Xylenes and Ethylbenzene; In: Kirk-Othmer, Encycl. Chem. Tech., *24*, 709 (1984)
27. Rittner, S., Steiner, R.: Die Schmelzkristallisation von organischen Stoffen und ihre großtechnische Anwendung; Chem. Ing. Tech., *57*, 91 (1985)
28. Seko, M., Miyake, T., Inada, K.: Sieves for mixed xylenes separation; Hydrocarb. Proc., *59*, Nr. 1, 133 (1980)
29. Sinfelt, J. H.: Catalytic Reforming of Hydrocarbons; In: Anderson, J. R., Boudart, M., Ed.: Catalysis, Science and Technology, *1*, 257, Springer Verlag, Berlin/Heidelberg/ New York (1981)
30. Ueno, T.: MGC Xylene Extraction Process by use of $HF-BF_3$; In: Lo, T. C. et al., Ed.: Handbook of Solvent Extraction, 575, John Wiley, New York (1983)
31. Urban, W.: Die katalytische Druckraffination von Benzol; Erdöl, Kohle, Erdgas, Petrochem., *4*, 279 (1951)
32. Verdol, J. A.: Here's a new way to more xylenes; Oil Gas J., 63 (9.6.1969)
33. Ward, T.: Wasserstoffraffination von Kokerei-Rohbenzol nach dem Litol-Verfahren; Erdöl, Kohle, Erdgas, Petrochem., *26*, 440 (1973)

Kapitel 5

1. Agnello, L. A.: Synthetic Phenol; Ind. Eng. Chem., *52*, 894 (1960)
2. Baier, E.: Buntpigmente - Grundbegriffe und Eigenschaften; Defazet, *29*, 54 (1975)
3. Bökelmann, F.: Cyclohexanol; In: Ullmanns Enzykl. Tech. Chem., 4. Aufl., *9*, 689 (1975)
4. Bonacci, J. C., Heck, R. M., Mahendroo, R. K., Patel, G. R., Allan, E. D.: Hydrogenate AMS to cumene; Hydrocarb. Proc., *59*, Nr. 11, 179 (1980)
5. Brownstein, A. M.: Trends in Petrochemical Technology; Petroleum Publ., Tulsa/ Okl. (1976)
6. Büchel, K. H.: Pflanzenschutz und Schädlingsbekämpfung; Georg Thieme Verlag, Stuttgart (1977)
7. Canfield, R. C., Cox, R. P., McCarthy, D. M.: The New Cumene Process: Efficient and Economical; Chem. Eng. Prog., Nr. 8, 36 (1986)

8. Canfield, R.C., Unruh, T.L.: Improving Cumene yields via selectic catalysis;
Chem. Eng., *90*, Nr.6, 32 (1983)

9. DeMaio, D.A.: Will butane replace benzene as a feedstock for maleic anhydride;
Chem. Eng., *87*, 104 (1980)

10. Dunlap, K.L.: Nitrobenzene and Nitrotoluenes; In: Kirk-Othmer, Encycl. Chem.
Tech., 3.Ed., *15*, 916 (1981)

11. Dwyer, F.G., Lewis, P.J., Schneider, F.H.: Nouveau procédé pour l'éthylbenzène;
Inform. Chim., Nr.155, Spec. Mai, 141 (1976)

12. Erickson, S.R.: Salicylic Acid and Related Compounds; In: Kirk-Othmer, Encycl.
Chem. Tech., 3.Ed., *20*, 500 (1982)

13. Ewers, J., Voges, H.W., Maleck, G.: Verfahren zur Herstellung von Hydrochinon;
24. Haupttagung der Deutschen Gesellschaft für Mineralölwissenschaft und Kohle-
chemie e.V. (DGMK), 30.9.- 3.10.1974, Hamburg, 487 (1974)

14. Fiege, H., Wedemeyer, K., Bauer, K.A., Krempel, A., Mölleken, R.G.: Further
development of a classical process for the synthesis of aromatic hydroxyaldehydes;
In: Croteau, R., Ed.: Fragrance Flavor Subst., Proc. Int. Haarmann Reimer Symp.,
2nd 1979 (Pub.1980), 63, D&PS Verlag, Pattensen

15. Fisher, W.B., van Peppen, J.F.: Cyclohexanol and Cyclohexanone; In: Kirk-
Othmer, Encycl. Chem. Tech., 3.Ed., *7* (1979)

16. Gans, M.: Which route to aniline; Hydrocarb. Proc., *55*, Nr.11, 145 (1976)

17. Gelbein, A.P., Nislick, A.S.: Make phenol from benzoic acid; Hydrocarb. Proc.,
57, Nr.11, 125 (1978)

18. Grohlig, J., Swodenk, W., Blaschke, H.G., Rauleder, G.: Chemierohstoffe aus
Erdöl und Erdgas; In: Winnacker-Küchler, Chem. Technol., 4.Aufl., *5*, Org. Technol. I, 164 (1981)

19. Gupta, H.: Nitrosamine in der Gummiindustrie - Gefahr und Möglichkeiten zur
Vermeidung; Gummi, Asbest, Kunstst., *39*, 6 (1986)

20. Hancock, E.G.: Benzene and its Industrial Derivatives; Ernest Benn, London
(1975)

21. Hatch, L.F., Matar, S.: From hydrocarbons to petrochemicals - Part 13: Chemicals
from benzene; Hydrocarb. Proc., *57*, Nr.11, 291 (1978)

22. Hock, H., Kropf, H.: Autoxydation von Kohlenwasserstoffen und die Cumol-Phe-
nol-Synthese; Ang. Chem., *69*, 313 (1957)

23. Hutzinger, O., Fink, M., Thoma, H.: PCDD und PCDF: Gefahr für Mensch und
Umwelt?; Chem. i.u. Zeit, *20*, 165 (1986)

24. Innes, R.A., Occelli, M.L.: p-Methylstyrene from Toluene and Acetaldehyde;
J.mol. Catal., *32*, 259 (1985)

25. Innes, R.A., Swift, H.E.: Toluene to styrene - a difficult goal; ChemTech, Nr.4,
244 (1981)

26. Ito, K.: Make cresols from propylene; Hydrocarb. Proc., *51*, Nr.8, 89 (1973)

27. Jordan, W., v.Barnefeld, H., Gerlich, O., Ullrich, J., Bunge, W.: Phenol; In: Ullmanns Enzykl. Tech. Chem., 4.Aufl., *18*, 177 (1979)

28. Kaeding, W.W., Young, L.B., Prapas, A.G.: Para-methylstyrene; ChemTech, Nr.9,
556 (1982)

29. Kosswig, K.: Tenside; In: Ullmanns Enzykl. Tech. Chem., 4.Aufl., *22*, 455 (1982)

30. Lewis, P.J. et al.: Styrene; In: Kirk-Othmer, Encycl. Chem. Tech., 3.Ed., *21*, 770
(1983)

31. Lieb, M., Hildebrand, B.: Styrol; In: Ullmanns Enzykl. Tech. Chem., 4.Aufl., *22*,
293 (1982)

32. Lohwasser, H.: Nitrosamine in der Gummiindustrie; Gummi, Asbest, Kunstst., *39*,
385 (1986)

33. Malow, M.: Benzene or butane for MAN; Hydrocarb. Proc., *59,* Nr. 11, 149 (1980)
34. Mildenberger, H., Trösken, J.: Herstellung von Pflanzenschutzmitteln; In: Winnakker-Küchler, Chem. Technol., 4. Aufl., *7,* Org. Technol. III, 277 (1986)
35. Moyers, C. G.: Industrial Crystallization for Ultrapure Products; Chem. Eng. Progr., Nr. 5, 42 (1986)
36. Neuzil, R. W., Rosback, D. H., Jensen, R. H., Teague, J. R., deRosset, A. J.: Separation of Cresols by Continuous Countercurrent Adsorption; ACS/JCS Chem. Congr., Honolulu, Hawai, April 1–6 (1979)
37. Ohlinger, H., Stadelmann, S.: Die Entwicklung der Äthylbenzol-Dehydrierung zu Styrol in der BASF; Chem. Ing. Tech., *37,* 361 (1965)
38. Olzinger, A. H.: New Route to Hydroquinone; In: Cavaseno, V., Ed.: Process Technology and Flowsheets, 169, McGrawHill, New York (1979)
39. Pujado, P. R., Salazar, J. R., Berger, C. V.: Cheapest route to phenol; Hydrocarb. Proc., *55,* Nr. 3, 91 (1976)
40. Reed, H. W. B.: Alkylphenols; In: Kirk-Othmer, Encycl. Chem. Tech., 3. Ed., *2,* 72 (1978)
41. Rittner, S., Warning, K.: Herstellung von monocyclischen Aromaten; In: Winnakker-Küchler, Chem. Technol., 4. Aufl., *6,* Org. Technol. II, 150 (1982)
42. Robinson, W. D.: Maleic anhydride, maleic acid and fumaric acid; In: Kirk-Othmer, Encyl. Chem. Tech., 3. Ed., *14,* 770 (1981)
43. Roth, H. J., Kleemann, A.: Pharmazeutische Chemie I, Arzneistoffsynthese; Georg Thieme, Stuttgart/New York (1982)
44. Schaffel, G. S., Chem, S. S., Graham, J. J.: Maleic Anhydride from Butane; Erdöl, Kohle, Erdgas, Petrochem., *36,* 85 (1983)
45. Schultz, O.-E., Schnekenburger, J.: Einführung in die Pharmazeutische Chemie; 2. Aufl., Verlag Chemie, Weinheim (1984)
46. Schweter, W., Heimlich, G.: Alkylbenzole; In: Ullmanns Enzykl. Tech. Chem., 4. Aufl., *14,* 672 (1977)
47. Stevens, J. J.: What happened at Seveso; Chem. Ind. (London), 564 (1980)
48. Stobaugh, R. B.: Phenol: How, Where, Who – Future; Hydrocarb. Proc., *45,* Nr. 1, 143 (1966)
49. Thiem, K. W., Sewekow, B., Kiel, W., Handschuh, V., Freese, H., Schimpf, R., Vagt, H., Bunge, W.: Nitroverbindungen, aromatische; In: Ullmanns Enzykl. Tech. Chem., 4. Aufl., *17,* 383 (1979)
50. Varagnat, J.: Hydroquinone and Pyrocatechol Production by Direct Oxidation of Phenol; Ind. Eng. Chem. Prod. Res. Dev., *15,* Nr. 3, 212 (1976)
51. Waldmann, H.: Phenol-Derivate; In: Ullmanns Enzykl. Tech. Chem., 4. Aufl., *18,* 219 (1979)
52. Waldmann, H., Jupe, C., Baumert, J., Seifert, H., Schlümmer, G.: Brenzcatechin und Hydrochinon aus Phenol und Percarbonsäure – eine Verfahrensentwicklung; Chem. Ing. Tech., *53,* 664 (1981)
53. Ward, D. J.: Cumene; In: Kirk-Othmer, Encycl. Chem. Tech., 3. Ed., *7* (1979)
54. Weissermel, K., Arpe, H.-J.: Industrielle Organische Chemie – Bedeutende Vor- und Zwischenprodukte; 2. Aufl., Verlag Chemie, Weinheim (1978)
55. Wett, T.: Monsanto/Lummus styrene process is efficient; Oil Gas J., 76 (20.7.1981)
56. Weyens, E.: Recover maleic anhydride; Hydrocarb. Proc., *53,* Nr. 11, 132 (1974)
57. Wohlfarth, K., Emig, G.: Compare maleic anhydride routes; Hydrocarb. Proc., *59,* Nr. 6, 83 (1980)
58. Yamada, J., Shimizu, C., Saitoh, S.: Purification of organic chemicals by Kureha continuous crystal purifier; In: Jancic, S. J., de Jong, E. J., Ed.: Ind. Cryst. Proc. Symp. 8 th 1981 (Pub. 1982), 265, North-Holland Publishing Comp., Amsterdam

Kapitel 6

1. Brühne, F., Wright, E.: Benzyl Alcohol; In: Ullmann's Enzycl. Ind. Chem., 5. Ed., *A4*, 1 (1985)
2. Chadwick, D. H., Cleveland, T. H.: Isocyanates, organic; In: Kirk-Othmer, Encycl. Chem. Tech., 3. Ed., *13*, 789 (1981)
3. Cox, P. R., Strachan, A. N.: Two phase nitration of toluene – 1; Chem. Eng. Sci., *27*, 457 (1972)
4. Fujiyama, S., Kasahara, T.: Make PTAL from CO and toluene; Hydrocarb. Proc., *57*, Nr. 11, 147 (1978)
5. Hancock, E. G.: Toluene, the Xylenes and their Industrial Derivatives; Elsevier, Amsterdam/Oxford/New York (1982)
6. Hatch, L. F., Mater, S.: From Hydrocarbons to Petrochemicals – Part 14: Chemicals from methylbenzenes; Hydrocarb. Proc., *58*, Nr. 1, 189 (1979)
7. Hersbach, G. J. M., Van der Beek, C. P., Van Dijck, P. W. M.: The Penicillins: Properties, Biosynthesis and Fermentation; In: Vandamme, E. J., Ed.: Biotechnology of Industrial Antibiotics; 45, Marcel Dekker, New York (1984)
8. Hoff, M. C.: Toluene; In: Kirk-Othmer, Encycl. Chem. Tech., 3. Ed., *23*, 246 (1983)
9. Leuenberger, H. G. W., Kieslich, K.: Biotransformationen; In: Präve, P., Faust, U., Sittig, W., Sukatsch, D. A., Ed.: Handbuch der Biotechnologie; 467, R. Oldenbourg-Verlag, München/Wien (1987)
10. Lindner, O.: Benzolsulfonsäuren und Derivate; In: Ullmanns Enzykl. Tech. Chem., 4. Aufl., *8*, 412 (1974)
11. Lipper, K.-A.: Chlorkohlenwasserstoffe, aromatische, seitenkettenchlorierte; In: Ullmanns Enzykl. Tech. Chem., 4. Aufl., *9*, 525 (1975)
12. Maki, T., Suzuki, Y.: Benzoic Acid and Derivatives; In: Ullmann's Enzycl. Ind. Chem., 5. Ed., *A3*, 555 (1985)
13. Melloh, W., Bloch, M., Inglis, R. P., Koebner, A., Leu, A.: Über ein neues Verfahren zur Sulfonierung von flüchtigen Aromaten; Tenside Detergents, *13*, 15 (1976)
14. Milligan, B., Gilbert, K. E.: Diaminotoluenes; In: Kirk-Othmer, Encycl. Chem. Tech., 3. Ed., *2*, 321 (1978)
15. Rehm, H.-J.: Industrielle Mikrobiologie; 2. Aufl., Springer-Verlag, Berlin/Heidelberg/New York (1980)
16. Ringk, W., Theimer, E. T.: Benzyl Alcohol and β-Phenethyl Alcohol; In: Kirk-Othmer, Encycl. Chem. Tech., 3. Ed., *3*, 793 (1978)
17. Roberts, S. M.: Beta-lactams – past and present; Chem. Ind. (London), 162 (1984)
18. Taverna, M., Chiti, M.: Compare Routes to Caprolactam; Hydrocarb. Proc., *49*, Nr. 11, 137 (1970)
19. Twitchett, H. J.: Chemistry of the Production of Organic Isocyanates; Chem. Soc. Rev., *3*, 209 (1974)
20. Williams, A. E.: Benzoic Acid; In: Kirk-Othmer, Encycl. Chem. Tech., 3. Ed., *3*, 778 (1978)

Kapitel 7

1. Amemiya, T., Hayashi, K.: Industrial Development of Terephthalic Acid Production in Japan; Sixth World Petroleum Congress, Frankfurt/Main, June 19–26 (1963), Verein zur Förderung des 6. Welt-Erdöl-Kongresses, Hamburg
2. Ariki, S., Ohira, A.: Prospect for Metaxylene Production and Utilization; Chem. Econ. Eng. Rev., *5*, Nr. 7, 39 (1973)

3. Bartholomé, E., Hetzel, E., Horn, H.Ch., Molzahn, M., Rotermund, G.W., Vogel, L.: Verfahrenstechnische Probleme bei der Verfahrensentwicklung; Chem. Ing. Tech., *48*, 355 (1978)
4. Bemis, A.G., Dindorf, G.A., Horwood, B., Samans, C.: Phthalic Acids and other Benzenepolycarboxylic Acids; In: Kirk-Othmer, Encycl. Chem. Tech., 3.Ed., *17*, 732 (1982)
5. Hizikata, M.: New Process for Fiber-grade High-purity Terephthalic Acid (HTA); Chem. Econ. Eng. Rev., *9*, Nr. 11, 33 (1977)
6. Hoffmann, G., Mayer, D.: Terephthalsäure mit Isophthalsäure; In: Ullmanns Enzykl. Tech. Chem., 4.Aufl., *22*, 519 (1982)
7. Ibing, G.: Entwicklungstendenzen bei der großtechnischen Herstellung von Polycarbonsäuren und deren Anhydriden aus aromatischen Kohlenwasserstoffen; Erdöl, Kohle, Erdgas, Petrochem., *21*, 79 (1968)
8. Ichikawa, Y., Yamashita, G., Tokashiki, M., Yamaji, T.: New Oxidation Process for Production of Terephthalic Acid from p-Xylene; Ind. Eng. Chem., *62*, Nr.4, 38 (1970)
9. Ichikawa, Y., Takeuchi, Y.: Compare pure TPA Processes; Hydrocarb. Proc., *51*, Nr.11, 103 (1972)
10. Katzschmann, E.: Ein Verfahren zur Oxidation von Alkylaromaten; Chem. Ing. Techn., *38*, 1 (1966)
11. Matsuzawa, K.: Technological Development of Purified Terephthalic Acid; Chem. Econ. Eng. Rev., *8*, Nr.9, 25 (1976)
12. Ockerbloom, N.E.: Xylenes and higher aromatics - Part 3: Phthalic anhydride; Hydrocarb. Proc., *50*, Nr.9, 162 (1971)
13. Ockerbloom, N.E.: Xylenes and higher aromatics - Part 7: New uses for xylenes and derivatives; Hydrocarb. Proc., *51*, Nr.2, 101 (1972)
14. Oga, T.: How to Make Xylylene Diamine from Xylenes; Hydrocarb. Proc., *45*, Nr 11, 174 (1966)
15. Schoengen, T.: Liquid phase oxidation technology for aromatic hydrocarbons; Pet. Chem. Ind. Dev. Annu., 173 (1979)
16. Schwab, R.F., Doyle, W.H.: Hazards in phthalic anhydride plants; Chem. Eng. Progr., *66*, Nr.9, 49 (1970)
17. Suter, H.: Phthalsäureanhydrid und seine Verwendung; Steinkopff-Verlag, Darmstadt (1972)
18. Ueda, T.: Hi-yield DMT by Mitsui; Hydrocarb. Proc., *59*, Nr.11, 143 (1980)
19. Verde, L., Neri, A.: Make phthalic anhydride with low air ratio process; Hydrocarb. Proc., *63*, Nr.11, 83 (1984)
20. Wirth, F., Franzischka, W., Bipp, H., Gelbke, H.-P.: Phthalsäure und Derivate; In: Ullmanns Enzykl. Tech. Chem., 4.Aufl., *18*, 521 (1979)

Kapitel 8

1. Drayer, D.E.: Pyromellitic acid: oxidize durene; Hydrocarb. Proc., *50*, Nr.6, 143 (1971)
2. Heering, R., Lobitz, P., Gehrke, K.: Zur Gewinnung von reinem Inden aus Pyrolyseölen; Plaste Kautschuk, *31*, 412 (1984)
3. Mitsutani, A., Maruyama, K.: Total Utilization of Aromatic Hydrocarbons and the Production of Polymethylbenzenes; Chem. Econ. Eng. Rev., *6*, Nr.9, 36 (1974)
4. Ockerbloom, N.E.: Xylenes and higher aromatics - Part 8: Polymethylbenzenes; Hydrocarb. Proc., *51*, 4, 114 (1972)

5. Röhrscheid, F.: Carboxyl Acids, Aromatic; In: Ullmann's Enzycl. Ind. Chem., 5. Ed., *A5*, 249 (1986)
6. Szebényi, I., Széchy, G.: Die Bildung der C_9- und C_{10}-Polymethyl-Aromaten bei der katalytischen Benzinreformierung; Erdöl, Kohle, Erdgas, Petrochem., *37*, 262 (1984)

Kapitel 9

1. Asselin, G. F., Erickson, R. A.: Benzene and naphthalene from petroleum by the Hydeal process; Chem. Eng. Progr., *58*, Nr. 4, 47 (1962)
2. Barbor, R. P.: Naphthalene from catalytic gas oil; Oil Gas J., 123 (21.5.1962)
3. Blank, U.: Herstellung von Naphthalin-Derivaten; In: Winnacker-Küchler, Chem. Technol., 4. Aufl., *6*, Org. Technol. II, 245 (1982)
4. Bretscher, H., Eigenmann, G., Plattner, E.: Integrierte Verfahrensentwicklung am Beispiel der Naphthalinsulfonsäurederivate; Chimia, *32*, 180 (1978)
5. Collin, G., Bunge, W.: Naphthalin und Naphthalinhydroverbindungen; In: Ullmanns Enzykl. Tech. Chem., 4. Aufl., *17*, 77 (1979)
6. Donaldson, N.: The Chemistry and Technology of Naphthalene Compounds; Edward Arnold, London (1958)
7. Dressler, H.: Naphthalene Derivatives; In: Kirk-Othmer, Encycl. Chem. Tech., 3. Ed., *15*, 719 (1981)
8. Engel, D., Schulz, R. C.: Anionische Homopolymerisation von 2-Isopropenylnaphthalin; Makromol. Chem., *182*, 3279 (1981)
9. Foster, N. R., Wainwright, M. S.: Recent Advances in Phthalic Anhydride Manufacture; Pace, Nr. 3, 28 (1978)
10. Gamburg, E. Y., Berents, A. D., Mukhina, T. N., Belyaeva, Z. G., Vinyukova, N. I., Vol'-Epshtein, A. B.: Production of Naphthalene from Liquid Products of the Pyrolysis of Hydrocarbon Feedstock; Soviet Chem. Ind., *13*, Nr. 9, 1119 (1981)
11. Gaydos, R. M.: Naphthalene; In: Kirk-Othmer, Encycl. Chem. Tech., 3. Ed., *15*, 698 (1981)
12. Graham, J. J.: The Fluidized Bed Phthalic Anhydride Process; Chem Eng. Progr., *66*, Nr. 9, 2 (1970)
13. Graham, J. J., Young, B. J.: Coal Tar Naphthalene Unionfining; Erdöl, Kohle, Erdgas, Petrochem., *26*, 331 (1973)
14. Herbst, W., Hunger, K.: Industrielle Organische Pigmente – Herstellung, Eigenschaften, Anwendung; VCH Verlagsgesellschaft, Weinheim (1987)
15. Hörmeyer, H.: Calculation of Crystallization Equilibria; Ger. Chem. Eng., *6*, 277 (1983)
16. Hunger, K., Mischke, P., Rieper, W., Raue, R.: Azo Dyes; In: Ullmanns Enzycl. Ind. Chem., 5. Ed., *A3*, 245 (1986)
17. Kay, J.: Fractional crystallizer gives high purity with greater efficiency; Processing. Nr. 12, 25 (1978)
18. Molinari, J. G. D., Dodgson, B. V.: Theory and Practice related to the Brodie Purifier; The Chem. Engineer, Nr. 7/8, 460 (1974)
19. Ockerbloom, N. E.: Xylenes and higher aromatics – Part 5: Naphthalenes; Hydrocarb. Proc., *50*, Nr. 12, 101 (1971)
20. Pawellek, D., Behre, H., Bonse, G., Grolig, J., Bunge, W.: Naphthalin-Derivate; In: Ullmanns Enzykl. Tech. Chem., 4. Aufl., *17*, 83 (1979)
21. Saxer, K., Papp, A.: Analysis of Multicomponent Separation in a Novel Process of Crystallization from the Melt; AIChE Meeting, November 25–29, 1979

22. Stobaugh, R. B: Naphthalene: How, Where, Who – Future; Hydrocarb. Proc., *45*, Nr. 3, 149 (1966)
23. Swodenk, W.: Umweltfreundlichere Produktionsverfahren in der chemischen Industrie; Chem. Ing. Tech., *56*, 1 (1984)
24. Taglieri, G.: Il processo Brodie per la purificazione industriale dei prodotti organici; Ing. Chim. Ital., *15*, Nr. 11–12, 130 (1979)

Kapitel 10

1. Bhattacharya, R. N.: Isomerisation of Methylnaphthalenes over Acidic Chalcide Catalysts; J. Indian Chem. Soc., *58*, 682 (1981)
2. Collin, G.: Acenaphthen; In: Ullmanns Enzykl. Tech. Chem., 4. Aufl., *7*, 10 (1974)
3. Gel'pern, N. I., Nosov, G. A., Zimnitskii, P. V.: Separation of β-Methylnaphthalene from its industrial fractions by the method of contact crystallization; Coke Chem. USSR, Nr. 1, 44 (1982)
4. Solinas, V., Monaci, R., Marongiu, B., Forni, L.: Isomerisation of 1-Methylnaphthalene over Ω-Zeolithe; Appl. Catalysis, *5*, Nr. 2, 171 (1983)

Kapitel 11

1. Chung, R. H.: Anthraquinone; In: Kirk-Othmer, Encycl. Chem. Tech., 3. Ed., *2*, 700 (1978)
2. Dauter, R., Fuchs, H.: Herstellung von Farbstoffen und Pigmenten; In: Winnacker-Küchler, Chem. Technol., 4. Aufl., *7*, Org. Technol. III, 6 (1986)
3. Düsing, G., Kleinschmit, P., Knippschild, G., Kunkel, W., Habersang, S.: Peroxo verbindungen, anorganische; In: Ullmanns Enzykl. Tech. Chem., 4. Aufl., *17*, 691 (1979)
4. Greenhalgh, C. W.: Aspekte der Anthrachinon-Farbstoffchemie; Endeavour, *126*, 134 (1976)
5. Haggin, J.: Electrochemical Theories Open Up Chemistry of Wood Digestion; Chem. Eng. News, 20 (15.10.1984)
6. Hohmann, W.: Herstellung von Anthracen-Derivaten; In: Winnacker-Küchler, Chem. Technol., 4. Aufl., *6*, Org. Technol. II, 267 (1982)
7. Kirchner, J. R: Hydrogen Peroxide; In: Kirk-Othmer, Encycl. Chem. Tech., 3. Ed., *13*, 12 (1981)
8. Lodh, S. B.: Introduction of Anthraquinone as a Pulping Catalytic Agent in Indian Paper Industry; Inst. Eng. (India), Part CH, *64*, Nr. 3, 73 (1984)
9. Meyer, F., Hausigk, D., Kölling, G.: Reaktion von Diphenylmethan in wasserfreiem HF/BF_3 zu Anthracen; Liebigs Ann. Chem., *736*, 141 (1970)

Kapitel 12

1. Collin, G.: Kohlenwasserstoffe; In: Ullmanns Enzykl. Tech. Chem., 4. Aufl., *14*, 684 (1977)

Kapitel 13

1. Alberts, B., Zwartbol, D. P.: Needle coke unit linked to ethylene plant; Oil Gas J., 137 (4.6.1979)
2. Alscher, A., Gemmeke, W., Alsmeier, F., Marrett, R.: Ageing and Rheological Properties of Binder Pitches; In: Miller, R. E., Ed.: Light Metals 1986, Proceedings of the 115th Annual Meeting, The Metallurgical Society, Inc., New Orleans, Louisiana, March 2–6, 605 (1986)
3. Bode, R.: Pigmentruße für Kunststoffe; Kautsch., Gummi, Kunstst., *36*, 660 (1983)
4. Brown, G. H., Crooker, P. P.: Liquid crystals; Chem. Eng. News, 24 (31.1.1983)
5. Collin, G., Gemmeke, W.: Die Bedeutung des Steinkohlenteerpechs für die Aluminiumgewinnung; Erdöl, Kohle, Erdgas, Petrochem., *30*, 25 (1977)
6. Davidson, H. W., Wiggs, P. K. C., Churchouse, A. H., Maggs, F. A. P., Bradley, R. S.: Manufactured Carbon; Pergamon Press, London (1968)
7. Eckert, A., Marrett, R., Stadelhofer, J. W.: Filtration von Steinkohlenteerpech; Erdöl, Kohle, Erdgas, Petrochem., *38*, 510 (1985)
8. Eidenschink, R: Flüssige Kristalle; Chem. i. u. Zeit, 18, 168 (1984)
9. Franck, H.-G.: Die wahre Natur des Steinkohlenteerpechs; Brennst.-Chem., *36*, 12 (1955)
10. Gambro, A. J., Shedd, D. T., Wang, H. W.: Delayed coking of coal tar pitch; Chem. Eng. Progr., *65*, Nr. 5, 75 (1969)
11. Gasparoux, H.: Cristaux Liquides et Mesophase Carbonée; J. Chimie Physique, *81*, 759 (1984)
12. Ishikawa, T., Nagaoki, T.: Recent Carbon Technology; JEC Press, Cleveland (1983)
13. Kleinschmit, P., Kühner, G.: Industrieruße: Synthetischer Kohlenstoff für vielfältige Anwendungen; Chem. Ind., *37*, 565 (1985)
14. Lewis, I. C.: Thermal Polymerization of Aromatic Hydrocarbons; Carbon, *18*, 191 (1980)
15. Lewis, I. C.: Chemistry and Development of Mesophase in Pitch; J. Chimie Physique, *81*, 751 (1984)
16. Lewis, J. E.: Mechanism of carbon-black formation in relation to compounded-rubber properties; In: Bacha, J. D., Newman, J. W., White, J. L., Ed.: Petroleum Derived Carbons, ACS Symposium, Ser. 303, 269 (1986)
17. Marrett, R., Stadelhofer, J. W., Marsh, H.: Die Verkokung von flüssigen Kohlenwasserstoffen zur Herstellung von Kohlenstoff-Produkten; Chem. Ing. Tech., *55*, 1 (1983)
18. Marsh, H., Calvert, C., Bacha, J.: Structure and formation of shot coke – a microscopy study; J. Mat. Sci., *20*, 289 (1985)
19. Mochida, I., Nesumi, Y., Korai, Y.: A tube bomb as a model for a delayed coker; Ext. Abstracts Amer. Carb. Soc./Univ. of Kentucky, 17th Biennial Conference on Carbon, Lexington, Kentucky, June 16–21, 255 (1985)
20. Müller, R.: Der westeuropäische Rußmarkt – Situation und Trends; Kautsch., Gummi, Kunstst., *36*, 303 (1983)
21. Newman, J. W. : What is petroleum pitch?; In: Deviney, M. L., O'Grady, T. M., Ed.: Petroleum Derived Carbons; ACS Symp., Ser. 21, 52, Washington (1976)
22. Otani, S.: On the carbon fiber from the molten pyrolysis products; Carbon, *3*, 31 (1965)
23. Reis, T.: About coke – and where the sulfur went; Chem Tech., *7*, 366 (1977)
24. Remirez, R.: Novel Process Makes Coke From Coal Tar Pitch; Chem. Eng., Nr. 2, 74 (1969)

25. Sibal, A.K.: Carbon Fiber Development and Fabric Markets; J. Coated Fabrics, *13*, 206 (1984)
26. Singer, L.S.: The Mesophase in Carbonaceous Pitches; Faraday Discuss. Chem. Soc., *79*, 265 (1985)
27. Singer, L.S., Lewis, I.C., Greinke, R.A.: Characterization of the Phases in Centrifuged Mesophase Pitches; Mol. Cryst. Liq. Cryst., *132*, 65 (1986)
28. Sprenger, K.-H.: Hochleistungsverbundwerkstoffe – Verstärkung mit Aramid- und Kohlenstoffasergewebe; Sprechsaal, *119*, 453 (1986)
29. Stadelhofer, J.W., Marrett, R., Gemmeke, W.: The manufacture of high-value carbon from coal-tar pitch; Fuel, *60*, 877 (1981)
30. Stadelhofer, J.W, Alsmeier, F.G., Diefendorf, R.J.: Mesophasen aus hochkondensierten Aromaten; Erdöl, Kohle, Erdgas, Petrochem., *38*, 503, (1985)
31. Stadelhofer, J.W.: Industrielle Herstellung von Koks aus Mineralölprodukten und kohlestämmigen Rohstoffen; Erdöl, Kohle, Erdgas, Petrochem., *39*, 541 (1986)
32. Stokes, C.A., Guercio, V.J.: Feedstocks for Carbon Black, Needle Coke and Electrode Pitch; Erdöl, Kohle, Erdgas, Petrochem., *38*, 31 (1985)
33. Vohler, O., v.Sturm, F., Wege, E., v.Kienle, H., Voll, M., Kleinschmit, P.: Carbon; In: Ullmann's Enzycl. Ind. Chem., 5.Ed., *A5*, 95 (1986)
34. Vohler, O.J.: Carbon and Graphite in Future Markets; Erdöl, Kohle, Erdgas, Petrochem., *39*, 561 (1986)
35. Vohwinkel, K.: Augenblicklicher Stand und Entwicklungsrichtungen des Einsatzes von Ruß für Kautschuk; Kautschuk, Gummi, Kunstst., *39*, 810 (1986)
36. Wilkening, S.: One hundred years of carbon for the production of aluminium; Erdöl, Kohle, Erdgas, Petrochem., *39*, 551 (1986)
37. Wlochowicz, A.: Kohlenstoffasern aus Pech, ihre Herstellung und Eigenschaften; Textiltechnik, *34*, 595 (1984)
38. Zimmer, K.: Rußherstellung nach dem Oil-Furnace-Verfahren aus Schweröl einer thermischen Krackanlage; Erdöl, Kohle, Erdgas, Petrochem., *22*, 742 (1969)

Kapitel 14

1. Adey, K.A.: Vinylverbindungen; In: Ullmanns Enzykl. Tech. Chem., 4.Aufl., *23*, 612 (1983)
2. Aiba, S., Tsunekawa, H., Imanaka, T.: New Approach to Tryptophan Production by Escherichia coli: Genetic Manipulation of Composite Plasmids in Vitro; Appl. Environm. Microbiol., *43*, 289 (1982)
3. Beschke, H., Friedrich, H.: Acrolein in der Gasphasensynthese von Pyridinderivaten; Chem.-Zeitung, *101*, 377 (1977)
4. Beschke, H., Friedrich, H., Schaefer, H., Schreyer, G.: Nicotinsäureamid aus β-Picolin; Chem.-Zeitung, *101*, 384 (1977)
5. Beschke, H., Kleemann, A., Clauss, W., Kurze, W., Mathes, K., Habersang, S.: Pyridin und Pyridin-Derivate; In: Ullmanns Enzykl. Tech. Chem., 4.Aufl., *19*, 591 (1980)
6. Bhattacharya, R.N., Roy, M.B., Banerjee, S.N., Nandi, G.C.: Recovery, Purification and Utilisation of Pyridin Bases from Coke Oven By-Products; URJA, *11*, Nr.4, 215 (1982)
7. Buchholz, B.: Thiophene and Thiophene Derivatives; In: Kirk-Othmer, Encycl. Chem. Tech., 3.Ed., *22*, 965 (1983)
8. Burakevich, J.V.: Cyanuric and Isocyanuric Acids; In: Kirk-Othmer, Encycl. Chem. Tech., 3.Ed., *7*, 397 (1979)

9. Collin, G.: Carbazol; In: Ullmanns Enzykl. Tech. Chem., 4. Aufl., *9*, 121 (1975)
10. Collin, G.: Chinolin; In: Ullmanns Enzykl. Tech. Chem., 4. Aufl., *9*, 311 (1975)
11. Collin, G., Kleffner, H. W.: Thiophen und Benzothiophen; In: Ullmanns Enzykl. Tech. Chem., 4. Aufl., *23*, 217 (1983)
12. Goe, G. L.: Pyridine and Pyridine Derivatives; In: Kirk-Othmer, Encycl. Chem. Tech., 3. Ed., *19*, 454 (1982)
13. Härtner, H.: Vitamin B_1 (Thiamin); In: Ullmanns Enzykl. Tech. Chem., 4. Aufl., *23*, 656 (1983)
14. Kleemann, A., Leuchtenberger, W., Hoppe, B., Tanner, H.: Amino Acids; In: Ullmann's Enzycl. Ind. Chem., 5. Ed., *A2*, 73 (1985)
15. Kusunoki, Y., Okazaki, H.: Make pyridines direct; Hydrocarb. Proc., *53*, Nr. 11, 129 (1974)
16. Mensch, F.: Hydrodealkylierung von Pyridinbasen bei Normaldruck; Erdöl, Kohle, Erdgas, Petrochem., *22*, 67 (1969)
17. Nenz, A., Pieroni, M.: Commercial Synthetic Pyridine Bases; Hydrocarb. Proc., *47*, Nr. 11, 139 (1968)
18. Nenz, A., Pieroni, M.: Commercial Synthetic Pyridine Bases; Hydrocarb. Proc., *47*, Nr. 12, 103 (1968)
19. Paustian, J. E., Puzio, J. F., Stavropoulos, N., Sze, M. C.: A lesson in flow sheet design: nicotinamide and acid; ChemTech, Nr. 3, 174 (1981)
20. Reitter, L., Lihotzky, R.: Melamin; In: Ullmanns Enzykl. Tech. Chem., 4. Aufl., *16*, 503 (1978)
21. Rittner, S., Warning, K.: Herstellung von heteroaromatischen Zwischenprodukten; In: Winnacker-Küchler, Chem. Technol., 4. Aufl., *6*, Org. Technol. II, 281 (1982)
22. Skogman, G. S., Sjöström, J.-E.: Factors Affecting the Biosynthesis of L-Tryptophan by Genetically Modified Strains of Escherichia coli; J. Gen. Microbiol., *130*, 3091 (1984)
23. Suter, Ch.: Vitamine; In: Ullmanns Enzykl. Tech. Chem., 4. Aufl., *23*, 706 (1983)
24. Sze, M. C., Gelbein, A. P.: Make aromatic nitriles this way; Hydrocarb. Proc., *55*, Nr. 2, 103 (1976)
25. Takahashi, N.: Novel Route to Synthesis of Alkylpyridines; Chem. Econ. Eng. Rev., *7*, Nr. 6, 34 (1975)
26. Terui, G.: Tryptophan; In: Yamada, K., Ed.: Microbial Prod. Amino Acids; 515, Kodansha, Tokyo (1972)
27. Uebel, H.-J., Moll, K.-K., Mühlstädt, M.: Untersuchungen zur Gewinnung von 3-Methylpyridin; Chem. Tech. (Leipzig), *22*, Nr. 12, 745 (1970)
28. Ujimaru, T., Kakimoto, T., Chibata, I.: L-Tryptophan Production by Achromobacter liquidum; Appl. Environm. Microbiol., *46*, 1 (1983)
29. Weigert, W., Düsing, G., Kriebitzsch, N., Pfleger, H.: Cyansäure und Cyanursäure; In: Ullmanns Enzykl. Tech. Chem., 4. Aufl., *9*, 647 (1975)
30. W. Bang, Behrendt, U., Lang, S., Wagner, F.: Continuous Production of L-Tryptophan from Indole and L-Serine by Immobilized Escherichia Coli Cells; Biotech. Bioeng., *25*, 1013 (1983)
31. Woodward, R. B., Doering, W. E.: The Total Synthesis of Quinine; J. Am. Chem. Soc., *67*, 860 (1945)

Kapitel 15

1. Alexander, M.: Biodegradation of Chemicals of Environmental Concern; Science, *211*, 132 (1981)

2. Ames, B. N., Dietary Carcinogens and Anticarcinogens; Science, *221*, 1256 (1983)
3. Blackburn, G. M., Kellard, B.: Chemical carcinogens; Chem. Ind. (London), 607 (1986)
4. Blackburn, G. M., Kellard, B.: Chemical carcinogens - II; Chem. Ind. (London), 687 (1986)
5. Blackburn, G. M., Kellard, B.: Chemical carcinogens - III; Chem. Ind. (London), 770 (1986)
6. Daune, M.: La Cancerogenese Chimique; La Recherche, *11*, 1066 (1980)
7. Ghosal, D., You, I.-S., Chatterjee, D. K., Chakrabarty, A. M.: Microbial Degradation of Halogenated Compounds; Science, *228*, 135 (1985)
8. Lowe, J. P., Silverman, B. D.: Predicting Carcinogenicity of Polycyclic Aromatic Hydrocarbons; Acc. Chem. Res., *17*, 332 (1984)
9. Müller, R., Lingens, F.: Mikrobieller Abbau halogenierter Kohlenwasserstoffe: Ein Beitrag zur Lösung vieler Umweltprobleme?; Angew. Chem., *98*, 778 (1986)
10. Predel, H.: Angewandte Mikrobiologie der Kohlenwasserstoffe; Erdöl, Kohle, Erdgas, Petrochem., *37*, 502 (1984)
11. Sax, N. I.: Dangerous Properties of Industrial Materials; 6. Ed., Van Nostrand Reinhold, New York (1984)
12. Sax, N. I.: Cancer Causing Chemicals; Van Nostrand Reinhold, New York (1981)
13. Schäfer, H. K.: Sicherheit in der Chemie; Hanser-Verlag, München/Wien (1979)
14. Schäfer-Ridder, M.: Carcinogenese durch polycyclische aromatische Kohlenwasserstoffe; Nachr. Chem. Tech. Lab., *27*, 4 (1979)
15. Sprenger, B., Ebner, H. G., Klein, J.: Biologischer Abbau nach Wunsch; Chem. Ind., *109*, 596 (1986)
16. Zander, M.: Polycyclic Aromatic and Heteroaromatic Hydrocarbons; In: Hutzinger, O., Ed.: The Handbook of Environm. Chem., *3/A*, Springer-Verlag, Berlin/Heidelberg (1980)

Kapitel 16

1. Lenz, R. W.: Structure-order relationships in liquid crystalline polyesters; Pure Appl. Chem., *57*, 1537 (1985)
2. Moseley, J. D., Nowak, R. M.: Engineering Thermoplastics: Materials for the Future; Chem. Eng. Progr., Nr. 6, 49 (1986)
3. Rose, J. B.: Improved engineering thermoplastics from aromatic polymers; Shell Polym., *8*, 88 (1984)
4. Scott, C. D., Strandberg, G. W., Lewis, S. N.: Microbial Solubilization of Coal; Biotech. Progr., *2*, 131 (1986)
5. Stütz, A.: Allylamin-Derivate - eine neue Wirkstoffklasse in der antifungalen Chemotherapie; Angew. Chem., *99*, 323 (1987)
6. Wendorff, J. H.: Flüssig-kristalline Kunststoffe - Struktur und Eigenschaften; Kunststoffe, *73*, 524 (1983)

Sachverzeichnis

F. Asinger

Methanol – Chemie- und Energiestoff

Die Mobilisation der Kohle

1986. 93 Abbildungen. X, 407 Seiten.
Gebunden DM 198,–. ISBN 3-540-15864-2

Inhaltsübersicht: Methanol – Chemie- und Energierohstoff. – Herstellung von Synthesegas. – Die Methanolsynthese. – Methanol als alternativer Kraftstoff. – Das Energiemethanol. – Die Überführung von Methanol in Gemische von Paraffinkohlenwasserstoffen, Olefinen und von Aromaten. – Die Überführung von Methanol in technische Gase. – Andere Verfahren der Kohleveredelung als Alternativen zum Methanol. – Die industrielle Herstellung von organischen Chemikalien aus Methanol. – Eiweiß durch bakterielle Umsetzung von Methanol (SCP = Single-Cell-Protein). – Sachverzeichnis.

Springer-Verlag
Berlin Heidelberg New York
London Paris Tokyo

M. B. Hocking

Modern Chemical Technology and Emission Control

1985. 152 figures. XVI, 460 pages.
Hard cover DM 98,–
ISBN 3-540-13466-2

Contents: Background and Technical Aspects of the Chemical Industry. – Air Quality and Emission Control. – Water Quality and Emission Control. – Natural and Derived Sodium and Potassium Salts. – Industrial Bases by Chemical Routes. – Electrolytic Sodium Hydroxide and Chlorine and Related Commodities. – Sulfur and Sulfuric Acid. – Phosphorus and Phosphoric Acid. – Ammonia, Nitric Acid and their Derivatives. – Aluminium and Compounds. – Ore Enrichment and Smelting of Copper. – Production of Iron and Steel. – Production of Pulp and Paper. – Fermentation Processes. – Petroleum Production and Transport. – Petroleum Refining. – Formulae and Conversion Factors. – Subject Index.

Springer-Verlag
Berlin Heidelberg New York
London Paris Tokyo